金属板壳结构承载力统一理论及应用(下)

李志辉　康孝先　著

科学出版社

北　京

内 容 简 介

本书系统地阐述了金属板壳结构的弹性、弹塑性稳定理论、极限承载力和概率设计法。考察了金属板壳结构的几何缺陷、残余应力和弹塑性参数随机性对其极限承载力的影响，着重于稳定理论、原理及研究方法的叙述和推导。介绍了金属板壳结构的折减厚度法、塑性伴谬、承载力统一理论，以及承载力统一理论在金属板壳结构承载力分析中的应用；特别在此基础上，开展了金属(合金)板壳桁架式大型航天器离轨再入极限承载力环境致结构响应非线性力学行为统一理论建模与模拟；同时也介绍了稳定承载力极限状态设计法的一般验算方法和合理分项系数。本书分为上、下两册，上册内容主要包括钢结构的制安、压杆及简单受力构件的弹性与弹塑性稳定理论、极限承载力、稳定问题近似分析法和设计应用。下册内容主要包括板件、构件和复杂金属(合金)结构的屈曲与曲后力学性能，板壳结构的承载力统一理论与应用，以及"天宫一号"飞行器再入极限承载力环境结构响应失效行为模拟。

本书可供与金属板壳结构承载力理论相关专业如工业与民用建筑、土建结构、桥梁隧道、航空航天和工程力学等领域的科研与工程技术人员以及相应专业的高校老师、高年级本科生和研究生参考。

图书在版编目（CIP）数据

金属板壳结构承载力统一理论及应用. 下 / 李志辉，康孝先著. -- 北京：科学出版社，2025. 2. -- ISBN 978-7-03-081000-7

I. TG14

中国国家版本馆 CIP 数据核字第 2025YP9259 号

责任编辑：刘信力　杨　探 / 责任校对：彭珍珍
责任印制：张　伟 / 封面设计：无极书装

科 学 出 版 社 出版

北京东黄城根北街 16 号
邮政编码：100717
http://www.sciencep.com

北京中科印刷有限公司印刷

科学出版社发行　各地新华书店经销
*
2025 年 2 月第 一 版　开本：720×1000　1/16
2025 年 2 月第一次印刷　印张：29 3/4
字数：597 000

定价：298.00 元
(如有印装质量问题，我社负责调换)

序

金属板壳通过大宽厚比的薄壁构造实现轻量化设计,在维持材料用量的同时显著提升结构效能,获得了优异的实用和经济价值。从工业革命时期铸铁穹顶的初现锋芒,到当代航天器整流罩的极致轻量化,这种以薄取胜、以形塑强的结构形式不断突破物理极限,演绎着力与美的协奏曲。板壳结构通过展开成平面或曲面的薄壁构造,使宽厚比可达数百甚至上千量级,这种拓扑结构使得单位质量材料的刚度与强度得到几何级数提升,该结构效能的经济转化在桥梁、船舶与航空航天等领域尤为显著。但是,薄壁导致的局部屈曲与整体失稳是制约其极限承载性能的关键瓶颈。当板壳结构承受压缩或剪切载荷时,微小的初始缺陷可能引发多米诺效应,微小焊接变形会导致临界屈曲载荷显著降低。

结构极限承载力的科学评估始终是工程界关注的焦点,该研究不仅关乎建筑结构等的经济性设计,更是涉及重大工程安全的核心技术挑战。经过两个多世纪的理论积淀与技术革新,该领域已有两条研究路径:基于解析方法的理论推导和依托数值模拟的技术分析,二者相互补充相互验证,共同构建了现代结构承载力评估的方法体系。解析分析方法的发展轨迹与材料力学理论进步紧密交织。19世纪中叶,欧拉关于压杆稳定性的开创性研究揭开了结构稳定性理论的序幕,经典弹性稳定理论在桥梁、穹顶等实际工程中的成功应用,验证了理论分析的有效性。进入20世纪后期,随着弹塑性力学和非线性数学理论的突破,研究者开始系统考虑几何大变形与材料塑性的耦合效应。有限元等数值方法的出现彻底改变了结构分析的技术范式。从20世纪60年代基于矩阵位移法的初级程序,到当今集成多重非线性算法的商业软件包,数值模拟分析能力已有质的飞跃。现代有限元分析不仅能精确模拟复杂结构的几何变形,还能通过本构模型模拟材料的损伤演化等复杂力学行为。

康孝先博士、李志辉研究员历时三载编著的这部《金属板壳结构承载力统一理论及应用》,向系统研究其解析分析与数值模拟方法迈出了坚实的一步。作者系统梳理了结构稳定性分析的经典解析理论,得到了受压简支板的极限承载力公式,同时考虑了初始几何缺陷和残余应力对极限承载力的影响;在深入探讨塑性伴谬的本质后,将薄壁结构通过结构边界的简化,将结构的极限承载力分析化简到弹性边界板在面内荷载作用下的极限承载力分析,并将简支板的极限承载力公式推广到板钢结构的极限承载力公式。在数值模拟领域,针对金属板壳结构的几何非线性、大变形和稀薄空气流场等计算难题，分析了压杆、板、加劲板、工字梁的极限承载力，最后对大型桥梁节段的力学试验和带太阳翼帆板的大型航天器再入稀薄过渡流域的气动力、热特性进行了数值模拟。航天器金属板壳结构的极限承载力不仅取决于材料本身的基本力学参数，还需考虑高频振动激励、极端热循环载荷以及烧蚀效应引发的材料性能的时变特性，其服役环境比土建结构更为严苛。

专著的研究成果已在多个国家重要科技项目中得到应用验证，所阐述的理论与方法均展现了实践指导力。展望未来，结构极限承载力研究必将走向多学科深度交叉的新阶段，新材料本构理论的突破、智能传感技术的普及以及量子计算带来的算力革命，都将为这一经典分析方法注入新的活力。对于结构工程、工程力学和航空航天领域的专业人员而言，本书既提供了解决复杂工程问题的理论工具，也展示了学科交叉创新的巨大潜力，值得研读与借鉴。

郑耀

2025 年 1 月 14 日

于浙江大学

前 言

钢材具有高强、轻质和力学性能良好的优点，是制造结构物的一种优良材料。钢结构与在建筑结构中广泛应用的钢筋混凝土结构相比，对于承载相同受力功能的构件，具有截面轮廓尺寸小、构件细长和板件柔薄的特点。对于因受压、受弯和受剪等存在受压区的构件或板件，如果在技术上处理不当，可能造成钢结构整体失稳或局部失稳。失稳前结构物的变形可能很微小，突然失稳使结构物的几何形状急剧改变从而导致结构物完全丧失承载能力，甚至整体坍塌。钢结构因失稳而破坏的情况在国内外都曾发生过，有的后果十分严重。

位于加拿大的圣劳伦斯河上的魁北克 (Quebec) 大桥本该是著名设计师 Theodore Cooper 的一个真正有价值的不朽杰作。其作为当时世界上最大跨度的钢悬臂桥 (三跨悬臂桥)，Cooper 过分自信地把大桥的主跨由 490m 延伸至 550m，以此节省建造桥墩基础的成本，但是由于设计考虑不周，忽略了桥梁重量的精确计算，导致构件失稳。大桥在架桥过程中，悬臂伸出的由四部分分肢组成的格构式组合截面的下弦压杆因所设置的角钢缀条过于柔细，组装好的钢桥的挠度在合龙之前已经发展到无法控制，分肢屈曲在先，随之弦杆整体失稳。1907 年 8 月 29 日，在这座大桥即将竣工之际，大桥杆件发生失稳，突然倒塌 (图 0.1)，19000t 钢材和 86 名建桥工人落入水中，只有 11 人生还。1913 年，这座大桥重新开始建设，1916 年 9 月，中间跨度最长的一段桥身在被抬举过程中突然掉落塌陷，13 名工人被夺去了生命 (图 0.2)。事故的原因是抬举过程中一个支撑点的材料指标不合格。1917 年，在经历了两次惨痛的悲剧后，魁北克大桥终于竣工通车，这座桥至今仍然是世界上跨度最大的悬臂大桥 (图 0.3)。

图 0.1　魁北克大桥第一次施工倒塌照片

图 0.2　　魁北克大桥第二次倒塌照片

图 0.3　　建成后的魁北克大桥

　　世界上有不少桥梁因失稳而丧失承载能力的事故。例如，俄罗斯的克夫达 (Кевда) 敞开式桥于 1875 年因上弦压杆失稳而引起全桥破坏；苏联的莫兹尔 (Мозыр) 桥在 1925 年试车时由于压杆失稳而发生事故 (图 0.4)；1969~1971 年欧洲和澳大利亚有 5 座正在施工中的正交异性桥的面板发生坠梁事故 (详述见 1.4 节)。事故调查结果表明，是加劲板的计算理论不够成熟，没有足够的安全系数，并且横隔板构造处理不合理等原因造成的。近年来，桥梁施工事故频发，桥梁坍塌事故不断。2001 年 3 月，葡萄牙里斯本一座桥梁垮塌；2002 年 5 月，美国俄克拉荷马州阿肯色河上的一座桥梁垮塌；2005 年 11 月，西班牙南部一座正在建设中的高速公路桥垮塌；2006 年 9 月，加拿大魁北克一座桥梁垮塌；2007 年 8 月，美国明尼苏达州一座横跨密西西比河的大桥垮塌；2007 年 8 月，中国湖南省湘西凤凰县堤溪沱江大桥在竣工前夕坍塌。

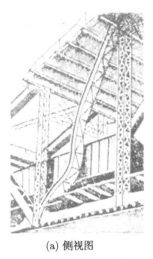

(a) 侧视图　　　　　　　　　　　　　　　　　　　　(b) 截面图

图 0.4　　莫兹尔桥失稳后桁梁的变形

　　桥梁事故中属于结构局部或整体失稳的占主导地位，给国家和社会造成了巨大的经济损失，钢结构的稳定性在设计、施工和运营管理中应引起高度的重视。

　　桥梁结构的失稳现象可分为下列几类：

　　(1) 个别构件的屈曲或失稳，例如压杆的屈曲 (图 0.5(a) 和 (b)) 和梁的侧倾失稳 (图 0.5(c))。

　　(2) 部分结构或整个结构的失稳，例如桥门架或整个拱桥的失稳 (图 0.5(d)~(f))。

　　(3) 构件的局部屈曲，例如组成压杆的板和板梁腹板或翼缘板的屈曲 (图 0.5(g) 和 (h)) 等，而局部屈曲常导致整个体系的失稳。

　　(4) 其他失稳形式，如构件因构造造成的畸变屈曲，结构受集中荷载引起的颠屈，还有构件节点 (或连接、支撑) 因构造造成的局部屈曲或坍塌等。

　　与桥梁结构相关的板壳结构稳定理论已有悠久的历史。早在 1744 年，欧拉 (L. Euler) 就进行了弹性压杆屈曲的理论计算。1889 年恩格赛 (Fr. Engesser) 给出了塑性稳定的理论解。布赖恩 (G. H. Bryan) 在 1891 年做了简支矩形板单向均匀受压的稳定分析。1900 年，普朗特尔 (L. Prandtl) 和米切尔 (J. H. Michell) 几乎同时发表了他们关于梁侧倾问题的研究结果。薄壁杆件的弯扭屈曲问题于 20 世纪 30 年代得到了基本的解决。此后，桥梁结构稳定理论结合各种形式的荷载、支承情况和结构构造得到了不断的发展。钢桥的稳定承载力分析方法主要有解析方法和数值方法两大类。迄今为止，对钢结构基本构件的稳定理论问题的研究已较多，基于各种数值分析方法的计算分析已较成熟。国内外的钢桥设计规范和钢结构设计规范稳定部分的内容分为整体稳定和局部稳定两部分，局部稳定主要采用半经验半理论的方法给出单一荷载、组合荷载或复杂荷载作用下结构的承载力相关公式；整体稳定研究主要限于压杆、压弯构件和梁的弯扭屈曲。对桥梁的整体稳定性或承载力分析未给出普遍适用的分析方法和判断标准。在目前对实际桥梁整体稳定性的研究实践中，仍以考虑桥梁整体的极限承载力为主，并考虑一定的稳定安全系数。但是，桥梁结构的弹性屈曲安全系数的概念过于笼统，基于极限承载力的稳定安全系数仍属于经验数据。

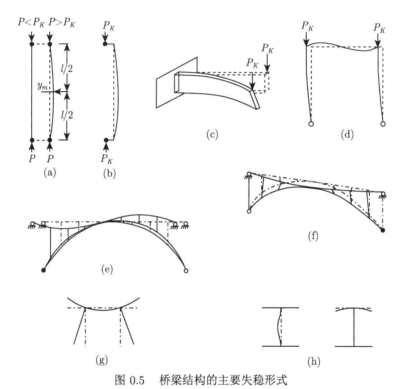

图 0.5　桥梁结构的主要失稳形式

(a) 中心压杆的屈曲；(b) 偏心压杆的屈曲；(c) 悬臂梁的侧倾；(d) 框架的平面屈曲；(e) 拱桥的面内屈曲；
(f) 拱桥的侧倾；(g) 压杆的板屈曲；(h) 板梁腹板和翼缘板的屈曲

金属板壳结构体系的稳定性一直是国内外学者们关注的研究领域，经过几十年的研究，已取得不少研究成果。结构承载力研究最先开始于欧拉的压杆理论，由于压杆是一维构件，适合解析分析，基于压杆的弹性屈曲、弹塑性屈曲和极限承载力公式的研究和试验一直是稳定理论研究领域的主要课题。随着金属板壳结构的大量应用，人们开始研究更为复杂的板件弹性屈曲、弹塑性屈曲和极限承载力。由于板件或浅壳的分析是三维的，因此解析分析的方法更为困难，金属板壳结构研究由于塑性伴谬、结构初始缺陷对极限承载力的影响和结构参数的随机性对极限承载力的影响，使得金属板壳结构极限承载力研究一直处于停滞状态。

随着有限元理论的发展，人们采用数值分析和比拟压杆理论方法研究复杂金属板壳结构的极限承载力，也取得了一定的进展，但几乎所有的结论都是针对单一结构，甚至单一的边界条件的数值分析，缺乏理论的指导和推广。20 世纪欧洲和澳大利亚发生的 5 次大型钢箱梁桥施工坠梁事故是桥梁稳定性问题研究的新起点，也说明大跨度钢结构桥梁建设应按极限承载力理论来指导设计。分析桥梁结构的极限承载力，不仅可以用于极限状态设计，而且可以了解桥梁结构的破坏形式，准确知道结构在给定荷载下的安全储备和超载能力，为其安全施工和营运管理提供依据和保障。我国在大跨度钢桥和超高层房屋建筑工程建设上某些指标已经赶超世界先进水平，但基础理论研究仍滞后于工程实践。随着我国桥梁建设的发展，钢桥跨径不断增大，广泛采用高强钢并向全焊形式发展，桥塔高耸化、箱梁薄壁化使结构整体和局部的刚度下降，稳定问题显得比以往更为重要，迫切需要对桥梁钢结构稳定性和极限承载力等关键技术问题进行深入的理论研究和模型试验。

金属桁架和板壳结构不仅在桥梁和工业及民用建筑钢结构中应用广泛，而且也应用于近地轨道运行的大型航天器。随着空间飞行器，特别是低地球轨道环境的大型航天器如空间实验室、货运飞船、空间站等的快速发展，这类航天器在轨运行通常采用金属桁架几何构型，进入轨道后环形桁架自行展开锁定形成纵横数十米非规则复杂结构航天器，在轨运行的航天器太阳电池翼处在外悬式展开状态(如图 0.6 所示)，长期经受太阳、行星和空间高/低温的交替影响，热载荷是低轨航天器太空环境中的主要荷载，沿空间轨道运行的航天器相对于太阳与地球的位置和方向不断变化，外热流和辐射交换随之改变，由于周期性经历日照区和阴影区，空间飞行器及电池翼经受大幅度高低温变化。这种冷热交变的空间轨道环境在太阳电池翼结构中产生时变的温度梯度，导致金属桁架结构发生屈曲、变形，甚至振动、失稳。热振动严重时会影响航天器正常的在轨运行甚至导致飞行任务失败。例如，1990 年发射的哈勃空间望远镜 (HST)，太阳电池翼在轨道热载荷作用下引起大挠度变形，导致扭转屈曲而损坏；又如我国的东方红三号 (DFH-3) 卫星(图 0.6(a))，由于太阳电池翼铰链关节间隙的作用产生了热颤振导致卫星姿态剧烈扰动，以致力矩失衡、姿态异常，寿命结束，成为我国较深刻的由于低地球轨道高层大气空间环境造成大型航天器在热力耦合作用下金属桁架结构变形失效毁坏的惨痛教训。这些问题凸显了如何准确预测分析因空间外部力热环境致在轨运行大型航天器太阳电池翼等桁架结构所受热力响应变形对航天器稳定安全运行的重要性，这样的问题如何模拟解决？随着我国低地球轨道环境大型复杂结构航天器研制发展进程而日显紧迫性与意义价值。

另一方面，近地轨道运行的金属桁架/板壳结构大型载人航天器 (空间实验室、货运飞船、空间站) 和大型近地遥感航天器平台等服役期满陨落再入过程，以近第一宇宙速度超高速飞行产生的外部空气动力环境使金属 (合金) 桁架/板壳结构材料温度剧烈变化，并在飞行器内部产生热载荷，气动加热导致的温度交替变化也会激起金属桁架/板壳结构的热振以致颤振，再加上强烈的气动压力与过载，这些因素都导致结构材料的力学性能降低，这种热/力耦合响应过程持续到一定程度将使航天器金属桁架/板壳结构变形软化失效甚至毁坏解体 (图 0.6(b))。如何对这类在轨或陨落再入飞行的航天器外部强气动力/热环境致金属桁架/板壳结构瞬态传热、热/力耦合响应变形失效等弹塑性力学行为进行可计算建模有限元算法模拟研究，是计算数学、空气动力学、材料结构力学研究工作者面临的挑战。

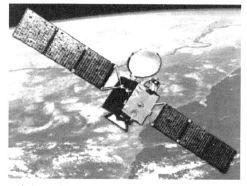 

(a) 东方红三号卫星太阳电池翼在轨道外热流载荷作用　　　(b) 服役期满大型航天器陨落再入强气动
致金属桁架结构变形扭转屈曲损坏　　　　　　　　　环境致结构变形失效解体

图 0.6　承受强气动力热作用下的大型航天器在轨飞行与陨落再入过程

本书分为上、下两册，共 8 章，上册介绍了钢结构的制安、压杆及简单受力构件的弹性与弹塑性稳定理论、极限承载力、稳定问题近似分析法和设计应用。下册介绍了金属板壳结构极限承载力统一理论及其在压杆、工字梁和钢箱梁的极限承载力分析中的应用，介绍了数值模拟方法在大型航天器的离轨飞行轨道衰降陨落再入解体分析中的应用，也介绍了目前金属板壳结构极限承载力研究的进展。本书是在西安建筑科技大学陈骥教授的经典著作《钢结构稳定理论与设计》的基础上，结合国内外金属板壳结构承载力领域的最新进展和编者的研究成果编著而成。本书由西南科技大学康孝先 (第 1~2 章、第 4~7 章) 和中国空气动力研究与发展中心李志辉 (第 1 章、第 3 章、第 6~8 章) 共同编著。全书由李志辉统稿，并对各章内容作了适当增减和调整。

西南科技大学研究生胡江、姜山、毛广茂、徐富樑和陈祥斌参与了本书文稿整理及部分图表绘制。由于我们的水平有限，同时将不同领域的钢结构稳定性问题整合在一起，也是初次尝试，不足之处在所难免，真诚地欢迎读者提出批评和改进意见，通过邮件和电话沟通，以期共同进步。

　　本书如能给读者以启迪，由此萌生学习的兴趣便是我们三生有幸。

目　录

符 号 表

A	截面积; 毛截面面积; 常数
A_1	常数; 刚架柱局部 $P\text{-}\delta$ 弯矩放大系数; 辐射表面面积
A_2	常数; 有侧移刚架整体 $P\text{-}\Delta$ 弯矩放大系数
A_e	弹性单元面积; 有效截面面积; 弹性区的截面面积
A_f	翼缘的截面积
A_m	弯矩放大系数
A_w	腹板的截面积
B_ω	约束受扭双力矩
C_1, C_2, C_3, C_4, C_i	常数; 系数
C_{ijkl}	材料四阶弹性张量
$\boldsymbol{C}_u$	$3N_v \times 3N_v$ 整体阻尼矩阵
C_s	材料比热
D	弹性柱面刚度
D_s	弹塑性柱面刚度; 结构特性系数
E, E^ε	弹性模量
E_r	折算模量
E_s	割线模量
E_{st}	强化模量
E_t	切线模量
E_c	碰撞中的总碰撞能量
E_a	反应中需要的活化能
F	应力函数
G	剪变模量
G_{st}	强化剪变模量
G_t	弹塑性剪变模量
H	水平反力; 材料对流换热系数
I	截面的惯性矩
I_1	受压翼缘对 x 轴的惯性矩

I_2	受拉翼缘对 y 轴的惯性矩
I_a	卷边截面有效惯性矩
I_e	弹性区面积惯性矩
I_{ef}	有效截面惯性矩
I_{et}	弹性区的抗扭惯性矩
I_{ex}	弹性区截面对 x 轴的惯性矩
I_{ey}	弹性区截面对 y 轴的惯性矩
$I_{e\omega}$	弹性区的翘曲惯性矩
$I_{\min}$	中间加劲肋截面最小惯性矩
I_{pt}	屈服区的抗扭惯性矩
I_s	卷边截面惯性矩
I_t	圣维南扭转常数; 抗扭惯性矩
I_x, I_y	对 x 轴和 y 轴的截面惯性矩
I_ω	扇性惯性矩; 翘曲惯性矩
K	第一类完全椭圆积分; 线刚度 $K = EI/l$; 扭转刚度参数

$$K = \sqrt{\frac{\pi^2 EI_\omega}{GI_t l^2}}$$

K_1, K_2	交于刚架柱上端和下端的横梁线刚度之和与柱线刚度之和的比值; 约束参数; 常数
$\boldsymbol{K}_u$	$3N_v \times 3N_v$ 整体弹性刚度矩阵
$\boldsymbol{K}_\theta$	$N_v \times N_v$ 经修正的整体热质量
$\overline{K}$	Wagner 效应系数,

$$\overline{K} = \int_A \sigma \rho^2 \mathrm{d}A = \int_A \sigma \left[(x - x_0)^2 + (y - y_0)^2 \right] \mathrm{d}A$$

$\left[K^{(e)} \right]$	单元质量矩阵
$\left[K_1^{(e)} \right]$	单元对热传导矩阵的贡献
$\left[K_2^{(e)} \right]$	第三边界条件对热传导矩阵的修正
$\left[K_3^{(e)} \right]$	非稳态引起的附加项
M, M_1, M_2	弯矩, 构件的端弯矩
M_{cr}	弯扭屈曲临界弯矩
M_{0cr}	纯弯构件的弹塑性临界弯矩
M_e	外弯矩; 弹性弯扭屈曲临界弯矩
M_{eq}	等效弯矩
M_f	翼缘翘曲弯矩

M_{FA}, M_{FB}	固端弯矩
M_i	内力矩
$M_{\max}$	最大弯矩
M_p	全截面屈服弯矩; 塑性铰弯矩
M_{pc}	压力和弯矩共同作用的全截面屈服弯矩; 塑性铰弯矩
M_s	圣维南扭矩; 自由扭矩; 有效塑性弯矩
M_t	外扭矩
M_u	极限弯矩; 整体弹性质量矩阵
M_x, M_y	绕 x 和 y 两个主轴的弯矩; 板单位长度截面的弯矩
M_{xy}	单位长度截面的扭矩
M_y	截面边缘纤维屈服弯矩
M_z	对 z 轴的扭矩
M_ζ	对移动坐标轴 ζ 的扭矩
M_θ	$N_v \times N_v$ 经修正的整体热质量
M_ξ、M_η	对移动坐标轴 ξ 和 η 的弯矩
M_ω	翘曲扭矩
$\left[M^{(e)}\right]$	单元刚度矩阵, 单元阻尼矩阵
$[N]$	积分算子; 单元形函数
N_x, N_y	板在 x 和 y 方向单位长度截面的中面力
N_{xy}	板单位长度截面的中面剪力
N_x', N_y', N_{xy}'	中面的薄膜力
O	截面形心
P	荷载; 轴心压力
P_{cr}	屈曲载荷
P_{crx}, P_{cry}	对 x 轴和 y 轴的屈曲载荷
P_d	荷载的设计值
P_E	欧拉荷载
P_e	截面边缘纤维屈服荷载
P_p	一阶刚塑性机构破坏荷载
P_r	双模量屈曲载荷; 折算模量屈曲载荷
P_t	切线模量屈曲载荷
P_u	极限荷载
P_x, P_y	对 x 轴和 y 轴的轴心受压弹性屈曲载荷
$P_{x\omega}, P_{xy\omega}, P_{y\omega}$	弯扭屈曲载荷
P_y	全截面屈服荷载

P_ω	扭转屈曲载荷
P_r	化学反应概率
Q，Q_i	横向力，第 i 层刚架柱端剪力
Q_x，Q_y	与 x 轴和 y 轴平行的剪力；板单位长度的剪力
Q_1	太阳直接加热
Q_2	太阳反射加热
Q_3	地球红外加热
Q_4	空间背景加热
Q_5	卫星内热源
Q_6	卫星辐射热源
Q_7	卫星内能变化
R	反力；棱角外半径；系统耗散能
$\overline{R}$	残余应力的 Wagner 效应系数，

$$\overline{R} = \int_A \sigma\rho^2 \mathrm{d}A = \int_A \sigma\left[(x-x_0)^2 + (y-y_0)^2\right]\mathrm{d}A$$
$$= \int_A \sigma_r(x^2+y^2)\mathrm{d}A$$

R_f	随机数
S	压弯构件远端抗弯刚度系数；剪力中心；截面静矩；太阳辐射强度
S_x，S_y	对 x 轴和 y 轴的截面静矩
T	动能；绝对温度值
T_0	未变形状态下的温度值
T_{ext}	物体外部温度值
T_w	物体表面温度
T^*	气体分子作用势的特征温度
T_B	飞行器内部空气温度
U	应变能
V	外力势能；剪力
$V_{-\infty}$	金属材料表面的烧蚀速率
W	截面抵抗矩；外力功；广义力
W_e	有效截面抵抗矩
W_{xc}	受压边缘截面抵抗矩
W_{xt}	受拉边缘截面抵抗矩
W_ω	毛截面的扇心抵抗矩
Z_r^C	连续流气体分子的转动松弛碰撞数

Z_v^C	连续流气体分子的振动松弛碰撞数
$(Z_r)_\infty$	气体分子作用势的实验测定的极限值
a	单元长度; 板的长度; 反照率
b	截面宽度
b_f	受压翼缘宽度
b_e	有效宽度
c	弹簧常数; 反力常数; 材料的比热容
c_0	弹簧常数的限值
$\bar{c}$	分子平均热运动速度
$\boldsymbol{d}(t)$	节点位移向量
$d_{ij}(t)$	$i = 1, \cdots, n_V$; $j = 1, 2, 3$ 表示第 i 个结点位移的第 j 个分量
e, e_0	偏心距, 初偏心距; 缺陷偏心
e_x, e_y	在 x 和 y 两个主轴线上的偏心距
$\boldsymbol{e}^\varepsilon$	应变向量
f	板的挠度; 钢材的强度设计值; 体积力向量
f_0	板的初挠度
f_p	比例极限
f_y	屈服强度
f_{yf}	翼缘屈服强度
f_{yw}	腹板屈服强度
f_{vy}	剪切屈服强度
$\{f\}$	体力
f_1^ε	沿轴向体积力
g	地球重力平均加速度
h	截面高度; 上下翼缘中心距离; 层间高度; 热源项
h_0	腹板高度
h_1	形心至上翼缘的距离
h_{1s}	剪心至上翼缘的距离
h_2	形心至下翼缘的距离
h_{2s}	剪心至下翼缘的距离
h_B	对流换热系数
h_w	飞行器壁焓
h_s	来流的滞止焓
$h_熔$	金属材料的熔解潜热
i	回转半径

i_0	极回转半径, $i_0^2 = (I_x + I_y)/A + x_0^2 + y_0^2$
i_r	梁截面的弯扭屈曲有效回转半径
i_x, i_y	对 x 轴或 y 轴的回转半径
k	抗移动弹簧常数; 对于受压构件, 参数 $k = \sqrt{P/(EI)}$; 板的屈曲系数; 导热系数
k_e	压弯剪共同作用板的弹性屈曲系数
k_{ij}	材料热传导张量
k_p	压弯剪共同作用板的弹塑性屈曲系数
k_s	板的剪切屈曲系数; 导热系数
k	玻尔兹曼常量
k_x, k_y, k_z	各自方向上的热传导系数
l	构件的几何长度
l_0	构件的计算长度
l_1	受压翼缘的侧扭自由长度
l_x, l_y	对 x 轴或 y 轴的计算长度
l_ω	扭转屈曲计算长度
m	板屈曲在 x 方向的半波数; 轴心压力比值
m_r	分子折合质量
$\boldsymbol{n}$	板屈曲在 y 方向的半波数; 构件屈曲半波数; 相应混合物的数密度; $\boldsymbol{n} = \begin{bmatrix} n_1 & n_2 & n_3 \end{bmatrix}^{\mathrm{T}}$ 为边界 Γ_2 单元外法向矢量
n_s	该表面处法向
n_S	组元 S 的数密度
n_V	结点形函数
n	数密度
O	坐标原点
$\{\bar{p}\}$	面力
$p_{crx}, p_{cry}, p_{crxy}$	板的屈曲线荷载
p_x, p_y	板在 x 或 y 方向的中面线荷载
p_{xy}	板在中面的剪切线荷载
q	单位长度荷载; 结点力; 边界热流值
q_{cr}	均布屈曲线荷载
q_n	热流密度 (单位面积内导热功率)
q_N	进入材料内部的净热流
q_w	DSMC 计算的壁面热流
q_w, p	外流场计算得到的冷壁热流与表面压力

r	抗弯弹簧常数; 棱角内半径
s	沿薄壁截面中心线的曲线坐标; 曲线的弧长
t	板厚度
$t(s)$	曲线坐标为 s 处的薄壁厚度
t_w	腹板厚度
u	剪切中心在 x 方向的位移; 板任意点在 y 方向的位移; 位移向量
u_0	板的中面的任意点在 x 方向的位移
u_B	截面上任意点 B 在 y 方向的位移
$\boldsymbol{u}^\varepsilon$	位移向量 $\boldsymbol{u}^\varepsilon = \begin{bmatrix} u_1^\varepsilon & u_2^\varepsilon \end{bmatrix}^\mathrm{T}$
u_1^ε	径向位移
u_2^ε	轴向位移
v	剪切中心在 y 方向的位移; 板任意点在 y 方向的位移; 构件的挠度
v_0	初弯曲的矢高; 板中面的任意点在 y 方向的位移
v_B	截面上任意点 B 在 y 方向的位移
ν, ν^ε	泊松比
ν_p	塑性泊松比
w	板的挠度
x_0, y_0	截面剪切中心坐标; 剪心距
x_i, y_i	单元坐标
$y_{\max}$	最大挠度
z_{ei}	弹性单元至 y 轴的距离
z_i	单元至 y 轴的距离
α	应变梯度; 冷弯薄壁型钢受压构件翘曲约束系数; 板的长宽比; 横梁线刚度修正系数; 单角钢主轴 u 和几何轴 x 之间的夹角
α_0	应力梯度; 指数; 待定系数
α_b	受压翼缘绕 y 轴惯性矩与全截面惯性矩的比值
α_{kl}	材料热膨胀系数
$\alpha_x, \alpha_y, \alpha_{xy}$	x、y 方向的正应力或剪应力与等效应力的比值
β	冷弯薄壁型钢受压构件的约束系数; 考虑屈曲前变形受弯构件临界弯矩修正系数; T 形截面梁临界弯矩系数
β_1	受弯构件临界弯矩修正系数
β_2	受弯构件荷载作用点位置修正系数
β_3	与荷载形式有关的单轴对称截面受弯构件修正系数
β_b	构件弯扭失稳等效弯矩系数

β_{ij}	热弹性模量
β_{mx}, β_{my}	压弯构件弯曲失稳等效弯矩系数
β_s	阳光和受照表面法线方向的夹角
β_{tx}, β_{ty}	压弯构件弯扭失稳等效弯矩系数
β_x, β_y	不对称截面常数
γ	横梁抗弯刚度折减系数; 变截面受弯构件弹性临界弯矩折减系数; 材料体弹性模量 $\gamma = E/(3(1-2\nu))$
γ_{pg}	薄腹梁截面弯矩折减系数
γ_x, γ_y	截面塑性发展系数
γ_{xy}	剪应变
γ_{xy0}	板中面剪应变
δ	挠度; 结点位移
δ_{ij}	Kronecker 符号
σ_{ij}^0	均匀化应力
ε	应变; 物体发射率; 对称因子; 材料表面发射率
ε_1	吸收率
ε_0	轴向应变; 相对初弯曲; 等效缺陷; 等效偏心率
ε_i	单元应变或等效应变
ε_{ii}	体积应变 $\varepsilon_{ii} = \varepsilon_{11} + \varepsilon_{22} + \varepsilon_{33}$
ε_{ij}	应变
$\varepsilon_{\min}, \varepsilon_{\max}$	最小应变和最大应变
ε_{ri}	任意点残余应变
ε_{st}	强化应变开始时的应变
$\varepsilon_{x0}, \varepsilon_{y0}$	板中面应变
ε_y	屈服应变
η	弹性模量折减系数; 折减系数
η_b	不对称截面影响系数
η_s	变形模量折减系数
θ	角位移; 温度增量 $\theta = T - T_0$
θ_0	初始角
θ_v	振动特征温度
λ	构件长细比; 板件宽厚比; 柔度系数; Lamé 常数
$\overline{\lambda}$	构件相对长细比; 板件相对宽厚比, $\overline{\lambda} = \sqrt{f_y/\sigma_{cr}}$
$\overline{\lambda}_e$	弹性相对长细比限值

$\overline{\lambda}_p$	塑性相对长细比限值
$\lambda_{x\omega}, \lambda_{y\omega}$	弯扭屈曲换算长细比
$\lambda^\varepsilon, \mu^\varepsilon$	材料的 Lamé 系数
λ_ω	扭转屈曲换算长细比
μ	计算长度系数; 翘曲系数
μ_x, μ_y, μ_ω	对 x、y 或 z 轴的弯曲屈曲和扭转屈曲计算长度系数
ρ	截面的核心距; 侧移角; 剪心至截面任意点的距离; 板件宽度的折减系数; 材料密度
ρ_O	形心至任意点切线方向的垂直距离
ρ_s	剪心至任意点切线方向的垂直距离; 材料密度
$\rho^\varepsilon(x_1)$	材料密度
σ	正应力; 斯特藩–玻尔兹曼常量 $(5.67 \times 10^{-8}\mathrm{W}/(\mathrm{m}^2 \cdot \mathrm{K}^4))$
σ_{cr}	屈曲应力
$\bar{\sigma}_{cr}$	屈曲应力与屈服强度的比值; 等效屈曲应力
σ_{crr}	双模量屈曲应力; 折算模量屈曲应力
σ_{crt}	切线模量屈曲应力
σ_{cs}	压弯剪共同作用板的屈曲应力
σ_d	应力的设计值
σ_E	欧拉应力
σ_e	弹性屈曲应力
σ_i	等效应力
σ_{ij}	热应力
σ_p	比例极限
σ_p'	有效比例极限
σ_r	残余应力
σ_{rc}	残余压应力峰值
σ_{ri}	任意点的残余应力
σ_{rt}	残余拉应力峰值
σ_u	极限应力; 抗拉强度
σ_x, σ_y	大挠度板 x 或 y 方向的中面应力
σ_y	屈服强度
σ_ω	翘曲正应力; 扭转屈曲应力
$\sigma_{x\omega}, \sigma_{y\omega}, \sigma_{xy\omega}$	弯扭屈曲应力
σ_v	分子振动碰撞截面
σ_R	反应截面

σ_T	总碰撞截面
τ	剪应力; 变形模量比值; 材料阻尼系数
τ_{cr}	剪切屈曲应力
τ_s	自由扭转剪应力
τ_y	剪切屈服强度
τ_ω	翘曲剪应力
τ_c	分子平均碰撞时间
τ_{MW}	分子振动松弛时间
τ_p	高温修正项
ϕ	抗力系数
ϕ_1	太阳辐射角系数
ϕ_2	地球反射角系数
ϕ_3	地球红外角系数
ϕ_b	受弯构件抗力系数
ϕ_c	受压构件抗力系数
ϕ_p	受拉构件抗力系数
ϕ_v	剪切抗力系数
Φ	曲率
φ	轴心受压构件稳定系数; 扭转角
φ_b	受弯构件稳定系数
φ_b'	受弯构件弹塑性稳定系数
φ_{b0}	纯弯构件稳定系数
φ_x, φ_y	对 x 轴或 y 轴的稳定系数
χ	约束系数
ω	扇性坐标; 转速; 辐射常数
ω_0	以形心为极点的扇性坐标
ω_n	主扇性坐标
ω_s	以剪心为极点的扇性坐标
$\xi_i(t)$	在节点 i 处的温度增量值
$\bar{\xi}$	碰撞分子的平均内自由度
ζ_t	分子平动自由度
ζ_r	分子转动自由度
ζ_v	分子振动自由度
ϵ	材料表面辐射发射率
$\Gamma_1, \bar{\Gamma}_1$	边界, 对应于空心结构内部表面

$\Gamma_2, \bar{\Gamma}_2$	边界, 对应于航天器外表面
$\Gamma_2^h, (\Gamma_2')^h$	边界 $\Gamma_2, (\Gamma_2')$ 在有限元空间 V_h 的离散逼近
Δ	位移
Δt	时间步长 $\Delta t = \bar{T}/N_t$
Π	总势能

第 5 章 板的屈曲和曲后性能

5.1 概　　述

板舱桁架结构, 尤其是金属 (合金) 结构桁架板, 应用广泛, 特别是用于近地轨道运行的大型航天器绝大部分属于非回收类航天器。该类大型航天器在轨服役任务完成后, 将面临离轨再入大气层时所遇强气动力/热环境, 使航天器本身承受严重的热流与过载, 再入稠密大气环境超高速致高温热化学非平衡气流对航天器金属 (合金) 桁架结构动态热力耦合响应、变形软化熔融, 复合材料热解烧蚀累积效应, 在严酷环境下的热弹性以及动态响应非线性力学行为的理论分析与计算模拟, 长期以来一直是一个活跃的研究领域 [1-8]。研究的内容包含了经典的非耦合与耦合动态热弹性问题, 以及基于 Lord-Shulman[7] 或 Green-Lindsay[8] 理论的广义热弹性问题。Carter 和 Booker[9] 考虑了在热传导方程中包含结构应变而忽略了结构惯性力的动态热力耦合问题, 并讨论了其在地质力学中的应用; Prevost 和 Tao[10] 针对具有弛豫时间的动态耦合热弹性问题进行了有限元分析; Sherief 和 Anwar[11] 分析了包含两种材料的无限长圆柱的广义热弹性问题; Yang 和 Chen[12] 考虑了包含两种材料的无限长圆柱的拟静态热力耦合问题, 在实际计算中对时间域采用了 Laplace 变换与反 Laplace 变换方法; Abdulateef[13] 考虑了在激光点焊过程中的热应力分布; Alashti 等 [14] 对一个旋转功能梯度圆柱壳进行了三维轴对称热弹性分析; Ženíšek[15] 对耦合弹性问题以及黏土合并模型的有限元方法进行了理论分析; Hosseini 等 [16] 研究了无能量耗散下功能梯度厚、中空圆柱的耦合热弹性波问题; Strunin 等 [17] 考虑了在无限长板杆中具有热弛豫时间的双曲型热力耦合方程的热弹性波传播问题; Abbas 和 Youssef[18] 则针对具有弛豫时间的广义热弹性模型发展了有限元方法。综合分析提出这样一个问题: 如何针对复杂二维直至三维结构, 进行动态热力耦合响应的计算与模拟, 这已成为开展板舱桁架结构航天器材料在承受强气动力热环境下性能预测、模拟变形软化与失效熔融毁坏行为的瓶颈基础 [19-22]。

桁架板舱结构的稳定性理论是固体力学的一个分支, 是研究板舱及其组合结构在各种形式的压力 (压应力) 作用下产生变形以致丧失原有平衡状态和承载能力的一门学科。为了判别平衡状态是否稳定, 必须建立平衡稳定性的判别准则。判别平衡稳定性的准则可分为两大类: 平衡的小稳定性准则和平衡的大稳定性准则。

小稳定性准则除了在数学上作了线性化处理外，还需要假定结构系统是完善的。对于保守力系统的分岔点失稳问题，可以使用三个等价的小稳定性准则：①从根本的判别准则出发，由随遇平衡的静力特征可得到判别平衡稳定性的静力准则；②由平衡状态的能量特征可得到判别平衡稳定性的能量准则；③由稳定平衡和随遇平衡的动力特征可得到判别平衡稳定性的动力准则。实际工程中板钢结构往往存在几何的、荷载的或初始应力的非完善因素，这些非完善因素统称为初始缺陷。对于具有初始缺陷以及既承受面内压力又承受侧向荷载的板钢结构，一般表现为极值点失稳。

严格地说，平衡方程应是结构变形之后的平衡条件，对于小变形结构应力问题，以未变形的结构位置来建立力的平衡关系具有足够的近似性。由于稳定性问题的重要前提是必须以失稳变形后的结构为对象，因而变形引起的力的附加项使稳定性平衡方程变成非线性。对于小挠度失稳，通常假设失稳中荷载不变，从而相应地形成薄板稳定的线性小挠度屈曲理论和非线性大挠度屈曲理论。可见稳定性问题本质是非线性力学问题，并且需要研究薄板变形的几何非线性关系。

按照板的厚度可分为厚板、薄板和薄膜三种 [23]。当板的厚度 t 与幅面的最小宽度 b 之比 $(t/b \geqslant 1/8 \sim 1/5)$ 相对不算小时，由于板内横向剪力产生的剪切变形与弯曲变形相比属于同量级大小的，因此计算时不能忽略不计，这种板称为厚板。当板的厚度与板的幅面之比较小时 $(1/100 \sim 1/80 \leqslant t/b < 1/8 \sim 1/5)$，剪切变形与弯曲变形相比微小，可以忽略不计，这种板称为薄板。当板的厚度极小，以至其抗弯刚度几乎降至为 0 时，这种板完全靠薄膜拉力来支承横向荷载的作用，称为薄膜。薄板既具有抗弯能力还可能存在薄膜拉力。平分板的厚度且与板的两个面平行的平面称为中面。本章只研究外力作用于中面内等厚度薄板的屈曲问题。这些受力的薄板常常是受压和受弯构件的组成部分，例如工字形截面构件的翼缘和腹板，以及冷弯薄壁型钢中的板件。板的屈曲有以下四个特点：

(1) 作用于板中面的外力，不论是一个方向作用有外力还是两个方向同时作用有外力，板屈曲时产生的都是出平面的凸曲现象，产生双向弯曲变形，因此板的任意一点的弯矩 M_x, M_y 和扭矩 M_{xy} 以及板的挠度都与此点的坐标 x 和 y 有关。

(2) 板的平衡方程属于二维的偏微分方程，除了均匀受压的四边简支理想矩形板可以直接求解其分岔屈曲载荷外，对于其他受力条件和边界条件的板，用平衡法很难直接求解，经常采用能量法，如瑞利-里茨法、伽辽金 (Галёркин) 法、数值法、差分法或有限单元法等，在弹塑性阶段，用数值法可以得到精确度很高的极限荷载。

(3) 平直薄板屈曲属于稳定分岔失稳问题。对于有刚强侧边支承的板，凸曲后板的中面会产生薄膜应变，从而产生薄膜应力。如果在板的一个方向有外力作用而凸曲时，在另一个方向的薄膜拉力会对它产生支撑作用，从而增强板的抗弯刚度进而提高板的承载力，这种凸曲后的承载力提高称为曲后承载力。单向受压的板会因曲后各点薄膜应力不同而转变为不均匀的双向受力板，这样一来，板的有些部位的应力可能远超过屈曲应力而达到材料的屈服强度，这时板将很快被破坏，它标志着板的承载力不再是分岔屈曲载荷，而是板的边缘纤维已达到屈服强度后的极限荷载。

(4) 按照小挠度理论分析只能得到板的分岔屈曲载荷，而按照有限挠度理论，或称大挠度理论分析才能得到板的曲后强度和板的挠度。

本章先介绍板的小挠度理论，采用能量原理分析矩形板在不同边界和不同面内荷载条件下的弹性屈曲，部分较为复杂的情形或解析解误差较大时给出了数值解；再介绍板的大挠度理论，采用解析法分析简支矩形板在单向受压和均匀受剪时的曲后力学性能，采用弹性理论的方法和修正有效宽度理论得出受压简支矩形板极限承载力的一般解析表达式，然后采用数值分析方法和试验值进行验证。

5.2 板的小挠度理论平衡方程

对于图 5.1(a) 所示等厚度的板，其坐标轴分别指向板的两个邻边，z 轴与板垂直且向下，板的上表面和下表面之间的中平面 xy 即为中面，从板中截取一个微元体 $\mathrm{d}x\mathrm{d}y\mathrm{d}z$，在它的每一个面上都作用有正应力和剪应力，如图 5.1(b) 所示，剪应力的符号规定，第一个角标与作用面对应，第二个角标与作用的方向对应。

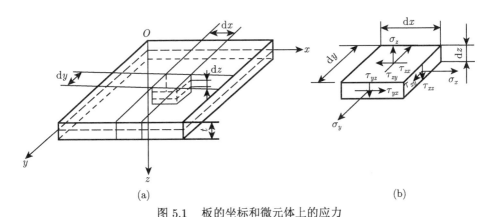

(a) (b)

图 5.1 板的坐标和微元体上的应力

5.2.1 小挠度理论计算薄板屈曲载荷的基本假定 [23,24]

(1) 因板很薄，在图 5.1 中微元体上的应力 σ_z，τ_{zx} 和 τ_{zy} ≪ 应力 σ_x，σ_y 和 τ_{xy}，这样由它们产生的正应变 ε_z 和剪应变 γ_{zx} 与 γ_{zy} 都可忽略不计。由于忽略了正应变 ε_z，因此 $\dfrac{\partial w}{\partial z}=0$，这说明板的任意一点的挠度 w 只与坐标 x 和 y 有

关，与坐标 z 无关，也就是说，可以用板中面的挠度代表板沿厚度方向任意一点的挠度。由于忽略了剪应变 γ_{zx} 和 γ_{zy}，因而在弯曲前垂直于板中面的直线在弯曲过程中仍保持直线，而且仍旧垂直于已经发生了凸曲变形的中面。这一条假定类同于受弯构件的平截面假定。

(2) 与板的厚度相比，垂直于中面的挠度是微小的，这样一来，可以忽略中面变形伸长而产生的薄膜力。

(3) 板为各向同性的弹性体，应力与应变关系满足胡克定律。

根据第一条假定，板的受力属于平面应力问题。根据第二条和第三条假定，可以用常系数线性偏微分方程来描述板的受力性能。

5.2.2 板内的中面力在 z 方向的平衡关系

如图 5.2 所示的厚度为 t 的薄板，承受着平行于中面的均匀分布在单位长度上的轴向荷载 p_x 和 p_y，以及在面内的剪切荷载 p_{xy} 和 p_{yx}。用平衡法求解薄板的屈曲载荷时，可以从已有微小弯曲变形的板中取出如图 5.3 所示的微元体，这时微元体内存在着两组内力：一组是中面力 N_x、N_y、N_{xy} 和 N_{yx}；另一组是因弯曲产生的弯矩 M_x、M_y，扭矩 M_{xy}、M_{yx} 和剪力 Q_x、Q_y，见图 5.4。这两组内力都是以单位长度衡量的。由于弯曲变形很微小，可以认为中面没有应变，从而就可不计薄膜拉力，这样微元体两侧的中面力相同，因而 $N_x = p_x$，$N_y = p_y$，$N_{xy} = p_{xy}$，$N_{yx} = p_{yx}$，同时根据对 z 轴的力矩平衡条件可知，图 5.3 和图 5.4 中的诸内力都是正方向的。

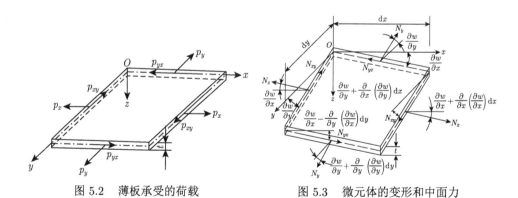

图 5.2 薄板承受的荷载   图 5.3 微元体的变形和中面力

先考察诸中面力在 z 方向的分力和合力。板在微弯状态时，微元体的挠度为 $w(x, y)$，在图 5.3 中表示了板弯曲时的斜率和曲率。按照小挠度理论，诸中面力与水平线夹角的余弦均可近似地取为 1.0，而正弦均可近似地取与其夹角相等。诸力对 x 轴的力矩之和、对 y 轴的力矩之和，以及诸力在 x 方向和 y 方向的合力

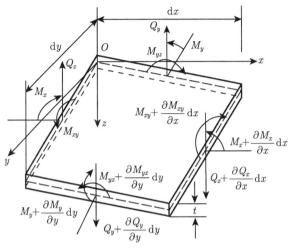

图 5.4 微元体上的弯矩、扭矩和剪力

都为 0。只是在 z 方向，诸中面力才有分力。N_x 在 z 方向的分力为

$$N_x \left(\frac{\partial w}{\partial x} + \frac{\partial^2 w}{\partial x^2} \mathrm{d}x \right) \mathrm{d}y - N_x \frac{\partial w}{\partial x} \mathrm{d}y = N_x \frac{\partial^2 w}{\partial x^2} \mathrm{d}x \mathrm{d}y \tag{5.1a}$$

同理，N_y 在 z 方向的分力为

$$N_y \frac{\partial^2 w}{\partial y^2} \mathrm{d}x \mathrm{d}y \tag{5.1b}$$

N_{xy} 在 z 方向的分力为

$$2N_{xy} \frac{\partial^2 w}{\partial x \partial y} \mathrm{d}x \mathrm{d}y \tag{5.1c}$$

这样微元体的诸中面力在 z 方向的分力之合力为

$$\left(N_x \frac{\partial^2 w}{\partial x^2} + 2N_{xy} \frac{\partial^2 w}{\partial x \partial y} + N_y \frac{\partial^2 w}{\partial y^2} \right) \mathrm{d}x \mathrm{d}y \tag{5.2}$$

在图 5.4 中微元体上的剪力 Q_x 和 Q_y 在 z 方向的合力为

$$\left(\frac{\partial Q_x}{\partial x} + \frac{\partial Q_y}{\partial y} \right) \mathrm{d}x \mathrm{d}y \tag{5.3}$$

式 (5.2) 和 (5.3) 相加后可得到 z 方向的力平衡方程为

$$\frac{\partial Q_x}{\partial x} + \frac{\partial Q_y}{\partial y} + N_x \frac{\partial^2 w}{\partial x^2} + 2N_{xy} \frac{\partial^2 w}{\partial x \partial y} + N_y \frac{\partial^2 w}{\partial y^2} = 0 \tag{5.4}$$

由对 x 轴的力矩平衡条件，以右手螺旋法则，x 指向为正值，可得

$$-\frac{\partial M_y}{\partial y}\mathrm{d}x\mathrm{d}y - \frac{\partial M_{xy}}{\partial x}\mathrm{d}x\mathrm{d}y + \frac{\partial Q_x}{\partial x}\mathrm{d}x\frac{(\mathrm{d}y)^2}{2} + Q_y\mathrm{d}x\mathrm{d}y + \frac{\partial Q_y}{\partial y}\mathrm{d}x\,(\mathrm{d}y)^2 = 0$$

略去上式中的高阶微量后，可写作

$$\frac{\partial M_y}{\partial y} + \frac{\partial M_{xy}}{\partial x} - Q_y = 0 \tag{5.5}$$

同理，由对 y 轴的力矩平衡条件可得

$$\frac{\partial M_x}{\partial x} + \frac{\partial M_{xy}}{\partial y} - Q_x = 0 \tag{5.6}$$

式 (5.5) 对 y 微分一次后可得 $\dfrac{\partial Q_y}{\partial y} = \dfrac{\partial^2 M_y}{\partial y^2} + \dfrac{\partial^2 M_{xy}}{\partial x \partial y}$，式 (5.6) 对 x 微分一次后可得 $\dfrac{\partial Q_x}{\partial x} = \dfrac{\partial^2 M_x}{\partial x^2} + \dfrac{\partial^2 M_{xy}}{\partial x \partial y}$。将它们代入式 (5.4)，这样一来原来的三个平衡方程可合并为一个式子

$$\frac{\partial^2 M_x}{\partial x^2} + 2\frac{\partial^2 M_{xy}}{\partial x \partial y} + \frac{\partial^2 M_y}{\partial y^2} + N_x\frac{\partial^2 w}{\partial x^2} + 2N_{xy}\frac{\partial^2 w}{\partial x \partial y} + N_y\frac{\partial^2 w}{\partial y^2} = 0 \tag{5.7}$$

在上式中有四个未知函数 M_x，M_{xy}，M_y 和 w，为此需补充建立三个方程才能求解。如找出力矩与位移之间的关系式，则上式可转化为只有一个位移函数的偏微分方程。

薄板弯曲时，图 5.2 所示微元体沿厚度方向距中面为 z 处的应力和应变有以下关系式：

$$\varepsilon_x = \frac{1}{E}\left(\sigma_x - \nu\sigma_y\right), \quad \varepsilon_y = \frac{1}{E}\left(\sigma_y - \nu\sigma_x\right), \quad \gamma_{xy} = \frac{2\left(1+\nu\right)}{E}\tau_{xy} \tag{5.8}$$

或

$$\sigma_x = -\frac{Ez}{1-\nu^2}\left(\varepsilon_x + \nu\varepsilon_y\right), \quad \sigma_y = -\frac{Ez}{1-\nu^2}\left(\varepsilon_y + \nu\varepsilon_x\right), \quad \tau_{xy} = -\frac{Ez}{2\left(1+\nu\right)}\gamma_{xy} \tag{5.9}$$

在以上诸式中 ν 为材料的泊松比。

和受弯构件一样，板的应变 ε_x，ε_y 和 γ_{xy} 可以分别用曲率 Φ_x，Φ_y 和扭率 Φ_{xy} 表示，而且 $\Phi_x = -\dfrac{\partial^2 w}{\partial x^2}$，$\Phi_y = -\dfrac{\partial^2 w}{\partial y^2}$，$\Phi_{xy} = -\dfrac{\partial^2 w}{\partial x \partial y}$，这样

$$\varepsilon_x = z\Phi_x = -z\frac{\partial^2 w}{\partial x^2}, \quad \varepsilon_y = z\Phi_y = -z\frac{\partial^2 w}{\partial y^2}, \quad \gamma_{xy} = 2z\Phi_{xy} = -2z\frac{\partial^2 w}{\partial x \partial y} \tag{5.10}$$

$$\sigma_x = -\frac{Ez}{1-\nu^2}\left(\frac{\partial^2 w}{\partial x^2} + \nu\frac{\partial^2 w}{\partial y^2}\right) \tag{5.11a}$$

$$\sigma_y = -\frac{Ez}{1-\nu^2}\left(\frac{\partial^2 w}{\partial y^2} + \nu\frac{\partial^2 w}{\partial x^2}\right) \tag{5.11b}$$

$$\tau_{xy} = -\frac{Ez}{1+\nu}\frac{\partial^2 w}{\partial x\partial y} \tag{5.11c}$$

沿板厚度方向形成的力矩和扭矩分别为

$$M_x = \int_{-t/2}^{t/2}\sigma_x z\mathrm{d}z = -\frac{Et^3}{12\left(1-\nu^2\right)}\left(\frac{\partial^2 w}{\partial x^2}+\nu\frac{\partial^2 w}{\partial y^2}\right) = -D\left(\frac{\partial^2 w}{\partial x^2}+\nu\frac{\partial^2 w}{\partial y^2}\right) \tag{5.12a}$$

$$M_y = \int_{-t/2}^{t/2}\sigma_y z\mathrm{d}z = -\frac{Et^3}{12\left(1-\nu^2\right)}\left(\frac{\partial^2 w}{\partial y^2}+\nu\frac{\partial^2 w}{\partial x^2}\right) = -D\left(\frac{\partial^2 w}{\partial y^2}+\nu\frac{\partial^2 w}{\partial x^2}\right) \tag{5.12b}$$

$$M_{xy} = \int_{-t/2}^{t/2}\tau_{xy} z\mathrm{d}z = -\frac{Et^3}{12\left(1+\nu\right)}\frac{\partial^2 w}{\partial x\partial y} = -D\left(1-\nu\right)\frac{\partial^2 w}{\partial x\partial y} \tag{5.12c}$$

式中，$D = \dfrac{Et^3}{12\left(1-\nu^2\right)}$ 为单位宽度板的抗弯刚度，又称柱面刚度。如果把薄板视为互相连接的板条，那么板条弯曲时因受到相邻板条的约束，单位宽度板的抗弯刚度比相同宽度梁的抗弯刚度大。

根据假定力平衡方程、几何方程和物理方程，将 M_x，M_y 和 M_{xy} 各微分两次并代入式 (5.7)，可得到一个只以位移 w 为变量的在 z 方向上的力平衡方程，它是一个常系数线性四阶偏微分方程：

$$D\left(\frac{\partial^4 w}{\partial x^4}+2\frac{\partial^4 w}{\partial x^2\partial y^2}+\frac{\partial^4 w}{\partial y^4}\right) = N_x\frac{\partial^2 w}{\partial x^2}+2N_{xy}\frac{\partial^2 w}{\partial x\partial y}+N_y\frac{\partial^2 w}{\partial y^2} \tag{5.13}$$

此偏微分方程的解与板的边界条件有关，其表达式都可以用与板的挠度 w 有关的量来表示。

5.2.3 板的边界条件表达式

以 $x = 0$ 的边界为例说明。

1. 简支边

挠度 $w = 0$，弯矩 $M_x = 0$，即 $-D\left(\dfrac{\partial^2 w}{\partial x^2} + \nu\dfrac{\partial^2 w}{\partial y^2}\right) = 0$，由于边界各点挠度均为零，故其曲率 $\dfrac{\partial^2 w}{\partial y^2} = 0$，因而 $\dfrac{\partial^2 w}{\partial x^2} = 0$。

2. 固定边

挠度 $w = 0$，斜率 $\dfrac{\partial w}{\partial x} = 0$。

3. 自由边

弯矩 $M_x = 0$，即 $\dfrac{\partial^2 w}{\partial x^2} + \nu\dfrac{\partial^2 w}{\partial y^2} = 0$，剪力 $Q_x = 0$，扭矩 $M_{xy} = 0$，均匀分布的扭矩 M_{xy} 等效于均匀分布的剪力 $\dfrac{\partial M_{xy}}{\partial y}$，$Q_x$ 与 $\dfrac{\partial M_{xy}}{\partial y}$ 可合并为 $\dfrac{\partial^3 w}{\partial x^3} + (2 - \nu)\dfrac{\partial^3 w}{\partial x \partial y^2} = 0$。

4. 边缘固接于弹性肋条上

设肋条在垂直平面内的弯曲刚度为 EI，设肋条的挠度为 w_1，根据固接条件，当 $x = 0$ 时

$$w_1 = (w)_{x=0} \tag{5.14}$$

另一个边界条件是板与肋之间的反力互等，垂直于板面的反力为

$$R_x = Q_x + \frac{\partial M_{xy}}{\partial y} \tag{5.15}$$

或

$$R_x = -D\left[\frac{\partial^3 w}{\partial x^3} + (2 - \nu)\frac{\partial^3 w}{\partial x \partial y^2}\right]_{x=0} \tag{5.16}$$

也可以通过肋条弯曲微分方程的形式写成

$$EI\frac{\partial^4 w_1}{\partial x^4} = R_x$$

或

$$EI\frac{\partial^4 w_1}{\partial x^4} = -D\left[\frac{\partial^3 w}{\partial x^3} + (2 - \nu)\frac{\partial^3 w}{\partial x \partial y^2}\right]_{x=0} \tag{5.17}$$

5.2.4 板的能量表达式

讨论内力在虚位移上的功, 设给曲率 k_x 以增量 δk_x, 则 $M_x \mathrm{d}y$ 沿 $\mathrm{d}x$ 的功为 $-M_x \delta k_x \mathrm{d}x \mathrm{d}y$, 同样可得 M_y 和 M_{xy} 的功, 于是沿面积 $F = ab$ 积分可得内力功为

$$\delta A = -\iint\limits_F (M_x \delta k_x + M_y \delta k_y + 2M_{xy} \delta \chi) \mathrm{d}x \mathrm{d}y$$

由于位能的增量为 $\delta U = -\delta A$, 因此将力矩和曲率的表达式代入, 得

$$\delta U = D \iint\limits_F \left[\left(\frac{\partial^2 w}{\partial x^2} + \nu \frac{\partial^2 w}{\partial y^2} \right) \delta \left(\frac{\partial^2 w}{\partial x^2} \right) + \left(\frac{\partial^2 w}{\partial y^2} + \nu \frac{\partial^2 w}{\partial x^2} \right) \delta \left(\frac{\partial^2 w}{\partial y^2} \right) \right.$$
$$\left. + 2 \left(1 - \nu \right) \frac{\partial^2 w}{\partial x \partial y} \delta \left(\frac{\partial^2 w}{\partial x \partial y} \right) \right] \mathrm{d}x \mathrm{d}y$$

或

$$\delta U = \frac{1}{2} D \delta D \iint\limits_F \left\{ \left(\frac{\partial^2 w}{\partial x^2} + \nu \frac{\partial^2 w}{\partial y^2} \right)^2 - 2 \left(1 - \nu \right) \left[\frac{\partial^2 w}{\partial x^2} \frac{\partial^2 w}{\partial y^2} - \left(\frac{\partial^2 w}{\partial x \partial y} \right)^2 \right] \right\} \mathrm{d}x \mathrm{d}y$$

总的弯曲能量为

$$U = \frac{1}{2} D \iint\limits_F \left[\left(\nabla^2 w \right)^2 - (1 - \nu) L(w, w) \right] \mathrm{d}x \mathrm{d}y \tag{5.18}$$

式中,

$$L(w, w) = 2 \left[\frac{\partial^2 w}{\partial x^2} \frac{\partial^2 w}{\partial y^2} - \left(\frac{\partial^2 w}{\partial x \partial y} \right)^2 \right], \quad \nabla^2 = \frac{\partial^2}{\partial x^2} + \frac{\partial^2}{\partial y^2} \tag{5.19}$$

表示二维的拉普拉斯算子。

外力在板弯曲时做的功, 设中平面作用的力为 σ_x, σ_y, τ, 中平面的某一点沿 x, y 轴的位移分别为 u, v, 要求 σ_x 做功, 就得求出 σ_x 作用的两端面的相互位移, 为此取出与 x 轴平行的纤维 AB, 如图 5.5 所示, 设点 A 沿 x 轴和 z 轴的位移分别为 u 和 w, 而 B 点为 $u + \frac{\partial u}{\partial x} \mathrm{d}x$ 和 $w + \frac{\partial w}{\partial x} \mathrm{d}x$, 于是得到 A_1 点和 B_1 点, 变形后的纤维 $A_1 B_1$ 长为

$$\mathrm{d}s_1 = \left[\left(\mathrm{d}x + \frac{\partial u}{\partial x} \mathrm{d}x \right)^2 + \left(\frac{\partial w}{\partial x} \mathrm{d}x \right)^2 \right]^{1/2}$$

或

$$ds_1 = dx\left[1 + 2\frac{\partial u}{\partial x} + \left(\frac{\partial u}{\partial x}\right)^2 + \left(\frac{\partial w}{\partial x}\right)^2\right]$$

将上式展成级数，只取级数的前两项，则得

$$ds_1 = dx\left[1 + \frac{\partial u}{\partial x} + \frac{1}{2}\left(\frac{\partial u}{\partial x}\right)^2 + \frac{1}{2}\left(\frac{\partial w}{\partial x}\right)^2\right]$$

由于板自身平面弯曲，因此 $\left(\dfrac{\partial u}{\partial x}\right)^2$ 比 $\left(\dfrac{\partial w}{\partial x}\right)^2$ 小得多，可以不计 $\left(\dfrac{\partial u}{\partial x}\right)^2$，于是最后得 $\varepsilon_x = \dfrac{\partial u}{\partial x} + \dfrac{1}{2}\left(\dfrac{\partial w}{\partial x}\right)^2$，同理，$\varepsilon_y = \dfrac{\partial v}{\partial y} + \dfrac{1}{2}\left(\dfrac{\partial w}{\partial y}\right)^2$。

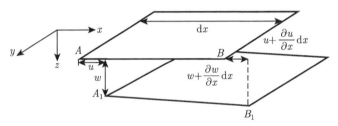

图 5.5　板微元的位移

按刚性板理论，中曲面的 ε_x，ε_y 等于零，于是得

$$\frac{\partial u}{\partial x} = -\frac{1}{2}\left(\frac{\partial w}{\partial x}\right)^2, \quad \frac{\partial v}{\partial y} = -\frac{1}{2}\left(\frac{\partial w}{\partial y}\right)^2$$

$x = 0$ 和 $x = a$ 的两边缘的相对接近率为

$$e_x = -\frac{1}{a}\int_0^a \frac{\partial u}{\partial x}dx = \frac{1}{2a}\int_0^a \left(\frac{\partial w}{\partial x}\right)^2 dx \tag{5.20}$$

若两边相互靠近，则 e_x 为正。设在弯曲过程中 σ_x 是常数，则功为

$$W_1 = \sigma_x e_x ta dy = \frac{1}{2}\int_0^a \sigma_x t\left[\int_0^a \left(\frac{\partial w}{\partial x}\right)^2 dx\right]dy \tag{5.21}$$

因为 σ_x 一般是沿着 b 边变化的，而 $y = 0$ 和 $y = a$ 两边的相对接近率为

$$e_y = -\frac{1}{b}\int_0^b \frac{\partial v}{\partial y}dy = \frac{1}{2b}\int_0^b \left(\frac{\partial w}{\partial y}\right)^2 dy \tag{5.22}$$

于是 σ_y 做的功为

$$W_2 = \frac{1}{2} \int_0^b \sigma_y t \left[\int_0^b \left(\frac{\partial w}{\partial y} \right)^2 \mathrm{d}y \right] \mathrm{d}x \tag{5.23}$$

求剪力 τt 做的功，为此先求出由于 u 和 v 引起 $\mathrm{d}x\mathrm{d}y$ 单元的剪切变形，如图 5.6(a) 所示为

$$\gamma' = \frac{\partial u}{\partial y} + \frac{\partial v}{\partial x} \tag{5.24}$$

由于 w 引起的剪切变形，如图 5.6(b) 所示为

$$\overline{M''N''} = \left[(\mathrm{d}x)^2 + \left(\frac{\partial w}{\partial x}\mathrm{d}x \right)^2 + (\mathrm{d}y)^2 + \left(\frac{\partial w}{\partial y}\mathrm{d}y \right)^2 \right.$$
$$\left. -2\sqrt{(\mathrm{d}x)^2 + \left(\frac{\partial w}{\partial x}\mathrm{d}x \right)^2} \sqrt{(\mathrm{d}y)^2 + \left(\frac{\partial w}{\partial y}\mathrm{d}y \right)^2} \cos\left(\frac{\pi}{2} - \gamma'' \right) \right]^{1/2} \tag{5.25}$$

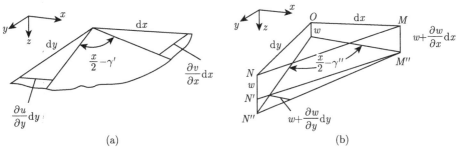

(a) (b)

图 5.6 微元的剪切变形

上式近似地为

$$\overline{M''N''} = \left\{ (\mathrm{d}x)^2 \left[1 + \left(\frac{\partial w}{\partial x} \right)^2 \right] + (\mathrm{d}y)^2 \left[1 + \left(\frac{\partial w}{\partial y} \right)^2 \right] - 2\gamma'' \mathrm{d}x\mathrm{d}y \right\}^{1/2} \tag{5.26}$$

另外从三角形 $\Delta N'N''M''$ 得

$$\overline{M''N''} = \left[(\mathrm{d}x)^2 + (\mathrm{d}y)^2 + \left(\frac{\partial w}{\partial y}\mathrm{d}y - \frac{\partial w}{\partial x}\mathrm{d}x \right)^2 \right]^{1/2} \tag{5.27}$$

比较式 (5.26) 和式 (5.27) 得

$$\gamma'' = \frac{\partial w}{\partial x}\frac{\partial w}{\partial y} \tag{5.28}$$

于是总剪切变形为

$$\gamma = \frac{\partial u}{\partial y} + \frac{\partial v}{\partial x} + \frac{\partial w}{\partial x}\frac{\partial w}{\partial y} \tag{5.29}$$

按刚性理论 $\gamma = 0$，则 $\gamma' = -\gamma''$。或

$$\gamma' = -\frac{\partial w}{\partial x}\frac{\partial w}{\partial y} \tag{5.30}$$

同时认为 τ 沿 a，b 边是常数，并令

$$g = \int_0^a \int_0^b \frac{\partial w}{\partial x}\frac{\partial w}{\partial y}\mathrm{d}x\mathrm{d}y \tag{5.31}$$

则 τt 做的功为

$$W_3 = \tau t g = \tau t \int_0^a \int_0^b \frac{\partial w}{\partial x}\frac{\partial w}{\partial y}\mathrm{d}x\mathrm{d}y \tag{5.32}$$

于是，所有外力做的功为

$$\begin{aligned} W = &\frac{t}{2}\left\{ \int_0^a \sigma_x \left[\int_0^a \left(\frac{\partial w}{\partial x}\right)^2 \mathrm{d}x \right]\mathrm{d}y + \int_0^b \sigma_y \left[\int_0^b \left(\frac{\partial w}{\partial y}\right)^2 \mathrm{d}y \right]\mathrm{d}x \right\} \\ &+ \tau t \int_0^a \int_0^b \frac{\partial w}{\partial x}\frac{\partial w}{\partial y}\mathrm{d}x\mathrm{d}y \end{aligned} \tag{5.33}$$

体系的总能量为

$$\Pi = U - W \tag{5.34}$$

这就是用能量法解板稳定问题的公式。

5.3　矩形板在中面力作用下的弹性屈曲

不同边界的矩形板在中面上受拉、压和剪力的单独作用下或组合荷载作用下，其弹性屈曲的形状和性能各不相同 [6,18]，大多数情况下均可以采用能量法得出较为精确的弹性屈曲载荷。随着 ANSYS、Marc、Abaqus、Adina 和 Nastran 等大型商业有限元软件的普及，对板件弹性屈曲和考虑初始缺陷与非线性的极限承载力进行数值分析也很方便，不但可以对板件进行分层，提高计算的精度，还可以对不同板件的计算过程实现可视化。许多在数值分析过程中反映的普遍特征可以

为解析分析提供必要的假设支撑。根据经典的板件荷载试验与有限元方法分析结论进行对比，一方面验证了有限元分析法的精度，另一方面可以通过有限元分析方法得到试验未提供的信息。当然，数值分析只是针对单一尺寸和参数确定的构件，没有理论的普遍指导意义，但对于通过简化方法从理论推导得出的解析解进行验证和数值修正起到至关重要的作用。

5.3.1 单向均匀受压简支板的弹性屈曲

1. 狭长板的弹性屈曲

如图 5.7(a) 所示的四边简支矩形板，设 $a \gg b$，是狭长板，沿长边 x 方向作用着单位长度为 $p_x = \sigma_x t$ 的均布压力，σ_x 为压应力，t 为狭长板的厚度，如轴心受压构件一样，板有微小变形时，板的支承点可以在板平面内自由移动，如图中的虚线所示。

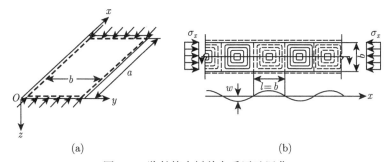

(a)　　　　　　　　　　(b)

图 5.7 狭长简支板单向受压及屈曲

由于板所承受的只是单向的均匀压力，所以中面力 $N_x = -p_x$，板的平衡方程为

$$D\left(\frac{\partial^4 w}{\partial x^4} + 2\frac{\partial^4 w}{\partial x^2 \partial y^2} + \frac{\partial^4 w}{\partial y^4}\right) + p_x \frac{\partial^2 w}{\partial x^2} = 0 \tag{5.35}$$

边界条件为简支，当 $y = 0$ 和 $y = b$ 时，

$$\frac{\partial^2 w}{\partial y^2} = 0 \tag{5.36}$$

设满足边界条件的平衡微分方程式 (5.35) 的解为

$$w = f \sin\frac{\pi x}{l} \sin\frac{n\pi y}{b} \tag{5.37}$$

我们认为沿短边是 n 个半波。因为对于狭长板来说，沿 x 轴波的形成是自由的，所以用 l 表示沿 x 轴半波的长度。将式 (5.37) 代入式 (5.35) 得

$$\left[\frac{\pi^4 D}{t}\left(\frac{1}{l^2}+\frac{n^2}{b^2}\right)^2 - \pi^2 \sigma_x \frac{1}{l^2}\right] f \sin\frac{\pi x}{l} \sin\frac{n\pi y}{b} = 0$$

因 $w \neq 0$，即 $f \neq 0$，则

$$\frac{\pi^2 D}{t}\left(\frac{1}{l^2}+\frac{n^2}{b^2}\right)^2 - \sigma_x \frac{1}{l^2} = 0 \tag{5.38}$$

由此，

$$\sigma_x = \left(\frac{b}{l}+\frac{n^2 l}{b}\right)^2 \frac{\pi^2 D}{b^2 t} \tag{5.39}$$

为了求得临界应力，应令 $n = 1$。此时 σ_x 又是 l/b 的函数，要求得 σ_x 的最小值，就得利用 $\dfrac{\partial \sigma_x}{\partial (l/b)} = 0$，由此得 $l = b$。所以狭长板的屈曲面是由一系列 $b \times b$ 的正方形组成，而每一部分沿 x 轴和 y 轴方向形成一个正弦半波。相邻部分正弦半波凸出方向相反，如图 5.7(b) 所示。

将 $l = b$ 代入式 (5.39)，得临界应力

$$\sigma_{xcr} = \frac{4\pi^2 D}{b^2 t} \tag{5.40}$$

或

$$\sigma_{xcr} = \frac{\pi^2}{3(1-\nu^2)} E\left(\frac{t}{b}\right)^2 \tag{5.41}$$

若取 $\nu \approx 0.3$，则

$$\sigma_{xcr} = 3.6 E\left(\frac{t}{b}\right)^2 \tag{5.42}$$

因现在分析的是弹性屈曲，当临界应力小于比例极限时，上式才能成立。

2. 非狭长板的弹性屈曲

当四边简支矩形板的长宽比 a/b 不是很大时，矩形板四边的边界条件对板的屈曲约束更明显，如图 5.8 所示。若取的满足边界条件的挠曲面可以用二重三角级数表示，则

$$w = \sum_{m=1}^{\infty} \sum_{n=1}^{\infty} A_{mn} \sin\frac{m\pi x}{a} \sin\frac{n\pi y}{b} \tag{5.43}$$

式中，m、n 分别是板屈曲时沿 x、y 轴方向的半波数，$m = 1, 2, 3, \cdots, n = 1, 2, 3, \cdots$；$A_{mn}$ 为各项的待定系数。

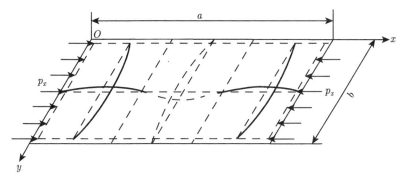

图 5.8 x 方向均匀受压的简支板

对 w 微分两次和四次后代入偏微分方程式 (5.35)，得

$$\sum_{m=1}^{\infty}\sum_{n=1}^{\infty} A_{mn}\left(\frac{m^4\pi^4}{a^4} + 2\frac{m^2n^2\pi^4}{a^2b^2} + \frac{n^4\pi^4}{b^4} - \frac{p_x}{D}\cdot\frac{m^2\pi^2}{a^2}\right)\sin\frac{m\pi x}{a}\sin\frac{n\pi y}{b} = 0$$

(5.44)

为简化分析，取与受压板屈曲位形最为接近的一项进行分析，即 x 方向为 m 个半波，y 方向为 n 个半波的屈曲位形。由于 $\sin\dfrac{m\pi x}{a}$ 和 $\sin\dfrac{n\pi y}{b}$ 均不为 0，因为如果 $A_{mn} = 0$，则板仍为平面的平衡状态，不符合有微小弯曲的条件，满足上面无穷项之和恒为 0 的唯一条件是每一项的系数中括弧内的式子为 0，即为板的屈曲条件：

$$\frac{m^4\pi^4}{a^4} + 2\frac{m^2n^2\pi^4}{a^2b^2} + \frac{n^4\pi^4}{b^4} - \frac{p_x}{D}\cdot\frac{m^2\pi^2}{a^2} = 0$$

式中，

$$p_x = \frac{a^2\pi^2 D}{m^2}\left(\frac{m^2}{a^2} + \frac{n^2}{b^2}\right)^2$$

(5.45a)

或者，

$$p_x = \frac{\pi^2 D}{b^2}\left(\frac{mb}{a} + \frac{n^2 a}{mb}\right)^2$$

(5.45b)

板的屈曲载荷应是式 (5.45b) 给出的 p_x 的最小值，只有 $n = 1$ 才可能使 p_x 具有最小值。这说明板凸曲时在 y 方向只有一个半波，而在 x 方向的半波数 m 也应使 p_x 具有最小值。可把 m 看作是连续函数，由 $\dfrac{\partial p_x}{\partial m} = 0$，可以得到 $m = a/b$，将其代入式 (5.45b) 后，得到

$$p_{crx} = \frac{4\pi^2 D}{b^2}$$

(5.46)

$m = a/b$ 必须是整数，将整数值代入式 (5.45b) 后才可得到式 (5.46)。如果 a/b 不是整数，则计算屈曲载荷时 m 取与比值 a/b 接近且使 p_{crx} 较小的整数。

$$p_{crx} = \frac{\pi^2 D}{b^2} \left(\frac{mb}{a} + \frac{a}{mb} \right)^2 \tag{5.47a}$$

或者，

$$p_{crx} = \frac{k\pi^2 D}{b^2} \tag{5.47b}$$

式中，$k = \left(\dfrac{mb}{a} + \dfrac{a}{mb} \right)^2$，称为屈曲系数，取决于板的长度和宽度的比值 a/b，其中的半波数 m 应使 k 值为最小。可以画出 k 与 a/b 的关系曲线如图 5.9 所示，图中实线表示比值 a/b 不同时的屈曲系数。当 $a/b \leqslant \sqrt{2}$ 时，取 $m = 1$；在 $\sqrt{2}$ 与 $\sqrt{6}$ 之间，$m = 2$；在 $\sqrt{6}$ 与 $\sqrt{12}$ 之间，$m = 3$，其余类推，m 为满足 $\sqrt{(m-1)\,m} < a/b \leqslant \sqrt{(m+1)\,m}$ 的整数。只有当 $a/b < \sqrt{2}$ 时，k 值的变化较大，而当 $a/b \geqslant 4.0$ 时，k 非常接近于最小值 $k_{\min} = 4.0$。所以对于狭长的均匀受压的四边简支板，屈曲系数均可用最小值。

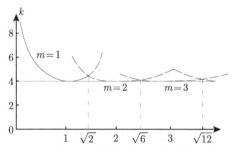

图 5.9   均匀受压四边简支板的屈曲系数

由式 (5.47a) 可以得到板的屈曲应力

$$\sigma_{crx} = p_{crx}/t = \frac{k}{12\left(1-\nu^2\right)} \cdot \frac{\pi^2 E}{(b/t)^2} \tag{5.48}$$

由上式可知，均匀受压板的屈曲应力与板的宽厚比的平方成反比，而与板的长度不直接相关。这与在第 2 章讨论的轴心受压构件的屈曲应力是不同的，它与构件长细比的平方成反比，当构件的截面尺寸为定值时，它与构件长度的平方成反比。

注意到在求解四边简支的均匀受压板的屈曲载荷时，在式 (5.44) 中每一项都有 $\sin\dfrac{m\pi x}{a}\sin\dfrac{n\pi y}{b}$，因此其可以从各项中分离出来，这样用平衡法求解就非常简便。但是当板的支承条件不是简支时，用平衡法就很难求解。譬如对于单向均匀受压的四边固定的板，满足边界条件的挠曲面函数如仍用二重三角级数，应是

$$w = \sum_{m=1}^{\infty}\sum_{n=1}^{\infty} A_{mn}\left(1-\cos\frac{2m\pi x}{a}\right)\left(1-\cos\frac{2n\pi y}{b}\right),$$ 如将此级数代入平衡方程

式 (5.35)，则从各项中无法分离出共有的三角函数，求解屈曲载荷将非常困难，这时可用能量法或数值法求解。

3. 受压简支板的随机弹性屈曲分析

采用 ANSYS 有限元软件基于概率设计方法对单向受压简支板的弹性屈曲进行随机分析 [25]，该分析方法包括两个步骤：一是对单向受压简支板的弹性屈曲进行分析；二是对前面的运算过程改成参数化设计语言 (APDL)，对不同随机分布的弹性参数重新赋值，通过完成一定数目样本的数值分析后，求出相关输出参数的随机分布特性，具体内容可参见第 3 章的蒙特卡罗随机有限元方法。模型尺寸的确定基于工程常用的尺寸范围，通过变化受压简支板的长宽比 a/b 和宽厚比 b/t 等参数，全面分析受压简支板弹性屈曲公式 (5.48) 中的参数对屈曲应力的影响。

ANSYS 提供两种结构屈曲载荷和屈曲模态的分析方法：特征值 (线性) 屈曲分析和非线性屈曲分析 [22]。特征值屈曲分析用于预测一个理想弹性结构的理论屈曲载荷或分岔点，该方法相当于弹性屈曲分析方法。例如，一个受压柱体结构的特征值屈曲分析的结果，将与经典欧拉解相当。但是，初始缺陷和非线性使得很多实际结构都不是在其弹性理论屈曲载荷处发生屈曲。因此，特征值屈曲分析得出的是非保守结果，通常不能用于实际的工程分析。

特征值屈曲分析可按如下步骤进行分析 [22,26,27]，具体分析过程参考相关有限元资料。

(1) 建立结构分析模型；

(2) 获得结构的静力解；

(3) 获得特征值屈曲解；

(4) 展开解；

(5) 观察屈曲分析结果。

1) 计算模型的选择

计算简图见图 5.8，受压板长为 a，宽为 b，沿长边 x 方向作用着单位长度为 $p_x = \sigma_x t$ 的均布压力，板的四边为简支边界条件，为防止数值分析出现刚体位移，由于受压板在加载方向为轴对称，一般取对称轴上两个边界点都约束横向位移，其中一个边界点还要约束纵向位移。

采用 SHELL181 单元，不考虑塑性。该单元有强大的非线性功能，适用于厚度较薄到中等厚度的板壳结构，该单元有 4 个节点，单元每个节点有 6 个自由度，分别为沿节点 x、y、z 方向的平动及绕节点 x、y、z 轴的转动。

在板件的有限元分析中，涉及板件材料的参数通常有弹性模量 E、泊松比 ν 和屈服强度 σ_y，为了便于与既有的研究资料对比，本书有限元分析时采用的材料计算参数均为 $E = 2.06 \times 10^5 \mathrm{MPa}$，$\nu=0.3$，$\sigma_y=235\mathrm{MPa}$，特殊情况下均单独说明，也便于读者对照分析和验证。受压简支板数值分析模型单元网格划分如图 5.10 所示。

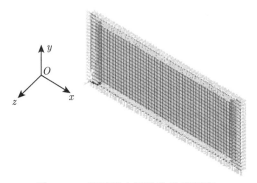

图 5.10　受压简支板数值分析模型

2) 模型计算参数及荷载工况分类

与板件的屈曲问题直接相关的参数为板件的长宽比 a/b 和宽厚比 b/t，在有限元分析时，为了简化问题通常设简支板的宽度 $b = 1.0\mathrm{m}$，通过板件长度和厚度的变化来考虑稳定问题的一般性。根据结构试验理论中的相似原理，这样做是合适的。设简支板的长度 a 满足区间 [0.5m,6m] 的均匀分布，t 满足区间 [2.5mm,20mm] 的均匀分布，这样，受压板长宽比 a/b 的变化区间为 [0.8,6.0]，宽厚比 b/t 的变化区间为 [50,400]。

计算工况荷载为均布节点荷载，为模拟均布压应力，受压板角点处的节点荷载只有其他节点荷载的一半。随机分析计算样本数取 1000，计算输出为随机分析的弹性屈曲应力 σ_{crx} 与式 (5.48) 的计算值 σ_{crxj} 之比 ζ。

3) 计算结论

长宽比 $a/b = 1$，厚度 $t = 4\mathrm{mm}$ 的单向受压简支板前 10 阶的屈曲位形如图 5.11 所示。数值分析[25]表明弹性屈曲位形均可以表达为 $w = \sin\dfrac{m\pi x}{a}\sin\dfrac{n\pi y}{b}$，$m$、$n$ 为整数，并不是像式 (5.43) 那样复杂的形式。从图 5.11 可知，单向荷载作用下，在荷载作用方向的抗弯曲刚度降低，而非加载方向上的刚度较大，因为前 3 阶的屈曲都是荷载作用方向的屈曲，第 4 阶才出现非荷载方向的半波数增加。当然，对于板幅面上的屈曲形式较为复杂时，根据傅里叶级数正交的特征，任何板面上的弯曲位形可以表示为弹性板件在特定荷载作用下的系列屈曲位形的叠加 [22,28]，如式 (5.43)。

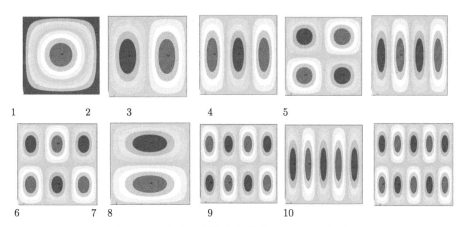

图 5.11　单向受压简支板的前 10 阶屈曲位形

ζ 随机分布较为均匀，样本的分布图和柱状图，如图 5.12 所示。ζ 的均值为 1.0003，方差为 6.999×10^{-4}；ζ 的最小值为 0.998，最大值为 1.001。

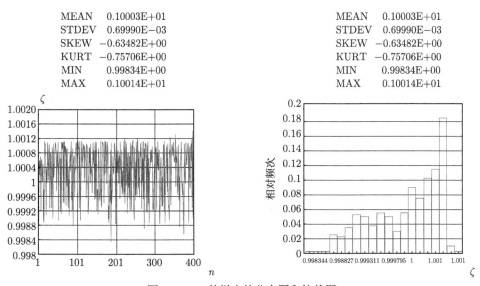

图 5.12　ζ 的样本的分布图和柱状图

因此，受压简支板的弹性屈曲应力解析解式 (5.48) 可以视为精确解。式 (5.48) 也表明受压简支板的屈曲应力可以表示为长宽比与宽厚比相关函数的乘积形式，这样，在后续分析结构的弹性屈曲应力时，可以分别通过长宽比和宽厚比的拟合公式的乘积形式来得出对应结构在特定边界条件下的屈曲应力一般公式。

5.3.2　加载边简支而非加载边为不同边界条件的单向受压板稳定

加载边简支而非加载边为不同边界条件的单向受压板屈曲时，屈曲面的平衡微分方程与式 (5.35) 相同，设解为

$$w = Y(y)\sin\frac{m\pi x}{a} \tag{5.49}$$

此处 $Y(y)$ 只是 y 的函数，表示在 y 轴方向的屈曲，沿 x 轴方向是 m 个正弦半波曲线，显然 w 是满足 $x=0$ 和 $x=a$ 的两边简支的边界条件。即当 $x=0$ 和 $x=a$ 时

$$w = 0, \quad \frac{\partial^2 w}{\partial x^2} + \nu\frac{\partial^2 w}{\partial y^2} = 0 \tag{5.50}$$

将式 (5.49) 代入式 (5.35) 是满足的，约去 $\sin\dfrac{m\pi x}{a}$，得

$$\frac{\mathrm{d}^4 Y}{\mathrm{d}y^4} - 2\left(\frac{m\pi}{a}\right)^2\frac{\mathrm{d}^2 Y}{\mathrm{d}y^2} + \left[\left(\frac{m\pi}{a}\right)^2 - \frac{\sigma_x t}{D}\right]\left(\frac{m\pi}{a}\right)^2 Y = 0 \tag{5.51}$$

令 $\dfrac{m\pi}{a} = \lambda$，则上式的特征方程为

$$k^4 - 2\lambda^2 k^2 + \left(\lambda^2 - \frac{\sigma_x t}{D}\right)\lambda^2 = 0 \tag{5.52}$$

或

$$\left(k^2 - \lambda^2\right)^2 = \lambda^2\frac{\sigma_x t}{D}$$

求得的根为

$$k_{1,2} = \sqrt{\lambda\left(\lambda + \sqrt{\frac{\sigma_x t}{D}}\right)}, \quad k_{3,4} = \sqrt{\lambda\left(\lambda - \sqrt{\frac{\sigma_x t}{D}}\right)}$$

因为沿边缘 $y=0$ 和 $y=b$ 受到约束，通常使 $\sigma_x > \lambda^2 D/t$，所以根 $k_{3,4}$ 是虚根，引用符号为

$$\alpha = \sqrt{\lambda\left(\sqrt{\frac{\sigma_x t}{D}} + \lambda\right)}, \quad \beta = \sqrt{\lambda\left(\sqrt{\frac{\sigma_x t}{D}} - \lambda\right)} \tag{5.53}$$

式 (5.51) 的一般解为

$$Y(y) = C_1 \cosh \alpha y + C_2 \sinh \alpha y + C_3 \cos \beta y + C_4 \sin \beta y \tag{5.54}$$

下面分别研究沿 x 边的不同约束情况 [29]。

1. 两纵向边完全固定

如图 5.13 所示，边界条件：当 $y = 0$ 和 $y = b$ 时，$w = 0$，$\dfrac{\partial w}{\partial y} = 0$。

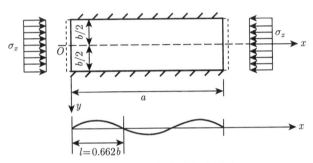

图 5.13 两纵向边固定受压板

亦即

$$Y = 0, \quad \frac{\mathrm{d}Y}{\mathrm{d}y} = 0 \tag{5.55}$$

利用这些条件：

$$Y(0) = 0, \quad 得 C_1 + C_3 = 0, \quad Y'(0) = 0, \quad 得 \alpha C_2 + \beta C_4 = 0 \tag{5.56}$$

$$Y(b) = 0, \quad 得 C_1(\cosh \alpha b - \cos \beta b) + C_2\left(\sinh \alpha b - \frac{\alpha}{\beta} \sin \beta b\right) = 0 \tag{5.57}$$

$$Y'(b) = 0, \quad 得 C_1\left(\sinh \alpha b + \frac{\beta}{\alpha} \sin \beta b\right) + C_2(\cosh \alpha b - \cos \beta b) = 0 \tag{5.58}$$

利用系数行列式为 0：

$$\begin{vmatrix} \cosh \alpha b - \cos \beta b & \sinh \alpha b - \dfrac{\alpha}{\beta} \sin \beta b \\[2mm] \sinh \alpha b + \dfrac{\beta}{\alpha} \sin \beta b & \cosh \alpha b - \cos \beta b \end{vmatrix} = 0$$

展开得

$$(\cosh \alpha b - \cos \beta b)^2 - \left(\sinh \alpha b + \frac{\beta}{\alpha} \sin \beta b\right)\left(\sinh \alpha b - \frac{\alpha}{\beta} \sin \beta b\right) = 0 \tag{5.59}$$

由式 (5.53)，得

$$\alpha^2 + \beta^2 = 2\lambda\sqrt{\frac{\sigma_x t}{D}}, \quad \alpha^2 - \beta^2 = 2\lambda^2 \tag{5.60}$$

利用式 (5.59) 和式 (5.60) 可以求得临界应力。

考虑到屈曲位形的对称性，将 x 轴移到中央，则式 (5.54) 中的 $C_2 = C_4 = 0$，于是解为

$$Y(y) = C_1 \cosh \alpha y + C_3 \cos \beta y \tag{5.61}$$

边界条件为 $y = \pm\dfrac{b}{2}$ 时，

$$Y = 0, \quad Y' = 0 \tag{5.62}$$

利用式 (5.62)，得

$$C_1 \cosh \frac{\alpha b}{2} + C_3 \cos \frac{\beta b}{2} = 0$$

$$C_1 \alpha \sinh \frac{\alpha b}{2} - C_3 \beta \sin \frac{\beta b}{2} = 0$$

利用系数行列式为 0，展开得

$$\alpha \tanh \frac{ab}{2} + \beta \tan \frac{\beta b}{2} = 0 \tag{5.63}$$

引入

$$\xi = \frac{\alpha b}{2}, \quad \eta = \frac{\beta b}{2} \tag{5.64}$$

于是，式 (5.63) 为

$$-\xi \tanh \xi = \eta \tan \eta \tag{5.65}$$

由式 (5.60)，得

$$\sigma_x = \frac{4D}{\pi^2 b^2 t} \left(\frac{a}{mb}\right)^2 (\xi^2 + \eta^2)^2 \tag{5.66}$$

$$\xi^2 - \eta^2 = \frac{1}{2} \left(\frac{\pi mb}{a}\right)^2 \tag{5.67}$$

于是，利用式 (5.65) 和式 (5.67) 求出 ξ 和 η，代入式 (5.66)，求出临界应力。

在图 5.14 上画出按式 (5.65) 计算得到的一系列 $\eta(\xi)$ 曲线，交纵坐标于 $\pi, 2\pi, 3\pi, \cdots$，而 $\eta(\xi)$ 的曲线图为 S。再按式 (5.67) 计算，当已知 mb/a 等于不同值时，画出双曲线。因为 σ_x 与 $\xi^2 + \eta^2$ 成正比，所以，应当取两条曲线交点的最小值 ξ 和 η，即 S 曲线与双曲线的交点。

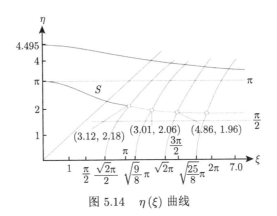

图 5.14 $\eta(\xi)$ 曲线

若将 σ_x 按式 (5.48) 写成

$$\sigma_{xcr} = k\frac{\pi^2 D}{b^2 t}$$

式中,

$$k = \frac{4}{\pi^4}\left(\frac{a}{mb}\right)^2 (\xi^2 + \eta^2)^2 \tag{5.68}$$

当 $\dfrac{a}{mb} = 1$ 时,得 $k = 8.67$;当 $\dfrac{a}{mb} = 0.67$ 时,得 $k = 7.00$;当 $\dfrac{a}{mb} = 0.5$ 时,得 $k = 7.80$。故随着 m 和 a/b 的不同数值,可算得一系列 k 值,如表 5.1 中所列。

表 5.1 k 值表

a/b	0.1	0.5	0.6	0.7	0.8	0.9	1.0
k	9.44	7.69	7.05	7.00	7.29	7.83	7.69
数值解	—	4.65	5.29	5.93	6.57	7.21	7.85

从表 5.1 中可看出,当 $0.6 < \dfrac{a}{b} < 0.7$ 时,k 有最小值。根据计算,求得当 $a/(mb) = 0.662$ 时,$k = 6.97$,则 $\sigma_{xcr} = 6.97\dfrac{\pi^2 D}{b^2 t}$,约为四边简支板的临界应力的 1.7 倍,这说明单向受压狭长板屈曲的半波长较短,约为四边简支板的 0.662 倍,如图 5.13 所示。

再用里茨法求近似解。设满足边界条件的解为

$$w = f\sin\frac{m\pi x}{a}\sin^2\frac{\pi y}{b} \tag{5.69}$$

利用式 (5.69) 求得体系的弯曲能为

$$U = \frac{1}{2}D \iint\limits_{F} \left[\left(\nabla^2 w \right)^2 - (1-\nu) L\left(w,w\right) \right] \mathrm{d}x \mathrm{d}y = \frac{\pi^2}{32} D f^2 \left(\frac{3m^4 b}{a^3} + \frac{8m^2}{ab} + \frac{16a}{b^2} \right)$$

(5.70)

式中，F 为简支板的幅面区域。

利用式 (5.69) 求得体系的外力功为

$$W = \frac{1}{2} \sigma_x t \iint\limits_{F} \left(\frac{\partial w}{\partial x} \right)^2 \mathrm{d}x \mathrm{d}y = \frac{3b}{64a} \sigma_x t f^2 m^2 \pi^2$$

(5.71)

利用 $U = W$，得

$$\sigma_x = \frac{\pi^2 D}{b^2 t} \left(\frac{1}{\lambda^2} + \frac{8}{3} + \frac{16}{3} \lambda^2 \right)$$

(5.72)

式中，$\lambda = \dfrac{a}{mb}$。

若 $a \gg b$，再利用 $\dfrac{\partial \sigma_x}{\partial \lambda} = 0$，求得 $\lambda^2 = \dfrac{\sqrt{3}}{4}$，则 $\lambda = 0.658$，得

$$\sigma_{xcr} = 7.3 \frac{\pi^2 D}{b^2 t}$$

(5.73)

与前面结果比较，λ 接近前面的 0.662，而临界应力约大 4‰。

采用随机有限元方法分析时，取受压板长 $a = 1.2\mathrm{m}$，宽 $b = 1.0\mathrm{m}$，宽厚比 b/t 变化范围为 [50，500]，计算样本数为 100，数值分析得出加载边简支、两纵向边固结受压板的弹性屈曲应力 σ_{cxcr} 与四边简支板的弹性屈曲应力 σ_{sxcr} 之比 ξ 介于 1.819~1.832，如图 5.15 所示，表明宽厚比对 σ_{cxcr} 无影响。

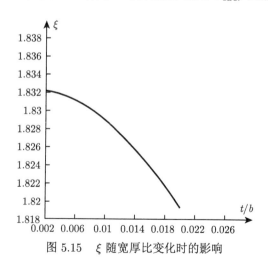

图 5.15　ξ 随宽厚比变化时的影响

设板的宽厚比为 250，长宽比 a/b 变化时，加载边简支、两纵向边固结受压板的弹性屈曲应力 σ_{cxcr} 与四边简支板的弹性屈曲应力 σ_{sxcr} 的比值 ξ 的关系曲线如图 5.16 所示。根据假定板件的弹性屈曲应力可以分别表达为长宽比和宽厚比相关函数的乘积的形式，在通过随机有限元方法计算出 ξ 与长宽比 a/b 的关系后，加载边简支、两纵向边固结单向受压板的弹性屈曲应力公式可以写成

$$\sigma_{cxcr} = \xi\sigma_{sxcr} \tag{5.74}$$

式中，ξ 为 a/b 的函数，两者的关系曲线 (图 5.16) 可以当作图表使用。对比表 5.1 的 k 值，可以看出当 a/b 较大时，解析解式 (5.68) 的精度较高；当 $a/b < 1$ 时，式 (5.68) 的误差较大。

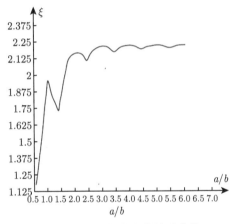

图 5.16 ξ 与长宽比的关系曲线

2. 一纵向边简支而另一边自由

如图 5.17 所示，边界条件为 $y = 0$，$w = 0$ 时，

$$\frac{\partial^2 w}{\partial y^2} + \nu\frac{\partial^2 w}{\partial x^2} = 0 \tag{5.75}$$

$y = b$ 时，

$$\frac{\partial^2 w}{\partial y^2} + \nu\frac{\partial^2 w}{\partial x^2} = 0, \quad \frac{\partial^3 w}{\partial y^3} + (2 - \nu)\frac{\partial^3 w}{\partial x^2 \partial y} = 0 \tag{5.76}$$

根据式 (5.75)，由式 (5.54) 得

$$C_1 + C_3 = 0 \tag{5.77}$$

$$C_1\alpha^2 - C_3\beta^2 - \nu\frac{m^2\pi^2}{a^2}(C_1 + C_3) = 0 \tag{5.78}$$

由此，得 $C_1 = C_3 = 0$，再按式 (5.76)，由式 (5.54) 得

$$C_2 \left(\alpha^2 - \nu \frac{m^2\pi^2}{a^2} \right) \sinh \alpha b - C_4 \left(\alpha^2 + \nu \frac{m^2\pi^2}{a^2} \right) \sin \beta b = 0$$

$$C_2 \alpha \left(\alpha^2 - (2-\nu) \frac{m^2\pi^2}{a^2} \right) \cosh \alpha b - C_4 \beta \left(\beta^2 + (2-\nu) \frac{m^2\pi^2}{a^2} \right) \cos \beta b = 0$$

$$(5.79)$$

利用系数行列式为 0，得特征方程

$$\frac{\beta^2 - \nu \dfrac{m^2\pi^2}{\alpha^2}}{\beta^2 + \nu \dfrac{m^2\pi^2}{\alpha^2}} = \frac{\alpha \tan \beta b}{\beta \tanh \alpha b} \tag{5.80}$$

解式 (5.80)，即可求得临界应力。

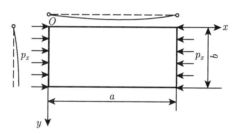

图 5.17　一纵向边自由的三边简支受压板

从式 (5.80) 可看出，当 $m = 1$ 时，σ_{xcr} 才得极小值。这就是说，沿 x 轴只能形成一个半波。如图 5.17 所示。按 $\sigma_{xcr} = k \dfrac{\pi^2 D}{b^2 t}$，根据 $\nu = 0.25$ 和不同的 a/b 值，将求得的 k 值列在表 5.2 中。数值分析时采用的 $\nu = 0.3$，如表 5.2 所示，解析解的误差较大。

表 5.2　一纵向边简支而另一边自由的屈曲系数

a/b	0.5	0.6	0.8	1.0	1.2	1.4	1.6	1.8	2.0	2.5	3.0	4.0	5.0	∞
k	4.40	3.65	2.15	1.44	1.135	0.952	0.835	0.775	0.698	0.61	0.564	0.516	0.50	0.456
有限元分析	3.765	2.580	1.808	1.234	1.12	1.024	0.752	0.753	0.672	0.604	0.522	0.516	0.464	—

从表 5.2 中可看出，随着 a/b 的增加，临界应力减小。当 $a/b > 5$ 时，k 值按下式近似计算：

$$k = 0.456 + \frac{b^2}{a^2} \tag{5.81a}$$

下面用瑞利–里茨法求解。

1) 板的总势能

因 $p_y = 0$，$p_{xy} = 0$，由式 (5.18) 和式 (5.33) 得到总势能

$$\Pi = \frac{D}{2} \int_0^a \int_0^b \left\{ \left(\frac{\partial^2 w}{\partial x^2} + \frac{\partial^2 w}{\partial y^2} \right)^2 - 2(1-\nu) \left[\frac{\partial^2 w}{\partial x^2} \times \frac{\partial^2 w}{\partial y^2} - \left(\frac{\partial^2 w}{\partial x \partial y} \right)^2 \right] \right\} \mathrm{d}x \mathrm{d}y$$

$$- \frac{1}{2} \int_0^a \int_0^b p_x \left(\frac{\partial^2 w}{\partial x^2} \right)^2 \mathrm{d}x \mathrm{d}y \tag{1}$$

2) 假定板的挠曲面函数为

$$w = f y \sin \frac{m \pi x}{a} \tag{2}$$

此函数符合几何边界条件，当 $x=0$ 和 $x=a$ 时，$w=0$；当 $y=0$ 时，$w=0$；当 $y=b$ 时，$w \neq 0$。

将式 (2) 的微分代入式 (1)，经积分后得到

$$\Pi = \frac{D}{2} f^2 \frac{m^2 \pi^2}{a^2} \left[\frac{m^2 \pi^2 b^2}{6a^2} + (1-\nu) \right] ab - \frac{p_x}{12} f^2 \frac{m^2 \pi^2}{a^2} \times ab^3 \tag{3}$$

3) 根据势能驻值原理求解屈曲载荷

由 $\dfrac{\mathrm{d}\Pi}{\mathrm{d}f} = 0$ 得

$$f \left\{ \frac{D m^2 \pi^2 b}{a} \left[\frac{m^2 \pi^2 b^2}{a^2} + (1-\nu) \right] - p_x \frac{m^2 \pi^2 b^3}{a} \right\} = 0 \tag{4}$$

因为 $f \neq 0$，故

$$p_x = \left[\frac{m^2 \pi^2 b^2}{a^2} + 6(1-\nu) \right] \frac{D}{b^2} \tag{5}$$

当 $m=1$ 时可以得到 p_x 的最小值，用 $\nu = 0.3$，可得到板的屈曲载荷

$$p_{crx} = \left(0.425 + \frac{b^2}{a^2} \right) \frac{\pi^2 D}{b^2} = k \frac{\pi^2 D}{b^2} \tag{6}$$

屈曲系数 $k = 0.425 + \dfrac{b^2}{a^2}$，当 $a \gg b$ 时，$k \approx 0.425$。通过以上计算可知，均匀受压的三边简支板在 x 和 y 方向都是以一个半波发生凸曲的。

采用随机有限元方法分析时，取受压板长 $a = 1.2\mathrm{m}$，宽 $b = 1.0\mathrm{m}$，宽厚比 b/t 变化范围为 $[50, 500]$，计算样本数为 200，数值分析表明弹性屈曲应力 σ_{srxcr}

与四边简支板的弹性屈曲应力 σ_{sxcr} 之比 ξ 介于 0.266~0.267，曲线与图 5.15 类同，可以认为宽厚比对 σ_{srxcr} 无影响。

设板的宽厚比为 250，长宽比 a/b 变化时，弹性屈曲应力 σ_{srxcr} 与四边简支板的弹性屈曲应力 σ_{sxcr} 相比的关系曲线如图 5.18 所示，与前面的分析一样，显然该曲线可以当图表使用。该近似公式可拟合成下式

$$\sigma_{srxcr} = \frac{\sigma_{sxcr}}{-0.38\left(\dfrac{a}{b}\right)^2 + 3.73\dfrac{a}{b} - 0.11} \tag{5.81b}$$

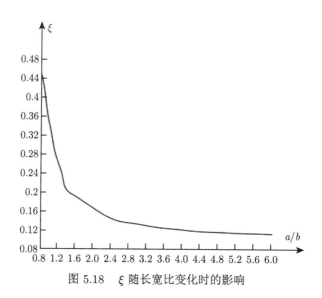

图 5.18　ξ 随长宽比变化时的影响

3. 一纵向边完全固定另一边自由

如图 5.19 所示，边界条件为当 $y = 0$ 时，$w = 0$，$\dfrac{\partial w}{\partial y} = 0$，而另一个与式 (5.76) 相同。利用边界条件，由式 (5.54) 得

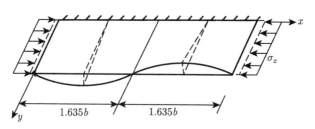

图 5.19　一纵向边固定一边自由受压板的屈曲

$$w(0) = 0, \quad 得 C_1 + C_3 = 0, \quad 即 C_1 = -C_3$$
$$w'(0) = 0, \quad 得 C_2\alpha + C_4\beta = 0, \quad 则 C_4 = -\frac{\alpha}{\beta}C_2 \tag{5.82}$$

按式 (5.76)，由式 (5.54) 得

$$C_1\alpha^2 \cosh\alpha b + C_2\alpha^2 \sinh\alpha b + C_1\beta^2 \cos\beta b + C_2\alpha\beta \sin\beta b$$
$$- \nu\frac{m^2\pi}{a^2}\left(C_1 \cosh\alpha b + C_2 \sinh\alpha b - C_1 \cos\beta b - \frac{\alpha}{\beta}C_2 \sin\beta b\right) = 0 \tag{5.83}$$

$$C_1\alpha^3 \sinh\alpha b + C_2\alpha^3 \cosh\alpha b - C_1\beta^3 \sin\beta b + C_2\alpha\beta^2 \cos\beta b$$
$$+ (2-\nu)\frac{m^2\pi^2}{a^2}(C_1\alpha \sinh\alpha b - C_2 \cosh\alpha b + C_1\beta \sin\beta b - C_2\alpha \cos\beta b) = 0 \tag{5.84}$$

利用系数行列式为 0，得

$$2\gamma\delta + (\gamma^2 + \delta^2)\cosh\alpha b \cos\beta b = \frac{\alpha^2\gamma^2 - \beta^2\delta^2}{\alpha\beta}\sinh\alpha b \sin\beta b \tag{5.85}$$

式中，

$$\gamma = \alpha^2 - (2-\nu)\frac{m^2\pi^2}{a^2}, \quad \delta = \beta^2 + (2-\nu)\frac{m^2\pi^2}{a^2} \tag{5.86}$$

对于已知的比值 a/b 和 ν 值，临界应力可由式 (5.85) 求得。对于较短的板，计算表明短板沿 x 轴屈曲成一个半波，所以计算时，应取 $m = 1$。若 σ_{cr} 按式 (5.47b) 计算，则 k 值将随 a/b 值的不同而不同。

采用随机有限元方法分析时，取受压板长 $a = 1.2\text{m}$，宽 $b = 1.0\text{m}$，宽厚比 b/t 变化范围为 [50，500]，计算样本为 100，数值分析弹性屈曲应力 σ_{crx} 与四边简支板的弹性屈曲应力 σ_{cr0} 之比 ζ 介于 0.368～0.369，可以认为宽厚比对 σ_{crx} 无影响。

当宽厚比为 250 时，长宽比 a/b 变化时，一边固定一边自由受压板的弹性屈曲应力 σ_{crx} 与四边简支板的弹性屈曲应力 σ_{cr0} 的比值 ξ 的关系曲线如图 5.20 所示，该曲线可以当作插值函数曲线使用。从图中可以看出在板的长宽比 a/b 为 1.4 时，ξ 最小，约为 0.325。在长宽比小于 1.4 时，ξ 随长宽比增加而减小；在长宽比大于 1.4 时，ξ 随长宽比增加而增加。

4. 欧拉板和一边固结一边简支受压板

加载边简支，非加载边自由的情形实际上是 "欧拉板"，可以看成受压板的特殊情形，屈曲载荷比四边简支板的屈曲应力小很多。欧拉板的屈曲应力计算同欧拉公式，欧拉板可以看成截面为狭长矩形的简支压杆。

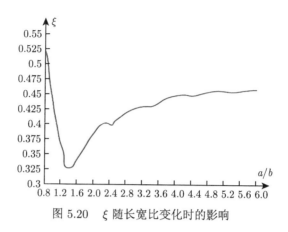

图 5.20　ξ 随长宽比变化时的影响

采用随机有限元方法分析非加载边一边固结一边简支，将其弹性屈曲应力表示成式 (5.47b) 的形式，其屈曲系数 k 与长宽比 a/b 的关系如图 5.21 所示。从图中可看出，受压板长宽比 a/b 分别为 0.7、1.1 和 1.4 时屈曲系数 k 出现了峰值点。当长宽比大于 1.4 时，k 随着长宽比增大而增大，k 的最大值为 7.24。

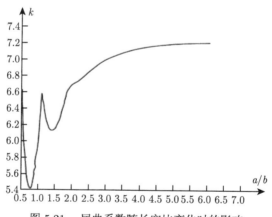

图 5.21　屈曲系数随长宽比变化时的影响

边界条件的不同导致屈曲载荷的变化，前面分别从近似法和随机有限元方法进行了分析。最后给出各种不同约束条件下单向受压板的屈曲系数 k 值，其是随着长宽比 a/b 和边界条件的不同而改变的，如图 5.22 所示。

从图 5.22 可看出，狭长板纵向边为完全固定的临界应力比简支边增加了 9/4 倍。这说明纵边具有足够的抗扭刚度，使纵边的转角为 0，这样可提高受压板的临界荷载。可是实际结构难以保证纵边的足够抗扭刚度。所以，我们必须将纵向边考虑成弹性边界来计算稳定，受压板的屈曲系数 k 与系数 α 有关，即 $\alpha = bD/(GI_t)$，b 是板宽，GI_t 是纵边抗扭刚度。$\alpha = \infty$ 相当于自由，$\alpha = 0$ 相当于完全固定。

为了更好地应用图 5.22，加载边简支的受压板可以根据经验估算非加载边的弹性刚度，先由长宽比查到刚度较为接近的两类边界对应的屈曲系数，再根据系数 α 进行插值得出非加载边为弹性边界的受压板的屈曲系数，这将在弹性边界板中讨论。

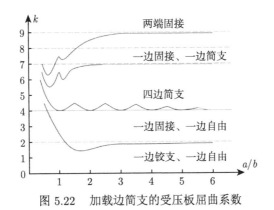

图 5.22 加载边简支的受压板屈曲系数

如果板的加载边不是简支而是固定的，屈曲系数 k 将有所提高，但是当 $a/b \geqslant 2$ 时，k 值提高的幅度很小，只有当 $a/b < 2$ 时，提高的幅度才很大。图 5.23 表示了各种支承条件板的屈曲系数，其中序号 1 为非加载边一边简支，一边自由；2 为一边固定，一边自由；3 为两边简支；4 为一边简支，一边固定；5 为两边固定。图中实线表示板的加载边是简支的，而虚线表示加载边是固定的。从图 5.23 可知，对于单向均匀受压的狭长板，试图用横向加劲肋来改变板的长宽比 a/b 从而提高屈曲系数并无明显效果，如把加劲肋的间距取得小于 $2b$ 又很不经济。对于很宽的薄板，如采用纵向加劲肋以减小宽度 b 倒是有效的。

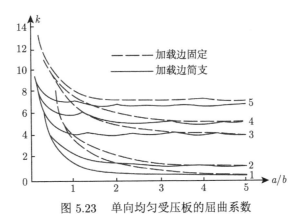

图 5.23 单向均匀受压板的屈曲系数

5.3.3　单向非均匀受弯简支板的弹性屈曲

在均匀压力和弯矩的共同作用下，图 5.24 所示四边简支板的截面应力为线形分布，上边缘的最大压应力为 σ_1，下边缘的应力为 σ_2，截面上任意一点的应力为 σ，计算时以压应力为正值，拉应力为负值。如以 $\alpha_0 = \dfrac{\sigma_1 - \sigma_2}{\sigma_1}$ 表示应力梯度，则距上边缘 y 处的应力为

$$\sigma = \sigma_1(1 - \alpha_0 y/b) \tag{5.87}$$

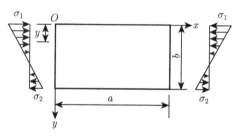

图 5.24　非均匀受压简支板

在式 (5.87) 中，当 $\alpha_0 = 0$ 时即为均匀受压的板，而当 $\alpha_0 = 2$ 时为纯弯作用的板。用瑞利–里茨法求解板的屈曲载荷时，对于四边简支的板，符合边界条件的挠曲面函数也用二重三角级数表示：

$$w = \sum_{m=1}^{\infty} \sum_{n=1}^{\infty} A_{mn} \sin \frac{m\pi x}{a} \sin \frac{n\pi y}{b} \tag{5.88}$$

作用于中面的单位长度的荷载为 $p_x = \sigma_1 t\,(1 - \alpha_0 y/b) = p_{x1}\,(1 - \alpha_0 y/b)$，而 $p_{x1} = \sigma_1 t$，板的屈曲载荷将以此边缘荷载 p_{x1} 为准。$p_y = 0$，$p_{xy} = 0$。

按式 (5.33) 计算外力势能时需利用下述定积分计算公式：

$$\int_0^b y \sin \frac{m\pi y}{b} \sin \frac{n\pi y}{b}\,\mathrm{d}y = \begin{cases} b^2/4 & (\text{当}\,m = n\,\text{时}) \\ 0 & (\text{当}\,m \neq n\,\text{且}\,m \pm n\,\text{为偶数时}) \\ -\dfrac{4b^2}{\pi^2} \times \dfrac{mn}{(m^2 - n^2)^2} & (\text{当}\,m \neq n\,\text{且}\,m \pm n\,\text{为奇数时}) \end{cases}$$

由式 (5.18) 和式 (5.33) 得到板的总势能

$$\begin{aligned} \Pi =& \frac{D}{2} \int_0^a \int_0^b \left\{ \left(\frac{\partial^2 w}{\partial x^2} + \frac{\partial^2 w}{\partial y^2} \right)^2 - 2\,(1 - \nu) \left[\frac{\partial^2 w}{\partial x^2} \times \frac{\partial^2 w}{\partial y^2} - \left(\frac{\partial^2 w}{\partial x \partial y} \right)^2 \right] \right\} \mathrm{d}x \mathrm{d}y \\ & - \frac{1}{2} \int_0^a \int_0^b p_x \left(\frac{\partial w}{\partial x} \right)^2 \mathrm{d}x \mathrm{d}y \end{aligned}$$

$$= \frac{\pi^4}{8} Dab \sum_{m=1}^{\infty} \sum_{n=1}^{\infty} A_{mn}^2 \left(\frac{m^2}{a^2} + \frac{n^2}{b^2} \right)^2 - \frac{p_{x1}ab}{8} \sum_{m=1}^{\infty} \sum_{n=1}^{\infty} A_{mn}^2 \frac{m^2 \pi^2}{a^2}$$

$$+ \frac{\alpha_0 p_{x1} a}{4b} \sum_{m=1}^{\infty} \frac{m^2 \pi^2}{a^2} \left[\frac{b^2}{4} \sum_{n=1}^{\infty} A_{mn}^2 - \frac{8b^2}{\pi^2} \sum_{m=1}^{\infty} \sum_{n=1}^{\infty} mn \frac{A_{mn}^2}{(m^2 - n^2)^2} \right] \quad (5.89)$$

式中，$m = 1, 2, \cdots$，因为当 $m + n$ 为偶数时，前面给出的定积分为 0，故 n 只应取 $m + n$ 为奇数的数值。

为了便于得到近似解，Timoshenko 在计算板的屈曲载荷时只取了二重三角级数中的三项：

$$w = A_{11} \sin \frac{\pi x}{a} \sin \frac{\pi y}{b} + A_{12} \sin \frac{\pi x}{a} \sin \frac{2\pi y}{b} + A_{13} \sin \frac{\pi x}{a} \sin \frac{3\pi y}{b} \quad (5.90)$$

式中，用了 $m = 1$，说明此四边简支板屈曲时在 x 方向只形成一个半波，半波的长度即为 a。将式 (5.90) 代入总势能的计算公式，经积分后得到 Π，由势能驻值条件 $\frac{\partial \Pi}{\partial A_{11}} = 0$，$\frac{\partial \Pi}{\partial A_{12}} = 0$ 和 $\frac{\partial \Pi}{\partial A_{13}} = 0$，分别可得

$$\left[D\pi^4 \left(\frac{1}{a^2} + \frac{1}{b^2} \right)^2 - p_{x1} \frac{(2 - \alpha_0)}{2} \times \frac{\pi^2}{a^2} \right] A_{11} + p_{x1} \frac{16\alpha_0}{9a^2} A_{12} = 0 \quad (5.91a)$$

$$p_{x1} \frac{16\alpha_0}{9a^2} A_{11} + \left[D\pi^4 \left(\frac{1}{a^2} + \frac{4}{b^2} \right)^2 - p_{x1} \frac{(2 - \alpha_0)}{2} \times \frac{\pi^2}{a^2} \right] A_{12} + p_{x1} \frac{48\alpha_0}{25a^2} A_{13} = 0$$
$$(5.91b)$$

$$p_{x1} \frac{48\alpha_0}{25a^2} A_{12} + \left[D\pi^4 \left(\frac{1}{a^2} + \frac{9}{b^2} \right)^2 - p_{x1} \frac{(2 - \alpha_0)}{2} \times \frac{\pi^2}{a^2} \right] A_{13} = 0 \quad (5.91c)$$

由以上三式中的系数行列式为 0，即可解得 p_{x1}，其中的最小值即为屈曲载荷。

如令 $\alpha = a/b$，对于 $\alpha_0 = 2$ 的纯弯曲板，屈曲载荷

$$p_{crx1} = k\pi^2 D / b^2 \quad (5.92)$$

屈曲系数

$$k = \frac{\pi^2 (1 + \alpha^2)(1 + 4\alpha^2)(1 + 9\alpha^2)}{32\alpha^2 \sqrt{(1 + \alpha^2)^2 \times 9/625 + (1 + 9\alpha^2)^2 \times 1/81}} \quad (5.93a)$$

当 $\alpha = 2/3$ 时，可以得到屈曲系数的最小值为 $k = 23.9$，此后当 a 远超过 $2b/3$ 时，纯弯曲的四边简支板将形成长度为 $2b/3$ 的一系列半波。当 $a/b < 2/3$ 时，$m = 1$，屈曲系数的近似值为

$$k = 15.87 + 1.87/\alpha^2 + 8.6\alpha^2 \tag{5.93b}$$

图 5.25 给出了纯弯板的屈曲系数，实线为四边简支板，虚线为非加载边固定的板，其 k 的最小值为 39.6。

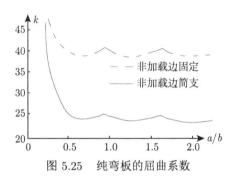

图 5.25　纯弯板的屈曲系数

当 $a/b > 2/3$ 时，非均匀受弯、应力梯度为 α_0 的四边简支板的弹性屈曲系数 k 之值可见表 5.3。此值也可按下列近似公式确定：

$$k = 2\alpha_0^3 + 2\alpha_0 + 4 \tag{5.94a}$$

如果上式用应力比值 $\varphi = \sigma_2/\sigma_1$ 表示，则

$$k = 2\left(1 - \varphi\right)^3 + 2\left(1 - \varphi\right) + 4 \tag{5.94b}$$

表 5.3　非均匀受弯简支板的弹性屈曲系数 k

α_0	0	0.2	0.4	0.6	0.8	1.0	1.2	1.4	1.6	1.8	2.0
式 (5.91)	4.000	4.443	4.992	5.689	6.595	7.812	9.503	11.668	15.183	19.524	23.922
式 (5.94a)	4.000	4.416	4.928	5.632	6.624	8.000	9.856	12.288	15.392	19.264	24.000

1. 纯弯情形的随机分析

采用随机有限元方法分析纯弯情形板的弹性屈曲，取简支板长 $a = 1.2\mathrm{m}$，宽 $b = 1.0\mathrm{m}$，宽厚比 b/t 变化范围为 $[50, 500]$，计算样本为 1000，数值分析的弹性屈曲最大应力 σ_{1cr} 与四边简支板的弹性屈曲应力 σ_{cr0} 之比 ξ 介于 5.863~5.894，因此，可以认为宽厚比对 σ_{1cr} 无影响。

取宽厚比为 250，长宽比 a/b 变化时，纯弯弹性屈曲最大应力 σ_{1cr} 与四边简支板单向均匀受压的弹性屈曲应力 σ_{cr0} 之比 ξ 的关系曲线如图 5.26 所示，当简

支板的长宽比 a/b 变化时，纯弯屈曲时的最大应力 σ_1 约为受压简支板的屈曲应力的 21.4~26.5 倍，当 $a/b > 1.6$ 时，ξ 约为 6.0，纯弯屈曲时的最大应力约为受压简支板的屈曲应力的 24 倍。当然，图 5.26 的曲线也可以当作插值函数曲线使用。

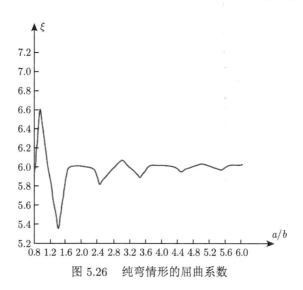

图 5.26   纯弯情形的屈曲系数

设简支板在纯弯作用下截面的最大应力为 σ_1，现在分析受压侧在非均匀压应力的作用下屈曲，相当于宽度为 λb 的简支板在单向均布压荷载作用下屈曲，这时有

$$
\begin{cases}
\dfrac{\sigma_1 bt}{4} = \lambda bt\sigma & (5.95a) \\[3mm]
\left(\dfrac{m\lambda b}{a} + \dfrac{a}{m\lambda b}\right)^2 \dfrac{\pi^2 D}{b^2 t} = \sigma t & (5.95b)
\end{cases}
$$

解之得 $\lambda = 0.733$，即纯弯板可以等效为 0.733 倍板宽的单向均匀受压进行屈曲分析。

2. 非均匀压应力作用下的屈曲

分析单向受压简支板在非均匀压应力作用下的承载力，当压应力分布较均匀时，即最大压应力 σ_1 和最小压应力 σ_2 相差较小时，一般将压应力荷载考虑为线性分布或者二次函数分布，分别如图 5.27 所示。

当最大压应力和最小压应力相差较大，甚至反号时，可以把非均匀荷载分解为均匀受压和纯弯应力的组合，如图 5.28 所示。最大压应力 $\sigma_1 = \sigma_p + \sigma_b$，最小压应力 $\sigma_2 = \sigma_p - \sigma_b$，则分解后的均布荷载 $\sigma_p = \dfrac{\sigma_1 + \sigma_2}{2}$，纯弯曲应力 $\sigma_b = \dfrac{\sigma_1 - \sigma_2}{2}$。

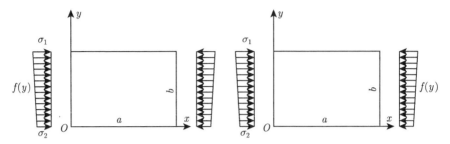

图 5.27   非均匀荷载的分布

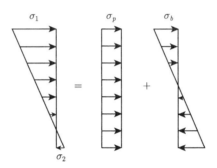

图 5.28   非均匀荷载的分解

1) 二次函数分布受压荷载

采用图 5.27 所示坐标系, 设边界荷载 $f(y)$ 满足二次函数分布, 则

$$f(y) = \sigma_1 - \frac{(\sigma_1 - \sigma_2)}{b^2}(y - b)^2 \tag{5.96}$$

将非线性荷载等效为均布荷载 $\bar{\sigma}b$, 根据荷载的合力相等的原则, 即 $\int_0^b f(y)\,\mathrm{d}y = \bar{\sigma}b$, 则等效均布荷载 $\bar{\sigma}$ 满足

$$\bar{\sigma} = \frac{2}{3}\sigma_1 + \frac{1}{3}\sigma_2 \tag{5.97a}$$

数值分析表明, 板的承载力与边界上的荷载极大值 σ_1 相关, 所以荷载非均布系数可以取 $\psi = \bar{\sigma}/\sigma_1$, 对于二次函数分布荷载有

$$\psi = \frac{2}{3} + \frac{\sigma_2}{3\sigma_1} \tag{5.97b}$$

采用随机有限元法对非均匀压应力作用下简支板的弹性屈曲应力进行分析。在工程实践中, 对于小构件, 应力的非均匀系数 ψ 一般为 0.9~1, 为考虑承载力

与 ψ 的相关性，不妨设 ψ 满足正态分布，均值为 1.0，均方差为 0.1，采用前述受压简支板模型，计算样本为 500，则在二次函数压应力作用下的屈曲应力样本点如图 5.29 所示，弹性屈曲应力与 ψ 的相关性如图 5.30 所示。

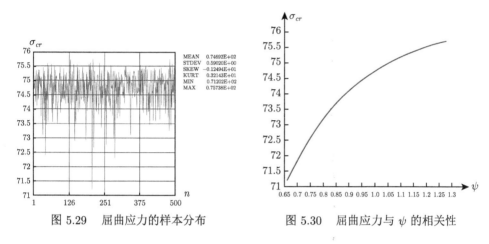

图 5.29　屈曲应力的样本分布　　　图 5.30　屈曲应力与 ψ 的相关性

采用随机有限元方法进行多样本分析，取板的厚度 $t = 10\text{mm}$，这时单向均匀受压时的屈曲应力 $\sigma_{cr}=74.474\text{MPa}$，应用响应面法拟合非均匀荷载作用时板的承载力。数值分析表明如果采用代换

$$\varphi = 9.9153\psi - 9.9458$$

则

$$\sigma_{cr} = 74.7956 + 0.5680\varphi - 0.1039\varphi^2 \tag{5.98}$$

2) 线性分布受压荷载

当 $f(y)$ 为线性函数时，同理得出

$$f(y) = \frac{\sigma_1 - \sigma_2}{b}y + \sigma_2 \tag{5.99}$$

$$\bar{\sigma} = \frac{\sigma_1 + \sigma_2}{2} \tag{5.100}$$

$$\psi = \frac{1}{2} + \frac{\sigma_2}{2\sigma_1} \tag{5.101}$$

同理，当荷载为线性时，屈曲应力的样本分布图和屈曲应力与 ψ 的相关性分别如图 5.31 和图 5.32 所示。

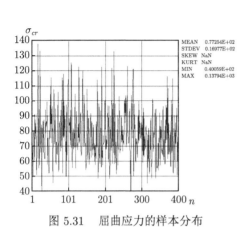

图 5.31   屈曲应力的样本分布

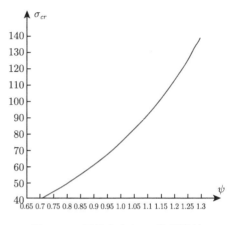

图 5.32   屈曲应力与 ψ 的相关性

采用响应面法分析，如果代换 $\varphi = 9.3789\psi - 9.4235$，则

$$\sigma_{cr} = 75.4476 + 16.6358\varphi + 1.8108\varphi^2 \tag{5.102}$$

因此，非均匀受压荷载作用下板的屈曲应力与荷载非均匀系数 ψ 具有强相关性，非均匀压应力作用下板的弹性屈曲均可以表示成如下形式

$$\sigma_{cr} = \overline{\sigma}_{cr}\left(1 + c\psi + d\psi^2\right) \tag{5.103}$$

式中，$\overline{\sigma}_{cr}$ 为等效均布荷载作用下压板的屈曲应力；c、d 为数值拟合的系数，当非均匀荷载为线性分布时，$c = -2.064$，$d = 2.004$，当为二次函数分布时，$c = 0.444$，$d = -0.173$。

3) 压弯组合作用下的屈曲

当简支板在均布压应力 σ_p 和纯弯荷载的最大应力 σ_b 作用下时，荷载分解方法如图 5.28 所示，根据相关公式的一般方法，可以把压弯荷载的相关公式写成如下形式，通过数值分析方法进行验证。

$$\lambda_{pb} = \left(\frac{\sigma_p}{\sigma_{pcr}}\right)^n + \left(\frac{\sigma_b}{\sigma_{bcr}}\right)^n \tag{5.104}$$

当 $n = 1$ 或 2 时，计算结果如图 5.33 所示。对比表明，可以采用较为简单的情形，建议当 $\alpha < 0.8$ 时取 $n=1$，当 $\alpha \geqslant 0.8$ 时取 $n=2$，相关系数的表达式可写成

$$\lambda_{pb} = \begin{cases} 1 + 0.8\alpha, & \alpha < 0.8 \\ 2.83 - 1.81\alpha, & \alpha \geqslant 0.8 \end{cases} \tag{5.105}$$

式中，应力系数 $\alpha = \sigma_b/\sigma_p$。

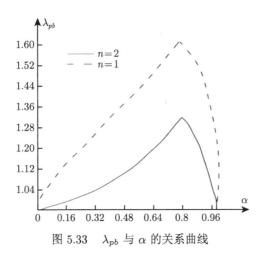

图 5.33　λ_{pb} 与 α 的关系曲线

5.3.4　均匀受剪简支板的弹性屈曲

在纯剪切作用下的稳定计算比单向受压要困难得多，所以一般采用能量法。即在平衡形式的改变过程中，总的能量并没有损失 (或增加)，使中面凸曲所做的功必等于储藏在板中的弯曲应变能。

如图 5.34 所示的四边简支矩形板。首先设 $a \gg b$，实验指出，在纯剪切作用下，当板屈曲时，板被一些近似直线倾斜于边缘的斜线形成半波曲面。对于近似正方形的矩形板，曲面的形状是容易想象的。设将板的每一个方形单元的剪应力几何相加，得到倾斜方向 (对角线) 的应力，沿着一条对角线方向将板压缩，而沿着另一个对角线方向将板拉伸，则压应力将引起板屈曲，而拉应力将阻止屈曲。此时板将布满波纹，这些波纹垂直于最大压应力，如图 5.35 所示。

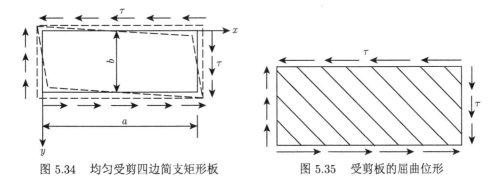

图 5.34　均匀受剪四边简支矩形板　　　　图 5.35　受剪板的屈曲位形

用伽辽金法求解时，板的中面力 $N_{xy} = N_{yx} = p_{xy} = p_{yx}$，而 $N_x = 0$，$N_y = 0$。

板的平衡偏微分方程为

$$\frac{\partial^4 w}{\partial x^4} + 2\frac{\partial^4 w}{\partial x^2 \partial y^2} + \frac{\partial^4 w}{\partial y^4} - \frac{2p_{xy}}{D}\frac{\partial^2 w}{\partial x \partial y} = 0$$

所以，设曲面的方程为

$$w = f \sin\frac{\pi y}{b} \sin\frac{\pi}{l}(x - ky) \tag{5.106}$$

沿板纵向边的挠度为 0，同时沿波段对角线的挠度也为 0。对角线方程为 $y = kx$，参数 k 是对角线的斜率，l 是对角线之间的距离，如图 5.36 所示。

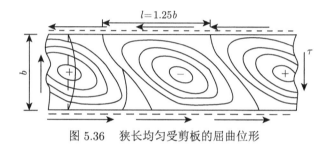

图 5.36　狭长均匀受剪板的屈曲位形

由式 (5.18)，得

$$U = \frac{\pi^4 D}{8bl}\left[\left(\frac{l}{b}\right)^2 + 6k^2 + 2 + \left(\frac{b}{l}\right)^2(1 + k^2)^2\right]f^2 \tag{5.107}$$

由式 (5.33)，得

$$W = \tau\frac{\pi^2 kb}{4l}tf^2 \tag{5.108}$$

由 $U = W$，得

$$\tau = \frac{\pi^2 D}{2kb^3 t}\left[6k^2 + 2 + \left(\frac{l}{b}\right)^2 + \left(\frac{b}{l}\right)^2(1 + k^2)^2\right] \tag{5.109}$$

利用 $\frac{\partial \tau}{\partial k} = 0$，$\frac{\partial \tau}{\partial l} = 0$，求得

$$k = \frac{1}{\sqrt{2}}, \quad l = 1.22b \tag{5.110}$$

即对角线的倾角约为 35°，而对角线之间的距离为 $1.22b$，将 k 和 l 代入式 (5.109) 得

$$\tau_{cr} = k \frac{\pi^2 D}{b^2 t}, \quad k = \frac{1}{2k} \left[6k^2 + 2 + \left(\frac{l}{b}\right)^2 + \left(\frac{b}{l}\right)^2 (1+k^2)^2 \right] \tag{5.111}$$

通过计算得 $k = 4\sqrt{2} \approx 5.65$。

苏斯·威尔 (South Well) 和斯康 (Skan) 曾得出精确的解 $k = 5.33$，半波长 $l = 1.25b$，如图 5.36 所示。若纵向边完全固定，则 $k = 8.98$，$l = 0.8b$，如图 5.37 所示。

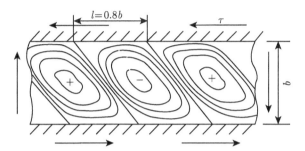

图 5.37 纵向边固结的均匀受剪板的屈曲位形

下面研究板的长宽比为有限值的稳定问题。利用里兹法，设挠度用级数表示为

$$w = \sum_{m=1}^{\infty} \sum_{n=1}^{\infty} A_{mn} \sin \frac{m\pi x}{a} \sin \frac{n\pi y}{b} \tag{5.112}$$

考虑到

$$\int_0^a \sin \frac{m\pi x}{a} \sin \frac{i\pi x}{a} \mathrm{d}x = \begin{cases} \dfrac{a}{2}, & \text{当 } m = i \text{ 时} \\ 0, & \text{当 } m \neq i \text{ 时} \end{cases}$$

由式 (5.18)，得

$$U = \frac{D}{2} \pi^4 \frac{ab}{4} \sum_m \sum_n A_{mn}^2 \left(\frac{m^2}{a^2} + \frac{n^2}{b^2} \right)^2 \tag{5.113}$$

由式 (5.33) 得外力功，考虑到

$$\int_0^a \sin \frac{i\pi x}{a} \cos \frac{m\pi x}{a} \mathrm{d}x = \left. \begin{cases} \dfrac{2a}{\pi} \times \dfrac{i^2}{i^2 - m^2}, & \text{当 } m \pm i \text{ 为奇数时} \\ 0, & \text{当 } m \pm i \text{ 为偶数时} \end{cases} \right\} \tag{5.114}$$

$$W = 4\tau t \sum_m \sum_n \sum_i \sum_j A_{mn} A_{ij} \frac{mnij}{(i^2 - m^2)(j^2 - n^2)} \tag{5.115}$$

式中，m, n, i, j 是这样一些整数，使 $m \pm i, n \pm j$ 为奇数。

能量极值条件为 $\dfrac{\partial \Pi}{\partial A_{mn}} = \dfrac{\partial (U - W)}{\partial A_{mn}} = 0$，由此得

$$\pi^4 D \frac{ab}{4} A_{mn} \left(\frac{m^2}{a^2} + \frac{n^2}{b^2} \right)^2 - 8\tau t \sum_i \sum_j A_{ij} \frac{mnij}{(m^2 - i^2)(n^2 - j^2)} = 0 \qquad (5.116)$$

式中，$m + i$ 和 $n + j$ 之和为奇数。

若引用 $\alpha = \dfrac{a}{b}$，$\lambda = \dfrac{\pi^4 D}{32\alpha\tau b^2 t}$，则式 (5.116) 为

$$\lambda A_{mn} \frac{(m^2 + n^2\alpha^2)^2}{\alpha^2} - \sum_i \sum_j A_{ij} \frac{mnij}{(m^2 - i^2)(n^2 - j^2)} = 0 \qquad (5.117)$$

于是我们得到一个关于 A_{mn} 的齐次线性方程组，若将方程组的系数行列式取为 0，则得到求解临界应力的特征方程。因为方程组拥有无穷多个方程式，即得到无穷多行、无穷多列的行列式展开后，才能求得一个精确解。当然这是不可能做到的，所以，只能取有限个参数 A_{mn}，得到近似解。

现在，先取两个参数 A_{11} 和 A_{22}，其余参数为零。即

m	n	i	j
1	1	2	2
2	2	1	1

于是，由式 (5.117) 的方程为

$$\left. \begin{array}{l} \dfrac{\lambda}{\alpha^2}(1 + \alpha^2)^2 A_{11} - \dfrac{4}{9} A_{22} = 0 \\[2mm] -\dfrac{4}{9} A_{11} + \dfrac{16\lambda}{\alpha^2}(1 + \alpha^2)^2 A_{22} = 0 \end{array} \right\} \qquad (5.118)$$

系数行列式为 0：

$$\left| \begin{array}{cc} \dfrac{\lambda}{\alpha^2}(1 + \alpha^2)^2 & -\dfrac{4}{9} \\[4mm] -\dfrac{4}{9} & \dfrac{16\lambda}{\alpha^2}(1 + \alpha^2)^2 \end{array} \right| = 0$$

由此，得

$$\lambda = \pm \frac{\alpha^2}{9(1 + \alpha^2)^2} \qquad \text{(第一近似)}$$

临界应力

$$\tau_{cr} = \frac{9\pi^4 D(1 + \alpha^2)^2}{32\alpha^3 b^2 t} \qquad (5.119)$$

对于方形板

$$\tau_{cr} = 11.1\frac{\pi^2 D}{b^2 t} \tag{5.120}$$

式中，没有正负号，表示剪应力的临界值与其方向无关。

方形板的近似值式 (5.120) 的误差约为 15%。对于较大的比值 a/b，误差也较大。为了得到更精确的解，必须多取几个参数。例如：

	m	n				i	j		
1	1;	1	3;	3	1;	3	3	2	2
				2	2	1	1;	1 3; 3 1; 3 3	

取五个参数：$A_{11}, A_{22}, A_{13}, A_{31}, A_{33}$，于是方程组 (5.118) 为

$$\begin{vmatrix} \dfrac{\lambda}{\alpha^2}(1+\alpha^2)^2 & -\dfrac{4}{9} & 0 & 0 & 0 \\[2mm] -\dfrac{4}{9} & \dfrac{16\lambda}{\alpha^2}(1+\alpha^2)^2 & -\dfrac{4}{5} & -\dfrac{4}{5} & \dfrac{36}{25} \\[2mm] 0 & -\dfrac{4}{5} & \dfrac{\lambda}{\alpha^2}(1+9\alpha^2)^2 & 0 & 0 \\[2mm] 0 & -\dfrac{4}{5} & 0 & \dfrac{\lambda}{\alpha^2}(9+\alpha^2)^2 & 0 \\[2mm] 0 & \dfrac{36}{25} & 0 & 0 & \dfrac{81\lambda}{\alpha^2}(1+\alpha^2)^2 \end{vmatrix} = 0$$

展开后，求得

$$\lambda = \pm\frac{\alpha^2}{9(1+\alpha^2)^2}S \quad （第二近似）$$

式中，$S = \sqrt{1 + \dfrac{81}{625} + \dfrac{81(1+\alpha^2)^2}{25(1+9\alpha^2)^2} + \dfrac{81(1+\alpha^2)^2}{25(9+\alpha^2)^2}}$。

相应的临界应力为

$$\tau_{cr} = \frac{9\pi^4 D(1+\alpha^2)^2}{32\alpha^3 b^2 t S} \tag{5.121}$$

比较看出第二近似比第一近似的修正系数为 S。对于方形板

$$S = 1.18, \quad \tau_{cr} = 9.4\frac{\pi^2 D}{b^2 t} \tag{5.122}$$

若写成 $\tau_{cr} = k\dfrac{\pi^2 D}{b^2 t}$，则 k 的精确值如表 5.4 所示。

表 5.4　k 的精确值

a/b	1.0	1.1	1.2	1.3	1.4	1.5	1.6	1.8	2.0	2.5	3.0	5.0	∞
k	9.34	8.47	7.97	7.57	7.30	7.1	6.9	6.64	6.47	6.3	6.04	5.71	5.34

经对不同长宽比矩形板受剪作更精确的理论分析，可得

$$p_{crxy} = k_s \frac{\pi^2 D}{b^2} = \tau_{cr} t \tag{5.123}$$

式中，k_s 为剪切屈曲系数，对于四边简支板，当 $a \geqslant b$ 时，

$$k_s = 5.34 + 4.0 \left(b/a\right)^2 \tag{5.124a}$$

当 $a < b$ 时，

$$k_s = 4.0 + 5.34 \left(b/a\right)^2 \tag{5.124b}$$

对于四边固定的受剪板，当 $a \geqslant b$ 时，

$$k_s = 8.98 + 5.6 \left(b/a\right)^2 \tag{5.125a}$$

当 $a < b$ 时，

$$k_s = 5.6 + 8.98 \left(b/a\right)^2 \tag{5.125b}$$

图 5.38 给出了均匀受剪矩形板的屈曲系数。

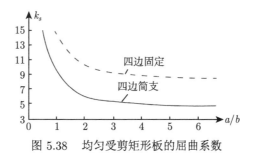

图 5.38　均匀受剪矩形板的屈曲系数

对于比值 $a/b \gg 1.0$ 的受剪板件，可以在板的两侧设置横向加肋以缩小板的幅面尺寸，从而提高板的剪切屈曲系数。根据板受剪屈曲时的半波长度，一般板元的长宽比 $a/b \leqslant 1.25$。

采用随机有限元方法分析均匀受剪简支板的弹性屈曲，与受压简支板的分析基本一致，受剪板长宽比 $a/b \in [0.8, 6.0]$，宽厚比 $b/t \in [50, 200]$，计算样本 500，数值分析得出的剪切弹性屈曲应力 τ_{cr} 与解析公式 (5.123) 的计算值 τ_{crj} 之比 ξ 如

图 5.39 所示，ξ 的均值为 1.021，方差为 1.017×10^{-2}，最小值为 0.978，最大值为 1.063，所以均匀受剪简支板的弹性屈曲应力计算公式 (5.123) 可以视为精确解。

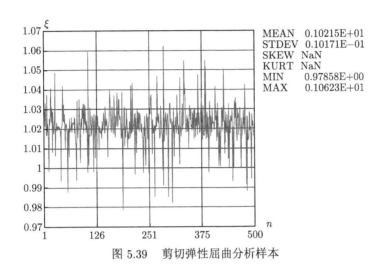

图 5.39 剪切弹性屈曲分析样本

5.3.5 组合荷载

1. 弹性屈曲位形干涉效应

在实际工程中，常碰到各种不同的荷载同时作用的情形。当板件在面内复杂荷载作用下发生屈曲时，板件的弹性屈曲解析解变得十分复杂，分析也很困难，得出的解析解精度也较差。已有的相关公式较简单，主要是采用统计的方法得出的拟合公式，缺乏理论依据。数值分析表明，相关公式对特定长宽比的板件，精度较好，但从总体上看，计算精度仍较差。

设简支矩形板厚度为 t，假设可以将厚度理想地分离为 t_1、t_2、t_3 三层，每一层分别在单向压应力 σ_x、单向压应力 σ_y 和四边均匀剪应力 τ 的单独作用下刚好发生屈曲，三层之间独立开来，相互不发生干扰，分别承担相应的屈曲载荷。

根据假定条件，则

$$t = t_1 + t_2 + t_3 \tag{5.126}$$

可以化为

$$1 = \frac{t_1}{t} + \frac{t_2}{t} + \frac{t_3}{t} \tag{5.127}$$

因为 $\sigma_{cr} \propto \left(\dfrac{t}{b}\right)^2$，$\tau_{cr} \propto \left(\dfrac{t}{b}\right)^2$，$\dfrac{t_1}{t} = \dfrac{\sigma_x}{\sigma_{crx}}$，$\sigma_{crx}$ 为板件在 σ_x 单独作用下的弹性屈曲应力，因此，上式可以改写为

$$\sqrt{\frac{\sigma_x}{\sigma_{crx}}} + \sqrt{\frac{\sigma_y}{\sigma_{cry}}} + \sqrt{\frac{\tau}{\tau_{cr}}} = 1 \tag{5.128}$$

所以，上述相关公式可以解释为当板件在 σ_x、σ_y 和 τ 的共同作用下发生屈曲时，假定板件分层时的弹性屈曲相关公式。

而事实上三层板不同的屈曲位形并不一致，这将导致板间不同位形的相互约束作用或承载力共担机制。也即实际的整体板的承载力比假定分层板的承载力要大得多。根据已有相关公式的分析，特别是可通过大量的随机有限元分析的结果，在考虑当三层板之间发生因为位形不一致出现的干涉效应时，相关公式应作出适当的调整。例如，双向受压时的较大误差就是位形干涉造成的；而压剪屈曲时，位形干涉效应较小，相关公式右侧的相关系数接近 1.0；当板件的长宽比 a/b 接近 1.0 时，双向受压和剪切屈曲的位形基本一致，所以，上式的相关系数为 1.0。根据上述三点经验和压剪相关公式，对板件的面内复杂荷载作用下的屈曲相关公式，可以如下假定。

假定一：相关公式是 $\sqrt{\dfrac{\sigma_x}{\sigma_{crx}}}$、$\sqrt{\dfrac{\sigma_y}{\sigma_{cry}}}$ 和 $\sqrt{\dfrac{\tau}{\tau_{cr}}}$ 的多项式函数，即

$$\varphi_1 \left(\sqrt{\frac{\sigma_x}{\sigma_{crx}}}, \sqrt{\frac{\sigma_y}{\sigma_{cry}}}, \sqrt{\frac{\tau}{\tau_{cr}}} \right) = 1.0 \tag{5.129}$$

假定二：根据压剪相关公式 [1]，考虑各分层板的主次关系，设 $\dfrac{\sigma_x}{\sigma_{crx}} : \dfrac{\sigma_y}{\sigma_{cry}} : \dfrac{\tau}{\tau_{cr}} = 1 : \alpha_1 : \alpha_2$，相关公式假定为

$$\frac{\sigma_x}{\sigma_{crx}} + \frac{\sigma_y}{\sigma_{cry}} + \left(\frac{\tau}{\tau_{cr}} \right)^2 = \varphi_2 \left(\alpha_1, \alpha_2 \right) \tag{5.130}$$

上述 2 个基于屈曲位形干涉效应推出的假定相关公式，可以通过数值分析进行修正，拟合出适于工程设计应用的简化公式。

现分别讨论如下几种情况。

2. 双向受压简支板的屈曲

如图 5.40 所示，设周边为简支的矩形板，两向受压，承受均匀分布的压应力 σ_x 和 σ_y 同时作用。

由式 (5.13) 得屈曲微分方程为

$$\frac{D}{t} \nabla^4 w + \sigma_x \frac{\partial^2 w}{\partial x^2} + \sigma_y \frac{\partial^2 w}{\partial y^2} = 0 \tag{5.131}$$

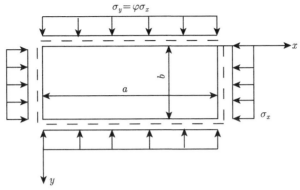

图 5.40 双向受压简支板

设满足边界条件的解为

$$w = A_{mn} \sin \frac{m_1 \pi x}{a} \sin \frac{n_1 \pi y}{b} \tag{5.132}$$

m_1 和 n_1 分别为双向受压时 x 与 y 向的屈曲半波数，与单向受压时受压板在 x 和 y 向的半波数 m 和 n 可能有时并不相同。将上式代入 (5.131) 得

$$D \left[\left(\frac{m_1}{a} \right)^2 + \left(\frac{n_1}{b} \right)^2 \right]^2 = \frac{t}{\pi^2} \left[\sigma_x \left(\frac{m}{a} \right)^2 + \sigma_y \left(\frac{n}{b} \right)^2 \right] \tag{5.133}$$

令

$$\alpha = \frac{a}{b}, \quad \varphi = \frac{\sigma_y}{\sigma_x} \tag{5.134}$$

临界应力为

$$\sigma_{xcr} = k_x \frac{\pi^2 D}{b^2 t}, \quad \sigma_{ycr} = k_y \frac{\pi^2 D}{b^2 t} = \varphi \sigma_{xcr} \tag{5.135}$$

由式 (5.133) 得

$$k_x = \frac{\left[\left(\frac{m_1}{a} \right)^2 + n_1^2 \right]^2}{\left(\frac{m_1}{a} \right)^2 + \varphi n_1^2} \tag{5.136}$$

当 $n_1 = 1$，而 m_1 为不同值时，φ 在不同值的条件下，将随 α 而改变最小的 k_x 值，对于正方形板，$m_1 = n_1 = 1$，则

$$k_x = \frac{4}{1+\varphi}, \quad k_y = \frac{4\varphi}{1+\varphi}$$

于是

$$k_x + k_y = 4 \tag{5.137}$$

根据式 (5.130) 可以写成

$$\frac{\sigma_x}{\sigma_{xcr}} + \frac{\sigma_y}{\sigma_{ycr}} = \varphi_2 = 1 \tag{5.138}$$

对双向受压简支板的弹性屈曲进行随机分析，分析表明：

(1) 当长宽比 $a/b = 1.0$ 时，式 (5.138) 是成立的。

(2) 如图 5.41 所示，长宽比为 5.65，宽厚比为 120 的简支矩形板，当 σ_x 方向的屈曲半波数 m 小于 5 时，存在 x、y 方向的屈曲位形干涉效应，即一个方向的屈曲位形将约束另一个方向位形的发展，以至于相关系数 φ_2 明显提高，介于 1.0~1.53；当 y 向的压应力与 x 向的压应力之比介于 0.32~0.4 时，相关系数 φ_2 最大，屈曲位形干涉效应最为明显。

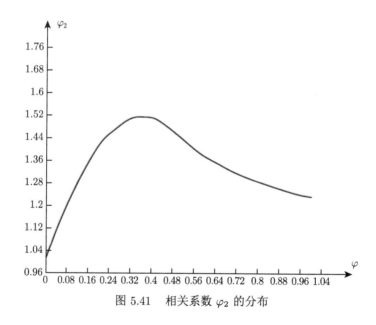

图 5.41　相关系数 φ_2 的分布

(3) 对随机分析中的特征点数值进行分析，不妨取长宽比为 5.65，宽厚比为 120 的简支矩形板，屈曲位形干涉效应如图 5.42 所示，当 y 向应力较小时，只有 x 向压应力作用下，受压板屈曲时在 x 向出现 5 个半波；当 y 向压应力增大，即应力系数 φ 变大时，受压板的屈曲位形从 5 个半波减少到 3 个，甚至减少到 1 个。

根据式 (5.133) 的能量法分析结果，令 $\alpha = b/a$，$\varphi = \sigma_y/\sigma_x$ (一般约定 $\sigma_y <$

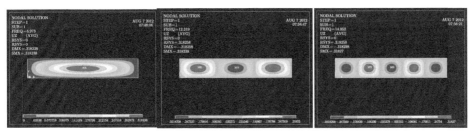

图 5.42 板的屈曲半波数随 y 向荷载的减小而增加

σ_x), 化简得

$$\left[(m_1\alpha)^2 + n_1^2\right]^2 = \frac{b^2 t \sigma_x}{\pi^2 D}\left[(m_1\alpha)^2 + \varphi n_1^2\right] \tag{5.139}$$

为计算 σ_x 的最小值, 显然取 $n_1 = 1$, 令 $\eta = m_1^2\alpha^2 + \varphi$

$$\frac{b^2 t \sigma_x}{\pi^2 D} = \eta + 2 - 2\varphi + \frac{(1-\varphi)^2}{\eta} \tag{5.140}$$

计算得 $\eta = 1 - \varphi$ 时, σ_x 取得最小值。也即 $m_1 = \sqrt{1-2\varphi}/\alpha$, m_1 为不小于 1 的整数。这里的计算只是 m_1 初值, 由于 m_1 不连续, 具体计算时宜通过式 (5.140) 的右侧 $\eta + 2 - 2\varphi + \dfrac{(1-\varphi)^2}{\eta}$ 取最小值来确定。这里需要注意的是, 计算单向压应力作用时的屈曲半波数为 m, 双向作用时的屈曲半波数为 m_1, 相应的 $\beta_1 = m_1 b/a$, 而 β 为单向压应力作用时 x 向屈曲半波数 m 对应的系数 $\beta = mb/a$。

因此, 采用既有相关公式的形式, 可得出简支矩形板双向受压解析公式相关系数的表达式,

$$\frac{\sigma_x}{\sigma_{xcr}} = \frac{(\beta_1^2 + 1)^2}{(\beta_1^2 + \varphi)(\beta + 1/\beta)^2} \tag{5.141}$$

$$\frac{\sigma_y}{\sigma_{ycr}} = \frac{\varphi \sigma_x}{\sigma_{ycr}} = \frac{\varphi \alpha^2 (\beta_1^2 + 1)^2}{b^2 (\beta_1^2 + \varphi)(\alpha + 1/\alpha)^2} \tag{5.142}$$

所以,

$$\varphi_2 = \frac{\sigma_x}{\sigma_{xcr}} + \frac{\sigma_y}{\sigma_{ycr}} = \frac{(\beta_1^2 + 1)^2}{(\beta_1^2 + \varphi)}\left[\frac{1}{(\beta + 1/\beta)^2} + \frac{\varphi \alpha^2}{b^2 (\alpha + 1/\alpha)^2}\right]$$

$$= \frac{(\beta_1^2 + 1)^2}{(\beta_1^2 + \varphi)}\left[\frac{\beta^2}{(\beta^2 + 1)^2} + \frac{\varphi}{(\alpha^2 + 1)^2}\right] \tag{5.143}$$

为说明式 (5.143) 的精度，本处列举几个屈曲半波数较为特殊的随机分析样本，对式 (5.143) 进行计算精度验证，见表 5.5。φ_2 为随机分析结果，φ_{2j} 为式 (5.143) 的计算结果。这也说明分析相关公式时，专注讨论实际的屈曲位形显得很重要。

表 5.5　双向受压分析表

序号	a/m	t/mm	φ	m	φ_2	m_1	φ_{2j}	精度/%
1	5.795	15.46	2.343	6	1.099	1	1.099	−0.02
2	2.203	17.80	0.950	2	1.133	1	1.133	0.00
3	3.143	16.72	0.147	3	1.280	3	1.280	0.00
4	3.175	5.89	0.544	3	1.315	1	1.314	−0.09
5	3.739	9.06	0.286	4	1.441	2	1.440	−0.08
6	5.873	9.96	0.374	6	1.511	3	1.510	−0.07

3. 压剪共同作用时的屈曲

如图 5.43 所示，单向受压和剪切共同作用时。若设 $a \gg b$，采用式 (5.106) 的曲面方程为

$$w = f \sin \frac{\pi y}{b} \sin \frac{\pi}{l}(x - ky) \tag{5.144}$$

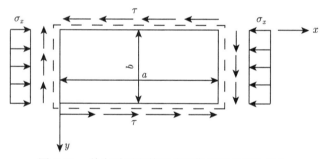

图 5.43　单向受压和剪切共同作用简支板的屈曲

因此，弯曲能 U 仍为式 (5.107)，而外力功按式 (5.33) 求得，为

$$W = \left(\frac{\pi^2 \sigma_x t b}{8l} + \frac{\pi^2 \tau t k b}{4l} \right) f^2 \tag{5.145}$$

由 $U = W$，得

$$\sigma_x + 2\tau k = \frac{\pi^2 D}{b^2 t} \left[\left(\frac{l}{b} \right)^2 + 6k^2 + 2 + \left(\frac{b}{l} \right)^2 (1 + k^2)^2 \right] \tag{5.146}$$

根据 $\dfrac{\partial(\sigma + 2\tau k)}{\partial(b/l)} = 0$，得到

$$l = b\sqrt{1+k^2} \tag{5.147}$$

于是，临界应力满足下列方程：

$$\sigma_{xcr} + 2\tau_{cr}k = \frac{\pi^2 D}{b^2 t}(4 + 8k^2) \tag{5.148}$$

若仅单向受压，由式 (5.40) 得

$$\sigma_{0cr} = 4\frac{\pi^2 D}{b^2 t}$$

若仅受剪切，由式 (5.111) 得

$$\tau_{0cr} = 4\sqrt{2}\frac{\pi^2 D}{b^2 t} \tag{5.149}$$

于是式 (5.148) 为

$$\frac{\sigma_{xcr}}{\sigma_{0cr}} + 2\sqrt{2}\frac{\tau_{cr}}{\tau_{0cr}}k = 1 + 2k^2 \tag{5.150}$$

若给出 $\dfrac{\tau_{cr}}{\tau_{0cr}}$，则利用 $\dfrac{\partial\left(\sigma_{xcr}/\sigma_{0cr}\right)}{\partial k} = 0$ 求出最小 σ，由此得

$$k = \frac{1}{\sqrt{2}}\frac{\sigma_{xcr}}{\sigma_{0cr}} \tag{5.151}$$

单纯受压时 $k = 0$，而纯剪切时 $k = \dfrac{1}{\sqrt{2}}$，而在组合受力时 $0 < k < \dfrac{1}{\sqrt{2}}$。将式 (5.151) 代入式 (5.150)，得

$$\frac{\sigma_{xcr}}{\sigma_{0cr}} + \left(\frac{\tau_{cr}}{\tau_{0cr}}\right)^2 = 1 \tag{5.152}$$

从式中可看出，剪应力的方向改变不影响临界应力的大小。但是在拉应力时，应将 σ 变号，临界剪应力比纯剪切时的临界剪应力大。

将临界应力写成

$$\sigma_{xcr} = k_\sigma \frac{\pi^2 D}{b^2 t}, \quad \tau_{cr} = k_\tau \frac{\pi^2 D}{b^2 t} \tag{5.153}$$

式中，k_σ，k_τ 随着 $\alpha = a/b$ 而改变的值，列在表 5.6 中，k_σ 前的负号相应为受拉。

表 5.6　k_σ, k_τ 随 α 改变的值

$\alpha = 1$	k_σ	−1.0	0	1.0	2.0	3.0	3.6	4.0
	k_τ	10.57	9.42	8.15	6.67	4.72	3.02	0
$\alpha = 1.6$	k_σ	−2.0	0	2.0	2.83	3.6	3.9	4.2
	k_τ	8.46	7.0	5.31	4.46	2.95	2.09	0.06
$\alpha = 3.2$	k_σ	−1.0	0	1.7	2.5	3.0	3.7	4.017
	k_τ	7.45	6.75	5.4	4.66	4.14	3.29	2.19

采用随机有限元方法对简支板压剪共同作用时的屈曲相关公式进行验证，为了分析相关公式 (5.152) 的精度，参照式 (5.130)，取式 (5.154) 进行随机分析

$$\frac{\sigma}{\sigma_{0cr}} + \left(\frac{\tau}{\tau_{0cr}}\right)^2 = \varphi_2 \tag{5.154}$$

设简支板共同承受的剪应力和压应力为 0 至其单独承载剪应力或压应力的屈曲应力之间的随机均匀分布，通过分析计算样本的相关系数 φ_2，计算的样本数为 500，相关系数 φ_2 的分布如图 5.44 所示，相关系数随简支板的长宽比 a/b 变化如图 5.45 所示。φ_2 在简支板长宽比 a/b 在 1.4~3.6 变化较大，当长宽比大于 3.6 时，φ_2 值约等于 1.0。φ_2 的最小值为 0.992，最大值为 1.106，均值为 1.020，方差为 0.018，说明式 (5.152) 精度高，可以在实际结构设计中采用。

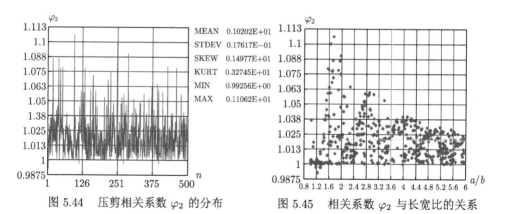

图 5.44　压剪相关系数 φ_2 的分布　　　　图 5.45　相关系数 φ_2 与长宽比的关系

借助随机分析的样本，参照弹性屈曲位形干涉效应，深入对比分析压剪共同作用时的屈曲相关系数 φ_2，分析表明 φ_2 与压剪屈曲时剪应力与压应力的比值 τ/σ 有关，借助 ANSYS 概率设计中的相关性拟合功能，φ_2 与 τ/σ 的关系曲线可以拟合为图 5.46 所示的多项式曲线，同时也说明 φ_2 与 τ/σ 的强相关性，采用多项式拟合为

$$26.419\left(\tau/\sigma\right)^3 - 95.979\left(\tau/\sigma\right)^2 + 115.049\tau/\sigma - 44.441 = \varphi_2 \tag{5.155a}$$

也可采用数值拟合法，将 φ_2 与 τ/σ 的关系表示成如下更为简单的形式

$$\varphi_2 = \{\cos\left[\arctan\left(2\tau/\sigma\right)/2\right]\}^{-1} \tag{5.155b}$$

在工程实践应用中，式 (5.152) 已具有足够精度，在更为精确的分析中，建议采用式 (5.155)。

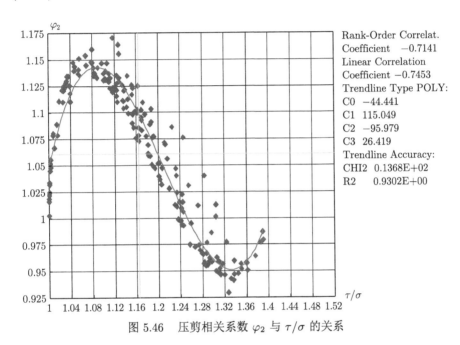

图 5.46　压剪相关系数 φ_2 与 τ/σ 的关系

4. 两向受压和剪切同时作用

设简支矩形板受压应力荷载沿长边方向为 σ_x，剪应力沿短边方向为 σ_y，沿周边为 τ。还是按照前面的方法，求得稳定方程为 [30]

$$\left(\frac{\tau_{cr}}{\tau_{0cr}}\right)^2 = \left[\frac{1}{2}\left(1+\sqrt{1-4\frac{\sigma_{ycr}}{\sigma}}\right)-\frac{\sigma_{xcr}}{\sigma_{0cr}}\right] \times \left[\frac{1}{4}\left(3+\sqrt{1-4\frac{\sigma_{ycr}}{\sigma}}\right)-\frac{\sigma_{ycr}}{2\sigma_{0cr}}\right] \tag{5.156}$$

式中，σ_{0cr} 是沿 x 方向单独压缩时的临界应力值；τ_{0cr} 是纯剪切时的临界值；而 $\sigma = \dfrac{\pi^2 D}{b^2 t}$。在已有的设计公式中，式 (5.156) 显得复杂，被简写为如下形式 [23]：

$$\frac{\sigma_x}{\sigma_{xcr}} + \frac{\sigma_y}{\sigma_{ycr}} + \left(\frac{\tau}{\tau_{cr}}\right)^2 = \varphi_2 = 1 \tag{5.157}$$

式中，σ_{xcr}、σ_{ycr}、τ_{cr} 为不同荷载单独作用时的屈曲应力。

采用前面类似的方法，简支板在两向受压和剪切同时作用下，随机数值分析的结果如图 5.47 所示，计算样本 2000 点。相关公式 φ_2 的值介于 0.989~1.5112，均值为 1.192，方差为 0.131，这说明在设计公式中取 1.0 是安全的，但分析精度不够。如图 5.47 所示，当简支板的长宽比 a/b 在 $[1/\sqrt{2},\ \sqrt{2}]$ 时，φ_2 的精度高，更进一步地针对分析表明 φ_2 主要是双向受压导致的计算误差极大。

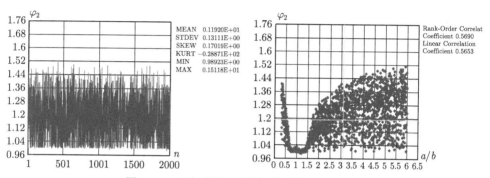

图 5.47 双向受压和受剪相关系数 φ_2 的分布

结合前面双向受压的相关公式 φ_2 的分析结论，双向受压 + 剪切的相关公式建议采用下式

$$\frac{\sigma_x}{\sigma_{xcr}} + \frac{\sigma_y}{\sigma_{ycr}} + \left(\frac{\tau}{\tau_{cr}}\right)^2 = \frac{(\beta_1^2+1)^2}{(\beta_1^2+\varphi)}\left[\frac{\beta^2}{(\beta^2+1)^2} + \frac{\varphi}{(\alpha^2+1)^2}\right] = \varphi_2 \qquad (5.158)$$

借助于随机有限元的计算样本，对误差较大的特例采用式 (5.158) 进行分析，式 (5.158) 的计算精度如表 5.7 所示。表中 $x_1 = \dfrac{\sigma_x}{\sigma_{xcr}}$，$x_2 = \dfrac{\sigma_y}{\sigma_{ycr}}$，$x_3 = \left(\dfrac{\tau}{\tau_{cr}}\right)^2$，$\varphi$ 的约定是以压应力大侧为主轴方向。分析表明式 (5.158) 精度高，明显优于式 (5.156) 和式 (5.157)。

表 5.7 双向受压 + 剪切屈曲对比分析表

序号	l/m	t/mm	φ	x_1	x_2	x_3	m	m_1	φ_{2j}	误差/%
1	4.142	8.148	0.604	0.269	0.581	0.452	4	1	1.33	2.49
2	5.152	7.396	28.127	0.094	0.982	0.029	5	1	1.01	−8.71
3	4.888	17.552	0.167	0.540	0.334	0.337	5	4	1.35	11.10
4	4.952	5.851	0.568	0.429	0.899	0.109	5	1	1.38	−4.08
5	1.094	7.116	2.380	0.167	0.478	0.359	1	1	1.00	−0.40
6	4.865	7.079	0.386	0.614	0.877	0.000	5	2	1.49	−0.07

5. 纯弯曲和剪切同时作用

设沿两端的应力为

$$\sigma = \sigma_1\left(1 - \frac{2y}{b}\right) \tag{5.159}$$

而剪应力 τ 沿周边均匀分布。按前面的方法求得单独作用的临界应力为

$$\sigma_{1cr} = k_\sigma\frac{\pi^2 D}{b^2 t}, \quad \tau_{cr} = k_\tau\frac{\pi^2 D}{b^2 t} \tag{5.160}$$

式中，k_σ，k_τ 随着 $\alpha = a/b$ 而改变的值，列在表 5.8 中，k_σ 前的负号相应为受拉。

表 5.8　k_σ，k_τ 随 α 改变的值

$\alpha = 1$	k_τ	0	2	4	6	8	9	9.42		
	k_σ	25.6	24.6	22.2	18.4	12.4	6.85	0		
$\alpha = 4/5$	k_τ	0	4	8	10	11	12	12.26		
	k_σ	24.5	22.8	17.7	13.25	10.01	4.61	0		
$\alpha = 2/3$	k_τ	0	4	8	12	14	15	16.09		
	k_σ	23.9	23.05	20.35	15.23	11.04	8.0	0		
$\alpha = 1/2$	k_τ	0	4	8	12	16	20	24	26	26.9
	k_σ	26.6	25.4	24.3	22.55	19.94	16.13	10.26	5.44	0

当为弯曲单独作用时，系数 k_σ 为 $k_{0\sigma}$；单独剪切时，系数 k_τ 为 $k_{0\tau}$；根据弹性屈曲位形干涉效应，采用假定一，k_σ 和 k_τ 可表述为

$$\varphi_1 = \left(\frac{k_\sigma}{k_{0\sigma}}\right)^2 + \left(\frac{k_\tau}{k_{0\tau}}\right)^2 = 1 \tag{5.161}$$

σ_{1cr} 和 τ_{cr} 的精确值可以按前面的公式计算。

对长宽比为 1.2，厚度为 0.004m 的简支板进行随机分析，如图 5.48 所示，式 (5.161) 的精度较好，当弯曲应力为主时，相关公式存在很小的波动。

5.3.6　弹性边界板的屈曲

板钢结构是由多块板件组成的，在分析组成板钢结构的板件之一的屈曲应力时，应考虑板组间的弹性约束因素对其弹性屈曲的影响 [1,8,9]。对构件弹性阶段的屈曲应力分析可以采用两种途径：一种是把整个截面作为一个整体进行计算，如第 4 章的压弯构件；另一种是把板件从构件中隔离出来，按单块板计算，这时板组间的相互作用必须考虑。板组间的约束因素在大多数文献中考虑为板组约束系数，这种方法较为简洁，但数值拟合公式只适用于单一的截面形式，且其相关假定的系数均较多。也有一些学者将单块板的边界考虑为弹性约束边界，通过弹性边界板的屈曲应力与简支板的屈曲应力的对比得出弹性边界板屈曲应力的统一公式。

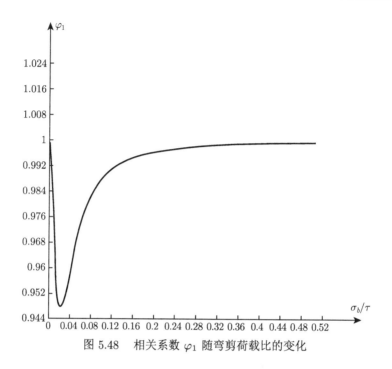

图 5.48　相关系数 φ_1 随弯剪荷载比的变化

　　实用板钢结构由于其相应设计规范对构造的要求，单块板的边界条件有自由边，如工字梁翼缘的非支撑边为自由边界条件，其余均介于简支与固接之间。对单向均匀受压的简支矩形板，固接边界相对于简支边界屈曲应力提高了 2.235 倍；对均匀受剪的矩形板，固接边界相对于简支边界屈曲应力提高了 1.561~1.682 倍。根据 5.3.2 节的分析，从屈曲应力提高程度看，具有弹性边界条件的单块板受压或受剪的屈曲应力是可以用同一个公式表出的。

　　1. 弹性边界受压板屈曲的数值拟合

　　长为 a，宽为 b，厚度为 t 的矩形板，单向受压加载边的弹性约束对板的屈曲影响也需要考虑，如图 5.23 所示。目前的研究资料均将加载边考虑为简支，便于得出近似承载力公式，当将弹性边界板的四边均考虑为实际的弹性边界时，只能借助于有限元方法进行求解。Paik 和 Thayamballi 采用弹性理论，结合有限元的数值分析，得出弹性边界板的屈曲应力公式 [35]。文献 [35] 提出的公式未合理分离幅面长宽比和弹性边界扭转刚度对板面内荷载作用下的屈曲应力的影响，是不完备的 [32]。文献 [32] 采用式 (5.162) 对文献 [35] 得出的解析公式进行修正，如下所示：

$$\sigma_{ecr} = k_e \sigma_{cr} \tag{5.162a}$$

$$\sigma_{cr} = \left(\frac{a}{mb} + \frac{mb}{a} \right)^2 \frac{\pi^2 D}{b^2 t} \tag{5.162b}$$

$$k_e = \begin{cases} 0.062\xi^3 - 0.329\xi^2 + 0.594\xi + 0.667, & 0 \leqslant \xi < 2 \\ 1.159 - \dfrac{0.147}{\xi - 0.4}, & 2 \leqslant \xi < 20 \\ 1.745 - \dfrac{0.220}{\xi - 19.629}, & \xi \geqslant 20 \end{cases} \tag{5.162c}$$

$$\xi = \frac{GJ}{bD} \tag{5.162d}$$

式中，m 为整数，满足 $\sqrt{(m-1)\,m} \leqslant a/b < \sqrt{m\,(m+1)}$；$\sigma_{ecr}$ 为受压弹性边界板的屈曲应力；σ_{cr} 为受压简支板的屈曲应力；k_e 为弹性边界板的屈曲系数；GJ 为边界沿荷载作用方向支承板件的扭转刚度。

研究矩形板相连接的板件时，可以假设成为研究板的翼缘。由于剪力滞效应，假设翼缘在分析其抗扭刚度时，需要确定翼缘的宽度。相比较而言，弹性边界板的边界扭转刚度取值在结构的抗弯承载力研究中分析较多，文献 [35] 也未对该问题进行说明。参考抗弯构件的剪力滞理论、加劲肋工作的有效宽度概念和数值分析结果，表明弹性边界板边界支承板件的最大有效宽度可以取 $15t$（t 为弹性边界板的厚度）。数值分析表明支承板不但对受压板提供边界的抗扭刚度，还承担了一定程度的压应力；支承板厚度越大，受压板的屈曲应力越大；支承板越宽，受压板的屈曲应力越大。当 $\xi < 20$ 时，误差较大，需要进一步讨论；但 $\xi \geqslant 160$ 后，屈曲应力增加幅度较小，所以，当 $\xi \geqslant 160$ 时，弹性边界板的边界条件可以考虑为固接，然后按非加载边固结的解析公式计算，见 5.3.2 节叙述。

通过数值分析表明式 (5.162) 具有一定的实用性，当 ξ 较大时，式 (5.162) 的精度较好，计算值小于数值分析结果，计算结果是安全的，图 5.49 列出了 $\xi = 1750$ 时解析计算结果 k_e 与数值分析结果的比值 η，当弹性边界板的长宽比小于 1.0 时，误差较大。

式 (5.162) 的分析结论表明弹性边界板的解析公式可以采用单向受压简支板的弹性屈曲应力与弹性边界函数的积的形式。为此，有必要采用更为精确的方法对弹性边界板的弹性屈曲进行分析。

如图 5.50 所示受压弹性边界板的边界结构简图，加载边简支，非加载边为 y，z 向的弹性支撑 k_y，k_z 以及绕 x 轴向转动的抗扭约束 β。在数值分析时，弹性边界的模拟是复杂的。如果非加载边采用翼缘来模拟，翼缘会分担部分外荷载，导致受压板中央接近压杆的效应，而与弹性边界板的模型不一致，如图 5.51(a) 所示；第二种方法是将翼缘分割成板条，并将非加载边设置为简支，可以排除翼缘提高承载力的效果，但却无法模拟 k_z，绕 x 轴向转动的抗扭约束 β 明显减小；第三种方法是将受压板非加载边考虑为约束弹簧，弹簧的刚度由弹性分析确定，如图 5.51(b) 所示。

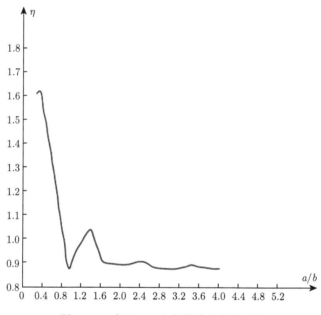

图 5.49　式 (5.162a) 与数值分析的对比

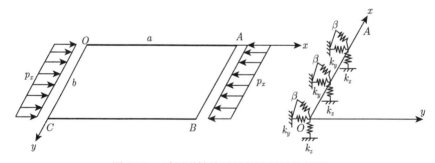

图 5.50　受压弹性边界板的边界结构简图

结合钢结构规范、数值分析和已有的研究成果，在图 5.50 中弹性边界对板件弹性屈曲影响最大的是 z 向的弹簧支撑刚度 k_z 和绕 x 轴的扭转弹簧刚度 β，结合 Paik 和 Thayamballi 的研究结论 [35]，可以再引入弹性边界侧向抗弯刚度系数 $\alpha_x = EI_y/(EI_x)$，以期通过 α_x 和 ξ 两个参数的相关关系来描述弹性边界的屈曲

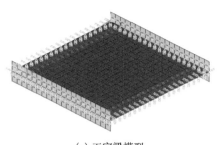
(a) 工字梁模型

(b) 弹簧边界模型

图 5.51 受压板弹性边界的有限元分析模型

应力。式 (5.162) 分析结果的精度并不高，存在的主要问题：一是弹性边界对轴向力的分担，造成弹性边界结构的承载力明显高于式 (5.162) 的计算值；二是如何模拟自由边界和简支之间的相关公式；三是前面的分析表明加载边简支，非加载边为其他边界条件时，受压板的弹性屈曲应力可以分别表达为长宽比和宽厚比函数乘积的形式，因此，在考虑好前面两个问题后，可以将弹性边界受压板的弹性屈曲应力表达为

$$\sigma_{ecr} = \varphi_1\left(\xi\right)\varphi_2\left(\alpha_x\right)\varphi_3\left(a/b\right)\varphi_4\left(b/t\right)\sigma_{cr} \qquad (5.163)$$

式中，σ_{ecr} 为弹性边界板的屈曲应力，$\varphi_1\left(\xi\right)$ 为弹性边界的扭转效应，$\varphi_2\left(\alpha_x\right)$ 为弹性边界的面外位移支撑，$\varphi_3\left(a/b\right)$ 为长宽比的影响函数，$\varphi_4\left(b/t\right)$ 为宽厚比的影响函数。第 1 项可以通过数值拟合，得出简支与固结之间弹性边界承载力提高系数与扭转刚度的关系，第 2 项可以看成自由与简支之间的弹性边界承载力提高系数与支撑弹簧刚度的关系，而后两项在 5.3.2 节中已有全面的讨论。$\varphi_3\left(a/b\right)$ 在前面给出了解析公式和计算插值曲线，而 $\varphi_4\left(b/t\right) = 1$ 也是在前面给出了主要结论。当式 (5.163) 通过数值分析确定后，加载边因 ξ 和 α_x 产生的弹性约束可利用图 5.22 和 $\varphi_1\left(\xi\right)$、$\varphi_2\left(\alpha_x\right)$ 按弹性边界板的刚度进行插值，而得出加载边弹性约束对弹性边界板的弹性屈曲应力的影响。

采用随机有限元方法对式 (5.163) 进行验证，计算模型采用简单的工字梁模型，如图 5.51 所示，弹性边界板的屈曲提高系数 $\varsigma = \sigma_{ecr}/\sigma_{cr}$ 在 ξ 较小时误差较大，此处列出了弹性边界板弹性屈曲提高系数 ς 与 $\sqrt{\xi}$ 的关系，如图 5.52 所示，同时也列出了弹性边界板弹性屈曲提高系数 ς 与 α_x 的关系，如图 5.53 所示。图 5.52 和图 5.53 表明 $\sqrt{\xi}$ 与 α_x、ς 存在一定的相关性，但精度不足。

在弹性边界的解析分析和数值分析方法中，需考虑翼缘的双重作用，一方面是为板件提供面外的弹性支撑，类似于弹性梁的性质，另一方面是为板件提供面外抗扭的刚度。设翼缘为板件提供的面外竖向刚度为 k，扭转刚度为 β，数值分析时，当采用弹簧边界时，验算拟合扭转刚度的关系式，然后再分析面外位移约束刚度对屈曲的影响；也可以考虑弹性边界后，利用前面的边界条件求解出长宽比影响的屈曲值，不同的初始边界条件计算的结果不同时取其中的最小值。根据式 (5.163) 可以简化为如下形式 [32]：

$$\sigma_{ecr} = \varphi_1(\beta)\,\varphi_2(\alpha_x)\,\sigma_{cr} \tag{5.164}$$

采用弹簧边界模拟，当只考虑 z 向支撑弹簧时，屈曲应力提高系数如图 5.54 所示。当只考虑扭转刚度时，弹性边界板的承载力提高系数如图 5.55 所示。

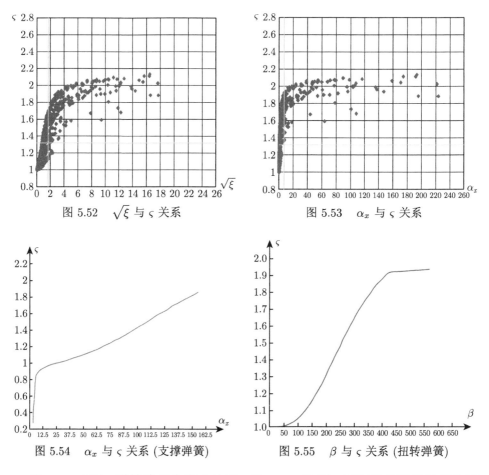

图 5.52　$\sqrt{\xi}$ 与 ς 关系　　　　　　　　图 5.53　α_x 与 ς 关系

图 5.54　α_x 与 ς 关系 (支撑弹簧)　　　　图 5.55　β 与 ς 关系 (扭转弹簧)

当 $\alpha_x = 0$ 时，弹性边界为自由边界；当 $\alpha_x \geqslant 25$ 时，可以认为弹性边界为简支，这时 $\varphi_2(\alpha_x) = 1$。当 $\beta \geqslant 450$ 时，弹性边界可认为是固结，取 $\varphi_1(\beta) = 2.07$；$\beta < 450$ 时，弹性扭转边界对应的屈曲系数按线性插值法进行取值，随机分析表明这样计算是保守和安全的。根据 5.3.2 节的分析结果，为便于应用，此处根据

图 5.54 和图 5.55 给出式 (5.163) 中扭转刚度和支撑刚度的数值拟合公式，便于设计参考。

当 $\alpha_x < 25$ 时，如图 5.54 所示，

$$\varsigma = -0.003\alpha_x^2 + 0.114\alpha_x \quad (\alpha_x < 25) \tag{5.165}$$

当板的面外支撑刚度足够，仅考虑抗扭刚度 β 时，如图 5.55 所示，

$$\varsigma = 1.5 \times 10^{-6}\beta^2 + 1.7 \times 10^{-3}\beta + 1 \quad (\beta < 450) \tag{5.166}$$

2. 弹性边界受压板屈曲的解析分析

如图 5.50 所示，在单向均布压应力作用下板件 $OABC$ (翼缘沿 OA、CB 布置) 发生屈曲时的位形为

$$w = Y_m(y)\sin\frac{m\pi x}{a} \tag{5.167}$$

翼缘绕 y 轴的弯曲刚度 $I_y = \frac{1}{12}t_f b_f^3$，均布抗弯刚度 $k = I_y/a$；翼缘绕 x 轴的扭转刚度 $I_t = \frac{1}{3}t_f b_f^3$，均布抗扭刚度 $\beta_t = I_t/a$。

根据前面的解，令 $\frac{m\pi}{a} = \lambda$，根据式 (5.53) 得

$$\alpha = \sqrt{\lambda\left(\sqrt{\frac{\sigma_x t}{D}} + \lambda\right)}, \quad \beta = \sqrt{\lambda\left(\sqrt{\frac{\sigma_x t}{D}} - \lambda\right)} \tag{5.168}$$

$$Y(y) = C_1\cosh\alpha y + C_2\sinh\alpha y + C_3\cos\beta y + C_4\sin\beta y \tag{5.169}$$

为便于分析，将坐标系移至板的中间，板在非加载边所受均布支反力，

$$y = b/2, \quad q = D\left[\frac{\partial^3 w}{\partial y^3} + (2-\nu)\frac{\partial^3 w}{\partial x^2 \partial y}\right] \tag{5.170}$$

$$y = -b/2, \quad q = -D\left[\frac{\partial^3 w}{\partial y^3} + (2-\nu)\frac{\partial^3 w}{\partial x^2 \partial y}\right] \tag{5.171}$$

设翼缘的截面积为 A，抗弯刚度为 EI_y，翼缘端部不受力，抗扭刚度为 $4EI_y$，则梁的纵横弯曲的微分方程式应为

$$EI_y\frac{\partial^4 w}{\partial x^4} = D\left[\frac{\partial^3 w}{\partial y^3} + (2-\nu)\frac{\partial^3 w}{\partial x^2 \partial y}\right], \quad y = b/2 \tag{5.172}$$

$$EI_y \frac{\partial^4 w}{\partial x^4} = -D \left[\frac{\partial^3 w}{\partial y^3} + (2 - \nu) \frac{\partial^3 w}{\partial x^2 \partial y} \right], \quad y = -b/2 \tag{5.173}$$

$y = b/2$ 时的扭矩为

$$EI_y \frac{\partial^2 w}{\partial y^2} = -D (1 - \nu) \frac{\partial^2 w}{\partial x \partial y} \tag{5.174}$$

$y = -b/2$ 时的扭矩为

$$EI_y \frac{\partial^2 w}{\partial y^2} = D (1 - \nu) \frac{\partial^2 w}{\partial x \partial y} \tag{5.175}$$

将式 (5.169) 分别代入方程 (5.172)~(5.175)，设 $k_1 = \dfrac{EI_y}{D} \left(\dfrac{m\pi}{a}\right)^4$，$k_2 = -\alpha^3 +$ $(2 - \mu) \alpha \left(\dfrac{m\pi}{a}\right)^2$，$t_1 = \dfrac{EI_x}{GI_t} \left(\dfrac{m\pi}{a}\right)^2$，$k_3 = \beta^3 - (2 - \mu) \beta \left(\dfrac{m\pi}{a}\right)^2$，$k_4 = \beta^3 +$ $(2 - \mu) \beta \left(\dfrac{m\pi}{a}\right)^2$，得

$$C_1 \left(k_1 \cosh \frac{\alpha b}{2} + k_2 \sinh \frac{\alpha b}{2} \right) + C_2 \left(k_1 \sinh \frac{\alpha b}{2} + k_2 \cosh \frac{\alpha b}{2} \right)$$
$$+ C_3 \left(k_1 \cos \frac{\beta b}{2} + k_3 \sin \frac{\beta b}{2} \right) + C_4 \left(k_1 \sin \frac{\beta b}{2} + k_4 \cos \frac{\beta b}{2} \right) = 0 \tag{5.176}$$

$$C_1 \left(k_1 \cosh \frac{\alpha b}{2} + k_2 \sinh \frac{\alpha b}{2} \right) - C_2 \left(k_1 \sinh \frac{\alpha b}{2} + k_2 \cosh \frac{\alpha b}{2} \right)$$
$$+ C_3 \left(k_1 \cos \frac{\beta b}{2} + k_3 \sin \frac{\beta b}{2} \right) - C_4 \left(k_1 \sin \frac{\beta b}{2} + k_4 \cos \frac{\beta b}{2} \right) = 0 \tag{5.177}$$

$$C_1 \left(t_1 \cosh \frac{\alpha b}{2} + \alpha \sinh \frac{\alpha b}{2} \right) + C_2 \left(t_1 \sinh \frac{\alpha b}{2} + \alpha \cosh \frac{\alpha b}{2} \right)$$
$$+ C_3 \left(t_1 \cos \frac{\beta b}{2} - \beta \sin \frac{\beta b}{2} \right) + C_4 \left(t_1 \sin \frac{\beta b}{2} + \beta \cos \frac{\beta b}{2} \right) = 0 \tag{5.178}$$

$$C_1 \left(t_1 \cosh \frac{\alpha b}{2} + \alpha \sinh \frac{\alpha b}{2} \right) - C_2 \left(t_1 \sinh \frac{\alpha b}{2} + \alpha \cosh \frac{\alpha b}{2} \right)$$
$$+ C_3 \left(t_1 \cos \frac{\beta b}{2} - \beta \sin \frac{\beta b}{2} \right) - C_4 \left(t_1 \sin \frac{\beta b}{2} + \beta \cos \frac{\beta b}{2} \right) = 0 \tag{5.179}$$

由 C_1、C_2、C_3 和 C_4 的系数组成稳定行列式，并令其等于 0，得到如下稳定方程式：

$$\left[\left(k_1 \cosh\frac{\alpha b}{2} + k_2 \sinh\frac{\alpha b}{2}\right)\left(t_1 \cos\frac{\beta b}{2} - \beta \sin\frac{\beta b}{2}\right) - \left(t_1 \sinh\frac{\alpha b}{2} + \alpha \cosh\frac{\alpha b}{2}\right)\right.$$

$$\times \left(k_1 \cos\frac{\beta b}{2} + k_3 \sin\frac{\beta b}{2}\right)\right] \times \left[\left(k_1 \sinh\frac{\alpha b}{2} + k_2 \cosh\frac{\alpha b}{2}\right)\left(t_1 \sin\frac{\beta b}{2} + \beta \cos\frac{\beta b}{2}\right)\right.$$

$$- \left(k_1 \sin\frac{\beta b}{2} + k_4 \cos\frac{\beta b}{2}\right)\left(t_1 \sinh\frac{\alpha b}{2} + \alpha \cosh\frac{\alpha b}{2}\right)\right] = 0 \qquad (5.180)$$

令

$$\theta_1 = \frac{EI_x}{bD} = \left(1 - \nu^2\right)\frac{b_f t_f^3}{bt^3}, \quad \theta_2 = \frac{EI_x}{GI_t} = \frac{1+\nu}{2}\frac{b_f^2}{t_f^2}$$

则式 (5.180) 可以简化成如下两个式子：

$$\beta\left[\theta_1 + \frac{\theta_2\beta^2}{\lambda^2} - (2-\nu)\theta_2\right]\tanh\frac{\alpha b}{2} + \alpha\left[\theta_1 + \frac{\theta_2\alpha^2}{\lambda^2} - (2-\nu)\theta_2\right]\cot\frac{\beta b}{2} - \frac{2\alpha\beta}{\lambda^2} = 0 \qquad (5.181)$$

$$\beta\left[\theta_1 - \frac{\theta_2\beta^2}{\lambda^2} - (2-\nu)\theta_2\right]\tanh\frac{\alpha b}{2} - \alpha\left[\theta_1 + \frac{\theta_2\alpha^2}{\lambda^2} - (2-\nu)\theta_2\right]\tan\frac{\beta b}{2}$$

$$- \frac{2\alpha\beta}{\lambda^3}\sqrt{\frac{p_x}{D}} = 0 \qquad (5.182)$$

采用解析式 (5.181) 和式 (5.182) 可以得到弹性边界受压板的屈曲应力，即使该解析分析结果的精度有待提高。也可以采用第 4 章的压弯构件公式进行计算，建议解析解取前述两种分析结果的最小值。当然，采用数值分析的结果是十分可靠的。

有学者对图 5.50 所示模型，只考虑翼缘的简支特性，给出了与式 (5.182) 类似的结果。分析式 (5.181) 和式 (5.182)，当受压工字梁腹板的屈曲半波数确定时，可以将式 (5.181) 或式 (5.182) 最终化简为 $\alpha = \alpha(\theta_1, \theta_2)$，即 α 表示为 θ_1 和 θ_2 的函数。这为采用有限元方法的计算结果得出拟合公式提供了思路。考虑到矩形板的一般特性边界情形，这里主要分析了两类有代表性的弹性边界：

(1) 从自由边界到简支边界的过渡，这时的弹性刚度以面外弹簧 k_z 为主，拟合的公式为式 (5.165)，拟合效果如图 5.54 所示。

(2) 从简支边界到固结边界的过渡，这时的弹性刚度以扭转弹簧 β 为主，拟合的公式为式 (5.166)，拟合效果如图 5.55 所示。

这里给出弹性边界板弹性屈曲的数值分析对比验证，采用的计算模型如图 5.56 所示，翼缘的宽度 $b_f=0.2$m，厚度 $t_f=0.01$m，受压板的长度 $a=1.0$m，宽度 $h = h_0 + t_f=1.0$m，厚度 $t_w=0.004$m。不同的计算方法采用不同的模型，而弹簧边界为图 5.56 弹性边界等效的横向弹簧和抗扭弹簧。弹性边界板计算结果的对比如表 5.9 所示。

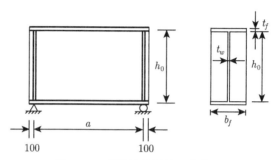

图 5.56　弹性边界板的计算模型

表 5.9　　弹性边界板计算结果对比表　　　　（单位：MPa）

简支板	弹性边界板					
	工字梁模型	分割翼缘	弹簧边界	式 (5.162)	式 (5.163)	式 (5.181)
11.916	21.183	14.057	20.862	20.792	23.385	24.665

对比分析表明：弹性边界板的屈曲应力可以采用四边简支板在对应荷载作用下的弹性屈曲应力与弹性边界性质函数的积的形式；由于弹性边界板承载力分析的复杂性，各种计算方法的精度不容易保证；根据弹性边界板的理论假定，显然，在不考虑翼缘分担承载力的条件下，如表 5.9 所示，采用弹簧边界的数值分析可以看作精确解；采用工字梁模型时，由于翼缘分担了受压，因而受压屈曲载荷提高了，而分割翼缘明显降低了弹性边界的抗扭约束刚度，弹性屈曲载荷要少得多；采用翼缘的模型和解析方法计算时，误差满足工程实践的需要，但计算精度有待提高。

3. 弹性边界板受剪屈曲的数值拟合

同理，将 k_e 引入简支板受剪的弹性屈曲公式，得出弹性边界板受剪的屈曲公式如下[8]：

$$\tau_{ecr} = k_\tau \tau_{cr} \tag{5.183}$$

式中，k_τ 为弹性边界板纯剪的屈曲系数；τ_{ecr} 为弹性边界板的纯剪屈曲应力；τ_{cr} 为简支板纯剪的屈曲应力。

$$k_\tau = \begin{cases} 0.066\xi^3 - 0.329\xi^2 + 0.594\xi + 0.750, & 0 \leqslant \xi < 2 \\ 1.158 - \dfrac{0.147}{\xi - 0.4}, & 2 \leqslant \xi < 20 \\ 1.561 - \dfrac{0.221}{\xi - 19.462}, & \xi \geqslant 20 \end{cases} \tag{5.184}$$

根据前述的分析过程和结论，因为结构是弹性的，满足板的小挠度理论，对于单板而言，与弹性边界板的弹性屈曲相关的量有板的结构特征 (长宽比 a/b、宽厚比 b/t，其余为常数)、边界条件 (前面的论述简化为三种：自由、简支和固结，这三种理想边界的弹性过渡采用弹性系数 α、β 进行描述，最后统一简化为弹性边界板的屈曲系数 k) 和面内均布/非均布荷载等三方面的因素。根据前面的分析，我们近似可以得出弹性边界板弹性屈曲应力构成的相关特征：

(1) 根据式 (5.163)，$\sigma_{icr} = \varphi_1(\beta)\varphi_2(\alpha_x)\varphi_3(a/b)\sigma_{i0cr}$，式中 i=1, 2, 3, 1 对应的是 x 或 y 向单独作用时的屈曲应力，2 对应的是剪切荷载作用下的屈曲应力，3 对应的是等效屈曲应力。当非加载边介于自由与简支状态时，取 $\varphi_1(\beta) = 1.0$，$\varphi_2(\alpha_x)$ 按式 (5.165) 计算；当非加载边介于简支与固结状态时，取 $\varphi_2(\alpha_x) = 1.0$，$\varphi_1(\beta)$ 按式 (5.166) 计算；$\varphi_3(a/b)$ 按 5.3.2 节分析的不同边界条件的承载力曲线采用；σ_{i0cr} 为简支边界条件时均布压力或均布剪力单独作用的屈曲应力。

(2) 组合荷载作用下的弹性屈曲应力按相关公式分析。

(3) 当矩形板两对边的边界条件不一致时，可按式 (5.81a) 进行类比。

(4) 对应实际矩形板的边界条件可按简支板的边界为基础，线性叠加相应的约束刚度来分析弹性边界矩形板的弹性屈曲应力，即增加/减少的弹性因素提升的弹性屈曲系数相乘得出弹性边界板的屈曲系数。

(5) 当荷载为均布剪力时，在应用式 (5.163) 时，上述的方法仍然适用，但对应的自由、简支或固结边界条件之间的弹性边界在分析时，应该考虑 3 种理想边界条件按边界板的刚度梯度进行插值。与受压的分析方法一致，例如从简支到固结的变化过程中，剪切的承载力提高系数只有受压的 72% 左右，这是二者荷载形式在简支和固结边界条件时的屈曲系数造成的。

5.4 平板的大挠度理论

小挠度理论认为薄板屈曲时板的挠度远小于其厚度，而中面在板屈曲时产生的薄膜拉力是微不足道的，因而作理论分析时忽略不计。当板边缘的支承构件具有较大的刚度时，有时板的屈曲应力虽不是很高，但屈曲以后并不破坏。板的强度有很大潜力可以发挥。板的中面会产生相当大的薄膜拉力。板中的应力重分布和薄膜拉力的出现可延缓挠度的发展，实际上起着对板的支撑作用，从而大大提

高板的承载力，使其远远超过板的分岔屈曲载荷。为了利用板的曲压承载力，需
要研究板的曲后性能。由于板在曲后的挠度与厚度相比已经不再是一个小的数量，
而且在单向均匀外荷载作用下中面力不再是常量，在非荷载作用的方向也同时产
生了中面力，为此需按照有限挠度理论或大挠度理论研究薄板的曲后强度。由于
板曲后的挠度总是远小于板的幅面尺寸，所以在建立平衡方程时除必须考虑薄膜
应变外，前面关于小挠度理论的几项基本假定仍然适用。

对于变形体的位移与其荷载不呈线性关系的弹性力学问题称为非线性弹性力
学问题。非线性的根源有两个：有限位移 (大挠度) 及有限应变 (大变形)。一方面
有限位移将导致应变与位移的非线性变形几何关系；另一方面有限位移改变了荷
载作用的位置或方向，而物体的平衡只有在变形后才能达到，因而平衡微分方程
是非线性的，这类非线性问题都属于几何非线性。由于板的面内位移 (u, v) 通常
远小于挠度 w，因而板的有限位移理论表现为大挠度理论。有限应变将使材料的
应力与应变关系呈现非线性的物理关系，这类非线性属于物理非线性。

线性弹性力学是建立在无限小位移和无限小应变的假定基础上的。它适用于
线性材料，并略去了几何关系中的非线性项；也不考虑变形对平衡条件的影响，即
它的平衡方程也线性化了。在给定荷载及边界条件下，线性弹性力学问题的解是
唯一的存在。但是线性理论所得到的解，在许多情况下却是不稳定的。

5.4.1　非线性应变几何关系

描述有限变形体的几何位置可采用三种坐标系：①基本的参考坐标系，它是
一个固定不变的直角坐标系；②初始未变形的自身坐标系；③最后变形状态的自
身坐标系。它们可以是直角坐标系或曲线坐标系。

设在基本的参考坐标系下弹性体任一点 $M(x, y, z)$ 变形后的位置坐标为

$$\begin{cases} \xi = x + u\,(x, y, z) \\ \eta = y + v\,(x, y, z) \\ \zeta = z + w\,(x, y, z) \end{cases} \tag{5.185}$$

由于变形使 $M(x, y, z)$ 点位移到 $M'(\xi, \eta, \zeta)$ 点。与 M 点无限接近的
$N(x + \mathrm{d}x, y + \mathrm{d}y, z + \mathrm{d}z)$ 点位移到 $N'(\xi + \mathrm{d}\xi, \eta + \mathrm{d}\eta, \zeta + \mathrm{d}\zeta)$ 点。变形前的位
置矢量 $\overrightarrow{MN}$，在变形后为 $\overrightarrow{M'N'}$。将式 (5.185) 作泰勒级数展开，并仅保留一阶
微量，则有

$$\mathrm{d}\xi = \left(1 + \frac{\partial u}{\partial x}\right)\mathrm{d}x + \frac{\partial u}{\partial y}\mathrm{d}y + \frac{\partial u}{\partial z}\mathrm{d}z$$

$$\mathrm{d}\eta = \frac{\partial v}{\partial x}\mathrm{d}x + \left(1 + \frac{\partial v}{\partial y}\right)\mathrm{d}y + \frac{\partial v}{\partial z}\mathrm{d}z \tag{5.186}$$

$$\mathrm{d}\zeta = \frac{\partial w}{\partial x}\mathrm{d}x + \frac{\partial w}{\partial y}\mathrm{d}y + \left(1 + \frac{\partial w}{\partial z}\right)\mathrm{d}z$$

从图 5.57 可以看出，空间矢量 $\overrightarrow{MN}$ 的长度平方为 $(\mathrm{d}s)^2 = (\mathrm{d}x)^2 + (\mathrm{d}y)^2 + (\mathrm{d}z)^2$。变形后的长度平方为 $(\mathrm{d}s^*)^2 = (\mathrm{d}\xi)^2 + (\mathrm{d}\eta)^2 + (\mathrm{d}\zeta)^2$。于是有

$$(\mathrm{d}s^*)^2 - (\mathrm{d}s)^2 = 2\left[\varepsilon_x(\mathrm{d}x)^2 + \varepsilon_y(\mathrm{d}y)^2 + \varepsilon_z(\mathrm{d}z)^2 + \varepsilon_{xy}\mathrm{d}x\mathrm{d}y + \varepsilon_{yz}\mathrm{d}y\mathrm{d}z + \varepsilon_{zx}\mathrm{d}z\mathrm{d}x\right]$$

式中，

$$\begin{aligned}
\varepsilon_x &= \frac{\partial u}{\partial x} + \frac{1}{2}\left[\left(\frac{\partial u}{\partial x}\right)^2 + \left(\frac{\partial v}{\partial x}\right)^2 + \left(\frac{\partial w}{\partial x}\right)^2\right] \\
\varepsilon_y &= \frac{\partial v}{\partial y} + \frac{1}{2}\left[\left(\frac{\partial u}{\partial y}\right)^2 + \left(\frac{\partial v}{\partial y}\right)^2 + \left(\frac{\partial w}{\partial y}\right)^2\right] \\
\varepsilon_z &= \frac{\partial w}{\partial z} + \frac{1}{2}\left[\left(\frac{\partial u}{\partial z}\right)^2 + \left(\frac{\partial v}{\partial z}\right)^2 + \left(\frac{\partial w}{\partial z}\right)^2\right] \\
\varepsilon_{xy} &= \frac{\partial u}{\partial y} + \frac{\partial v}{\partial x} + \frac{\partial u}{\partial x}\frac{\partial u}{\partial y} + \frac{\partial v}{\partial x}\frac{\partial v}{\partial y} + \frac{\partial w}{\partial x}\frac{\partial w}{\partial y} \\
\varepsilon_{yz} &= \frac{\partial v}{\partial z} + \frac{\partial w}{\partial y} + \frac{\partial u}{\partial y}\frac{\partial u}{\partial z} + \frac{\partial v}{\partial y}\frac{\partial v}{\partial z} + \frac{\partial w}{\partial y}\frac{\partial w}{\partial z} \\
\varepsilon_{zx} &= \frac{\partial u}{\partial z} + \frac{\partial w}{\partial x} + \frac{\partial u}{\partial x}\frac{\partial u}{\partial z} + \frac{\partial v}{\partial x}\frac{\partial v}{\partial z} + \frac{\partial w}{\partial x}\frac{\partial w}{\partial z}
\end{aligned} \tag{5.187}$$

它们是格林 (G. Green) 应变分量，是在初始未变形的直角坐标系或称拉格朗日

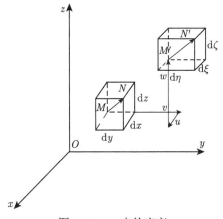

图 5.57 一点的应变

(Lagrange) 坐标系中度量的。在小变形情况下 $\varepsilon_x, \varepsilon_y, \varepsilon_z$ 为线应变；$\varepsilon_{xy}, \varepsilon_{yz}, \varepsilon_{zx}$ 为切应变，亦可写成 $\gamma_{xy}, \gamma_{yz}, \gamma_{zx}$。

5.4.2　板的非线性应变几何关系

1. 小应变情况

根据基尔霍夫 (G. R. Kirchhoff) 直法线假设，板内距中面为 z 的点，其位移沿厚度呈线性变化，即

$$
\begin{aligned}
u^{(z)} &= u(x, y) - z\vartheta(x, y) \\
v^{(z)} &= v(x, y) - z\psi(x, y) \\
w^{(z)} &= w(x, y) - z\chi(x, y)
\end{aligned}
\tag{5.188}
$$

将表达式 (5.188) 代入式 (5.187) 的第三、五、六式，使之满足基尔霍夫的应变假设：$\varepsilon_{zx} = \varepsilon_{yz} = 0$，$\varepsilon_z = 0$，并注意到在小应变情况下线应变和切应变都远小于 1，则可得到

$$
\begin{aligned}
\vartheta &= \frac{\partial w}{\partial x}\left(1 + \frac{\partial v}{\partial y}\right) - \frac{\partial v}{\partial x}\frac{\partial w}{\partial y} \\
\psi &= \frac{\partial w}{\partial y}\left(1 + \frac{\partial u}{\partial x}\right) - \frac{\partial u}{\partial y}\frac{\partial w}{\partial x} \\
\chi &= \frac{\partial u}{\partial x} + \frac{\partial v}{\partial y} + \frac{\partial u}{\partial x}\frac{\partial v}{\partial y} - \frac{\partial u}{\partial y}\frac{\partial v}{\partial x}
\end{aligned}
\tag{5.189}
$$

将位移函数 (5.188) 代入式 (5.187) 的第一、二、四式，则得板的任意点应变表达式为

$$
\left.
\begin{aligned}
\varepsilon_x^{(z)} &= \varepsilon_x - z\chi_x + z^2\nu_x \\
\varepsilon_y^{(z)} &= \varepsilon_y - z\chi_y + z^2\nu_y \\
\varepsilon_{xy}^{(z)} &= \varepsilon_{xy} - 2z\chi_{xy} + z^2\nu_{xy}
\end{aligned}
\right\}
\tag{5.190}
$$

式中，ε_x、ε_y 和 ε_{xy} 的表达式和式 (5.187) 相同，而

$$
\chi_x = \frac{\partial \vartheta}{\partial x} + \frac{\partial u}{\partial x}\frac{\partial \vartheta}{\partial x} + \frac{\partial v}{\partial x}\frac{\partial \psi}{\partial x} + \frac{\partial w}{\partial x}\frac{\partial \chi}{\partial x}
$$

$$
\chi_y = \frac{\partial \psi}{\partial y} + \frac{\partial u}{\partial y}\frac{\partial \vartheta}{\partial y} + \frac{\partial v}{\partial y}\frac{\partial \psi}{\partial y} + \frac{\partial w}{\partial y}\frac{\partial \chi}{\partial y}
$$

$$
\chi_{xy} = \frac{1}{2}\left(\frac{\partial \vartheta}{\partial y} + \frac{\partial \psi}{\partial x} + \frac{\partial u}{\partial x}\frac{\partial \vartheta}{\partial y} + \frac{\partial v}{\partial x}\frac{\partial \psi}{\partial y} + \frac{\partial w}{\partial x}\frac{\partial \chi}{\partial y} + \frac{\partial u}{\partial y}\frac{\partial \vartheta}{\partial x} + \frac{\partial v}{\partial y}\frac{\partial \psi}{\partial x} + \frac{\partial w}{\partial y}\frac{\partial \chi}{\partial x}\right)
$$

$$\nu_x = \frac{1}{2}\left[\left(\frac{\partial\vartheta}{\partial x}\right)^2 + \left(\frac{\partial\psi}{\partial x}\right)^2 + \left(\frac{\partial\chi}{\partial x}\right)^2\right]$$

$$\nu_y = \frac{1}{2}\left[\left(\frac{\partial\vartheta}{\partial y}\right)^2 + \left(\frac{\partial\psi}{\partial y}\right)^2 + \left(\frac{\partial\chi}{\partial y}\right)^2\right] \tag{5.191}$$

$$\nu_{xy} = \frac{\partial\vartheta}{\partial x}\frac{\partial\vartheta}{\partial y} + \frac{\partial v}{\partial x}\frac{\partial \nu}{\partial y} + \frac{\partial\chi}{\partial x}\frac{\partial\chi}{\partial y}$$

表达式 (5.190) 中右边的第一项为薄膜应变；第二项为沿厚度呈线性变化的弯曲或扭转应变，参数 $\chi_x, \chi_y, \chi_{xy}$ 为板中面的曲率变化量；第三项表示沿厚度作非线性变化的应变分量。但是在板的小应变情况下，这个非线性项可以忽略，因而有

$$\left.\begin{array}{l}\varepsilon_x^{(z)} = \varepsilon_x - z\chi_x \\ \varepsilon_y^{(z)} = \varepsilon_y - z\chi_y \\ \varepsilon_{xy}^{(z)} = \varepsilon_{xy} - 2z\chi_{xy}\end{array}\right\} \tag{5.192}$$

应当指出，这些小应变条件下的应变公式并未包含对转角大小的限制，因而可用于板弯曲变形较大的情况。

2. 小应变及小转动情况

若引用应变记号：

$$e_x = \frac{\partial u}{\partial x}, \quad e_y = \frac{\partial v}{\partial y}, \quad e_z = \frac{\partial w}{\partial z}$$

$$e_{xy} = \frac{1}{2}\left(\frac{\partial u}{\partial y} + \frac{\partial v}{\partial x}\right), \quad e_{yz} = \frac{1}{2}\left(\frac{\partial v}{\partial z} + \frac{\partial w}{\partial y}\right), \quad e_{zx} = \frac{1}{2}\left(\frac{\partial w}{\partial x} + \frac{\partial u}{\partial z}\right) \tag{5.193}$$

$$\omega_x = \frac{1}{2}\left(\frac{\partial w}{\partial y} - \frac{\partial v}{\partial z}\right), \quad \omega_y = \frac{1}{2}\left(\frac{\partial u}{\partial z} - \frac{\partial w}{\partial x}\right), \quad \omega_z = \frac{1}{2}\left(\frac{\partial v}{\partial x} - \frac{\partial u}{\partial y}\right)$$

于是表达式 (5.186) 也可换成应变表达形式，因此式 (5.187) 可改写成

$$\varepsilon_x = e_x + \frac{1}{2}\left[e_x^2 + (e_{xy} + \omega_z)^2 + (e_{xz} - \omega_y)^2\right]$$

$$\varepsilon_y = e_y + \frac{1}{2}\left[e_y^2 + (e_{xy} - \omega_z)^2 + (e_{yz} + \omega_x)^2\right]$$

$$\varepsilon_z = e_z + \frac{1}{2}\left[e_z^2 + (e_{xz} + \omega_y)^2 + (e_{yz} - \omega_x)^2\right] \tag{5.194}$$

$$\varepsilon_{xy} = 2e_{xy} + e_x(e_{xy} - \omega_z) + e_y(e_{xy} + \omega_z) + (e_{xz} - \omega_y)(e_{yz} + \omega_x)$$

$$\varepsilon_{yz} = 2e_{yz} + e_y\left(e_{yz} - \omega_x\right) + e_z\left(e_{yz} + \omega_x\right) + \left(e_{xy} - \omega_z\right)\left(e_{xz} + \omega_y\right)$$

$$\varepsilon_{zx} = 2e_{zx} + e_x\left(e_{zx} + \omega_y\right) + e_z\left(e_{zx} - \omega_y\right) + \left(e_{xy} + \omega_z\right)\left(e_{yz} - \omega_x\right)$$

式中，e_x 为 x 方向线应变；e_{xy} 为 XOY 面内的切应变；ω_x 为包围 M 点的无限小体积绕 x 轴的转动；其余类推。

对于小应变及小转动的情况，表达式 (5.194) 可简化为

$$\varepsilon_x \approx e_x + \left(e_{xy}\omega_z - e_{xz}\omega_y\right) + \frac{1}{2}\left(\omega_z^2 + \omega_y^2\right)$$

$$\varepsilon_y \approx e_y + \left(e_{yz}\omega_x - e_{xy}\omega_z\right) + \frac{1}{2}\left(\omega_z^2 + \omega_x^2\right)$$

$$\varepsilon_z \approx e_z + \left(e_{xz}\omega_y - e_{yz}\omega_x\right) + \frac{1}{2}\left(\omega_y^2 + \omega_x^2\right) \tag{5.195}$$

$$\varepsilon_{xy} \approx 2e_{xy} + \left(-e_x\omega_z + e_y\omega_z - e_{yz}\omega_y + e_{xz}\omega_x\right) - \omega_x\omega_y$$

$$\varepsilon_{yz} \approx 2e_{yz} + \left(-e_y\omega_x + e_z\omega_x - e_{xz}\omega_z + e_{xy}\omega_y\right) - \omega_y\omega_z$$

$$\varepsilon_{zx} \approx 2e_{zx} + \left(e_x\omega_y - e_z\omega_y + e_{yz}\omega_z - e_{xy}\omega_x\right) - \omega_x\omega_z$$

应当指出，这里所说的小应变与小转动是指与 5.4.2 节 1. 小节相比其应变及转角为微量，但并未涉及应变 e_{ij} 与转动 ω_i 之间的量级比较。对于 e_{ij} 和 ω_i 的量级比较可分为两种情况：

(1) $e_{ij} \sim \omega_i$(等量级)，在式 (5.195) 中可忽略二阶微量，得

$$\left.\begin{array}{l}\varepsilon_x \approx \dfrac{\partial u}{\partial x}, \quad \varepsilon_y \approx \dfrac{\partial v}{\partial y}, \quad \varepsilon_z \approx \dfrac{\partial w}{\partial z} \\[2mm] \varepsilon_{xy} \approx \dfrac{\partial u}{\partial y} + \dfrac{\partial v}{\partial x}, \quad \varepsilon_{xz} \approx \dfrac{\partial u}{\partial z} + \dfrac{\partial w}{\partial x}, \quad \varepsilon_{yz} \approx \dfrac{\partial v}{\partial z} + \dfrac{\partial w}{\partial y}\end{array}\right\} \tag{5.196}$$

这就是三维线弹性力学的变形几何关系式。

(2) $e_{ij} \ll \omega_i$，且 $e_{ij} \sim \omega_i^2$，则表达式 (5.195) 可简化为

$$\varepsilon_x \approx e_x + \frac{1}{2}\left(\omega_y^2 + \omega_z^2\right), \quad \varepsilon_{xy} \approx 2e_{xy} - \omega_x\omega_y$$

$$\varepsilon_y \approx e_y + \frac{1}{2}\left(\omega_z^2 + \omega_x^2\right), \quad \varepsilon_{xz} \approx 2e_{xz} - \omega_x\omega_z \tag{5.197}$$

$$\varepsilon_z \approx e_z + \frac{1}{2}\left(\omega_x^2 + \omega_y^2\right), \quad \varepsilon_{yz} \approx 2e_{yz} - \omega_y\omega_z$$

这组表达式为非线性变形几何关系。由此可见，线弹性力学的变形几何关系的存在条件是：

(1) 微小应变及微小转动,即 $(\varepsilon_x, \varepsilon_y, \varepsilon_z, \varepsilon_{xy}, \varepsilon_{xz}, \varepsilon_{yz}) \ll 1$,以及 $(\omega_x, \omega_y, \omega_z) \ll 1$;

(2) 应变量与转动角是等量级的微小量,即 $e_{ij} \sim \omega_i$。

对于一段实心块体,由于三个方向尺寸属等量级,只要条件 (1) 能满足,则条件 (2) 即可自然满足。但是对于细长杆、薄板,它的一个或两个方向的尺寸远小于其余外形尺寸,则其转动角往往大于应变量,即 $\omega_i \gg e_{ij}$。这种构件虽然在小应变 ($e_{ij} \ll 1$) 和小转动 ($\omega_i \ll 1$) 情况下,但条件 (2) 却不能满足,这就是屈曲问题的变形性质。可以看出,弹性稳定性问题的实质是一类小应变、大转动的非线性问题。更确切地说,屈曲变形的应变与 1 相比属微小量,绕 x、y 方向的转动角属中等的小量,绕 z 方向的转动角可以忽略,这种限定称为中等变形。

一般而言,由于板的挠度 $w \gg u, v$ (x 和 y 向的位移),由表达式 (5.187) 及式 (5.191) 可得到板的中面应变、曲率改变量分别为

$$\varepsilon_x = \frac{\partial u}{\partial x} + \frac{1}{2}\left(\frac{\partial w}{\partial x}\right)^2, \quad \varepsilon_y = \frac{\partial v}{\partial y} + \frac{1}{2}\left(\frac{\partial w}{\partial y}\right)^2, \quad \varepsilon_{xy} = \gamma_{xy} = \frac{\partial u}{\partial y} + \frac{\partial v}{\partial x} + \frac{\partial w}{\partial x}\frac{\partial w}{\partial y}$$

$$\chi_x = \frac{\partial \vartheta}{\partial x} = -\frac{\partial^2 w}{\partial x^2}, \quad \chi_y = \frac{\partial \psi}{\partial y} = -\frac{\partial^2 w}{\partial y^2}, \quad \chi_{xy} = \frac{1}{2}\left(\frac{\partial \vartheta}{\partial y} + \frac{\partial \psi}{\partial x}\right) = -\frac{\partial^2 w}{\partial x \partial y}$$

$$(5.198)$$

由式 (5.188) 得距中面为 z 的任意点的位移为

$$u^{(z)} = u - z\frac{\partial w}{\partial x}, \quad v^{(z)} = v - z\frac{\partial w}{\partial y}, \quad w^{(z)} = w \qquad (5.199)$$

式 (5.198) 和式 (5.199) 就是平板大挠度理论的变形几何方程式,又称为冯·卡门 (von Kármán) 公式[1,11]。

由上述讨论可归纳得出有四类几何非线性弹性力学问题:第一类为大应变问题;第二类为小应变、大转动问题,即大变形问题;第三类为小应变、中等转动,但应变与转动的平方为同级量 (即转动角远大于应变量);第四类是小应变、小转动,而应变与转动为同级量,这一类便是线弹性力学变形几何关系。可以看出,板的线性理论公式 (5.196) 仅适用于板的微小弯曲情况,故又称为小挠度弯曲理论;式 (5.187) 则可应用于板的大变形计算;而冯·卡门公式 (5.198) 和式 (5.199) 介于上述两类之间,即为第三类几何非线性弹性力学问题,这类问题又称为小应变、中等转动问题。

5.4.3 薄板大挠度弯曲微分方程

薄板小挠度弯曲理论中忽略中面变形,但当板的挠度达到板厚量级的程度时,由于边界约束中面变形而引起的薄膜力已不能忽视。考虑中面变形和弯曲变形所

建立的计算理论称为薄板大挠度弯曲理论。薄板大挠度弯曲的应力状态是由薄膜应力与弯曲应力组成的。将板内的应力向中面简化，则引出内力概念。例如：

$$N_x = \int_{-t/2}^{t/2} \sigma_x^{(z)} \mathrm{d}z = \sigma_x t, \quad M_x = \int_{-t/2}^{t/2} \sigma_x^{(z)} z \mathrm{d}z$$

薄板大挠度弯曲的内力素有弯曲内力 $(M_x, M_y, M_{xy}, Q_x, Q_y)$ 和薄膜力 (N_x, N_y, N_{xy})，如图 5.58 所示。图中 N_x^+ 表示 $N_x + (\partial N_x/\partial x)\,\mathrm{d}x$，$N_y^+$ 表示 $N_y + (\partial N_y/\partial y)\,\mathrm{d}y$，其余类推。图中双箭头表示右手螺旋法则的弯矩。此处内力素的单位都是用单位长度上的力或弯矩表示。

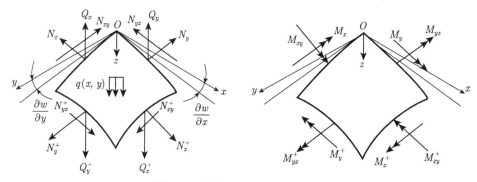

图 5.58　板微元体的内力平衡图

根据广义胡克 (R. Hooke) 定律，可得中面应变与薄膜力的关系，以及弯矩与曲率改变量或挠度的关系

$$\left.\begin{aligned}
\varepsilon_x &= \frac{1}{Et}\left(N_x - \nu N_y\right) \\
\varepsilon_y &= \frac{1}{Et}\left(N_y - \nu N_x\right) \\
\varepsilon_{xy} &= \gamma_{xy} = \frac{2\left(1+\nu\right)}{Et} N_{xy}
\end{aligned}\right\} \tag{5.200a}$$

$$M_x = D\left(\chi_x + \nu\chi_y\right) = -D\left(\frac{\partial^2 w}{\partial x^2} + \nu\frac{\partial^2 w}{\partial y^2}\right)$$

$$M_y = D\left(\chi_y + \nu\chi_x\right) = -D\left(\frac{\partial^2 w}{\partial y^2} + \nu\frac{\partial^2 w}{\partial x^2}\right) \tag{5.200b}$$

$$M_{xy} = M_{yx} = D\left(1-\nu\right)\chi_{xy} = -D\left(1-\nu\right)\frac{\partial^2 w}{\partial x \partial y}$$

由于基尔霍夫假设中忽略了横向切应变，因而横向切力不能直接由剪切胡克定律给出，必须根据平衡条件才能得到。

在薄板大挠度弯曲问题中，薄膜力不仅由中面荷载直接作用所产生，而且还和板中面的挠度有关，因而引起弯曲变形与薄膜应变的耦合性质。薄板大挠度弯曲平衡方程和小挠度弯曲理论相比较有两点不同：①小挠度弯曲理论忽略了薄膜力，而大挠度弯曲考虑薄膜力。薄膜力是与弯曲变形有关的未知量，因而存在两个面内方向的平衡方程。②在 z 方向平衡方程中考虑由于转动所引起的薄膜力的投影项。除对 z 轴的力矩方程是恒等式外，板的平衡方程为

$$\frac{\partial N_x}{\partial x} + \frac{\partial N_{yx}}{\partial y} = 0$$

$$\frac{\partial N_{xy}}{\partial x} + \frac{\partial N_y}{\partial y} = 0$$

$$\frac{\partial Q_x}{\partial x} + \frac{\partial Q_y}{\partial y} + N_x \frac{\partial^2 w}{\partial x^2} + N_y \frac{\partial^2 w}{\partial y^2} + 2N_{xy} \frac{\partial^2 w}{\partial x \partial y} + q = 0 \qquad (5.201)$$

$$\frac{\partial M_y}{\partial y} + \frac{\partial M_{xy}}{\partial x} - Q_y = 0$$

$$\frac{\partial M_x}{\partial x} + \frac{\partial M_{yx}}{\partial y} - Q_x = 0$$

将式 (5.200b) 代入方程 (5.201) 的后两式，可得横向切力

$$\left. \begin{array}{l} Q_x = -D \dfrac{\partial}{\partial x} \left(\dfrac{\partial^2 w}{\partial x^2} + \dfrac{\partial^2 w}{\partial y^2} \right) = -D \dfrac{\partial}{\partial x} \left(\nabla^2 w \right) \\[3mm] Q_y = -D \dfrac{\partial}{\partial y} \left(\dfrac{\partial^2 w}{\partial x^2} + \dfrac{\partial^2 w}{\partial y^2} \right) = -D \dfrac{\partial}{\partial y} \left(\nabla^2 w \right) \end{array} \right\}$$

引进应力函数 $\Phi(x, y)$，使

$$\sigma_x = \frac{N_x}{t} = \frac{\partial^2 \Phi}{\partial y^2}, \quad \sigma_y = \frac{N_y}{t} = \frac{\partial^2 \Phi}{\partial x^2}, \quad \tau_{xy} = \frac{N_{xy}}{t} = -\frac{\partial^2 \Phi}{\partial x \partial y} \qquad (5.202)$$

将方程 (5.201) 的后两式代入该方程的第三式，则平衡方程为

$$\frac{\partial^2 M_x}{\partial x^2} + 2 \frac{\partial^2 M_{xy}}{\partial x \partial y} + \frac{\partial^2 M_y}{\partial y^2} + N_x \frac{\partial^2 w}{\partial x^2} + 2N_{xy} \frac{\partial^2 w}{\partial x \partial y} + N_y \frac{\partial^2 w}{\partial y^2} + q = 0 \quad (5.203)$$

利用表达式 (5.200b) 和 (5.202)，则方程 (5.203) 可写成

$$\frac{D}{t} \nabla^2 \nabla^2 w = L(w, \Phi) + q/t \qquad (5.204)$$

其中，微分算子

$$L\left(\alpha,\beta\right)=\frac{\partial^2\alpha}{\partial x^2}\frac{\partial^2\beta}{\partial y^2}+\frac{\partial^2\alpha}{\partial y^2}\frac{\partial^2\beta}{\partial x^2}-2\frac{\partial^2\alpha}{\partial x\partial y}\frac{\partial^2\beta}{\partial x\partial y} \tag{5.205}$$

式中，α,β 表示微分算子所作用的参数变量。

由于中面薄膜力是由大挠度弯曲所引起的，因此挠度与薄膜力之间的关系可通过中面应变连续性条件获得，从应变关系式 (5.198) 中消去中面位移 u、v，得出应变协调方程

$$\frac{\partial^2\varepsilon_x}{\partial y^2}+\frac{\partial^2\varepsilon_y}{\partial x^2}-\frac{\partial^2\varepsilon_{xy}}{\partial x\partial y}=\left(\frac{\partial^2 w}{\partial x\partial y}\right)^2-\frac{\partial^2 w}{\partial x^2}\frac{\partial^2 w}{\partial y^2} \tag{5.206}$$

将式 (5.200a) 代入方程 (5.206)，并利用应力函数 (5.202)，可得薄板应变协调方程的另一种表达形式

$$\frac{1}{E}\nabla^2\nabla^2\Phi=-\frac{1}{2}L\left(w,w\right) \tag{5.207}$$

方程 (5.204) 和 (5.207) 就是薄板大挠度弯曲基本微分方程组，又称冯·卡门方程组。

5.4.4 具有初始挠度的薄板大挠度弯曲方程

若薄板具有微小的初始挠度 w_0，由荷载引起的弯曲挠度为 w，则板弯曲总挠度为 $w^*=w_0+w$。图 5.59 表示板中面纤维 AB 线段，变形前有初始挠度 w_0，因而纤维长度为 $\mathrm{d}s_0$，变形后长度为 $\mathrm{d}s_1$，因而纤维方向的应变为

$$\varepsilon_x''=\frac{\mathrm{d}x}{\mathrm{d}s}\left[\frac{1}{2}\left(\frac{\partial w^*}{\partial x}\right)^2-\frac{1}{2}\left(\frac{\partial w_0}{\partial x}\right)^2\right]\approx\frac{1}{2}\left(\frac{\partial w^*}{\partial x}\right)^2-\frac{1}{2}\left(\frac{\partial w_0}{\partial x}\right)^2$$

同理可得

$$\varepsilon_y''\approx\frac{1}{2}\left(\frac{\partial w^*}{\partial y}\right)^2-\frac{1}{2}\left(\frac{\partial w_0}{\partial y}\right)^2$$

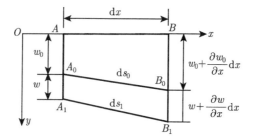

图 5.59 有初始挠度的应变

图 5.60 表示具有初始挠度薄板的切应变。AB 与 AC 线段的夹角为直角，线段 A_0B_0 与 A_0C_0 的夹角为 $[\pi/2 - (\partial w_0/\partial x)(\partial w_0/\partial y)]$，荷载作用使板弯曲到 A_1B_1-A_1C_1 位置，其夹角为 $[\pi/2 - (\partial w^*/\partial x)(\partial w^*/\partial y)]$。所以，由挠度引起的切应变为

$$\varepsilon''_{xy} = \gamma''_{xy} = \frac{\partial w^*}{\partial x}\frac{\partial w^*}{\partial y} - \frac{\partial w_0}{\partial x}\frac{\partial w_0}{\partial y}$$

因而具有初始挠度板中面的总应变为

$$\varepsilon_x = \frac{\partial u}{\partial x} + \frac{1}{2}\left[\frac{\partial(w_0+w)}{\partial x}\right]^2 - \frac{1}{2}\left(\frac{\partial w_0}{\partial x}\right)^2 = \frac{\partial u}{\partial x} + \frac{1}{2}\left(\frac{\partial w}{\partial x}\right)^2 + \frac{\partial w_0}{\partial x}\frac{\partial w}{\partial x}$$

$$\varepsilon_y = \frac{\partial v}{\partial y} + \frac{1}{2}\left[\frac{\partial(w_0+w)}{\partial y}\right]^2 - \frac{1}{2}\left(\frac{\partial w_0}{\partial y}\right)^2 = \frac{\partial v}{\partial y} + \frac{1}{2}\left(\frac{\partial w}{\partial y}\right)^2 + \frac{\partial w_0}{\partial y}\frac{\partial w}{\partial y} \quad (5.208)$$

$$\varepsilon_{xy} = \gamma_{xy} = \frac{\partial u}{\partial y} + \frac{\partial v}{\partial x} + \frac{\partial w}{\partial x}\frac{\partial w}{\partial y} + \frac{\partial w_0}{\partial x}\frac{\partial w}{\partial y} + \frac{\partial w_0}{\partial y}\frac{\partial w}{\partial x}$$

具有初始挠度的薄板应变协调方程为 [1,11]

$$\frac{1}{E}\nabla^2\nabla^2\Phi = \left[\frac{\partial^2(w_0+w)}{\partial x\partial y}\right]^2 - \frac{\partial^2(w_0+w)}{\partial x^2}\frac{\partial^2(w_0+w)}{\partial y^2} - \left[\left(\frac{\partial^2 w}{\partial x\partial y}\right)^2 - \frac{\partial^2 w_0}{\partial x^2}\frac{\partial^2 w_0}{\partial y^2}\right]$$

$$(5.209)$$

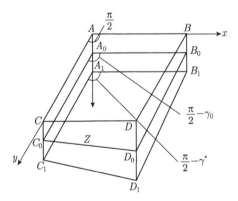

图 5.60 有初始挠度薄板的切应变

由方程 (5.204) 可以看出，方程的左端表示板的弯曲内力，它仅与荷载挠度 w 有关。而方程的右端项表示力的投影，它应按包含 w_0 在内的实际位置进行投影，故应以 w^* 代替 w，于是具有初始挠度的薄板平衡方程应为 [1,11]

$$\frac{D}{t}\nabla^2\nabla^2 w = \frac{\partial^2\varPhi}{\partial y^2}\frac{\partial^2\left(w_0+w\right)}{\partial x^2} + \frac{\partial^2\varPhi}{\partial x^2}\frac{\partial^2\left(w_0+w\right)}{\partial y^2} - 2\frac{\partial^2\varPhi}{\partial x\partial y}\frac{\partial^2\left(w_0+w\right)}{\partial x\partial y} + \frac{q}{t}$$

$$(5.210)$$

方程 (5.209) 和 (5.210) 即为具有初始挠度的薄板大挠度弯曲基本微分方程组。此方程组首先是由冯·卡门于 1910 年导出的, 因此又称为板的冯·卡门大挠度方程。求解方法除了用计算机计算可以不用应力函数这一计算过程而联合求解前面的九个方程得到数值解外, 一般情况无法得到闭合解; 也可根据势能驻值原理, 采用伽辽金法得到近似解。

5.5 单向均匀受压简支板的曲后承载力

单向均匀受压四边简支矩形板的极限承载力分析不同于压杆的极限承载力分析[28-34], 是十分复杂的。板件的极限承载力与初始几何弯曲和残余应力有关, 加之简支板在曲后至极限状态的过程中, 板件的位形仍采用简单函数, 这将导致较大的误差; 在理论上由于塑性佯谬的存在, 曲后承载力已有的研究结论是否正确受到质疑。本节采用弹性理论讨论受压简支矩形板的曲后性能, 如图 5.61(a) 所示, 不考虑塑性变形, 考虑板件的初始几何缺陷, 因此, 讨论的对象为简支实用板在单向均匀受压时的曲后性能。

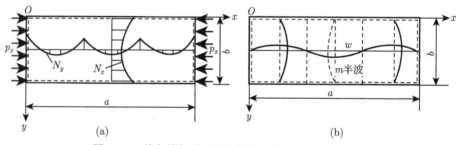

图 5.61 单向均匀受压四边简支板曲后中面力和位形

板在其自身平面外变形的边界条件是: 当 $x=0$ 和 $x=a$ 时, $w=0, \dfrac{\partial^2 w}{\partial x^2}=0$; 当 $y=0$ 和 $y=b$ 时, $w=0, \dfrac{\partial^2 w}{\partial y^2}=0$。在分析板的曲后强度时, 由于应力重分布, 还需要考虑在板自身平面内的边界条件。

5.5.1 曲后性能的简单弹性解

1. 板平面内边界条件的基本假定

(1) 板弯曲后, 板的边缘仍保持如图 5.61(b) 中虚线所示直线, 矩形板的外形不变;

(2) 沿板的四周不产生剪应力, 即 $N_{xy} = 0$;

(3) 平行于 x 轴的 $y = 0$ 和 $y = b$ 的两条边在 y 方向的移动是自由的。

按照上述基本假定, $y = 0$ 和 $y = b$ 两条边的约束条件是介于完全固定和完全没有约束之间的边界条件。因为如果约束条件是完全固定的, 则边界在 y 方向的位移 $v = 0$, 板边就不能移动, 如果完全没有约束, 板边就不会在 y 方向产生中面力, 即 $N_y = 0$, 但是按照板边既可自由移动又保持直线这两条假定, 只有 $N_y \neq 0$, 而在 y 方向的合力为 0。对于 $x = 0$ 和 $x = a$ 的两条加载边, 其 x 方向的位移沿 y 轴应是常数。

2. 求解板曲后强度的计算步骤

1) 假定板的挠曲面函数

适合板边界条件的较简单的挠曲面函数为

$$w = f \sin \frac{m\pi x}{a} \sin \frac{\pi y}{b} \tag{5.211}$$

式中, f 为板曲后的最大挠度。

2) 求解板的中面力的应力函数

将变形协调方程式 (5.204) 简化为

$$\frac{\partial^4 F}{\partial x^4} + 2\frac{\partial^4 F}{\partial x^2 \partial y^2} + \frac{\partial^4 F}{\partial y^4} = E\left[\left(\frac{\partial^2 w}{\partial x \partial y}\right)^2 - \frac{\partial^2 w}{\partial x^2} \times \frac{\partial^2 w}{\partial y^2}\right] \tag{5.212}$$

将式 (5.211) 代入上式, 这样

$$\frac{\partial^4 F}{\partial x^4} + 2\frac{\partial^4 F}{\partial x^2 \partial y^2} + \frac{\partial^4 F}{\partial y^4} = \frac{f^2 m^2 \pi^4 E}{2a^2 b^2}\left(\cos\frac{2m\pi x}{a} + \cos\frac{2\pi y}{b}\right) \tag{5.213}$$

式 (5.213) 的通解由特解 F_p 和余解 F_c 两部分组成, 特解为

$$F_p = B\cos\frac{2m\pi x}{a} + C\cos\frac{2\pi y}{b} \tag{5.214}$$

将式 (5.214) 代入式 (5.213), 经比较后得到常数

$$B = \frac{a^2 E}{32m^2 b^2}f^2, \quad C = \frac{m^2 b^2 E}{32a^2}f^2$$

则

$$F_p = \frac{Ef^2}{32}\left(\frac{a^2}{m^2 b^2}\cos\frac{2m\pi x}{a} + \frac{m^2 b^2}{a^2}\cos\frac{2\pi y}{b}\right) \tag{5.215}$$

余解 F_c 由 $\dfrac{\partial^4 F}{\partial x^4} + 2\dfrac{\partial^4 F}{\partial x^2 \partial y^2} + \dfrac{\partial^4 F}{\partial y^4} = 0$ 得到, 但与式 (5.212) 比较后可知此式相当于 $w = 0$, 即在板屈曲前的平面状态, 此时中面力 $N_x = p_x$, $N_y = 0$, $N_{xy} = 0$。以压力为正值时, 可得 $p_x = -t\dfrac{\partial^2 F_c}{\partial y^2}$, 故 $F_c = -\dfrac{p_x}{t}\iint \mathrm{d}y\mathrm{d}y = -\dfrac{p_x}{2t}y^2$, 这样全解为

$$F = F_p + F_c = \frac{Ef^2}{32}\left(\frac{a^2}{m^2 b^2}\cos\frac{2m\pi x}{a} + \frac{m^2 b^2}{a^2}\cos\frac{2\pi y}{b}\right) - \frac{p_x}{2t}y^2 \tag{5.216}$$

3. 求解板的挠度

应力函数 F 与板的挠度 f 有关, 因此力平衡方程 (5.207) 也与板的挠度有关, 可以用伽辽金法求解板的挠度。式 (5.207) 可化为

$$\frac{\partial^4 w}{\partial x^4} + 2\frac{\partial^4 w}{\partial x^2 \partial y^2} + \frac{\partial^4 w}{\partial y^4} = \frac{t}{D}\left(\frac{\partial^2 F}{\partial y^2} \times \frac{\partial^2 w}{\partial x^2} + \frac{\partial^2 F}{\partial x^2} \times \frac{\partial^2 w}{\partial y^2} - 2\frac{\partial^2 F}{\partial x \partial y} \times \frac{\partial^2 w}{\partial x \partial y}\right)$$
$$\tag{5.217}$$

先将板的力平衡方程 (5.217) 中等式以右的部分都移至等式左侧, 再参照第 3 章的式 (3.31) 伽辽金方程组, 仍用板的挠曲面函数 (5.211) 建立伽辽金方程。对于不太宽的板,

$$\int_0^a \int_0^5 \left[\left(\frac{\partial^4 w}{\partial x^4} + 2\frac{\partial^4 w}{\partial x^2 \partial y^2} + \frac{\partial^4 w}{\partial y^4}\right) - \frac{t}{D}\left(\frac{\partial^2 F}{\partial y^2} \times \frac{\partial^2 w}{\partial x^2} + \frac{\partial^2 F}{\partial x^2} \times \frac{\partial^2 w}{\partial y^2}\right.\right.$$
$$\left.\left. - 2\frac{\partial^2 F}{\partial x \partial y} \times \frac{\partial^2 w}{\partial x \partial y}\right)\right] \times \sin\frac{m\pi x}{a}\sin\frac{\pi y}{b}\mathrm{d}x\mathrm{d}y = 0 \tag{5.218}$$

将式 (5.211) 和式 (5.216) 代入上式, 经积分后得到

$$p_x = \frac{\pi^2 D}{b^2}\left(\frac{mb}{a} + \frac{a}{mb}\right)^2 + \frac{\pi^2 Etf^2}{16b^2}\left(\frac{m^2 b^2}{a^2} + \frac{a^2}{m^2 b^2}\right) \tag{5.219}$$

注意到在上式中 $\dfrac{\pi^2 D}{b^2}\left(\dfrac{mb}{a} + \dfrac{a}{mb}\right)^2$ 是单向均匀受压四边简支板的屈曲载荷 p_{crx}, 故

$$p_x = p_{crx} + \frac{\pi^2 Etf^2}{16b^2}\left(\frac{m^2 b^2}{a^2} + \frac{a^2}{m^2 b^2}\right) = p_{crx} + \Delta p_x \tag{5.220}$$

式中, $\Delta p_x = \dfrac{\pi^2 Etf^2}{16b^2}\left(\dfrac{m^2 b^2}{a^2} + \dfrac{a^2}{m^2 b^2}\right)$ 表示板曲后荷载的提高值; m 仍是板屈曲时的半波数, 是与屈曲载荷 p_{crx} 对应的。可以用 $\Delta p_x / p_{crx}$ 算出板曲后强度的

提高幅度。对于极薄的板，提高的幅度有时可达几倍，由式 (5.220) 得板的最大挠度为

$$f^2 = \frac{16b^2 \left(p_x - p_{crx}\right)}{\pi^2 Et \left[a^2 / (m^2 b^2) + m^2 b^2 / a^2\right]} \tag{5.221}$$

或者

$$f/t = \frac{4b}{t} \sqrt{\frac{p_x - p_{crx}}{\pi^2 Et \left[a^2 / (m^2 b^2) + m^2 b^2 / a^2\right]}} \tag{5.222}$$

4. 板的纵向和横向中面力

将式 (5.221) 先代入式 (5.216) 后，再由式 (5.202) 可以得到中面力

$$N_x = -t \frac{\partial^2 F}{\partial y^2} = p_x + \frac{2 \left(p_x - p_{crx}\right)}{a^4 / (m^4 b^4) + 1} \cos \frac{2\pi y}{b} \tag{5.223}$$

$$N_y = -t \frac{\partial^2 F}{\partial x^2} = \frac{2 \left(p_x - p_{crx}\right)}{a^2 / (m^2 b^2) + m^2 b^2 / a^2} \cos \frac{2m\pi x}{a} \tag{5.224}$$

当 $y = 0$ 和 $y = b$ 时，由式 (5.223) 得到板纵向的最大压力为 $N_{\max}$，此最大压力发生在板的边缘：

$$N_{\max} = p_x + \frac{2 \left(p_x - p_{crx}\right)}{a^4 / (m^4 b^4) + 1} \tag{5.225}$$

可以按式 (5.221) 画出单向均匀受压板的荷载 p_x 与板曲后挠度的无量纲关系曲线，如图 5.62 所示。

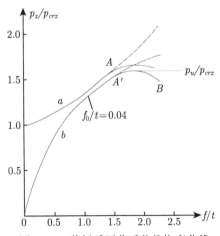

图 5.62 薄板受压曲后荷载挠度曲线

曲线 a 表示无缺陷的板曲后荷载随着挠度增加，荷载提高到 A 点后板边缘开始屈服，此后由于塑性区域发展，板的挠度迅速增加，很快达到极限荷载。本小节虽然未考虑板的塑性，也是采用的简单位形函数，但求解得出了理想受压板从屈曲到曲后的性能。根据试验数据，实用板由于初始缺陷，其屈曲和曲后变形与理想板存在明显不同。曲线 b 表示有初始缺陷板的荷载–挠度曲线，在荷载达到 A' 点时开始屈服，其极限荷载 P_u 与无缺陷板的边缘纤维屈服荷载很接近。关于初始缺陷对不同宽厚比板承载力的敏感分析将在后面章节讨论，对于较薄的板，理想板与实用板在曲后荷载–位移曲线较为接近的显著特征是 6.3.1 节折减厚度法的理论假设。从这一特征看，即使采用数值分析方法，理想板的极限承载力分析也只有通过不断减小初始缺陷来逼近，而利用初始缺陷方法求得的极限承载力均为理想板极限承载力的下限。边缘纤维屈服荷载很容易计算，而板的极限荷载分析较为困难，一般采用数值法求解，但两者很接近，当然也可把无缺陷板边缘纤维屈服时的荷载看作是极限荷载 p_u。这时板的平均应力为 $\sigma_u = p_x / t$，由式 (5.225) 可以得到 $\sigma_{\max} = f_y = \sigma_u + \dfrac{2\left(\sigma_x - \sigma_{crx}\right)}{a^4 / \left(m^4 b^4\right) + 1}$。$m$ 的取值即为计算屈曲应力 σ_{crx} 时的正整数。如以 $m = a/b$ 代入上式，可得到板的极限平均压应力 σ_u 与屈曲应力 σ_{crx} 之间的关系式为

$$\sigma_u = \frac{f_y + \sigma_{crx}}{2} \tag{5.226}$$

这说明受压板的极限承载力可以表示为材料屈服强度和弹性屈曲应力的多项式，可以简记为

$$\frac{\sigma_u}{f_y} = \frac{1}{2} + \frac{\sigma_{crx}}{2f_y} = \varphi_1\left(\frac{\sigma_{crx}}{f_y}\right) \tag{5.227}$$

系数 $\dfrac{\sigma_{crx}}{f_y}$ 有的写成 $\zeta_{cr} = \dfrac{\sigma_{crx}}{\sigma_y}$。在压杆理论中，相对长细比 $\bar{\lambda} = \sqrt{\sigma_y / \sigma_{cr}} = \dfrac{\lambda}{\pi}\sqrt{\dfrac{\sigma_y}{E}}$，在板钢结构研究中，大多采用相对宽厚比 $\bar{\lambda} = \sqrt{\sigma_y / \sigma_{cr}} = \dfrac{b}{t}\sqrt{\dfrac{12\left(1 - \nu^2\right)\sigma_y}{k\pi^2 E}}$。对比这些定义，我们将后面经常出现的变量 ξ_{cr} 称为板的相对刚度或屈曲应力系数。

由式 (5.223)、式 (5.224) 和式 (5.226) 可得板曲后中面的应力分布：

$$\sigma_x = \sigma_u + \left(\sigma_u - \sigma_{crx}\right)\cos(2\pi y / b) \tag{5.228}$$

$$\sigma_y = \left(\sigma_u - \sigma_{crx}\right)\cos(2m\pi x / a) \tag{5.229}$$

图 5.63(a) 表示沿板的纵向取出一个半波的板段时中面的应力分布。由于薄膜应变不同，因此纵向应力 σ_x 随 y 不同而变化。在 $y = 0$ 和 $y = b$ 处，当板

有较强的侧边支承时，板边缘始终保持一直线且能自由移动，横向应力 σ_y 将只随 x 变化而与 y 无关。如果在 $y = 0$ 和 $y = b$ 处不存在侧边支承，板边缘在板曲后可自由收缩，这时前面计算中面力 N_x 和 N_y 的两个公式，即式 (5.223) 和式 (5.224) 不再适用，此时 $\sigma_y = 0$，而 σ_x 将是 x 和 y 的函数，如图 5.63(b) 所示。虽然如此，板件仍具有一定曲后强度，不过不如有较强的侧边支承时那么明显。对于很窄的厚板，虽然有较强的侧边支承，但是因为板的屈曲应力很高，故曲后强度变化很小，无法利用。

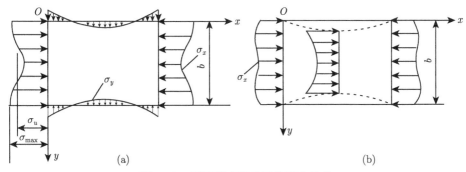

图 5.63　受压简支板曲后的应力分布

5.5.2　单向均匀受压简支板曲后性能的数值分析

前面已介绍了通过有限元方法分析受压简支板在小应变和弹性情形时的弹性屈曲问题。在借助有限元方法分析受压板的曲后性能时，需要考虑结构在屈曲发生后的大应变和大转动问题，还包括板材的弹塑性非线性本构关系。

当物体内产生的变形远远小于物体自身的几何尺度，即应变远小于 1 时，可按一阶无穷小线性应变度量物体的实际应变 [5-7,21-24]，这是按线性化处理小变形问题的常用方法。在此前提下，建立物体力平衡方程时可不考虑物体变形前后位置和形状的差异，直接将力平衡方程建立在变形前的位形上，大大简化了实际问题。然而，也有很多不符合小变形假设的实际问题。概括起来有两类：

(1) 大位移或大转动问题。例如，板、壳等薄壁结构在一定载荷作用下，尽管应变很小，甚至未超过弹性极限，但是变形较大，材料线元素有较大的转动。这时必须考虑变形对平衡的影响，即平衡条件应建立在变形后的位形上，同时应变表达式也应包括变形的二次项，这样一来，平衡方程和几何关系都将是非线性的。这种由于大位移和大转动引起的非线性问题称为几何非线性问题。和材料非线性问题一样，几何非线性问题在结构分析中具有重要意义。例如，在平板的大挠度理论中，由于考虑了中面内薄膜力的影响，可能使得按小挠度理论得到的挠度有很大程度的缩减。再如，在薄壳的曲后问题中，载荷达到一定数值以后，挠度和线性理论的预测值的差值将快速增大。

(2) 大应变或有限应变问题。例如,金属成型过程中的有限塑性变形,以及弹性体材料受荷载作用下可能出现的较大非线性弹性应变 [19,20],是实践中的另一类大应变几何非线性问题。处理这类大应变问题时除了采用非线性的平衡方程和几何关系以外,还需要引入相应的应力–应变关系,尽管对于后一问题材料通常还处于弹性状态。当然很多大应变问题是和材料的非弹性性质联系在一起的。

在涉及几何非线性问题的有限单元法中,通常都采用增量分析方法。根据参考坐标系的不同,增量有限元可以采用两种不同的表达格式:

(1) 总体拉格朗日格式。这种格式中所有静力学和运动学变量总是参考于初始位形,即在整个分析过程中参考位形保持不变。

(2) 更新拉格朗日格式。这种格式中所有静力学和运动学的变量参考于当前载荷或时间步结束时刻的位形,即在分析过程中参考位形是被不断地用迭代的新构型更新的。

1. 屈曲问题数值分析的一般方法

1) 线性屈曲

线性屈曲分析通过提取使线性系统刚度矩阵奇异的特征值来获得结构的临界失稳载荷及失稳模态。Marc 有限元软件提供了两种提取线性屈曲特征值的数值方法:一是反迭代法 (power sweep),通过直接迭代求解屈曲特征值方程的特征根和特征向量;二是 Lanczos 向量法,可以减少特征值方程系数矩阵的非零元素个数,可以提取双屈曲模态,快速分析多阶屈曲特征根。

线性屈曲分析的主要特点是忽略各种非线性因素和初始缺陷对屈曲载荷的影响,对屈曲问题大大简化,从而提高了屈曲分析的计算效率。由于未考虑非线性和初始缺陷的影响,因此得出的屈曲载荷可能与实际相差较大。特征值分析方法研究屈曲问题,只能获得描述结构屈曲时各处相对的位移变化大小,即屈曲模态,无法给出位移的绝对值。这种结果对于需要关心屈曲后结构的最大位移的情形来说,提供的信息是不够的。按特征值分析屈曲临界载荷是一种简便的稳定性分析方法,可以获得平衡路径的分岔点。但是,仅有特征值的屈曲分析还不够。实际上,屈曲分析往往涉及几何非线性、材料非线性,甚至与边界条件非线性 (接触、摩擦、追随力等) 密切相关。另外,结构的初始几何缺陷对屈曲载荷的影响也十分显著。分析时,必须引入这些因素的影响,才能获得合理的结果。结构屈曲导致结构刚度的突变,用有限元分析时,对程序的求解能力是一个严厉的考验。

2) 非线性屈曲分析

在增量加载过程中,将某个增量步开始时包含了以往加载历史的各种非线性影响的切线刚度矩阵用于屈曲分析,提取结构在施加到当前荷载水平后进一步发生屈曲时的特征值分析，称为非线性屈曲分析。基于特征值的屈曲分析本质上是线性分析，而所谓非线性屈曲分析是把增量非线性分析的有限元法与屈曲特征值问题的求解相结合。增量的非线性有限元分析易于在刚度矩阵中累积加载过程中各种非线性因素的影响。在增量加载过程中，用包含加载过程中所有非线性影响的刚度矩阵来评定屈曲特征值，由此求出的失稳载荷无疑会更接近结构的真实临界载荷值。

非线性屈曲分析的优点是可以考虑以往加载历史的影响，考虑非线性影响，包括材料非线性、几何非线性、边界条件非线性、预应力、非保守力、追随力和初始缺陷等；对于中等非线性程度的屈曲问题，可给出足够准确的失稳载荷 [21,22]。

非线性屈曲分析的不足是对呈高度非线性的屈曲问题，按非线性屈曲分析，结果的精度会受较大的影响。

3) 扰动分析

在增量加载过程中的某个增量步分析结束后提取屈曲模态，然后以所提取的某阶屈曲模态作为扰动位移，更新系统坐标，进而分析扰动出现后结构新的平衡位置以及后续加载路径。可用于分析结构的曲后变形。

4) 弧长法

弧长法 (arc-length method) 是增量非线性有限元分析中，沿着平衡路径迭代位移增量的大小 (也叫弧长) 和方向，确定荷载增量的自动加载方案，可用于分析高度非线性的屈曲失稳问题，具体详见 3.4.3 节。与特征值解法的屈曲分析相比，弧长法分析屈曲问题不仅仅考虑刚度奇异的失稳点附近的平衡，而且通过追踪整个失稳过程中实际的荷载–位移关系，获得结构失稳前后的全部信息。

弧长法的优点是可以追踪曲后加载路径，如图 5.64 所示，对分析极限荷载 (collapsed load) 和跳跃屈曲 (snap through) 等问题十分有效；可考虑各种非线性以及组合非线性的影响，如材料非线性、几何非线性、边界条件非线性和追随力等。

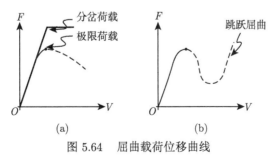

图 5.64　屈曲载荷位移曲线

弧长法的不足是失稳前后系统的非线性很强，需足够小的荷载步长才能准确模拟失稳路径。因而需进行足够多的增量步分析，计算效率会受影响。

Marc 有限元软件对屈曲或失稳问题的分析方法大致有两类：一类是通过特征值分析计算屈曲载荷，根据是否考虑非线性因素对屈曲载荷的影响，这类方法又细分成线性屈曲和非线性屈曲分析；另一类是利用结合 Newton-Raphson 迭代的弧长法来确定加载方向，追踪失稳路径的增量非线性分析方法，能有效地分析高度非线性屈曲和失稳问题。

2. 受压简支板的曲后有限元分析

采用商业有限元软件 MSC.Marc 对单向受压简支板进行极限承载力分析，计算简图如图 5.8 所示，取 $a = b = 1.0\text{m}$，$t = 4\text{mm}$；边界和荷载工况与 5.3.1 节相同，为了求得极限荷载，要求均布荷载较大，一般均超过受压板的截面屈服荷载。

参见 1.1.3 节，由于钢材的本构关系对受压简支板的极限承载力影响较大，在分析数值方法应该采用何种材料本构关系时，需要考虑两个问题：一是切线模量的取值及其对极限承载力的影响；二是图 1.9 所示的三种简化本构关系，采用哪一种本构关系既能用于分析板钢结构的曲后性能，又可以简化分析的过程，而不是采用钢材的完整应力–应变曲线。如图 5.65 所示，目前三种切线模量的建议取值中，二次抛物线法和 A. Ylinen 方法得到的切线模量偏小，而采用 F. Bleich 方法得出的切线模量满足切线起点的弹性模量，但积分后的应力–应变曲线与钢材的本构关系不一致。所以，简化计算时建议采用二次抛物线，不仅能满足在钢材发生非线性变化时的切线模量与弹性模量较为接近，而且积分后的应力–应变关系与钢材的本构曲线较为一致[28−34]。

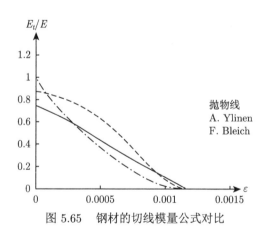

图 5.65　钢材的切线模量公式对比

更为精确的分析表明：

(1) 采用钢材的真实本构关系曲线或采用理想弹塑性本构关系，数值分析结果表明二者的差别不大，采用真实本构关系时，受压板的极限承载力要小一些，误差小于 3.8%。当然，采用前述的三种切线模量公式进行解析计算时，分析过程要简单一些, 得出的计算结果可能因为取极值时判别方法的原因导致计算结果存在一定的误差。事实上, 采用有限元方法进行数值分析, 分别采用理想弹塑性、三种切线模量与钢材的真实本构关系得出的计算结果相差不大。

(2) 数值分析表明, 当初始几何弯曲缺陷较小时, 受压板壳结构从屈曲到达极限承载力状态时, 其最大等效应变约为 0.5%, 远小于钢材的屈服后强化开始的应变 2.5%, 所以, 受压结构的曲后分析可以不考虑材料本构关系的塑性强化阶段。

(3) 在受压板的小挠度理论中, 当受压板的弹性屈曲应力大于材料屈服强度时, 取其屈曲临界力为材料屈服强度。因为实际的钢材在应力从 $0.8\sigma_y$ 增加到 σ_y 的过程中也会经历一个非线性弹性阶段 (见 1.1.3 节), 与假定的理想弹塑性本构关系不一致。有限元分析结果与试验值的对比表明在采用大挠度理论分析时, 由于材料屈服强度的限制, 受压板的极限承载力曲线在达到材料屈服强度前要经历一个渐变的过程。也即, 当受压板的弹性屈曲应力 $\sigma_{cr} = \sigma_y$ 时, 受压板的极限承载力接近, 但达不到 σ_y, 约为 $0.96\sigma_y$; 当受压板的弹性屈曲应力 $\sigma_{cr} \geqslant 1.06\sigma_y$ 时, 受压板的极限承载力等于 σ_y。

因此, 为简化数值分析, Q235 受压板材料本构关系可采用理想弹塑性, 取 $\sigma_y = 235\text{MPa}$。

考虑到板壳结构中存在弯曲应力, 不便直接采用 Mises 屈服准则来判断材料是否进入塑性; 为提高弹塑性分析的精度, 采用 Marc 单元库中 4 节点薄板单元, 沿厚度方向分 5 层, 在直线假定下, 可使单元每一层均处于平面应力状态, 而整个单元的应力由各分层子单元的广义应力叠加得到。

计算模型的初始几何缺陷为一致屈曲缺陷, 即采用受压板首阶正定屈曲位形。数值分析中一般有两种方法: 一是根据构件的弹性屈曲位形函数, 例如式 (5.43) 进行计算, 并将单元节点的位移赋给模型; 二是先计算出结构的 1 阶正定屈曲位形, 求得最大位移矢度, 再根据初始几何缺陷预计赋值的矢度对屈曲位形的位移进行比例修正而得出与屈曲位形一致的初始几何缺陷。根据前面章节的讨论, 显然, 当结构采用一致屈曲缺陷时, 结构的应变能最低, 结构的变形发展更为顺畅, 荷载向的刚度更均匀、柔顺。结构构件都不同程度地存在初始弯曲,《钢结构工程施工质量验收规范》(GB50205—2001) 中规定, 在 $t \leqslant 14\text{mm}$ 时, 钢板的局部平面度小于 1.5/1000, 腹板的局部平面度小于 5/1000。本处初始位形矢度为 $f_0 = b/1000$。由于在稳定性问题中平板结构对于初始几何缺陷是不敏感的, 因而可以先对薄板施加微小初始缺陷, 对计算结果影响不大。这一结论也可以通过图 5.63 中有限元数值计算曲线得到直观说明。从图 5.62 中可以看出, 在初始挠度不大 ($f_0 \leqslant 0.02b$) 时, 初始挠度的差异, 不会影响薄板屈曲载荷的求解。

为了选取单元, 应进行受压荷载简支或固支矩形平板的屈曲和曲后性能的网格划分收敛方面的研究。基于 Bulson 关于平板稳定性的研究，在简支板的稳定性分析中，应选取壳单元对壁板进行简化模拟，而 Marc 软件中提供了多种不同的四边形壳单元，利用多种单元建立的有限元模型，针对屈曲应力和荷载–位移曲线两方面的预估，基于收敛性进行了增加网格密度的线性特征值的屈曲分析和以初始屈曲模态作为初始缺陷的曲后分析。分析结果表明四边形薄壳单元如 Marc 的 4 节点 Thin Shell139 单元能提供最优的求解，并且每个屈曲半波长划分成四个单元就足够获得较好的求解精度。在利用 Marc 对简支板进行有限元方法曲后分析时，建立能够真实反映结构屈曲性能的全真模型，采用基于 Newton-Raphson 迭代的弧长法进行计算 [4,5]。在后面通过减小初始几何缺陷矢度外推理想板的极限承载力也是基于这种分析方法。计算模型和网格划分如图 5.10 所示。

3. 数值分析结果

采用相同的模型和参数，应用 ANSYS 和 Marc 对单向受压简支板的承载力进行数值分析，分析的结果如表 5.10 所示。

表 5.10   单向受压简支板承载力数值分析

$a \times b \times t/m$	f_0/mm	ANSYS		Marc	
		屈曲应力	极限承载力	屈曲应力	极限承载力
$1 \times 1 \times 0.004$	0.5	11.969	39.436	11.916	38.746

单向受压简支板加载边和板幅中央的位移与荷载曲线如图 5.66 中的 a、b 所示。

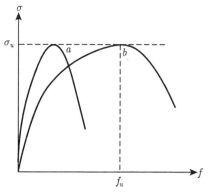

图 5.66   荷载–位移曲线

受压简支板的极限状态位形和曲后极限状态塑性应变的分布分别如图 5.67 和图 5.68 所示。在极限状态时，受压板的面外变形与弹性屈曲的 1 阶变形不一样，出现"浴盆"状的变形，这是在初始几何弯曲的基础上，受压板出现了弹塑性变形后形成的位形。如果在受压板曲后仍采用式 (5.211) 进行曲后性能分析，会导致较大的误差，这时，如果采用解析的方法分析曲后性能，则曲后的位形需要更多项双三角函数才能模拟受压板的曲后面外变形。

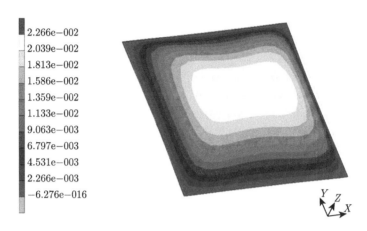

图 5.67　受压简支板极限状态位形图

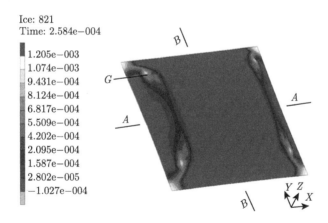

图 5.68　受压简支板曲后极限状态塑性应变分布

数值分析表明，长宽比接近 1 的受压简支板曲后达到极限状态的过程中，受压简支板非加载向的位形与正弦函数一致，而加载方向上的位形可以分解为一个半波的正弦函数与三个正弦半波函数的形式。所以，在后续的研究中均将长宽比不大的板件幅面的曲后位形函数假设为第 1 阶正定二重双三角函数的屈曲位形与正定二重双三角函数加载方向上的 3 倍半波屈曲位形的和的形式。即 $f = a_{11} \sin \dfrac{m\pi x}{a} \sin \dfrac{\pi y}{b} + a_{22} \sin \dfrac{3m\pi x}{a} \sin \dfrac{\pi y}{b}$。

从图 5.67 可以看出，受压板在极限状态时，受压板凸面出现 x 轴方向的压皱现象，即出现在受压边下方贯通性塑性屈服带，从受压板加载边的角点贯通到受压板下方一定距离 x_y，数值分析表明不同宽厚比板件，塑性带距离加载边的距离 x_y 是有规律的，而与受压板的长宽比无关。为便于后续解析分析时，利用受压板曲后的一些便于简化分析问题的特征，此处分别列出受压板曲后的应力和应变特征，可以分别与图 5.63(a) 进行对比。一般解析分析方法与有限元分析之间的差距明显，有限元方法为较为复杂的结构分析提供了更为精确和可视化的结果。

(1) 图 5.69 列出了受压简支板加载边的曲后应力分布，其中 σ_x 与图 5.63(a) 相比差别较大，受压板角点出现了拉应力。图 5.70 列出了受压简支板非加载边上的曲后应力分布，其中 σ_y 的分布形式与图 5.63(a) 相比较一致，但角点处的压应力明显较大。

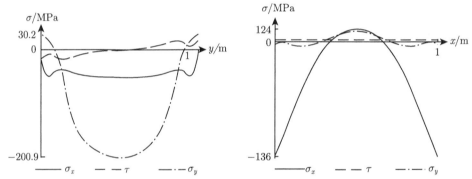

图 5.69　受压简支板荷载作用边曲后应力分布　图 5.70　受压简支板非加载边曲后应力分布

有限元分析结果表明受压板上的应力分布均与 x 和 y 有关。图 5.71 列出了受压简支板 B-B 轴线上的曲后应力分布，图 5.72 列出了受压简支板 A-A 轴线上的曲后应力分布。

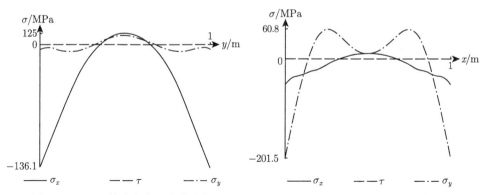

图 5.71　B-B 轴线上曲后应力分布　　　　　图 5.72　A-A 轴线上曲后应力分布

有限元数值分析方法采用分层法得出了更多有价值的信息。图 5.73 和图 5.74 分别列出了受压板 *B-B* 轴线上第 1 层和第 5 层板上的应力分布；图 5.75 和图 5.76 分别列出了受压板 *A-A* 轴线上第 1 层和第 5 层板上的应力分布。这些应力分布图都比图 5.63 给出了更多的信息，同时也说明受压板的凸侧和凹侧在曲后的实际应力分布存在着较大的差异。

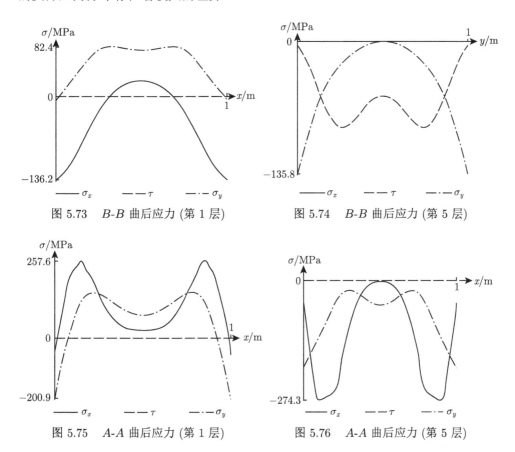

图 5.73 *B-B* 曲后应力 (第 1 层)　　　　图 5.74 *B-B* 曲后应力 (第 5 层)

图 5.75 *A-A* 曲后应力 (第 1 层)　　　　图 5.76 *A-A* 曲后应力 (第 5 层)

数值分析表明受压板曲后最先在凸侧加载边下方出现塑性应变。当凸侧在加载边下方出现贯通塑性带时达到极限状态，这时刚好在 *G* 点凹侧出现塑性应变，*G* 点也对应着凸侧塑性带的转折点。图 5.77 和图 5.78 分别列出了 *G* 点凹侧 (第 1 层) 和凸侧 (第 5 层) 的应力、等效应力与外荷载的相互关系曲线。

图 5.78 表明当受压板凸侧出现塑性应变到达到极限状态过程中，受压板的承载力将增长大约 10%，如果近似采用图 5.77 所示的 "*G* 点出现塑性应变" 作为理想受压板达到极限状态的判别条件，将有效简化受压板曲后力学性能解析分析的难度，同时也可以避开塑性佯谬带来的理论困境。

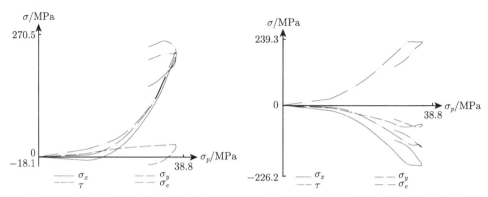

图 5.77　外荷载与 G 点 (第 1 层) 应力　　　图 5.78　外荷载与 G 点 (第 5 层) 应力

(2) 为了利用通过有限元分析得出的极限状态判据，图 5.79 分别列出了不同宽厚比受压板的塑性带分布图，图 (a)～(d) 的宽厚比分别为 250、125、83.3 和 62.5。

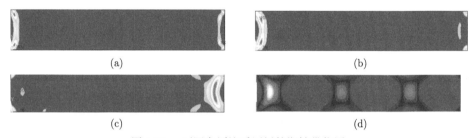

(a)　　　　　　　　　　　　　　　　　　　　(b)

(c)　　　　　　　　　　　　　　　　　　　　(d)

图 5.79　不同宽厚比受压板的塑性带位置

数值分析表明受压板在极限状态时塑性带的位置与受压板的屈曲应力水平有关，为便于后续解析分析，根据数值分析的数据拟合得出的公式如下：

$$x_y/b = 2.222 \left(\sigma_{cr}/\sigma_y\right)^{3/2} - 3.253\sigma_{cr}/\sigma_y + 1.629\sqrt{\sigma_{cr}/\sigma_y} - 0.080 \qquad (5.230)$$

式中，x_y 为塑性带离加载边的距离，b 为受压简支板的宽度。数值拟合的结果如图 5.80 所示。

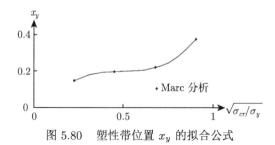

图 5.80　塑性带位置 x_y 的拟合公式

5.5.3　曲后性能的二重三角级数解

1. 分析假定

板平面内边界条件仍采用 5.5.1 节的基本假定，为便于分析，增加以下 3 点假设，这些假设可以在后续的分析中得到，也可在数值分析中予以验证。

(1) 简支板曲后的位形可以通过近似二重三角级数表示；

(2) 简支板曲后到达到极限承载力状态过程中，首先是板的凸侧先达到材料屈服应力，随着外荷载的增加，当受压板凹侧出现材料屈服应力时，受压板达到极限状态；

(3) 受压简支板采用弹性本构关系，不考虑塑性应变；凹侧采用理想弹塑性本构关系来判别受压简支板的极限状态。

2. 协调方程的解

设理想简支板单向受压曲后的位形为

$$w = f_1 \sin \frac{m\pi x}{a} \sin \frac{\pi y}{b} + f_2 \sin \frac{3m\pi x}{a} \sin \frac{\pi y}{b} \tag{5.231}$$

代入变形协调方程式 (5.204)，得

$$
\begin{aligned}
\frac{\partial^4 F}{\partial x^4} + 2\frac{\partial^4 F}{\partial x^2 \partial y^2} + \frac{\partial^4 F}{\partial y^4} = & \frac{m^2\pi^4 E}{4a^2 b^2}\left[\left(2f^2 - 10f_1 f_2\right)\cos\frac{2m\pi x}{a} + 16 f_1 f_2 \cos\frac{4m\pi x}{a} \right. \\
& + 18 f_2^2 \cos\frac{6m\pi x}{a} + \left(2f_1^2 + 18 f_2^2\right)\cos\frac{2\pi y}{b} \\
& + 10 f_1 f_2 \cos\frac{2m\pi x}{a}\cos\frac{2\pi y}{b} \\
& \left. - 4 f_1 f_2 \cos\frac{4m\pi x}{a}\cos\frac{2\pi y}{b} \right]
\end{aligned}
\tag{5.232}
$$

设上式的通解由特解 F_p 和余解 F_c 两部分组成，通过代入系数法，可以令

$$
\begin{aligned}
F_p = & C_1 \cos\frac{2m\pi x}{a} + C_2 \cos\frac{4m\pi x}{a} + C_3 \cos\frac{6m\pi x}{a} + C_4 \cos\frac{2\pi y}{b} \\
& + C_5 \cos\frac{2m\pi x}{a}\cos\frac{2\pi y}{b} + C_6 \cos\frac{4m\pi x}{a}\cos\frac{2\pi y}{b}
\end{aligned}
\tag{5.233}
$$

代入解得

$$C_1 = \frac{\beta^2}{32}\left(f_1^2 - 5f_1 f_2\right), \quad C_2 = \frac{\beta^2 f_1 f_2}{64}, \quad C_3 = \frac{\beta^2 f_2^2}{288}, \quad C_4 = \frac{f_1^2 + 9f_2^2}{32\beta^2},$$

$$C_5 = \frac{5f_1 f_2}{32\beta^2 \left(1 + 1/\beta^2\right)^2}, \quad C_6 = -\frac{f_1 f_2 \beta^2}{16\beta^2 \left(1 + 1/\beta^2\right)^2}$$

式中，$\beta = \dfrac{a}{mb}$，m 为满足式 $\sqrt{(m-1)m} \leqslant \dfrac{a}{b} < \sqrt{m(m+1)}$ 的整数。

余解 F_c 由 $\dfrac{\partial^4 F}{\partial x^4} + 2\dfrac{\partial^4 F}{\partial x^2 \partial y^2} + \dfrac{\partial^4 F}{\partial y^4} = 0$ 得到，所以

$$F = F_p + F_c = F_p - \frac{p_x}{2t}y^2 \tag{5.234}$$

应力函数 F 与板的挠度系数有关，因此采用平衡方程，利用伽辽金法求解板的挠度系数 f_1、f_2，得

$$\frac{D}{t}\left(1 + 1/\beta^2 + \beta^2/4\right) + \frac{\left(f_1^2 + 9f_2^2\right)E}{64\beta^2} - \frac{b^2\sigma_p}{2\pi^2} + \frac{\beta^2\left(f_1 - f_2\right)\left(f_1 - 5f_2\right)E}{64}$$

$$+ \frac{f_2^2\beta^2 E}{32} + \frac{5f_2^2 E}{32\beta^2\left(1 + 1/\beta^2\right)^2} + \frac{f_2^2 E}{64\beta^2\left(1 + 4/\beta^2\right)^2} = 0 \tag{5.235}$$

$$\frac{D}{t}\left(9/2 + \frac{81}{4\beta^2} + \beta^2/4\right) + \frac{9\left(f_1^2 + 9f_2^2\right)E}{64\beta^2} - \frac{9b^2\sigma_p}{4\pi^2} + \frac{5f_1^2 E}{32\beta^2\left(1 + 1/\beta^2\right)^2}$$

$$+ \frac{f_1^2\beta^2 E}{32} + \frac{f_2^2\beta^2 E}{64} + \frac{f_2^2 E}{64\beta^2\left(1 + 4/\beta^2\right)^2} - \frac{f_1\left(f_1^2 - 5f_1 f_2\right)E}{64f_2} = 0 \tag{5.236}$$

当外荷载确定时，可通过以上两式求出挠度系数 f_1、f_2。

3. 弹性极限承载力

当受压板曲后的位移确定后，就可以根据假定和极限状态的应力水平得出极限承载力。受压板在荷载作用下中面力 σ_x^0、σ_y^0、τ^0 分别为

$$\sigma_x^0 = -\frac{\partial^2 F}{\partial y^2} = \sigma_p - \frac{4\pi^2 C_4}{b^2} - \frac{4\pi^2}{b^2}\left(C_5 \cos\frac{2m\pi x}{a} + C_6 \cos\frac{4m\pi x}{a}\right) \tag{5.237a}$$

$$\sigma_y^0 = -\frac{\partial^2 F}{\partial x^2} = -\frac{4m^2\pi^2 C_5}{a^2}\cos\frac{2m\pi x}{a} - \frac{16m^2\pi^2 C_6}{a^2}\cos\frac{4m\pi x}{a}$$

$$+ \frac{4m^2\pi^2 C_1}{a^2}\cos\frac{2m\pi x}{a} + \frac{4m^2\pi^2 C_2}{a^2}\cos\frac{4m\pi x}{a} + \frac{36m^2\pi^2 C_3}{a^2}\cos\frac{6m\pi x}{a}$$

$$\tag{5.237b}$$

$$\tau^0 = 0 \tag{5.237c}$$

沿厚度方向的应力

$$\sigma_x^z = -\frac{Ez}{1-v^2}\left(\frac{\partial^2 w}{\partial x^2} + v\frac{\partial^2 w}{\partial y^2}\right)$$

$$= \frac{Ez}{1-v^2}\left[\frac{f_1 m^2 \pi^2}{a^2}\sin\frac{m\pi x}{a} + \frac{9f_2 m^2 \pi^2}{a^2}\sin\frac{3m\pi x}{a}\right.$$

$$\left. + \frac{v\pi^2}{b^2}\left(f_1\sin\frac{m\pi x}{a} + f_2\sin\frac{3m\pi x}{a}\right)\right] \tag{5.238a}$$

$$\sigma_y^z = -\frac{Ez}{1-v^2}\left(\frac{\partial^2 w}{\partial y^2} + v\frac{\partial^2 w}{\partial x^2}\right) = \frac{Ez}{1-v^2}\left[\frac{\pi^2}{b^2}\left(f_1\sin\frac{m\pi x}{a} + f_2\sin\frac{3m\pi x}{a}\right)\right.$$

$$\left. + \frac{vf_1 m^2 \pi^2}{a^2}\sin\frac{m\pi x}{a} + \frac{9vf_2 m^2 \pi^2}{a^2}\sin\frac{3m\pi x}{a}\right] \tag{5.238b}$$

$$\tau_{xy}^z = -\frac{Ez}{1+v}\frac{\partial^2 w}{\partial x\partial y} = 0 \tag{5.238c}$$

所以，外力荷载作用下，板上任一点的等效应力为

$$\sigma_e = \sqrt{\sigma_x + \sigma_y^2 - \sigma_x\sigma_y + 3\tau^2} = \sqrt{\left(\sigma_x^0 + \sigma_x^z\right)^2 + \left(\sigma_y^0 + \sigma_y^z\right)^2 - \left(\sigma_x^0 + \sigma_x^z\right)\left(\sigma_y^0 + \sigma_y^z\right)} \tag{5.239}$$

极限状态的判定准则为

$$\left(\sigma_e\right)_{\max}\bigg|_{\substack{x=x_y \\ y=b/2 \\ z=-t/2}} = f_y \tag{5.240}$$

结合数值分析结论和解析分析结果，上述问题可以通过式 (5.230) 得出 x_y 处等效应力达到屈服应力时受压板的弹性最大承载力 σ_p。数值分析表明通过式 (5.240) 计算的承载力 σ_p 与受压板通过有限元软件分析的极限承载力很接近。因此，式 (5.240) 是基于弹性解得出的受压简支板的极限承载力，在具体计算时，仍需要通过复杂的数值分析过程得到。

4. 极限承载力的简化解

为得出极限承载力的一般显式解和与极限承载力相关的主要参数，便于后续对受压板极限承载力显示解的推导和数值拟合，下面介绍两种简化的近似解法。自 J. M. Coan 的受压简支板曲后性能解析解得出距今已近 60 年，受压简支板的曲后性能和极限承载力研究经历了有效宽度理论和直接强度法两次理论"比拟"的推演，因无法分离出理想板的极限承载力和初始缺陷导致的承载力折减，大多

数解析公式或设计规范采用的承载力公式均为试验统计公式。式 (5.240) 给出的受压简支板的极限承载力的表达式，也不能分离理想板极限承载力及初始缺陷的影响，计算过程仍十分复杂，无法得到简明的解析解。

为进一步分析受压简支板极限承载力的具体公式或探明与承载力有关的计算参数，根据前面的数值分析结果，本处采用一级二重三角函数描述受压简支板曲后位形，对下述两种简单情形进行求解。即分别根据分析 "受压板角点或曲后凹侧加载边下方最大应力点出现塑性应变时作为受压板达到极限状态" 的判据，得出受压板极限承载力简化公式，并与数值分析结果进行对比。

1) 受压板角点出现塑性应变

根据上述计算假定，取受压板一个角点 $A(x = 0, y = 0)$ 进行分析，如图 5.81 所示。考虑到压板角点处曲后应力的均匀性，不考虑分层效应和面外的弯曲效应，则有

$$\begin{cases} \sigma_x = \sigma_p + \dfrac{2\left(\sigma_p - \sigma_{cr}\right)}{1 + \beta^4} \\ \sigma_y = \sigma_p + \dfrac{2\beta^2\left(\sigma_p - \sigma_{cr}\right)}{1 + \beta^4} \end{cases} \tag{5.241}$$

式中，$\beta = \dfrac{a}{mb}$。根据 Mises 应力等于屈服应力的极限承载力状态的条件，可以将受压板的极限承载力状态通过等效应力的形式写成 $f_y^2 = \sigma_x^2 - \sigma_x \sigma_y + \sigma_y^2$，展开并化简为

$$\left(1 + \chi_1 + \chi_2\right)\eta_u^2 - \left(2\chi_1 + \chi_2\right)\eta_u\zeta_{cr} + \chi_1\zeta_{cr}^2 - 1 = 0 \tag{5.242}$$

其中，$\eta_u = \sigma_u/f_y$，$\zeta_{cr} = \sigma_{cr}/f_y$，$\chi_1 = \dfrac{4\left(1 - \beta^2 + \beta^4\right)}{\left(1 + \beta^4\right)^2}$，$\chi_2 = \dfrac{4 - 2\beta^2}{1 + \beta^4}$。

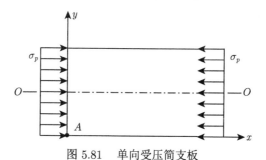

图 5.81　单向受压简支板

这样可以直接求解出受压简支板的极限承载力系数 η_u，

$$\eta_u = \left[\left(2\chi_1 + \chi_2\right)\xi_{cr} + \sqrt{\xi_{cr}^2\left(\chi_2^2 - 4\chi_1\right) + 4 + 4\chi_1 + 4\chi_2}\right]/\left(2\left(1 + \chi_1 + \chi_2\right)\right) \tag{5.243}$$

上式表明受压简支板的极限承载力系数 η_u 只与 ξ_{cr} 和 β 有关, 可以记作 $\eta_u = \varphi_2(\xi_{cr}, \beta)$。

根据数值分析结果 (图 5.82), 表明式 (5.243) 对中厚板较适用, 对薄板的误差较大。数值分析表明式 (5.243) 比式 (5.226) 的精度还要低。

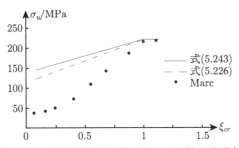

图 5.82　极限承载力解析式 (5.243) 的对比分析

2) 凹侧出现塑性应变

讨论轴线 $O\text{-}O$ 上所有点的中面力, 这时 $y = b/2$, 则中面上的应力为

$$\begin{cases} \sigma_x^0 = \sigma_p - \dfrac{2(\sigma_p - \sigma_{cr})}{1 + \beta^4} \\[3mm] \sigma_p^0 = \dfrac{2(\sigma_p - \sigma_{cr})}{\beta^2 + 1/\beta^2} \cos\dfrac{2m\pi x}{a} \end{cases} \tag{5.244}$$

沿厚度方向分布的应力为

$$\begin{cases} \sigma_x^z = \dfrac{4\pi^2 b E z}{1 - \nu^2} \sqrt{\dfrac{\sigma_p - \sigma_{cr}}{\pi E(\beta^2 + 1/\beta^2)}} \left(\dfrac{m^2}{a^2} + \dfrac{\nu}{b^2}\right) \sin\dfrac{m\pi x}{a} \\[4mm] \sigma_y^z = \dfrac{4\pi^2 b E z}{1 - \nu^2} \sqrt{\dfrac{\sigma_p - \sigma_{cr}}{\pi E(\beta^2 + 1/\beta^2)}} \left(\dfrac{\nu m^2}{a^2} + \dfrac{1}{b^2}\right) \sin\dfrac{m\pi x}{a} \end{cases} \tag{5.245}$$

化简沿厚度方向分布的应力为

$$\begin{cases} \sigma_x^z = -\omega\sqrt{\sigma_{cr}(\sigma_p - \sigma_{cr})} \left(\nu + \dfrac{1}{\beta^2}\right) \sin\dfrac{m\pi x}{a} \\[3mm] \sigma_y^z = -\omega\sqrt{\sigma_{cr}(\sigma_p - \sigma_{cr})} \left(1 + \dfrac{\nu}{\beta^2}\right) \sin\dfrac{m\pi x}{a} \end{cases} \tag{5.246}$$

式中, $\omega = \dfrac{4\sqrt{3}\pi}{(\beta + 1/\beta)\sqrt{(1 - \nu^2)(\beta^2 + 1/\beta^2)}}$。

因此，受压方向中线上的应力分布为

$$
\begin{cases}
\sigma_x = \sigma_x^0 + \sigma_x^z \\
\sigma_y = \sigma_y^0 + \sigma_y^z \\
\tau_{xy} = 0
\end{cases}
\tag{5.247}
$$

则轴线 $O\text{-}O$ 上的等效应力满足

$$
\sigma_e^2 = \varpi_1 \sigma_p^2 + \varpi_2 \sigma_p \sigma_{cr} + \varpi_3 \sigma_{cr}^2 + \varpi_4 \sigma_p \sqrt{\sigma_p \sigma_{cr} - \sigma_{cr}^2} + \varpi_5 \sigma_{cr} \sqrt{\sigma_p \sigma_{cr} - \sigma_{cr}^2}
\tag{5.248}
$$

式中，

$$
\varpi_1 = \frac{1}{(1+\beta^4)^2} \left[1 + \beta^8 - 2\beta^4 + 4\beta^4 \cos^2 \frac{2m\pi x}{a} + 2\beta^2 \left(1 - \beta^4\right) \cos \frac{2m\pi x}{a} \right]
$$

$$
\varpi_2 = \frac{2}{(1+\beta^4)^2} \left[2\beta^4 - 2 - 4\beta^4 \cos^2 \frac{2m\pi x}{a} + \left(\beta^6 - 3\beta^2\right) \cos \frac{2m\pi x}{a} \right]
$$
$$
+ \omega^2 \sin^2 \frac{m\pi x}{a} \left[\left(\nu + 1/\beta^2\right)^2 + \left(1 + \nu/\beta^2\right)^2 - \left(\nu + 1/\beta^2\right)\left(1 + \nu/\beta^2\right) \right]
$$

$$
\varpi_3 = \frac{4}{(1+\beta^4)^2} \left[1 + \beta^4 \cos^2 \frac{2m\pi x}{a} + \beta^2 \cos \frac{2m\pi x}{a} \right]
$$
$$
- \omega^2 \sin^2 \frac{m\pi x}{a} \left[\left(\nu + 1/\beta^2\right)^2 + \left(1 + \nu/\beta^2\right)^2 - \left(\nu + 1/\beta^2\right)\left(1 + \nu/\beta^2\right) \right]
$$

$$
\varpi_4 = \frac{\omega}{1+\beta^4} \sin \frac{m\pi x}{a} \left[2 \left(\nu + \frac{1}{\beta^2}\right) \left(2 - 2\beta^4 + 2\beta^2 \cos \frac{2m\pi x}{a}\right) \right.
$$
$$
\left. - \left(1 + \frac{\nu}{\beta^2}\right) \left(1 - \beta^4 + 4\beta^2 \cos \frac{2m\pi x}{a}\right) \right]
$$

$$
\varpi_5 = \frac{\omega}{1+\beta^4} \sin \frac{m\pi x}{a} \left[\left(1 + \frac{\nu}{\beta^2}\right) \left(1 + 2\beta^2 \cos \frac{2m\pi x}{a}\right) \right.
$$
$$
\left. - \left(\nu + \frac{1}{\beta^2}\right) \left(2 + 2\beta^2 \cos \frac{2m\pi x}{a}\right) \right]
$$

设凹侧最大应力点位于轴线 $O\text{-}O$ 上的 G 点，对式 (5.248) 进行数值分析，计算结果表明轴线 $O\text{-}O$ 上的最大应力出现点 G 离荷载作用边的距离 x_y 与受压板的长度 a 和第 1 阶屈曲的半波数 m 有关，即

$$
x_y = a/(2m)
\tag{5.249}
$$

上式与式 (5.230) 有差别，这是由简化假定造成的。根据假定，当极值点达到受压板的材料屈服强度时，受压简支板达到极限状态，这时有 $\sigma_e = f_y$，$\sigma_p = \sigma_u$。

令 $\sigma = \sigma_u - \sigma_{cr}$, $\eta^2 = \sigma/f_y$, $\zeta^2 = \sigma_{cr}/f_y$, 则

$$\eta = \zeta_u^2 - \zeta^2, \quad \sqrt{\sigma_{cr}(\sigma_u - \sigma_{cr})} = \eta\zeta, \quad \frac{\sigma_u}{f_y} = \eta^2 + \zeta^2 = \zeta_u^2 \tag{5.250}$$

则式 (5.248) 可化成

$$\varpi_1\eta^4 + \varpi_4\zeta\eta^3 + (2\varpi_1 + \varpi_2)\zeta^2\eta^2 + (\varpi_4 + \varpi_5)\zeta^3\eta + (\varpi_1 + \varpi_2 + \varpi_3)\zeta^4 - 1 = 0 \tag{5.251}$$

式 (5.251) 为一元四次方程, 可采用费拉里方法求解 [37], 均有小于 1 的实数解。

(1) 为便于简化分析, 设在 $\eta O \psi$ 平面上函数

$$\psi = \varpi_1\eta^4 + \varpi_4\zeta\eta^3 + (2\varpi_1 + \varpi_2)\zeta^2\eta^2 + (\varpi_4 + \varpi_5)\zeta^3\eta + (\varpi_1 + \varpi_2 + \varpi_3)\zeta^4 - 1 \tag{5.252}$$

的图像如图 5.83 所示, 因 η 有小于 1 的正实数解, 取函数 ψ 上两点 $(0, a_1)$, $(1, a_2)$, 这两点连线与 η 轴的交点表示式 (5.251) 的根, 则

$$a_1 = (\varpi_1 + \varpi_2 + \varpi_3)\zeta^4 - 1$$

$$a_2 = \varpi_1 + \varpi_4\zeta + (2\varpi_1 + \varpi_2)\zeta^2 + (\varpi_4 + \varpi_5)\zeta^3 + (\varpi_1 + \varpi_2 + \varpi_3)\zeta^4 - 1$$

则式 (5.251) 的近似解为 $\eta_0 = \dfrac{a_1}{a_1 - a_2}$, 所以,

$$\xi_u = \xi_{cr} + \frac{a_1}{a_1 - a_2} = \varphi_3(\xi_{cr}, \beta) \tag{5.253}$$

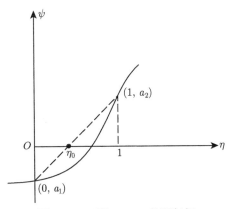

图 5.83 函数 $\psi = 0$ 的近似根

(2) 采用费拉里法求解方程式 (5.251), 令 $\varpi_1 = a, \varpi_4\zeta = b, (2\varpi_1 + \varpi_2)\zeta^2 = c$, $(\varpi_4 + \varpi_5)\zeta^3 = d, (\varpi_1 + \varpi_2 + \varpi_3)\zeta^4 - 1 = e$, 原式变为

$$a\eta^4 + b\eta^3 + c\eta^2 + d\eta + e = 0 \tag{5.254}$$

式 (5.254) 两边同时除以最高次系数 a, 并令 $\eta = u - \dfrac{b}{4a}$, 用 u 代替 η, 使其消除 η^3, 则

$$\left(u - \frac{b}{4a}\right)^4 + \frac{b}{a}\left(u - \frac{b}{4a}\right)^3 + \frac{c}{a}\left(u - \frac{b}{4a}\right)^2 + \frac{d}{a}\left(u - \frac{b}{4a}\right) + \frac{e}{a} = 0 \tag{5.255}$$

整理成以 u 为变量的低级四次方程式:

$$u^4 + \left(\frac{-3b^2}{8a^2} + \frac{c}{a}\right)u^2 + \left(\frac{b^3}{8a^3} - \frac{bc}{2a^2} + \frac{d}{a}\right)u + \left(\frac{-3b^4}{256a^4} + \frac{b^2c}{16a^3} - \frac{bd}{4a^2} + \frac{e}{a}\right) = 0 \tag{5.256}$$

令

$$\frac{-3b^2}{8a^2} + \frac{c}{a} = \alpha, \quad \frac{b^3}{8a^3} - \frac{bc}{2a^2} + \frac{d}{a} = \rho, \quad \frac{-3b^4}{256a^4} + \frac{b^2c}{16a^3} - \frac{bd}{4a^2} + \frac{e}{a} = \gamma$$

则低级四次方程式 (5.256) 变为

$$u^4 + \alpha u^2 + \rho u + \gamma = 0 \tag{5.257}$$

移项得

$$u^4 + \alpha u^2 = -\rho u - \gamma \tag{5.258}$$

式 (5.258) 两边同时加上 $\alpha u^2 + \alpha^2$, 使等式左边成为平方式,

$$\left(u^2 + \alpha\right)^2 = -\rho u - \gamma + \alpha u^2 + \alpha^2 \tag{5.259}$$

在式 (5.259) 中插入变量 y, 且仍使等式左边为平方式, 为此我们在等式两边同时加上 $2y\left(u^2 + \alpha\right) + y^2$, 得到

$$\left(u^2 + \alpha + y\right)^2 = (\alpha + 2y)u^2 - \rho u + \left(y^2 + 2y\alpha + \alpha^2 - \gamma\right) \tag{5.260}$$

若原方程存在实解, 则 y 为任何值都成立。为解此方程, 我们令 y 的值使等式右边也为平方式。

即判别式

$$\Delta = (-\rho)^2 - 4(2y + \alpha)\left(y^2 + 2y\alpha + \alpha^2 - \gamma\right) = 0 \tag{5.261}$$

整理式 (5.261) 得到以 y 为变量的三次方程

$$y^3 + \frac{5}{2}\alpha y^2 + \left(2\alpha^2 - \gamma\right)y + \left(\frac{\alpha^3}{2} - \frac{\alpha\gamma}{2} - \frac{\rho^2}{8}\right) = 0 \tag{5.262}$$

引入变量 v，令 $y=v-\dfrac{5}{6}\alpha$，代入式 (5.262)，使其消除 y^2 项，得到以 v 为变量的低级三次方程：

$$v^3+\left(-\frac{\alpha^2}{12}-\gamma\right)v+\left(-\frac{\alpha^3}{108}+\frac{\alpha\gamma}{3}-\frac{\rho^2}{8}\right)=0 \tag{5.263}$$

记

$$p=-\frac{\alpha^2}{12}-\gamma,\quad q=-\frac{\alpha^3}{108}+\frac{\alpha y}{3}-\frac{\rho^2}{8}$$

采用孙金铭解法 [37]，

$$v=\sqrt{\frac{4|p|}{3}}\sinh\left[\frac{1}{3}\text{arcsinh}\left(\frac{3\sqrt{3q}}{\sqrt{4|p|^3}}\right)\right] \tag{5.264}$$

因此，

$$y=v-5,\quad \eta=\frac{\sqrt{\alpha+2y}-\sqrt{\alpha+2y-4\left(\alpha+y+\dfrac{\rho}{2\sqrt{\alpha+2y}}\right)}}{2}-\frac{b}{4a} \tag{5.265}$$

$$\sigma_u/f_y=\frac{\sigma_{cr}}{f_y}+\eta^2=\varphi_4\left(\xi_{cr},\beta\right) \tag{5.266}$$

从前面的推导过程，共得出了 4 个单向受压简支板的极限承载力公式 $\varphi_i(i=1,2,3,4)$，分别为式 (5.226)、式 (5.243)、式 (5.253) 和式 (5.266)，解析公式表明与极限承载力相关的参数主要为 σ_{cr}、β 和 f_y，与其他参数无关；数值分析表明受压简支板在曲后达到极限状态的过程中，β 不变 (数值分析时好像 m 没有变，实际上是位形一直在变。当假定位形和 m 不变时，极限承载力公式可以用其他量来拟合，而不是说 “极限公式与 β 无关”)。因此，受压板的极限承载力系数 $\eta_u=\sigma_u/f_y$，可以表示成 $\sqrt{\xi_{cr}}=\sqrt{\sigma_{cr}/f_y}$ 的多项式，且该多项式的系数均为常数。

通过有限元数值分析的方法，对比分析前述参数的相关性，拟合得出受压板的极限承载力公式。式 (5.226) 和式 (5.243) 可适用于较厚板，见图 5.83；而式 (5.253) 和式 (5.266) 与数值分析结果较为接近，但式 (5.253) 对较薄板的分析结果存在较大的误差，数值分析结果对比见图 5.84。

从图 5.84 可以看出，式 (5.266) 与有限元法分析结果的变化趋势一致，具有良好的精度，这是由于式 (5.266) 的解是弹性极限承载力，曲后变形描述不精确，导致板面的刚度比实际的大造成的。

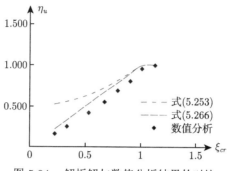

图 5.84　解析解与数值分析结果的对比

5.5.4　受压简支板极限承载力公式

前面采用大挠度弹性理论分析了简支受压薄板的曲后强度问题，对于单向均匀受压的四边简支板，只要具有刚强的侧边支承，板件曲后的强度就有明显的提高。因宽厚比不同，板可能在弹性状态屈曲，也可能在弹塑性状态屈曲，屈曲以后在达到板的极限状态之前，有一部分或全部进入了弹塑性状态，而板的侧边将屈服。图 5.85(a) 表示单向受压完善板的屈曲应力 σ_{crx} 和极限应力 σ_u 与板件宽厚比 b/t 的关系曲线；图 5.85(b) 为板的平均应力 σ 与压缩应变 ε 的关系曲线；图 5.85(c) 为与图 5.85(b) 中曲线上 A、B 和 C 对应的板件曲后截面的应力分布。

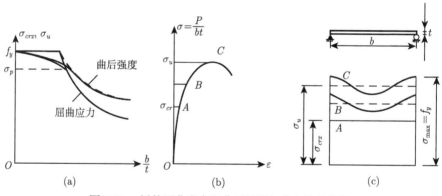

图 5.85　板的屈曲应力和曲后强度与其宽厚比曲线

1. 有效宽度理论

与压杆不一样，板的力学性能展示出了一种内部超静定特性：在板屈曲以后还可以发生内力重分布。关于薄板的曲后强度的利用问题，1932 年冯·卡门，Sechler 和 Donnell 提出了有效宽度的概念，将图 5.85(c) 所示截面应力分布得到的极限荷载等效于板的宽度为 b_e 时屈曲应力达到屈服强度 f_y 时的荷载。也就是说这种计算方法认为除了在板的两侧宽度各为 $b_e/2$ 的板应力达到屈服强度外，把中部宽度为 $b - b_e$ 的板看作完全不承担压力 [38-45]。如图 5.86 所示，为了得到最大承载能力 $P_{\max}$，以及有效宽度 b_e，使用弹性屈曲应力的表达式并令其等于屈服强度

$$\sigma_{cr} = f_y = k \cdot \frac{\pi^2 \cdot E}{12 \cdot (1 - v^2) \cdot \left(\dfrac{b_e}{t}\right)^2} \tag{5.267}$$

该式与其弹性屈曲公式进行比较得

$$\frac{b_e}{b} = \sqrt{\frac{\sigma_{cr}}{f_y}} = \frac{\sigma_u}{f_y} = \xi_u \tag{5.268}$$

也即

$$\xi_u = \sqrt{\frac{\sigma_{cr}}{f_y}} = \xi_{cr} \tag{5.269}$$

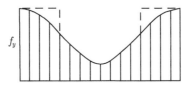

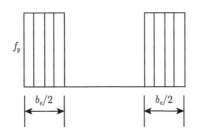

图 5.86　冯·卡门提出的最大承载能力的模型示意图

　　冯·卡门提出的这个假设已经得到了很多大宽厚比 b/t 板的试验验证。Eurocode 规范也采用以有效宽度建立的曲后范围内的极限承载模式。残余应力效应和初始缺陷也一并被考虑。有效宽度 b_e 通过对原始宽度 b 乘以一个折减系数 ρ 来计算：

$$b_e = \rho \cdot b$$

其中，折减系数 ρ 取决于材料的屈服强度 f_y 和弹性屈曲应力 σ_{cr}：

$$\overline{\lambda_p} = \sqrt{\frac{f_y}{\sigma_{cr}}}, \quad \rho = \frac{\overline{\lambda_p} - 0.22}{\overline{\lambda_p}^2} \tag{5.270}$$

与式 (5.269) 对比得

$$\xi_u = \xi_{cr} - 0.22\xi_{cr}^2 \tag{5.271}$$

对于窄板，根据冯·卡门的假设和 Eurocode 规范分别计算的有效宽度略有差异，当板变得更宽以后，两者就基本一致了。

目前各国规范仍然普遍采用有效宽度理论或有效截面法进行冷弯薄壁型钢构件的设计。该方法在计算构件的承载力时用有效截面代替原截面，通过折减宽度考虑局部屈曲对结构整体承载力的影响。虽然各国规范在具体的表达式上有所区别，但本质上都源于 Winter 的有效宽度公式。自冯·卡门等提出有效宽度的概念以来，有效宽度理论也经历了几个发展阶段：

(1) 概念阶段：从图 5.85(a) 可以看出，受压薄板在增量荷载作用下一般要经历屈曲阶段、曲后承载力提高阶段，最后达到极限承载力并开始卸载。当受压板的宽厚比减小时，曲后承载力提高段变得越来越短，最后屈曲点与极限状态点二者交汇成一点。冯·卡门提出有效宽度的概念是基于板的极限状态的应力分布等效成材料的屈服应力，这时等效受压板的屈曲应力等于材料屈服应力，这是根据弹性屈曲概念进行比拟的。这种概念相当于受压板在极限状态时出现了新的塑性屈曲。显然，这种概念是不完备的。

(2) 公式修正阶段：Winter 等提出的有效宽度公式是以试验数据为主，对基于有效宽度概念的参数进行数值拟合，得出了实用的有效宽度公式。该方法修正了阶段 (1) 中参数的非线性性质，使该理论完善化。有的学者采用解析法对有效宽度公式进行理论分析，受压板曲后阶段有效宽度公式的表达形式被得到验证，这也充分说明该理论的一定合理性。

(3) 发展阶段：有效宽度法在确定有效截面及其几何特性时计算过程非常烦琐，且没能考虑畸变屈曲的影响。从目前冷弯薄壁型钢构件截面形式复杂化的发展趋势看，有效截面方法已渐渐显露出了它的不足。随着冷弯型钢加工成型技术的不断发展，壁厚更薄、强度更高的钢材被越来越多地应用到了生产实践中，以便更好地发挥冷成型钢构件的经济效益。这一现象使得构件中板件的宽厚比变大，则要求截面中加劲的部分较原来要有所增加。同时，对于某些截面而言，畸变屈曲对构件承载力的影响就显得更加突出。近年来，又提出了一种新的计算方法——直接强度法 (direct strength method，DSM)，以替代现行规范烦琐的有效截面设计方法[46]。DSM 是一种直接确定构件极限承载力的方法，不必对截面中的每个板件进行有效宽度的计算。该方法包含了局部屈曲的相关作用，并将畸变屈曲模式作为独立的影响因素来考虑。在计算整个截面考虑板组效应的弹性屈曲临界应力时，采用便捷、高精度的弹性屈曲数值解法 (如有限条法、有限元法) 来取代原来的手算方法，使计算更加简便。在对截面形状复杂的构件进行承载力计算时，DSM 显现出有效宽度法无法比拟的优越性。

2. 直接强度法

在直接强度的计算过程中不再用有效截面和其几何性质，而直接用构件的全截面及其几何性质。对于受压或受弯构件，先用数值分析法确定考虑了板件间相关关系的弹性局部屈曲应力 σ_{crl}，算出受压构件的弹性局部屈曲载荷 $P_{crl} = A\sigma_{crl}$，受弯构件的弹性局部屈曲弯矩 $M_{crl} = W_x\sigma_{crl}$。

用数值分析法可以得到一系列局部屈曲后实际的受压构件的承载力 P 和与上述 P_{crl} 之间一一对应的数值，以及实际的受弯构件的承载力 M 和与上述 M_{crl} 之间一一对应的数值。Schafer 和 Peköz 概括得到了板件曲后构件的极限载荷 P_l 的计算公式[47]。

对于轴心受压构件，先算出参数 $\lambda_l = \sqrt{P_y/P_{crl}}$，当 $\lambda_l \leqslant 0.776$ 时，

$$P_l = P_y = Af_y \tag{5.272}$$

当 $\lambda_l > 0.776$ 时，

$$P_l = \left[1 - 0.15\left(\frac{P_{crl}}{P_y}\right)^{0.4}\right]\left(\frac{P_{crl}}{P_y}\right)^{0.4} P_y \tag{5.273}$$

对于受弯构件，参数 $\lambda_l = \sqrt{M_y/M_{crl}}$，当 $\lambda_l \geqslant 0.776$ 时，

$$M_1 = M_y = W_x f_y \tag{5.274}$$

当 $\lambda_l > 0.776$ 时，

$$M_l = \left[1 - 0.15\left(\frac{M_{crl}}{M_y}\right)^{0.4}\right]\left(\frac{M_{crl}}{M_y}\right)^{0.4} M_y \tag{5.275}$$

在式 (5.273) 和式 (5.275) 中，用指数 0.4 是考虑了板件曲后强度提高这一因素，系数 0.22 也降为 0.15。图 5.87 给出了一根有侧向支承梁曲后的极限弯矩与弹性局部屈曲弯矩之间的关系曲线和一系列试验结果，低于此曲线的虚线是用有效截面法得到的。

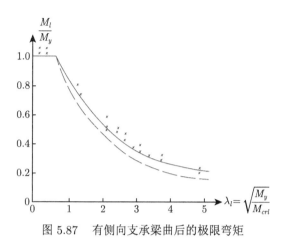

图 5.87　　有侧向支承梁曲后的极限弯矩

3. 修正直接强度法

有效宽度理论在近 100 年的应用中，得到了充分的检验，试验和工程实践说明该理论是适用的。有效宽度理论的优点主要有：将强度和屈曲问题联系起来，板的曲后极限承载力只与弹性屈曲应力 σ_{cr} 和材料的屈服强度 f_y 有关；有效宽度法的等效过程与边界条件无关；有效宽度理论采用理想弹塑本构关系，计算过程不涉及塑性佯谬问题[44]。

冯·卡门等提出的有效宽度理论为板钢结构的极限承载力分析提供了新的思路。有效宽度理论几经修正，已经应用到板钢结构的设计验算中[37]。在新的轻钢结构设计理论中，将有效宽度理论发展到直接强度法，从本质上讲，两种方法的实质是一样的。有效宽度理论的实质是面外刚度较弱的板系结构在曲后幅面的应力由于屈曲位形的影响，导致应力的非线性分布，这种分布可以近似等效为一种简单的均布应力模式。有效宽度理论将导致在等效模式上，板幅面出现不连续现象。直接强度法将非线性分布的应力等效为全截面的均布应力，实质上是对有效宽度理论在概念上进行拓展，将板幅面应力等效为均布应力。从式 (5.268) 与式 (5.270) 的对比看，冯·卡门提出的有效宽度概念是说板的曲后强度与板的屈曲应力系数 ξ_{cr} 成正比，而 Winter 等根据试验数据拟合的公式 (5.270) 已没有有效宽度的本意了，而是将曲后强度表示成为板的屈曲应力系数 ξ_{cr} 的多项式。对比式 (5.270)、式 (5.273) 与式 (5.275)，可以看出 Winter 的有效宽度理论与通过试验数据拟合总结的直接强度法，二者是一致的，但均未从理论上给出解析解的来源。

数值分析表明，当受压板达到极限状态时，受压板的边界上边缘最先达到屈服，越向中间过渡，到板的中部等效应力较小；受压板加载边中部的应力接近受压板的弹性屈曲应力 σ_{cr}，并不是冯·卡门假定的那样中间部分应力为 0，如

图 5.88(b) 所示。因此，为全面考虑受压板的截面应力，可假定板中间部分的应力仍保持为受压板的弹性屈曲应力 σ_{cr}，两侧按有效宽度理论假定为受压板的屈服应力，如图 5.88(c) 所示，则

$$\frac{(1-2u)^2 b^2}{b^2} = \frac{\sigma_{cr}}{\sigma_y} \tag{5.276}$$

得出

$$1 - 2u = \sqrt{\frac{\sigma_{cr}}{\sigma_y}} \tag{5.277}$$

则受压板的极限承载力满足

$$\sigma_u bt = 2u\sigma_{cr}bt + (1-2u)\sigma_y bt \tag{5.278a}$$

$$\frac{\sigma_u}{\sigma_y} = \left(1 - \sqrt{\frac{\sigma_{cr}}{\sigma_y}}\right)\frac{\sigma_{cr}}{\sigma_y} + \sqrt{\frac{\sigma_{cr}}{\sigma_y}} \tag{5.278b}$$

即

$$\xi_u = -\xi_{cr}^3 + \xi_{cr}^2 + \xi_{cr} \tag{5.278c}$$

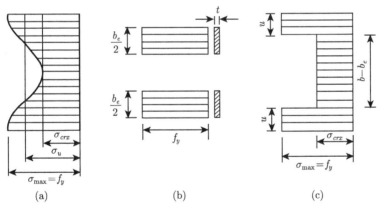

图 5.88 均匀受压简支板曲后的有效宽度

通过上述问题的探讨，并结合 5.5.3 节的解析分析结果，根据式 (5.278c)，我们可以得出如下结论：

(1) 板的受压极限承载力系数 ξ_u 是 ξ_{cr} 的多项式函数，与其他系数无关，且根据 $\xi_u(\xi_{cr})$ 的物理意义，常数项应为 0。

(2) 通过二重双三角级数解与一重双三角级数解的比较，说明位形的差异是受压薄板极限承载力分析中较为敏感的问题。可以借助有限元方法分析受压板的极限承载力，并通过公式拟合得出受压板的极限承载力公式。

式 (5.278c) 比式 (5.271) 更复杂，但与冯·卡门的有效宽度公式一样给出了受压简支板的极限承载力的显式表达。结合受压简支板曲后性能的解析分析，不考虑受压板的初始几何缺陷和残余应力对极限承载力的影响，理想受压简支板曲后极限承载力公式可以表达为

$$\frac{\sigma_u}{\sigma_y} = C_1 \left(\frac{\sigma_{cr}}{\sigma_y}\right)^{\frac{3}{2}} + C_2 \frac{\sigma_{cr}}{\sigma_y} + C_3 \sqrt{\frac{\sigma_{cr}}{\sigma_y}} \tag{5.279a}$$

也即

$$\xi_u = C_1 \xi_{cr}^3 + C_2 \xi_{cr}^2 + C_3 \xi_{cr} \tag{5.279b}$$

式中，C_i 为常数，$i = 1, 2, 3$。

板的等效宽厚比 $\bar{\lambda}_p = \sqrt{f_y / \sigma_{cr}}$，此处的重要参数 ξ_{cr} 为 $\bar{\lambda}_p$ 的倒数 $1/\bar{\lambda}_p$，可以称为受压板的等效屈曲刚度。对构件而言，也可以称为构件的等效屈曲刚度。

有初始缺陷和残余应力的实用板在加工和焊接过程中一般不会发生分岔点的面外屈曲。相反，屈曲会随外荷载的增加而逐渐变大。初始几何弯曲的影响会掩盖残余应力的影响，因为他们具有同样的表现形式。从一个加载试验中去区分他们的作用是比较困难的。在规范中，这些作用被整体考虑，不需要设计者做更深入的分析，该部分内容将在第 6 章深入探讨。可以看到，尽管式 (5.279b) 考虑了有效宽度，但仍未解决冯·卡门假定 (不考虑残余应力和初始缺陷效应) 和 Eurocode 规范的一些差异。前面的探讨，受压板的屈曲临界应力和曲后的最大承载能力均针对的是理想板，未考虑残余应力和初始缺陷的影响。

5.5.5 受压简支板承载力公式的数值分析

随着有限元方法的快速发展，采用数值方法求解受压简支板的极限承载力已不再是很困难的工作。一般采用非线性分析理论，计入几何和材料双重非线性的影响，分析具有初始几何缺陷和残余应力的受压板的极限承载力[48−53]，考虑问题越全面，分析显得也就越复杂。本节采用 ANSYS、Marc 软件进行对比分析，并结合弧长法求解。采用逐步逼近法，通过不断缩小初始几何弯曲缺陷，求解出不同宽厚比受压板的极限承载力和极限状态时板的幅面最大弯曲矢度，然后采用有限元分析结果拟合受压板的极限承载力公式。

1. 理想板极限承载力的数值分析

有限元方法求解受压板的极限承载力多采用初始缺陷扰动法，初始几何缺陷的引入，导致极限承载力降低，所以，本处采用逐步逼近法分析理想受压板的极限承载力，即采用理想弹塑性材料模型，初始几何弯曲采用一阶屈曲位形，通过一阶屈曲位形的矢度 f_0 逐步变小，计算一系列不同初始弯曲矢度受压简支板的

极限承载力来拟合理想简支板的极限承载力。因理想受压板在极限状态时的最大矢度是后面曲后性能讨论时较为关键的参数，故此处一并求出。

如图 5.89 所示，通过变化初始缺陷的矢度 f_0 得出系列 $a = b = 1.0\text{m}$，宽厚比 $b/t = 250$ 的受压简支板的极限承载力 σ_u，通过多项式拟合得出解析公式为

$$\sigma_u = -2 \times 10^6 f_0^4 + 6.241 \times 10^4 f_0^3 - 3.187 \times 10^3 f_0^2 - 6.174 f_0 + 39.44 \quad (5.280)$$

因此，令初始缺陷矢度 $f_0 = 0$，则宽厚比 $b/t = 250$ 的理想受压板的极限承载力 $\sigma_u = 39.440\text{MPa}$。同理，如图 5.90 所示，得出宽厚比 $b/t = 250$ 的理想受压板在达到极限状态时对应的极限矢度 $f_d = 22.73\text{mm}$。不同宽厚比理想受压板的极限承载力和极限矢度如表 5.11 所示。

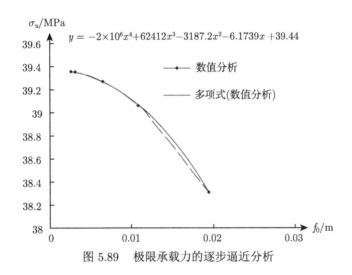

图 5.89 极限承载力的逐步逼近分析

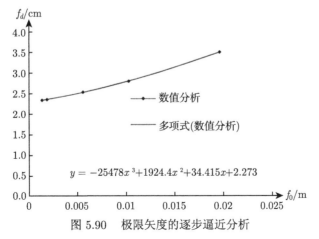

图 5.90 极限矢度的逐步逼近分析

表 5.11   理想受压板的极限承载力和极限矢度表

b/t	弹性屈曲/MPa	极限承载力/MPa	极限矢度/mm
250.0	11.916	39.440	22.73
166.67	26.811	60.224	21.56
106.38	65.805	99.268	19.74
83.33	107.242	130.056	16.61
70.42	150.169	159.324	12.52
62.5	190.653	187.553	6.06
55.56	241.296	219.632	0.59
50.0	297.896	233.892	0.13

采用数值拟合法对表 5.11 所列数据进行拟合。根据受压简支板的极限承载力公式参数分析，承载力公式如式 (5.279b) 所示，无常数项，这时将公式两边同时除以 ξ_{cr}，就可以将式 (5.279b) 拟合为线性函数或二/三次多项式，对应的 ξ_u 分别是 ξ_{cr} 的二、三或四次多项式公式。数据拟合精度如图 5.91 所示，线性函数的精度较差，没有很好地表达 ξ_u/ξ_{cr} 与 ξ_{cr} 的非线性；二次多项式表达了非线性，但在 $\xi_{cr} \geqslant 1$ 时需要另外的公式进行限制，即要求 $\xi_{cr} \geqslant 1$ 时，取 $\xi_u = 1.0$，不便于将承载力公式推广到 $\xi_{cr} \geqslant 1$ 的范围；三次多项式能将承载力公式推广到 $\xi_{cr} \geqslant 1$ 的范围，但在 $\xi_{cr} = 1.0$ 时，ξ_u/ξ_{cr} 的值偏小。所以，受压简支板的极限承载力公式可以拟合为受压板屈曲应力系数的二次函数，如式 (5.281a) 所示，也可以拟合为三次多项式，如式 (5.281b) 所示，四次多项式为式 (5.281c)；当 $\sigma_u/\sigma_y > 1$ 时，取 $\sigma_u/\sigma_y = 1$。从应用上看，二次多项式简单明了，三次和四次多项式显得复杂一些，但更精确。

$$\frac{\sigma_u}{\sigma_y} = 0.244\frac{\sigma_{cr}}{\sigma_y} + 0.674\sqrt{\frac{\sigma_{cr}}{\sigma_y}} \tag{5.281a}$$

$$\frac{\sigma_u}{\sigma_y} = 0.206\left(\frac{\sigma_{cr}}{\sigma_r}\right)^{\frac{3}{2}} - 0.009\frac{\sigma_{cr}}{\sigma_y} + 0.737\sqrt{\frac{\sigma_{cr}}{\sigma_y}} \tag{5.281b}$$

$$\frac{\sigma_u}{\sigma_y} = -0.604\left(\frac{\sigma_{cr}}{\sigma_y}\right)^2 + 1.196\left(\frac{\sigma_{cr}}{\sigma_y}\right)^{3/2} - 0.504\frac{\sigma_{cr}}{\sigma_y} + 0.810\sqrt{\frac{\sigma_{cr}}{\sigma_y}} \tag{5.281c}$$

用式 (5.281a) 和已有的其他极限承载力公式进行对比 [37]，对比分析如图 5.92 所示。Winter 公式计算值与有限元的分析结果的比值介于 0.794~1.221，由于实验值无法分离板的初始缺陷对承载力的影响，实验结果的离散是明显的。受压板试验中，残余应力可以采用磨边的方法去除，板面是否完全水平，边界的约束是否与简支边界一致，板的弹性参数是否是确定无离散的，每一个问题都不精准，所以导致实验的整体误差是较大的。

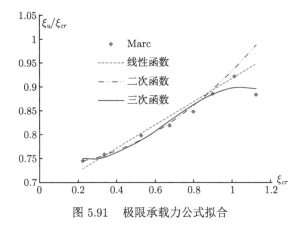

图 5.91 极限承载力公式拟合

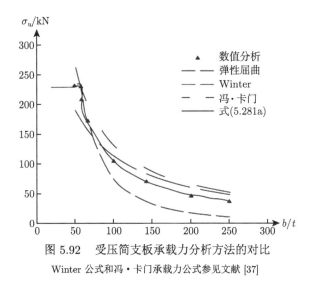

图 5.92 受压简支板承载力分析方法的对比

Winter 公式和冯·卡门承载力公式参见文献 [37]

采用随机有限元方法对上述公式进行验证分析，计算样本 200 个，考虑不同的长宽比和宽厚比，随机分析受压板的极限承载力 σ_u 与式 (5.281a) 的计算值 σ_{uj} 之比 ς，ς 的最大值为 1.08，最小值为 0.973，均值为 1.01，方差为 0.0103。图 5.93 列出了 ς 与 ξ_{cr} 的相关性。

当屈曲刚度系数 ξ_{cr} 小于 0.25 时，计算极限承载力式 (5.281a) 比非线性有限元法计算的结果小，说明轻薄板的极限承载力提高值比实用板 ($\xi_{cr} \geqslant 0.25$) 大；当受压板的屈曲刚度系数等于 1.0 时，由于材料屈服强度的限制，初始缺陷对受压简支板的极限承载力影响较大，出现了一定的波动；从图 5.93 可知，非线性随机有限元法计算受压简支板的极限承载力时出现了两条线，这是弧长法的荷载步长造成的。当荷载步较大时，受压板曲后的非线性计算出现了一定的累积误差；当荷载步减小时，这种累积误差可以得到改善，但增加的计算量影响了计算效率。

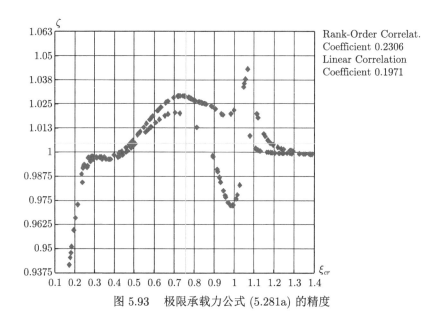

图 5.93 极限承载力公式 (5.281a) 的精度

随机有限元验证分析表明式 (5.281a) 可以看作理想受压板极限承载力的精确解，同时对不同长宽比受压板的分析表明极限承载力公式仍满足式 (5.281a)。

2. 受压简支板极限承载力的全域解

前面研究的受压板属于工程实际中常见的薄板、中厚板，且长宽比 a/b 大于 0.8 的情形。当受压板为厚板时，为强度破坏；当受压板的宽厚比更大，接近薄膜时，受压板出现变形失稳[37,38,54,55]，其极限承载力难以满足式 (5.281a)。采用随机有限元方法进一步分析理想受压简支板的极限承载力。数值分析表明，当简支板的等效屈曲刚度超出实用板的范围时，即等效屈曲刚度较小或大于 1.25 时，受压简支板的极限承载力与式 (5.281a) 的精度越来越差。如图 5.94 所示，受压简支板的全域分析表明受压简支板的极限承载力可以用一个公式表出；ξ_u/ξ_{cr} 可以拟合成 ξ_{cr} 的六、七或八次多项式，其中六次多项式为

$$\xi_u/\xi_{cr} = 13.409\xi_{cr}^6 - 59.696\xi_{cr}^5 + 102.910\xi_{cr}^4 - 87.323\xi_{cr}^3 + 38.180\xi_{cr}^2 - 7.890\xi_{cr} + 1.335 \tag{5.282a}$$

当采用八次多项式时精度反而更差，七次多项式的精度更高，这时满足

$$\xi_u/\xi_{cr} = -10.650\xi_{cr}^7 + 67.151\xi_{cr}^6 - 167.743\xi_{cr}^5 + 213.016\xi_{cr}^4 \tag{5.282b}$$

$$-147.134\xi_{cr}^3 + 54.844\xi_{cr}^2 - 9.977\xi_{cr} + 1.421$$

所以，ξ_u 的全域解可以表达为 ξ_{cr} 的八次多项式，即

$$\xi_u = -10.650\xi_{cr}^8 + 67.151\xi_{cr}^7 - 167.743\xi_{cr}^6 + 213.016\xi_{cr}^5 - 147.134\xi_{cr}^4$$

$$+ 54.844\xi_{cr}^3 - 9.977\xi_{cr}^2 + 1.421\xi_{cr} \tag{5.283}$$

式 (5.283) 给出了受压简支板随宽厚比 b/t 变化时的全域解，当受压简支板的长宽比超过一定范围时，其极限承载力系数 ξ_u 应参照式 (5.163) 进行修正，详见 5.5.6 节叙述。

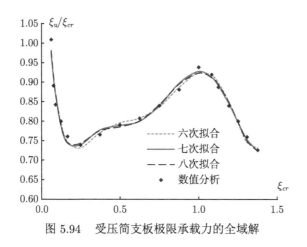

图 5.94 受压简支板极限承载力的全域解

如图 5.94 所示，当受压简支板的等效屈曲刚度小于 0.25 时，ξ_u/ξ_{cr} 是 ξ_{cr} 的减函数，表现出与常用宽厚比板结构 ($0.25 < \xi_{cr} \leqslant 1.0$) 不一样的曲后承载力性质。说明当以受压为主的简支板的宽厚比 $\geqslant 225$ 时，也即 $\xi_{cr} \leqslant 0.25$，受压板的薄膜力将显著提升其极限承载力，这类板的极限承载力相对弹性屈曲应力的提高比例明显比薄板、中厚板和厚板大很多，这可以看作轻薄板 (薄膜) 的主要受压力学性能，从而建议将这种宽厚比分界点看成轻钢结构与重钢结构的实质分界标准。

从结构分析的角度看，轻钢与重钢之分应根据板件的宽厚比来判别。类似定义轻钢结构的分界标准还有 Hancock，他在研究畸变屈曲时约定分析范围 $f_{de} \approx f_{cr} < f_y/13$，这时 $\xi_{cr} \leqslant 0.277$，考虑采用 Q235 钢材，则该分界线的宽厚比为 203.047。因此，相对重钢结构而言，轻钢结构满足 $b/t > 3.804\sqrt{kE/f_y}$，k 为板的弹性屈曲系数，由板的边界条件确定，f_y 为钢材的屈服强度，这时 $\xi_{cr} \leqslant 0.25$。

从图 5.94 可以看出实用板件 ξ_{cr} 在 0.25~1.0 时，ξ_u/ξ_{cr} 更接近三次多项式，因此，ξ_u 的更优解为 ξ_{cr} 的四次多项式。图 5.91 给出了四次多项式的拟合函数及其特征。这说明受压简支板的极限承载力公式的较为精确解为式 (5.281c)，同时也证明修正直接强度法的假定是合理的，数值分析结果与理论推导式 (5.279b) 较一致。为便于应用，受压简支板的极限承载力常采用较为简化的公式 (5.281a)。

3. 理想受压简支板的极限矢度

采用同样的方法，在极限承载力的分析过程中，得到受压简支板达到极限状态时板的最大矢度的拟合公式。根据受压简支板的最简单模型进行分析，见式 (5.222)，受压简支板在达到极限荷载时的矢度 f_d 满足 $\dfrac{f_d}{b} = \dfrac{4}{\pi}\sqrt{\dfrac{\sigma_u - \sigma_{crx}}{E\left(\beta^2 + 1/\beta^2\right)}}$。根据上式的简洁性，可以假定 $\dfrac{f_d}{b} = \varphi\left[\dfrac{\sigma_u - \sigma_{crx}}{E\left(\beta^2 + 1/\beta^2\right)}\right]$，采用数值分析结果拟合，得出理想板极限状态的最大矢度的近似公式为

$$\frac{f_d}{b} = \frac{3.027 \times 10^{-6}}{2.097 \times 10^{-4} - \dfrac{\sigma_u - \sigma_{crx}}{E\left(\beta^2 + 1/\beta^2\right)}} \tag{5.284}$$

5.5.6　受压宽板的极限承载力

前面分析了宽厚比 b/t 在较大范围变化时，受压简支板的极限承载力。现采用受压宽板的极限承载力分析来研究极限承载力统一公式的适用范围。西德钢结构规范 (DIN18800) 对受压宽板有明确的规定 [36]，对不设加劲的板段，当其长宽比 $\beta(\beta = a/b)$ 较小 (如 $\beta = 0.4$) 时，横边受压屈曲，板的二维支承作用明显下降，板除边缘局部区域外几乎仅在一个方向弯曲，如图 5.95 所示。

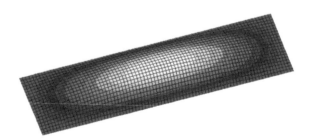

图 5.95　受压简支宽板的弹性屈曲位形

在这种变形状态下，板在很大程度上是可以展开的，也就是说若板沿着纵边切成一组平行的板条，其位形及承载能力将不会发生明显的改变，并且这些板条的受力状态完全相当于一根压屈杆。这种板在屈曲时就有与压杆相似的临界应力，这种屈曲状态称为压屈杆状性态。

显然，这种板由于薄膜力不能起到提高承载力的作用，其稳定承载力应作特殊的考虑。DIN18800 选用了两个稳定限界值的比值来规定板段是否处于压屈杆状性态：一是板段在周边简支时的理想压屈应力 σ_{lik}；一个是板在横边简支时的理想压屈应力 σ_{ki}。当 $\sigma_{ki}/\sigma_{lik} \geqslant 0.5$ 时，应考虑板的压屈杆状性态。该规范只是对这种板段要求取更高的安全度。

采用数值分析，通过宽板长宽比的变化，讨论其弹性屈曲和极限承载力公式的精度。宽板的弹性屈曲应力仍满足受压简支板屈曲应力的解析公式

$$\sigma_{cr} = \left(\frac{mb}{a} + \frac{a}{mb}\right)^2 \frac{\pi^2 E}{12(1-v^2)} \left(\frac{t}{b}\right)^2 \tag{5.285}$$

宽板的弹性屈曲应力的对比见表 5.12，采用式 (5.281a) 验算受压宽板的极限承载力，极限承载力分析对比见表 5.13。受压宽板承载力的解析解与数值分析结果对比见图 5.96。

表 5.12　宽板的弹性屈曲应力的对比分析

a/m	b/m	t/mm	σ_{cr}/MPa		误差/%
			式 (5.285)	Marc	
1.2	4.00	4	2.506	2.509	−0.13
1.2	3.00	4	2.838	2.838	0.00
1.2	2.00	4	3.901	3.904	−0.09
1.2	1.60	4	5.149	5.155	−0.13
1.2	1.20	4	8.436	8.451	−0.19
1.2	1.00	4	12.555	12.586	−0.24
1.2	0.85	4	18.893	18.893	0.00
1.2	0.70	4	25.384	25.517	−0.52

表 5.13　宽板的极限承载力的对比分析

a/m	b/m	t/mm	σ_u/MPa		误差/%
			式 (5.281a)	Marc	
1.20	4.00	4	17.22	8.80	95.61
1.20	3.00	4	18.36	12.13	51.36
1.20	2.00	4	21.63	18.51	16.87
1.20	1.60	4	24.98	23.37	6.90
1.20	1.20	4	32.32	31.76	1.77
1.20	1.00	4	39.85	38.89	2.46
1.20	0.85	4	49.53	47.02	5.35
1.20	0.70	4	58.06	60.00	−3.23

对比分析表明受压宽板的弹性屈曲解析公式是精确的；由于压屈杆状性态，受

压宽板曲后的薄膜力不能为其提供足够的支承，所以极限承载力没有显著地提高；极限承载力公式 (5.281a) 的适用范围为 $a/b \geqslant 0.8$，在钢结构设计中节间长宽比一般由压剪屈曲半波的长宽比决定，为 $\left[\dfrac{1}{1.25}, 1.25\right]$，所以式 (5.281a) 对板钢结构中常用的板元设计是适用的。

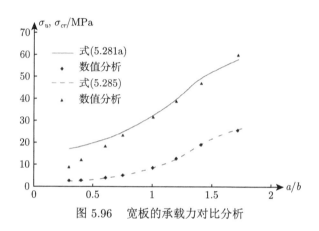

图 5.96 宽板的承载力对比分析

数值分析表明，当受压简支板的长宽比小于 0.8 时，仍采用受压简支板的极限承载力公式进行计算，由于压屈杆效应的影响，宽板的极限承载力比式 (5.281a) 小得多。数值拟合的受压简支宽板极限承载力公式也可以分别拟合为 ξ_{cr} 的二或三次多项式：

$$\xi_{wu} = 0.876\xi_{cr}^2 + 0.081\xi_{cr} \tag{5.286a}$$

$$\xi_{wu} = 0.373\xi_{cr}^3 + 0.439\xi_{cr}^2 + 0.174\xi_{cr} \tag{5.286b}$$

当 $\xi_{wu} \geqslant 1.0$ 时，取 $\xi_{wu} = 1.0$。

数值分析拟合公式 (5.286) 与式 (5.281a) 的精度对比，如图 5.97 所示。经对比，采用三次函数的精度高。

受压宽板的极限承载力分析表明，当受压简支板的宽厚比小于 0.8 时，其极限承载力全域公式 (5.282c) 应予以修正。根据表 5.13 的数值分析结果进行公式拟合，则受压简支板极限承载力的全域解 ξ_u^a 可以进一步分离成

$$\xi_u^a = \varphi\left(a/b\right) \xi_u \tag{5.286c}$$

式中，ξ_u 按式 (5.283) 计算。

当 $a/b \geqslant 0.8$ 时，$\varphi\left(a/b\right) = 1.0$。

当 $a/b < 0.8$ 时，$\varphi\left(a/b\right) = -2.138\left(a/b\right)^2 + 2.920\left(a/b\right)$。

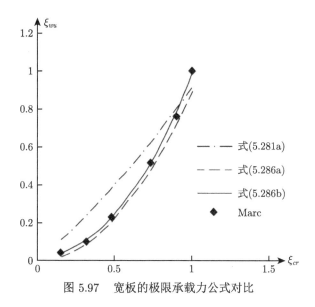

图 5.97 宽板的极限承载力公式对比

5.6 薄板的剪切曲后性能

根据前面的分析，均匀受剪板的屈曲半波长 $l = 1.25b$，在桥梁钢结构中，作为单板受剪讨论的长宽比 $a/b = 1.0 \sim 2.0$[48]。已有文献 [49] 仅讨论了正方形薄板受均匀剪力作用下的曲后性能。为进一步讨论薄板的剪切曲后性能，并为工字梁腹板拉力场理论提供理论依据，有必要对实用矩形薄板的剪切曲后性能进行理论分析。

对于 $a = b = 1.0$m，$t = 4$mm，材料屈服强度 $\sigma_y = 235$MPa 的均匀受剪简支板进行数值分析，简支受剪板的荷载与薄板中点的位移曲线如图 5.98 所示。数值分析表明薄板在屈曲前处于纯剪状态，主压应力等于主拉应力；当薄板屈曲后，薄板中点的主拉应力和主压应力呈直线增加，如图 5.99 所示，但主压应力增加的量小于屈曲临界荷载的 5%，而薄板的主拉应力增长较快，与主压应力在薄板屈曲时均出现了转折点。所以，在数值分析中，常采用这种方法来判断屈曲临界状态和临界荷载。简支矩形薄板在曲后极限状态时形成拉力场，如图 5.100 所示。

均匀受剪板的极限状态的破坏形式属于极值失稳，当达到曲后极限状态时，主拉应力形成的塑形带集中到对角线约 20% 的宽度上。

简支薄板的均匀受剪屈曲应力 $\tau_{cr} = 28.174$MPa，曲后极限强度 $\tau_u = 57.265$MPa，剪切强度提高系数 $\lambda_u = \tau_u/\tau_{cr} = 2.032$。固结薄板的均匀受剪屈曲应力 $\tau_{cr} = 43.980$MPa，曲后极限强度 $\tau_u = 100.906$MPa，剪切强度提高系数 $\lambda_u = \tau_u/\tau_{cr} = 2.294$。

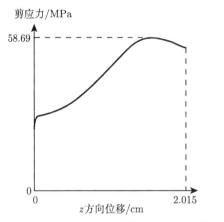

图 5.98   受剪板中点曲后的荷载位移曲线

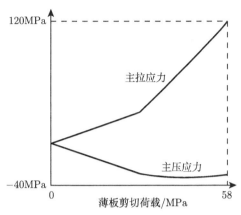

图 5.99   受剪板中点主应力–荷载曲线

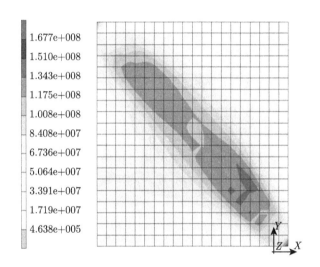

图 5.100   受剪板极限状态主拉应力场 (单位：Pa)

5.6.1   受剪板曲后性能的二重三角级数解

矩形薄板受剪切作用的曲后性能研究对薄壁结构也具有重要意义。为了讨论边缘的支承条件，这里引进边缘均布压荷载 p_x，p_y。现讨论在均布剪力 S 和压荷载 p_x，p_y 共同作用下矩形薄板的屈曲和曲后性能，如图 5.101 所示。

(1) 假设剪切力超过剪切屈曲载荷，且板的屈曲挠度达到板厚量级。设适合薄板边界条件的挠曲面函数为

$$w = A_1 \sin \frac{\pi x}{a} \sin \frac{\pi y}{b} + A_2 \sin \frac{2\pi x}{a} \sin \frac{2\pi y}{b} \tag{5.287}$$

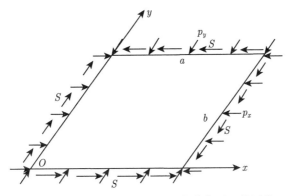

图 5.101 薄板在均布剪力和压荷载作用下的屈曲

代入冯·卡门方程式 (5.207)，有

$$\frac{\partial^4 F}{\partial x^4} + 2\frac{\partial^4 F}{\partial x^2 \partial y^2} + \frac{\partial^4 F}{\partial y^4} = E\frac{\pi^4}{a^2 b^2}\left[\frac{A_1^2}{2}\left(\cos\frac{2\pi x}{a} + \cos\frac{2\pi y}{b}\right)\right.$$

$$+ 8A_2^2\left(\cos\frac{4\pi x}{a} + \cos\frac{4\pi y}{b}\right)$$

$$\left.+ 4A_1 A_2\left(\cos\frac{3\pi x}{a}\cos\frac{\pi y}{b} + \cos\frac{\pi x}{a}\cos\frac{3\pi y}{b}\right)\right]$$

$$(5.288)$$

该式通解由特解 F_p 和余解 F_c 组成，特解为

$$F_p = \eta_1\cos\frac{2\pi x}{a} + \eta_2\cos\frac{2\pi y}{b} + \eta_3\cos\frac{4\pi x}{a} + \eta_4\cos\frac{4\pi y}{b}$$

$$+ \eta_5\cos\frac{3\pi x}{a}\cos\frac{\pi y}{b} + \eta_6\cos\frac{\pi x}{a}\cos\frac{3\pi y}{b} \qquad (5.289)$$

代入式 (5.288)，经比较系数后得常数

$$\eta_1 = \frac{a^2 E}{32b^2}A_1^2, \quad \eta_2 = \frac{b^2 E}{32a^2}A_1^2, \quad \eta_3 = \frac{a^2 E}{32b^2}A_2^2$$

$$\eta_4 = \frac{b^2 E}{32a^2}A_2^2, \quad \eta_5 = \frac{4a^2 b^2 E A_1 A_2}{(a^2 + 9b^2)^2}, \quad \eta_6 = \frac{4a^2 b^2 E A_1 A_2}{(9a^2 + b^2)^2} \qquad (5.290)$$

余解由 $\dfrac{\partial^4 F}{\partial x^4} + 2\dfrac{\partial^4 F}{\partial x^2 \partial y^2} + \dfrac{\partial^4 F}{\partial y^4} = 0$ 得到，此式相当于 $w = 0$，即在板屈曲前未出现挠曲的平衡状态，此时中面力 $N_x = -p_x$，$N_y = -p_y$，$N_{xy} = -S$，不考虑与应力无关的项得

$$F_c = \frac{S}{t}xy - \frac{p_x}{2t}y^2 - \frac{p_y}{2t}x^2 \tag{5.291}$$

所以，通解为

$$F = F_p + F_q$$

$$= \frac{a^2 E A_1^2}{32b^2}\left(\cos\frac{2\pi x}{a} + \frac{b^4}{a^4}\cos\frac{2\pi y}{b}\right) + \frac{a^2 E A_2^2}{32b^2}\left(\cos\frac{4\pi x}{a} + \frac{b^4}{a^4}\cos\frac{4\pi y}{b}\right)$$

$$+ E A_1 A_2\left[\frac{4a^2 b^2}{(a^2+9b^2)^2}\cos\frac{3\pi x}{a}\cos\frac{\pi y}{b} + \frac{4a^2 b^2}{(9a^2+b^2)^2}\cos\frac{\pi x}{a}\cos\frac{3\pi y}{b}\right]$$

$$+ \frac{S}{t}xy - \frac{p_x}{2t}y^2 - \frac{p_y}{2t}x^2 \tag{5.292}$$

(2) 为了讨论曲后剪切模量的变化，需要给出大挠度变形的剪切应变。为此由胡克定律及变形几何关系，可得

$$\frac{\partial u}{\partial x} = \frac{1}{E}\left(\frac{\partial^2 F}{\partial y^2} - \nu\frac{\partial^2 F}{\partial x^2}\right) - \frac{1}{2}\left(\frac{\partial w}{\partial x}\right)^2 \tag{5.293a}$$

$$\frac{\partial v}{\partial y} = \frac{1}{E}\left(\frac{\partial^2 F}{\partial x^2} - \nu\frac{\partial^2 F}{\partial y^2}\right) - \frac{1}{2}\left(\frac{\partial w}{\partial y}\right)^2 \tag{5.293b}$$

将表达式 (5.292) 代入式 (5.293)，可得板的两对边的相对接近量

$$\Delta_x = -\frac{1}{a}\int_0^a \frac{\partial u}{\partial x}\mathrm{d}x = \frac{p_x - \nu p_y}{Et} + \frac{\pi^2 A_1^2}{8a^2} + \frac{\pi^2 A_2^2}{2a^2} \tag{5.294a}$$

$$\Delta_y = -\frac{1}{b}\int_0^b \frac{\partial v}{\partial y}\mathrm{d}y = \frac{p_y - \nu p_x}{Et} + \frac{\pi^2 A_1^2}{8b^2} + \frac{\pi^2 A_2^2}{2b^2} \tag{5.294b}$$

又因

$$\frac{\partial u}{\partial y} + \frac{\partial v}{\partial x} = \gamma_{xy} - \frac{\partial w}{\partial x}\frac{\partial w}{\partial y}$$

$$= \frac{2(1+\nu)}{E}S - \frac{\pi^2 A_1^2}{4ab}\sin\frac{2\pi x}{a}\sin\frac{2\pi y}{b} - \frac{\pi^2 A_2^2}{ab}\sin\frac{4\pi x}{a}\sin\frac{4\pi y}{b}$$

$$- \frac{\pi^2 A_1 A_2}{ab}\left(\sin\frac{3\pi x}{a}\sin\frac{3\pi y}{b} - \sin\frac{\pi x}{a}\sin\frac{\pi y}{b}\right) \tag{5.295}$$

同时可求得沿 $y = 0$ 和 $y = a$ 边缘上的平均位移

$$\bar{u}\big|_{y=0} = \frac{1}{a}\int_0^a u\bigg|_{y=0}\,\mathrm{d}x = \frac{a\,(\nu p_y - p_x)}{2Et} - \frac{a^3\pi^2}{16b^4}\left(d_2 A_1^2 + d_1 A_2^2\right)$$

$$- \frac{8a^3 b^2 A_1 A_2}{9}\left[d_2\left(\frac{9\nu}{a^2} - \frac{1}{b^2}\right) - 18d_3\left(\frac{\nu}{a^2} - \frac{9}{b^2}\right)\right] \tag{5.296a}$$

$$\bar{u}\big|_{y=a} = \frac{1}{a}\int_0^a u\bigg|_{y=0}\,\mathrm{d}x = \frac{a\,(\nu p_y - p_x)}{2Et} - \frac{a^3\pi^2}{16b^4}\left(d_2 A_1^2 + d_1 A_2^2\right)$$

$$+ \frac{8a^3 b^2 A_1 A_2}{9}\left[d_2\left(\frac{9\nu}{a^2} - \frac{1}{b^2}\right) - 18d_3\left(\frac{\nu}{a^2} - \frac{9}{b^2}\right)\right] \tag{5.296b}$$

式中，$d_1 = b^4/a^4$，$d_2 = \left(a^2 + 9b^2\right)^{-2}$，$d_3 = \left(9a^2 + b^2\right)^{-2}$。

于是，$y = 0$ 和 $y = a$ 边的相互位移的剪切变形为

$$\gamma' = \frac{1}{a}\left(\bar{u}\big|_{y=a} - \bar{u}\big|_{y=0}\right)$$

$$= \frac{16a^2 b^2 A_1 A_2}{9}\left[d_2\left(\frac{9\nu}{a^2} - \frac{1}{b^2}\right) - 18d_3\left(\frac{\nu}{a^2} - \frac{9}{b^2}\right)\right] + \frac{(1+\nu)}{Et}S \tag{5.297}$$

同理，可求出 $x = a$ 和 $x = 0$ 的相对位移。因而板的总剪切应变为

$$\gamma = 2\gamma' = \frac{32a^2 b^2 A_1 A_2}{9}\left[d_2\left(\frac{9\nu}{a^2} - \frac{1}{b^2}\right) - 18d_3\left(\frac{\nu}{a^2} - \frac{9}{b^2}\right)\right] + \frac{2(1+\nu)}{Et}S \tag{5.298}$$

板在屈曲前状态的弹性剪切应变为

$$\gamma = \frac{2(1+\nu)}{Et}S = \frac{S}{tG}$$

而在曲后状态，由于应变的增加比荷载的增加要快，由式 (5.298) 得

$$\gamma = \frac{S}{tG} + \chi \xi_1 \xi_2 t^2 \tag{5.299}$$

式中，$\xi_1 = A_1/t$，$\xi_2 = A_2/t$，$\chi = 32\left[d_2\left(\nu b^2 - a^2/9\right) - d_3\left(2\nu b^2 - 18a^2\right)\right]$，$\chi$ 为只与板的尺寸 a、b 有关的系数。

取 $\nu = 0.3$，当为正方形板时，$\chi = 5.628$；当 $a/b = 2$ 时，$\chi = 1.642$。

令 $n = \dfrac{S}{t\tau_{cr}}$，$G_t = \dfrac{\mathrm{d}S}{t\mathrm{d}\gamma}$，由关系式 (5.299)，可得曲后剪切切线模量为

$$G_t = \frac{G}{1 + \chi\dfrac{G}{\tau_{cr}}\left(\xi_1\dfrac{\mathrm{d}\xi_2}{\mathrm{d}n} + \xi_2\dfrac{\mathrm{d}\xi_1}{\mathrm{d}n}\right)} \tag{5.300}$$

(3) 为确定薄板的极限荷载和位移，应用伽辽金法 [56]

$$\iint Q(w) \sin \frac{\pi x}{a} \sin \frac{\pi y}{b} \mathrm{d}x\mathrm{d}y = 0$$

$$\iint Q(w) \sin \frac{2\pi x}{a} \sin \frac{2\pi y}{b} \mathrm{d}x\mathrm{d}y = 0$$

对于四边简支的矩形板纯剪情形，因 $p_x = p_y = 0$，将式 (5.292) 代入，经过积分得关于 A_1 和 A_2 的方程为

$$\begin{cases} k_1 D A_1 + k_2 Et A_1^3 + k_3 Et A_1 A_2^2 - k_4 S A_2 = 0 \\ 16 k_1 D A_2 + 16 k_2 Et A_2^3 + k_3 Et A_1^2 A_2 - k_4 S A_1 = 0 \end{cases} \tag{5.301}$$

式中，D 为板的抗弯刚度；$k_1 = \dfrac{(a^2 + b^2)^2}{4a^2 b^2}$；$k_2 = \dfrac{1}{64}\left(\dfrac{b^2}{a^2} + \dfrac{a^2}{b^2}\right)$；$k_3 = 4a^2 b^2$

$\cdot \left[\dfrac{1}{(a^2 + 9b^2)^2} + \dfrac{1}{(9a^2 + b^2)^2}\right]$；$k_4 = \dfrac{32ab}{9\pi^4}$。

令 $A_1/A_2 = \mu$，合并式 (5.301) 得

$$\mu^4 - \frac{k_1 (k_3 - k_2) D}{k_2 k_4 S}\mu^3 - \frac{k_1 (16k_2 - k_3) D}{16 k_2 k_4 S}\mu - \frac{1}{16} = 0 \tag{5.302}$$

由中面力和应力函数的关系得中面力的表达式为

$$N_x = t\frac{\partial^2 F}{\partial y^2} = -p_x - \frac{\pi^2 t E A_1^2}{8a^2}\cos\frac{2\pi y}{b} - \frac{\pi^2 t E A_2^2}{2a^2}\cos\frac{4\pi y}{b}$$

$$- EA_1 A_2 t\left[\frac{4a^2\pi^2}{(a^2 + 9b^2)^2}\cos\frac{3\pi x}{a}\cos\frac{\pi y}{b} + \frac{36a^2\pi^2}{(9a^2 + b^2)^2}\cos\frac{\pi x}{a}\cos\frac{3\pi y}{b}\right] \tag{5.303}$$

$$N_y = t\frac{\partial^2 F}{\partial x^2} = -p_y - \frac{\pi^2 t E A_1^2}{8b^2}\cos\frac{2\pi x}{a} - \frac{\pi^2 t E A_2^2}{2b^2}\cos\frac{4\pi x}{a}$$

$$- EA_1 A_2 t\left[\frac{36b^2\pi^2}{(a^2 + 9b^2)^2}\cos\frac{3\pi x}{a}\cos\frac{\pi y}{b} + \frac{4b^2\pi^2}{(9a^2 + b^2)^2}\cos\frac{\pi x}{a}\cos\frac{3\pi y}{b}\right] \tag{5.304}$$

$$N_{xy} = -t\frac{\partial^2 F}{\partial x \partial y}$$

$$= S - EA_1 A_2 t\left[\frac{12ab\pi^2}{(a^2 + 9b^2)^2}\sin\frac{3\pi x}{a}\sin\frac{\pi y}{b} + \frac{12ab\pi^2}{(9a^2 + b^2)^2}\sin\frac{\pi x}{a}\sin\frac{3\pi y}{b}\right] \tag{5.305}$$

由平面应力公式得薄板的主应力 σ_1，σ_1 和方向角 θ 满足

$$-\tan 2\theta = \frac{2N_{xy}}{N_x - N_y} \tag{5.306a}$$

$$\sigma_{1,2} = \frac{N_x + N_y}{2t} \pm \left[\sqrt{\left(\frac{N_x - N_y}{2}\right)^2 + N_{xy}^2} \right] \Big/ t \tag{5.306b}$$

(4) 求剪切极限荷载 S_u。

当简支薄板剪切屈曲时，$p_x = p_y = 0$，则 $P = 0$。根据式 (5.306a)，极限状态时的拉力场经过中点，仍然采用受压简支板曲后性能的研究方法，假定均匀受剪板中点的平均应力达到屈服强度时，受剪简支板达到极限状态，这时的剪切荷载为极限荷载 S_u。

显然，可以按如下顺序求解：$S \to \mu \to A_1$、$A_2 \to \sigma_1$，当 $\sigma_1 = f_y$ 时，S 达到弹性极值 S_u。

下面按求解受压板极限承载力的方法求解受剪板的极限承载力 τ_u。取简支矩形板极限拉力场中点进行分析，这时 $x = 0.5a$，$y = 0.5b$。

$$N_x = \frac{\pi^2 Et}{2a^2} \left(\frac{A_1^2}{4} - A_2^2 \right) \tag{5.307}$$

$$N_y = \frac{\pi^2 Et}{2b^2} \left(\frac{A_1^2}{4} - A_2^2 \right) \tag{5.308}$$

$$N_{xy} = S + 12ab\pi^2 E A_1 A_2 \left[\frac{1}{(a^2 + 9b^2)^2} + \frac{1}{(9a^2 + b^2)^2} \right] \tag{5.309}$$

$$\sigma_1 t = \frac{\pi^2 Et}{4} \left(\frac{A_1^2}{4} - A_2^2 \right) \left(\frac{1}{a^2} + \frac{1}{b^2} \right) + \sqrt{\frac{\pi^4 E^2 t^2}{16} \left(\frac{A_1^2}{4} - A_2^2 \right)^2 \left(\frac{1}{a^2} - \frac{1}{b^2} \right)^2 + N_{xy}^2} \tag{5.310}$$

为便于求解，不妨取 $a/b = 1.0$，这时 $K_1 = 1, K_2 = 1/32, K_3 = 4/50, K_4 = 32a^2/(9\pi^4)$，$P = 0$，根据式 (5.301) 得

$$\begin{cases} DA_1 + \dfrac{Et}{32}A_1^3 + \dfrac{4Et}{50}A_1 A_2^2 - k_4 S A_2 = 0 \\[2mm] 16DA_2 + \dfrac{Et}{2}A_2^3 + \dfrac{4Et}{50}A_1^2 A_2 - k_4 S A_1 = 0 \end{cases} \tag{5.311}$$

不妨设 $\mu = A_2/A_1$，μ 为 <1 的量，代入上式消去 S 得 μ 的函数

$$(2\mu^4 + 0.32\mu^2 - 0.32\mu - 0.125)\xi_1^2 + 5.8608\mu^2 - 0.3663 = 0 \tag{5.312}$$

根据数值分析，ξ_1 与 μ 的关系如图 5.102 所示，随着 μ 的变化，ξ_1 值介于 0.25~0.565，当 μ 接近 5 时，ξ_1 值趋于恒值 5.5 左右。

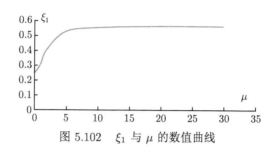

图 5.102 ξ_1 与 μ 的数值曲线

解出 μ 后，代入式 (5.311) 得到 S 或 τ 与 ξ_1 的关系式

$$\frac{S}{Et}\left(\frac{a}{t}\right)^2 = \frac{(0.125+0.32\mu)\xi_1^2 + 0.3663}{0.146\mu} \tag{5.313a}$$

即

$$\tau = \frac{(0.856+2.192\mu)\xi_1^2 + 2.509}{\mu}\frac{Et^2}{a^2} \tag{5.313b}$$

根据有限元分析的结果，在均布剪切荷载作用下，简支板在达到极限状态的过程中，正应力较小，主要以剪切应力为主，根据式 (5.309) 得

$$\tau = N_{xy}/t \approx S/t + \frac{12\mu\pi^2 EA_1^2}{50b^2} \tag{5.314}$$

当到达极限状态时，上式改写为 $\tau_y = \tau_u + 0.2806\frac{\mu A_1^2}{t^2}\tau_{cr}$，也即

$$\tau_u = \tau_y - 0.2806\frac{\mu A_1^2}{t^2}\tau_{cr} \tag{5.315}$$

这时可以根据式 (5.313b) 与式 (5.315) 联立求解，得出均匀受剪简支板的极限承载力 τ_u，图 5.103 给出了均匀受剪简支板的极限承载力的有限元计算结果与式 (5.315) 的计算结果的对比。分析结果表明式 (5.315) 与前述受压简支板的分析结果很相似，由于采用的位形函数只有两项，且方便分析的位形函数与实际的位形函数不一致，导致计算结果的误差较大。

显然，$\mu A_1^2/t^2$ 与 τ_{cr} 有关，所以，受剪板的极限承载力也可以像受压板极限承载力一样表示为弹性屈曲应力与材料屈服强度的函数 $\tau_u/\tau_y = \varphi(\tau_{cr}/\tau_y)$。

线性弹性力学是建立在无限小位移和无限小应变的假定基础上的。它适用于线性材料，并略去了几何关系中的非线性项；也不考虑变形对平衡条件的影响，即它的平衡方程也线性化了。在给定荷载及边界条件下，线性弹性力学问题的解是唯一存在的。但是通过线性理论所得到的解，在许多情况下却是不稳定的。

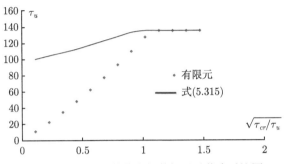

图 5.103 均匀受剪简支板的极限承载力对比图

对式 (5.311) 的数值分析表明，板的四边为活动简支时，ζ_1、ζ_2 和 n 的关系曲线如图 5.104 中的实线所示。板的四边为固定铰支时，即两对边之间不能移动，ζ_1、ζ_2 和 n 的关系曲线如图 5.104 中的虚线所示。可以看出，在引起相同的曲后变形情况下，板承受的剪切力比边缘可自由移动的情况增加很多，这说明板边的固定情况对曲后变形的影响很大。四边为活动简支时剪切切线模量的变化如图 5.105 中的实线所示，四边为固定铰支时剪切切线模量的变化如图 5.105 中的虚线所示 [36−50,54−65]。

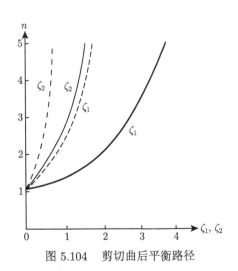

图 5.104 剪切曲后平衡路径

边缘有支承的平板在曲后仍能承受更大的荷载，这一现象早在飞机结构研究中发现了。瓦格纳 (H. Wagner) 曾对四边简支剪切薄板的曲后强度进行研究。屈曲分析中认为屈曲前应力状态包含与板边成 45° 的对角线上的压应力和与其垂直方向上的拉应力。压应力使腹板沿对角线方向发生屈曲。屈曲之前拉应力和压应力在数值上相等，但曲后拉应力变大。由于边界支承引起的力不相等，瓦格纳在近似分析中假设屈曲位移时对薄的腹板可忽略压应力。这样的计算模型又称为对角拉伸梁模型，其结果被称为斜向拉力场理论。这个理论及其发展都是针对航空薄壁结构而建立起来的。对于重型钢结构，其设计原理与航空薄壁结构不同。由于加劲不可能承受屈曲载荷的很大部分，因而单靠增大加劲肋条截面的做法并不经济，最后还是要增加肋条的数目。

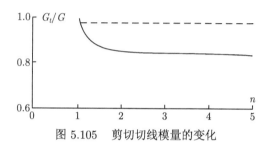

图 5.105　剪切切线模量的变化

5.6.2　均匀受剪板曲后性能的数值分析

简支矩形板在均匀剪切作用下的极限承载力数值分析方法同受压简支板的曲后性能分析一样，极限状态位形和塑性应变的分布分别如图 5.106 和图 5.107 所示。在极限状态时，受剪板的面外变形与弹性屈曲的 1 阶变形不一样，出现对角线上大约 3 个半波，这是在初始几何位形的基础上，受剪板出现了弹塑性变形后形成的位形，同时在对角线上形成塑性拉力带。

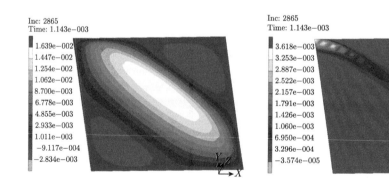

图 5.106　剪切极限状态的位形图　　　　　图 5.107　剪切极限状态的塑性应变

受剪板中轴线 $(x = a/2)$ 在极限状态的应力分布如图 5.108 和图 5.109 所示，分别列出了第 1 层和第 5 层的应力分布。从图中可以看出受剪板幅面的应力变化均较大，在极限状态时半波波峰和波谷处的应力、等效应力均达到极值。

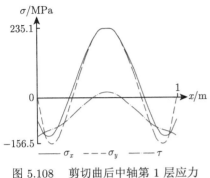

图 5.108　剪切曲后中轴第 1 层应力

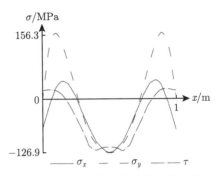

图 5.109　剪切曲后中轴第 5 层应力

与前面分析受压板一样, 受剪板的简化极限状态判据可以表述为凹侧主对角线的中点出现塑性应力, 从图 5.110 中可以很明显地得出这个结论。主对角线为受剪板受剪拉长的对角线, 另一条对角线可以称为副对角线。从图 5.111 可以得出受剪板凸侧幅面中点出现塑性应变时, 受剪板的承载力还大约可以提高 10%。

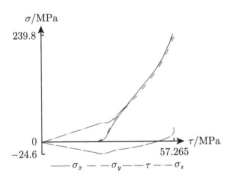

图 5.110　凹侧中点应力与外荷载关系

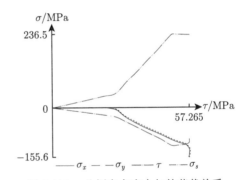

图 5.111　凸侧中点应力与外荷载关系

采用数值分析和逐步求精的方法, 可以得出理想受剪简支板的极限承载力, 再通过数值拟合得出受剪简支板的极限承载力公式。数值分析表明, 宽厚比较大的受剪板由于其曲后的承载力提高较大, 而宽厚比较小的受剪板在曲后极限状态时由于简支边界较弱, 受剪板幅面的塑性拉力场形成的不充分, 又由于初始缺陷的扰动影响, 其极限承载力达不到截面的屈服强度。根据前述受压简支板的极限承载力分析经验, 仍然取当理想受剪板的弹性屈曲应力大于材料的剪切强度 τ_y 时, 其极限承载力为 τ_y。均匀受剪简支板的极限承载力拟合公式可表达为 $\xi_{\tau cr}$ 的一次或二次函数:

$$\xi_{\tau u} = 0.960\xi_{\tau cr} - 0.038 \tag{5.316a}$$

$$\xi_{\tau u} = -0.072\xi_{\tau cr}^2 + 0.818\xi_{\tau cr} \tag{5.316b}$$

式中，$\xi_{\tau cr} = \sqrt{3}\tau_{cr}/f_y$，$\xi_{\tau u} = \sqrt{3}\tau_u \big/ f_y$。当 $\xi_{\tau u} \geqslant 1.0$ 时，取 $\xi_{\tau u} = 1.0$。

上式均考虑了剪切应力的等效应力，根据应力的等效性，可以把剪应力等效为 Mises 应力，用受压简支板极限承载力公式 (5.281a) 进行求解。图 5.112 列出了式 (5.316) 的计算精度。

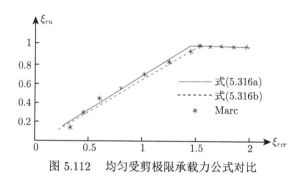

图 5.112   均匀受剪极限承载力公式对比

数值分析结果对比表明，受剪简支板的极限承载力公式采用线性公式时精度高。当将剪切应力换算为等效应力时，分析表明对于宽厚比较小的简支板，式 (5.281a) 的精度也较好。这也同时说明了两个问题：一是采用受压简支板极限承载力公式可以计算受剪板的极限承载力；二是剪切应力与压应力的屈曲承载力分析可以通过 Mises 等效应力的概念进行统一。

5.6.3   均匀受剪板的拉力场承载力公式

简支板在纯剪作用下的承载力分析一直是工程界研究的热点，因为结构的受剪承载力与受压承载力有着许多不同之处。从理论角度讲，简支板纯剪的弹性屈曲应力分析是完备的，关于简支板纯剪极限承载力研究的相关成果并不多见 [50-52]。

根据 8.2.3 节的研究和数值分析结果，Basler 的拉力场理论对简支板受剪的分析仍然有效。所以，简支板受剪极限承载力可以表示为

$$\begin{cases} \sigma_t = -\dfrac{3}{2}\tau_{cr}\sin 2\theta + \sqrt{\left(\dfrac{3}{2}\tau_{cr}\sin 2\theta\right)^2 - 3\tau_{cr}^2 + \sigma_y^2} \\ \tau_u = \tau_{cr} + \dfrac{\sigma_t}{2}\tan\theta \end{cases} \tag{5.317}$$

当 $\tau_u > \tau_y$ 时，$\tau_u = \tau_y = \sqrt{3}\big/(3f_y)$。式中，$\tau_{cr}$ 为简支板受剪的弹性屈曲应力，σ_t 为拉力场的斜向拉应力，θ 为拉力场的倾角，根据 Basler 拉力场理论，$\tan\theta = b/a$。

数值分析和式 (5.317) 的对比如图 5.113 所示，分析结果表明基于 Basler 拉力场理论的简支板受剪极限承载力公式精度高。

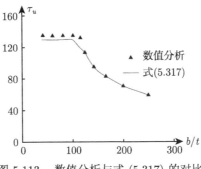

图 5.113 数值分析与式 (5.317) 的对比

5.7 板在面内荷载作用下的极限承载力

5.7.1 压剪一致性

根据 5.6.2 节的分析，压应力和剪应力可以表示成等效应力，数值分析表明根据 Mises 等效应力的概念，受压板与均匀受剪板的极限承载力可以用一个公式表达时，就是压剪一致性。在纯剪状态时有 $f_y = \sqrt{3}\tau_y$，根据式 (5.281a)，将剪应力化成等效应力，则式 (5.281a) 可以写成等效应力的形式，即

$$\frac{\sigma_{eu}}{\sigma_y} = 0.244\frac{\sigma_{ecr}}{\sigma_y} + 0.674\sqrt{\frac{\sigma_{ecr}}{\sigma_y}} \tag{5.318}$$

式中，当简支板承受剪应力时，$\sigma_{ecr} = \sqrt{3}\tau_{cr}$，为受剪板的等效屈曲应力。

当然，也可以表达为剪切屈曲应力函数 τ_{cr}/τ_y 的函数，形式如下：

$$\frac{\tau_u}{\tau_y} = 0.244\frac{\tau_{cr}}{\tau_y} + 0.674\sqrt{\frac{\tau_{cr}}{\tau_y}} \tag{5.319}$$

式 (5.319) 也可以表示成 $\xi_u = 0.244\xi_{cr}^2 + 0.674\xi_{cr}$，当 $\xi_u > 1.0$ 时，取 $\xi_u = 1.0$。式 (5.316) 与式 (5.318) 的关系为 $\xi_{\tau cr} = \xi_{cr}^2$。

采用数值分析的方法进行对比验证，式 (5.318) 的计算结果与受剪板的数值分析结果进行对比如图 5.114 所示。分析表明当受剪板的宽厚比较大时，式 (5.318) 计算结果的精度略差，宽厚比较小时精度高。从总体上看，受剪板采用式 (5.318) 进行计算是安全可行的。结构设计在满足桥梁和建筑钢结构设计规范的构造要求后，宽厚比很大的情况并不多，所以，可以将压剪极限承载力统一到一个公式求解。

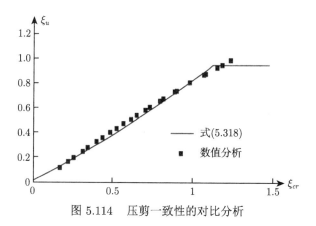

图 5.114　压剪一致性的对比分析

5.7.2　非均匀受压简支板的极限承载力

采用随机有限元法对非均匀压应力作用下简支板的极限承载力进行分析，非均匀荷载的分布如图 5.114 所示。在工程实践中，对于小构件，应力的非均匀系数 ψ 一般为 0.9~1，为考虑承载力与 ψ 的相关性，不妨设 ψ 满足正态分布，均值为 1.0，均方差为 0.1，采用前述受压简支板模型，则在二次函数分布压应力作用下的极限承载力 σ_u 与 ψ 的相关性，如图 5.115 所示。

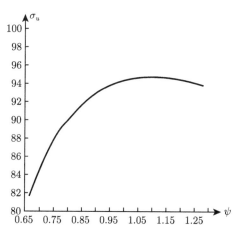

图 5.115　二次函数分布压应力作用极限承载力 σ_u 与 ψ 的相关性

采用随机有限元方法进行多样本分析，应用响应面法拟合非均匀荷载作用时板的承载力。数值分析表明，如果采用代换

$$\varphi = 9.9153\psi - 9.9458$$

$$\sigma_u = 94.3800 + 0.9852\varphi - 0.0566\varphi^2$$

$$(5.320)$$

同理，当荷载为线性时，极限承载力 σ_u 与 ψ 的相关性如图 5.116 所示。采用响应面法分析表明，如果代换 $\varphi = 9.3789\psi - 9.4235$，则

$$\sigma_u = 94.2908 + 17.0712\varphi + 1.8312\varphi^2 \tag{5.321}$$

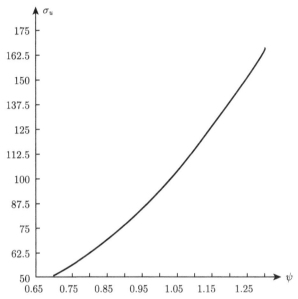

图 5.116 线性分布压应力作用极限承载力 σ_u 与 ψ 的相关性

因此，非均匀受压荷载作用下，板的极限承载力与荷载非均匀系数 ψ 具有强相关性，非均匀压应力作用下，板的极限承载力可以表示成如下形式

$$\sigma_u = \sigma_u^m \left(1 + e\psi + f\psi^2\right) \tag{5.322}$$

式中，σ_u^m 为均布荷载作用下简支板的极限承载力；e、f 为数值拟合的系数，当非均匀荷载为线性分布时，$e = -1.703$，$f = 1.677$，二次函数分布时，$e = 0.265$，$f = -0.070$。

5.7.3 正方形板在面内荷载作用下的承载力相关公式

数值分析和解析分析均表明，正方形简支板在面内荷载 σ_x、σ_y 和 τ 共同作用下的弹性屈曲和极限承载力相关公式可以表达为如下简单公式

$$\begin{cases} \dfrac{\sigma_x}{\sigma_{crx}} + \dfrac{\sigma_y}{\sigma_{cry}} + \left(\dfrac{\tau}{\tau_{cr}}\right)^2 = 1 & (5.323\text{a}) \\[3mm] \dfrac{\sigma_x}{\sigma_{ux}} + \dfrac{\sigma_y}{\sigma_{uy}} + \left(\dfrac{\tau}{\tau_u}\right)^2 = 1 & (5.323\text{b}) \end{cases}$$

式 (5.323a) 为简支正方形板弹性屈曲的相关公式，式 (5.323b) 为其极限承载力状态的相关公式。式中，σ_{crx}、σ_{cry} 和 τ_{cr} 均为三种荷载单独作用在正方形简支板上的弹性屈曲应力，同理，σ_{ux}、σ_{uy} 和 τ_u 均为三种荷载单独作用在正方形简支板上的极限承载力。

这里，给出通过随机有限元法进行的验算，为便于分析，不妨将式 (5.323) 修改为式 (5.324) 的形式，通过随机分析 λ_{cr}、λ_u 的具体分布及统计特征来验证式 (5.323) 的精度。

$$\begin{cases} \dfrac{\sigma_x}{\sigma_{crx}} + \dfrac{\sigma_y}{\sigma_{cry}} + \left(\dfrac{\tau}{\tau_{cr}}\right)^2 = \lambda_{cr} \\[3mm] \dfrac{\sigma_x}{\sigma_{ux}} + \dfrac{\sigma_y}{\sigma_{uy}} + \left(\dfrac{\tau}{\tau_u}\right)^2 = \lambda_u \end{cases} \tag{5.324}$$

仍采用前述简支矩形板有限元模型，正方形板厚度取 4~18mm，通过变化 σ_x、σ_y 和 τ 的大小和不同比值，分析简支正方形板在双向受压和受剪荷载共同作用下的屈曲和极限承载力。λ_{cr}、λ_u 的输出样本柱状图分别如图 5.117 和图 5.118 所示。λ_{cr} 的样本点状图呈极值 I 型分布，最大值为 1.001，最小值为 0.9976；λ_u 的样本点状图呈正态分布，最大值为 1.199，最小值为 1.008。

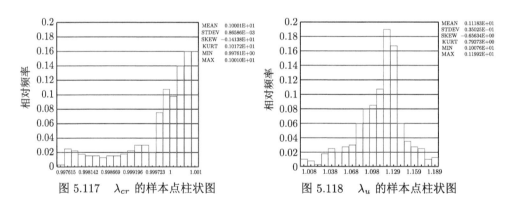

图 5.117 λ_{cr} 的样本点柱状图   图 5.118 λ_u 的样本点柱状图

当矩形板的 a/b 变化时，简支板在复杂荷载作用下的承载力统计分析表明，当矩形板的长宽比接近 1.0 时，也即与正方形较为接近时，可以采用相关公式 (5.323) 进行承载力计算；当矩形板的长宽比大于 1.0 或小于 1.0 时，λ_{cr}、λ_u 的样本点符合截断高斯分布，在 95% 的保证率下，二者均大于 1。不同长宽比简支板在复杂荷载作用下相关系数的统计汇总表见表 5.14 所示。根据 5.3.5 节的分析结果，有的 λ_{cr} 和 λ_u 值达到了 1.52。所以，在实际工程应用中，将 λ_{cr}、λ_u 均取 1.0 是十分保守的。

表 5.14　简支板在复杂荷载作用下的相关系数

a/m	b/m	λ_{cr}			λ_u		
		均值	方差	95%置信值	均值	方差	95%置信值
1.0	1.0	1.000	8.659×10^{-4}	0.999	1.118	3.503×10^{-2}	1.067
1.2	1.0	1.001	1.236×10^{-3}	0.999	1.121	4.353×10^{-2}	1.057
1.5	1.0	1.033	1.594×10^{-2}	1.010	1.121	5.193×10^{-2}	1.045
1.7	1.0	1.074	3.679×10^{-2}	1.020	1.119	5.061×10^{-2}	1.045
2.0	1.0	1.104	5.521×10^{-2}	1.021	1.108	5.592×10^{-2}	1.024

5.7.4　矩形板在面内复杂荷载作用下的承载力

5.7.1 节验证了压应力和剪应力的极限承载力可以用统一的公式表出,即压剪一致性。5.7.3 节也分析了简支正方形板采用相关公式 (5.323) 计算承载力时的精度。本节将受压简支板极限承载力公式推广到简支矩形板在面内复杂荷载作用下的极限承载力分析。

设简支矩形板在 σ_x、σ_y 和 τ 作用下达到弹性屈曲状态,这时简支板的弹性屈曲等效应力为 $\bar{\sigma}_{cr} = \sqrt{\sigma_x^2 - \sigma_x\sigma_y + \sigma_y^2 + 3\tau^2}$。假定弹性屈曲后简支板的外荷载等比例增加,即 σ_x、σ_y 和 τ 的比例保持不变,当简支板达到极限状态时,极限承载力 $\bar{\sigma}_u$ 的计算可以参考前面的讨论,假定采用已有的两种方法来分析简支矩形板在面内荷载作用下的极限承载力,然后用随机数值分析来验证或修正。

一是采用单向受压简支板的极限承载力公式 (5.281a) 进行推广来计算复杂荷载作用下的极限承载力,即

$$\frac{\bar{\sigma}_u}{f_y} = 0.244\frac{\bar{\sigma}_{cr}}{f_y} + 0.674\sqrt{\frac{\bar{\sigma}_{cr}}{f_y}} \tag{5.325}$$

这里,$\bar{\sigma}_u$、$\bar{\sigma}_{cr}$ 分别为等效弹性屈曲应力和等效极限承载力,f_y 为矩形板材的屈服强度。当然,这里的分析仍限于理想板,不考虑初始缺陷。当 $\bar{\sigma}_u$ 的计算值大于 f_y 时,取 $\bar{\sigma}_u = f_y$。

另一种方法是采用 5.3.5 节中的相关公式 (5.158),分别考虑复杂荷载作用下的弹性屈曲位形干涉效应对相关公式中相关系数的影响,即复杂荷载作用下简支板的弹性屈曲相关性满足下式[32]

$$\frac{\sigma_x}{\sigma_{crx}} + \frac{\sigma_y}{\sigma_{cry}} + \left(\frac{\tau}{\tau_{cr}}\right)^2 = \frac{(\beta_1^2+1)^2}{(\beta_1^2+\varphi)}\left[\frac{\beta^2}{(\beta^2+1)^2} + \frac{\varphi}{(\alpha^2+1)^2}\right] \tag{5.326}$$

式中,参数说明见 5.3.5 节。

设矩形简支板在等比例荷载作用下,外荷载应力为 $\lambda\sigma_x$、$\lambda\sigma_y$ 和 $\lambda\tau$ 时,达到承载力极限状态,根据式 (5.326),有下面恒等式

$$\frac{\lambda\sigma_x}{\lambda\sigma_{crx}} + \frac{\lambda\sigma_y}{\lambda\sigma_{cry}} + \left(\frac{\lambda\tau}{\lambda\tau_{cr}}\right)^2 = \frac{(\beta_1^2 + 1)^2}{(\beta_1^2 + \varphi)}\left[\frac{\beta^2}{(\beta^2 + 1)^2} + \frac{\varphi}{(\alpha^2 + 1)^2}\right] \tag{5.327}$$

根据等效应力的定义，有

$$\overline{\sigma}_u = \lambda\overline{\sigma}_{cr} \tag{5.328}$$

即

$$\sqrt{\sigma_{ux}^2 - \sigma_{ux}\sigma_{uy} + \sigma_{uy}^2 + 3\tau_u^2} = \lambda\sqrt{\sigma_{crx}^2 - \sigma_{crx}\sigma_{cry} + \sigma_{cry}^2 + 3\tau_{cr}^2} \tag{5.329}$$

式中，σ_{ux}、σ_{uy} 和 τ_u 分别为荷载单独作用时简支矩形板的极限承载力。如果单独作用时屈曲应力与极限应力满足下式

$$\begin{cases} \sigma_{ux} = \lambda\sigma_{crx} \\ \sigma_{uy} = \lambda\sigma_{cry} \\ \tau_u = \lambda\tau_{cr} \end{cases} \tag{5.330}$$

则式 (5.327) 可以化成

$$\frac{\lambda\sigma_x}{\sigma_{ux}} + \frac{\lambda\sigma_y}{\sigma_{uy}} + \left(\frac{\lambda\tau}{\tau_u}\right)^2 = \frac{(\beta_1^2 + 1)^2}{(\beta_1^2 + \varphi)}\left[\frac{\beta^2}{(\beta^2 + 1)^2} + \frac{\varphi}{(\alpha^2 + 1)^2}\right] \tag{5.331}$$

这时，极限状态的外荷载应力如果仍记为 σ_x、σ_y 和 τ，则简支矩形板在面内复杂荷载作用下的极限承载力相关公式 (5.331) 可以直接简化为

$$\frac{\sigma_x}{\sigma_{ux}} + \frac{\sigma_y}{\sigma_{uy}} + \left(\frac{\tau}{\tau_u}\right)^2 = \frac{(\beta_1^2 + 1)^2}{(\beta_1^2 + \varphi)}\left[\frac{\beta^2}{(\beta^2 + 1)^2} + \frac{\varphi}{(\alpha^2 + 1)^2}\right] \tag{5.332}$$

下面采用随机有限元方法对上述两种方法进行验证。当简支板在复杂荷载作用下时，为便于随机分析，简支板需要验证的是承载力相关公式 (5.325)，通过该式给简支板赋计算荷载，在分析面内复杂荷载作用下的随机分析时，需要限制等效荷载的大小与材料屈服强度基本一致，而不能赋值过大，导致极限承载力分析过程和弹性屈曲时可能出现溢出或不收敛。当然，在验证式 (5.332) 的合理性时，主要是分析 σ_x、σ_y 和 τ 应力荷载的比例与式 (5.332) 的相关性。随机分析时，简支板的长宽比在区间 [0.8, 6.0] 上均匀分布，宽厚比在区间 [50, 250] 上均匀分布；考虑到双向受压时的屈曲位形干涉效应，此处的 y 向荷载产生的应力小于 x 向压荷载产生的压应力，其余的参数设置和分析方法与前面的随机分析相同。

数值分析表明式 (5.325) 的极限承载力计算值与数值分析结果的比值介于 0.902~1.205，均值为 1.033，计算样本点如图 5.119 所示。这说明单向受压简支板的极限承载力公式可以推广到复杂荷载作用下的简支板承载力分析。当然，在进行极限承载力分析时，简支板的初始弯曲矢度减小，式 (5.325) 的精度会提高。式 (5.332) 的极限承载力计算值与数值分析结果的比值 η 介于 0.519~1.283，均值为 0.842，计算样本点如图 5.120 所示。式 (5.332) 比式 (5.325) 的精度要差得多，只有在分析较为简单的问题时，才可以采用式 (5.332) 进行估算。

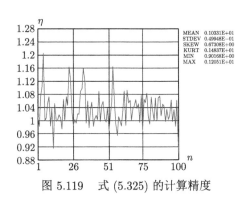

图 5.119　式 (5.325) 的计算精度

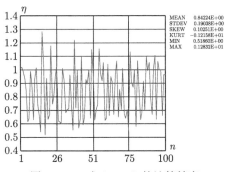

图 5.120　式 (5.332) 的计算精度

本节将受压简支板的极限承载力公式 (5.281a) 推广到简支板在面内复杂荷载作用下的极限承载力计算。当将式 (5.281a) 推广到其他不同边界条件的时候，就得到了弹性边界板极限承载力的统一公式 [6,21,22,28,30]。从板钢结构的构造上看，将板钢结构假定分隔为不同边界条件的一系列矩形 (也可能存在少量其他形状) 板件后，可以根据板件的弹性屈曲应力通过统一公式计算出板钢结构局部屈曲范围达到极限状态时的极限承载力，通过分析最不利板件的承载力提高系数 $\eta_u = \sigma_u/\sigma_{cr}$ 得出板钢结构的整体极限承载力。该方法可称作板钢结构极限承载力统一理论，有时也称统一理论，式 (5.325) 有时简称为统一公式。

参 考 文 献

[1] Khan J, Momin S A, Mariatti M. A review on advanced carbon-based thermal interface materials for electronic devices. Carbon, 2020, 168: 65-112.

[2] Zhang S L, Li X, Zuo J Y, et al. Research progress on active thermal protection for hypersonic vehicles. Progress in Aerospace Sciences, 2020, 119: 100646.

[3] Olynick D, Kontinos D, Arnold J O. Aerothermal effects of cavities and protuberances for high-speed sample return capsules. NASA, 2002, 0061283.

[4] Poovathingal S, Stern E C, Nompelis I, et al. Nonequilibrium flow through porous thermal protection materials, Part II: oxidation and pyrolysis. Journal of Computational Physics, 2019, 380: 427-441.

[5] Ma Q, Li Z H, Yang Z H, et al. Asymptotic computation for transient conduction perfor-mance of periodic porous materials in curvilinear coordinates by the second-order two-scale method. Mathematical Methods in the Applied Sciences, 2017, 40: 5109-5130.

[6] Li Z H, Ma Q, Cui J Z. Second-order two-scale finite element algorithm for dynamic thermos-mechanical coupling problem in symmetric structure. Journal of Computational Physics, 2016, 314: 712-748.

[7] Lord H W, Shulman Y. A generalized dynamical theory of thermoelasticity. J. Mech. Phys. Solids, 1967, 15: 299-309.

[8] Green A E, Lindsay K E. Thermoelasticity. Elasticity, 1972, 2: 1-7.

[9] Carter P J, Booker J R. Finite element analysis of coupled thermoelasticity. Computers & Structures, 1989,31(1): 73-80.

[10] Prevost J H, Tao D. Finite element analysis of dynamic coupled thermoelasticity problems with relaxation time. ASME, J. Appl. Mech., 1983, 50: 817-822.

[11] Sherief H H, Anwar M N. A problem in generalized thermoelasticity for an infinitely long annular cylinder composed of two different materials. J. Thermal Stresses, 1989, 12: 529-543.

[12] Yang Y C, Chen C K. Thermoelastic transient response of an infinitely long annular cylinder composed of two different materials. Int. J. Eng. Sci., 1986, 24: 569-581.

[13] Abdulateef O F. Investigation of thermal stress distribution in laser spot welding process. Al-Khwarizmi Engineering Journal, 2009, 5(1): 33-41.

[14] Alashti R A, Khorsand M, Tarahhomi M H. Three-dimensional asymmetric thermo-elastic analysis of a functionally graded rotating cylindrical shell. Journal of Theoretical and Applied Mechanics, 2013, 51(1): 143-158.

[15] Ženíšek A. Finite element methods for coupled thermoelasticity and coupled consolidation of clay. RA. IRO Analyse Numérique, 1984, 18(2): 183-205.

[16] Hosseini S M, Akhlaghi M, Shakeri M. Coupled thermoelasticity of functionally graded thick hollow cylinders (without energy dissipation). Materials Forum, 2007, 31: 96-101.

[17] Strunin D V, Melnik R V N, Roberts A J. Coupled thermomechanical waves in hyperbolic thermoela sticity. Journal of Thermal Stresses, 2001, 24, 121-140.

[18] Abbas I A, Youssef H M. A nonlinear generalized thermoelasticity model of temperature-dependent materials using finite element method. Int. J. Thermophys, 2012, 33: 1302-1313.

[19] Li Z H, Peng A P, Ma Q, et al. Gas-Kinetic unified algorithm for computable modeling of boltzmann equation and application to aerothermodynamics for falling disintegration of uncontrolled tiangong-No.1 spacecraft. Advances in Aerodynamics, 2019, 1(4): 1-21.

[20] Liang J, Li Z H, Li X G, et al. Monte carlo simulation of spacecraft reentry aerother-modynamics and analysis for ablating disintegration. Communications in Computational Physics, 2018, 23(4): 1037-1051.

[21] Li Z H, Ma Q, Cui J Z. Finite element algorithm for dynamic thermoelasticity coupling problems and application to transient response of structure with strong aerothermody-

namic environment. Communications in Computational Physics, 2016, 20(3): 773-810.

[22] Li Z H, Ma Q, Cui J Z. Multi-scale modal analysis for axisymmetric and spherical symmetric structures with periodic configurations. Computer Methods in Applied Mechanics and Engineering, 2017, 317: 1068-1101.

[23] 陈骥. 钢结构稳定理论与设计. 北京: 科学出版社, 2014.

[24] 李国豪. 桥梁结构稳定与振动. 北京: 中国铁道出版社, 2003.

[25] Szilard R. 板的理论和分析经典法和数值法. 陈太平, 戈鹤翔, 周孝贤, 译. 北京: 中国铁道出版社, 1984.

[26] 博弈创作室. Ansys9.0 经典产品高级分析技术与实例详解. 北京: 中国水利水电出版社, 2005.

[27] 周宁, 郝文化. ANSYS-APDL 高级工程应用实例分析与二次开发. 北京: 中国水利水电出版社, 2007.

[28] 康孝先, 李志辉, 强士中. 单向均匀受压完善简支矩形板曲后极限承载力统一计算模型. 计算力学, 2021.

[29] 黎绍敏. 稳定理论. 北京: 人民交通出版社, 1989.

[30] 康孝先, 李志辉, 强士中. 基于塑性形变理论数值分析方法的塑性伴谬对比研究. 物理学报, 2019

[31] 周承倜. 弹性稳定理论. 成都: 四川人民出版社, 1981.

[32] 康孝先. 大跨度钢桥极限承载力计算理论与试验研究. 成都: 西南交通大学, 2009.

[33] 陈绍蕃. 钢结构设计原理. 北京: 科学出版社, 2005.

[34] Kang X X, Li Z H, Qiang S Z. Analysis of ultimate bearing capacity of simply supported perfect rectangular plates subjected to one-way uniform compression. Submitted in Journal of Engineering Stucture, 2021, 29.

[35] Paik J K, Thayamballi A K. Buckling strength of steel plating with elastically restrained edges. Thin-WalledStruc, 2000, 37: 27-55.

[36] 宋慕兰. 西德薄板稳定规范的发展和现状. 钢结构, 1987, (2): 59-62.

[37] 孙金铭. 三次方程的一种解法. 数学教学研究, 1985, (3): 35-36.

[38] AISI 96. Specification for the Design of Cold-Formed Steel Structural Members. Washington, 1996.

[39] Pekoz T. Development of A Unified Approach to the Design of Cold-Formed Steel Members. AISI Report SG86-4, 1986: 2-15.

[40] Desmond T P, Pekoz T, Winter G. Edge stiffeners for thin-walled members. Journal of the Structural Division, ASCE Proceedings, 1981, 107, ST2: 329-353.

[41] Desmond T P, Pekoz T, Winter G. Inrremediate stiffeners for thin-walled members. Journal of the Structural Division, ASCE, Proceedings, 1981, 107: 627-648.

[42] Schafer B W. Cold-formed steel behavior and design, analytical and numerical modeling of elements and members with longitudinal stiffeners. Ithaca: Cornell University, 1997.

[43] BS 5950. Structural Use of Steelwork in Building, Part5, Code of Practice for Design of Cold Formed Thin Gauge Sections. App. B, 1993.

[44] Guo Y L, Chen S F. Postbuckling interaction analysis of cold-formed thin-walled channel

sections by finite strip method. Thin-Walled Structures, 1991, 3: 277-289.

[45] Brune B. New Effective Widths of Three-sided Supported Steel Plates and Influence on Coupled Instabilities of Members in Bending and Compression //Camotim D, Dubina D, Rondal J. Proceeding of the Third International Confefence on Coupled Instabitities in Metal Structures. Lisbon: Imperial College Press, 2000.

[46] Paik J K, Thayamballi A K, Kim D H. An analytical method for the ultimate compressive strength and effective plating of stiffened panels. J. Constr. Steel Res., 1999, 49: 43-68.

[47] Schafer B W, Peköz T. Direct strength predication of cold-formed steel members using numerical elastic buckling solutions //Shanmugun N E, Liew J Y R, Thevendran V. Thin-walled structures. Elsevier, 1998: 137-144.

[48] 曾晓辉, 戴仰山. 单向压力作用下有初挠度矩形板的有效宽度和减缩有效宽度. 中国造船, 1998, 3: 57-65.

[49] 沈惠申, 张建武. 单向压缩简支矩形板后屈曲摄动分析. 应用数学和力学, 1988, (8): 741-752.

[50] 康孝先. 薄板的曲后性能和梁腹板拉力场理论研究. 成都: 西南交通大学, 2005.

[51] 强士中. 动态松弛法和板件承载力. 成都: 西南交通大学, 1985.

[52] 沈惠申. 正交异性矩形板后屈曲摄动分析. 应用数学和力学, 1989, 10(4): 359-370.

[53] 沈惠申. 矩形板屈曲和曲后弹塑性分析. 应用数学和力学, 1990, 11(10): 871-879.

[54] 陈火红. MSC.Marc 材料非线性分析培训教程. MSC.Software 中国, 2001, 6.

[55] 陈火红, 于军泉, 席源山. MSC.Marc/Mentat 2003 基础与应用实例. 北京: 科学出版社, 2004.

[56] 吴连元. 板壳稳定理论. 武汉: 华中理工大学出版社, 1996.

[57] Trahair N S, Bradford M A. The Behaviour and Design of Steel Structures. 2nd ed. London: Chapman and Hall, 1991.

[58] Allen H G, Bulson P S. Background to buckling. McGraw-Hill(UK), 1980: 383-384.

[59] 吴冲. 现代钢桥. 北京: 人民交通出版社, 2006.

[60] AISC LRFD 99. Spesification for Structural Steel Buildings. 3rd ed. Chicago: IL December, 1999.

[61] Salmon C G, Johnson J E. Steel Structures, Design and Behavior, Emphasizing Load and Resistance Factor Design. 4th ed. New York: Harper-Collins College Puhlishers, 1996.

[62] 何保康. 轴心受压杆局部稳定试验研究. 西安冶金建筑学院学报, 1985, (1): 20-29.

[63] 中华人民共和国建设部, 中华人民共和国国家质量监督检验检疫总局. 中华人民共和国国家标准, 钢结构设计规范 GB50017—2002. 北京: 中国计划出版社, 2003.

[64] 李富文, 伏魁先, 刘学信. 钢桥. 北京: 中国铁道出版社, 1992.

[65] 罗达 J. 弹性结构的屈曲. 王飞跃, 译. 杭州: 浙江大学出版社, 1989.

第 6 章 板壳结构承载力统一理论

如何针对复杂二维直至三维结构，进行动态热力耦合响应承载力的计算与模拟，已成为开展金属（合金）板壳结构在承受外部力热环境下性能预测、变形失效非线性力学行为的瓶颈[1-3]。板壳桁架结构在桥梁、船舶、航空航天和房建等行业得到广泛的应用，随着高强钢材和全焊结构的广泛采用[4,5]，考虑初始几何缺陷和残余应力的影响，分析板壳桁架结构极限承载力的工程实用方法研究，就显得十分必要了。现代桥梁向大跨、轻型化方向发展，板壳桁架结构局部屈曲的研究对桥梁的非线性行为和承载力储备十分关键。极限承载力研究用于分析和判定结构的承载力储备和安全性，用于静载荷低周疲劳承载力验收和临时工程的安全性评估等。从结构极限承载力分析的难易程度和工程结构应用研究的层级来讲，应先研究板件，这在第 5 章已对受压和受剪简支矩形板的极限承载力进行了分析；然后是构件的研究，这在第 2 章和第 4 章中进行了介绍，最后才是板壳桁架结构极限承载力的整体分析。在桥梁设计和科研过程中对于大型结构的分析，其研究的途径和层级正好与前述相反，先是在弹性范围内对结构进行整体分析，再针对关注的构件或板件进行精细分析。这也是大型桥梁工程分析中"三系力法"的概念，将在第 8 章中结合具体的问题进行介绍。当然，如果能在研究中将板件、构件和结构三者的情况都考虑到，或用一种方法对三类问题进行有效的分析，除数值分析方法外，研究建立解析法得出简易的设计公式显得十分有意义。

采用整体分析法对结构进行简化研究，在 21 世纪末得到很迅猛的发展，这主要得益于有限元方法的飞速发展，但整体研究法的主要缺点是计算量巨大和塑性佯谬带来的困惑。如果按精细化的研究理念，同时考虑结构的诸多特性和初始缺陷，目前可行的有限元分析算例也仅限于小构件的全面分析，对整座桥梁进行分析的困难可想而知。

在房建和桥梁工程等板壳桁架钢结构中，主要的受力构件有膜、索、杆、柱、梁和箱等。膜和索结构主要是以受拉力为主，其承载力的预估较为简明。而其他钢构件由于是以三向受力为主，承载力的研究较为复杂。而那些柔性大、截面尺寸较大，板件宽厚比相对较小的杆、柱、梁和箱等钢结构的稳定问题相对突出，简化分析方法先是将构件按不同功能的板件来分离，再根据板件的厚度或连续性出现变化的区域分隔开来，形成单独的、具有弹性边界和等厚度的矩形板。这时，任何板钢结构，都可以认为是由一定数量的弹性边界板组合成的系统，板与板之间是通过"虚拟弹性边界"连接起来的，任一板件单独的受力分析的性状与它在结构中的性状是一样的。根据第 5 章关于板件稳定性分析的假定和结构的构造要求，因板很薄，在板幅面微元体上的应力 σ_z, τ_{zx} 和 τ_{zy} 远小于应力 σ_x，σ_y 和 τ_{xy}，这样由它们产生的正应变 ε_z 和剪应变 γ_{zx} 与 γ_{zy} 都可忽略不计。在板中取出如图 5.3 所示微元体，这时微元体内存在着两组内力：一组是中面力 N_x，N_y，N_{xy} 和 N_{yx}；另一组是因弯曲产生的弯矩 M_x，M_y，扭矩 M_{xy}，M_{yx} 和剪力 Q_x，Q_y，见图 5.4。所以除有面外荷载作用板外，结构中简化出来的板均只承担面内荷载的作用。综上，板钢结构的承载力研究可以简化为研究一系列单块弹性边界矩形板在面内荷载作用下的极限承载力问题，这与 20 世纪 60 年代流行的边界有限元方法和子结构的研究思路大体类似，得出的解析公式对板钢结构的一般稳定性问题具有指导意义。这种方法的优点是可以将对结构研究需要解决的问题简化为对最不利板的一块弹性边界板进行极限承载力分析。同理，一块弹性边界板件得出的性能可以推广到对结构整体性能的描述。从结构的复杂性和计算难易程度上进行分类，可以分为受简单面内荷载的板件 (单向受压或均匀受剪简支板等)、受复杂荷载的板件、受简单荷载的构件 (压杆、梁等)、承受复杂荷载的构件 (梁、拱)、承受简单荷载的结构 (卫星电池板桁架、梁桥、拱桥等)、承受复杂荷载的结构和巨型板壳桁架结构 (斜拉桥、悬索桥、飞机、宇宙飞船等) 类别。复杂结构可以通过简化成为简单结构，但由于简化，必然降低了求解的精度。从结构组件之间的拓扑关系分析，当分析复杂结构的屈曲和极限承载力时，可以认为复杂结构整体上满足简单梁理论，而发生屈曲或易达到极限状态的局部区域或板件的精确解与复杂结构整体的承载力是有对应关系的，这样，分析复杂结构的屈曲和极限承载力的工作将大大简化。

　　这时，板壳桁架结构简化为相关联的板件，将板理论与结构承载力通过弹性比例关系或等比例加载的概念联系起来，为建立统一理论奠定了基础。因为板壳桁架结构中考虑了板件的初始几何弯曲，板的力学性质与曲壳的性质是一样的，加之考虑初始几何弯曲的大挠度理论本身也是适用于壳体结构的，所以得出的板壳桁架钢结构承载力统一理论也称为金属板壳承载力统一理论。板壳桁架钢结构承载力统一理论研究主要包括以下内容：

　　(1) 单向受压简支板的极限承载力研究 (第 4 章已讨论)；

　　(2) 弹性边界板的屈曲和曲后性能；

　　(3) 将弹性边界板的极限承载力公式推广到板壳桁架钢结构；

　　(4) 分析初始缺陷对板壳桁架钢结构极限承载力的影响；

　　(5) 分析结构参数随机性对板壳桁架钢结构极限承载力的影响 (这将在第 7 章讨论)。

　　第 5 章对简支板在压、剪或复杂荷载作用下的屈曲和极限承载力进行了讨论，也讨论了弹性边界板在压、剪或复杂荷载作用下的屈曲，本章将上述理论进一步推广到弹性边界板和板壳桁架钢结构，得到板壳桁架钢结构极限承载力统一理论。先介绍受压板的塑性佯谬，没有解决塑性佯谬问题之前，几乎所有关于钢结构极限承载力的理论都是假定的，而以往的研究也多是基于塑性形变理论的简单分析，得出与弹性屈曲临界荷载类似的结果；再介绍基于弹性边界板的厚度折减法，采用摄动法研究板件在面内荷载作用下的曲后性能，同时考察初始几何缺陷和残余应力对极限承载力的影响，得出板壳桁架钢结构极限承载力统一公式；最后介绍板壳桁架钢结构极限承载力统一理论用于承载力估算和与有限元方法的结合问题。

6.1 弹性边界板研究概况

目前，板壳桁架钢结构极限承载力研究主要集中在矩形板受压和简单构件极限承载力的理论研究，以及板壳桁架钢结构极限承载力的数值分析等方面。自冯·卡门提出大挠度方程以来，针对单向受压简支板大挠度方程精确解的研究就一直持续至今。简支板的弹性曲后行为在 1959 年得到解决后 [6]，由于塑性佯谬的阻碍，关于单向受压简支板的极限承载力分析变得更加复杂和困难。即使有学者采用弹性曲后解析解和塑性卸载曲线一起来描述受压板的曲后行为，但是，作为受压板曲后极限承载力的唯一解，却一直未有新的研究进展。

对板的研究从计算方法上可以分为解析法和数值法。板的极限承载力与幅面尺寸、宽厚比、边界条件、屈服强度、初始几何弯曲和残余应力等因素有关。板的曲后行为和极限承载力分析主要以数值分析方法为主，用解析法分析是十分困难的。在板的小挠度理论中，假定板的横向挠度远远小于板的厚度，这对于一般刚性板 $(w_{\max} \leqslant 0.2t)$ 显然是合适的。但是，工程中还有另外一类板，当外荷载作用时，他们的挠度远大于板的厚度 $(w_{\max} > 3.6t)$，或者相当于板厚 $(0.2t \leqslant w_{\max} \leqslant 3.6t)$，此时小挠度理论不再适用，必须采用薄膜理论或者大挠度理论 [7,8]。板壳基本方程的一般解为薄膜解和弯曲解的叠加，薄膜解存在于板壳的整个内部区域，而弯曲解仅局限于板壳边界层区域。这与基于渐近展开 (asymptotic expansion) 的解微分方程的摄动方法 (perturbation method) 的内域解 (interior solution) 或外场解 (outer solution)，以及边界层解 (boundary layer solution) 或内层解 (inner solution) 一致 [9,10]。由于板在曲后的性能还与材料非线性有关，使板的极限承载力分析十分复杂。

缺陷 [11] 广泛存在于各类结构之中，类别繁杂，对板壳桁架钢结构承载力的影响十分突出，有必要对缺陷的类别进行定义并分别研究。国内实用板的概念最早由强士中教授提出 [12]。实用板壳桁架钢结构极限承载力的研究内容相当广泛，主要包括缺陷对结构强度、刚度和屈曲的影响 [13,14]，建立基于结构缺陷的结构强度理论、结构刚度公式以及结构的极限承载力理论，最终目的是分析缺陷对结构安全的影响，改进建造工艺，准确可靠地评定实用结构的性能。但是对于不同的缺陷，结构性能分析的方法也不尽相同。

有学者将缺陷划分为两大部分，分别称为初始缺陷 (initial imperfection) 和后缺陷 (post imperfection)[15]。初始缺陷主要是指在构件建造完成时就存在的缺陷。这类缺陷主要包括初始几何缺陷 (壳体和板件的初始厚度缺陷、板件和杆件的初始挠度缺陷)、材料的焊接残余应力、材料的内在微裂纹、材料的内在夹杂等，这类缺陷是无法避免的，但是可以根据缺陷的影响进行研究，通过改进建造工艺从而减少不利缺陷的影响。后缺陷主要是指结构在安装过程中或者服役以后，由于偶然因素和环境因素造成的缺陷。这类缺陷主要包括结构安装服役过程中偶然因素造成的碰撞冲击凹痕、严酷环境的裂纹和腐蚀、离岸结构的海生物附着等，这类缺陷可以采取技术和管理措施予以避免或者减轻。但是，这种分类对结构承载力的分析方法是一样的。

由于缺陷的大小和分布具有较大的随机性，因此迄今还没有有效的方法分析各种缺陷对结构承载力的影响。从资料上看，对框架结构的初始缺陷研究较多，而且主要集中在对初始几何弯曲和荷载偏心的研究上，关于残余应力的相关报道并不多见。

近一个世纪以来，曾有不少学者先后用级数法、差分法、变分法、摄动法、修正迭代法、加权残值法、有限元法等，对板的大挠度弯曲问题进行了研究。但值得称道的当数钱伟长先生于 1954 年提出的摄动法，给出了薄圆板大挠度问题的以无量纲薄板中心挠度的倒数为小参数的摄动渐近展开方法，这类问题的研究才有了突破性的进展 [10]。然而，摄动法和修正迭代法，除计算过程冗繁外，并且中心出现反常现象。20 世纪 80 年代以来，以叶开源先生为首的小组，又有了突破性的进展，对轴对称圆板的大挠度弯曲给出了精确解答，使我国在板的大挠度弯曲领域内的研究处于国际领先地位；用加权残值法研究板的大挠度弯曲，A·C·沃耳密尔在他的专著中已有过叙述，20 世纪 80 年代后加权残值法在我国得到研究和发展；强士中教授将差分法应用到板的稳定分析中，并对差分法进一步发展 [12]；沈惠申等以挠度为摄动参数，采用直接摄动法，研究了矩形板在面内压缩用下的曲后性态，考虑了初始挠度的影响，并进一步通过弹性曲后性态的摄动解的加载曲线与塑性卸载曲线二者的交线来描述受压薄板的曲后性能 [13,14]。Ractliffe 提出了一个考虑焊接残余应力影响的均匀受压四边简支板的承载力计算公式，表明考虑残余应力时板的极限承载力可通过对理想板的极限承载力折减表出 [7]。

受压构件和钢板梁的极限承载力是 20 世纪 80 年代的研究热点。由于钢板梁构成的板件易发生局部变形，从而显著地影响钢板梁的应力分布、整体刚度和极限承载力；反之钢板梁的整体变形也会影响构成板件的局部屈曲。钢板梁相关屈曲的理论分析也很复杂，以往的研究多采用假想机构的方法，通过与试验数据的拟合，得出半理论半经验的承载力验算公式。

研究板壳桁架钢结构曲后极限承载力的近似方法有[16]：①有效宽度理论，最早由冯·卡门等提出，Winter 在大量试验的基础上提出了有效宽度计算公式。对于材料为非弹性的情况，Johnsin 和 Winter 等提出了相应的有效宽度计算公式。Mullingan 和 Pekoz 研究了同时受压缩和面内弯曲的板有效宽度的表达式。Richard、Liew 等在有效宽度公式中计入了残余应力的影响。②钢结构的分支模型，必须考虑构成板件局部屈曲的影响，但分支模型不能用于偏心受压构件的分析。③M-Φ-P 关系的积分方法，Key 和 Hancock 等曾提出基于不同塑性破坏机构的薄壁钢柱承载力分析方法，以柱子弹性的荷载–变形曲线与刚塑性卸载曲线之交点粗略推断柱的承载力。基于柱截面 M-Φ-P 关系的积分方法利用对薄板在面内作用下行为的研究结果建立薄壁柱截面的 M-Φ-P 关系。Richard 和 Liew 等利用有效宽度的概念建立截面的 M-Φ-P 关系。④有限条法，Sridharan 和 Ali 利用有限条法分析弹性阶段薄壁构件局部与整体行为的相互作用问题。有限条法的主要困难在于如何准确计及材料的塑性问题。⑤非线性有限元方法，对建立结构的精细模型和初始缺陷、残余应力的模拟不再困难，但是其主要困难在于计算的工作量极其庞大。

6.2　受压板的塑性佯谬

18 世纪晚期，Bryan 用公式表出简支板受压的线弹性屈曲问题并成功地求解。大约 33 年后，Bleich 采用线弹性理论研究板的屈曲应力超过比例极限的情形。塑性佯谬是从对受压简支板的弹塑性屈曲研究中提出来的。Handelmann 和 Prager 在 20 世纪 40 年代末用一般认为理论上合理的塑性等向强化增量理论 (the flow theory of plasticity) 求出了无限长简支平板弹塑性屈曲问题的解[17]。几乎同时，Bijlarrd 和 Stowell 则用一般认为理论上不合理的塑性形变理论 (the deformation theory of plasticity) 求解了同一问题[18]。但通过对两种理论结果的比较，认为是不合理的形变理论结果与实验值符合良好，而认为是合理的增量理论结果却反而与实验值相差很远。这样，就产生了所谓的板的弹塑性屈曲问题中的“塑性佯谬”：合理的增量理论得出的屈曲载荷反而远不如由不合理的形变理论得出的结果更符合实验结果。20 世纪中叶，Haaijer 和 Thurlimann 研究了应变硬化范围内板的屈曲问题，增量理论和非弹性剪切模量的引入，使增量理论的屈曲计算值减小20%，屈曲应力的减小主要是由于初始缺陷的引入。后来，Maxwell Lay 不考虑初始缺陷，根据滑移理论 (slip field theory) 仍得出相同的结果。

以后，人们仍希望能找出与塑性佯谬相反的例子，这项工作一直延续至今。但不幸的是，几乎所有的结果都支持形变理论。塑性佯谬的存在，使对板壳的屈曲问题、极限承载力问题的研究面临更大的困难和复杂性，它使采用一般塑性增量理论的非线性有限元计算方法在板壳研究中的合理性受到质疑，使简单构件极限承载力研究被迫采用构件截面的整体等效本构关系，如基于柱截面 $M\text{-}\varPhi\text{-}P$ 关系的积分方法。许多文献在研究板壳的屈曲和稳定性问题时，直接忽略塑性佯谬带来的影响，从理论的角度看，这些结论是不全面的。

6.2.1　塑性增量理论与形变理论

按增量理论，一般的弹塑性强化材料在加载过程中，最后的应变状态不仅取决于最终的应力，而且还与应变的路径有关。按形变理论，全应变由最终的应力确定，而不管应变路径。故一般两个理论的解是不一致的。特别是在中性变载的情况，两者相差最明显。根据实验观察，对中性变载不产生塑性应变的改变，增量理论反映了这一特点，而按形变理论，只要是应力分量改变，塑性应变也要发生改变。另外，对于弹性区和塑性区以及加载区和卸载区的分界面，既服从弹性关系，也服从于塑性关系，这种分界面称为中性区。为了保证中性区的应力和应变的连续性，则塑性关系在中性区应自动退化为弹性关系。这样，增量理论可以保证，但形变理论不能保证这种连续性。但是在小变形条件及简单加载下，两个理论是一致的，即可由增量关系导出全量关系。从理论的完备性上讲，在一般加载的情况下，增量理论的方法是比较合理的；而在简单加载或与此相近的情况下，形变理论也是可用的，特别是由于形变理论在数学处理上比增量理论要方便得多，故形变理论广泛地用于解决工程问题 [19]。

按照依留辛 (Ilyushin) 的微小弹塑性变形理论来讨论 [20]。如图 6.1 所示，拉伸图中的 σ，初始切线倾角 α_0 反映弹性模量 E，某一点 N 的切线倾角 α_k，决定切线模量 E_k^0，即

$$E_k^0 = \frac{\mathrm{d}\sigma}{\mathrm{d}\varepsilon} \tag{6.1}$$

将 N 点与坐标原点 O 连成直线，直线倾角 α_c 称为流限模量，用 E_c^0 表示，即等于应力和应变的比值

$$E_c^0 = \frac{\sigma}{\varepsilon} \tag{6.2}$$

E_c^0 和 E_k^0 都是 ε 的函数。

在复杂应力状态的等效应力和等效应变分别为

$$\sigma_i = \frac{1}{\sqrt{2}}\sqrt{(\sigma_x - \sigma_y)^2 + (\sigma_y - \sigma_z)^2 + (\sigma_z - \sigma_x)^2 + 6\left(\tau_{xy}^2 + \tau_{yz}^2 + \tau_{zx}^2\right)} \tag{6.3}$$

$$\varepsilon_i = \frac{\sqrt{2}}{3} \sqrt{(\varepsilon_x - \varepsilon_y)^2 + (\varepsilon_y - \varepsilon_z)^2 + (\varepsilon_z - \varepsilon_x)^2 + \frac{3}{2} \left(\gamma_{xy}^2 + \gamma_{yz}^2 + \gamma_{zx}^2 \right)} \quad (6.4)$$

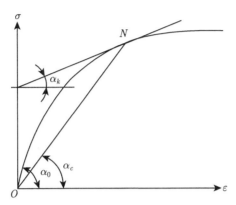

图 6.1　材料的荷载应变图

在满足简单加载的条件下，假定等效应力与等效应变之间的关系与应力状态无关，它们之间存在下列关系，即 $\sigma_i = E_c \varepsilon_i$。式中，$E_c$ 理解为 $\sigma_i(\varepsilon_i)$ 曲线图的流限模量，应变分量与应力分量存在下面关系：

$$\varepsilon_x - \frac{1}{3}\theta = \frac{3}{2E_c}(\sigma_x - s)$$

$$\varepsilon_y - \frac{1}{3}\theta = \frac{3}{2E_c}(\sigma_y - s) \quad (6.5)$$

$$\gamma_{xy} = \frac{3}{E_c}\tau_{xy}$$

其他分量可同样表示。式中，θ 是体积变形，即

$$\theta = \varepsilon_x + \varepsilon_y + \varepsilon_z \quad (6.6)$$

s 是平均垂直应力

$$s = \frac{1}{3}(\sigma_x + \sigma_y + \sigma_z) \quad (6.7)$$

θ 与 s 的关系为

$$\theta = \frac{3(1-2\mu)}{E}s \quad (6.8)$$

　　由于材料不可压缩，故 $\theta = 0$。平行于中面的任意层的应力状态为平面应力状态，按板理论的假设，得

$$\sigma_z = 0, \quad \gamma_{yz} = \gamma_{zx} = 0 \tag{6.9}$$

由式 (6.3) 得等效应力为

$$\sigma_i = \sqrt{\sigma_x^2 - \sigma_x \sigma_y + \sigma_y^2 + 3\tau^2} \tag{6.10}$$

同时 $s = \dfrac{1}{3}\left(\sigma_x + \sigma_y\right)$。这里引用 $\tau_{xy} = \tau$，$\gamma_{xy} = \gamma$，利用式 (6.8) 和式 (6.5) 写成

$$
\begin{aligned}
\varepsilon_x &= \frac{3}{2E_c}\sigma_x - \left(\frac{3}{2E_c} - \frac{1-2\mu}{E}\right)s \\
\varepsilon_y &= \frac{3}{2E_c}\sigma_y - \left(\frac{3}{2E_c} - \frac{1-2\mu}{E}\right)s \\
\gamma &= \frac{3}{E_c}\tau
\end{aligned}
\tag{6.11}
$$

式 (6.11) 可以分成弹性变形和塑性变形分量，为此，令

$$\frac{1}{G_c} = \frac{1}{G} + \frac{1}{G_T} \tag{6.12}$$

式中，G 为弹性极限内的剪切模量，G_c 为流限剪切模量，G_T 为塑性变形的剪切模量。

　　已知 G 和 E 存在关系 $G = \dfrac{E}{2\left(1+\nu\right)}$，当材料达到塑性变形时，$\nu = 0.5$，则 $G_c = \dfrac{E_c}{3}$，$G_T = \dfrac{E_T}{3}$，于是式 (6.12) 为

$$\frac{1}{E_c} = \frac{2\left(1+\nu\right)}{3E} + \frac{1}{E_T} \tag{6.13}$$

将式 (6.13) 代入式 (6.11) 得

$$\varepsilon_x = \frac{1}{E}\left(\sigma_x - \nu\sigma_y\right) + \frac{3}{2E_T}\left(\sigma_x - s\right)$$

$$\varepsilon_y = \frac{1}{E}\left(\sigma_y - \nu\sigma_x\right) + \frac{3}{2E_T}\left(\sigma_y - s\right) \tag{6.14}$$

$$\gamma = \frac{2\left(1+\nu\right)}{E}\tau + \frac{3}{E_T}\tau$$

上式的第一项为弹性变形, 第二项为纯塑性变形。

若已知简单拉伸或压缩的 $\sigma\left(\varepsilon\right)$ 图, 令 $\sigma_x = \sigma$, $\sigma_y = 0$。于是由式 (6.14) 得

$$\varepsilon = \frac{\sigma}{E_c^0} = \frac{\sigma}{E} + \frac{3}{2E_T}\left(\sigma - \frac{\sigma}{3}\right) \tag{6.15}$$

由此可得

$$\frac{1}{E_T} = \frac{1}{E_c^0} - \frac{1}{E} \tag{6.16}$$

按简单拉伸或压缩的 $\sigma\left(\varepsilon\right)$ 图, 由式 (6.16) 求得 E_T, 利用式 (6.13) 得

$$\frac{1}{E_c} = \frac{1}{E_c^0} - \frac{1-2\nu}{3E} \tag{6.17}$$

由于材料不可压缩性, $E_c^0 = E_c$, 也就是说, 当 $\nu = 0.5$ 时, 我们得到 $\sigma_i\left(\varepsilon_i\right)$ 曲线图与 $\sigma\left(\varepsilon\right)$ 曲线图重合。

若取 $\nu = 0.5$, 利用平面应力状态, 由式 (6.4) 得

$$\varepsilon_i = \frac{2}{\sqrt{3}}\sqrt{\varepsilon_x^2 + \varepsilon_x\varepsilon_y + \varepsilon_y^2 + \frac{1}{4}\gamma^2} \tag{6.18}$$

卸载时, 变形强度 ε_i 减少, 应变强度和应力强度之间存在正比关系, 即

$$\Delta\sigma_i = E\Delta\varepsilon_i \tag{6.19}$$

1. 增量理论

塑性应力–应变关系的重要特点是非线性和非简单对应, 非线性及应力与应变关系不是线性关系, 非简单对应即应变不能由应力唯一确定。在材料变形的塑性阶段, 应变状态不仅由应力状态决定, 还由整个应力变化过程决定。

材料进入塑性变形阶段, 任一点的总应变由弹性应变和塑性应变组成:

$$\varepsilon_{ij} = \varepsilon_{ij}^e + \varepsilon_{ij}^p \tag{6.20}$$

当外载荷有微小增量时，总应变也有微小增量，其为弹性增量与塑性增量之和，因此有

$$d\varepsilon_{ij}^p = d\varepsilon_{ij} - d\varepsilon_{ij}^e \tag{6.21}$$

根据静水压力实验提出假设：塑性应变不引起体积改变。在平均正应力作用下，物体的变形只包括弹性变形；在应力偏量的作用下，不发生体积改变，物体产生弹性变形和塑性变形，以及在塑性状态，材料不可压缩，体积变形等于零：

$$d\varepsilon_{ij}^p = 0 \tag{6.22}$$

在塑性变形过程中任一微小时间增量内，塑性应变增量与应力偏量成正比，即

$$d\varepsilon_{ij}^p = s_{ij}d\lambda \tag{6.23}$$

其中，$d\lambda$ 为非负的标量比例常数，且根据加载过程的不同而变化。

由于体积变化是弹性的，平均正应变的塑性分量等于零。总应变为弹性应变分量与塑性应变分量之和，故总应变增量与应力偏量有如下关系：

$$de_{ij} = \frac{1}{2G}ds_{ij} + s_{ij}d\lambda \tag{6.24}$$

根据屈服条件可求得 $d\lambda$，当应变增量为已知时，可唯一求出应力偏量。另外，当材料接近理想塑性材料时，塑性变形阶段可忽略弹性应变。

塑性应变增量与应力偏量的关系表达式与胡克定律在形式上相似，不同之处在于含有应变增量和流动因子 $d\lambda$，整个讨论过程涉及塑性变形过程的不可压缩性和塑性变形的非线性，及其对加载路径的依赖性。

在塑性力学中，因为应力不仅与应变有关，而且还与其变形历史有关，尤其是因为弹塑性加载过程和卸载过程具有不同的规律，所以以上所建立的本构关系都是增量型的，称为增量理论。然而，增量理论在实际运用中往往是很不方便的，因此就需要研究：在什么条件下，物质微元的应力和应变之间存在单一的对应关系，以及如何来确定这样的关系等问题。这样的理论称为形变理论。例如，对于一个受简单拉伸的杆件来说，若始终没有卸载，则应力和应变之间就存在一一对应关系，这相当于一个非线弹性力学问题，而不必像增量理论那样来逐步进行求解。

1) Levy-Mises 流动法则

$d\varepsilon_{ij} = d\lambda S_{ij}\,(d\lambda \geqslant 0)$ 适用于刚塑性体。其中，比例系数 $d\lambda$ 取决于质点的位置和荷载水平。

应变增量主轴和应力主轴重合的假设首先由圣维南提出，然后 Levy 进一步提出了上面的分配关系。1913 年 Mises 又独立地提出了相同的关系式。其本构

方程为

$$d\varepsilon_{ij} = \frac{3\varepsilon_i}{2\sigma_i} S_{ij} \tag{6.25}$$

2) Prandtl-Reuss 流动法则

$d\varepsilon_{ij}^P = d\lambda S_{ij} \, (d\lambda \geqslant 0)$ 适用于弹塑性体。

1924 年 Prandtl 将 Levy-Mises 关系式推广应用于塑性平面应变问题。考虑了塑性状态的变形中的弹性变形，且认为弹性变形服从广义胡克定律。而塑性变形部分则假设塑性应变增量张量和应力偏张量相似且同轴。1930 年，Reuss 推广到三维问题。

其本构方程为

$$\begin{cases} de_{ij} = \dfrac{1}{2G} dS_{ij} + d\lambda S_{ij} \\ d\varepsilon_{ii} = \dfrac{1-2\mu}{E} d\sigma_{ii} \end{cases} \tag{6.26}$$

在有限元方法中的实现可见 3.4.3 节。

2. 形变理论

弹塑性小变形的本构关系是比弹性力学的本构关系更广义的关系，既包括弹性极限内的关系，也包括弹性极限外的关系。形变理论企图建立与弹性力学本构关系相类似的本构关系，即与加载路径无关的本构关系。由于在塑性变形状态应力和应变不存在一一对应的关系，因此必须用增量形式来表示它们之间的关系。只有在知道了应力或应变历史后，才可能沿加载路径积分得出全量的关系。由此可见，应力与应变的全量关系必然与加载的路径有关，但形变理论企图直接建立用全量形式表示的、与加载路径无关的本构关系。所以，形变理论一般说来是不正确的。不过，从理论上来讲，沿路径积分总是可能的。但要在积分结果中引出明确的应力–应变的全量关系，而又不包含历史的因素，只有在某些特殊加载历史下才有可能。因此，这种关系只能在特定条件下应用。

1) 形变理论的基本假设

(1) 体积的改变是弹性的，且与静水应力成正比，而塑性变形时体积不可压缩，即

$$\theta = \theta^e = \varepsilon_{ii} = \frac{1-2\mu}{E}\sigma_{ii}, \quad \theta^p = 0$$

(2) 应变偏张量与应力偏张量相似且同轴，即 $e_{ij} = \psi S_{ij}$。

(3) 单一曲线假设。不论应力状态如何，对于同一种材料来说，应力强度是应变强度的确定函数 $\sigma_i = \Phi(\varepsilon_i)$，是与 Mises 条件相应的。

本构方程为 $\sigma_i = \Phi(\varepsilon_i)$ 时，$\sigma_i = E\varepsilon_i(1-\omega)$，单拉时，$\sigma = E\varepsilon(1-\omega)$。

全量型塑性

$$e_{ij} = \frac{3\varepsilon_i}{2\sigma_i} S_{ij} \tag{6.27}$$

$$\varepsilon_{ii} = \frac{1 - 2\mu}{E} \sigma_{ii} \tag{6.28}$$

式中，$\sigma_i = \sqrt{\dfrac{3}{2}} \sqrt{S_{ij} S_{ij}}, \varepsilon_i = \sqrt{\dfrac{2}{3}} \sqrt{e_{ij} e_{ij}}$。

2) 依留辛小弹塑性形变理论

1943 年，依留辛考虑了与弹性变形同量级的塑性变形，给出了微小弹塑性变形下的应力–应变关系，在弹性阶段：$e_{ij} = \dfrac{S_{ij}}{2G}$（$G$ 即剪切弹性模量）；在塑性阶段：$e_{ij} = \dfrac{S_{ij}}{2G'} \left(\dfrac{1}{2G'} \text{ 即 } \psi \right)$。

上式自乘求和后开方得

$$2G' = \sqrt{\frac{S_{ij} S_{ij}}{e_{kl} e_{kl}}} = \sqrt{\frac{J_2}{J_2'}} = \sqrt{\frac{\frac{1}{3}\sigma_i^2}{\frac{3}{4}\varepsilon_i^2}} = \frac{2\sigma_i}{3\varepsilon_i} \tag{6.29}$$

式中，$\sigma_i = \sqrt{\dfrac{3}{2} S_{ij} S_{ij}}, \varepsilon_i = \sqrt{\dfrac{2}{3} e_{ij} e_{ij}}, J_2 = \dfrac{1}{2} S_{ij} S_{ij}, J_2' = \dfrac{1}{2} e_{ij} e_{ij}$。

将 $\mu = 0.5$ 代入 $\sigma_i = E\varepsilon_i (1 - \omega)$，得到 $\sigma_i = 3G\varepsilon_i (1 - \omega)$，则

$$S_{ij} = 2G (1 - \omega) e_{ij} \tag{6.30}$$

这是形变理论的另一种表达形式。

根据 E. A. Davis 等的薄壁金属桶承受拉伸和内压实验结果可知，在简单加载或偏离简单加载不大的情况下，尽管应力状态不同，但应力–应变曲线都可以近似地用单向拉伸曲线表示，这一假定 (单一曲线假定) 把复杂应力状态的应力–应变曲线和一维的应力–应变曲线联系在一起。

根据简单加载条件，有 $S_{ij} = He_{ij}$（H 为可变的刚度系数）；根据单一曲线假定，引入等效应力 $\bar{\sigma} = \bar{\sigma} (\bar{\varepsilon})$，$\bar{\varepsilon}$ 为等效应变，代表简单加载实验得到的某种材料的应力强度与应变强度的关系，其中

$$\bar{\sigma} = \sqrt{3J_2'} = \sqrt{\frac{3}{2} S_{ij} S_{ij}}$$
$$\bar{\varepsilon} = \sqrt{\frac{4}{3} I_2'} = \sqrt{\frac{2}{3} e_{ij} e_{ij}} \tag{6.31}$$

$$\frac{\bar{\sigma}}{\bar{\varepsilon}} = \frac{3}{2}\sqrt{\frac{S_{ij}S_{ij}}{e_{ij}e_{ij}}} = \frac{3}{2}H, \quad 即 \quad H = \frac{2}{3}\frac{\bar{\sigma}(\bar{\varepsilon})}{\bar{\varepsilon}} \tag{6.32}$$

因此应力偏量和应变偏量的关系为 $S_{ij} = \frac{2}{3}\frac{\bar{\sigma}(\bar{\varepsilon})}{\bar{\varepsilon}}e_{ij}$，将此偏量关系与弹性的体变关系 $\sigma_m = 3K\varepsilon_m$ 结合起来即可得全量形式的本构关系：

$$\begin{aligned}
\sigma_{ij} &= \sigma_m\delta_{ij} + S_{ij} \\
&= K\varepsilon_{kk}\delta_{ij} + \frac{2}{3}\frac{\bar{\sigma}(\bar{\varepsilon})}{\bar{\varepsilon}}\left(\varepsilon_{ij} - \frac{1}{3}\varepsilon_{kk}\delta_{ij}\right)
\end{aligned} \tag{6.33}$$

塑性形变理论从理论上讲，不适用于简单加载不成立的情况，但是由于应用该理论比用增量理论方便，它等价于求解一个非线性弹性力学的问题，因此很多人试图将它应用于各种复杂加载情况。大量实际问题的分析表明，对于一些偏离了比例加载路径的问题，采用形变理论可以得到与增量理论相近的结果，比如失稳问题。对于薄板的塑性失稳问题，以往的研究表明，用形变理论计算的结果甚至比用增量理论计算的结果更接近于实验结果。但在处理三维塑性问题时，塑性流动规律复杂，形变理论还无法很好地解决。

6.2.2 塑性佯谬的研究综述

塑性佯谬的出现使板壳的弹塑性屈曲研究工作受到很大的阻碍。但几十年来各国学者的努力也取得了一定的进展，并进一步推动了塑性本构方程的深入研究。下述的增量理论均指等向强化增量理论或增量理论，形变理论有的翻译为变形理论。人们对佯谬的看法可大致归纳为以下几点 [3,21,22]：

(1) Shanley 认为增量理论之所以不能很好地预报屈曲载荷，是因为它不能计及因应力主轴的转动而产生的塑性剪应变。他以十字形截面柱的屈曲为例指出，扭转扰动产生的主轴转动是与扭转剪应力增量 $\delta\tau$ 的大小同量级的，故必须加以考虑。Shanley 利用 Mohr 圆指出，如果假定应力–应变主轴始终保持一致，那么形变理论的结果就包含了这种主轴转动所引起的剪应变，而增量理论则不能。他因此提出，在弹塑性屈曲的研究中应优先使用形变理论。Bijlaard 提出了与 Shanley 十分相似的解释，他将十字形截面柱在屈曲初始时刻的应力状态与先受压进入塑性再使之受扭的圆管的应力状态作了对比，然后也用 Mohr 圆说明了 Shanley 观点的正确性。Bijlaard 还认为，他的分析结果与 Feigen 的实验结论一致。

若干年后，Dubey 等进一步深化了 Shanley 和 Bijlaard 的观点，定性地研究了弹塑性固体中主轴转动对剪切模量的影响。他们证明，考虑主轴转动，可使等效剪切模量从原来的弹性值大大降低。Dubey 的结论可简单地叙述为：增量理论认为是塑性应变增量 $\delta\varepsilon_{ij}^p$ 沿着屈服面的法向达到分岔应力水平 σ_{ij} 的，但若考虑

由扰动应力 $\delta\tau_{ij}$ 产生的应力主轴的转动，那么塑性应变增量就应当是指向定义于 $\sigma_{ij} + \delta\tau_{ij}$ 的屈服面的法向。

(2) Batdorf 和 Budiansky 认为，佯谬的产生说明了无论是形变理论还是增量理论都有缺陷，因此有必要提出一个新的理论。根据金属晶体在一定剪应力作用下会产生滑移的现象，他们假定塑性变形均由滑移引起，且滑移沿最大剪应力平面发生，并假定某平面某方向上的滑移量仅依赖于该方向上的变形历史，因此，应变强化是各向异性的，而且这种各向异性只产生在发生滑移的那些面和方向上。据此，他们提出了加载面出现尖角的理论，即著名的塑性滑移理论。他们认为，只要在形变理论和某一增量理论 (哪怕这种增量理论非常复杂) 间能建立联系，那么，形变理论所预报的屈曲载荷就可用这种相应的增量理论得到。基于这一想法，Batdorf 用塑性滑移理论较好地解释了单向受压无限长简支板的屈曲佯谬。后来，Sanders 用 Handelmann 的观点讨论了滑移理论与形变理论间的关系 [17]。

20 世纪 60 年代末到 70 年代初，由 Sewell 提出的板的弹性和非弹性屈曲一般理论实质上是对塑性滑移理论的发展。他结合滑移理论以及 Hill 关于弹塑性固体的稳定性理论，在一般情形下研究了屈曲。他指出，屈曲应力对局部加载面的法线方向非常敏感。他对单向受压四边简支板的计算结果表明，带尖角的 Tresca 型加载面的结果可比 Mises 型的光滑加载面的屈曲载荷低 10%～30%。Sewell 由此认为，由于上述敏感性的存在，实验测量屈曲载荷也应注意这一点。因此，将以前的理论结果与没有计及这一现象的实验比较是没有多大意义的。他还认为，Shanley 关于在弹塑性屈曲研究中优先使用形变理论的结论下得为时过早。在此应特别提出的是，在 Sewell 的理论中，所用的等效剪切模量仍然是弹性值 G。

20 世纪 70 年代末，Christofferson 和 Hutchinson 在前述基础上发展了更为一般的唯象角加载面理论。作为特例，他们推出了所谓的角加载面理论，并求解了板条的拉伸失稳问题，该问题中也有与受压屈曲类似的佯谬，从结果来看较为令人满意。

(3) Lay 建议 [23] 在按增量理论求解弹塑性屈曲载荷时，应采用形如等效剪切模量 $\overline{G}$ 来使结果更近于实验。

$$\overline{G} = \frac{2G}{1 + E/[4E_t(1+\nu)]} \tag{6.34}$$

式中，E_t 为切线模量，因此他采用的剪应力增量与剪应变增量之间的关系为

$$\delta\tau = \overline{G}\delta\gamma \tag{6.35}$$

后来，Dawe 和 Kulak 以及 El-Ghazaly 都曾采用 Lay 的公式计算薄壁梁柱结构的弹塑性屈曲载荷，取得了与实验相近的结果 [24]。

但是，Bushnell 发现对于像单向受压长板、十字形截面柱等屈曲模态中包含扭转扰动的这一类问题，用 $\bar{G}$ 来代替增量理论中的 G 会有一定效果；而对于屈曲前和屈曲时都不涉及截面内剪应力的问题，这种做法是徒劳的，Dawe 和 Grondin 在将理论与实验 (腹板及翼板的屈曲) 作了大量比较后也指出，Lay 的这一修正法的结果与实验值间的误差范围为 $-22.5\% \sim 137\%$。可见这种方法没有普遍意义。

(4) Амбарцумян 在考虑了横向剪切变形的条件下，用增量理论求解了非弹性简支长板的曲后行为，指出这时的结果比不考虑剪变形时降低 13% 左右。后来，Shrivastava 也从该观点出发研究了各种尺寸矩形板在不同边界条件下的单轴受压问题。结果表明，这样做尽管使临界荷载有所降低，但却普遍高于形变理论的结果，且对于低柔度的板差别更大。

(5) 初始缺陷学说是目前广泛采用的观点，这是 Onat 和 Drucker 在 1953 年首先提出来的。受压十字形截面柱是他们研究弹塑性屈曲中较为著名的例子。他们的研究指出，只要考虑了微小初始缺陷，那么由增量理论得出的屈曲载荷就会大幅度下降。在这一点上，后来也得到了 Hutchinson 和 Budiansky 的支持。由于在实际结构中初始缺陷的确是难以避免的，因此这一观点一般认为很合理，实际中人们也乐于应用。但随着研究的深入，人们又发现了一些无法解释的现象：①对一些相对说来较厚的板壳，屈曲载荷不具有这种初始缺陷敏感性；或者采用精心加工的 (如电镀法) 几乎完善的薄壳，增量理论仍给出比实验高得多的屈曲载荷。②尽管考虑了初始缺陷后可降低某些问题的屈曲载荷，但得出的理论屈曲模态却与实验观察到的不一致。而不计初始缺陷的理论屈曲模态反而与实验现象一致。此外，结构上的初始缺陷分布形式是随机的。即使是缺陷敏感机构，要弄清楚屈曲载荷对初始缺陷的依赖性，首先须弄清楚这种随机分布的影响。

(6) 章亮炽、余同希、王仁认为，产生弹塑性屈曲的佯谬可能有以下两个主要原因 [21]：①以往使用的等向强化增量理论过于简单，无法准确反映弹塑性屈曲发生时的应力状态变化；②静力和能量准则可能会导致不当的结果。根据对佯谬的上述看法，采用修正自适应动力松弛方法 (modified adaptive dynamic relaxation method，MADR) 研究了圆板在中部受载的横向弯曲过程中周界附近的塑性皱曲。结果表明对于圆板在轴对称弯曲后的塑性皱曲，用等向强化增量理论和动力准则给出了与试验相当一致的结果。

总之，在塑性佯谬问题上，还处于众说纷纭的阶段。人们为了解决具体问题，往往采用折中的办法，同时考虑他们认为应当重视的各种因素进行组合。例如，周承倜等同时考虑了初始缺陷和横向剪切效应，而 Batterman 等则同时考虑了边界条件、初始缺陷和屈服面的夹角等因素。

6.2.3　对已有观点的分析与讨论

由于塑性佯谬的存在，因此采用非线性有限元方法计算板钢结构的极限承载力，在理论上是不完备的。对受压板的塑性佯谬进行深入分析：一方面是对塑性佯谬的本质进行探讨；另一方面，也为非线性有限元方法和其他关于板壳桁架钢结构极限承载力理论在板钢结构弹塑性屈曲、极限承载力分析中的应用开辟道路 [4]。根据数值分析和对已有研究资料的分析，塑性佯谬还有表 6.1 所示的可能原因。

表 6.1　塑性佯谬的可能原因

可能原因	数值分析方法/结果	合理性评价
弹塑性屈曲位形	由于弹塑性本构关系的影响，板的弹塑性屈曲位形与弹性屈曲不同，弹性屈曲为正弦波形，弹塑性屈曲为“浴盆形”	可以通过对弹塑性屈曲位形的摄动来求解，位形初值为弹性屈曲位形，主要是提高分析精度
板理论的简化	板理论是对三维板的力学特征进行简化得出的	采用板单元和三维实体单元分别计算表明：板单元的弹性屈曲强度较实体单元小；极限承载力和极限状态基本一致
解析公式的误差	采用增量理论的非线性有限元方法的计算结果与试验值吻合；解析公式的变分形式一致，说明弹塑性屈曲载荷应该采用迭代的方法计算	弹塑性屈曲是一个大变形、中等转动问题，解析方法的近似处理是塑性佯谬的主要原因；数值分析中的多增量步迭代法是近似解决弹塑性屈曲的合理方法
初始几何弯曲	采用非线性有限元方法进行对比分析	初始缺陷对弹塑性屈曲影响不大
本构方程	在多增量步迭代计算中，增量理论和形变理论塑性本构关系形成的弹塑性刚度矩阵的区别是可以忽略的，所以屈曲特征值一致	在满足小变形、简单加载时，增量理论和形变理论是较一致的

通过以上关于塑性佯谬的文献综述，可以看出，Onat 和 Drucker 的初始缺陷观点，Амбарцумян 和 hrivastava 考虑横向剪切的观点，以及 Lay 等用等效剪切模量 $\bar{G}$ 来取代增量理论中的 G 的观点，都没有从本质上去研究佯谬。尽管他们的做法在某些特定问题上有一定效果，但只是从一些次要因素的考虑上来调和流动与形变理论间出现的矛盾，因此有时会导致新的矛盾。所以，这些做法不具有普遍意义。

相比之下，Dubey、Batdorf 和 Budiansky 的观点涉及材料的属性。他们从本构方程本身是否完善来研究这个问题。特别是 Sewell、Christofferson 和 Hutchinson 等的工作，使该观点在 Hill 弹塑性稳定性理论的基础上得到了应用。特别有意义的是，Sewell 在使用弹性剪切模量 G 的情况下取得了比光滑加载面低的临界荷载值。这实际上说明，采用等效剪切模量的办法是一种治表的办法。但是也不难看到，Batdorf 等的塑性滑移理论目前还不能从本质上完全解释佯谬，该理论认为塑性佯谬是必然的，是增量理论还不完善造成的。

从解析理论上分析，A. A. 依留辛以塑性形变理论为基础进行推导，在板截面的应力分布、应力和应变关系仍采用简单梁理论假定，基于板的小挠度理论得出板的弹塑性屈曲控制方程[20]。该理论对板截面的平均性质进行描述，实质是对非线性弹性屈曲的分析。增量理论的弹塑性屈曲方程套用了采用简单梁理论为基础的假定，使应力张量各分量的变化受到约束，从而使板的刚度提高。

设简支板沿 x 轴方向承受均布压应力 σ_x，采用形变理论，不考虑卸载效率的基本方程为 (具体推导见文献 [20])

$$\left(\frac{1}{4}+\frac{3}{4}\frac{\varphi_k}{\varphi_c}\right)\frac{\partial^4 w}{\partial x^4}+2\frac{\partial^4 w}{\partial x^2\partial y^2}+\frac{\partial^4 w}{\partial y^4}+\frac{t\sigma_x}{D_c'}\frac{\partial^2 w}{\partial x^2}=0 \qquad (6.36)$$

式中，$\varphi_k=\dfrac{E_k}{E}$，E_k 为切线模量；$\varphi_c=\dfrac{E_c}{E}$，E_c 为割线模量；D_c' 为当 $\nu=0.5$ 时，反映流限模量的圆柱刚度 $D_c'=\dfrac{E_c t^3}{9}$。

当采用增量理论 (或称增量理论) 且不考虑卸载效率时，受压板的弹塑性屈曲控制方程为

$$\left(\frac{1}{4}+\frac{3}{4}\varphi_k\right)\frac{\partial^4 w}{\partial x^4}+2\frac{\partial^4 w}{\partial x^2\partial y^2}+\frac{\partial^4 w}{\partial y^4}+\frac{t\sigma_x}{D_c'}\frac{\partial^2 w}{\partial x^2}=0 \qquad (6.37)$$

若 $\varphi_c=1$，$D_c'=D$，也就是说，当割线模量 E_c 用弹性模量 E 代替时，则式 (6.37) 与按形变理论得到的式 (6.36) 是相同的。由于 E_c 比 E 小，所以按增量理论求得的临界应力比按形变理论求得的要大。

在小应变的条件下，式 (6.36) 与式 (6.37) 是等效的[19]。从屈曲特征值分析方法看，不同塑性本构方程引起结构的弹塑性刚度矩阵的区别是不大的，当采用迭代法且荷载增量步较小时，用塑性增量理论和塑性形变理论分别得出的屈曲载荷是不可能出现 "塑性佯谬" 所显示的重大差别或理论误差。因为方程 (6.36) 与 (6.37) 是由平衡方程、形变方程和本构关系得出的，这初步说明既有理论分析造成塑性佯谬的主要原因是塑性本构关系的差别和位形函数不匹配。

数值分析表明，受压板屈曲后到极限状态的过程中，其位形的变化较大，在解析分析时位形仍采用一项或有限项双三角函数，与实际的误差可能很大。当然，也有学者已经开始考虑薄板理论本身的简化和理论假定是否可能造成较大的误差，或者类似于是塑性佯谬的主要原因[4]。当然，目前借助于大型有限元对受压板这类简单结构进行全面分析已是简单的算例了，关于初始缺陷对受压板承载力的影响分析也可以得出精确解，从结果看，初始缺陷对受压板的弹塑性屈曲的影响也没有塑性佯谬描述的那么大。所以，借助于大型有限元软件对塑

性佯谬进行分析，一方面不仅可以避开解析方法所带来的误差，另一方面也可以在精细分析方法的指引下，只研究不同塑性本构关系对受压板弹塑性屈曲的本质影响 [22]。

章亮炽等第一次用数值分析方法肯定了塑性增量理论的正确性 [21]。在采用大型商业软件进行弹塑性屈曲分析时，可以得出与实验较接近的结果，这也近似地说明"塑性佯谬并不存在"。

6.2.4　弹塑性屈曲的非线性有限元分析

前面的分析表明，对塑性佯谬的研究还没有人怀疑简化的解析分析方法。由于弹塑性本构关系与曲后变形位形的复杂性，曲后边界层与弹塑性变形域中的变形较难用简化方法描述，简单的解析函数是否适合描述曲后弹塑性变形这样一个中等变形、大转动问题，需要进一步验证。初步判断的理由是在商业有限元软件的计算过程中，所谓的"塑性佯谬"并没有出现。各种理论的近似，导致弹塑性屈曲分析结果的误差离散性大，对增量理论和形变理论带来的区别无法进行定量的分析。与此同时，我们注意到有限元方法可以对上述问题给予全面解决，即在确保数值分析精度的目标下，可以针对塑性增量理论和塑性全量本构关系的不同，分析由本构关系引起的误差 [4]。想要找到塑性佯谬的本质原因，只有通过分析塑性本构方程对弹塑性屈曲控制方程的影响才能得到。

1. 塑性佯谬的有限元分析

塑性增量理论目前为大多数商用有限元软件采用，此处基于塑性增量理论的受压板弹塑性屈曲分析采用 Marc 软件自带的弹塑性本构关系。数值分析表明 [5,25-27]，极限承载力只与材料本构曲线上的屈服应力台阶相关，所以在数值分析时均采用理想弹塑性应力–应变曲线，不考虑材料的非线弹性段和塑性强化。

本小节采用非线性有限元方法考察塑性本构方程对弹塑性屈曲的影响，通过对 Marc 软件子程序 hypler2 的二次开发，编制了塑性形变理论的本构关系子程序。塑性形变理论 hypler2 子程序的计算简图，如图 6.2 所示。

按照 hypler2 流程图 6.2 的顺序，主要包括如下几个子模块：

(1)Mises 应力屈服函数的调用，即建立判断条件，不同的应力状态下调用不同的屈服函数；

(2) 弹塑性状态的决定；

(3) 应力更新算法的选择；

(4) 一致切线模量的计算，以减少增量步结束时由于应变增量的微小扰动引起的应力变化；

(5) 受压板的初始位形采用 Xord(ncrd) 子程序；

(6) 为便于对比塑性应变的变化，调用塑性应变显示子程序 plotv。

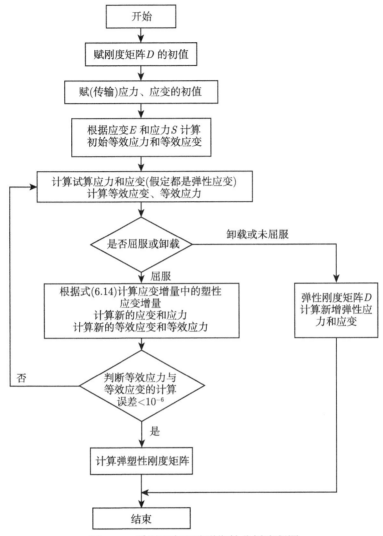

图 6.2   采用形变理论弹塑性分析流程图

计算模型采用图 6.3 所示单向受压简支板，板的厚度为 t=18mm，单元采用 4 节点 (196) 矩形单元，分层为 5 层，考虑初始几何缺陷，弧长法和时间步长的取值与前面类似。采用塑性全量本构公式分析时，可以直接利用式 (6.14) 进行弹性和塑性应变的分解，有限元方法分析时仍取与采用增量理论时相同量级的初始几何缺陷，缺陷矢度 f_0=0.1mm。材料屈服强度 $\sigma_y = 235$MPa，其余参数不变，分别采用塑性增量理论和塑性形变理论分析其非线性屈曲。分析表明，采用塑性增量理论和塑性形变理论分别计算得出的结果存在一定差别，但受压板曲后表现出来的变形和应力基本相当，计算结果如图 6.4～图 6.11 所示。

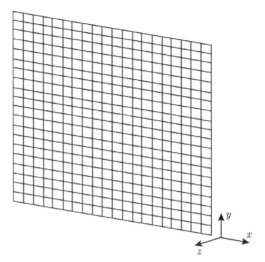

图 6.3　单向受压简支板计算模型

(1) 塑性形变理论的解如图 6.4～图 6.7 所示，分别列出了受压板在极限状态时，1～5 层上的正应变、剪应变和等效应变中的塑性应变。数值分析表明受压板凹侧前 3 层未出现塑性应变，一是说明初始几何缺陷矢度的选定是合适的；二是当采用理想板进行弹塑性屈曲分析时，受压板在屈曲前和屈曲后存在受压板凹侧的卸载过程，当采用初始几何缺陷的扰动分析时，这一卸载过程不再发生。

(2) 塑性增量理论的解如图 6.8～图 6.11 所示，分别列出了受压板在极限状态时，1～5 层上的正应变、剪应变和等效应变中的塑性应变。

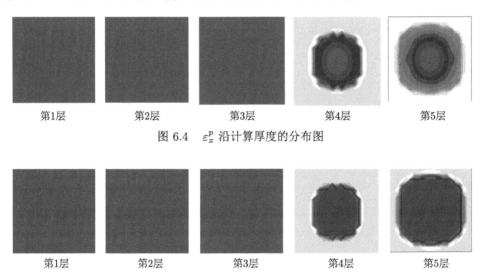

第1层　　　　　　第2层　　　　　　第3层　　　　　　第4层　　　　　　第5层

图 6.4　ε_x^p 沿计算厚度的分布图

第1层　　　　　　第2层　　　　　　第3层　　　　　　第4层　　　　　　第5层

图 6.5　ε_y^p 沿计算厚度的分布图

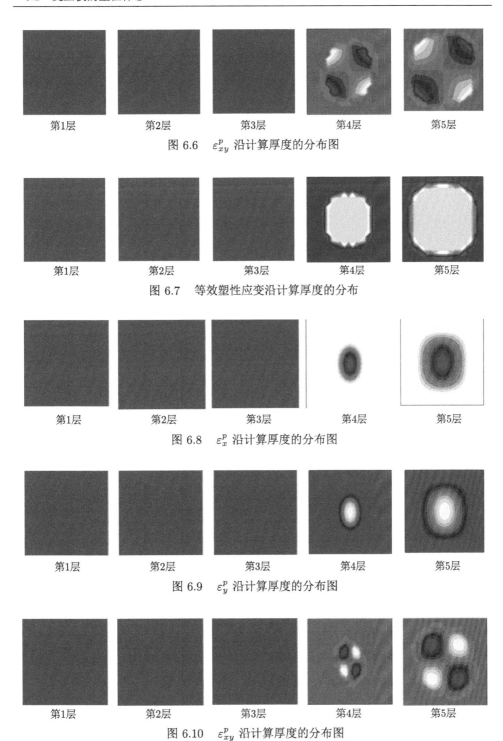

第1层　　　　第2层　　　　第3层　　　　第4层　　　　第5层

图 6.6　ε_{xy}^{p} 沿计算厚度的分布图

第1层　　　　第2层　　　　第3层　　　　第4层　　　　第5层

图 6.7　等效塑性应变沿计算厚度的分布

第1层　　　　第2层　　　　第3层　　　　第4层　　　　第5层

图 6.8　ε_{x}^{p} 沿计算厚度的分布图

第1层　　　　第2层　　　　第3层　　　　第4层　　　　第5层

图 6.9　ε_{y}^{p} 沿计算厚度的分布图

第1层　　　　第2层　　　　第3层　　　　第4层　　　　第5层

图 6.10　ε_{xy}^{p} 沿计算厚度的分布图

第1层   第2层   第3层   第4层   第5层

图 6.11   等效塑性应变沿计算厚度的分布

2. 分析结果

数值分析表明，塑性形变理论的计算结果较塑性增量理论更为粗略，在受压板幅面上弹塑性应变分界线的分布显得不柔顺、不均匀，而塑性增量理论的计算结果更柔顺。塑性增量理论表现出弹塑性分布的均匀性，塑性形变理论在弹塑性边界上表现出不均匀性；增量理论计算结果的塑性区域范围要小些，说明板件表现出更大的刚度；最大塑性剪应变的分布与形变理论比较则旋转了 90°，该现象对板件曲后极限承载力分析无影响。取受压板的厚度 $t=18\text{mm}$，塑性形变理论计算的极限承载力为 215.51MPa，比塑性增量理论的 224.27MPa 要小 3.9%。

分析表明，塑性增量理论比塑性形变理论优越，在弹塑性性质的分析过程中表现出更好的渐变形和适应性，也更切合实际，而塑性形变理论在曲后分析时塑性流动性要差些。但二者的不同特征对曲后承载力分析产生的误差没有“塑性佯谬”描述的那么大。

塑性佯谬的对比分析不仅研究了中厚板的弹塑性屈曲问题，也分析了薄板 (宽厚比较大的板) 曲后极限状态时表现出的弹塑性状态，结果都是一致的。

通过对不同宽厚比板件分别采用不同塑性理论分析其极限承载力，分析的数据结果对比见图 6.12。总体上看，两种塑性理论得出的计算结果差异较小。在板的弹性屈曲应力接近材料的屈服强度时，板件因为塑性理论的不同产生的差值较大，这主要是由于在弹塑性状态下发生弹塑性屈曲，受中等位移和大转角的影响，导致不同本构关系得出的极限承载力有差别，对于简支受压板，最大误差小于 5%。当板件的宽厚比较大时，因为塑性理论不同而产生的计算结果的差值完全可忽略不计，这是由于屈曲发生时，板件均为弹性，在到达极限过程中，弹塑性状态下的应力–应变关系更接近于偏心受弯板，这时不同塑性本构关系的影响可以忽略不计，这是因为在小应变的情形下，塑性增量理论与塑性形变理论是等效的 [19,28]。

针对基于塑性增量理论的解析解与有限元方法分析的更精细对比表明，对单向受压简支长板 (长 $a=6.0\text{m}$，宽 $b=1.0\text{m}$，厚度 $t=18\text{mm}$) 的弹塑性屈曲进行分析，在受压板长轴方向的横向位移与解析法假定的正弦函数并不一致，即假定的正弦函数在长板中间的 6 个半波的矢度比实际的位形矢度大 45%，采用增量塑性理论的分析方法得出长板在极限状态时更加柔性。从这一点看，采用精确的屈曲位形得出的弹塑性屈曲载荷就要比一般假定的位形得出的临界值小。从前面的基于两种塑性本构关系的对比分析表明，板幅中间的塑性范围边界和厚度上的不同对临界荷载的计算结果也有十分明显的影响。从这两点看，基于塑性增量理论分析受压板弹塑性屈曲得出的塑性佯谬是求解的方法的精度和有效性不足造成的。

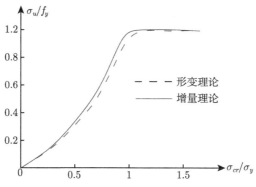

图 6.12 塑性理论对弹塑性非线性屈曲的影响

采用非线性有限元法对受压板的弹塑性屈曲进行分析时，塑性佯谬是不存在的。所谓"塑性佯谬"是采用一系列假定和简化方法近似分析造成的，是受压板的屈曲位形方程约束了塑性流动理论中塑性应变的自由流动造成的。这在第 8 章的压杆承载力分析中还有更详细的分析。

6.2.5 塑性佯谬试验再分析

John 和 Gilbert 的弹塑性屈曲试验中加载设备和加载方法如图 6.13 所示，试验模拟了腹板和翼缘板的弹塑性屈曲，其中腹板试件为 WP-1~WP-12，前 3 个试件为弹性屈曲，后 9 个试件的尺寸、材料参数和试验结果见表 6.2[29]。

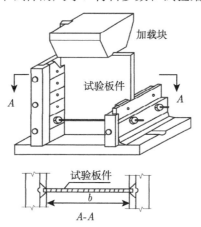

图 6.13 弹塑性屈曲试验加载图

表 6.2　试件尺寸和试验结果表

试件	b/cm	L/cm	t/mm	σ_y/MPa	E/MPa	E_{st}/MPa	试验值 P_u/P_y	屈曲半波数
WP-4	16.5	49.6	6.9	295.2	188495.0	4276.1	1.06	4
WP-5	19.4	41.6	6.9	295.2	188495.0	4276.1	1.05	3
WP-6	26.7	51.8	6.8	295.2	188495.0	4276.1	1.04	3
WP-7	16.6	46.7	9.9	289.7	180425.5	3931.3	1.42	3
WP-8	16.6	46.7	10.2	289.7	180425.5	3931.3	1.40	4
WP-9	16.5	46.7	9.8	289.7	180425.5	3931.3	1.31	4
WP-10	19.2	62.0	9.9	289.7	180425.5	3931.3	1.12	5
WP-11	16.8	72.2	9.9	289.7	180425.5	3931.3	1.12	4
WP-12	16.8	57.2	10.1	289.7	180425.5	3931.3	1.13	4
WP-13	10.5	33.1	6.9	350.4	204840.9	2758.8	1.13	4
WP-14	13.2	40.6	7.1	350.4	204840.9	2758.8	1.12	4

　　文献 [29] 列出了采用增量理论和形变理论的解析分析结果。基于非线性有限元算法框架 [1-3]，分别采用塑性形变理论或塑性增量理论本构关系，计算的弹塑性屈曲临界荷载见表 6.3。

表 6.3　弹塑性屈曲临界荷载对比分析表

试件	试验值/MPa	P_u/P_y				
		试验值	Marc		解析解	
			形变	流动	形变	流动
WP-4	312.912	1.06	0.958	0.966	1.09	3.11
WP-5	309.960	1.05	0.949	0.961	1.04	1.75
WP-6	307.008	1.04	0.955	0.956	1.01	1.06
WP-7	411.374	1.42	0.973	0.989	1.2	6.26
WP-8	405.580	1.4	0.976	0.991	1.25	7.61
WP-9	379.507	1.31	0.973	0.989	1.2	6.22
WP-10	324.464	1.12	0.964	0.976	1.1	3.62
WP-11	324.464	1.12	0.987	0.998	1.14	6.68
WP-12	327.361	1.13	0.999	0.984	1.15	6.86
WP-13	395.952	1.13	0.965	0.948	1.11	5.52
WP-14	392.448	1.12	0.981	0.967	1.06	3.63

　　表 6.3 的计算结果表明，试验值与数值分析误差最大的是 WP-7，从试件 WP-12 的长宽比看，弹性屈曲位形的弹性解为 3 个半波，试验结果却是 4 个半波，说明该试验中初始弯曲影响是明显的。现对这两个试件进行数值分析，采用等向强化塑性增量理论，参照文献 [29] 给出的材料本构关系，将试验材料的本构关系折

算为钢材的本构关系, 如图 6.14 所示 [7]。因试验很精细, 初始弯曲矢度考虑为 $b/20000$。在数值分析中对比了不同的初始弯曲位形对受压板性能的影响, 试件 WP-7 和 WP-12 的分析结果见表 6.4。

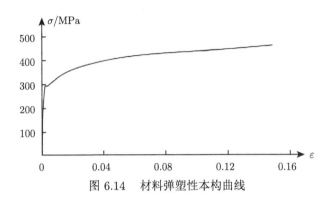

图 6.14　材料弹塑性本构曲线

表 6.4　弹塑性屈曲试验的精细分析

试件编号	屈服强度 /MPa	初始扰动	P/P_y	
			弹性屈曲载荷	弹塑性屈曲载荷
WP-7	289.7	3 个半波	8.041	0.989
WP-12	289.7	3 个半波	8.240	0.984
WP-12	289.7	4 个半波	8.240	0.986

对比分析表明:

(1) 从试件 WP-12 的试验结果表明, 试验中的初始缺陷影响了屈曲的位形, 采用初始弯曲的扰动分析表明, 初始几何弯曲和其弯曲的半波数对弹性屈曲应力很大的窄条板的弹塑性屈曲临界载荷影响并不明显。

(2) 试验中所有试件的弹性屈曲应力均大于材料的屈服应力, 即所有试件均为弹塑性屈曲。试件试验时得到的屈曲临界荷载可分成 3 类: ①临界荷载接近材料的屈服强度; ②临界荷载比屈服强度大 10%; ③临界荷载比屈服强度大 31%～42%, 接近材料的极限强度。从试验结果看, 第①、第②类试验结果与理想弹塑性本构关系对应的分析结果一致, 试验结果比材料的屈服强度略高, 可以采用如下理由进行说明: 一是试验手段带来的误差, 主要是等比例加载增量步过大造成的; 二是受压板的弹塑性屈曲与材料的屈服上限有关, 而一般材料试验给出的结果是材料的屈服下限。

从弹塑性屈曲的概念和受压板的曲后全程分析表明第③类试验结果远远大于材料屈服强度, 是试验手段造成的。试验中由于采用夹支的方法进行边界条件的模拟，夹具为受压板提供了扭转约束。板的宽厚比越小，则板的扭转约束相对较大；当板的宽厚比较大时，夹具的压力产生的力矩变小，夹支效应对板的约束就小。根据试验数据拟合的大致曲线关系为

$$P_u/P_y = 1 + 0.08(t/b) + 1.6(t/b)^2 \tag{6.38}$$

试验值与式 (6.38) 的对比如图 6.15 所示。对比说明该类试验由于边界的弹性约束作用，受压板的屈曲应力已接近材料的极限强度。所以，第③类试验结果不能用于验证塑性佯谬，这也说明已有试验的局限性。

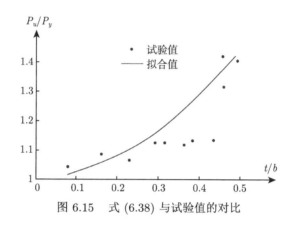

图 6.15   式 (6.38) 与试验值的对比

(3) 从解析结果看，形变理论得出的结果与材料屈服强度之比为 1.01~1.25，增量理论的解析结果与材料强度的比为 1.06~7.61；从受压板弹塑性屈曲的本质上讲，弹塑性屈曲应力与材料屈服强度的比值应该是不大于 1 的。所以，形变理论、增量理论的解析计算方法都是不完善的。

(4) 与既有试验数据进行了对比分析，证实了塑性流动理论和形变理论在板壳屈曲和曲后分析的合理性：采用塑性形变理论得出的弹塑性屈曲载荷比采用塑性增量理论得出的值略小，"塑性佯谬"并不存在。

6.2.6   塑性佯谬研究结论

塑性佯谬是在受压简支板的弹塑性屈曲研究中提出来的 [22]。由于塑性佯谬的存在，板壳的屈曲、曲后力学性能和极限承载力研究面临更大的困难和不确定性。塑性佯谬的存在导致采用塑性流动理论的非线性有限元方法在板壳结构分析时的合理性受到质疑，也影响到钢结构压杆、压板的弹塑性屈曲和曲后力学行为研究。本文在综合研判已有塑性佯谬研究成果的基础上，结合压杆和受压板的弹塑性数值分析结论，通过对 Marc 软件子程序 hypler2 的二次开发，编制了塑性

形变理论的本构关系子程序，再次分析受压简支板的弹塑性屈曲，对比采用塑性流动理论与塑性形变理论的有限元法分析结果，得出如下结论：

(1) 该命题称为"塑性佯谬"，说明本来就是错的；采用有限元方法对比分析"塑性佯谬"不存在，说明是原先采用的解析方法造成的。

(2) 对比两种塑性本构关系基于有限元方法分析的过程数据和结果来看，流变理论与形变理论的区别从解析方法上无法区分出来。

(3) 从两种塑性本构关系的应用上看，形变理论更注重平均效应的概念，所以塑形变形的分布在范围和层间显得不均匀、塑形迹线不柔顺，说明其理论本身的不足；而流动理论表现的恰恰相反，说明了流动理论的优良特性。那么，在解析方法一样的情形下，出现佯谬的原因是计算方法阻止了塑形变形的自由流动。采用塑性理论进行解析分析时，本构关系在受压分析上的均匀性假定，导致了塑性变形不能自由流动，相当于在板幅中央假定了一个多边形加劲肋，具体表现在采用流动理论解析分析的结果上：当板的宽度越小时，采用解析方法得出的佯谬误差越大，见表 6.3。

(4) 塑性佯谬并不存在，塑性佯谬的产生是计算方法约束了塑性应变的自由流动造成的。

6.3 折减厚度法

在杆系结构承载力分析中，Perry-Robertson 公式以放大初始弯曲矢度的方法来考虑残余应力的影响，这是基于经验的类比，其理论基础是不可靠的。即使简单板或构件极限承载力的数值分析结果与试验相符[30−34]，为板钢结构极限承载力研究提供了实用方法，便于对其研究提供数值验证和曲后性能的可视化。但是，对板钢结构的极限承载力理论研究由于必须考虑结构的材料本构关系、初始几何缺陷和残余应力等，因此对类似桥梁等大型实用结构的承载力分析变得难以完成。

根据前面的讨论，板钢结构承载力分析最终可简化为一块任意边界的矩形板在面内荷载作用下的极限承载力分析。本节从含初始弯曲的大挠度方程出发，以薄板厚度的折减系数为摄动参数，将残余应力等效为边界荷载，通过参数分析的方法修正残余应力等效荷载，将实用板 (带初始弯曲和残余应力的板) 比拟为理想板 (无初始弯曲和残余应力的板，或称完善板)，得出板的厚度折减系数和板钢结构的厚度折减方程。折减厚度法可作为非线性有限元方法的补充，是分析板钢结构极限承载力的通用方法，满足工程计算要求的精度。

6.3.1　折减厚度方程

具有初始挠度的薄板大挠度弯曲基本微分方程组在 5.4 节已全面论述。本节将冯·卡门大挠度理论中的应变–位移关系同 Donnell 壳体理论基本平衡方程、物理方程结合起来，从壳体理论推出薄板大挠度弯曲基本微分方程组。对于图 6.16 所示受法向力 q 作用的圆柱壳体微元，Kármán-Donnell 大挠度方程为

$$\frac{D}{t}\nabla^4 w - \frac{1}{R}\frac{\partial^2 F}{\partial x^2} = \left(\frac{\partial^2 F}{\partial x^2}\frac{\partial^2 w}{\partial y^2} - 2\frac{\partial^2 F}{\partial x \partial y}\frac{\partial^2 w}{\partial x \partial y} + \frac{\partial^2 F}{\partial y^2}\frac{\partial^2 w}{\partial x^2}\right) + q \tag{6.39a}$$

$$\nabla^4 F + \frac{E}{R}\frac{\partial^2 w}{\partial x^2} = E\left[\left(\frac{\partial^2 w}{\partial x \partial y}\right)^2 - \frac{\partial^2 w}{\partial x^2}\frac{\partial^2 w}{\partial y^2}\right] \tag{6.39b}$$

式中，F 为应力函数；D 为单位宽度板的抗弯刚度，$D = \dfrac{Et^3}{12\left(1 - v^2\right)}$，又称柱面刚度。

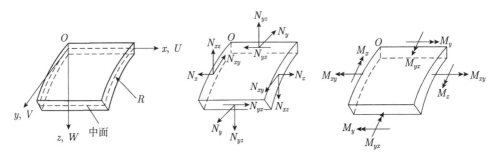

图 6.16　圆柱壳体微元的内力和变形分量图

该方程组是对完善圆柱壳进行稳定性分析的基本方程。为使其适用于有初始缺陷的圆柱壳，需要在应变–位移关系中包含初始缺陷 w_0 的影响，即用 $w + w_0$ 来代替 (6.39) 式中的法向挠度 w，经过上述变换后 Kármán-Donnell 大挠度方程如下式：

$$\frac{D}{t}\nabla^4 w - \frac{1}{R}\frac{\partial^2 F}{\partial x^2}$$

$$= \left(\frac{\partial^2 F}{\partial x^2}\frac{\partial^2 w}{\partial y^2} - 2\frac{\partial^2 F}{\partial x \partial y}\frac{\partial^2 w}{\partial x \partial y} + \frac{\partial^2 F}{\partial y^2}\frac{\partial^2 w}{\partial x^2}\right)$$

$$+ \left(\frac{\partial^2 F}{\partial x^2}\frac{\partial^2 w_0}{\partial y^2} - 2\frac{\partial^2 F}{\partial x \partial y}\frac{\partial^2 w_0}{\partial x \partial y} + \frac{\partial^2 F}{\partial y^2}\frac{\partial^2 w_0}{\partial x^2}\right) + q \tag{6.40a}$$

$$\nabla^4 F + \frac{E}{R}\frac{\partial^2 w}{\partial x^2}$$

$$=E\left[\left(\frac{\partial^2 w}{\partial x \partial y}\right)^2 - \frac{\partial^2 w}{\partial x^2}\frac{\partial^2 w}{\partial y^2} + 2\frac{\partial^2 w}{\partial x \partial y}\frac{\partial^2 w_0}{\partial x \partial y} - \frac{\partial^2 w}{\partial x^2}\frac{\partial^2 w_0}{\partial y^2} - \frac{\partial^2 w}{\partial y^2}\frac{\partial^2 w_0}{\partial x^2}\right] \quad (6.40b)$$

该式是具有初始缺陷圆柱薄壳稳定性问题的控制方程。对于有初始弯曲的薄板结构的稳定，式 (6.40a) 中 $q=0$，并令 $R \to \infty$，得到与式 (5.209) 和式 (5.210) 相同的、考虑初始弯曲的大挠度稳定控制方程如下：

$$\frac{D}{t}\nabla^4 w = \frac{\partial^2 F}{\partial x^2}\frac{\partial^2 w}{\partial y^2} - 2\frac{\partial^2 F}{\partial x \partial y}\frac{\partial^2 w}{\partial x \partial y} + \frac{\partial^2 F}{\partial y^2}\frac{\partial^2 w}{\partial x^2} + \frac{\partial^2 F}{\partial x^2}\frac{\partial^2 w_0}{\partial y^2}$$

$$-2\frac{\partial^2 F}{\partial x \partial y}\frac{\partial^2 w_0}{\partial x \partial y} + \frac{\partial^2 F}{\partial y^2}\frac{\partial^2 w_0}{\partial x^2} \quad (6.41a)$$

$$\frac{1}{E}\nabla^4 F = \left(\frac{\partial^2 w}{\partial x \partial y}\right)^2 - \frac{\partial^2 w}{\partial^2 x}\frac{\partial^2 w}{\partial^2 y} + 2\frac{\partial^2 w}{\partial x \partial y}\frac{\partial^2 w_0}{\partial x \partial y}$$

$$-\frac{\partial^2 w}{\partial x^2}\frac{\partial^2 w_0}{\partial y^2} - \frac{\partial^2 w}{\partial y^2}\frac{\partial^2 w_0}{\partial x^2} \quad (6.41b)$$

1. 基本假定

为简化弹性边界板在面内荷载作用下的曲后性能分析，根据受压简支矩形板的曲后性能分析 (见 5.5.1 节) 和数值分析结果，可作如下基本假定 [4]：

(1) 将板的残余应力等效为边界荷载，该等效方法引起的误差通过对等效边界荷载乘以系数 λ_r 来修正。

(2) 实用板与理想板在曲后到达极限承载力的微小区段内，二者的解同构。如图 6.17 所示单向均匀受压简支矩形薄板的曲后荷载挠度曲线，图中 f_0 和 f 分别为初始弯曲和荷载挠曲面的矢度，曲线 a 和曲线 b 分别表示理想板和有初始缺陷板的荷载–挠度曲线，二者在曲后达到极限状态时的位移和失稳路径很接近，可假定二者的解同构是合理的。

(3) 幅面尺寸相同的板在只有厚度发生较小变化时，其曲后性能和极限承载力的解同构。

2. 面内荷载作用下矩形板的曲后性能

设实用板长为 a，宽为 b，厚度为 $\tilde{t}$(上画波浪线的参数属于实用板，下同)，四边承受面内均布荷载 p_x、p_y 和 p_{xy}，取坐标系如图 6.18 所示。以 w_0 和 w 分别表示初始挠度和荷载挠度，设 $w_0 = \mu w$。根据假定 (1)，板的等效残余应力荷载分别为 $\lambda_{rx}\sigma_{rx}\tilde{t}$、$\lambda_{ry}\sigma_{ry}\tilde{t}$，其中 λ_r 为修正系数，σ_{rx} 为 x 向残余应力，其余类推。残余应力假定为作用在板边界上的等效外荷载，由此假定引起的误差通过非线性有限元方法修正。取相同长度和宽度的理想板，在理想板与实用板曲后性能同构段的假定下，其厚度 t 的折减系数为 ε，则

$$\tilde{t} = t(1 - \varepsilon), \qquad \frac{\tilde{t}}{\tilde{D}} = \frac{t}{D(1 - \varepsilon)^2} \tag{6.42}$$

设实用板的位移满足

$$\tilde{w} = w + \varepsilon w_1 + \varepsilon^2 w_2 \tag{6.43}$$

式中，w_1 和 w_2 为实用板分别对应折减系数 ε 的一次和二次项的位移函数。

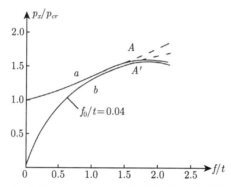

图 6.17   受压简支薄板曲后荷载挠度曲线

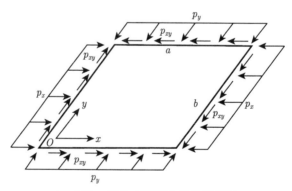

图 6.18   受均布荷载作用的矩形板

同理，应力函数为

$$w_1\tilde{F} = F + \varepsilon F_1 + \varepsilon^2 F_2 \tag{6.44}$$

将 $\tilde{w}$、$\tilde{F}$ 代入式 (6.41a) 得

$$\nabla^4 \left(w + \varepsilon w_1 + \varepsilon^2 w_2 \right)$$

$$= \frac{t}{D(1-\varepsilon)^2} \left[\left(\frac{\partial^2 F}{\partial y^2} + \varepsilon \frac{\partial^2 F_1}{\partial y^2} + \varepsilon^2 \frac{\partial^2 F_2}{\partial y^2} \right) \right.$$

$$\times \left[\left(\frac{\partial^2 w}{\partial x^2} + \varepsilon \frac{\partial^2 w_1}{\partial x^2} + \varepsilon^2 \frac{\partial^2 w_2}{\partial x^2} \right) - 2 \left(\frac{\partial^2 F}{\partial x \partial y} + \varepsilon \frac{\partial^2 F_1}{\partial x \partial y} + \varepsilon^2 \frac{\partial^2 F_2}{\partial x \partial y} \right) \right.$$

$$\times \left(\frac{\partial^2 w}{\partial x \partial y} + \varepsilon \frac{\partial^2 w_1}{\partial x \partial y} + \varepsilon^2 \frac{\partial^2 w_2}{\partial x \partial y} \right)$$

$$+ \left(\frac{\partial^2 F}{\partial x^2} + \varepsilon \frac{\partial^2 F_1}{\partial x^2} + \varepsilon^2 \frac{\partial^2 F_2}{\partial x^2} \right) \left(\frac{\partial^2 w}{\partial y^2} + \varepsilon \frac{\partial^2 w_1}{\partial y^2} + \varepsilon^2 \frac{\partial^2 w_2}{\partial y^2} \right)$$

$$+ \mu \frac{\partial^2 w}{\partial x^2} \left(\frac{\partial^2 F}{\partial y^2} + \varepsilon \frac{\partial^2 F_1}{\partial y^2} + \varepsilon^2 \frac{\partial^2 F_2}{\partial y^2} \right)$$

$$-2\mu \frac{\partial^2 w}{\partial x \partial y} \left(\frac{\partial^2 F}{\partial x \partial y} + \varepsilon \frac{\partial^2 F_1}{\partial x \partial y} + \varepsilon^2 \frac{\partial^2 F_2}{\partial x \partial y} \right) + \mu \frac{\partial^2 w}{\partial y^2} \left(\frac{\partial^2 F}{\partial x^2} + \varepsilon \frac{\partial^2 F_1}{\partial x^2} + \varepsilon^2 \frac{\partial^2 F_2}{\partial x^2} \right) \right]$$

$$= \frac{t}{D(1-\varepsilon)^2} \left\{ (1+\mu) \left(\frac{\partial^2 F}{\partial y^2} \frac{\partial^2 w}{\partial x^2} - 2 \frac{\partial^2 F}{\partial x \partial y} \frac{\partial^2 w}{\partial x \partial y} + \frac{\partial^2 F}{\partial x^2} \frac{\partial^2 w}{\partial y^2} \right) \right.$$

$$+ \varepsilon \left[\frac{\partial^2 F}{\partial y^2} \frac{\partial^2 w_1}{\partial x^2} - 2 \frac{\partial^2 F}{\partial x \partial y} \frac{\partial^2 w_1}{\partial x \partial y} + \frac{\partial^2 F}{\partial x^2} \frac{\partial^2 w_1}{\partial y^2} + (1+\mu) \right.$$

$$\times \left. \left(\frac{\partial^2 F_1}{\partial y^2} \frac{\partial^2 w}{\partial x^2} - 2 \frac{\partial^2 F_1}{\partial x \partial y} \frac{\partial^2 w}{\partial x \partial y} + \frac{\partial^2 F_1}{\partial x^2} \frac{\partial^2 w}{\partial y^2} \right) \right]$$

$$+ \varepsilon^2 \left[(1+\mu) \left(\frac{\partial^2 F_2}{\partial y^2} \frac{\partial^2 w}{\partial x^2} - 2 \frac{\partial^2 F_2}{\partial x \partial y} \frac{\partial^2 w}{\partial x \partial y} + \frac{\partial^2 F_2}{\partial x^2} \frac{\partial^2 w}{\partial y^2} \right) + \frac{\partial^2 F}{\partial x^2} \frac{\partial^2 w_2}{\partial y^2} \right.$$

$$\times \left. \frac{\partial^2 F}{\partial y^2} \frac{\partial^2 w_2}{\partial x^2} - 2 \frac{\partial^2 F}{\partial x \partial y} \frac{\partial^2 w_2}{\partial x \partial y} + \frac{\partial^2 F_1}{\partial y^2} \frac{\partial^2 w_1}{\partial x^2} - 2 \frac{\partial^2 F_1}{\partial x \partial y} \frac{\partial^2 w_1}{\partial x \partial y} + \frac{\partial^2 F_1}{\partial x^2} \frac{\partial^2 w_1}{\partial y^2} \right]$$

$$+ \varepsilon^3 \left(\frac{\partial^2 F_1}{\partial y^2} \frac{\partial^2 w_2}{\partial x^2} - 2 \frac{\partial^2 F_1}{\partial x \partial y} \frac{\partial^2 w_2}{\partial x \partial y} + \frac{\partial^2 F_1}{\partial x^2} \frac{\partial^2 w_2}{\partial y^2} + \frac{\partial^2 F_2}{\partial y^2} \frac{\partial^2 w_1}{\partial x^2} \right.$$

$$-2 \frac{\partial^2 F_2}{\partial x \partial y} \frac{\partial^2 w_1}{\partial x \partial y} + \frac{\partial^2 F_2}{\partial x^2} \frac{\partial^2 w_1}{\partial y^2} \right)$$

$$+ \varepsilon^4 \left(\frac{\partial^2 F_2}{\partial y^2} \frac{\partial^2 w_2}{\partial x^2} - 2 \frac{\partial^2 F_2}{\partial x \partial y} \frac{\partial^2 w_2}{\partial x \partial y} + \frac{\partial^2 F_2}{\partial x^2} \frac{\partial^2 w_2}{\partial y^2} \right) \tag{6.45}$$

如果令

$$\begin{cases} w_1 = \alpha_1 w \\ w_2 = \alpha_2 w \end{cases}, \quad \begin{cases} F_1 = \beta_1 F \\ F_2 = \beta_2 F \end{cases} \tag{6.46}$$

将式 (6.46) 代入式 (6.45)，并与理想板的控制方程比拟得

$$\left(1 + \varepsilon\alpha_1 + \varepsilon^2\alpha_2\right)\left(1 - \varepsilon\right)^2$$

$$= 1 + \mu + \varepsilon\alpha_1 + \varepsilon(1 + \mu)\beta_1$$

$$+ \varepsilon^2 \left[(1 + \mu)\beta_2 + \alpha_2 + \alpha_1\beta_1\right] + \varepsilon^3 \left(\alpha_1\beta_2 + \alpha_2\beta_1\right) + \varepsilon^4\alpha_2\beta_2 \tag{6.47}$$

同理，将 $\tilde{w}$、$\tilde{F}$ 代入式 (6.41b)，化简后与理想板比拟得

$$1 + \varepsilon\beta_1 + \varepsilon^2\beta_2 = 1 + 2\mu + 2\varepsilon(1 + \mu)\alpha_1 + \varepsilon^2 \left[\alpha_1^2 + 2\alpha_2(1 + \mu)\right] \tag{6.48}$$

令 $\mu = \varepsilon\mu_0$，则由等式 (6.47) 和式 (6.48) 两边 ε 低价同幂项系数相等得

$$\beta_1 = 2\mu_0 + 2\alpha_1$$
$$\beta_2 = \alpha_1^2 + 2\alpha_2 + 2\alpha_1\mu_0$$
$$\beta_1 + \mu_0 = 2$$
$$1 + 2\alpha_1 = \mu_0\beta_1 + \alpha_1\beta_1 + \beta_2 \tag{6.49}$$

解之得

$$\begin{cases} \alpha_1 = -1 - \dfrac{3}{2}\mu_0 \\ \alpha_2 = 2\mu_0 + \dfrac{\mu_0^2}{8} \end{cases}, \quad \begin{cases} \beta_1 = -2 - \mu_0 \\ \beta_2 = 1 + 5\mu_0 - \dfrac{\mu_0^2}{2} \end{cases} \tag{6.50}$$

所以，由式 (6.43) 和式 (6.44) 得实用板的位移 $\tilde{w}$ 和应力函数 $\tilde{F}$ 可以用理想板的位移和应力函数表示为

$$\begin{cases} \tilde{w} = \left(1 + \varepsilon\alpha_1 + \varepsilon^2\alpha_2\right)w = \left[1 - \varepsilon\left(1 + \dfrac{3}{2}\mu_0\right) + \varepsilon^2\left(2\mu_0 + \dfrac{\mu_0^2}{8}\right)\right]w \\ \tilde{F} = \left(1 + \varepsilon\beta_1 + \varepsilon^2\beta_2\right)F = \left[1 - \varepsilon\left(2 + \mu_0\right) + \varepsilon^2\left(1 + 5\mu_0 - \dfrac{\mu_0^2}{2}\right)\right]F \end{cases} \tag{6.51}$$

由于式 (6.51) 成立，则两式左右分别相除得

$$\frac{\tilde{w}}{\tilde{F}} = \frac{1 - \varepsilon\left(1 + \dfrac{3}{2}\mu_0\right) + \varepsilon^2\left(2\mu_0 + \dfrac{\mu_0^2}{8}\right)}{1 - \varepsilon\left(2 + \mu_0\right) + \varepsilon^2\left(1 + 5\mu_0 - \dfrac{\mu_0^2}{2}\right)}\frac{w}{F} \tag{6.52}$$

现在对式 (6.52) 的物理意义进行如下说明。

对比式 (6.51) 的表达形式, 说明实用板与厚度折减后的理想板的位移和应力函数满足比例关系。设位移用其最大矢度 f 表示, 应力函数应是应力与位移的二次方之间的函数, 在同构的情形下, 二次的位移函数必然一致, 这样可通过边界荷载的平均值 $\bar{\sigma}$ 来表示, 则

$$
\left\{
\begin{array}{l}
\bar{f} = \left[1 - \varepsilon \left(1 + \dfrac{3}{2}\mu_0 \right) + \varepsilon^2 \left(2\mu_0 + \dfrac{\mu_0^2}{8} \right) \right] f \\[4mm]
\tilde{\bar{\sigma}} = \left[1 - \varepsilon \left(2 + \mu_0 \right) + \varepsilon^2 \left(1 + 5\mu_0 - \dfrac{\mu_0^2}{2} \right) \right] \bar{\sigma}
\end{array}
\right.
\tag{6.53}
$$

由于假定 (2) 是实用板与理想板之间的位移、应力进行比拟的约束条件, 设

$$
\frac{1 + \varepsilon\beta_1 + \varepsilon^2\beta_2}{1 + \varepsilon\alpha_1 + \varepsilon^2\alpha_2} = \frac{1 - \varepsilon\left(1 + \dfrac{3}{2}\mu_0 \right) + \varepsilon^2\left(2\mu_0 + \dfrac{\mu_0^2}{8} \right)}{1 - \varepsilon\left(2 + \mu_0 \right) + \varepsilon^2\left(1 + 5\mu_0 - \dfrac{\mu_0^2}{2} \right)} = \omega
\tag{6.54}
$$

式中, ω 为假定 (2) 的约束条件系数, 根据假定, 板在面内荷载作用下曲后接近极限承载力状态时, 理想板和实用板的荷载–挠度曲线满足 $\tilde{\bar{\sigma}}/\tilde{f} \approx \bar{\sigma}/f$, 即 $\omega \approx 1$。如图 6.17 所示, 当实用板的荷载挠度 f 较小时, $\omega > 1$; 当实用板的荷载挠度 f 较大时, $\omega \to 1$。

设理想板的位移为 $w = \sum\limits_{r=1}^{\infty} \sum\limits_{s=1}^{\infty} A_{rs} \sin \dfrac{r\pi x}{a} \sin \dfrac{s\pi y}{b}$。

采用式 (6.41a) 求解板的应力函数在数学上是相当困难和复杂的。参照文献 [4,7], 可以简记板在面内荷载作用下的曲后应力函数为

$$
F = \frac{p_x y^2}{2} + \frac{p_y x^2}{2} + p_{xy} xy + \sum_{r=1}^{\infty} \sum_{s=1}^{\infty} B_{rs} \sin \frac{r\pi x}{a} \sin \frac{s\pi y}{b}
\tag{6.55}
$$

式中, B_{rs} 是系数 A_{rs} 经计算后得出的系数的简化记号, 不影响后续的分析。如果设边界力和等效残余应力荷载为实用板应力函数的特解, 则有

$$
\tilde{F} = \int_0^b \left(\int_0^a \lambda_{rx} \sigma_{rx} \tilde{t} \, \mathrm{d}y \right) \mathrm{d}y + \int_0^b \left(\int_0^a \lambda_{ry} \sigma_{ry} \tilde{t} \, \mathrm{d}x \right) \mathrm{d}x
$$

$$
+ \left[1 - \varepsilon \left(2 + \mu_0 \right) + \varepsilon^2 \left(1 + 5\mu_0 - \frac{\mu_0^2}{2} \right) \right] F
\tag{6.56}
$$

用式 (6.41a) 建立伽辽金方程，有

$$\sum_{r=1}^{\infty}\sum_{s=1}^{\infty}\iint_{\Omega}\left\langle \nabla^4 w \left(1 + \varepsilon\alpha_1 + \varepsilon^2\alpha_2\right) - \frac{t}{D(1-\varepsilon)^2}\right.$$

$$\left\{\frac{\partial^2 \tilde{F}}{\partial y^2}\frac{\partial^2 \tilde{w}}{\partial x^2} - 2\frac{\partial^2 \tilde{F}}{\partial xy}\frac{\partial^2 \tilde{w}}{\partial xy} + \frac{\partial^2 \tilde{F}}{\partial x^2}\frac{\partial^2 \tilde{w}}{\partial y^2} + \frac{\partial^2 \tilde{F}}{\partial y^2}\frac{\partial^2 w_0}{\partial x^2}\right.$$

$$\left.\left.- 2\frac{\partial^2 \tilde{F}}{\partial xy}\frac{\partial^2 w_0}{\partial xy} + \frac{\partial^2 \tilde{F}}{\partial x^2}\frac{\partial^2 w_0}{\partial y^2}\right\}\right\rangle \sin\frac{r\pi x}{a}\sin\frac{s\pi y}{b}\mathrm{d}x\mathrm{d}y = 0 \tag{6.57}$$

根据一致缺陷理论，设

$$w_0 = \varepsilon\mu_0 \sum_{r=1}^{\infty}\sum_{s=1}^{\infty} A_{rs}\sin\frac{r\pi x}{a}\sin\frac{s\pi y}{b} \tag{6.58}$$

代入式 (6.57) 并化简得

$$\iint_{\Omega}\left\langle \pi^4\left(1 + \varepsilon\alpha_1 + \varepsilon^2\alpha_2\right)\sum_{r=1}^{\infty}\sum_{s=1}^{\infty}\left(\frac{r^2}{a^2} + \frac{s^2}{b^2}\right)^2 A_{rs}\sin\frac{r\pi x}{a}\sin\frac{s\pi y}{b}\right.$$

$$- \frac{\left(1 + \varepsilon\beta_1 + \varepsilon^2\beta_2\right)t}{(1-\varepsilon)^2 D}\left(1 + \varepsilon\alpha_1 + \varepsilon\mu_0 + \varepsilon^2\alpha_2\right)$$

$$\times \left\{\left(-p_x - \lambda_{rx}\sigma_{rx}t + \sum_{r=1}^{\infty}\sum_{s=1}^{\infty}B_{rs}\frac{\pi^2 s^2}{b^2}\sin\frac{r\pi x}{a}\sin\frac{s\pi y}{b}\right)\right.$$

$$\times \left(\sum_{r=1}^{\infty}\sum_{s=1}^{\infty}A_{rs}\frac{\pi^2 r^2}{a^2}\sin\frac{r\pi x}{a}\sin\frac{s\pi y}{b}\right)$$

$$- \left(p_{xy} + \sum_{r=1}^{\infty}\sum_{s=1}^{\infty}B_{rs}\frac{\pi^2 rs}{ab}\cos\frac{r\pi x}{a}\cos\frac{s\pi y}{b}\right)$$

$$\times \left(\sum_{r=1}^{\infty}\sum_{s=1}^{\infty}A_{rs}\frac{2\pi^2 rs}{ab}\cos\frac{r\pi x}{a}\cos\frac{s\pi y}{b}\right)$$

$$+ \left(-p_y - \lambda_{ry}\sigma_{ry}t + \sum_{r=1}^{\infty}\sum_{s=1}^{\infty}B_{rs}\frac{\pi^2 r^2}{a^2}\sin\frac{r\pi x}{a}\sin\frac{s\pi y}{b}\right)$$

$$\left.\left.\times \left(\sum_{r=1}^{\infty}\sum_{s=1}^{\infty}A_{rs}\frac{\pi^2 s^2}{b^2}\sin\frac{r\pi x}{a}\sin\frac{s\pi y}{b}\right)\right\}\right\rangle \sin\frac{r\pi x}{a}\sin\frac{s\pi y}{b}\mathrm{d}x\mathrm{d}y = 0 \tag{6.59}$$

进一步化简为

$$
\left(1 + \varepsilon\alpha_1 + \varepsilon^2\alpha_2\right) \pi^4 \iint_{\Omega} \left[\sum_{r=1}^{\infty} \sum_{s=1}^{\infty} \left(\frac{r^2}{a^2} + \frac{s^2}{b^2}\right)^2 A_{rs} \sin\frac{r\pi x}{a} \sin\frac{s\pi y}{b} \right]
$$

$$
\times \sin\frac{r\pi x}{a} \sin\frac{s\pi y}{b} \mathrm{d}x\mathrm{d}y - \frac{\left(1 + \varepsilon\beta_1 + \varepsilon^2\beta_2\right)\left(1 + \varepsilon\alpha_1 + \varepsilon\mu_0 + \varepsilon^2\alpha_2\right) t}{(1 - \varepsilon)^2 D}
$$

$$
\times \iint_{\Omega} \left\{ -\frac{\pi^2}{a^2} \left(p_x + \lambda_{rx}\sigma_{rx}\bar{t}\right) \sum_{r=1}^{\infty} \sum_{s=1}^{\infty} r^2 A_{rs} \sin\frac{r\pi x}{a} \sin\frac{s\pi y}{b} \right.
$$

$$
-\frac{2\pi^2}{ab} p_{xy} \sum_{r=1}^{\infty} \sum_{s=1}^{\infty} A_{rs} \cos\frac{r\pi x}{a} \cos\frac{s\pi y}{b} - \frac{\pi^2}{b^2} \left(p_y + \lambda_{ry}\sigma_{ry}\bar{t}\right)
$$

$$
\left. \times \sum_{r=1}^{\infty} \sum_{s=1}^{\infty} t^2 A_{rs} \sin\frac{r\pi x}{a} \sin\frac{s\pi y}{b} \right\}
$$

$$
\times \sin\frac{r\pi x}{a} \sin\frac{s\pi y}{b} \mathrm{d}x\mathrm{d}y - \frac{\left(1 + \varepsilon\beta_1 + \varepsilon^2\beta_2\right)\left(1 + \varepsilon\alpha_1 + \varepsilon\mu_0 + \varepsilon^2\alpha_2\right) t}{(1 - \varepsilon)^2 D}
$$

$$
\times \iint_{\Omega} \left[\frac{\pi^4}{a^2 b^2} \sum_{r=1}^{\infty} \sum_{s=1}^{\infty} s^2 B_{rs} \sin\frac{r\pi x}{a} \sin\frac{s\pi y}{b} \sum_{r=1}^{\infty} \sum_{s=1}^{\infty} r^2 A_{rs} \sin\frac{r\pi x}{a} \sin\frac{s\pi y}{b} \right.
$$

$$
-\frac{2\pi^4}{a^2 b^2} \sum_{r=1}^{\infty} \sum_{s=1}^{\infty} rs A_{rs} \cos\frac{r\pi x}{a} \cos\frac{s\pi y}{b} \sum_{r=1}^{\infty} \sum_{s=1}^{\infty} rs B_{rs} \cos\frac{r\pi x}{a} \cos\frac{s\pi y}{b}
$$

$$
\left. +\frac{\pi^4}{a^2 b^2} \sum_{r=1}^{\infty} \sum_{s=1}^{\infty} r^2 B_{rs} \sin\frac{r\pi x}{a} \sin\frac{s\pi y}{b} \sum_{r=1}^{\infty} \sum_{s=1}^{\infty} s^2 A_{rs} \sin\frac{r\pi x}{a} \sin\frac{s\pi y}{b} \right]
$$

$$
\times \sin\frac{r\pi x}{a} \sin\frac{s\pi y}{b} \mathrm{d}x\mathrm{d}y = 0 \tag{6.60}
$$

上式可以简化表示为

$$
\left(1 + \varepsilon\alpha_1 + \varepsilon^2\alpha_2\right) \bar{P}_{cr} - \frac{\left(1 + \varepsilon\beta_1 + \varepsilon^2\beta_2\right)\left(1 + \varepsilon\alpha_1 + \varepsilon\mu_0 + \varepsilon^2\alpha_2\right)}{(1 - \varepsilon)^2} \left(\bar{P} + \bar{N}\right) = 0
$$

$$
\tag{6.61}
$$

第一项中 $\bar{P}_{cr}$ 为理想板在外荷载作用下的屈曲特征值，第二项中 $\bar{P}$ 为荷载与残余应力引起的应力函数项，第三项中 $\bar{N}$ 为理想板的非线性项。

3. 厚度折减系数

如果令

$$\frac{(1-\varepsilon)^2}{1+\varepsilon\alpha_1+\varepsilon\mu_0+\varepsilon^2\alpha_2} = \frac{1+\varepsilon\beta_1+\varepsilon^2\beta_2}{1+\varepsilon\alpha_1+\varepsilon^2\alpha_2} \tag{6.62}$$

则式 (6.61) 可以化简为

$$\bar{P}_{cr} - \bar{N} = \bar{P} \tag{6.63}$$

式 (6.63) 表示折减厚度后，实用板的位移、应力关系式 (6.61) 可以化成与理想板的位移、应力关系相同的形式，这也说明了折减厚度法中实用板与理想板在曲后的力学性质的对应关系。也即采用式 (6.62) 计算实用板的厚度折减系数 ε，实用板折减厚度后按理想板计算时，二者在荷载–位移图上曲后接近极限承载力状态区段的应力、位移与实用板是一致的。

数值分析表明，由于假定 (2) 的存在，使折减厚度法理论的物理意义更加明确，却造成式 (6.62) 只对特定的 μ_0 有解。这是由于：①假定 (2) 只对理想板和实用板在曲后接近极限承载力状态的区段有效；②理想板在屈曲发生时的分岔行为是与实用板曲后荷载–挠度曲线存在明显差别造成的。

根据式 (6.54)，将式 (6.62) 化简得

$$\frac{(1-\varepsilon)^2}{1+\varepsilon\alpha_1+\varepsilon\mu_0+\varepsilon^2\alpha_2} = \omega$$

展开得

$$\left(2\mu_0 + \frac{\mu_0^2}{8} - \frac{1}{\omega}\right)\varepsilon^2 - \varepsilon\left(1 + \frac{1}{2}\mu_0 - \frac{2}{\omega}\right) + 1 - \frac{1}{\omega} = 0 \tag{6.64}$$

根据式 (6.64)，采用一致缺陷理论，可以由理想板在面内荷载作用下的荷载–位移关系得出实用板的荷载–位移关系。因此，折减厚度法得出了实用板和理想板的曲后位移、应力之间的映射关系。

根据假定，$w_0 = \mu w$，有 $f_0 = \mu f = \varepsilon\mu_0 f$，则 $f_0/f = \varepsilon\mu_0 = \mu$，当 $\omega = 1.0$ 时，化简式 (6.64) 得

$$\varepsilon\left(2\mu_0 + \frac{\mu_0^2}{8} - 1\right) = \frac{\mu_0}{2} - 1 \tag{6.65}$$

两边同乘 ε，得

$$\varepsilon^2 - (2\mu + 1)\varepsilon - \frac{\mu^2}{8} + \frac{\mu}{2} = 0 \tag{6.66}$$

求解上式得

$$\varepsilon = \frac{1}{2} + \mu - \frac{1}{4}\sqrt{18\mu^2 + 8\mu + 4} \tag{6.67}$$

所以有

$$\mu_0 = \frac{-12f_0 + 4 + 2\sqrt{4 - 32f_0 + 46f_0^2}}{8 - 5f_0} \tag{6.68}$$

因此，由 f_0 求出 μ_0 后，代入式 (6.65) 求得实用板的厚度折减系数 ε，这时实用板与对应的理想板在面内荷载作用下曲后接近极限承载力状态时的荷载–挠度曲线满足 $\tilde{\tilde{\sigma}}/\tilde{f} \approx \bar{\sigma}/f$，即 $\omega \approx 1$。

所以，弹性边界板在面内荷载作用下，关于初始几何缺陷引起的厚度折减如式 (6.67) 所示。为验证该理论的合理性，此处给出有限元方法的对比分析表。如表 6.5 所示，取受压简支板的厚度 $t = 12\text{mm}$，其余条件同前面的算例，则该理想板的弹性屈曲应力为 107.644MPa，极限承载力为 133.436MPa。当该板的初始几何缺陷 f_0 变化时，可采用数值分析的方法求得其极限承载力 σ_u 和极限状态时的弯曲矢度 f_d，同时也列出了采用折减厚度法的计算结果。折减厚度法的计算结果与有限元方法的分析结果如图 6.19 所示。

表 6.5　折减厚度法验算分析表

f_0/m	f_d/m	σ_u/MPa	折减厚度法/MPa
1.0×10^{-4}	0.015946	130.550	137.904
1.0×10^{-3}	0.015934	127.773	137.761
1.0×10^{-2}	0.017125	111.800	136.280
2.0×10^{-2}	0.015522	101.853	134.542

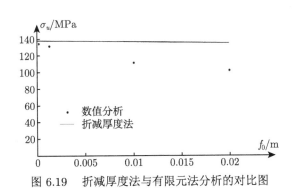

图 6.19　折减厚度法与有限元法分析的对比图

数值分析表明，折减厚度法给出了初始几何缺陷对结构厚度折减的一般方法，计算结果体现了初始几何缺陷对承载力的影响，影响趋势与有限元方法计算结果一致，同时具有较好的精度。

根据受压板极限承载力公式 (5.281a)，对比理想板与实用板的厚度折减关系得

$$\frac{\tilde{\sigma}_u}{(1-\varepsilon)\sigma_y} = \frac{\sigma_u}{\sigma_y} - 0.201\varepsilon\frac{\sigma_{cr}}{\sigma_y} \tag{6.69}$$

式中，σ_y 为板的材料屈服强度，$\tilde{\sigma}_u$ 为有初始几何缺陷板的极限承载力，σ_u 为实用板折减厚度后对应理想板的极限承载力。所以有

$$\frac{\tilde{\sigma}_u}{\sigma_u} = (1-\varepsilon)\left(1 - 0.201\varepsilon\frac{\sigma_{cr}}{\sigma_u}\right) = 1 - \frac{1 + 0.201\dfrac{\sigma_{cr}}{\sigma_u}}{u_0}f_0 + \frac{0.201}{u_0^2}\frac{\sigma_{cr}}{\sigma_u}f_0^2 \tag{6.70}$$

上式得出了带有初始几何缺陷的受压简支实用板的极限承载力一般表达式，式中理想弹性边界板的极限承载力和极限状态的矢度可以从前面的分析结论中得到。同时，分析表明式 (6.70) 与更详尽的数值分析结论也极为相似，接近如图 6.20 中列出宽厚比为 250 的受压简支板初始几何缺陷矢度与极限承载力折减的拟合公式。式 (6.70) 是初始几何缺陷矢度与极限承载力折减的二次函数，这也是 Koiter 关于对初始缺陷弹性极限承载力的影响理论的进一步优化和显式表达。表 6.6 列出了采用数值分析法求解的不同宽厚比受压板的初始几何缺陷与极限承载力折减的二次函数系数。

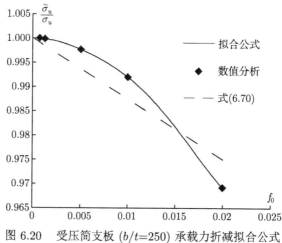

图 6.20　受压简支板 (b/t=250) 承载力折减拟合公式

表 6.6　初始几何缺陷与极限承载力折减的数值拟合公式

b/t	f_0^2	f_0	常数项
250	−68.25	−0.177	1
166.7	87.79	−16.445	1
83.3	343.09	−17.839	1
55.6	1123.20	−41.873	1

4. 对等效残余应力荷载的简化

如果将残余应力等效荷载等效为均布外荷载 $\tilde{p}_{rx}$，则有

$$\iint\limits_{\Omega} \sigma_{rx}\tilde{t}\frac{\partial^2 w}{\partial x^2}\sin\frac{r\pi x}{a}\sin\frac{s\pi y}{b}\mathrm{d}x\mathrm{d}y = \tilde{p}_{rx}\iint\limits_{\Omega}\frac{\partial^2 w}{\partial x^2}\sin\frac{r\pi x}{a}\sin\frac{s\pi y}{b}\mathrm{d}x\mathrm{d}y \quad (6.71)$$

根据一致缺陷模态法，假定理想板的曲后位形与其弹性屈曲位形函数 $\varphi(x,y)$ 相似，则式 (6.71) 可以化简为

$$\tilde{p}_{rx} = \frac{\tilde{t}\iint\limits_{\Omega}\sigma_{rx}\varphi(x,y)\dfrac{\partial^2\varphi(x,y)}{\partial x^2}\mathrm{d}x\mathrm{d}y}{\iint\limits_{\Omega}\varphi(x,y)\dfrac{\partial^2\varphi(x,y)}{\partial x^2}\mathrm{d}x\mathrm{d}y} \quad (6.72)$$

这样，式 (6.60) 中第 2 个积分项可化简为

$$\begin{aligned}
\bar{P} = \iint\limits_{\Omega}\Bigg\{ &-\frac{\pi^2}{a^2}\left(p_x + \lambda_{rx}\tilde{p}_{rx}\right)\sum_{r=1}^{\infty}\sum_{s=1}^{\infty}r^2 A_{rs}\sin\frac{r\pi x}{a}\sin\frac{s\pi y}{b} \\
&-\frac{2\pi^2}{ab}p_{xy}\sum_{r=1}^{\infty}\sum_{s=1}^{\infty}A_{rs}\cos\frac{r\pi x}{a}\cos\frac{s\pi y}{b}-\frac{\pi^2}{b^2}\left(p_y + \lambda_{ry}\tilde{p}_{ry}\right) \\
&\times \sum_{r=1}^{\infty}\sum_{s=1}^{\infty}t^2 A_{rs}\sin\frac{r\pi x}{a}\sin\frac{s\pi y}{b}\Bigg\}\sin\frac{r\pi x}{a}\sin\frac{s\pi y}{b}\mathrm{d}x\mathrm{d}y \quad (6.73)
\end{aligned}$$

5. 折减厚度方程

根据 Mises 变形能量为常量的塑性假定，对于复杂受力状态的材料，等效应力 σ_e 为

$$\sigma_e^2 = \sigma_x^2 + \sigma_y^2 - \sigma_x\sigma_y + 3\tau^2 \quad (6.74)$$

根据假定 (3)，由式 (6.63) 得实用板与对应理想板的等效应力应相等，即

$$\tilde{\sigma}_e = \sigma_e \quad (6.75)$$

所以，考虑初始弯曲和残余应力的实用板的折减厚度方程为

$$\left(\tilde{p}_{ux} + \lambda_{rs}\tilde{p}_{rs}\right)^2 + \left(\tilde{p}_{uy} + \lambda_{ry}\tilde{p}_{ry}\right)^2 - \left(\tilde{p}_{ux} + \lambda_{rs}\tilde{p}_{rs}\right)\left(\tilde{p}_{uy} + \lambda_{ry}\tilde{p}_{ry}\right) + 3\tilde{p}_{uxy}^2$$

$$= \left(p_{ux}^2 + p_{uy}^2 - p_{ux}p_{uy} + 3p_{uxy}^2\right) \quad (6.76)$$

式中，$\tilde{p}_{ux}$ 为实用板 x 向的极限承载力；p_{ux} 为理想板 x 向极限承载力；λ_{rx} 为 x 向残余应力修正系数，其余参数的意义类推。

从前面的推导过程可以得出如下结论：

(1) 由于板钢结构的面外屈曲位形均可以展开为二重三角级数形式，那么板的边界条件、荷载系数只决定三角级数的系数，而与上述的推导过程无关。所以，上述结论适用于任意边界条件。折减厚度法适用于初始缺陷对任意弹性边界板在面内荷载作用下极限承载力的影响分析。

(2) 采用假定 (3) 合理地规避了受压板在弹塑性屈曲时的塑性佯谬问题，折减厚度法可以直接分析初始缺陷对板钢结构的曲后极限承载力的影响。

6.3.2   折减厚度法的数值验证

根据前面的分析，板钢结构承载力的分析可简化为一系列单块带弹性边界的矩形板在面内荷载作用下的极限承载力分析，且最不利单块板件的曲后性能可用于比拟板钢结构整体的曲后性能。由于单板的极限承载力只与屈曲应力水平和材料的屈服强度有关，所以与单板的曲后性能相关的理论和解析结果可推广到板钢结构的整体分析 [35−37]。因此，这里采用单向受压简支矩形板进行验证分析。

国内外关于单向均匀受压四边简支板极限承载力的理论分析和试验研究较多，且均采用单向均匀受压四边简支板进行验证分析。简支板的曲后性能主要与长宽比、宽厚比和板的相对刚度系数有关，一般通过数值分析方法验证时，先采用简单的长宽比简支板进行分析，考虑不同宽厚比的板件对曲后性能的影响，得出拟合公式后，再采用随机有限元方法进行不同参数的受压板进行分析来验证拟合公式的精度。这里不妨取受压简支板的长 $a = 1.0$m，宽 $b = 1.0$m，厚度 $t = 0.004 \sim 0.04$m，采用非线性有限元软件 Marc 进行数值分析，分别计算了理想板、实用板的极限承载力。计算模型如图 6.3 所示，简支板四边简支，x 向受均布压荷载。薄板材料为 Q235 钢，屈服强度 σ_y=235MPa，材料弹塑性本构关系采用理想弹塑性，如图 6.21 所示。试算表明材料弹塑性本构关系分别采用幂函数、

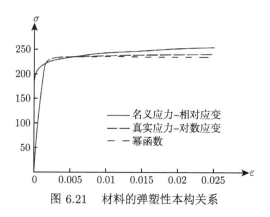

图 6.21   材料的弹塑性本构关系

名义应力–相对应变和真实应力–对数应变时，计算误差较小。考虑到对计算方法验算的精度要求，采用真实应力–对数应变本构关系。工程应用分析时可直接采用理想弹塑性本构关系，因为由材料本构关系引起的误差可以忽略。

1. 等效残余应力荷载的修正系数

试验和数值分析表明，板的纵向残余应力对极限承载力影响最大，所以，已有的分析都只考虑受压截面的残余应力[2,3]。残余应力对受压板极限承载力的影响研究以数值分析方法为主，而残余应力的分布多采用简化形式，如图 6.22 所示。当残余应力考虑为图 6.22 所示形式时，数值分析表明 $\alpha/\beta = 1$ 为最不利的残余应力分布 (图中 $\Delta\sigma_{crx}$ 为考虑残余应力后受压板临界屈曲应力的减少值)。所以，为计算简便，将残余应力简化为图 6.23 所示，图中 ξ 为残余拉应力系数，$\xi \leqslant 1.0$，η 为残余拉应力的分布宽度系数。

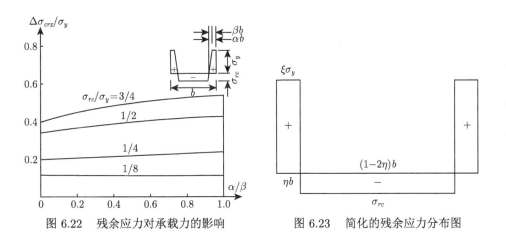

图 6.22 残余应力对承载力的影响   图 6.23 简化的残余应力分布图

借助非线性有限元方法对残余应力的影响进行参数分析，η 对承载力的影响如图 6.24 所示，ξ 对承载力的影响如图 6.25 所示。图中 ξ_p 为考虑残余应力的影响时极限承载力的折减系数，$\xi_p = \dfrac{\tilde{\sigma}_u}{\sigma_u}$。数值分析表明，$\eta$ 对承载力的影响较小，而 ξ 对屈曲应力接近材料强度的结构较为敏感。

通过非线性有限元法对单向均匀受压板的残余应力修正系数 λ_r 进行参数分析，当板的残余应力按矩形分布时，λ_r 对残余压应力水平 σ_{rc} 较敏感，并与 σ_{cr}/σ_y 相关。根据数值分析结果拟合 σ_r 的关系式为

$$\lambda_r = \begin{cases} 0.063\,(\sigma_{cr}/\sigma_y)^2 + 0.669\sigma_{cr}/\sigma_y, & \sigma_{cr} < \sigma_y \\ 0.892\sigma_y/\sigma_{cr} - 0.169, & \sigma_{cr} \geqslant \sigma_y \end{cases} \tag{6.77}$$

拟合式 (6.77) 与数值分析的对比见图 6.26，对比表明式 (6.77) 具有较好的精度。

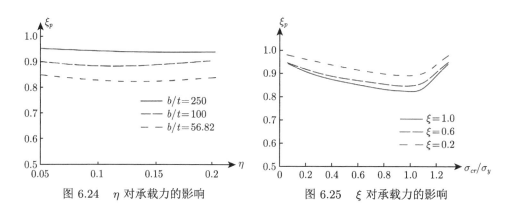

图 6.24　η 对承载力的影响　　　　　　　图 6.25　ξ 对承载力的影响

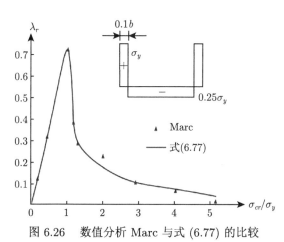

图 6.26　数值分析 Marc 与式 (6.77) 的比较

2. 折减厚度系数的验证

设工程实用板的长宽比为 $0.8 \leqslant a/b < \sqrt{2}$，根据弹性理论，设单向受压简支矩形板的屈曲位形函数为

$$w = f \sin\frac{\pi x}{a} \sin\frac{\pi y}{b} \tag{6.78}$$

式中，f 为屈曲位形的矢度。根据一致缺陷理论，初始弯曲为

$$w_0 = f_0 \sin\frac{\pi x}{a} \sin\frac{\pi y}{b} \tag{6.79}$$

1) 只考虑初始几何弯曲

设实用板长 $a=1.0$m，宽 $b=1.0$m，厚度 $t=6.2$mm，采用一致缺陷理论，按照我国《钢结构工程施工质量验收规范》(GB50205—2001)，取初始弯曲矢度 $f_0 = b/200 = 5$mm。根据折减厚度理论，由式 (6.65) 迭代得简支板的厚度折减系数 $\varepsilon = 0.070$，该实用板对应的理想板厚度 $t=3.906$mm。

采用非线性有限元方法对上述实用板和理想板进行对比分析。理想板和实用板极限状态的位移和 Mises 应力分布对比分别见图 6.27 和图 6.28。

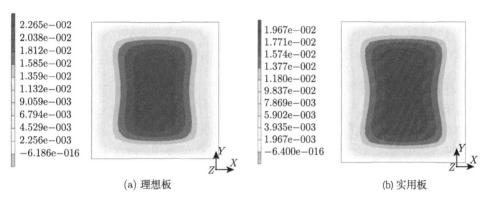

(a) 理想板   (b) 实用板

图 6.27 只考虑初始弯曲时极限状态位移的对比 (单位：m)

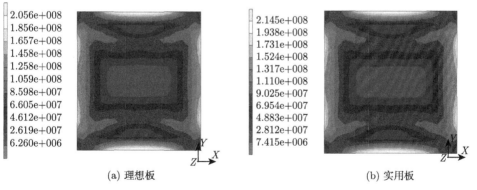

(a) 理想板   (b) 实用板

图 6.28 只考虑初始弯曲时极限状态的 Mises 应力对比 (单位：Pa)

对比分析表明，按折减厚度理论折减的板在极限状态时，理想板与实用板在曲后的位移是一致的，Mises 应力的分布性态 [1-3] 也是一致的。二者在均布压荷载作用下，荷载作用方向的压缩位移与荷载对比图，如图 6.29 所示；板后荷载与板中点位移的对比图，如图 6.30 所示。折减厚度法在只考虑初始几何弯曲时是求解板钢结构极限承载力较好的近似方法。

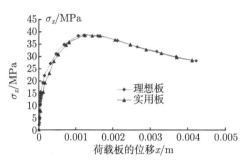

图 6.29   板的压缩位移–荷载对比图

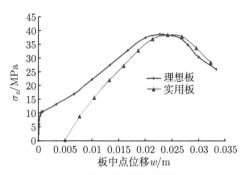

图 6.30   板曲后荷载–挠度对比图

2) 考虑初始几何弯曲和残余应力

采用上述模型进一步考虑残余应力和初始弯曲对承载力的影响，验证板钢结构折减厚度方程的合理性。初始几何弯曲值不变，计入残余应力对实用板受压极限承载力的影响，残余应力按初始应力设置，取 $\sigma_{rc} = 0.25\sigma_y$, $\xi = 1.0$, $\eta = 0.1$，残余应力分布见图 6.23。由式 (6.72) 得

$$\tilde{p}_{rx} = 0.234\sigma_y \tilde{t} \lambda_r \tag{6.80}$$

这时，初始缺陷对单向均匀受压简支板极限承载力的厚度折减方程 (6.76) 化简为

$$\tilde{\sigma}_u = (\sigma_u - 0.234\lambda_r \sigma_y)(1 - \varepsilon) \tag{6.81}$$

对比分析表明理想板与实用板在极限状态时除等效塑性应变不同外，极限状态的位形、Mises 分布、σ_x 分布都是相似的。说明采用折减厚度法概括了薄板在曲后分析时的主要力学性质，是对实用板的一种合理简化分析方法。

3) 折减厚度法的试验验证

Ractliffe[7] 通过理论分析提出了一个考虑焊接残余应力影响的均匀受压四边简支板的承载力计算公式

$$当\sigma_{rc} < 0.2\sigma_y \ 时，\quad \tilde{\sigma}_u = \sigma_u - \sigma_{rc} \tag{6.82a}$$

$$当\sigma_{rc} \geqslant 0.2\sigma_y \ 时，\quad \tilde{\sigma}_u = \sigma_u - \left[(\sigma_{rc} + \sigma_y)\cos\frac{\pi\sigma_{rc}}{2(\sigma_{rc} + \sigma_y)} - \sigma_y\right] \tag{6.82b}$$

对已有解析法、非线性数值分析结果与已有的试验数据进行了对比，如表 6.7 所示，对比图见图 6.31 和图 6.32。试验数据取自 Dorman、Harrison、Chin 和 Moxham 等做的系列正方箱形截面焊接短柱中板的屈曲应力试验。取 λ=20~40

以避免柱弯曲屈曲的影响，b/t 在 20~80。为了考察残余应力的影响，部分板件经过了退火处理 [7]。

表 6.7　极限承载力分析方法对比

b/t	σ_{cr}/MPa	σ_u/MPa		
		Marc	Ractliffe	式 (6.81)
250	12.147	38.225	−5.216	36.592
200	18.980	47.215	5.28	42.936
142.9	37.201	65.993	27.123	59.380
100	75.920	96.257	62.009	83.489
66.7	170.820	139.811	125.814	122.198
58.8	219.409	157.768	179.437	137.123
55.6	245.981	162.884	179.437	146.454
50	303.680	175.279	179.437	158.834

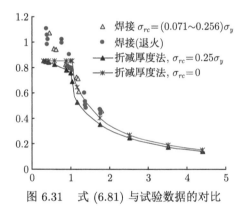

图 6.31　式 (6.81) 与试验数据的对比

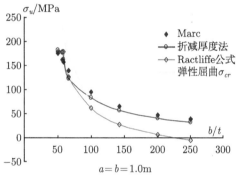

图 6.32　式 (6.81) 与承载力分析法的对比

对比分析表明折减厚度法明显优于已有的解析分析方法。从试验数据看，折减厚度法的计算结果与数值分析结果的相对误差最大为 13%，是十分精确的，同时也是安全的。

采用非线性有限元的分析结果，对于宽厚比较大的板，初始弯曲矢度按《钢结构工程施工质量验收规范》取 $b/200$，对残余应力水平 $\sigma_{rc} = 0.18\sigma_y$ 的受压简支实用板的曲后性质进行对比分析，如图 6.33 所示。这里的数值分析包括实用板和对应的理想板，分别计算了它们的纯弹性分析和弹塑性分析结果。

从图 6.33 可见，折减厚度法的假定 (1) 是合理的，即采用折减厚度的思想，使理想板的曲后刚度得到调整，使之接近实用板；在不考虑材料的塑性时，显然折减厚度法是合理解。考虑材料的塑性后，理想板与实用板在曲后极限状态时，二者的荷载–位移曲线具有相似的特性；通过折减厚度法将理想板和实用板在曲后的特性进行了调整，得出的结果是合理的，也显示了难以置信的精度。所以，折减厚度法是适用的、高精度的、简便的。

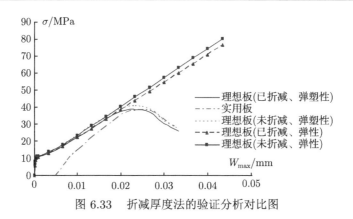

图 6.33　折减厚度法的验证分析对比图

　　本章提出的折减厚度法为大型复杂板钢结构极限承载力分析和结构在复杂应力作用下的极限承载力分析的新方法,该方法是对承载力数值分析方法的补充,可以对钢桥、钢结构等规范的条款直接进行修正得到结构的承载力而不必采用经验的安全系数;首次提出了实用结构的初始缺陷、残余应力对结构极限承载力影响的显式方程。根据理论分析表明,厚度折减方程与边界条件无关,适用于等厚度板在任意边界条件下承受面内荷载作用的承载力分析。通过与非线性有限元分析结果和试验数据的对比,说明该方法简便、精度高、适用范围广,大大简化了板钢结构极限承载力分析的复杂性。

6.4　板钢结构承载力统一理论

　　目前网架的极限承载力分析理论研究最为成熟,由于是最简单的结构,其主要的理论来自于轴心受压杆件承载力理论。网架结构在外荷载作用下的失效或破坏,主要是由于网架中的某个或某些受压杆件丧失稳定而不能承担更大的内力或内力减小,引起网架杆件内力重分布使其他杆件相继失稳,并在结构中出现屈曲失稳的传播,最终导致整个结构失效或倒塌。使网架杆件失稳的因素除轴力过大外,结构中的初始缺陷如残余应力、节点偏心及杆件初弯曲等也是不可忽视的因素。网架结构从第一根杆件失稳到网架倒塌可能会出现三种情况:第一种情况是,在第一根杆件失稳后,整个网架还会有明显的后继强度,网架的倒塌必须在荷载不断增加的情况下才会发生,这种情况可称为曲后强化型;第二种情况是,在第一根杆件失稳后,整个网架虽有一定的后继强度,但会出现明显的变形,造成使用困难,这种情况可称为延性屈曲型;第三种情况是,在第一根杆件失稳后,整个网架会由于杆件的失稳迅速传播而倒塌,没有后继强度,这种情况可称为脆性屈曲型。这三种情况的出现与网架的类型、网格的布置、杆件的选择以及支承情况有关。网架设计应尽可能使网架的承载力属于曲后强化型,至少应为延性屈曲型，应避免脆性屈曲型。一个网架的承载力属于哪一种类型，可通过网架极限承载力的分析得到。确定网架极限承载力的方法是一个跟踪网架结构局部失效（失稳或屈服）及其传播扩散的非线性过程。求解网架极限承载力的方法有多种，为了精确分析，应先确定网架结构杆件在轴向力作用下的承载全过程曲线，并以此曲线建立轴力杆的非线性数学力学模型，由此模型建立杆件单元的非线性刚度矩阵，并进行整个结构的整体非线性分析，求得每一级荷载下的节点位移和内力。按此方法进行非线性跟踪分析，直到网架结构整体失效，即可得到网架的极限承载力。

板壳桁架钢结构稳定性的极限承载力一直是钢结构研究的主要内容之一。由于板壳桁架钢结构的极限承载力分析涉及变形的几何非线性和材料非线性，因此显得极其复杂和困难，结构的屈曲和极限承载力不仅与结构的内力组合有关，还与不同内力之间的比例有关，因此板壳桁架钢结构的极限承载力问题一直停留在对受压简支板和简单构件的弹性屈曲、弹塑性屈曲和曲后力学性能分析水平，对复杂板钢结构极限承载力的研究较少，实用的钢结构设计规范也主要是基于试验数据，采用对强度设计公式进行参数修正来验算结构的稳定性能。板钢结构极限承载力研究停步不前主要与以下几个问题有关：

(1) 塑性佯谬对板钢结构极限承载力分析造成了理论上的矛盾；

(2) 板钢结构的承载力与初始缺陷有密切关系，如果仍采用半经验半理论的分析方法，则不能得出合理的承载力公式，不能合理、经济地对板钢结构的承载力进行利用；

(3) 板钢结构的变形、应力与结构参数、荷载随机性有关，如何分析板钢结构承载力的随机性，直接关系到板钢结构承载力的利用水平和结构的安全性。

前两个问题已在前面的章节中进行了充分的讨论，第三个问题将在第 7 章中讨论，最后通过分项系数来体现。

对于单向均匀受压的四边简支板，只要具有刚强的侧边支承，板件曲后的强度就会有明显的提高。折减厚度法的分析表明弹性边界矩形板的曲后性能与简支板的曲后性能同构，另一方面，修正和推广了冯·卡门的有效宽度理论，这样，板钢结构的曲后性能可以比拟成一系列带弹性边界的矩形板进行分析，弹性边界条件只影响板件的弹性屈曲载荷，而弹性屈曲到极限状态的过程中，弹性边界板与简支板表现出一致的性质。对复杂的板钢结构承载力来说，有效宽度理论仍然满足，也无疑是简洁的，精度满足工程实践需要。因此，将有效宽度公式中的屈曲应力等效为任意弹性边界板的屈曲应力，则承载力统一理论可以看作是有效宽度公式推广到板钢结构在面内荷载作用下的极限承载力统一公式。

本节先讨论冷弯薄壁结构的畸变屈曲和承载力分析，再从研究板钢结构极限承载力的重要性出发，论述结构极限承载力分析过程中需要探讨的问题、板钢结构极限承载力理论的推导过程和弹性边界矩形板的极限承载力统一公式推广到板钢极限承载力统一理论中需要解决的问题。本章着重论述了板钢结构极限承载力统一理论的架构体系，关于承载力统一理论应用的计算过程、计算结果与其他理论或规范的对比见附录 3，那里列举了文献 [7]《钢结构稳定理论与设计》中的主要例题，可供读者学习和比较。

6.4.1　冷弯薄壁型钢结构的极限承载力

随着科技水平的不断进步和建筑业的快速发展，人们对材料的要求日益提高，对建筑材料的有效强度和利用率越来越重视。其中，冷弯薄壁型钢因具有节能环保、利用效率高等综合的优良性能，在土木工程中得以广泛应用。冷弯薄壁型钢是指在常温状态下将薄钢板或带钢通过辊轧或冲压弯曲成各种截面形状的型钢构件，通过改变截面形状而不是增大截面面积的方法，用相对较少的材料承受较大的荷载，是一种高效截面型材，也即典型的轻型钢结构。薄壁冷成型钢作为"绿色建筑"的重要组成部件，不仅在超市、商场等公共建筑的货架与仓储结构中得到广泛应用，更重要的是在工业与民用建筑中的应用亦正日益增加 [38,39]。

为满足日益增加的工业化建设需要，冷弯薄壁型钢构件的截面形式日趋多样化和复杂化。如图 6.34 所示，常用的截面形式主要有直角形、槽形、卷边槽形、Z 形、帽形，以及由这些截面各板件加劲所形成的截面形式。

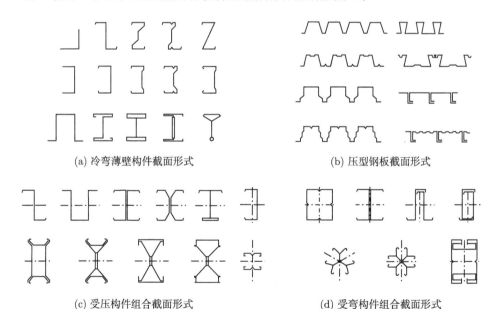

(a) 冷弯薄壁构件截面形式　　　　　　　　(b) 压型钢板截面形式

(c) 受压构件组合截面形式　　　　　　　　(d) 受弯构件组合截面形式

图 6.34　冷弯薄壁型钢构件的截面形式

1. 冷弯薄壁型钢构件的屈曲

冷弯薄壁型钢产生高效利用率的同时，由于所用材料屈服强度的提高，板件超薄化，截面形式也日趋复杂，使得构件的稳定问题更突出。对于冷弯薄壁开口截面构件而言，一般会出现板件局部屈曲、截面畸变屈曲和构件整体屈曲，这三种屈曲模式在一定条件下还会出现两两之间或三者之间的相关作用。如图 6.35 所示，当发生局部屈曲时板件围绕板件交线转动，交线仍保持直线；当发生整体屈曲时整个横截面发生转动或侧移，截面形状不发生变化；而发生畸变屈曲时板件围绕板件交线转动，其中部分板件交线不再保持直线，截面形状和轮廓尺寸也发生变化，有的畸变屈曲在屈曲后截面的形心、中性轴变位，由于截面的严重畸变导致结构曲后部分截面刚度骤然降低，出现类似脆性破坏的性质。

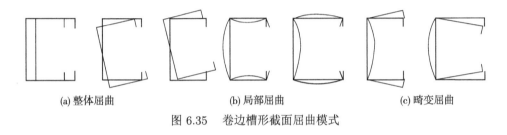

(a) 整体屈曲　　　　　　　(b) 局部屈曲　　　　　　　(c) 畸变屈曲

图 6.35　卷边槽形截面屈曲模式

整体屈曲时受压构件表现为弯曲屈曲、扭转屈曲和弯扭屈曲，受弯构件则表现为弯扭屈曲。如图 6.36 (a) 所示，整体屈曲的半波长较大，在端部有侧向约束时整个构件长度范围仅形成一个半波，整体屈曲一般发生在长细比较大的构件。构件在发生整体屈曲时，任一横截面不发生形状上的改变，只是横截面产生整体的刚性位移，经典力学的刚周边假定基本成立。

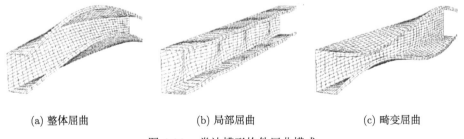

(a) 整体屈曲　　　　　　(b) 局部屈曲　　　　　　(c) 畸变屈曲

图 6.36　卷边槽形构件屈曲模式

局部屈曲的特点是仅有各板件的弯曲变形,而板件之间的交线均保持挺直,没有横向变形。图 6.36(b) 为受压构件的局部屈曲,其特点是屈曲半波长较短,在构件长度范围内形成若干个半波长相等的波形,通常半波长与发生屈曲的板件宽度近似相等。局部屈曲一般发生在具有较大的回转半径和较小的长细比的构件，当构件受压时，局部屈曲出现之前截面上的压应力基本均匀分布，由于通常腹板的宽厚比较大，腹板首先发生局部屈曲；而当构件受弯时，局部屈曲可能首先发生在受压翼缘，由于腹板上的应力呈梯度分布，也可能发生在宽厚比较大的受压腹板。由于板组体系的影响，当一块板件发生局部屈曲时，必然牵制相邻板件一起凸曲；相邻强板会对弱板起支援作用，延缓其屈曲变形行为，而弱板则必然对强板局部变形起促进作用；在屈曲行为中各相邻板件互相影响，形成局部屈曲相关作用。在板件边界的约束作用下，各板件屈曲后，整个截面具有曲后强度。冷弯薄壁构件发生局部屈曲时构件整体变形相对较小，构件的刚度退化小，因此具有较大的曲后强度。

畸变屈曲构件的截面表现为翼缘和卷边一起绕翼缘与腹板的交线横向转动，两侧翼缘相靠近或相背离，带动腹板凸曲或凹曲；板件间的交线不再保持原来的直线位置，而是产生了横向变形，横截面的形状发生了变化。图 6.36(c) 为受压构件的畸变屈曲模式。畸变屈曲的曲后强度对缺陷的敏感性更高。

对畸变屈曲现象的研究由来已久，但人们的研究重点主要在局部、弯扭屈曲及其相关屈曲问题上，并把畸变屈曲称为 "加劲肋屈曲"、"局部扭转屈曲" 等，畸变屈曲被归类为上述问题处理，结果不甚理想 [33-43]。1985 年，悉尼大学 Hancock 通过对尾翼和尾翼卷边槽形截面进行试验研究与理论分析，首次正式提出 "畸变屈曲" 名称，从而把畸变屈曲作为有别于局部和整体的屈曲问题开始研究。随后，Lau 和 Hancock 提出了轴压构件弹性畸变屈曲应力计算的简化公式。Lau 和 Hancock 进行了卷边槽形、帽形、尾翼和尾翼卷边槽形截面轴压构件的非弹性畸变屈曲试验研究，并与样条有限条法进行比较分析。Kwon 和 Hancock 通过高强钢材卷边槽形、腹板加劲卷边槽形截面轴压构件的弹性段畸变屈曲试验研究 [35]，首次发现畸变屈曲具有较大的曲后强度，但比局部屈曲的曲后强度明显要低，并提出了畸变屈曲承载力计算的两条强度曲线。Hancock, Kwon 和 Bernard 通过整理在悉尼大学进行的畸变屈曲系列轴压和弯曲承载力试验结果，充实了畸变屈曲承载力计算的两条强度曲线的试验基础 [43]。Hancock 将弹性畸变屈曲应力计算模型进行修正后用于弯曲构件，并将两条强度曲线应用于受弯梁，提出了弯曲构件畸变屈曲承载力计算公式。Hancock 由于对畸变屈曲的大量研究，引起了更多学者的关注。Schafer 和 Peköz 提出了冷弯薄壁型钢弯曲承载力计算的直接强度法，并将直接强度法由弯曲构件引入轴压构件的承载力计算。正如 Schafer 所指出的，直接强度法根源于 Hancock 对畸变屈曲的系统研究，尤其是有大量试验结果支撑的两条强度曲线。

Hancock 提出的两条强度曲线分别作为有效宽度法和直接强度法畸变屈曲承载力计算公式被澳洲规范 (AS/NZS 4600:2005) 采用。北美规范 (NAS-AISI2007)

则将其中一条强度曲线作为畸变屈曲承载力直接强度法计算公式采用。我国现行规范《冷弯薄壁型钢结构技术规范》(GB 50018—2002) 对畸变屈曲还没有具体条文规定；而行业标准《低层冷弯薄壁型钢房屋建筑技术规程》(JGJ 227—2011) 对畸变屈曲的承载力直接参考澳洲规范有效宽度法而给出 [44−52]，即 Hancock 提出的另一条强度曲线作为畸变屈曲承载力有效宽度计算公式。

然而，Hancock 的两条强度曲线尽管有着相同的试验基础，但在部分区间有误差，其中澳洲规范和中国规程采用的有效宽度公式计算范围也有限；此外，最近研究发现畸变与局部或整体相关屈曲时对构件有降低承载性能的不利影响，而在计算这些相关作用时，必然要用到畸变屈曲承载力计算公式。因此，周绪红基于文献 [43] 提出了畸变屈曲承载力有效宽度建议计算公式，通过延伸规范中有效宽度公式的计算范围，来减小与直接强度设计曲线的误差 [33]。

2. Hancock 的研究成果和应用

1) Hancock 计算公式 (一)

Johnston 将美国结构稳定研究委员会 (SSRC) 建议的中心压杆强度曲线采用长细比 λ 表示为

$$f_u = f_y \left(1 - \frac{\lambda^2}{4} \right), \quad \lambda \leqslant \sqrt{2} \tag{6.83a}$$

$$f_u = \frac{f_y}{\lambda^2}, \quad \lambda > \sqrt{2} \tag{6.83b}$$

Lau 和 Hancock 对屈服强度 200∼480 MPa 的帽形、卷边槽形和货架截面形式构件进行了试验研究，由于 $f_y/f_{de} < 2$，f_{de} 为构件弹性畸变屈曲临界应力。试验均表现为非弹性的畸变屈曲，经与 Chajes 和 Winter 等的非弹性弯扭屈曲的承载力公式对比，通过整理试验结果，提出了表达形式相似的非弹性畸变屈曲承载力 f_{di} 计算式 (6.84a)、式 (6.84b)，将 $\lambda = \sqrt{f_y/f_{de}}$ 代入，该公式也与 Johnston 抛物线形式计算公式一致，即

$$f_{di} = f_y \left(1 - \frac{f_y}{4f_{de}} \right), \quad f_{de} \geqslant \frac{f_y}{2} \tag{6.84a}$$

$$f_{di} = f_{de}, \quad f_{de} < \frac{f_y}{2} \tag{6.84b}$$

随后，Kwon 和 Hancock 对高强钢卷边槽形、腹板加劲卷边槽形截面进行了试验研究 [35]，由于 $f_y/f_{de} > 2$，发现了畸变屈曲具有较大的曲后强度现象，于是提出了考虑曲后强度利用的畸变屈曲承载力计算公式，即

$$f_u = f_y \left(1 - \frac{f_y}{4f_{de}} \right), \quad f_{de} \geqslant \frac{f_y}{2} \tag{6.85a}$$

$$f_u = f_y \left[0.55 \left(\sqrt{\frac{f_y}{f_{de}}} - 3.6 \right)^2 + 0.237 \right], \quad \frac{f_y}{13} \leqslant f_{de} < \frac{f_y}{2} \tag{6.85b}$$

2) Hancock 计算公式 (二)

利用冯·卡门薄板大挠度理论, Kwon 和 Hancock 基于大量试验结果, 通过对 Winter 公式进行修正, 划分为两个阶段:

$$\frac{b_e}{b} = 1, \quad \lambda \leqslant 0.673 \tag{6.86a}$$

$$\frac{b_e}{b} = \sqrt{\frac{f_{de}}{f_y}} \left(1 - 0.22 \sqrt{\frac{f_{de}}{f_y}} \right), \quad \lambda > 0.673 \tag{6.86b}$$

式中, $\lambda = \sqrt{\dfrac{f_y}{f_{de}}}$。

由于与试验结果相比, 该公式偏于不安全, 于是将 f_{de}/f_y 指数项由 0.5 提高到 0.6, 并将系数项由 0.22 增加到 0.25, 提出了考虑曲后强度利用的畸变屈曲承载力计算公式 (二), 即

$$\frac{b_e}{b} = 1, \quad \lambda \leqslant 0.561 \tag{6.87a}$$

$$\frac{b_e}{b} = \left(\frac{f_{de}}{f_y} \right)^{0.6} \left[1 - 0.25 \left(\frac{f_{de}}{f_y} \right)^{0.6} \right], \quad \lambda > 0.561 \tag{6.87b}$$

3. 畸变屈曲试验对比分析

通过对国内外冷弯薄壁轴压构件畸变与局部相关屈曲的试验进行收集整理, 这些试验数据和结果主要来自期刊、研究报告、学位论文等。试验数据根据截面形式的不同, 分为普通卷边槽形截面 (Kwon 等 (2009)[39])、腹板加劲卷边槽形截面 (Kwon 等 (2009) [39], Yap 和 Hancock(2011)[40])、腹板与翼缘均加劲卷边槽形截面 (Yang 和 Hancock(2004)[41], Yap 和 Hancock(2008)[42]) 三类。

Minnett 和 O'Dey 对 Z 形截面构件进行试验研究, 由于 $f_y/f_{de} \approx 2$, 试件破坏应力与弹性畸变屈曲应力较为接近[33,37,38]。

这里将畸变屈曲试验与承载力统一理论进行对比分析。根据前面研究的板钢结构极限承载力的相关方法, 此处可以采用屈曲相对刚度系数 $\sqrt{f_{de}/f_y}$ 来描述畸变屈曲构件的极限承载力, 根据数值拟合, 已有的试验数据也可以采用如下拟合经验公式:

$$\xi_u = -0.261\xi_{cr}^2 + 1.02\xi_{cr} \tag{6.88}$$

如图 6.37 所示，不同截面形式的试验结果只是集中在一定的区间内，而收集的所有试验数据基本布满了 $\sqrt{f_{de}/f_y}$ 的区间 [0.28,1.65]，并没有一种截面的试验数据覆盖了整个区间。分析表明，由于试验数据中未能分离初始缺陷对极限承载力的影响，所有试验数值只能看成是实用构件在荷载作用下的极限承载力，因此 Kwon 和 Hancock 计算公式仍是经验拟合公式，与受压简支板极限承载力的 Winter 公式具有一样的性质。

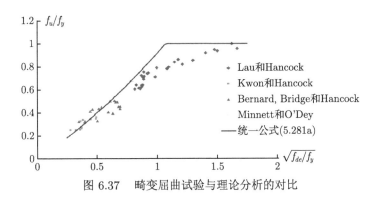

图 6.37　畸变屈曲试验与理论分析的对比

数据分析表明 Kwon 和 Hancock 公式与试验数据拟合较好，而采用承载力统一公式计算，在杆件的屈曲应力接近材料屈服应力附近区间存在的最大差值小于 20%，更为精细的数值分析表明这些差值是构件的初始缺陷影响造成的。对比分析表明承载力统一公式与理想杆件的极限承载力十分吻合，这一方面说明承载力统一理论适用于分析畸变屈曲，另一方面也说明畸变屈曲构件在屈曲应力接近屈服强度时对初始缺陷表现得较为敏感，与受压简支板很类似。

畸变屈曲与前面讨论的局部屈曲表现的性质是一样的，所以可以将畸变屈曲看成是局部屈曲的一种；这也同时说明，将初始缺陷对极限承载力的影响分离出来在承载力理论研究中的重要作用，只有将初始缺陷对构件承载力的影响分离出来，得出的极限承载力就不再仅仅停留在经验公式的水平上了，不仅对承载力的概念有所提升，在理论上也更加完备，同时也提高了结构的安全性。

6.4.2　钢结构极限承载力

1. 钢结构设计规范的对比

在我国，与钢结构设计及钢材材料属性相关的规范很多。钢结构设计方面，有适于工业与民用房屋和一般构筑物钢结构设计的国标《钢结构设计规范》（GB50017—2003，以下简称《钢规》），有关于冷弯成型钢构件及其连接的国标《冷弯薄壁型钢结构技术规范》（GB50018—2002），还有 2015 年 12 月 1 日实施，适用于各等级公路钢结构桥梁和桥梁钢结构设计的《公路钢结构桥梁设计规范》(JTGD64—2015,以下简称《公桥钢规》),以及铁道部 2005 年颁布的用于客货列车共线、客车时速 160 km/h、货车时速 120 km/h 简支或连续钢桁梁、板梁及全焊钢梁设计的行业标准《铁路桥梁钢结构设计规范》(TB 10002.2—2005,简称《铁桥钢规》)。结构用钢的材料特性方面,国标《桥梁用结构钢》(GB /T714—2008,简称《桥钢》)规定了桥梁用结构钢的牌号、尺寸、外形、技术要求、检验规则等。国标《碳素结构钢》(GB /T700—2006,简称《碳钢》)、国标《低合金高强度结构钢》(GB/T1591—94,简称《低合钢》)分别对相应类别钢材的规格、属性等进行了规定 [50−54]。

1) 钢结构设计规范的发展历程 [55]

1974 年 12 月由国家基本建设委员会、冶金工业部批准和颁布了《钢结构设计规范》(TJ17—74,试行),以前主要学习和参考苏联的钢结构设计规范。74 版规范不仅解决了我国钢结构设计问题,而且还培养了一批热心于钢结构设计规范编制的人才,这无疑是我国钢结构发展史上一个重要的里程碑。

74 版规范颁布后,由北京钢铁设计研究总院组织全国几十个单位对规范中存在的问题进行了理论和试验研究,经过 10 余年的努力,获得了 100 多项有关规范的研究成果,并在此基础上完成了对 74 版规范的全面修订,于 1988 年 10 月由建设部批准和颁布了 88 版规范,即《钢结构设计规范》(GBJ17—88)。

自 20 世纪 90 年代以来,随着我国钢产量的不断增加,建筑钢结构有了飞速的发展,对 88 版规范提出了多方面的修改要求,1997 年建设部发文要求北京钢铁设计研究总院会同国内 15 家单位成立规范修订组,负责对 88 版规范进行全面修改。2003 年 4 月建设部批准并颁布了 2003 版《钢结构设计规范》(GB50017—2003)。

54 版规范采用容许应力设计法,容许应力取为钢材屈服点除以安全系数,要求构件或连接的设计应力不超过容许应力,这是一种基于经验的设计方法。57 年到 74 年间借用苏联 55 年版规范,采用三系数的极限状态设计法。三系数为超载系数、匀质系数和工作条件系数,通过对钢材强度和风、雪等荷载的概率分析得到,设计则按承载能力极限状态和变形极限状态进行。这是一种基于半概率半经验的极限状态设计方法。74 版规范采用的是以极限状态为依据,经多系数分析后用单一安全系数的容许应力设计法,多系数包括荷载系数、材料系数和调整系数,按数理统计方法结合我国工程实践经验进行分析。这一方法形式上与容许应力法相同,具有表达式简单、概念明确、应用方便的优点,实质上仍是一种基于半概率半经验的设计方法。88 版规范采用以一次二阶矩概率理论为基础的极限状态设计方法,用分项系数设计表达式进行计算,该方法考虑了荷载效应与结构抗力联合概率分布对结构可靠度的影响,因此与 74 版规范相比有很大提高。

54 版规范对受弯构件腹板局部稳定的计算采用基于无限弹性假定的多种应

力下的相关临界条件公式，不考虑腹板的曲后强度。74 版规范通过对相关临界条件的简化和适当考虑曲后强度，将腹板局部稳定的计算改为采用直接求出控制腹板局部稳定的加劲肋间距的实用简化方法，此法公式简单，使用方便，同时为了满足实用简化方法不能包含的多种情况的需要，仍将相关临界条件公式列入附录，以备使用。88 版规范沿用了 74 版规范的计算方法，2003 版规范对受弯构件腹板局部稳定的计算作了较大修改。首先，为了适应钢结构广泛应用后，受弯构件腹板局部稳定的计算，出现各种不同情况的需要，决定仍采用适应性较广的多种应力下的相关临界条件计算，不再采用实用简化方法，同时对相关临界公式作了修改，对公式中的临界应力作了弹塑性修正；其次，增加了腹板考虑曲后强度的计算，腹板受弯曲后强度的计算采用有效截面的概念，腹板受剪曲后强度的计算采用拉力场概念，弯剪共同作用时采用相关公式，修订后的内容与时俱进。

其他规范也大致经历了这样的过程和阶段。

《公路桥涵钢结构及木结构设计规范》(JTJ025—86) 于 1987 年 1 月 1 日实行，原交通部 1974 年发布的《公路桥涵设计规范 (试行)》中第 5 章钢结构和第6 章木结构同时废止。

20 世纪 50 年代到 70 年代末，是逐步形成我国公路桥梁结构设计规范的时期。最初主要是采用苏联的桥梁结构设计规范，为容许应力设计法。1961 年我国编制了《公路桥涵设计规范》，该规范结合我国具体情况增加了不少新的内容，但设计方法仍然是传统的容许应力设计法。结构构件的实际应力是结构设计规范规定的标准荷载按照材料力学公式以线弹性理论计算得出的。容许应力是用大于1.0 的安全系数去除某一适当的极限应力，结构构件的安全系数一般由经验判断确定。

我国于 1974 年编制的《公路桥涵设计规范》仍然是采用了容许应力设计法来表达，但是已经具有了极限状态设计法的思想，也就是说，采用了极限状态方程式来表达容许应力的确定。这种方法又称为新的容许应力设计法。

1986 年，国家计委下达任务编制《公路工程结构可靠度设计统一标准》，该标准是以结构可靠性理论为基础，采用分项系数的概率极限状态设计方法，自 1999 年10 月 1 日施行。该标准引入了结构可靠度理论，把影响结构可靠性的各种因素均视为随机性变量，以大量调查实测资料和试验数据为基础，运用统计数学的方法，寻求各随机性变量的统计规律，确定结构的失效概率 (或可靠度) 来度量结构的可靠性。

《公路钢结构桥梁设计规范》(JTG D64—2015) 在《公路桥涵钢结构及木结构设计规范》(JTJ025—86) 的基础上修订而成。修订的主要内容包括：调整了规范适用范围；采用了概率理论为基础的极限状态设计方法 (钢结构疲劳计算除外)；改进了钢结构的稳定和疲劳设计与计算方法，并增加了疲劳荷载模型；补充和完善了钢板梁、钢桁梁、组合梁、缆索系统、支座与伸缩装置的计算和构造规定；增加了有关钢箱梁、钢管结构、钢塔、防护及维护设计的相关规定。

《铁路桥梁钢结构设计规范》(TB10002.2—99) 是在《铁路桥涵设计规范》(TBJ2—85，含 1996 年局部修订版) 第 4 章钢结构基础上修订而成。

在修订 85 版的过程中，认真贯彻国家有关法规，符合铁道部于 1996 年发布的《铁路工程建设设计暂行规定》的主要规定，并贯彻《铁路主要技术政策》的有关要求，充分吸收了"八五"以来完成的丰硕科研成果，尤其是九江长江大桥集新材料、新结构、新工艺于一身的芜湖长江大桥的建设经验，其中部分科研成果已纳入，而且还吸收了桥梁在施工、运营中其他行之有效的经验。这次修订主要内容是增列 14 MnNbq、15 MnVNq 钢种及高强度螺栓 M27、M30 规格，调整了钢压杆容许应力折减系数 H_1，对疲劳计算及有关规定作了全面修订，并对钢板梁、钢桁梁的竖向挠度容许值和横向刚度控制值作了修订等。

2) 钢结构设计规范的对比分析

为便于对比，将公路、铁路桥梁钢结构设计规范与工民建钢结构设计规范在钢材牌号、设计准则、材料强度取值、设计荷载、主要计算公式等方面的异同进行对比分析 [37,38]。

A. 钢材牌号

根据《铁桥钢规》和《桥钢》，铁路钢桥的钢梁主体结构应采用质量等级为 D 级或 D 级、E 级的 Q235q、Q345q、Q370q、Q420q 钢，且《碳钢》及《低合钢》要求桥梁辅助结构和连接型钢分别选用 Q235-B.Z、Q345C 钢；然而，《公桥钢规》和《钢规》要求承重结构选用质量符合《碳钢》和《低合钢》规定的 Q235、Q345、Q390、Q420 钢。可以看出，由于大多数房屋建筑设计基准期为 50 年，而公路及铁路钢桥设计使用年限为 100 年，且桥梁荷载多为动载或冲击荷载，因此与房屋建筑相比，公路、铁路钢桥对钢材的性能要求更高，其主体结构普遍采用高强度结构钢。

B. 设计准则

当前国际工程界常用的两种基本结构设计方法为容许应力法和极限状态法。容许应力法自 1826 年被提出后一直沿用至今。容许应力法简洁、实用，但不能真实反映材料的特性、荷载效应及构件抗力的变异，无法考虑材料塑性阶段的继续承载，设计偏于保守，而极限状态设计法通过可靠度指标使各构件的可靠度得以互相协调，以塑性理论为基础，发挥了材料的潜力。基于概率理论的极限状态法已成为国际钢桥设计的主流。为满足当前大规模钢桥建设需要，采用极限状态设计法是公路、铁路行业钢桥设计的一种必然趋势。

新中国成立初期，中国公路桥涵设计主要借用美国及苏联标准，以容许应力法为主。1985 年以后，自主编制的部分标准逐渐开始选用极限状态法。从我国铁路行业第一部结构设计标准问世至今，铁路钢桥始终采取容许应力法进行设计。除疲劳计算之外的房建钢结构设计率先选用以概率理论和结构可靠度理论为基础的极限状态法，并已多次修订，但因缺乏对疲劳极限状态的深入研究，疲劳计算仍沿用传统的容许应力法。《公桥钢规》采用以概率理论为基础的极限状态设计方法，按照分项系数的设计表达式进行设计。

C. 材料强度取值

基本容许应力安全系数的取值，《桥钢》和《铁桥钢规》没有用概率方法，而是根据多年的工程经验规定热轧钢材基本容许应力的安全系数取 1.7 左右，抗拉强度安全系数取 2.5 左右，铸钢基本容许应力的安全系数采用 1.85；《铁桥钢规》中钢材的弯曲容许应力为轴向容许应力的 1.05 倍，端部承压容许应力 (磨光顶紧) 为容许应力的 1.5 倍。

《公桥钢规》以表格的形式给出不同钢材的强度设计值和计算依据，材料的抗力分项系数为 1.25，钢材的抗剪强度设计值 f_{vd} 为 $0.577f_d$，钢材的端面承压 (刨平顶紧) 设计值以抗拉强度最小值 f_u 为基础，$f_{cd} = f_u/1.322$。抗拉、抗压和抗弯强度设计值 f_d 以钢材的屈服强度 f_y 为基础除以材料抗力分项系数并取 5 的整倍数而得。

房建行业《钢规》规定钢材的抗弯强度设计值与轴向抗拉、抗压强度设计值相等。对于 Q235 钢安全系数取 1.087，对于 Q345、Q390、Q420 钢安全系数统一取 1.111。钢材端部承压 (刨平顶紧) 强度为钢材极限抗拉强度除以 1.15(Q235) 或 1.175(Q345、Q390 及 Q420)。

同标号、相等屈服强度的钢材，房建行业规范给出的抗拉、压、弯剪强度及端部承压强度均高于公路、铁路行业规范中的相应值。

D. 设计荷载

铁路钢桥设计用到的设计荷载取荷载标准值，而公路钢桥和房屋钢结构设计所采用的极限状态设计法中，设计荷载为荷载标准值与荷载分项系数、结构重要性系数、可变荷载组合系数的一个组合值。房屋钢结构的设计使用年限通过结构重要性系数 γ_0 反映在设计荷载中，仅设计使用年限 100 年及以上或安全等级为一级的结构构件，取 γ_0 不小于 1.1，其余结构构件可取 γ_0 小于 1.1；而公路、铁路行业规范规定桥梁的设计使用年限为 100 年，所有钢桥均属于房建规范中所述的安全等级为一级，γ_0 不小于 1.1 的情形。

E. 计算公式

经比较，房建规范与公路、铁路规范强度及稳定性计算公式的构成大致相同，但具体细节略有差别。《公桥钢规》和《钢规》采用极限状态设计方法，故主平面内受弯的正应力强度验算公式通过塑性发展系数 γ_x、γ_y 考虑材料的塑性；《铁桥钢规》采用容许应力法设计，构件内力计算仅考虑材料弹性受力阶段，公式中未包含反映材料塑性的参数。《钢规》中强度验算采用净截面面积，稳定性验算用毛截面面积，《铁桥钢规》仅受拉构件的强度验算采用净截面面积，受压构件强度计算及稳定性验算均采用毛截面面积，忽略螺栓、钉孔截面削弱的影响。《公桥钢规》和《钢规》将钢结构的稳定性分为整体稳定性和局部稳定性两类，通过设置小于 1.0 的整体稳定系数 φ、φ_b 来考虑构件发生整体失稳时的承载能力，通过验算构件高 (宽) 厚比、设置加劲肋避免局部失稳；《铁桥钢规》将钢构件的稳定性分为总稳定性和局部稳定两种，借助容许应力折减系数 φ_1、$\varphi_2(\varphi_1$ 及 $\varphi_2<1.0)$ 来降低发生总体失稳时钢材的容许应力，用与《钢规》类似的计算方式或构造措施保证构件的局部稳定性，但高 (宽) 厚比的具体限值略有差别。

《钢规》要求直接承受动力、重复荷载作用的构件，当应力变化次数 $\leqslant 5\times 10^4$ 时应验算疲劳强度；《公桥钢规》认为汽车荷载是导致疲劳破坏的主要因素，故只对车辆荷载作用下的疲劳验算进行了规定。

《铁桥钢规》规定凡承受动载的构件或连接必须进行疲劳计算，对应力循环次数并无明确要求，这是由于钢桥所受动载均为循环荷载，且钢桥在达到 100 年设计使用寿命时所受动载的循环次数难以准确估算。三种规范均规定只受压的构件可不验算疲劳强度。《钢规》通过限制 (等效) 应力变化幅度以避免钢构件疲劳破坏发生，《铁桥钢规》通过限制应力变化幅度或最大应力进行疲劳验算，而《公桥钢规》参考了欧洲钢结构设计规范的研究成果通过限制 (等效) 应力变化幅度以避免钢构件疲劳破坏发生。

3) 钢结构设计规范的可靠度对比

近年来，我国公路桥梁事故频发，相比之下，美国与欧洲的公路桥梁和我国铁路桥梁发生事故较少，这一事实使得对比研究中、美、欧公路桥梁以及相关行业设计规范的可靠度水平十分有意义。2010 年 4 月起，交通运输部公路规划设计院主持了《公路工程结构可靠性设计统一标准》的修编工作。吴迅等对比中、美、欧公路桥梁设计规范以及我国铁路桥梁设计规范的可靠度水平，采用我国公路桥梁中跨径 20~40m 的预应力混凝土简支 T 梁通用图集，设计荷载为公路-I 级，安全等级为一级，均为双向 4 车道，5 片主梁，以及中铁咨询桥梁工程设计研究院设计的跨径 8m、12m、16m 道砟桥面钢筋混凝土简支铁路梁桥。按照我国《公路桥涵设计通用规范》(JTG D60—2004)、美国《AASHTO LRFD 桥梁设计规范》、欧洲规范《Eurocode EN1991—2003》和《铁路桥涵钢筋混凝土和预应力混凝土结构设计规范》(TB1002.3—2005)，根据规范设计最小抗力要求的预应力筋 (公路桥梁) 和钢筋 (铁路桥梁) 配置条件，计算 T 梁跨中截面在承载能力极限状态的抗弯承载能力可靠指标，以此对比了中、美、欧公路桥梁以及中国铁路桥梁的可靠性。

比较结果显示，所选桥梁构件按照我国规范计算的最小抗力可靠度指标在

5.4~5.6，按照美国规范计算的最小抗力可靠度指标在 4.4~4.5，按照欧洲规范计算的最小抗力可靠度指标在 7.1~7.4。我国规范、美国规范和欧洲规范规定的最小抗力可靠度指标均达到了各自的目标可靠度指标。我国公路桥梁规范规定的最小抗力的可靠度指标均高于美国数值，但是我国公路桥梁规范规定的最小抗力的可靠度指标低于欧洲数值。我国铁路桥梁的可靠度指标均值在 6.6 左右 [49]。

因此，我国公路桥梁设计规范目标可靠度指标高于美国规范和欧洲规范，设计规范最小抗力的可靠度指标高于美国规范而低于欧洲规范，目标可靠度指标和最小抗力的可靠度指标也比我国铁路桥梁的最小抗力的可靠度指标低。铁路桥梁的车辆荷载受到严格控制，很少出现公路桥梁超载重载的情况，故最小抗力可靠指标较高。我国公路桥梁往往还出现设计不当，施工质量差，超载现象严重，桥梁运营和养护不当等问题，可靠度指标计算时，采用的统计参数较陈旧，这些因素都导致我国公路桥梁实际可靠度可能低于理论可靠度。

4) 钢结构设计规范的差别

我国的桥梁设计理论从新中国成立以来，历经了长期的发展，已经制定了一系列较为完备的设计规范。行业不同，荷载不同，计算方法和适用规范也有差异，这些问题对结构稳定性的极限承载力研究会造成一定的差别。

我国钢结构设计方法因规范所属行业不同有所差异，如《铁路桥梁钢结构设计规范》(TB10002.2—2005) 中仍大量存在安全系数法，而《钢结构设计规范》(GB50017—2003) 中全概率极限法、半概率极限法与安全系数法并存。《公桥钢规》采用以概率理论为基础的极限状态设计方法，按照分项系数的设计表达式进行设计。

从不同行业钢结构设计规范看，不同钢结构设计规范的结构参数取值是一致的，那么，结构的极限承载力计算值是确定的，只不过规范采用不同的设计计算方法得出的计算结果并不一致。由于行业的不同，对结构的荷载特性存在区别，例如房建的荷载多为静载，且结构的设计使用年限比桥梁短，结构的可靠性指标偏小，结构的设计承载力取值相对较大，同时对不同的结构与荷载特征，其构造或连接件的要求也并不完全相同，所以在设计中应予以注意。

对比分析说明目前我国钢结构承载力的相关研究还停留在特殊性上，还需要深入的研究，还没有达到理论体系的统一，最终达到钢结构设计理论采用统一的范式。

2. 结构极限承载力状态的确定

钢结构构件在外力作用下的工作性能与构件的截面形状与几何尺寸、作用力的性质与类型，以及构件所处的环境等有关。

以作用力而言，在通常的静力荷载作用下，钢材的塑性性能一般都能得到充分发展，而在高频反复荷载作用下，钢材会在较低的应力时发生疲劳断裂，出现脆性破坏。作用力可分为轴力、弯矩、剪力和扭矩，对于建筑钢结构而言，扭矩一般不是主要的。

以构件所处的环境而言，有温度环境和大气环境等。低温降低钢材韧性，使构件易发生脆性破坏。高温使钢材的屈服点、抗拉强度和弹性模量等降低。腐蚀性介质有时会促成脆性断裂。本章将限于讨论钢结构构件在轴力、弯矩和剪力作用下钢材塑性性能充分发展时的工作性能。在此种情况下构件先在弹性阶段工作，直到构件上的最大应力达到屈服点，这时的荷载及变形分别称为屈服荷载和屈服变形。随后构件进入弹塑性阶段工作，构件的局部部位出现塑性应变，构件出现不能恢复的塑性变形，直到构件达到极限承载力。这时的荷载和变形分别称为极限荷载和极限变形。构件达到极限承载力时，最大受力截面可能处于全截面塑性也可能处于部分截面塑性，视构件的受力状况而定。

一般而言，钢结构的极限承载力可通过估算结构对下列四种破坏形式中任一种的抵抗能力来决定：

(1) 屈曲或曲后失稳；

(2) 由屈服引起的塑性破坏；

(3) 过载下的脆性断裂；

(4) 因应力脉动的反复作用而产生的疲劳断裂。

本章研究的主要是前者。

例如，桥梁钢结构的极限承载力主要由四方面的因素决定：结构材料的性质与劣化 (疲劳、锈蚀等)、桥梁的永久荷载 (也称恒载)、桥梁的可变荷载 (也称活载，如汽车荷载、人行荷载和温度荷载等) 和偶然作用 (地震或撞击等)，由于除第二种作用是恒定的外，其余因素在时域上具有随机性，因此，要计算桥梁钢结构的极限承载力是一个十分复杂且具有明显随机性的一个问题。也即桥梁的汽车极限承载力大，并不能说其一定在偶然荷载作用下能有一个更好的承载力储备。限于极限承载力理论的研究范围，本书约定是不考虑结构材料的性质与劣化和偶然作用情形对桥梁钢结构屈曲和极限承载力的影响，对其他领域的钢结构也采用该约定。这时桥梁钢结构的承载力储备也可以给出明确的定义。在桥梁结构设计规范中，结构的极限承载力状态约定为结构的设计应力和变形小于规范规定值，如果按极限承载力理论，当不考虑结构材料的性质劣化时，结构的承载力储备为结构极限承载力状态对应的应力与设计荷载对应的应力之比。

钢结构构件在钢材塑性能充分发展时的极限承载力有两种可能：一种是钢结构构件上的某些截面达到全截面塑性并形成机构，不能继续承担更大的荷载，这时可称钢结构构件达到了强度极限状态，它所能承担的最大荷载为强度极限承载力；另一种是钢结构构件尚未达到强度极限状态，但由于构件整体或局部失去稳定而不能继续承担更大的荷载，这时可称钢结构构件达到了稳定极限状态，所能承担的最大荷载为稳定极限承载力。

除了强度极限状态和稳定极限状态外，根据实际工程设计的需要，尚可另行约定设计用的极限状态，一般有以下几种。构件在进入弹塑性阶段工作时，会出现不能恢复的塑性变形，当塑性变形增大到某种程度使构件不宜继续使用时，可将这种状态定为塑性变形极限状态。有的时候还将构件上的最大应力达到屈服点定为极限状态，可称为初始屈服极限状态。这些极限状态均可归属于强度极限状态。又如，考虑到构件出现局部失稳后会产生较显著的局部变形，即把出现局部失稳定为极限状态而不管局部失稳后构件是否有曲后强度，是否能继续承担荷载的增加，这种极限状态可称为局部失稳极限状态，也可归属于稳定极限状态。可以看出，到达以上几种极限状态的荷载均没有达到构件所能承受的最大荷载，也就是说都没有达到构件的极限承载力，只是由于钢结构设计的需要而已。几种极限状态的承载力储备和安全性并不同，相反，强度极限承载力可能是假象，特别是对可能发生屈曲的构件，即结构中存在受压或受剪的情形，这时，结构的稳定极限承载力小于强度极限承载力。

从上面提到的钢结构构件的各种极限状态可以看出，在到达极限状态时，构件截面上的应力状态是不一样的。对于结构的强度极限状态，构件的某些截面会达到全截面塑性并使结构形成机构不能继续承担更大的荷载。这时就需要这些截面上的全部应力不仅达到屈服点而且要在形成塑性铰并发生塑性转动时仍能保持在屈服点而不减小。对于因工程设计需要而约定的塑性变形极限状态，则最大受力截面上的应力状态往往为局部截面的应力达到屈服点，其余部分仍在弹性阶段，最不利的情况为全部截面的应力刚达到屈服点，但不发生塑性转动。对于初始屈服极限状况，则最大受力截面上的最大应力刚达到屈服点，构件仍在弹性阶段工作。

对于稳定极限状态，根据构件细长程度的不同，截面上也会出现不同的应力状态。当构件特别柔细时，失稳时构件内的应力也可能会小于屈服点。对于局部稳定极限状态，当板件的宽厚比很大时，也会出现这种情况。为了适应构件截面上的实际应力情况，有必要将截面按力学性能加以分类，这样有利于设计时对截面几何尺寸的确定。

构件截面的分类是根据构件截面可能出现的实际应力情况，通常将截面分为四类。第一类截面为特厚实截面，这类截面中板件的宽厚比最小，在构件形成塑性铰并发生塑性转动时，构件不会发生局部失稳，结构为塑性设计时应采用这类截面，也可称为塑性设计截面。第二类截面为厚实截面，这类截面中板件的宽厚比比第一类截面的大，在构件形成塑性铰但不发生塑性转动时，板件不会发生局部失稳，结构设计考虑塑性发展时应采用这类截面，因此也称为弹塑性设计截面。第三类截面为非厚实截面，这类截面中板件的宽厚比比第二类截面的大，在构件中的最大应力达到屈服点时，板件不会发生局部失稳。结构为弹性设计时应采用这类截面，因此也称为弹性设计截面。第四类截面为薄柔截面，这类截面中板件的宽厚比较大，构件在受力过程中会发生局部失稳，可按利用曲后强度的方法设计，因此也称为超屈曲设计截面。

表 1.10(见第 1 章的板宽厚比分类表) 列出了当用截面形式即工字形和箱形截面的板件时宽厚比的大致分界线。有些国家规范如美国、欧洲、加拿大等都有截面分类的规定。由于各国制订规范的具体方法不完全一致，其分类界限也会有所不同。

当截面根据不发生局部失稳的要求选用第二类或第三类截面时，构件的极限承载力一般都以整体失稳状态为依据进行计算，即稳定极限承载力。由于稳定极限承载力对构件存在的某些初始状态比较敏感，因此在分析构件的极限承载力时应考虑这些因素的影响。这些因素有：

(1) 截面的形状和尺寸；

(2) 材料的力学性能；

(3) 残余应力；

(4) 构件的初弯曲和初扭转；

(5) 荷载作用点的初偏心；

(6) 构件支承处可能存在的弹性约束，等等。

因此，在确定分析模型和建立稳定极限承载力的控制方程时，都应包括这些因素的参数在内。在分析构件的稳定极限承载力时，必须建立几何及材料非线性方程。当构件在弹性阶段失稳时，采用几何及材料非线性方程。

涉及的屈曲类型有畸变屈曲、局部屈曲、相关屈曲和整体屈曲。畸变屈曲可以看成局部屈曲的一种；相关屈曲是板与板、构件与构件之间的屈曲发生相互影响的性态。极限状态分为使用极限状态和承载力极限状态，本章多指后者，极限状态的不一致说明承载力的分析方法和结果也不一致。极限状态的极限载荷和位移都是重要的参数，是需要精确分析才能确定的数值。对于局部失稳后具有曲后强度的结构和构件，虽能继续承载，但其最后的整体失稳极限载荷将受到局部失稳的影响而降低，这时出现的整体稳定称为局部与整体相关稳定。

对于在实际工程中是否利用局部屈曲后的曲后强度还存在不同的观点。第一种观点为不可以利用，因为构件或板件屈曲后会出现明显的变形，不利于继续使用。第二种观点认为不宜在承受动力荷载的结构或杆件中利用，如桥梁、吊车梁等。因为在这类结构中动力荷载每作用一次，局部构件和受压板件就会局部屈曲一次，每一次局部屈曲就会出现一次明显的变形。由于这类结构动力荷载作用频繁，使局部屈曲和变形也频繁出现，形成一种称为 "呼吸现象"。"呼吸现象" 会使得局部屈曲的构件或板件不断受到损伤，当损伤累积到一定程度后就导致断裂，出现所谓的低周疲劳断裂或疲劳断裂。第三种观点认为可以利用，但有动力荷载时，局部屈曲的临界荷载不能太小，以防止呼吸现象的出现。

3. 桥梁结构极限承载力研究概况

桥梁结构从构造上和荷载多样性、恒载与活载的比例等方面看无疑是最复杂的；工民建的框架结构分析相对简单，理论与设计规范相对成熟；而大跨度的公共建筑除主要承受静荷载为主之外，其复杂程度与桥梁结构相当。对大跨度桥梁结构承载力进行整体分析是十分必要的，其主要的难点是结构的空间性对变形和应力的影响，还有结构的参数和承载力的时间流变性，而后者现今主要通过经验来解决[42−57]。国内关于桥梁结构力学行为的研究可以分为两类，一类是工程力学的范畴，通过对计算方法的优化、结构的简化等计算力学手段对桥梁结构进行分析，并试图优化设计或精确分析结构的力学行为；另一类是将桥梁结构作为一个整体进行研究，注重结构本身的设计经验修正和基于工程实践的对比分析，发现结构设计中存在的问题和针对该问题的工程措施研究与实践。

关于桥梁极限承载力的理论分析，国内外许多学者已进行了大量研究。早期桥梁极限承载力的计算采用线弹性理论，这对于当时的跨度来说，是可以满足工程要求的。但随着桥梁结构跨径的增大，逐渐发现采用线弹性理论会过高地估计结构的承载能力，是偏于不安全的。因此，建立了极限承载力分析的挠度理论，考虑结构几何非线性对极限载荷的影响。随后，更为精确的弹塑性分析理论被建立起来，并被运用于桥梁结构极限承载力分析。由于该理论综合考虑了结构的几何非线性、材料非线性的影响，故采用该理论计算出的临界荷载能较真实地反映结构的承载能力。国内外学者在采用几何非线性和材料非线性耦合的方法进行极限承载分析方面，以及采用修正拉格朗日列式法 (U. L. 列式法) 进行结构平衡方程的求解方面已达成共识，但对于材料非线性分析中弹塑性刚度矩阵的形成则意见不一，不同学者会采用不同的方法去形成结构的弹塑性刚度矩阵。例如，李国豪的悬索桥二阶理论分析方法；强士中教授引入工程实用板的概念，并采用塑性机构法对钢板梁的极限承载力进行研究；贺拴海的拱桥挠度理论；Podolny 将斜拉桥的非线性问题归结为塔、梁、索三类构件的非线性行为，并认为塔、梁刚度较柔时不可忽略它们在极限荷载下压、弯的相互影响；Fleming 从产生斜拉桥几何非线性因素的根源出发，将其分为斜拉索垂度效应、p-delta 效应和结构大位移影响，并系统地导出了求解上述三类几何非线性的分析方法 (等效模量、稳定函数、增量法与拖动坐标法)；Namzy 将稳定函数法推广到 3D 空间梁元，奠定了斜拉桥几何非线性分析的理论基础；沈锐利和强士中等在悬索桥力学性能、成桥线型控制方面提出了精细分析方法[58]。

桥梁极限承载力分析的数值方法或非线性方程的求解策略有逐步搜索法、摄动法、位移控制法和弧长法等。1985 年日本大阪大学 Nakai 等 4 人首先对一座钢斜拉桥施工阶段和运营阶段极限承载力进行了较为全面的分析。由此，关于面内荷载作用下超大跨径缆索承重桥梁极限承载力问题引起了学者的普遍关注。我国 20 世纪 80 年代末由同济大学桥梁系开始了斜拉桥的极限承载力研究。随后，西南交通大学伏魁先等采用等效弹性模量考虑斜拉索非线性，将单元沿竖向分层考虑材料弹塑性对一座钢斜拉桥进行了面内极限承载力分析。提出了对弹性边界板极限承载力进行分析的方法，基于受压局部板件的弹性屈曲应力，计算出板钢结构局部屈曲范围在达到极限状态时的极限承载力，进而得出弹性边界板的整体极限承载力 [59]。

　　由于超大跨径缆索承重桥梁理论分析的复杂性及存在的困难，因此其极限承载力研究的另一条途径是试验研究。对超大跨径缆索承重桥梁极限承载力分析的试验研究始于 1976 年，结合阿根廷 Zarate-Brazo Largo 公铁两用斜拉桥的兴建，进行了一个按 1:33.3 比例缩尺的模型试验 [60−66]。试验结表明：竖向挠度实测结果与理论计算结果误差一般在 5%～15%；索力实测结果与计算结果误差为 5%～20%。试验结果略大于理论分析结果，但能满足工程设计要求。长沙铁道学院颜全胜进行了两跨 3m + 3m 的独塔钢斜拉桥模型试验，试验结果表明 [67−70]：结构失效表现为拉索力过大滑脱，引起全桥破坏；在钢丝滑脱前的实测结果与理论分析结果吻合良好，误差在 10% 以内。同济大学杨勇结合黄山太平湖大桥建设进行了一个按 1:40 比例缩尺的单索面斜拉桥模型试验，试验模型为双跨对称独塔单索面斜拉桥，跨度为 4.75m + 4.75m。试验结果表明：该桥的破坏形态为加载区截面顶板被剪坏而丧失承载能力，并且试验结果与理论分析结果吻合良好 [73]。

　　在已有的桥梁极限状态试验中，出现的问题多为刚度匹配和荷载准则的问题，通过整体结构的试验来验证极限承载力理论，目前参考的资料较少，许多假定还需要验证。相反，桥梁事故的发生为我们提供了桥梁的极限破坏案例。

　　4. 桥梁结构承载力整体分析的一般方法

　　构件是组成结构的基本元素，如果把结构看成一个产品，那构件就是组成这个产品的零件。构件根据其受力特性可分为：受压构件、受拉构件、受弯构件、压弯构件、受扭构件等。结构是由构件组成的、能够承受外力且不产生刚体运动的系统。构件约束了刚体运动就是最简单的结构。结构的安全性是通过验算其强度、刚度和稳定性获得的，也可以通过改变结构参数来提高结构的承载能力。两阶段设计就是通过结构力学分析，确定结构在最不利荷载作用下的构件内力、结构刚度和稳定性，再由材料力学计算构件的强度与承载能力，然后结合结构的连接、约束等的可靠性来判定结构的安全性。构件是以一定功能为基础的，应考虑按其对应的构造要求进行设计，对于不常采用的构件或特别截面型式的构件应进行较为充分的论证后使用。在结构的极限承载力计算过程中，对构件的极限承载力研究较为成熟，而对构件之间的连接多采用简化计算，特别是连接构件的局部屈曲应足够重视。

结构体系是结构抵抗外部作用的构件组成方式，是结构功能、外形及其受力形态的统一。相同的构件如果组成方式不同，形成结构的功能、外形及其受力形态也会不同。结构体系可以通过三个层次来分类。

功能是第一层次。房屋结构的功能是为居住形成必要的空间，主要是围护结构体系；桥梁结构功能是实现人和物体跨越障碍物 (河流、山谷等)，主要为跨越结构体系。

外形是第二层次。外形是构件组成结构体系的形式，是结构体系抵抗外部作用的外部表现。根据结构形式，桥梁结构体系可以分为四种桥型体系：梁式体系、拱式体系、斜拉桥体系、悬索桥体系。每种桥型又可以根据其跨数、塔数、桥面系位置等结构形式作进一步细分。当各体系之间相互组合时，还可以派生出协作体系，如斜拉–悬吊协作体系、斜拉–连续梁或连续刚构协作体系等。

受力形态是第三层次。受力形态是结构内部荷载的传递方式及其平衡时的内力状态，是结构体系抵抗外部作用的关键。以桥梁结构体系为例，同一桥型体系的结构受力形态仍是千差万别的，其最主要的影响因素可归纳为三个方面：①外界对结构体系的约束，如结构体系是否静定将决定温度、支座沉降等作用对结构体系的影响；②结构内部主要受力构件间的连接 (传力) 形式，如斜拉桥塔、梁、墩的连接形式，将影响结构体系内部荷载的传递；③主要构件间的受力分配，如拱桥中有刚拱柔梁、刚拱刚梁及柔拱刚梁之分。根据上述三个层次，可以将桥梁结构体系与其他结构体系区分开，并能系统地表述结构体系的轮廓及其基本的力学性能，同时也为系统研究结构体系奠定了基础。

1) 桥梁结构体系的受力特点

桥梁结构不同结构体系的受力特点是各不相同的。

梁桥体系是一种在竖向荷载作用下无水平反力的结构。荷载作用方向一般与梁的轴线接近垂直，在这种荷载作用下，梁发生弯曲变形并产生竖向挠度，梁截面内产生弯矩和剪力同样重要。在偏心荷载作用下，梁还将发生扭转变形，并在梁内产生扭矩。梁通过弯矩、剪力和扭矩，将荷载传到桥墩、桥台并最终传到基础。梁桥的跨度一般较其他桥型小，梁高较大，其体系刚度相对较大。梁桥通常用抗拉、抗压能力强的材料 (钢、钢筋混凝土、钢–混凝土组合结构等) 来建造。

拱桥体系的主要承重构件是拱圈或拱肋。传统拱桥体系在竖向荷载作用下，桥墩和桥台承受水平推力，同时墩台对拱有一对水平反力，水平反力在拱内产生的弯矩基本抵消了由竖向荷载引起的弯矩，因此拱是主要承受压力的构件。与同跨径的梁相比，拱的弯矩、剪力和变形都要小得多，建造时可以充分利用抗压性能

好的圬工材料 (石料、混凝土等)。但由于轴向力的存在，稳定问题成为拱桥中突出的问题之一。拱桥主要由弯曲和轴向压缩产生竖向挠度，由于拱的弯曲内力较小，轴向刚度很大，所以拱桥的刚度一般是所有桥梁中最大的。低高度梁桥刚度不足时，常用拱来加劲，形成梁拱组合体系。在地基条件不适合修建有推力拱桥的情况下，也可以修建水平推力由受拉系杆承受的系杆拱桥。

斜拉桥体系主要由塔、梁和斜拉索等组成。受拉的斜拉索对主梁提供多点弹性支承，并将主梁承受的荷载传递至塔柱，再通过塔柱传至基础。大跨径的主梁在斜拉索的支承下，像多个弹性基础上的小跨径连续梁一样工作，使主梁内的弯矩大大减小，所以相对于梁式桥，其主梁尺寸大大减小，结构自重显著减轻，跨越能力大幅提高。主梁受到斜拉索水平分力的作用，其基本受力特征是偏心受压；塔柱在自重和拉索的作用下是受压为主的小偏心受压构件。斜拉桥体系是缆索体系与梁柱体系的组合，塔柱、拉索和主梁构成了稳定的三角形，为斜拉桥提供了结构刚度。但拉索的垂度效应和主梁的 P-Δ 效应都会降低其结构刚度，大跨径斜拉桥属柔性结构。

悬索桥是用悬挂在两边塔架之间的强大主缆作为主要承重构件的悬吊结构。在竖向荷载作用下，吊杆将荷载传递到主缆上，使主缆承受很大的拉力，主缆支承在桥塔上并最终锚固于悬索桥两端的锚碇中，将荷载通过桥塔和锚碇传至基础。有时也可将主缆直接锚固在主梁上，形成自锚式悬索桥。由于主缆是几何可变体，在外力作用下易发生几何变形，因此，相对于前几种体系，悬索桥的刚度最小，属柔性结构。

组合体系是两种或两种以上基本体系桥梁为充分发挥各自特长，组合而成的桥梁体系。各种组合体系的受力特点继承了基本体系的受力特点。例如，斜拉–悬吊协作体系在结构的不同部分分别具有斜拉桥和悬索桥的受力特点。但组合体系中需要重点处理的是如何实现不同体系的 "无缝连接"，即在不同体系的交界区，其受力性能具有特殊性，须进行专题研究并通过结构措施保证构造安全。

2) 三系力法

桥梁结构体系的承载力涉及主体结构分析、结构的空间性和结构承载力的时间流变性。简单的结构力学理论主要是构件研究和整体的分析，部分局部屈曲可能被掩盖，特别是连接板件或节点的受压区局部屈曲；当连接出现局部屈曲问题时将影响结构的整体承载力。同时我们应该看到全面的实体模型分析可能性不大，未来的子结构分析应该是一个主研方向。三系力法的思路分析了主要构件的受力性能，特别重视结构构造设计和对工艺水平的验证分析。

现以斜拉桥为例，采用三系力法对斜拉桥结构进行整体分析[59]。

斜拉桥是一种高次超静定大型空间结构，特别是密索斜拉桥，超静定次数更高。加之其施工过程复杂，无论是初步设计或是技术设计，相应的结构计算分析都得借助计算机完成。尽管现代计算机的功能越来越强大，但对斜拉桥这种大型复杂结构仍须进行合理的简化，以使计算结果能真实地反映其受力状态而又不至于过分复杂、烦冗。通常斜拉桥的内力分析分三部分进行。第一部分是只考虑梁的竖向弯曲变形，在竖向荷载作用下，可以将双索面斜拉桥简化成两片平面结构，而将荷载在两平面结构间分配，梁可以略去横隔板、按分段等截面梁单元来处理。这是梁的内力的主要组成部分，称之为一系内力 (图 6.38(a))。二系内力是指梁的横向弯曲和扭转变形，较宽的斜拉桥其横向弯曲变形和抗扭效应是不能忽略的，横隔板和两侧部分上、下翼板构成一个横置的梁，是抵抗横向弯矩的主要部件，主梁外腹板和斜拉索为两端提供竖向弹性支承。荷载包括自重和最不利的活载布置 (图 6.38(b))。一般是取一段典型梁段，把上下翼缘、腹板和横隔板都按壳元来处理。三系内力是指在车辆轮轴压力下梁顶板的局部变形，可把顶板看作是支承在周边构件 (如腹板和横隔板) 上，最大轮轴荷载作用在最不利的位置在顶板上所

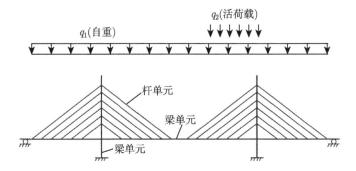

(a) 斜拉桥一系内力计算示意图

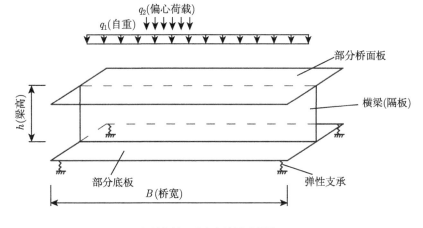

(b) 斜拉桥二系内力计算示意图

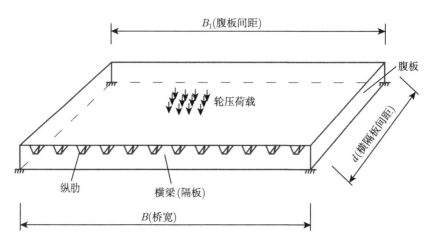

(c) 三系轮压荷载局部应力计算示意图

图 6.38　斜拉桥简化计算图

产生的局部变形 (图 6.38(c))。三系内力可单独计算,当计算二系内力时单元划分得足够细,二系内力和三系内力也可合并计算。斜拉桥的混凝土塔通常用梁单元计算。斜拉索是一种只能受拉的柔性杆件,按索单元计算符合其受力特点。实际上,斜拉索在施工阶段总要对索施加足够大的初始张力,某些索对应一定的活载布置虽会产生一定的压力,但这种压力均比索的初张力小很多,所以斜拉索总是处于张紧状态,因此用杆单元模拟索也是可行的。

在一系内力的分析中假定了节点或局部连接的刚性,这在实际工程结构的设计中通过局部构造的要求,常用结构和构件的性能是有保证的。

在二系内力的分析中主要考虑结构的空间性,应注意节点或角域对结构空间性受力和变形的影响,以及与之影响最大的荷载分布形成的内力包络图。分析时可进一步优化板件之间的刚度匹配。

三系内力主要考虑局部构件的强相互作用,包括结构本身与荷载的动力特性、高频率、应力变化十分复杂等特性。

三系力法能较完善地解决桥梁整体结构刚度布置和局部结构优化问题,且分析方法优点明显,试验验证方法也较为简洁、可靠。局部结构或节段试验可以考虑主要作用的验证,缺点是边界条件模拟较为困难。总体上看,桥梁结构的足尺试验的成本十分昂贵,目前的三系力法运用于试验验证是吻合的,采用有限元分析方法的可靠性也得到了验证。

总体看,桥梁结构整体分析的主要问题是结构力学行为的空间性、非线性和弹塑性问题,如何将这些问题简化进行分析,以及如何确保计算结果的精度是研究的重点。

3) 桥梁结构体系的解构与简化

桥梁结构的首要问题是功能, 然后是技术层面, 包括安全性、可靠度和耐久性, 最后才是美观的需要与经济性的比选。研究结构的极限承载力是确定桥梁结构的重要指标, 研究钢结构的极限承载力是合理、准确评价桥梁结构安全性的重要指标。

从桥梁设计的技术层面上看, 强度、刚度和稳定性三者均涉及桥梁结构的极限承载力。一般的极限承载力对应的是强度和刚度上的极限状态。基于等向强化线弹性简化分析的强度问题可能不完备, 需要进一步研究稳定极限状态的承载力, 而刚度上表现的使用极限状态也与结构和构件在受压或受剪时出现屈曲等非线性问题有关, 所以基于稳定理论的极限承载力分析十分复杂, 也是十分重要的, 一是明确结构承载力的储备, 是结构的安全问题; 二是在确保结构安全的前提下, 使结构各部分的可靠度趋于一致, 可以达到材料利用的经济效益。

尽管桥梁结构千姿百态, 但从力学观点来看只有 3 大体系: 梁桥体系、拱桥体系和悬吊体系。而每种体系中的桥面构造只有 3 种可能受力, 即受压力、受弯曲或受拉力。从排列组合上看, 主要受力构件加桥面就有 9 种不同组合的桥梁结构形式 [55]。除第 9 种桥型 (主要受力构造受拉, 桥面构造受拉, 如古代的藤桥)仍在探索中, 尚未变成可使用的实际桥梁外, 其他 8 种桥型都已变为现实。林元培将所有桥梁结构分解为压、拉和弯, 实际上弯也可以在构件层面上分离出拉和压的区域, 所以, 桥梁钢结构是由拉与压的相互组合构成的, 当然还有剪力的影响。桥梁钢结构以压、剪为主的稳定问题是必须全面考虑的。

在一座桥梁的结构设计过程中, 最关键的是要全面了解桥梁结构物在各种荷载作用下的受力状态和特性。目前, 桥梁结构物所遇到的问题主要是结构物在弹性范围内的静力、振动和稳定问题, 以及非弹性范围内的材料非线性和几何非线性等问题。而所能解决这些问题的方法, 概括起来大体上可分为解析法、数值法和实用计算法三大类。

所谓解析法, 即利用经典的材料力学、结构力学 (包括非薄壁结构力学和薄壁结构力学) 以及弹性理论对结构进行分析的方法。该方法主要借助于解析分析, 且精度较高, 而缺点是仅适合于那些结构边界条件简单、规则、具有闭合解的情况。随着计算机的出现及普及, 计算理论和计算方法的研究和应用, 越来越多的桥梁工作者开始采用数值法来对桥梁结构进行分析。数值法最显著的优点是能够对各种复杂的桥梁结构物作出较为精确的分析和预测, 且大都可在计算机上编程运算, 因而具有计算速度快、通用性强、自动化程度高的特点。实用计算法是针对某些特定条件下的桥梁结构, 作出某些特定的假定而得到的近似估算公式和方法, 它具有简单、快速的优点。但是, 若要获得较为准确的结果, 或者要检验这些近似公式和方法的精度，又需要采用数值法和有限元方法来验证。

根据三系力法和桥梁结构整体分析的简化思路，对于组成桥梁结构的构件/板件，在可分隔的边界变形和应力确定的条件下，可以对该构件/板件进行单独分析，也称为将其从整体结构中解构出来分析。如表 6.8 所示，桥梁结构进行第一次解构，可以分解为平面或空间的构件 (含节段)。第二次解构可细分为板、杆和索，而杆和索在结构的分析中较为完善。从大型桥梁结构的解构分析过程看，索只承受拉力，在不考虑结构构件连接部分的受力和变形时，桥梁结构的极限承载力分析需要分析的基础性问题有：

(1) 板，含带孔的板；

(2) 板与边界板元的相互影响；

(3) 杆的全域分析。

表 6.8   桥梁结构的主要受力构件和简化表

桥型	主要受力构件 (不含连接、约束)	简化 (分解) 构件	简化 (解) 组件
梁桥	梁	梁	板件 (加劲板、带空洞板)
拱桥	主拱、桥面 (梁)、吊杆 (系杆)	梁、杆	板件、杆
斜拉桥	主梁、斜拉索、主塔	梁、索	板件、索
悬索桥	主塔、锚锭、主缆和主梁	梁、缆索、杆	索、杆、板件

边界的简化分析时，由于对构件的约束常常考虑为自由、简支和固结，而对于通过弹性构件为支撑约束的边界条件来说，这种边界条件考虑为弹性边界较为合适；而弹性边界的贡献可以通过低阶弹性屈曲的屈曲应力和屈曲位形对比得到。从这个角度看，基于弹性支撑的构件均为相关屈曲，也就是说，这类实际结构的构件屈曲由于弹性边界的跟随屈曲变形，构件的屈曲分析不可能用简单的边界条件来描述，构件的屈曲均为相关屈曲；这类相关屈曲是指构件的屈曲与支撑构件的弹性刚度有关。还有一种相关屈曲，就是板件与板件的连接问题，将构件简化为矩形板时，研究矩形板的边界条件与前面的相关屈曲类似。当然，有的研究将相关屈曲问题考虑为构件之间或板件之间的刚度匹配问题，为了达到规定的屈曲状态，对构件的刚度或板件的宽厚比进行了限定。这些不同的研究思路对相关屈曲的研究都起到积极的作用。

4) 构件极限承载力假定法

桥梁结构既然可以从整体上解构为构件或板件，则可以简单地将桥梁结构的整体极限状态发展过程假定为桥梁结构中一个或多个构件或板件首先从局部屈曲开始，当其达到极限状态时，与整体结构一起达到极限状态，而其余构件/板件仍处于弹性状态。这样，就可以通过对桥梁结构中最先屈曲区域的构件或板件进行极限承载力分析, 得到桥梁结构的极限承载力。这里提出一种将大型复杂板钢结构与板理论研究方法结合起来的极限承载力估算方法——构件极限承载力假定法。

设结构在外荷载 P 的作用下先发生弹性屈曲, 结构各板件的应力均可由弹性理论得出。局部屈曲区域的等效应力为 $\hat{\sigma}$, 可取局部屈曲板进行分析, 也可取关键受力板件进行分析。假设边界支撑板可分层, 边界板件的厚度 t_f 可以分层, $t_f = t_{f1} + t_{f2}$, 设 t_{f2} 为边界板考虑其弹性承载能力 (含框架效应) 的等效厚度, 则

$$[\sigma_f]\, t_{f2} = \xi f_y t_f \tag{6.89}$$

式中, $[\sigma_f]$ 为边界板材料的容许应力。$t_{f1} = t_f - t_{f2}$, 这时的等效厚度 t_{f1} 只是提供弹性约束, 在研究板从弹性屈曲到达到极限状态过程中, 不再承担荷载, 可考虑为分割成锯齿状的翼缘或直接考虑为弹簧。式中, ξ 为屈曲到极限状态时结构承载力的提高系数, 此处 $\xi = \xi_u/\xi_{cr}^2$。

再根据弹性分析得出研究板的边界荷载和不均匀系数, 这样可分析简支单板的屈曲应力为 $\hat{\sigma}_{0cr}$; 再考虑边界效应, 分析弹性边界板的屈曲应力为 $\hat{\sigma}_{cr}$ (式 (5.163)); 根据承载力统一公式 (5.281a) 计算弹性边界板的极限承载力为 $\hat{\sigma}_u$。这样有 $\xi = \hat{\sigma}_u/\hat{\sigma}_{cr}$, 结构的极限承载力为

$$P_u = \xi P_{cr} = \xi P \hat{\sigma}_{cr}/\hat{\sigma} = P\hat{\sigma}_u/\hat{\sigma} \tag{6.90}$$

对于相关屈曲构件, 板件与弹性边界的屈曲载荷较为接近, 当板件或边界之一发生屈曲后, 为另一方提供了更 "特殊" 的边界。根据数值分析表明, 构件的极限状态为先屈曲构件达到极限状态且后屈曲板件达到弹性屈曲状态, 按这种假定计算的极限载荷最小, 这种方法也可称为曲后路径分析法。

根据前面的承载力统一公式, 在结构的整体分析中可以用 $\dfrac{P_{cr}}{P_s}$ 代替 $\dfrac{\sigma_{cr}}{\sigma_y}$, 用 $\dfrac{P_u}{P_s}$ 代替 $\dfrac{\sigma_u}{\sigma_y}$ 来求解结构的极限承载力 P_u。P_s 为机动破坏截面的塑性极限载荷。计算压弯剪截面塑性极限载荷 P_s 的方法如图 6.39 所示。

以工字梁为例, 设构件截面在 N、Q、M 作用下, 各荷载等比例增加, 计算构件达到塑性极限状态时的荷载提高系数为 λ, 这时的塑性极限载荷对应为 λN、λM 和 λQ。

当截面达到塑性极限状态时, 显然受压侧的最大压应力 σ_c 满足

$$\sigma_s = \sqrt{(\sigma_x + \sigma_c)^2 + 3\tau^2} \tag{6.91}$$

同理，受拉侧的最大拉应力 σ_a 满足

$$\sigma_s = \sqrt{(\sigma_a - \sigma_x)^2 + 3\tau^2} \tag{6.92}$$

截面满足受力平衡原则，即

$$\sigma_a \left[b_{f2}t_{f2}\left(h_0 - t_{f2}/2\right) + \left(h - h_0 - t_{f1}\right)^2 t_w/2 \right]$$

$$+ \sigma_c \left[b_{f1}t_{f1}\left(h - h_0 - t_{f1}/2\right) + \left(h - h_0 - t_{f1}\right)^2 t_w/2 \right] = \lambda M \tag{6.93}$$

而 $\tau = \dfrac{\lambda Q}{A}$，$\sigma_x = \dfrac{\lambda N}{A}$，根据力的平衡，可以求得 h_0，即

$$h_0 t_w \left(\sigma_a + \sigma_c\right) = \sigma_c \left(b_{f1}t_{f1} + t_w h - t_w t_{f1}\right) - \sigma_a \left(b_{f2}t_{f2} - t_w t_{f2}\right) \tag{6.94}$$

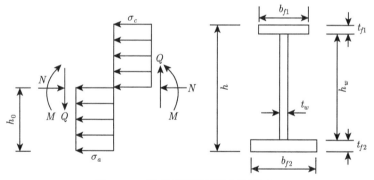

图 6.39　压弯剪截面塑性极限状态

　　根据式 (6.93) 求得的 λ 即为塑性铰截面的极限承载力提高系数，因为是等比例加载，P_s 可以分别取 λN、λQ 或 λM，代入极限承载力统一公式进行计算，得到结构的极限承载力 P_u。

6.4.3　稳定极限承载力统一理论

　　将有效宽度理论推广应用到板钢结构的极限承载力分析，主要面临 3 个问题：①板钢结构中板件的弹性边界对板件的屈曲和极限承载力的影响；②板件的面内复杂荷载作用；③非均匀的面内荷载对板钢结构板件的屈曲和极限承载力的影响。
　　文献 [37] 提出了等效屈曲应力的概念，即弹性边界板在一组复杂荷载 (σ_x、σ_y 和 τ) 作用下发生屈曲时，弹性边界板的等效屈曲应力 $\hat{\sigma}_{ecr}$ 为

$$\hat{\sigma}_{ecr} = (\sigma_x, \sigma_y, \tau)_{cr} = \sqrt{\sigma_x^2 + \sigma_y^2 - \sigma_x \sigma_y + 3\tau} \tag{6.95}$$

其中，符号上有 ^ 标志的为弹性边界板的参数，右下标为 e 的参数表明为等效应力。设 σ_x、σ_y 和 τ 等比例增加 λ 倍直到弹性边界板达到承载力极限状态，弹性边界板在复杂荷载 ($\lambda\sigma_x$、$\lambda\sigma_y$ 和 $\lambda\tau$) 作用下达到极限承载力状态时的等效极限承载力 $\hat{\sigma}_{eu}$ 可以表达为

$$\hat{\sigma}_{eu} = (\lambda\sigma_x, \lambda\sigma_y, \lambda\tau)_u = \lambda\sqrt{\sigma_x^2 + \sigma_y^2 - \sigma_x \sigma_y + 3\tau} = \lambda\hat{\sigma}_{ecr} \tag{6.96}$$

考虑曲后极限承载力的板钢结构板件的边界条件一般均介于自由与固接之间，根据加劲板屈曲的解析解形式，弹性边界板的屈曲应力可以表示为简支板的屈曲应力与边界刚度影响因素的乘积形式 [38]；根据日本《道桥示方书》的经验公式，考虑非均匀荷载时，弹性边界板的屈曲应力可以表示为均布荷载的屈曲应力与非均布荷载影响因素的乘积形式 [39]，这一内容在 5.3.3 节中进行了深入分析。设弹性板的屈曲应力可以表示为简支板的屈曲应力 σ_{ecr} 与弹性边界板的边界刚度影响因素 k 和非均匀荷载影响因素 k_σ 乘积的形式，即

$$\hat{\sigma}_{cr} = k k_\sigma \sigma_{ecr} \tag{6.97}$$

式中，k_σ 为非均布荷载的屈曲系数，可参考 5.3.3 节；σ_{ecr} 为简支板的等效弹性屈曲应力。

根据有效宽度理论，设弹性边界板在复杂荷载作用下的曲后等效极限承载力 $\hat{\sigma}_{eu}$ 只与材料的屈服强度 σ_y 和等效屈曲应力 $\hat{\sigma}_{ecr}$ 有关，可以表示为

$$\hat{\sigma}_{eu} = \Phi\left(\hat{b}_e\right) = \Phi\left(\hat{\sigma}_{ecr}, \sigma_y\right) \tag{6.98}$$

参照受压板的极限承载力公式，上式可以直接假定为如下形式：

$$\frac{\hat{\sigma}_{eu}}{\sigma_y} = C_1 \frac{\hat{\sigma}_{ecr}}{\sigma_y} + C_2 \sqrt{\frac{\hat{\sigma}_{ecr}}{\sigma_y}} \tag{6.99}$$

式中，C_i 为与边界条件无关的常数 ($i = 1, 2$)。

式 (6.99) 即为推广的有效宽度公式，应用到板钢结构的极限承载力分析，也称极限承载力统一公式。根据第 5 章中板钢结构极限承载力的理论分析和等效应力的概念，板钢结构的极限承载力公式通过数值分析结果也基本满足式 (5.281a)，即

$$\frac{\hat{\sigma}_{eu}}{\sigma_y} = 0.224 \frac{\hat{\sigma}_{ecr}}{\sigma_y} + 0.674 \sqrt{\frac{\hat{\sigma}_{ecr}}{\sigma_y}} \tag{6.100}$$

由于按数值拟和式 (6.100) 给出的 $\hat{\sigma}_{eu}$ 值可能超过 σ_y，因此为了设计安全的目的，当 $\hat{\sigma}_{eu} > \sigma_y$ 时，取 $\hat{\sigma}_{eu} = \sigma_y$。

从上面的推理过程可以看出，首先得出弹性板的弹性屈曲应力的一般表达式，这在前面的研究中已论述，得出的数值拟合公式也具有很好的精度；其次是将单向受压简支板的极限承载力公式推广到简支板在复杂面内荷载作用下的极限承载力公式，主要采用了 Mises 等效应力的概念；然后是通过折减厚度法的理论推导过程得出弹性边界板的极限承载力提高系数只与其弹性屈曲应力水平有关，而与边界条件和荷载类型无关。

如何运用弹性边界板理论分析板钢结构的极限承载力。一种情况是结构因为其组件中一块板件发生局部屈曲，并最后因为局部屈曲构件达到极限状态导致结构达到极限承载力，这是理想的状况，也是最简单的统一公式的应用类型，显然是满足的。这时可以在不考虑荷载作用处和支承条件的情况下得出结构的极限承载力。当结构屈曲到极限状态的过程中，屈曲发生为多块板件时，可以将屈曲范围假想为受力性能非均匀的板进行直接求解，只要屈曲部分有足够强大的支撑边界条件促使屈曲范围能够达到极限状态，这在结构的弹性屈曲序列中只要边界连接板件发生屈曲的荷载系数高于结构的极限承载力提高系数，这样的结论就是可靠的，对于桥梁和建筑设计规范中采用宽厚比限制构造细节的结构，这样的条件基本都能得到满足。需要说明的是当结构整体失稳或边界条件屈曲对应的荷载小于计算的极限承载力时，应将整体失稳载荷或边界发生屈曲对应的荷载作为屈服应力对应的荷载代入统一公式进行求解。

这些假定和猜想均可以通过特殊设计的模型进行精确试验或采用有限元方法进行验证。至此，板钢结构极限承载力统一理论的主要内容和统一公式的应用就得以全面表述。从上述的推理过程可以看出统一理论适用于极值稳定问题，当然对跳跃稳定问题也可以分析，这也说明判别稳定问题类型的重要性。

6.4.4　构件极限承载力假定法需要验证的相关问题

前面的承载力分析主要是针对单块矩形板，如何将构件中各块板的边界支撑板简化为合适的边界条件是必须解决的问题。边界板对研究板既提供了弹性边界约束，同时也参与了结构的受力。一般的处理方法是将研究的局部区域与局域外部分分隔开来考虑，也就是说，研究区域从局部屈曲到极限状态发展，而边界板件为研究板提供弹性边界，同时其承担的荷载随研究板的荷载的增加等比例增加，而其荷载的组成比例和方向均不发生改变。将构件分隔为一系列的板件，在物理意义上是明确的。当然隔离的板件厚度应无变化，其边界条件与其他板件相互连接或自由。

对实际结构的局部屈曲范围进行分析时，可能存在下面的问题：

一是与前面的分析类似，在外荷载作用下，结构从屈曲达到极限状态的过程中，外荷载只是等比例增加，且荷载的种类和方向不变，局部屈曲的范围也没有扩大，如图 6.40 情形 1 所示。下面两种情形是对这种情形的复杂化。

二是局部屈曲的范围扩大，板钢结构从屈曲到极限状态的过程中可能发生更高阶的屈曲形式。最简单的情形如图 6.40 所示的情形 2 和情形 3，从局部屈曲到极限承载力的加载过程中，板的屈曲范围增大，但不影响研究区域的承载力。从前面的弹性屈曲序列分析和逐步破坏法分析知道，对结构的低阶屈曲是局部屈曲，高阶屈曲有整体屈曲的结构在从局部屈曲到极限承载力状态的加载过程中可能激发整体屈曲，从而导致结构的极限承载力不能像局部屈曲那样得到较大的提高。当发生的高阶屈曲是整体屈曲或周边支撑板发生屈曲时，可能需要对情形 1 应用不一样的解决方法或更为特别的计算结论。

三是屈曲发生在非完全的分隔区，即屈曲时节间和分隔板件一起屈曲，如图 6.40 所示情形 4。

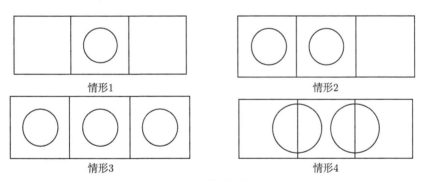

图 6.40　屈曲范围的扩展

情形 1 可以按前面的理论分析；情形 2 和情形 3 由于边界的弹性行为，可以认为与情形 1 是一致的；对于情形 4，应按相关屈曲来考虑，当然将屈曲的范围和形式扩大来考虑，可以看成是一种广义的屈曲，可以按情形 1 的思路来考虑，只不过弹性屈曲的计算更复杂而已。

根据桥梁结构的解构分析，实际结构中的板件包括单板和等效各向异性的板、加劲板和带空洞的板。在分析中也可以按构件进行分析，不同类型的板件的承载力计算也不一样。带孔板受压如图 6.41 所示，有时为了简化，孔洞较大的板可以简化为主力方向的两块一边自由 (空洞侧)、三边弹性边界的矩形板，近似忽略主力方向不连续部分板的承载力。

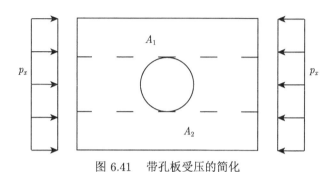

图 6.41   带孔板受压的简化

对于边界板的承载力分担和弹性约束，在将承载力统一理论从单板推广到桥梁结构的过程中需要分析验证两方面的问题：

第一类问题是带弹性边界或连接板的矩形板承受面内荷载作用。该类问题满足承载力统一理论，考虑弹性连接板的弹性边界性能，这时的屈曲形式有畸变屈曲、局部屈曲、整体屈曲。

从结构这个层面上看，板钢结构可以看成一系列弹性边界板的集合。

从单板的研究表明，高阶弹性屈曲在初始屈曲位形的影响下可能出现高阶位形形状的极限位形，而不是一般意义上的屈曲位形跃迁或二次屈曲。对于宽厚比较大的板在弹性屈曲阶段，在板的加载过程中，先是基于结构几何尺寸和弹性常数的屈曲，在继续增加荷载的情形下，结构相当于是在已发生初始弯曲的情况下，板件局部出现塑形应变造成的第二次弹塑性屈曲，而这种二次屈曲可以看成是板幅面内的极限失稳。从这个角度看，虽然板幅面内可以发生多阶弹性屈曲，但板在边界荷载增加的过程中，当板从屈曲到极限状态的过程中，不会出现高阶屈曲状态，不会发生屈曲位形的跃迁，或者因屈曲跃迁引起极限承载力的改变。

第一类问题的精巧试验是分析简支方筒的轴向受压屈曲。局部屈曲问题采用承载力统一理论必须确保周边的刚度。对于高次超静定结构，从结构的弹性屈曲序列看，如果在结构前几阶屈曲中包含整体屈曲模态，结构有可能在初始缺陷的影响下发生整体失稳，对于这种情形，局部屈曲问题中的整体屈曲模态对极限承载力的影响需要再分析。

第二类问题是研究局部屈曲时，结构边界的参与程度和影响。采用分隔法简化分析时，边界板与研究板的相关屈曲问题十分复杂，也可以看成边界连接板对研究板承载力的影响问题。结构或构件的屈曲类型主要有畸变屈曲、局部屈曲、相关屈曲和整体失稳。畸变由于构件中板件含自由边界，易发生屈曲，曲后承载力提高不明显，前面的分析表明其与局部屈曲类似，可以采用承载力统一理论分析。

结构的整体失稳阶数或失稳载荷小于局部屈曲对应的极限承载力时, 结构的极限承载力与弹性屈曲序列的相关性问题可以设计精巧的模型试验如下:

(1) 分析工字梁的轴向受压屈曲;

(2) 分析工字梁节间的受剪极限承载力, 验证弹性边界参与或分担承载力的简化分析方法, 为极限承载力理论推广到板钢结构提供理论的支持。

1. 板格开孔问题

板格开孔现象几乎可以在所有钢箱梁中看到, 这些开孔大部分都是为了钢箱梁检验和通过管道以及减轻梁体重量而制作的。一般而言, 在受到压应力或剪应力时, 开孔板往往表现出比较复杂的屈曲行为。为了在船舶使用过程中防止开孔板的屈曲造成整体结构的破坏, 必须要对开孔板的屈曲性能进行分析, 在设计中也通过加劲板对开孔处进行加强。在早些时候, 一般都是通过力学实验来分析开孔板的屈曲性能, 例如, Fijita 对开孔板格进行了实验, 并推导了其屈曲强度计算公式。之后, 有限单元分析方法越来越流行, 利用有限元研究结构的强度也越来越多, 比较著名的学者包括 Yao、Paik、Mausour、Harada 和 Fujikubo 等。一般的简化设计公式都是在有限元分析结果的基础上推导的。

如图 6.41 所示, 对于有矩形开孔的薄板, 施加单向荷载时, 平行于加劲方向的开孔宽度越大, 板的屈曲特征值越小, 板越容易失稳。在开孔周边没有加劲肋时, 开孔区域板很容易失稳, 但在开孔周边适当地设置加劲肋时, 能有效防止开孔周边区域板失稳, 同时较大地提高了加劲板的临界屈曲特征值。

板面开口的大小与位置影响受压板的屈曲应力, 也可以通过折减系数的方法对开口效应进行描述。

为研究孔形状、尺寸及孔位置对薄板弹性屈曲的影响规律, 计算模型采用如图 6.42 所示开孔的方形薄板, 该薄板长 a 为 100mm, 宽 b 为 100mm, 厚 t 为 1mm。设平板为各向同性理想弹性材料, 材料弹性模量 E 为 200GPa, 泊松比 ν 为 0.3。约束其四边 z 向移动自由度, 约束下边 y 向移动自由度, 并约束上下边中心节点的 x 向移动自由度; 顶边施加均布载荷。

对于完整薄板, 其屈曲载荷公式为 $P_{cr} = k\pi^2 D/b^2$, 其屈曲载荷与薄板长宽比及宽厚比有关, 但屈曲系数与薄板厚度是独立的。对于开孔薄板, 设其屈曲折减系数为 $\eta = P_{cr}/P_{0cr}$, 其中, P_{cr} 为开孔薄板屈曲载荷, P_{0cr} 为完整薄板屈曲载荷。可依据完整薄板理论公式得到开孔薄板屈曲载荷经验公式。

孔的尺寸用缺陷因子 $d_A = A_1/A_2$, 其中 A_1 为孔面积, A_2 为薄板面积。如图 6.42 所示, 薄板中心开孔, 缺陷因子 $d_A \times 10^2$ 分别取 0、0.785、3.141、7.068、12.565、19.634 和 28.274, 根据有限元分析, 带有不同尺寸圆洞、方形洞及等边三角形洞薄板结构的临界屈曲载荷的屈曲折减系数 η 如图 6.43 所示。

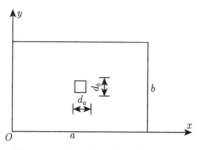

图 6.42　方形板四边约束及载荷

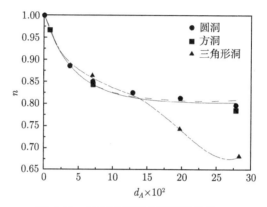

图 6.43　不同孔洞形状薄板结构的 η

中国船级社 (CCS)《钢质海船入级规范》中的双壳油船结构规范 (CSR) 中规定了均匀受剪的四边简支开孔板格 (图 6.44) 在开孔尺寸沿板格长宽方向比例小于 0.7 情况下的临界屈曲应力计算公式，然而对于开孔尺寸较大，即沿板长或板宽方向开孔比例超过 0.7 的情况，往往在开孔板的孔边设置加劲肋以提高整块板的强度 [59]。

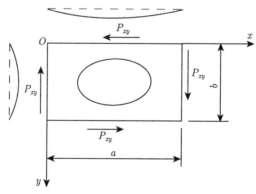

图 6.44　均匀受剪的四边简支开孔板格

板的开孔沿 x 轴方向的孔洞尺寸标注为 d_a，沿 y 轴方向的孔洞尺寸标注为 d_b，则开口折减因子 r 满足

$$r = \left(1 - \frac{d_a}{a}\right)\left(1 - \frac{d_b}{b}\right) \tag{6.101}$$

其中，$\dfrac{d_a}{a} \leqslant 0.7$ 且 $\dfrac{d_b}{b} \leqslant 0.7$。

因此，均匀受剪四边简支开孔板格的屈曲因子 $K_h = rk$，k 值的取法为无开口简支板的屈曲系数，详见 5.3.4 节。

2. 简支方筒的随机分析

1) 分析目的

(1) 研究简支方筒型压杆的长度随机变化时的弹性屈曲和极限承载力，通过对简支方筒型压杆进行全域范围随机分析，压杆破坏形式包括了强度破坏、从局部屈曲到极限状态和从整体屈曲到极限状态三种类型，得出了压杆的全域解；并研究了三种破坏方式过渡区域压杆的特性，包括初始缺陷的敏感性。分析过程中既可以对比前面研究结论的合理性，同时也可验证承载力统一理论在压杆承载力分析中的应用。

(2) 分析等稳定构件的承载力及其对初始缺陷的敏感度。结构设计中的等稳定要求是构件的局部屈曲临界力不小于其整体临界力；格构式轴心受压构件的等稳定性条件是绕虚轴与绕实轴的屈曲承载力相等。从结构的屈曲特征值方程的分析表明，静定结构屈曲只有屈曲特征值相近的情况，没有发生复根的现象，所以，在结构的特征值屈曲序列分析时，等稳定构件可以定义为低阶屈曲特征值相近而屈曲模态明显不同的受力构件。在板钢结构设计中，按局部屈曲临界载荷与整体屈曲临界荷载相等的原则 (等稳定性) 设计的结构通常被认为是最优的，其稳定承载能力一般也是由不考虑相关性的局部稳定分析或整体稳定分析决定的。但现代分析以及早些的 Koiter 和 van der Neut 等对均匀受压的薄壁柱和加劲板壳的相关屈曲研究表明：按 "等稳定性" 设计的这类结构对初始缺陷较为敏感，初始缺陷会显著降低结构的承载能力，而实际结构的初始缺陷又是不可避免的。同时，当构件的首阶屈曲为局部屈曲时，第二阶或特征值与第一阶屈曲特征值相近的屈曲方式为整体屈曲，由于前面的分析表明局部屈曲的曲后承载力提高较大，当结构出现整体屈曲后承载力提高较小，对于这种局部屈曲在前、整体屈曲在后的受力结构，其采用第一阶初始屈曲位形在加载的过程中有可能穿越到整体屈曲状态，从而导致曲后承载力较小。这个可能出现的现象可称为 "曲后位形穿越" 现象。

(3) 通过方筒板厚的变化分析了相关屈曲和弹性边界对承载力的影响。由于构造特点，简支方筒实验只能分析局部屈曲、相关屈曲和整体屈曲。

2) 分析模型及过程

如图 6.45 所示，研究带顶板为 $0.3\text{m} \times 0.3\text{m} \times 0.01\text{m}$ 的简支方筒受压，$t_1 = 2\text{mm}$，侧板为 $0.2 \times L(\text{长度}) \times t_2(\text{厚度})$，通过方筒的长度 L 和板厚度 t_2 来分析相关屈曲和等稳定构件性能等问题。

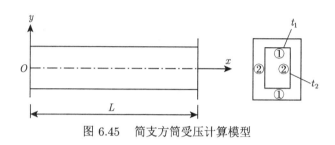

图 6.45　简支方筒受压计算模型

压杆的边界条件为简支，其他参数同前，压杆的弹性屈曲和极限承载力分析方法同前。方筒压杆的有限元模型如图 6.46 所示。

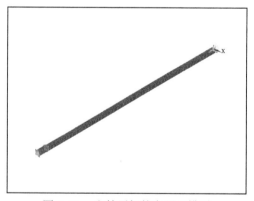

图 6.46　方筒压杆的有限元模型

3) 方筒压杆的全域分析

对于 $t_1 = t_2 = 0.002\text{m}$ 的等截面方筒，各板之间互为支撑，也相互约束，可以分别理解为长宽比较大的四块简支矩形板。图 6.47 为 L 在 $0.01 \sim 4\text{m}$ 范围内方筒压杆的屈曲应力；L 在 $0.4 \sim 4\text{m}$ 范围内，压杆的屈曲应力波动较小，满足受压简支板的力学性能。数值分析表明，当方筒的长度 L 较短时，端板对方筒截面的约束较大，方筒压杆的屈曲应力与简支板相比大得多。

图 6.48 为 L 在 $4 \sim 20\text{m}$ 范围内的弹性屈曲和极限承载力。当方筒的长度 L 在 $4 \sim 13\text{m}$ 时，即方筒未达到整体失稳的长度时，方筒的屈曲应力基本不变，与

简支板相近，极限承载力变化较小。方筒模型极限承载状态的等效应力云图，如图 6.49 所示。

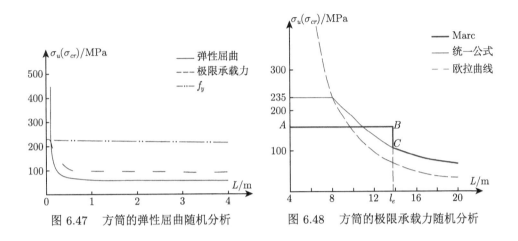

图 6.47　方筒的弹性屈曲随机分析　　　图 6.48　方筒的极限承载力随机分析

数值分析表明 $l_e = 13.2858\text{m}$ 时，方筒模型为等稳定构件，第 1 阶屈曲为局部屈曲，第 2 阶为整体失稳，以后各阶又为局部屈曲，但在局部屈曲的基础上，沿方筒的轴向又出现不同阶数的半波，如图 6.50 所示。

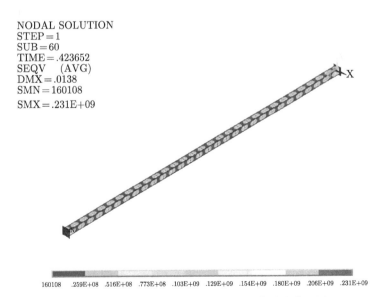

NODAL SOLUTION
STEP = 1
SUB = 60
TIME = .423652
SEQV　(AVG)
DMX = .0138
SMN = 160108
SMX = .231E+09

160108　.259E+08　.516E+08　.773E+08　.103E+09　.129E+09　.154E+09　.180E+09　.206E+09　.231E+09

图 6.49　方筒模型极限承载状态的等效应力云图

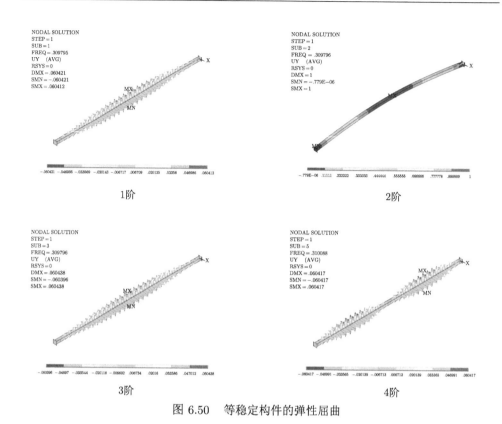

图 6.50　等稳定构件的弹性屈曲

等稳定压杆屈曲的阶数和屈曲应力，如表 6.9 所示。前 3 阶的屈曲应力差别不大，但不是稳定特征方程 (式 (3.129)) 的重解。

表 6.9　方筒的屈曲阶数与屈曲应力

屈曲阶数	屈曲应力/MPa	屈曲阶数	屈曲应力 /MPa
1	76.56371	6	76.75396
2	76.56371	7	76.75396
3	76.56371	8	76.91954
4	76.63533	9	76.92448
5	76.63533	10	77.13702

如图 6.48 所示，从随机分析结果看，在压杆低阶弹性屈曲出现整体失稳之前，等截面方筒均为简支板的特性，在侧板②的宽厚比不变的情形下，其极限承载力波动也不大，表现为图中的直线 AB。当 L 接近 l_e 时，压杆的前五阶屈曲包括整体屈曲和局部屈曲，且特征值很接近，这样的构件称为等稳定构件；在随机分析

过程中，构件的初始几何弯曲均取首阶屈曲位形，在 $L = l_e$ 附近必将出现初始缺陷为局部屈曲和整体屈曲的分界，这时的极限承载力出现了台阶，如图 6.48 中的直线 BC。这表明当 L 接近 l_e 时，压杆的承载力对初始几何弯曲的位形或矢度很敏感。

长细方筒由于制作的原因，沿轴线方向会有初始弯曲，分析表明控制长细简支方筒的极限承载力与纵轴向的弯曲较为敏感，同时该方向的初始弯曲控制了极限承载力的大小。这也说明了一致缺陷理论的不足，只有结构的首阶屈曲位形与实际缺陷的弯曲形式接近时，采用一致缺陷理论才有实际的意义，当二者区别较大时，采用实际位形相似的屈曲位形计算结构的极限承载力较为合理。

4) 等稳定结构极限承载力

设压杆的初始几何弯曲矢度 $e_0 = 0.5\mathrm{mm}$，初始缺陷的位形采用 1~10 阶弹性屈曲位形，其对应的极限承载力计算结果如表 6.10 所示。初始弯曲采用的第 2 阶位形对承载力影响最大，说明了两个问题：一是当采用第 1 阶位形时，初始弯曲的弹性势能已大于第 2 阶弹性屈曲的势能，压杆穿越了整体失稳的模态，按局部屈曲状态发展到极限状态，结构曲后的位形穿过了整体失稳的势能极小值区域，没有发生整体失稳；二是当构件采用整体失稳的初始弯曲位形时，结构注定发生整体失稳，因其曲后极限承载力很小，与图 6.48 中的台阶 BC 很类似，这在工程应用中要引起高度重视。

表 6.10 初始缺陷位形对极限承载力的影响

缺陷位形	极限承载力/MPa	缺陷位形	极限承载力 /MPa
1 阶	139.645	6 阶	118.202
2 阶	73.852	7 阶	118.233
3 阶	118.012	8 阶	117.486
4 阶	118.148	9 阶	117.432
5 阶	118.174	10 阶	117.441

数值分析表明等稳定构件对初始缺陷的矢度并不敏感，对初始缺陷的位形很敏感。该等稳定压杆的 1~3 阶屈曲特征值很接近，如果可以看成重解，说明 Koiter 理论的预见是正确的。

初始几何屈曲采用第 1 阶屈曲位形，当初始几何弯曲矢度变化时，初始缺陷对等稳定压杆承载力的影响如图 6.51 所示，说明等稳定构件相对普通构件 (图 5.89) 对初始缺陷矢度较为敏感。

5) 方筒压杆的承载力

对于受压简支方筒，当 t_1/t_2 较大或较小时，可以理解为前面研究的较为充分的局部屈曲，满足极限承载力统一公式，而本算例中主要讨论 t_1/t_2 接近 1.0 时，且受压简支方筒的长度位于局部屈曲范围 ($l < l_e$)，发生相关屈曲时极限承载力的分析方法。

随机分析时②号板厚度发生变化，①号板厚度不变为 2mm，分析方筒的长度 l=5m，数值分析结果如图 6.52 所示。当方筒侧板②的厚度 t_2 由薄变厚时，简支方筒的弹性屈曲在 t_2=4mm 前增加很快，当 t_2>4mm 时，简支方筒的弹性屈曲增加较少，而极限承载力随着厚度 t_2 的增加也呈现出类似的现象。取受压简支方筒的承载力较特别的样本，采用承载力统一理论进行验证分析，分析结果如表 6.11 所示。

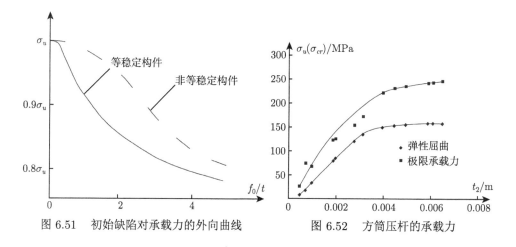

图 6.51　初始缺陷对承载力的外向曲线　　　　图 6.52　方筒压杆的承载力

表 6.11　受压简支方筒随机分析样本表

序号	t_2/mm	屈曲应力	极限应力	统一公式	误差/%
1	0.5	7.863	27.019	30.891	14.3
2	2.0	83.914	125.938	115.123	−8.6
3	6.52	157.265	234.670	219.257	−6.6

从表 6.11 可知，当受压简支方筒出现相关屈曲时，极限承载力统一公式的误差较大，通过分析，考虑方筒的板件为受压简支板，因板的厚度 t_1=2mm，b=0.2m，则①号板的弹性屈曲应力为 74.474MPa，当②号板 t_2=0.5mm 时，其弹性屈曲应力为 4.655MPa，这样弱边达到极限状态的过程中，强边只发生跟随屈曲，这时按等比例加载考虑，方筒从屈曲到极限过程中，可以看成只一对弱边的局部屈曲发展到极限状态，将其弹性屈曲应力 (7.863MPa) 代入极限承载力统一公式，得出的极限承载力为 30.891MPa，所以承载力统一理论适用于这类构件。

当 t_2=2mm 时，由于相关屈曲的交替作用，简支方筒的弹性屈曲应力有所提高，为 83.914MPa>74.474MPa，根据承载力统一公式，极限承载力为 115.123MPa，

误差为 -8.6%，仍然满足统一公式。

当 $t_2 = 6.52\text{mm}$ 时，②号板按简支板计算的弹性屈曲应力为 791.237MPa，所以，可以假定弱侧板屈曲到达到极限过程中，②号板在皱曲的①号板约束下可以发生强度破坏。这种情况下可以理解为弱边的极限状态 (根据统一公式，极限承载力为 167.944MPa) 与强边的强度破坏组合情形，这时的极限承载力为 (弱边的极限承载力 + 强边的强度承载力)/方筒的截面积 =219.257MPa，误差为 -6.7%，仍然满足统一公式。

6) 结论

通过本算例的随机分析，可以得出如下结论：

(1) 板件的宽厚比对受压构件的约束原则仍然是不可控的。如图 6.47 和图 6.48 所示，压杆的承载力与宽厚比无关，当宽厚比确定后，其屈曲形式和极限破坏形式仍然各不相同。

(2) 等稳定构件对初始缺陷位形较为敏感。采用一致缺陷理论时，如果第 1 阶屈曲位形为局部屈曲，结构曲后的位形可穿过整体失稳的势能极小值区域，也不会发生整体失稳。由于方筒的理想状态很难实现，所以基于方筒绝对直的极限状态是难以实现的。长细方筒由于制作的原因，沿轴线方向会有初始弯曲，分析表明控制长细简支方筒的极限承载力与纵轴向的弯曲较为敏感，同时该方向的初始弯曲控制了极限承载力的大小。这也说明了一致缺陷理论的不足，只有结构的首阶屈曲位形与实际缺陷的弯曲形式接近时，采用一致缺陷理论才有实际意义，当二者区别较大时，采用实际位形相似的屈曲位形计算结构的极限承载力较为合理。

(3) 采用承载力统一理论分析构件的极限承载力时应注意区分不同的屈曲类型，应区别对待构件的板件从局部屈曲到达到极限状态的过程中，屈曲板组之间发生屈曲的先后顺序，以及因不同顺序而形成不同的极限状态。只有这样，才能利用承载力统一理论正确估算构件的极限承载力。

(4) 相关屈曲的实质是弱边 (或结构) 和强边 (或结构) 二者的屈曲应力很接近，一起达到极限状态。而局部屈曲是只弱边 (或结构) 发生屈曲并到达极限状态的过程中，强边 (或结构) 分配的载荷仍未使其达到屈曲状态或屈服状态。所以，相关屈曲的极限承载力是弱边的极限载荷加强边的屈曲载荷或弱边的极限载荷加强边的屈服载荷，也即强边的屈曲载荷超过屈服载荷时，只计算强边的屈服载荷。

3. 带端板工字梁的随机分析

如图 6.53 所示，设工字型简支压杆的长为 L，腹板高为 h，翼缘宽为 b_f，腹板、翼缘和端板的厚度分别为 t_1、t_2 和 t_3。

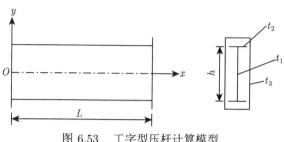

图 6.53 工字型压杆计算模型

设 $h = 1.0\text{m}$，$b_f = 0.2\text{m}$，$t_1 = t_2 = 4\text{mm}$，将工字型压杆的长度 L 作为随机变量进行承载力随机分析。随着工字梁长度的增加，带端板的工字梁在轴向均布荷载作用下的弹性屈曲和极限承载力特性与方筒模型较为类似。当 $L = 10\text{m}$ 时，工字型压杆的弹性屈曲和极限状态等效应力分别如图 6.54 和图 6.55 所示。

如图 6.56 所示，当 $L \leqslant 15.75\text{m}$ 时，工字型压杆为局部屈曲；当 $L > 15.75\text{m}$ 时表现为整体屈曲；当 $L = 15.75\text{m}$ 时为等稳定构件。工字型简支压杆的屈曲应力与长度 L 的关系与受压简支方筒类似。

NODAL SOLUTION

STEP＝1
SUB＝1
FREQ＝.064244
UY　(AVG)
RSYS＝0
DMX＝.306864
SMN＝−.303785
SMX＝.306864

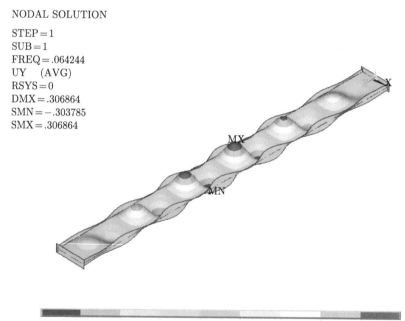

−.303785 −.235935 −.168085 −.100235 −.032385 −.035465 −.103314 −.171164 −.239014 −.306864

图 6.54 工字型压杆的弹性屈曲

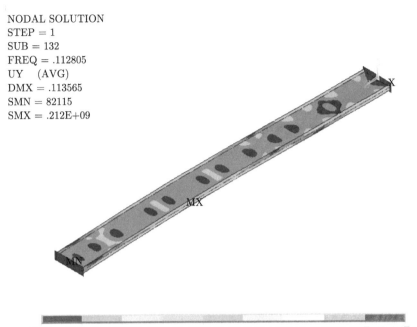

NODAL SOLUTION
STEP = 1
SUB = 132
FREQ = .112805
UY   (AVG)
DMX = .113565
SMN = 82115
SMX = .212E+09

82115   .236E+08 .471E+08 .706E+08 .941E+08 .118E+09 .141E+09 .165E+09 .188E+09 .212E+09

图 6.55　工字型压杆的极限状态

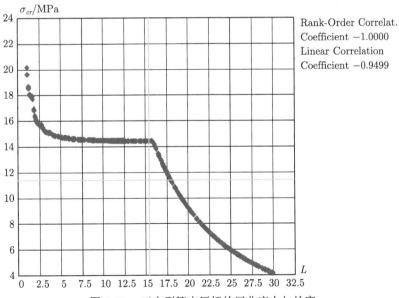

Rank-Order Correlat.
Coefficient −1.0000
Linear Correlation
Coefficient −0.9499

图 6.56　工字型简支压杆的屈曲应力与长度

对于工字梁，翼缘从弱到强的过程中会出现以下情形。情形 1：翼缘局部屈曲，腹板跟随屈曲；由于翼缘有自由边，因此可以分析畸变屈曲，相对腹板来说，这种畸变屈曲可以看成是翼缘板的局部屈曲。情形 2：腹板和翼缘相关屈曲，或可以看成腹板和翼缘都发生了局部的屈曲。情形 3：腹板屈曲，而翼缘跟随屈曲。

情形 1 和情形 3 都属于前面分析的局部屈曲到极限状态的普通情形，而情形 2 可以看成是弱板件的局部屈曲发展到极限状态，而较强板件也发生局部屈曲或强度破坏的组合极限状态，这是因为较强板发生局部屈曲或强度破坏之前，可以为弱板提供足够的边界支撑。显然，如果采用腹板的厚度作为随机变量，则腹板较弱时对应上述情形 3，腹板较强时对应情形 1，而腹板的屈曲等效刚度与翼缘较为一致时，与上述情形 2 类似。

采用随机分析有限元方法，取工字型压杆长度 $L = 8$m。当翼缘厚度 t_2 随机变化时对工字型杆受压承载力的影响，如图 6.57 所示。

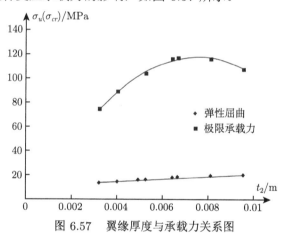

图 6.57　翼缘厚度与承载力关系图

随机分析表明，随着翼缘厚度 t_2 的增大，压杆的弹性屈曲应力线性增大，而极限承载力也随翼缘厚度 t_2 增大，但存在一个最优的刚度匹配，当 t_2 增大到一定程度时，其极限承载力反而下降。取三个代表性的特例进行对比分析，如表 6.12 所示。

表 6.12　工字梁受压极限承载力对比分析

t_2/mm	屈曲应力/MPa	极限应力/MPa	统一公式/MPa	误差%
2.683	12.860	60.076	54.513	−9.3
4.000	14.539	88.433	92.125	4.2
9.598	20.025	48.428	51.122	5.6

对三种不同厚度的翼缘，单独计算其弹性屈曲时，取 $b_f = 0.2$m，为 2 块 3 边简支 +1 边自由的受压板，其屈曲应力分别为 113.912MPa、253.211MPa 和

1457.89MPa。对于前两种情形，属于相关屈曲，如果只考虑局部屈曲时，误差分别为 −33.1％ 和 −51.4％，当考虑相关屈曲时，腹板的屈曲应力小，翼缘的屈曲应力大，为 (腹板的受压极限承载力 (按统一公式计算)＋翼缘的屈曲应力或屈服应力)/工字梁的截面积，这时的误差分别为 −9.3％ 和 4.2％，说明对相关屈曲问题，考虑构件的屈曲顺序或屈曲途径进行求解，极限承载力统一公式仍然有效。

1) 工字梁受压的畸变屈曲

对简支受压工字梁进行全域分析，包括工字梁翼缘和腹板的宽度、厚度变化，以及工字梁的长度变化。

受压工字型压杆长 6.0m，上下翼缘为 0.2m×0.003m，腹板为 0.2m×0.006m，第 1 阶和第 20 阶弹性屈曲为局部坍塌畸变。局部坍塌畸变屈曲和整体畸变屈曲位形，如图 6.58 所示。局部坍塌畸变屈曲是指畸变屈曲时，结构局部截面发生坍塌，导致局部抗弯刚度骤降，当屈曲发生后，构件局部出现了承载力薄弱段，构件曲后承载力明显较低。局部坍塌屈曲的性质也与初始缺陷采用理想构件极限破坏时的位形相似，即构件的初始缺陷位形采用理想构件极限破坏时的位形时，构件的曲后极限承载力明显偏小。数值分析表明，如果前几阶屈曲中有与局部坍塌畸变屈曲或与理想构件极限状态时的位形相近的屈曲位形时，与这两类屈曲位形相似的初始几何弯曲会造成结构的极限承载力骤降，最大幅度可达到 50％。

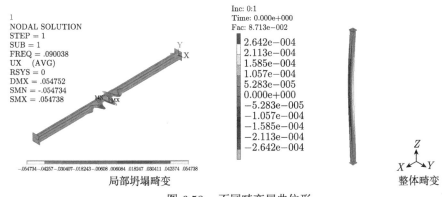

图 6.58 不同畸变屈曲位形

工字梁受压的畸变屈曲随机分析表明：①受压构件的屈曲类型有 5 种，其中包括 2 种畸变屈曲 (局部坍塌畸变和整体畸变屈曲)、局部屈曲、相关屈曲和整体屈曲；②一致缺陷理论存在重大隐患，结构的极限承载力与初始几何弯曲的形状存在明显相关性，主要是坍塌畸变位形和与极限塑性铰线位形相近的初始缺陷位形将导致结构的极限承载力明显较小；细长构件以轴向的变形为主的初始缺陷决定了构件的最小极限承载力。

采用逐步逼近法求解理想局部坍塌构件的极限承载力，计算结果如图 6.59 所

示，理想局部坍塌屈曲构件的承载力只有采用承载力统一公式计算值的 79%。这
说明该类屈曲是构件板件之间刚度不匹配造成的，该类结构的承载力较低，在工
程应用中应予以重视。

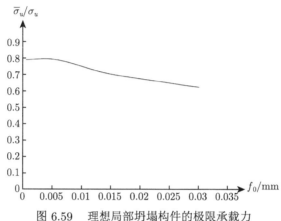

图 6.59   理想局部坍塌构件的极限承载力

对于整体失稳问题，由于结构整体屈曲后承载力提高必将伴随较大的整体屈
曲变形，严重影响结构的使用功能，因此可以不考虑曲后承载力提高。这种问题
的弹塑性屈曲和初始缺陷对承载力的影响也可以采用承载力统一理论。当结构整
体失稳载荷大于强度极限承载力时，取强度极限承载力为整体失稳载荷。

2) 关于缺陷敏感度的分析

Koiter 理论提出了缺陷敏感度 s_d 的概念 [71]，建议为结构屈曲承载力 β 对初
始缺陷矢度的斜率 $\bar{\xi}$，即

$$s_d = \mathrm{d}\beta/\mathrm{d}\bar{\xi} \tag{6.102}$$

根据 Koiter 的分析，令 $\lambda_m/\lambda_c = \beta$，则 β 满足

$$\beta^2 - \left[2 + 1.5\bar{\xi}\frac{(t/R)}{\lambda_c}\right]\beta + 1 = 0 \tag{6.103}$$

分析表明，当 $\bar{\xi} \to 0$ 时，$s_d \to \infty$。所以，如果仍沿用 Koiter 关于缺陷敏感度
的定义，则没有定量上的意义，随着缺陷矢度变大，结构承载力呈现下降的趋势。

根据板结构的 5 种屈曲类型和壳体屈曲的性质与定量分析，在这里不妨假定
结构的缺陷敏感度为

$$|\tilde{\sigma}_u - \sigma_u|/\sigma_u = s_d \tag{6.104}$$

式中，σ_u 为理想结构的极限承载力，$\tilde{\sigma}_u$ 为初始缺陷矢度接近板厚或一定指标 (钢
结构制作安装规范约定的缺陷标准 $f_0/L = 1/1000$ 或 $f_0/b = 1/200$) 时结构的极
限承载力。当 $s_d \leqslant 0.1$ 时，定义为不敏感结构，该类结构荷载以剪切为主，包括

板、压杆。当 $0.1 < s_d \leqslant 0.25$ 时，定义为敏感结构，坍塌畸变、屈曲应力接近材料屈服应力、初始缺陷位形为塑性机动破坏位形的板或压杆。当 $s_d > 0.25$ 时，定义为极度敏感结构，如壳体结构、坍塌畸变屈曲或等稳定构件/结构。

对于敏感结构可不考虑结构的曲后承载力提高，以其弹性屈曲应力 (不大于材料的屈服强度，大于时取屈服强度) 为临界荷载。然后再采用折减厚度法考虑初始缺陷对极限承载力的折减，得出的极限承载力是较为保守的。

4. 工字梁受剪的随机分析

工字梁受剪时节间板元性质与边界板元性质密切相关，边界板元为节间板元提供侧向支撑、扭转刚度和参与结构整体受力。

设工字梁受剪时外荷载等比例增加，达到节间板元局部屈曲，曲后结构截面的变形较小，可以假定所有板元的内力仍然等比例增加，当边界板元刚度较大时，节间板元从局部屈曲到极限状态的过程与前面的弹性边界矩形板一致。在这一加载过程中，可分析边界板元的刚度对节间板承载力的影响。取 4 跨简支工字梁进行受剪承载力分析，如图 6.60 所示，工字梁在第一跨的剪力为 $3P/4$，翼缘在荷载作用点处的最大弯矩为 $3PL/4$。工字梁受剪的屈曲和极限状态，如图 6.61 所示。

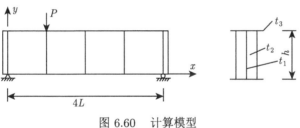

图 6.60 计算模型

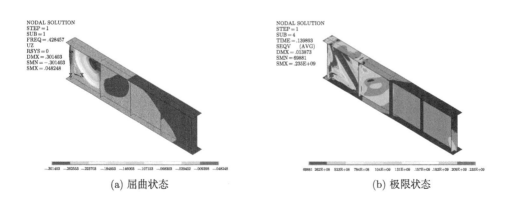

(a) 屈曲状态 (b) 极限状态

图 6.61 工字梁受剪的屈曲和极限状态

工字梁腹板为 $1.0\text{m}\times1.0\text{m}\times0.004\text{m}$，翼缘板为 $4.2\text{m}\times0.3\text{m}\times t_3\text{m}$，加劲肋为
$0.1\text{m}\times1.0\text{m}\times0.004\text{m}$。当翼缘厚度 t_3 发生变化时，对工字梁受剪极限承载力进行
随机有限元分析。一般工字梁的翼缘厚度大于腹板厚度，如图 6.62 所示，当 t_3 增
大时，工字梁的抗剪能力等比例增加，说明翼缘的刚度对工字梁抗剪的极限承载
力影响较大。

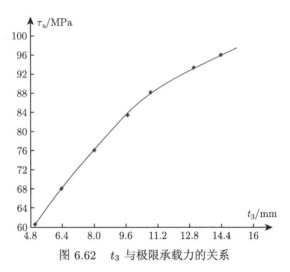

图 6.62 t_3 与极限承载力的关系

根据构件极限承载力假定法，假定该结构的曲后极限承载力满足等效应力代
换原理，则翼缘可以假定为两层，$t_f = t_{f1} + t_{f2}$，第一层 t_{f1} 为考虑工字梁翼缘
与腹板、加劲肋组成的框架效应，即该厚度的翼缘板的受弯极限承载力正好等于
翼缘该处的最大弯矩 $3PL/4$；另一层 t_{f2} 在腹板受剪屈曲时，为腹板提供弹性边
界，使腹板的边界条件接近简支与固结之间，当然，对一些特殊的宽厚比较大的
翼缘，腹板的边界条件也可能比简支条件要弱得多。这时，设荷载作用点处的弯
矩全部由第一层翼缘承担，则

$$\sigma_f b_f t_f h = 3PL/4 \tag{6.105a}$$

$$\sigma_f t_f = \sigma_y t_{f1} = \frac{3PL}{4b_f h} \tag{6.105b}$$

这时，$\tau_{cr} = 9.34\dfrac{\pi^2 D}{b^2 t}\left(1.561 - 0.127\dfrac{bt^3}{b_f t_{f2}^3}\right)$，根据受剪板的极限承载力公式，有

$$Q_u = \frac{4}{3}\tau_u ht = \frac{4}{3}ht\tau_y\left(0.674\sqrt{\frac{\tau_{cr}}{\tau_y}} + 0.244\frac{\tau_{cr}}{\tau_y}\right) = \frac{4}{3}Q_y\left(0.674\sqrt{\frac{\tau_{cr}}{\tau_y}} + 0.244\frac{\tau_{cr}}{\tau_y}\right)$$

$$\tag{6.106}$$

采用解析法和随机有限元方法均可以求得 Q_u 与 t_f 的关系, 两者的对比分析如表 6.13 所示。

表 6.13　t_3 与 Q_u 的对比分析表

翼缘厚度	t_{f1}	t_{f2}	Q_u/MPa	数值分析	误差/%
0.003	0.000396	0.002604	9.306	44.058	−78.9
0.004	0.001259	0.002741	29.587	52.499	−43.6
0.005	0.00199	0.00301	46.765	60.183	−22.3
0.008	0.0032	0.0048	75.200	78.702	−4.5
0.010	0.0034	0.0066	79.900	87.269	−8.4
0.012	0.00348	0.00852	81.780	92.811	−11.9
0.015	0.00351	0.01149	82.485	95.456	−13.6
0.020	0.00353	0.01647	82.955	98.500	−15.8

对比分析表明, 采用上述的分层假定是合理的, 当翼缘的厚度较小时, 由于假定的极限加载路径出现了相关屈曲, 导致误差较大。对于常用的工字梁结构, 其误差满足工程应用需要。因此, 基于分层法的结构极限承载力分析的一般表达式也可用于结构极限承载力估算。

6.4.5 承载力统一理论的有限单元法验证

1. 板壳结构极限承载力统一理论表述

第 5 章分析了受压和均匀受剪简支板的极限承载力, 并对弹性边界板的弹性屈曲进行了分析。前面的分析表明, 均布剪力与正应力单独作用时, 简支矩形板的极限承载力都满足统一的极限承载力公式 (5.281a)。5.7.1 节中已验证简支矩形板的压剪一致性, 因 Mises 应力的定义和式 (5.281a) 中分项应力都满足线性比例关系[1−5,8−11,22−28], 所以板件在面内荷载作用下的极限承载力也满足受压简支板极限承载力公式, 这在 5.7.4 节中已验证。

第 6 章分析了塑性佯谬的问题, 分析表明塑性佯谬并不存在, 即采用弹塑性理论分析板壳结构的极限承载力是可行的。同时在 6.3 节中用折减厚度法分析了弹性边界板在面内荷载作用下的极限承载力可以通过 Mises 应力表达为统一的一个公式, 并给出了实用板壳结构的初始缺陷对极限承载力的影响公式。

带弹性边界的矩形板的弹性屈曲由于弹性边界的复杂性, 板件在荷载作用下的弹性屈曲应力计算十分复杂, 不便于采用简单的解析公式进行描述。根据 5.3.6 节中关于弹性边界板的弹性屈曲承载力分析结果, 也分别采用了工字梁、分割翼缘工字梁和弹性边界进行对比验证分析。

根据第 6 章的分析, 复杂构造的板壳钢结构可以简化为一系列弹性边界板在面内荷载作用下的极限承载力分析, 实用结构还需要叠加上初始缺陷和实际结构几何、材料等参数的随机性。根据前面的分析判断, 板壳结构的极限承载力可以通过一个简明公式表出。因此，板壳结构极限承载力统一理论就是弹性边界板在面内荷载作用下的极限承载力，可以用一个统一的公式——式 (5.281a) 表出。

2. 有限单元法验证的主要内容

根据前面的假定，板壳结构承载力统一理论验证的内容是：弹性边界板在面内荷载作用下的极限承载力可以用一个统一的公式表出。考虑到结构屈曲的多种形式，例如局部屈曲、整体屈曲和相关屈曲，弹性边界板的屈曲分析可以通过非加载边的不同弹性刚度进行模拟，根据 5.3.6 节的分析，弹性边界板的屈曲可以用一个公式表达——式 (5.164)，这里不再赘述；根据 5.5.5 节的分析，统一承载力公式有一定的适用范围，即统一公式只实用于重钢结构，当板件的宽厚比较大或较小时，需要更复杂的公式表出，为便于应用，本书指的统一公式主要实用于宽厚比 $0.761\sqrt{kE/f_y} < b/t \leqslant 3.804\sqrt{kE/f_y}(k$ 为板的弹性屈曲系数，由板的边界条件确定；f_y 为钢材的屈服强度)，这时 $1.25 > \xi_{cr} \geqslant 0.25$。因此，这里的板壳结构承载力统一理论数值验证只分析弹性边界板从屈曲到极限状态的过程，分析统一理论公式的计算精度。

如何模拟弹性边界是问题的关键。普通板件之间通过板件进行铆接、栓接或焊接，连接的板件对我们研究的板件提供弹性边界，同时也参与受力，这很像工字梁在两端受压时，全截面受压，翼缘不仅参加受压，并与腹板形成相关屈曲，因此，在验证统一理论时会出现很多与我们关心的问题不一样的状况，例如翼缘先屈曲，或者腹板屈曲后由于翼缘刚度大，荷载与刚度较大的翼缘形成 "框架效应" 等 [3]。本处说的框架效应是指类似工字梁的节间，由于工字梁的翼缘、竖向加劲肋组成的框架在腹板的协助下可以单独承担抗压、抗弯等作用；腹板屈曲后，引起结构横断面的应力重分布；当腹板达到极限状态时，围成的框架仍能单独承担一定的承载力。

框架效应在承载力统一理论中对于分担比例原则上可以按弹性阶段的比例进行分担。这样，分析局部屈曲板件达到极限承载力状态时，可以再通过不同承载力分担比例得出结构的极限承载力。

所以，弹性边界可以通过研究板件的边界上连接板件进行模拟 (也即模拟方案 1)，模拟的结构就是工字梁的性状，如果要剔除框架效应，只有将翼缘板切割成条 (也即模拟方案 2)，这时弹性边界由于不是连接成为一块整板因而导致其抗弯、抗扭的刚度较小。显然，最好的模拟方案如图 5.50 所示，直接采用 3 向弹簧进行模拟 (也即模拟方案 3)。具体的分析模型见 5.3.6 节。

因此，板壳结构承载力统一理论验证的内容是弹性边界板在面内复杂荷载作用下仍满足极限承载力统一公式，但必须排除弹性边界可能形成的 "框架效应"。

3. 有限单元法验证的方法

本处设计了 3 种试验模型进行验证。一是采用具有翼缘的工字梁这一简单模型进行随机极限承载力分析，研究带弹性边界板在面内荷载作用下的极限承载力是否仍满足承载力统一公式。二是采用分割翼缘的工字梁模型模拟带弹性边界的板在面内荷载作用下的极限承载力分析，工字梁腹板四边采用简支边界条件。分析表明弹簧边界的屈曲好模拟，而在非线性极限承载力分析过程中的变形协调性差。所以，采用分割翼缘工字梁模型对弹性边界板进行数值分析。三是采用弹簧边界进行验证，这时可以不计弹性边界的框架效应和在荷载作用下的承载力分担。

1) 带翼缘的工字梁

当采用模拟方案 1 时，翼缘的承载力分担情况较为复杂，本处从略。

关于弹性边界板的模拟采用简支工字梁，为了忽略工字梁曲后的框架效应，模拟弹性边界的翼缘被沿 z 向分割成条，只为各边提供抗扭刚度；腹板的四边仍简支。为确保弹性边界的有效性，翼缘的宽度一般取值较小，主要通过翼缘厚度的变化来提供不同的扭转刚度。

随机分析的步骤与前面的分析相同，先计算弹性边界板的弹性屈曲，再提取腹板的第 1 阶屈曲位形，对腹板赋初始几何缺陷位形，启动曲后非线性屈曲分析，当荷载达到极值点后完成一次循环。计算模型如图 6.63 所示。

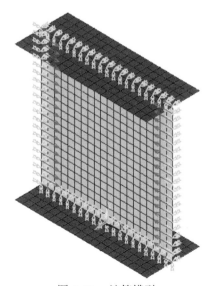

图 6.63　计算模型

采用 4 节点 SHELL181 单元，材料本构关系为理想弹塑性。计算样本为 200，通过非加载边模拟弹性边界翼缘的厚度、腹板厚度和腹板长度的变化来分析，工字梁的高度为 1.0m,翼缘的宽度取 0.2m,翼缘的厚度为均匀分布 [0.003m, 0.03m],腹板的厚度为均匀分布 [0.003m, 0.03m],在随机分析时可以约定翼缘的厚度不小于腹板厚度;工字梁的长度取为均匀分布 [0.8m, 6.0m]。

2) 带 3 向弹簧边界的矩形板

采用纵向边 3 向弹簧、横向边简支的矩形板进行极限承载力验证分析,这时可以不计弹性边界的框架效应和在荷载作用下的承载力分担。计算分析的主要荷载形式有两类:一是单向受压;二是双向受压加均匀受剪。

采用 ANSYS 有限元软件分析,计算参数同前面的算例,计算的初始几何弯曲矢度为 $b/1000$,更精确的分析时可以取 $b/10000$,对弹性边界板的长宽比、宽厚比和边界的刚度进行全域随机分析,而弹簧的刚度与翼缘的尺寸的关系由屈曲载荷一致为条件比拟得出,弹性边界板极限承载力分析的 APDL 命令流如下。

!弹性边界简支板,非加载边为 3 向弹簧。

```
/prep7
*SET,L,1.0              !简支板长度1m
*SET,B,1               !简支板宽度1m
t=2.324506308E-03      !简支板厚度t
tf=6.826856936E-02     !比拟翼缘厚度
bf=5.070873837E-02     !比拟翼缘宽度
bet1=0.0               !剪切荷载系数
ar1=0.0                !z向受压荷载系数
ar0=1                  !x向受压荷载
!其他弹性系数及弹簧的刚度计算
arfar=log(xishu3)      !即arfar=bD/GIt
!荷载设置
!计算简支板的屈曲
*set,l1,L/B
*set,k,nint(sqrt(l1))+15
m=nint(L/0.05)
*set,xm,1
*do,j,0,k
*if,l1,ge,sqrt((j+1)*j),and,l1,lt,sqrt((j+1)*(j+2)),then
*set,xm,j+1
*endif
*enddo
*SET,betar,l/B/xm      !系数βx
*SET,betar1,1/betar+betar
*SET,betar2,l/B
*SET,betar3,betar1*betar*betar
```

```
*SET,betar4,betar*betar+1/betar/betar
*SET,crxj,(1/betar+betar)**2*H**2*186184.8449 !x向屈曲应力
……
*set,tcrj,ks*0.90381*E*tw*tw/1e6 !剪切屈曲应力
!荷载设置
!按简支板非加载边弹簧的屈曲计算结果拟合简支板的加载等效荷载
*if,xk3,gt,12,then
xx=5.465
*endif
*if,xk3,le,12,then
xx=3.702+0.103171*xk3+0.032643*xk3**2
xx=xx+0.001586*xk3**3-0.000518*xk3**4
xx=xx-0.0000321*xk3**5+0.000004251*xk3**6
xx=xx+0.153e-6*xk3**7-0.148e-7*xk3**8
*endif
*if,xk3,lt,1,then
xx=3.697+0.075889*xk3+0.032221*xk3**2
xx=xx+0.007989*xk3**3+0.001237*xk3**4
xx=xx+0.000121*xk3**5+0.0000073071*xk3**6
xx=xx+0.254e-6*xk3**7+0.429e-8*xk3**8
xx=xx+0.2061e-10*xk3**9
*endif
*if,xk3,lt,-10,then
xx=3.616
*endif
qq1=xx*xx/(xm*3.1415926/L)-xm*3.1415926/L
qq2=qq1*qq1*18864.46886*h*h
*set,yan11,235*(0.201*qq2/235+0.733*sqrt(qq2/235))
*if,yan11,ge,235.0,then
*set,yan11,235.0
*endif
px=yan11*h*b/20*1e6*ar0      !x向受压荷载
pz=yan11*h*b/20*1e6*ar1      !z向受压荷载
pxy=bet1*yan11*h*b/20*1e6    !剪切荷载
!根据等效荷载与屈服强度的关系，调整加载荷载的大小
……
!建立模型
……
!边界条件，加载边简支
nsel,s,loc,x,-0.01,0.01
```

```
nsel,r,loc,z,-0.001,0.001
D,all, , , , , ,Ux,Uy,uz, ,
allsel
nsel,s,loc,x,L-0.01,L+0.01
nsel,r,loc,z,-0.001,0.001
D,all, , , , , ,Uy,uz, , ,
allsel
nplot
allsel
!非加载边z=0设置3向弹簧
*get,tmax,node,,num,max!!!!!获得最大的节点数tmax
nsel,s,loc,z,0
*get,ntol,node,,count!!!!!!某一边上的节点数
*get,nomin,node,,num,min!!!!!最小节点号
*dim,num1,arry,ntol !!!!!定义一个数组用于存放选中的节点号
num1(1)=nomin
*do,i,2,ntol
num1(i)=ndnext(num1(i-1))
*enddo
*do,i,1,ntol
newx=nx(num1(i))!!!!!获取数组中每个节点的x坐标
n,tmax+i,newx,0,0
*enddo
!!!!!下面三个循环用于定义三种弹簧单元
*do,i,1,ntol&type,2&real,2&e,tmax+i,num1(i)&*enddo
*do,i,1,ntol&type,3&real,3&e,tmax+i,num1(i)&*enddo
*do,i,1,ntol&type,4&real,4&e,tmax+i,num1(i)&*enddo
allsel
nsel,s,,,tmax+1,tmax+ntol&d,all,all&nplot&allsel
!非加载边z=B设置弹簧, 同上
......
!x、z向受压和均布剪切荷载设置
......
solve&finish& /solu
antype,buckle   !弹性屈曲分析
bucopt,lanb,3   !定义特征值提取方法
mxpand,3
outres,all,all
solve
finish
```

```
/post1
SET,FIRST
*GET,namta,ACTIVE, ,SET,FREQ
!弹性屈曲应力
*set,jxcr,namta*px/1000/H/1000*20
*set,jzcr,namta*pz/1000/H/1000*20
*set,taocr,namta*pxy/1000/H/1000*20
dxyl=sqrt(jxcr*jxcr-jxcr*jzcr+jzcr*jzcr+3*taocr*taocr)
dx1=sqrt(dxyl/235)
!提取屈曲位形的最大面外位移uzmax0
*set,dann,20*mxn
*SET,uzmax0,0
*do,k,1,dann,1
*GET,uzmax,NODE,k,U,y
*if,abs(uzmax),gt,uzmax0,then
*SET,uzmax0,abs(uzmax)
*endif
*enddo
FINISH
*set,e0,0.001
!极限承载力分析
/PREP7
TB,BISO,1,1,2,
TBTEMP,0
tbdata,,segmary,0,,,,
UPGEOM,1/uzmax0*e0,1,1,'pds-ban-loop.mac','rst',' '
FINISH
/sol
ANTYPE,0
NLGEOM,1
ARCLEN,1,1e-2,1e-6,
ARCTRM,L,0,0,UX
OUTRES,ALL,ALL,
NSUBST,200,0,0  !子步数
SOLVE
FINISH
/POST26
FILE,'pds-ban-loop.mac','rst','.'
/UI,COLL,1
NUMVAR,250
```

```
SOLU,191,NCMIT
STORE,MERGE
FILLDATA,191,,,,1,1
REALVAR,191,191
vget,ttt,1,0
*SET,maxx,0
*set,last,0
*do,i,1,300,1
*if,ttt(i),gt,0,then
*SET,tnum,i
*endif
*enddo
*do,i,1,tnum,1
*if,ttt(i),gt,maxx,and,ttt(i),ne,1.0,then
*SET,maxx,ttt(i)
*endif
*if,ttt(i),gt,0,and,ttt(i),ne,1.0,then
*SET,last,ttt(i)
*endif
*enddo
*set,segux,maxx*px*20/h/1e6            !极限承载力
*set,seguz,maxx*pz/1000/H/1000*m/L
*set,taou,maxx*pxy/1000/H/1000*20
dxyl1=sqrt(segux*segux-segux*seguz+seguz*seguz+3*taou*taou)
dx2=dxyl1/235
*set,ys,235*(0.244*dx1*dx1+0.674*dx1)
*if,ys,ge,235.0,then&*set,ys,235.0&*endif&ys1=dx2*235/ys
finish
```

```
!!!!随机分析引导程序
PDVAR,L,UNIF,0.8,5
PDVAR,bet1,UNIF,0.01,1
PDVAR,ar1,UNIF,0.0001,1
PDVAR,ar0,UNIF,0.0001,1
PDVAR,t,UNIF,0.004,0.025
PDVAR,tf,UNIF,0.001,0.1
PDVAR,bf,UNIF,0.2,5
PDVAR, arfar,RESP
```

```
PDVAR,ys1,RESP
PDVAR,dx1,RESP
PDVAR,dx2,RESP
PDMETH,MCS,DIR
PDDMCS,200, ,'ALL ', , , ,CONT
/PDS
PDEXE,limitcapacity,SER,0,COPY,plate_ultimate_capacity
```

4. 有限单元法分析的结果

1) 单向受压弹性边界板的极限承载力

采用分割翼缘工字梁模型进行随机分析,计算出弹性屈曲应力 σ_{cr} 后,采用式 (5.281a) 的计算值 σ_{uj} 作为数值分析的可能值,根据 σ_{uj} 的大小对结构外荷载进行适当的放大,确保极限承载力分析过程的有效性。σ_u 为根据数值分析的结果,本处主要分析验证 $\lambda_u = \sigma_u/\sigma_{uj}$ 的范围和分布情况。

数值分析表明 λ_u 的最小值为 0.856,最大值为 1.12,平均值为 0.979,均方差为 0.064。说明承载力统一公式分析弹性边界受压板极限承载力的精度高。弹性边界受压板样本的极限承载力 ξ_u 与等效屈曲刚度系数 ξ_{cr} 的关系,如图 6.64 所示。

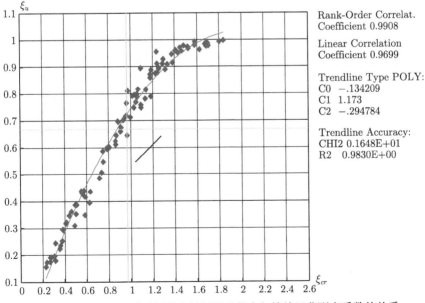

图 6.64 弹性边界受压板样本的极限承载力与等效屈曲刚度系数的关系

在考虑弹性边界受压板单独受压时,由于分割翼缘的刚度可以通过厚度进行控制，模型的首阶屈曲位形为腹板屈曲，有的情形是分割翼缘先屈曲，就出现了较离散的数值。

采用弹簧边界进行随机分析时，首先根据翼缘的刚度比拟为 3 向弹簧后，进行屈曲分析，得到矩形板的屈曲等效应力 dxyl，再进行极限承载力分析，得到等效极限承载力 dxyl1，最后通过对比分析得出板壳结构极限承载力统一公式的计算精度 ys1。

计算结果如图 6.65 和图 6.66 所示。

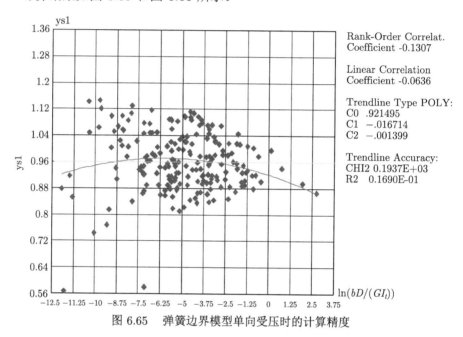

图 6.65　弹簧边界模型单向受压时的计算精度

如图 6.65 所示，弹簧边界模型单向受压时的计算精度介于 0.56~1.15。对离散点进行精细分析表明：

(1) 当边界的弹性刚度过小时，板件在屈曲后向更充分的曲后极限状态发展的可能性降低，即当弹性边界的刚度比简支条件还要弱时，板件采用统一公式计算的精度差，ys1 < 1.0；

(2) 初始几何弯曲过大或过小、荷载设置不合理等导致板件的非线性计算错误，表现为精度 ys1 过大；

(3) 当矩形板的宽厚比较大或较小时，超出了统一公式的适用范围，精度 ys1 出现离散，有的为 0.505，有的达到 2.503。

采用弹簧边界时，单向受压弹性边界板的模型数据和精度分析对比，如表 6.14 所示。

所以，当 $\ln(bD/(GI_t)) \leqslant 0$ 时，弹性边界板单向受压极限承载力分析采用统一公式的计算精度为 0.9~1.1。

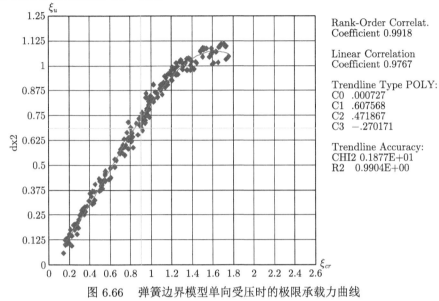

图 6.66 弹簧边界模型单向受压时的极限承载力曲线

表 6.14 单向受压弹性边界板模型和精度分析表

模型编号	L	t	比拟翼缘		ys1(有限元分析/公式)
			b_f	t_f	
DY1	3.672	0.00817	0.057	0.015	0.907
DY2	0.984	0.00941	0.147	0.036	0.944
DY3	2.474	0.00281	0.280	0.041	0.505
DY4	4.396	0.0147	0.222	0.084	0.999
DY5	1.060	0.0123	2.133	0.029	0.973
DY6	2.387	0.0180	2.631	0.095	1.022
DY7	1.594	0.0095	3.805	0.055	0.979
DY8	0.973	0.0078	4.222	0.025	1.096
DY9	4.472	0.0133	2.141	0.012	0.973
DY10	3.846	0.0085	4.470	0.033	1.089

不考虑承载力统一公式的适用范围，如图 6.66 所示，从总体上看，弹簧边界模型单向受压时的极限承载力曲线仍满足多项式函数的关系，即使出现了一定的离散，当 ξ_{cr} 较小时，误差相对较大。

2) 复杂荷载作用下弹性边界板的极限承载力

采用分割翼缘工字梁模型进行随机分析，当弹性边界板在双向受压和剪力共同作用下时，仍按前面的方法验证式 (5.281a) 的有效性，弹性边界板在面内复杂荷载作用下的极限承载力 ξ_u 与等效屈曲刚度系数 ξ_{cr} 的关系，如图 6.67 所示。横轴为等效应力与屈服应力比值方根，纵坐标为等效极限应力与屈服应力的比值。

数值分析表明，由于结构分析汇总设计的影响承载力的因素较多，极限承载力在 ξ_{cr} 相同时，其上下波动有 $\pm 5\%$；极限承载力 ξ_u 与等效屈曲刚度系数 ξ_{cr} 仍满足极限承载力统一公式 (5.281a)。

在复杂荷载作用下带弹性边界的腹板的极限承载力由于荷载形式的变化，第 1 阶位形是多样的，有的以腹板屈曲为主，有的以分割翼缘屈曲为主，以及二者的相关屈曲，所以承载力的结果离散性较大。

(1) 对特殊点进行了再分析，说明数据离散的原因是不同类的初始几何弯曲导致承载力下降；6.4.4 节说明了构件的初始几何弯曲的影响，对承载力均存在不同程度的降低；6.5.1 节说明了板件的初始几何弯曲对极限承载力的影响，同样也很复杂。因此，基于一致缺陷的极限承载力有限元计算方法得出的极限承载力以降低为主。

(2) 如图 6.67 所示，ξ_u-ξ_{cr} 曲线的上方包络线说明了板钢结构极限承载力统一理论的合理性，且精度高。

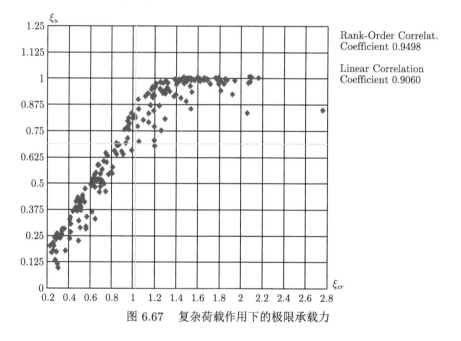

图 6.67　复杂荷载作用下的极限承载力

当采用弹簧边界分析时，计算方法同上述单向受压情形，这时的荷载为 x、z 向受压和均布受剪，在考虑荷载的随机设置的同时，还要考虑等效荷载的大小，荷载太大，无法进行结构的弹性屈曲分析，荷载太小，影响计算的结果或导致计算不收敛。弹簧边界模型在复杂荷载作用时的计算精度如图 6.68 所示，极限承载力曲线如图 6.69 所示。

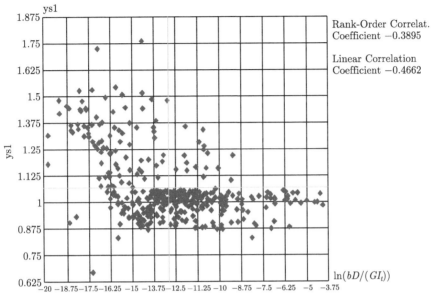

图 6.68　弹簧边界模型在复杂荷载作用时的计算精度

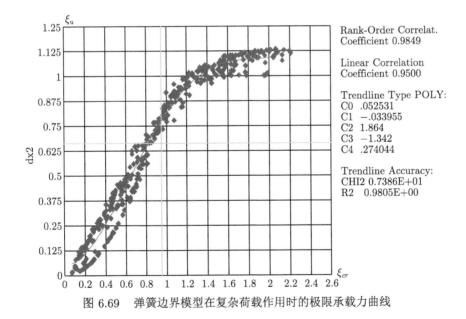

图 6.69　弹簧边界模型在复杂荷载作用时的极限承载力曲线

如图 6.68 所示，弹簧边界模型复杂荷载作用时的计算精度介于 0.625~1.771。对离散点进行精细分析，表明计算精度 ys1 仍然受弹性边界刚度、统一公式适用范围和非线性计算三方面因素的影响，与板件的长宽比、宽厚比无关。

弹簧边界模型在复杂荷载作用时的计算精度分析的模型数据，如表 6.15 所示。

表 6.15　弹簧边界模型在复杂荷载作用时的计算精度分析

模型编号	L	t	比拟翼缘		ys1(有限元分析/公式)
			b_f	t_f	
FZ1	1.562	0.00329	0.092	0.0777	0.884
FZ2	2.455	0.01136	0.057	0.0028	1.016
FZ3	2.238	0.01867	0.241	0.0718	0.968
FZ4	1.252	0.00274	0.254	0.0787	1.016
FZ5	4.052	0.00408	0.105	0.0237	1.045
FZ6	1.609	0.01916	4.674	0.0954	0.978
FZ7	4.217	0.01524	3.271	0.0126	1.002
FZ8	1.766	0.01292	1.033	0.0818	0.960
FZ9	2.424	0.02061	3.575	0.0226	1.043
FZ10	4.119	0.02118	5.125	0.0371	1.017

所以，当 $\ln(bD/(GI_t)) \leqslant 0$ 时，弹性边界板在复杂荷载作用时的极限承载力采用统一公式的计算精度仍为 0.88～1.05。

不考虑承载力统一公式的适用范围，如图 6.69 所示，从总体上看，弹簧边界模型在复杂荷载作用时的极限承载力曲线仍满足多项式函数的关系，但离散性更大，当 ξ_{cr} 较小时，误差相对较大。

3) 边界的弹性刚度对统一公式的影响

仍采用弹簧边界，当只考虑边界的弹性刚度对统一公式的影响时，随机分析的矩形板幅面尺寸采用 1.2m×1.0m×0.01m。由于模拟的翼缘边界 3 向的弹簧刚度 $(k_y、k_z、\beta)$ 具有相关性，数值分析表明，弹性边界板的屈曲和极限承载力与 β 的相关性强，这里列出了弹性边界板承载力统一公式的精度与 $\ln(bD/(GI_t))$ 的关系，如图 6.70 所示。列出了弹性边界影响下板的极限承载力曲线关系，如图 6.71 所示。

从图 6.70 可以看出，有 2 个样本的 ys1 值较大，经分析是非线性分析时的荷载取值和初始几何缺陷造成的；当弹性边界的扭转刚度较小时，极限承载力统一公式的计算值大于实际值，当 $bD/(GI_t) < 1.0$ 时，弹性边界板的计算精度介于 0.875～1.212。从图 6.71 可以看出，当弹性边界板的边界刚度变化时，其极限承载力曲线仍可以表达为 ξ_{cr} 的多项式形式。

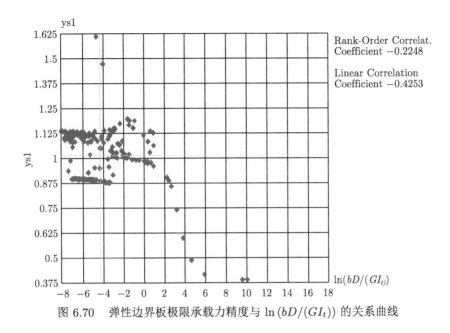

图 6.70 弹性边界板极限承载力精度与 $\ln(bD/(GI_t))$ 的关系曲线

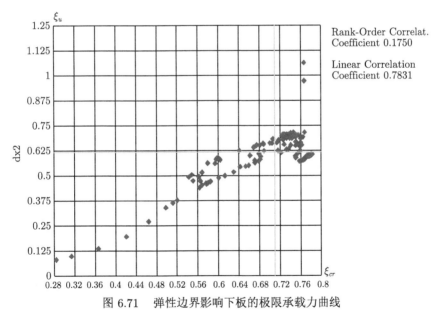

图 6.71 弹性边界影响下板的极限承载力曲线

5. 数值分析结论

通过有限元单元法的验证分析表明,当弹性边界板件的宽厚比满足 0.761

$\sqrt{kE/f_y} < b/t \leqslant 3.804\sqrt{kE/f_y}$，弹性边界介于简支与固结之间时 (当 $\ln(bD/(GI_t)) \leqslant 0$ 时)，板壳结构极限承载力统一公式为满足计算精确要求的实用公式。

6.5　初始缺陷对板钢结构承载力的影响

本节讨论的初始缺陷主要指板钢结构初始几何缺陷和焊接残余应力。板钢结构主要采用焊接连接形式，焊接成型的同时也会产生初始弯曲和残余应力，具体成因见 1.2 节。在一般的理论分析中，将初始弯曲和残余应力分开考虑，即不考虑二者的耦合行为。

6.5.1　初始几何缺陷的影响

1. 研究方法

研究结构的几何缺陷主要包括安装偏差、构件的初弯曲和对结点的初偏心、结构的初倾斜等。对于支撑与非支撑刚架，初始缺陷的大小和分析方法是不同的，这在结构设计规范中有所体现。考虑几何缺陷的方法主要有直接缺陷分析法、等效荷载法、缩减切向模量法、随机缺陷模态法和一致缺陷模态法 (特征模态法) 等。

(1) 直接缺陷分析法是一种显式的缺陷分析模型，即在分析时人为给定构件单元 (或结构) 的初始缺陷值 (如初倾斜、初弯曲等)，例如前面分析板件极限承载力时的变形缺陷施加方法。

(2) 等效荷载法采用的模型使用一阶弹塑性铰方法进行框架设计，刚架的几何缺陷可由等效侧向荷载来代替，并表示为所作用的重力荷载的函数。

(3) 缩减切线模量法通过进一步减小切线模量 E_t 来实现，因为几何缺陷造成的单元刚度的降低可以通过等效减小单元刚度来模拟。

(4) 随机缺陷模态法是从概率统计观点出发，认为不论分布如何复杂的结构缺陷，安装误差近似符合正态分布。因此，结构的初始安装缺陷是一多维随机变量，其样本空间的每一个样本点都对应着结构的一种缺陷模态。取容量为 N 的样本对结构进行统计分析，即随机取有限个缺陷模态进行结构的荷载–位移全过程分析，找出统计规律，以此来评价缺陷结构的稳定承载力，例如前面的随机有限元法。

(5) 一致缺陷 (特征) 模态法。尽管随机缺陷模态法能较为真实地反映实际结构的工作性能，但由于需要对不同缺陷分布进行多次的反复计算，工作量极大，为此 Teh 等提出采用结构的特征模态计算结构的最小分岔屈曲载荷；沈世钊等则提出一致缺陷模态法处理结构缺陷。考虑到结构最低阶临界点所对应的屈曲模态为结构的初始缺陷位形，结构按该模态变形将处于势能最小状态，所以对于实际结构来说，在加载最初阶段即有沿该模态变形的趋势。若结构的缺陷分布形式恰与最低阶屈曲模态相吻合, 则无疑对其受力性能产生最不利影响。一致缺陷模态法就是用最低阶屈曲模态来模拟结构的初始缺陷分布, 它与 Teh 等的特征模态法实质是相同的 [72]。

2. 板钢结构初始几何缺陷统计

薄板的初始几何弯曲是随机的, 文献 [73] 给出了板的精确位形资料, 如图 6.72 所示, 显然薄板的初始几何弯曲是三维的。而实用板件是通过焊接等连接方法进行拼装的, 板件的边界得到了约束, 其幅面中央的位形作为制造工艺的控制指标, 也得到多次修正。所以, 薄板的初始几何缺陷位形是复杂的。本节的分析主要集中在板钢结构在制作成形过程中由于焊接等直接原因造成板钢结构的初始几何弯曲。对板钢结构的随机缺陷分析主要依赖于缺陷数据库的建立, 目前看来还有许多问题需要解决。

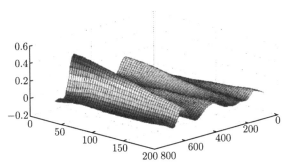

图 6.72 薄板的初始几何弯曲位形 (单位：mm)

数值分析表明, 由于板钢结构连接部位角域的刚度远远大于板中部的刚度, 边界上的小位移对薄板的承载力影响不大, 只影响边界上的应力不均匀; 影响薄板的承载力和曲后刚度的主要是面外初始弯曲。所以, 后续的研究主要考虑薄板的面外初始弯曲位形。

国内在薄板的初始缺陷的研究方面以吴连元等在 20 世纪 80 年代所做的工作为代表 [63-65]。他们考虑在薄板幅面上点 (ξ, η) 处有局部涡型缺陷, 缺陷在 xOy 平面内的投影形状方程为 $g(x, y) = 0$, 初始缺陷挠度函数设为

$$w_0 = \bar{\delta}_0(\zeta, \eta) g(x, y) \tag{6.107}$$

$$|g(x, y)| \leqslant \alpha, \beta \quad (\alpha, \beta > 0)$$

因而可得到不同形状的涡型缺陷。例如, 圆形的涡型缺陷

$$w_0 = \left(R^2 - x^2 - y^2\right)^{1/2} - \bar{\delta}_0 \tag{6.108}$$

椭圆形的涡型缺陷

$$w_0 = \left(1 + \alpha x^2 - \beta y^2\right)^{1/2} - \bar{\delta}_0 \tag{6.109}$$

钻石形的涡型缺陷

$$w_0 = \overline{\delta_0}\left(1 - \sin^2 \alpha x\right)\left(1 - \sin^2 \beta y\right) \tag{6.110}$$

吴连元等应用有限元增量摄动法研究局部涡型缺陷对板曲后性能的影响, 给出了曲后路径的渐进解析表达式; 并且也可以将板幅面上的孔洞作为缺陷形式, 应用同样的方法研究了开孔对板屈曲的影响。

随着大跨度铝合金结构的兴起, 大截面铝合金构件的应用越来越广泛。为研究大截面铝合金轴心受压构件的整体稳定性能, 文献 [66] 针对 4 个工字型 6061-T6 铝合金轴心受压构件和 3 个箱型 6061-T6 铝合金轴心受压构件进行了试验研究。

试件共计 7 个, 包括 4 个工字型截面的试件和 3 个箱型截面的试件, 试件均由 6061-T6 铝合金挤压成型得到。试件截面尺寸见图 6.73, 实际尺寸见表 6.16。同一截面形状的试件其截面尺寸也完全相同, 仅通过变化试件长度来研究长细比对大截面铝合金构件稳定性能的影响。工字型轴心受压构件长细比变化范围为 58.4~116.7, 箱型轴心受压构件长细比变化范围为 29.0~48.2, 涵盖了工程中常用的长细比范围。

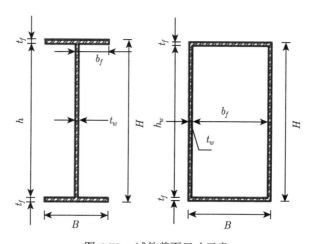

图 6.73　试件截面尺寸示意

表 6.16 试件实际尺寸

截面形式	试件编号	H/mm	B/mm	t_w/mm	t_f/mm	h_w/t_w	b_f/t_f	A/mm²	i/mm	L/mm	长细比 λ
工字型	L1-1	550	220	11.0	14	47.5	7.5	11902	45.74	2670	58.4
	L1-2	550	220	11.0	14	47.5	7.5	11902	45.74	3560	77.8
	L1-3	550	220	11.0	14	47.5	7.5	11902	45.74	4450	97.3
	L1-4	550	220	11.0	14	47.5	7.5	11902	45.74	5340	116.7
箱型	L2-1	550	290	10.5	12	50.1	22.4	18006	121.23	3510	29.0
	L2-2	550	290	10.5	12	50.1	22.4	18006	121.23	4675	38.6
	L2-3	550	290	10.5	12	50.1	22.4	18006	121.23	5845	48.2

由于金属结构的缺陷严重影响了其稳定承载力，因此在试验前测量了所有试件的整体几何初始缺陷和局部几何初始缺陷。

对于整体几何初始缺陷，本文测量了工字型截面 4 条棱边上每个 4 分点位置处的缺陷值，即 $\Delta V_{ij}(i=1,2,3,4; j=1,2,3)$，$i$ 为 4 条棱边的编号，j 为 4 分点位置的编号，如图 6.74(a) 所示。

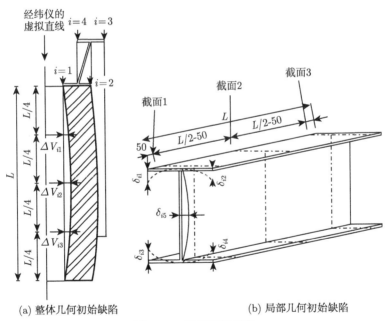

(a) 整体几何初始缺陷   (b) 局部几何初始缺陷

图 6.74 缺陷测量示意

由于截面中心处的缺陷值无法直接得到，所以采用 4 条棱边缺陷值的平均值作为截面中心的偏心值。即 $\Delta V_1 = (\Delta V_{11} + \Delta V_{21} + \Delta V_{31} + \Delta V_{41})/4$。再取 $\Delta V_1, \Delta V_2, \Delta V_3$ 中的最大值作为构件的几何初弯曲 ΔV。整体缺陷测量了沿强轴和弱轴两个方向。缺陷测量值如表 6.17 所示，根据 GB 5237.1—2008《铝合金建筑型材。第 1 部分：基材》确定了各个构件的加工精度。

表 6.17 整体几何初始缺陷测量值

截面型式	试件编号	弱轴			强轴		
		ΔV/mm	L/mm	$(\Delta V/L)$/‰	ΔL/mm	L/mm	$(\Delta L/L)$/‰
工字梁	L1-1	0.49	2 670	0.19	0.90	2 670	0.34
	L1-2	0.55	3 560	0.16	0.52	3 560	0.15
	L1-3	0.72	4 450	0.16	0.66	4 450	0.15
	L1-4	0.56	5 340	0.11	0.45	5 340	0.08
箱梁	L2-1	1.01	3 510	0.29	1.02	3 510	0.29
	L2-2	1.32	4 675	0.28	0.57	4 675	0.12
	L2-3	0.39	5 845	0.07	0.31	5 845	0.05

注：L 为构件长度。

对于局部几何初始缺陷：测量的位置如图 6.74(b) 所示，测量的位移计量程为 ±5mm。测得的局部几何初始缺陷值列于表 6.18 中。δ_F 表示翼缘的缺陷值，$\delta_F = \max(\delta_{ij})(i=1,2,3; j=1,2,3,4)$，其中 i 为截面的位置，j 为同一截面中缺陷的位置。δ_W 表示腹板的缺陷值，$\delta_W = \max(\delta_{ij})$，$i=1,2,3; j=5$。箱型构件的测量位置与工字型相同，典型的初始缺陷在截面上的分布如图 6.75 所示。

表 6.18 局部几何初始缺陷测量值

截面型式	试件编号	δ_F/mm	(δ_F/b_f)/%	δ_W/mm	(δ_W/h_w)/%
工字梁	L1-1	0.552	0.53	0.642	0.12
	L1-2	0.411	0.39	1.004	0.19
	L1-3	0.424	0.41	0.614	0.12
	L1-4	0.245	0.23	0.496	0.10
箱梁	L2-1	0.503	0.19	2.502	0.48
	L2-2	0.670	0.25	1.203	0.23
	L2-3	0.354	0.13	1.142	0.22

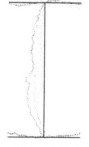

(a) 工字型截面 　　　　(b) 箱型截面

图 6.75 局部几何初始缺陷在截面上的分布

初始缺陷统计显示，冷弯薄壁结构工字梁的长度/标定的均值为 1.0196，方差为 0.00393。箱梁的长度/标定的均值为 0.9883，方差为 0.06485。

板钢结构的初始几何缺陷调查根据长沙三汊矶湘江大桥扁平钢箱梁制安竣工文件进行统计分析[78]。三汊矶湘江大桥主桥桥跨布置为 70m+132m+328m+132m+70m，三汊矶大桥加劲梁横截面布置如图 6.76 所示。加劲梁型式为扁平闭口钢箱梁，正交异性板桥面；桥轴线处箱梁净高 3.60m，桥面 2.0% 双向横坡，加劲梁全宽 35.0m；桥面板厚 14mm，腹板厚 16mm，底板厚度除桥塔局部段为 20mm 外其余均为 12mm；加劲梁每 3 m 设置横隔板，有吊索处为实腹式横隔板，无吊索处采用桁架式横隔板，支座处横隔板厚 16mm；顶板纵向加劲肋为 U 形闭口肋，U 肋厚 8mm，间距 600mm；底板 U 肋厚 6mm，间距 600mm；斜腹板的纵向加劲肋为开口肋 (球扁钢)，厚 10mm，间距 220mm。

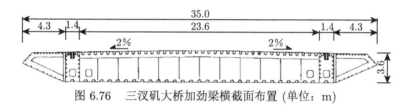

图 6.76　三汊矶大桥加劲梁横截面布置 (单位：m)

扁平钢箱梁单元件和扁平钢箱梁节段检验示意图分别见图 6.77 和图 6.78。单元件外形长度 L、宽度 B、板的每米平面度和安装位置的允许偏差值均不大于 1mm，对角线 D 的允许偏差值不大于 2mm。扁平钢箱梁节段外形长度 L 的允许偏差值不大于 2mm，宽度 B 和高度 H 不大于 4mm，其余几何尺寸允许偏差值均不大于 3mm；磨光顶紧的要求为 75% 密贴、25% 不大于 0.2mm。

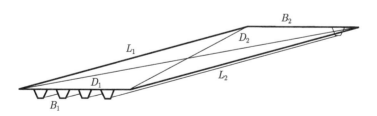

图 6.77　扁平钢箱梁单元件检验示意图

由于公路钢桥制造、安装的严格要求，因此其制造误差均以毫米计，从理论分析的角度讲，该制作、安装误差不影响结构的受力，但是对结构的稳定性能有不容忽视的影响。

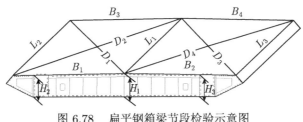

图 6.78　扁平钢箱梁节段检验示意图

扁平钢箱梁制安的几何偏差统计结果如图 6.79 所示。统计表明:

(1) 由于扁平钢箱梁加劲板的非对称构造,结构初始几何缺陷的分布密度函数呈现明显的偏斜性质;

(2) 初始缺陷 (弯曲、偏斜、几何尺寸等) 均接近正态分布,其均值接近检验限值的 1/10,方差接近检验限值的 1/3;

(3) 缺陷的位形接近节间在长度方向受压时的低阶屈曲位形,扁平钢箱梁板件的初始几何弯曲矢度与板的宽度之比 f_0/b 接近正态分布,平均值 $\mu_{f_0/b}$ 为 0.003655,方差 $\sigma_{f_0/b}$ 为 0.001173。

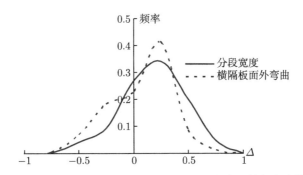

图 6.79　扁平钢箱梁制安的几何偏差统计分布 (Δ 为实测值与容许偏差的比值)

3. 初始几何弯曲对承载力的影响

采用图 6.3 所示计算模型,设薄板的初始弯曲位形为

$$w_0 = f_0\varphi_i(x,y) \tag{6.111}$$

式中,$\varphi_i(x,y)$ 为受压板的屈曲位形,i 为受压板的屈曲阶数;f_0 为初始弯曲矢度。

取图 6.3 所示受压简支板的厚度为 4mm,当初始弯曲矢度取 5mm 时,初始弯曲位形采用前 10 阶屈曲位形时与采用低阶屈曲位形的承载力对比如图 6.80 所示。图中 σ_{u1} 为初始弯曲位形为一阶屈曲位形时的极限承载力,σ_{un} 为初始弯曲位形为第 n 阶正定屈曲位形时的极限承载力。分析表明受压板前 10 阶屈曲位形对其承载力的影响各不相同, 高阶屈曲位形对其承载力的影响较大, 随着 n 的增加, 受压板的极限承载力呈下降趋势。特别当弯曲位形峰值迹线接近理想受压板极限状态的塑性迹线时 (如第 13 阶屈曲位形), 初始弯曲对板的曲后承载力影响最大, $\sigma_{u13}/\sigma_{u1} = 0.64$。如图 6.80 所示, 当初始几何弯曲矢度越大时, 不同屈曲位形对受压简支板极限承载力的影响更大。前 10 阶初始屈曲位形中, 第 2、4、7 阶屈曲位形导致极限承载力增大 17%, 而第 5、8、10 阶屈曲位形导致极限承载力降低。

图 6.81 列出了不同柔度的受压简支板的前 5 阶屈曲位形对承载力的影响。当结构的弹性屈曲应力 σ_{cr} 接近材料的屈服强度 σ_y 时, 初始弯曲对受压板承载力的折减最大。

在实际工程中, 受压板的初始几何缺陷是客观存在的, 在极限承载力的分析中必须加以考虑。数值分析表明初始几何弯曲对受压板的承载力影响较为明显, 具有随机性的特点。初始弯曲矢度越大, 板的承载力越低; 初始弯曲的位形接近理想板的塑性迹线时, 初始弯曲对其承载力影响最大; 初始弯曲在非加载边垂向上的半波数大于 2 时, 受压板的承载力反而会提高。因此, 初始几何弯曲对承载力的影响具有随机性, 在板钢结构的应用中考虑到美观要求应限制出现高阶屈曲位形的初始几何缺陷及缺陷矢度。

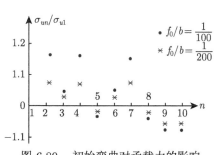

图 6.80 初始弯曲对承载力的影响

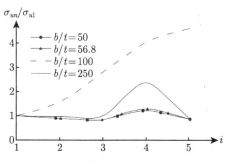

图 6.81 屈曲位形对承载力的影响

Koiter 初始曲后理论的屈曲应力实际上说的是整体失稳的屈曲, 未考虑曲后承载力提高, 那么, 此处的屈曲临界状态指的是极限承载力状态。该理论分析了具有初始缺陷结构在达到失稳前后的性态特征, 通过摄动参数的引入, 构建了带有缺陷的结构在失稳前和失稳后较小区间的力学性能, 当结构为类似压杆这样的构件时, 屈曲到极限状态的过程中, 构件的变形较小, 承载力提高也不大, 采用 Koiter 理论能够分析结构的曲后性能, 以及初始缺陷对承载力的影响等。

设受压简支板的长宽比 a/b 随机变化, $b=1.0$m, $t=4$mm, 初始几何弯曲矢度不变时的极限承载力分析结果如图 6.82 所示, 图 6.82(a) 的矢度为 0.1mm,

图 6.82(b) 的矢度为 0.5mm。数值分析表明，当受压简支板的宽厚比不变时，通过随机有限元法分析初始几何缺陷矢度增大时，受压板的承载力减少梯度可以分析初始缺陷对受压板随长宽比变化时极限承载力的敏感程度；随着初始几何弯曲矢度的增加，板件的承载力会下降；当板件的初始弯曲矢度相同时，相同屈曲半波数的受压板的极限承载力随长宽比 a/b 增大而减小；当板件的长宽比 a/b 达到弹性屈曲位形半波数变化的界限时，板件的承载力会出现突变。图 6.82(a) 与 (b) 的对比表明，不同长宽比的板件对初始几何弯曲矢度的敏感性基本相同。

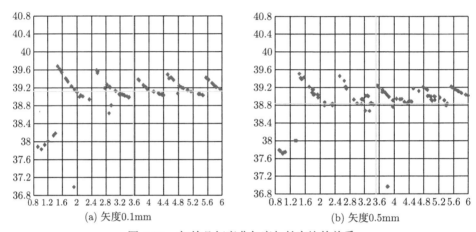

(a) 矢度0.1mm   (b) 矢度0.5mm

图 6.82   初始几何弯曲矢度与长宽比的关系

图 6.83 列出了前 3 阶屈曲位形矢度与受压板极限承载力的关系。数值分析表明，当矢度较小时，随着初始弯曲矢度的增加，受压板的承载力会减小，当矢度超过 10~20 倍板厚时，随着矢度的增加，受压板的承载力会明显提高。这是由于过大的初始位形约束了受压板的曲后位形的发展，反而提高了板件的极限承载力。图 6.83 中的编号代表了受压板初始缺陷位形对应的屈曲阶数。

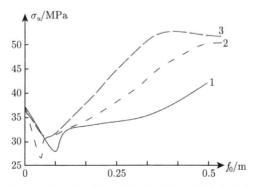

图 6.83   前 3 阶屈曲位形矢度与受压板极限承载力的关系

4. 板的随机初始几何弯曲对承载力的影响

因为薄板屈曲位形是相互正交的，所以薄板的随机初始几何弯曲可以通过薄板的多阶弹性屈曲位形来表示，即

$$w_0 = \sum_{i=1}^{\infty} f_i \varphi_i(x, y) \tag{6.112a}$$

式中，i 为薄板的弹性屈曲阶数；$\varphi_i(x, y)$ 为薄板的第 i 阶屈曲位形；f_i 为薄板的第 i 阶屈曲位形的展开系数。

对于确定的初始弯曲位移 w_0，可以求出初始弯曲的最大值为 $w_{0\max}$。分析板的随机缺陷时，采用钢桥中常用的节间矩形板件尺寸满足的 $0.5 \leqslant a/b < \sqrt{2}$，研究其初始弯曲对承载力的影响。主要分析当 $w_{0\max}$ 确定时，随机初始弯曲对板钢结构极限承载力的影响参数。

根据展开系数 f_i 的大小，可以将板的初始弯曲分为主位形 w_m 与辅助位形 w_a 的和，即

$$w_0 = w_m + w_a \tag{6.112b}$$

主位形 w_m 即展开系数绝对值最大的初始弯曲位形，其必定代表了某一阶屈曲位形；而辅助位形 w_a 即初始弯曲位形减去主位形后的较小弯曲位移量，一般采用双三角级数表示。为进一步简化问题，可采用板的前 10 阶屈曲位形的展开式来表示辅助位形 w_a。

所以

$$w_m = \varphi_m(x, y) = f_{ij} \sin\frac{i\pi x}{a} \sin\frac{j\pi y}{b} \tag{6.113}$$

辅助位形为

$$w_a = \sum_{k=1, k \neq m}^{10} \varphi_k(x, y) = \sum_{s=1, s \neq i}^{p} \sum_{t=1, t \neq j}^{q} f_{st} \sin\frac{s\pi x}{a} \sin\frac{t\pi y}{b} \tag{6.114}$$

前面已经分析了各阶屈曲位形的初始弯曲和初始弯曲矢度对受压板极限承载力的影响。本节主要分析辅助位形参与度对受压板极限承载力的影响。初始弯曲主位形的弯曲最大值为 $(w_m)_{\max} = f_{ij}$，设辅助位形的弯曲最大值为 $(w_a)_{\max} = f_a$，则可以采用 f_a 与 f_{ij} 的比值来确定辅助位形在初始弯曲位形中的参与程度，设辅助位形的参与系数 ϑ 为

$$\vartheta = f_a / f_{ij} \tag{6.115}$$

单向受压简支板随机模型与前述模型一样，厚度 t 取 10mm。设初始位形的最大值保持不变（$w_{0\max} = 1$ mm），考虑板的随机位形对其承载力的影响。设薄板

的主位形为一阶屈曲位形，当只有主位形时，薄板的极限承载力为 100.042MPa，随机分析样本数 $n = 1000$。采用随机非线性有限元方法，板的初始位形随机抽取样本如图 6.84 所示。随机非线性有限元分析得出辅助位形的参与系数 ϑ 与单向受压简支板极限承载力的分布特征如表 6.19 所示。

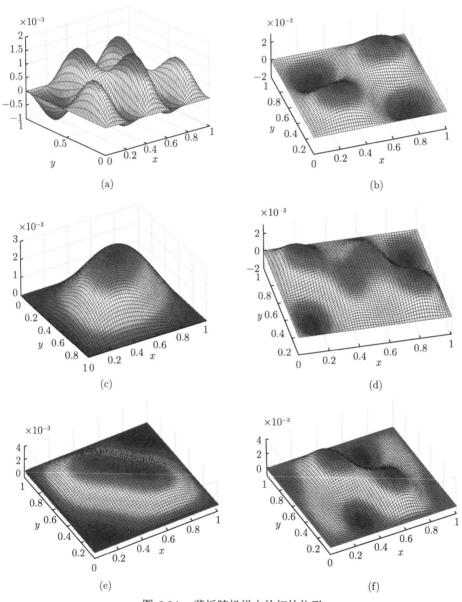

图 6.84　薄板随机样本的初始位形

表 6.19　辅助位形参与系数 ϑ 与单向受压简支板极限承载力对比表

ϑ	承载力/MPa			μ	δ
	平均值	方差	最小值		
1	225.010	23.110	70.680	2.249	0.103
1/2	224.980	18.000	70.680	2.249	0.080
1/3	200.660	23.482	70.682	2.006	0.117
1/4	142.170	22.933	70.683	1.421	0.161
1/5	136.360	28.257	70.681	1.363	0.207
1/6	125.010	28.317	70.681	1.250	0.227
1/7	102.710	18.026	70.680	1.027	0.176
1/8	101.110	13.117	70.683	1.011	0.130
1/9	106.560	27.901	70.685	1.065	0.262
1/10	102.750	17.903	70.683	1.027	0.174

考虑随机位形时受压简支板极限承载力的样本点分布图、承载力柱状分布图和承载力样本点离散图分别如图 6.85～图 6.87 所示,考虑随机初始位形时板的承载力分成三类:第一类,与主位形相关的样本,其承载力比只考虑主位形时稍大;第

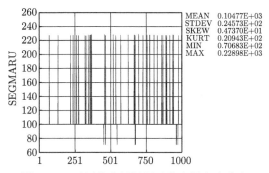

图 6.85　受压简支板极限承载力样本点分布

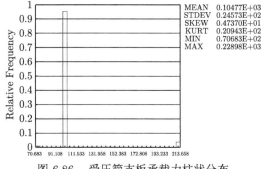

图 6.86　受压简支板承载力柱状分布

二类,承载力较大部分的板是由于位形中高阶屈曲位形的加入,这时板的承载力

接近屈服强度, 这类样本属于强度破坏; 第三类, 承载力最小的部分是由于板的位形与板的塑性迹线接近, 其承载力比只考虑主位形时小。

样本的承载力与位形的相关图在图 6.88 中显示 (参数 A_i 表示的位形为 w_i), 板的极限承载力与主位形 (第一阶屈曲位形) 的相关度为 47.74%, 与第 7 阶位形的相关度为 15.21%, 与第 8 阶位形的相关度为 19.85%, 与第 9 阶位形的相关度为 17.21%, 与其他位形的相关度可以忽略不计。当简支板只考虑主位形时, 从其极限承载力分析 (见 4.4.1 节) 可知, 第 7~9 阶的屈曲位形分别为 $w^7 = f_{12}\sin(\pi x/a) \times \sin(2\pi y/b)$, $w^8 = f_{42}\sin(4\pi x/a)\sin(2\pi y/b)$, $w^9 = f_{51}\sin(5\pi x/a) \times \sin(\pi y/b)$。显然第 7 阶位形的加入使板的承载力提高, 而第 8、9 阶的加入使板的承载力降低。这与图 6.80 的分析结果一致。

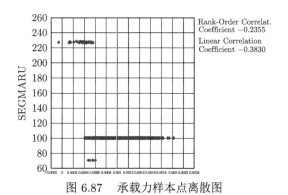

图 6.87　承载力样本点离散图

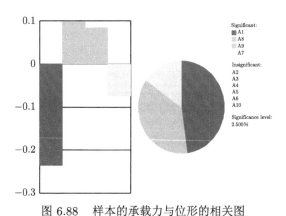

图 6.88　样本的承载力与位形的相关图

辅助位形参与系数 ϑ 越大, 则受压板的极限承载力的平均值越大; 辅助位形的参与系数越小, 则板的承载力越小。计算结果说明如下问题:

(1) 当板的初始位形变得复杂后,板的承载力会有所提高。但是,承载力的离散性过大,在工程实践中是难于控制的。这也说明板的承载力分析在单纯考虑一致初始缺陷是保守的,也是安全的;有规则的半波位形可以提高板的稳定性,波型钢腹板的广泛应用就是例证。但有规则的半波位形与特定的受力形式相对应,不具有广泛的意义。

(2) 采用初始一致缺陷对板钢结构极限承载力分析是有一定合理性的。一方面该理论指出了板钢结构以最低势能相适应的变形路径,便于简化问题;由于该理论考虑的缺陷形式不全面,因此对结构承载力的分析是有条件的,当结构出现最不利缺陷时,该理论是不安全的。因为,工程实用板件的幅面尺寸远远大于厚度,幅面的初始弯曲缺陷由制造工艺形成,主要是焊接造成。根据折减厚度法理论分析结果,残余应力的力学性能可以等效为均布压荷载,这样引起的初始位形接近一阶屈曲位形,所以这类板钢构件的承载力分析采用一致初始缺陷理论是合理的;对于施工碰撞、运输造成的特殊缺陷问题,仍采用一致缺陷理论,显然是不合理的,应该具体问题具体分析。

(3) 当板的初始弯曲采用屈曲位形时,板的承载力与屈曲位形的阶数有关,当板的面外位移矢度或位形的最大值出现在板的塑性迹线上时,对板的极限承载力是最不利的,这也同时说明在极限承载力分析时采用一致缺陷理论是不完备的。采用最不利位形的承载力只有低阶位形承载力的一半,这也是不经济的。所以,在工程实践中应该明确限制带有与高阶屈曲位形一致的初始弯曲板的采用,对采用的板应通过可靠的方法计算其承载力。

总结初始缺陷对承载力的影响,主要的结论如下:

(1) 对于承受面内荷载作用下的矩形板来说,采用一致缺陷理论分析矩形板的稳定极限承载力显得理论一致、计算方法明确,但计算的结果误差较大,且离散性也大,合理的方法应该是采用与矩形板的实际几何弯曲位形一致,这样得出的承载力才是正确的。数值分析表明初始几何弯曲的矢度和位形对面内荷载作用下矩形板的稳定极限承载力较为敏感,影响也较大;当初始几何弯曲的矢度到达一定数值后,承载力反而会提高。

(2) 对于承受压力或剪力的构件,采用一致缺陷理论分析其稳定极限承载力时计算的结果误差较大,且离散性也大。不同的结构存在较为敏感的初始几何弯曲位形,其对应的极限承载力只有一致缺陷理论计算结果的 60%,所以,在分析构件的极限承载力时应引起足够的重视。

(3) 初始几何弯曲位形引起结构或板件极限承载力骤降的情形主要有如下 5 类:

(i) 接近理想板件或构件极限状态的塑性迹线/位形的初始几何弯曲缺陷;

(ii) 弹性屈曲应力接近结构或板件材料屈服强度时,初始缺陷都很敏感;

(iii) 构件或板件长轴方向的初始几何弯曲变形与其极限承载力直接相关；

(iv) 发生坍塌畸变屈曲的构件或结构；

(v) 等稳定的构件。

5. 折减厚度 ε 的数值拟合

折减厚度法采用理论上的比拟法对理想受压简支板与实用受压简支板进行了对比分析，原则上只适用于薄板，即宽厚比较大的板，一般认为是 $250 \leqslant b/t \leqslant 100$；同时由于曲后分析的复杂性，折减厚度法的分析也仅限于弹性曲后分析，从曲后到达极限的过程是采用了假定的，因此，该理论的误差是明显的，如图 6.19 和图 6.20 所示。折减厚度法第一次采用解析法得出了实用板极限承载力的显式解，在板的受压理论分析中得出了初始缺陷与极限承载力的关系；第一次在板的受压理论分析中得出与 Koiter 理论在压杆承载力分析中的结果一致的类似结论。

折减厚度法中求得的厚度折减系数 ε 的解析式 (6.67) 从理论上证明了折减厚度法的合理性，但计算精度有待提高。为便于应用，这里给出基于非线性有限元解的拟合公式。

采用数值分析方法，折减厚度法中厚度折减系数 ε 主要与初始几何弯曲的矢度 f_0/b 和板件的等效屈曲刚度 ξ_{cr} 有关，数值拟合公式可以假定为二者函数的乘积形式

$$\varepsilon = \varphi_1 \left(\xi_{cr} \right) \varphi_2 \left(f_0/b \right) \tag{6.116a}$$

采用随机有限元方法进行分析，厚度折减系数 ε 随 ξ_{cr} 变化如图 6.89 所示，由于受压简支板极限承载力分析的扰动，ε 关于 $\xi_{cr}=1.069$ 近似对称，且在 $\xi_{cr}=1.069$ 时达到最大值。这实际上是受压板的弹性屈曲应力接近材料的屈服强度时，初始几何弯曲对极限承载力影响最大造成的。

通过数值公式拟合，$\varphi_1 \left(\xi_{cr} \right)$ 的拟合公式如下：

$$\begin{aligned} 0.2 \leqslant \xi_{cr} \leqslant 1.069时，\quad \varphi_1 \left(\xi_{cr} \right) = 7.901\xi_{cr} + 0.690 \\ \xi_{cr} > 1.069时，\quad \varphi_1 \left(\xi_{cr} \right) = -0.600\xi_{cr} + 1.332 \end{aligned} \tag{6.116b}$$

其中，$\xi_{cr} = \sqrt{\sigma_{cr}/f_y}$。

厚度折减系数 ε 随 f_0/b 变化，如图 6.90 所示。对于工程结构而言，在初始弯曲矢度小于幅面尺寸的 3.8/10 范围内，当 f_0/b 增大时，折减系数 ε 与 f_0/b 呈二次函数或对数函数的形式增加；在初始弯曲矢度大于幅面尺寸的 3.8/10 范围内，折减系数 ε 与 f_0/b 的相互关系会发生改变，由于弯曲的矢度太大，已不属于本书的研究内容。

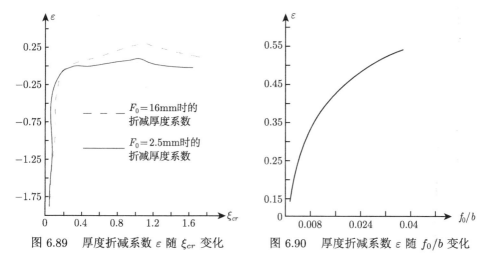

图 6.89 厚度折减系数 ε 随 ξ_{cr} 变化   图 6.90 厚度折减系数 ε 随 f_0/b 变化

关于厚度折减系数 ε 与 f_0/b 的拟合函数为

$$\varphi_2\left(f_0/b\right) = 0.131\ln\left(f_0/b\right) + 1.012 \qquad (6.116c)$$

数值对比分析表明式 (6.116a) 的精度较好，便于工程实践应用，也明显优于式 (6.67)。

6.5.2 残余应力的影响

随着现代工业的发展，焊接技术正广泛应用到桥梁、汽车、船舶、电力、石油、石化及航空航天等各个领域，焊接结构不断向着大型化、精密化和高参数化方向发展，工作条件也越来越苛刻，同时对焊接结构产品的质量要求也越来越高，尤其是对焊接残余应力的要求更为苛刻 [79]。焊接构件中复杂的残余应力状态可能直接或间接地减少构件的承载能力，特别是焊道区域高的拉伸应力促使脆性断裂，也可能导致疲劳强度恶化和减少构件的稳定性。因此，定性特别是定量地得到残余应力状态对于焊接结构的设计者、制造者和使用者来说非常重要。进一步说，知道了残余应力状态，设计者才会做出科学合理的设计，才能有效地利用残余应力的分布特点制造出优质的工程结构。焊接是涉及电磁学、传热学、材料冶金学、固体力学、流体力学等众多学科的复杂物理–化学过程，要得到一个高质量的焊接结构涉及许多方面的知识。因此，计算焊接接头的残余应力和热应力非常复杂，而且影响焊接残余应力的因素很多，例如，焊接热源、试件尺寸、外部拘束度、焊后热处理、焊件材料化学成分及焊接顺序等都会对焊接残余应力产生一定影响。单纯的实验难以全面了解残余应力分布复杂而多样的特点。焊接数值模拟技术采用理论计算方法对焊接过程进行模拟计算，对试件尺寸、环境条件、焊接工艺参数等进行分析、评价，从而全面了解影响残余应力的各种因素及其影响规律。

1. 研究方法

近 20 年来，国内外对焊接残余应力的模拟技术进行了广泛研究，取得不少成果 [79~86]。20 世纪 70 年代，日本的上田幸雄等首先以有限元法为基础提出了考虑机械性能与温度有关的热弹塑性分析理论，从而使复杂的焊接应力–应变过程的分析成为可能。1986 年法国的 J. B. Leblond 对相变钢的塑性、相变、热应力三者之间的耦合效应进行了研究，提出了在考虑耦合效应的前提下本构方程的一般形式。1992 年 Y. Shim 和 E. Feng 等开发了在厚板上多道焊焊接过程的残余应力沿厚度上分布的模型。1998 年 Tso-Liang Teng 等利用 ANSYS 软件采用弹塑性有限元技术分析了薄板焊接时焊接速度、试件尺寸、外拘束度、预热等对焊接残余应力的影响。

我国在计算机分析焊接力学方面起步较晚，但发展迅速。在 20 世纪 80 年代初，西安交通大学和上海交通大学等就开始了关于焊接热弹塑性理论及数值分析方面的研究。1983 年陈楚等系统地分析了热弹塑性理论，推导出了有限元计算公式，并编制了相应的计算机程序，在 1985 年出版了专著《数值分析在焊接中的应用》。进入 20 世纪 90 年代，随着计算机的发展，焊接应力数值模拟向三维复杂结构发展，应尽可能精确地建立物理模型，从而全面地分析焊接过程的物理本质，使模拟越来越接近实际焊接状况。1995—1996 年汪建华等采用三维热弹塑性有限元法对焊接过程中的动态应力–应变及焊后残余应力和变形进行了数值模拟，探讨了影响三维焊接热弹塑性有限元分析精度和收敛性的因素。2001 年清华大学赵海燕、张建强等对多层焊及焊缝金属熔敷进行了数值模拟。他们对多层焊接金属的熔焊是通过单元死活技术来实现的，同时用分段移动热源模型对焊接过程进行了数值分析，他们把移动的高斯点热源分段化，作为分段的带状高斯热源处理，在保证一定精度的前提下，大大提高了计算效率；利用并行计算技术提高了焊接数值模拟和计算效率；适当调整材料高温性能参数有利于有限元解的收敛性。在焊接物理模拟中，采用相似理论可以有效地减少模拟件的几何尺寸，减少节点自由度和计算工作量。

D. Deng 和 H. Murakawa 采用 Abaqus 软件对加劲板的焊接进行了较为全面的数值分析，研究了不同焊接形式、焊接顺序和加劲板构造特征对焊接变形和残余应力分布的影响。数值分析表明：

(1) 采用加劲板的常规施焊方法得到加劲板的焊接变形如图 6.91 所示，焊接残余应力在节间板件主要表现为不均匀的拉压，焊接变形的位形可以通过节间板的低阶屈曲位形进行模拟；

(2) 焊接方法和板钢结构的构造对焊接的变形、残余应力的分布影响不大，残余应力的峰值在一定范围内波动也不大。所以，残余应力可以假定一定的标准分布形式，残余应力的峰值可采用统计的方法确定。

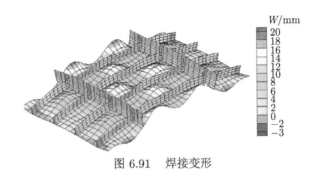

图 6.91　焊接变形

Leonhardt 等对一座钢箱梁桥从施工到成桥过程中，全面调查了钢箱梁结构的残余应力分布和残余应力的变化[71,72]。根据调查的结果，对板或加劲肋的残余压应力取 $\sigma_{ra} = \sigma_y/3$；对宽板取 $\sigma_{ra} = 0.1\sigma$；对所有常见的钢箱梁节间残余压应力的平均值取 $\bar{\sigma}_{ra} = 0.18\sigma_y$，残余应力的离散较大，有的甚至反号，离散系数 $\delta = 0.4516$。许多国家曾用锯割法测定构件中的残余应力，并经统计分析，拟定典型的残余应力分布图，用于构件或板件的承载力计算。严格来说残余应力分布呈曲线形式，但为了便于计算也可用折线代替，其中残余应力的峰值和峰值所在截面的位置对受压构件和板件稳定性的影响最大。

近几年随着国产高强度结构钢材的生产和构件加工工艺的成熟及其在钢结构建筑工程领域的成功应用，国内开始对 420MPa 和 460MPa 强度等级钢构件截面的残余应力进行研究。童乐为等测量了 3 个 Q460 钢材焊接工字型截面的残余应力分布。班慧勇等总结了国外的相关测量结果 (主要针对 690MPa 钢材)，包括焊接工字型、焊接箱型和焊接十字型等截面类型，并初步研究了板件宽厚比对残余压应力的影响[73,77]。他们对 15 个国产 Q420 热轧等边角钢试件进行了残余应力的试验研究，并提出了分布模型和计算式；测量了 8 种 Q460 钢材焊接工字型截面的残余应力，并制定了相应的分布模型；此外，还测量了 6 种 Q460 钢材焊接箱型截面的残余应力分布，详细研究了截面尺寸和人为测量误差对残余应力的影响，计算了截面残余应力分布的自平衡性，并给出了建议的分布模型计算方法；测量了 3 种 960MPa 高强度钢材焊接箱型截面的残余应力分布，以丰富不同等级钢材的测量数据；全面总结了国内外现有的其他焊接箱型截面试验数据，包括 235MPa、460MPa 和 690MPa 钢材，分析了残余拉应力和压应力的变化规律及分布范围，并在此基础上建立了不同强度等级钢材焊接箱型截面残余应力分布的统一分布模型。试验采用分割法测量截面的残余应力分布，利用 Whittemore 手持应变仪测量条带分割前后释放的变形，据此计算残余应力的大小。

对文献 [84, 85] 箱型截面残余应力的统计结果如表 6.20 所示，试验数据表明国内残余应力测量值的离散较大，离散系数最大达到 0.4148，与国外的统计结果较一致，同时也表明，当试件的板件尺寸较大时，残余应力分布的离散性减小。

表 6.20　　箱型截面残余应力统计参数表

截面 $H \times B$	140×140		210×210		420×420	
	均值	离散系数	均值	离散系数	均值	离散系数
残余拉应力	0.3587	0.4148	0.2989	0.1961	0.5171	0.0899
残余压应力	0.2401	0.1856	0.1750	0.2942	0.0653	0.0834

2. 残余应力对承载力的影响

对残余应力的分析主要采用直接法，通过对实际构件的残余应力分布和峰值进行调查，对结构极限承载力进行分析时，对结构的荷载应力上叠加残余应力进行的影响。第 1 章介绍了结构构件上的残余应力分布和峰值。

焊接结构形式很多，采用熔焊方法完成的中厚板和薄板构件中的残余应力场分布各异，在厚度方向的残余应力很小，残余应力分布大多为双向应力，即平面应力状态。对一般的板钢结构的板件，可分为四边围焊、三边围焊和对边焊接三种形式。因此，在板钢结构极限承载力分析中，需要研究平板对焊产生的纵向与横向残余应力。对一块板来说，主要研究一对对接焊缝或两对对接焊缝。

平板对接直线焊缝引起的残余应力在 x、y 方向上的分布，如图 6.92 所示。在一般钢材上，纵向残余应力 σ_{rx} 的峰值在焊缝中心线上，可接近材料的屈服强度 σ_y，而横向残余应力 σ_{ry} 的数值较小。图 6.93 给出了在不同尺寸 TC1 钛板 (厚度 1.5mm) 上直接测得的数值及其分布规律。

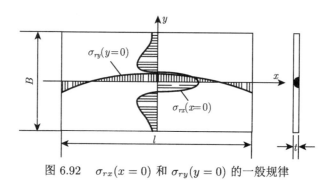

图 6.92　　$\sigma_{rx}(x=0)$ 和 $\sigma_{ry}(y=0)$ 的一般规律

板钢结构是通过对板的周边进行焊接来连接的，焊缝将引起与焊缝垂直的横向残余应力和沿焊缝方向的纵向残余应力。对于四边焊接的薄板，显然两组焊缝引起的残余应力对薄板曲后承载力均会产生影响。所以，有必要全面分析主要残余应力对薄板受压曲后承载力的影响。采用前述计算模型，通过非线性有限元方法对焊接残余应力进行分析，主要考虑如下四种情形：

情形 1：为便于对比，只考虑薄板具有较小的初始弯曲，弯曲矢度 $f_0 = 0.1$ mm，不考虑残余应力的影响；

情形 2：初始弯曲同前，只考虑对边焊接的纵向残余应力 σ_{rx}；

情形 3：初始弯曲同前，只考虑对边焊接的纵向和横向的残余应力；

情形 4：考虑薄板四边围焊引起的纵、横向残余应力。

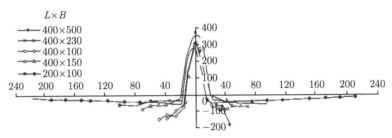

图 6.93　残余应力实测结果 (单位：MPa)

四种情形残余应力对简支板的曲后性能影响不大，焊接残余应力对承载力的影响对比分析如表 6.21 所示。

表 6.21　焊接残余应力对承载力的影响对比分析

情形	初始弯曲矢度	残余应力	σ_u/MPa
1	0.1mm	不考虑残余应力	38.755
2	0.1mm	只考虑 x 向焊缝的残余应力 σ_{rx}	37.064
3	0.1mm	全面考虑 x 向焊缝的残余应力 σ_{rx}、σ_{ry}	37.790
4	0.1mm	全面考虑 x、y 向两对焊缝的残余应力	37.665

对比分析表明：纵向残余应力对受压简支板极限承载力影响最大；当板的承载力分析中考虑残余应力时，焊缝的横向残余应力对承载力的影响较小；从计算结果看，横向残余应力反而对板的极限承载力是有利的。因此，在实用分析中可以只考虑焊缝的纵向残余应力对承载力的影响。

再者，根据折减厚度法中等效应力式 (6.76)，残余应力对弹性薄板在面内荷载作用下极限状态时的等效应力的影响可以表达为

$$\sigma_e^2 = (\sigma_x + \lambda_{rx}\sigma_{rx})^2 + (\sigma_y + \lambda_{ry}\sigma_{ry})^2 - (\sigma_x + \lambda_{rx}\sigma_{rx})(\sigma_y + \lambda_{ry}\sigma_{ry}) + 3\tau^2 \quad (6.117)$$

从上式可以得出，当 $\sigma_y = \tau = 0$ 时，对于单向受压简支板，是否考虑 y 向残余应力 σ_{ry} 的影响，简支板和承载力 σ_x 是相近的，这也说明 A. F. Ractliffe 公式只考虑 σ_{rx} 对极限承载力的影响是合理的。式 (6.117) 同时也说明在纯剪作用下，$\sigma_x = \sigma_y = 0$，残余应力 σ_{rx} 和 σ_{ry} 对板的抗剪承载力 τ 的影响可以近似忽略。对局压问题，由于局压荷载的长度比板的受压边短，根据等效应力的概念，可以在理想构件的局压极限承载力中扣除局压位置的压缩残余应力，而得出实用板的局压极限承载力。

综合前面的分析，残余应力可以等效为均布压力，计算方法采用式 (6.72)，降低结构的稳定极限承载力。从构造上看，焊接缝处形成的拉应力带与混凝土结构中的预应力钢筋很相像，整体上对构件受拉是有利的。

3. 其他残余应力等效分析方法

折减厚度法中等效残余应力荷载的分析方法仍显得十分复杂，有必要研究更为简单的残余应力对板钢结构极限承载力的影响分析方法。如何将等效残余应力荷载用于对理想板承载力的修正，主要有两种方法：初始弯曲扩大法和极限承载力修正法。

1) 初始弯曲扩大法

采用 Perry-Robertson 公式的方法，残余应力对极限承载力的影响考虑为对初始弯曲矢度的放大。根据板的弹性理论，设板中面有初始变位为 w_0，其值与板的厚度相比是个小量时。采用小挠度理论，板受到侧力后，将产生挠曲 w_1，中面任一点的总变位将为 $w_0 + w_1$。为了计算 w_1，可设其是由假想的侧力引起的，总变位是由叠加法得到的。由于中面不受力，利用板的小挠度方程

$$\frac{\partial^4 w}{\partial x^4} + 2\frac{\partial^4 w}{\partial x^2 \partial y^2} + \frac{\partial^4 w}{\partial y^4} = \frac{q}{D} \tag{6.118}$$

如果除侧力外，在中面内还有受力，则后者不仅对 w_1，还对 w_0 有影响。为了考虑这种影响，在上式的右边采用总变位 $w = w_0 + w_1$。方程的左边是由弯矩的表达式得到的，因为这些弯矩不是与总曲率而是只与曲率变化有关，故在左边应当用 w_1 而不是用 w_0。因而对于有初始曲率的板，上式变成

$$\frac{\partial^4 w_1}{\partial x^4} + 2\frac{\partial^4 w_1}{\partial x^2 \partial y^2} + \frac{\partial^4 w_1}{\partial y^4} = \frac{1}{D}\left[q + N_x \frac{\partial^2 (w_0 + w_1)}{\partial x^2} \right.$$
$$\left. + N_y \frac{\partial^2 (w_0 + w_1)}{\partial y^2} + 2N_{xy} \frac{\partial^2 (w_0 + w_1)}{\partial x \partial y} \right] \tag{6.119}$$

可以看到，初始曲率对变位的影响等于假想均布侧力的作用下发生的弯曲作用。

以简支板为例，设单向均匀受压板 $(a \approx b)$ 的初始变位用下式表示：

$$w_0 = f_0 \sin \frac{\pi x}{a} \sin \frac{\pi y}{b} \tag{6.120}$$

如图 6.18 所示，设在板边 $x = 0$ 和 $x = a$ 处有均布压力 N_x，上式变为

$$\frac{\partial^4 w_1}{\partial x^4} + 2 \frac{\partial^4 w_1}{\partial x^2 \partial y^2} + \frac{\partial^4 w_1}{\partial y^4} = \frac{1}{D} \left(N_x \frac{f_0 \pi^2}{a^2} \sin \frac{\pi x}{a} \sin \frac{\pi y}{b} - N_x \frac{\partial^2 w_1}{\partial x^2} \right)$$

设该方程的解为

$$w_1 = f \sin \frac{\pi x}{a} \sin \frac{\pi y}{b}$$

将其代入上式得

$$f = \frac{f_0 N_x}{\dfrac{\pi^2 D}{a^2} \left(1 + \dfrac{a^2}{b^2} \right)^2 - N_x} \tag{6.121}$$

所以板的总变位为

$$w = w_0 + w_1 = \frac{f_0}{1 - \alpha} \sin \frac{\pi x}{a} \sin \frac{\pi y}{b} \tag{6.122}$$

式中，$\alpha = \dfrac{N_x}{\dfrac{\pi^2 D}{a^2} \left(1 + \dfrac{a^2}{b^2} \right)^2}$。

最大变位发生在中点，其值为

$$w_{\max} = \frac{f_0}{1 - \alpha} \tag{6.123}$$

对于更一般的情况，

$$w_0 = \sum_{m=1}^{\infty} \sum_{n=1}^{\infty} a_{mn} \sin \frac{m \pi x}{a} \sin \frac{n \pi y}{b}$$

$$w_1 = \sum_{m=1}^{\infty} \sum_{n=1}^{\infty} b_{mn} \sin \frac{m \pi x}{a} \sin \frac{n \pi y}{b}$$

式中，$b_{mn} = \dfrac{a_{mn} N_x}{\dfrac{\pi^2 D}{a^2} \left(m + \dfrac{n^2}{m} \dfrac{a^2}{b^2} \right)^2 - N_x}$。

　　所以，将 N_x 比拟为等效残余应力荷载，则考虑残余应力的影响后，板的初始弯曲矢度修正后应为

$$f_0^* = \frac{f_0}{1 - \dfrac{\sigma_{rx}}{\sigma_{cr}}} \qquad\qquad (6.124)$$

式中，σ_{rx} 为等效残余应力，由式 (6.72) 确定。

　　2) 极限承载力修正法

　　数值分析表明，残余应力对结构承载力的影响主要与材料的屈服强度有关，而极限承载力也与材料屈服强度相关，那么可以通过直接对板钢结构极限承载力的修正来分析残余应力对承载力的影响。参照压杆理论的承载力折减法，直接利用式 (6.124) 的折减方法，设

$$\bar{\sigma}_u = \frac{\sigma_u}{\eta_r} = \frac{k\sigma_u}{1 - \dfrac{\sigma_{rx}}{\sigma_{cr}}} \qquad\qquad (6.125)$$

式中，k 为数值拟合参数，数值分析表明 k 介于 $1.00\sim1.04$，计算时取 $k = 1$ 是偏于安全和精确的；$\bar{\sigma}_u$ 为考虑残余应力影响的板钢结构极限承载力；η_r 为考虑残余应力影响的板钢结构极限承载力折减系数。

　　采用数值分析的方法对上述两种考虑残余应力对受压板承载力的简化折减公式进行对比分析。数值分析的结果和折减方法的计算结果如表 6.22 所示。计算方法的精度对比如图 6.94 所示，其中修正公式为拟合系数取 $k = 1.04$ 的情形。

　　如图 6.94 所示，初始弯曲扩大法与非线性有限元的分析结果拟合性差，对于 $\sigma_{cr} \leqslant \sigma_y$ 的薄板而言，采用初始弯曲扩大法的计算结果与实用板的承载力没有相关性。对于 $\sigma_{cr} > \sigma_y$ 的板结构，采用初始弯曲扩大法误差较大，但仍满足工程的需要。而极限承载力修正法与数值分析结果拟合较好。所以，在工程设计中，可以通过对理想板承载力的修正来考虑残余应力对结构曲后承载力的影响。

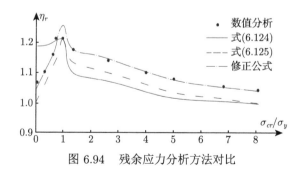

图 6.94　残余应力分析方法对比

表 6.22 数值分析和折减方法的对比表

b/t	σ_u/MPa	$\bar{\sigma}_u/\text{MPa}$	η_r			
			数值分析	式 (6.124)	式 (6.125)	修正公式
250	38.94	36.54	1.066	1.187	1.008	1.049
100	101.26	92.40	1.096	1.192	1.055	1.097
62.5	172.00	141.75	1.213	1.203	1.162	1.209
56.3	171.92	141.18	1.218	1.207	1.212	1.260
50	189.10	160.80	1.176	1.104	1.139	1.184
30	227.47	211.02	1.078	1.016	1.034	1.075
20	233.32	223.32	1.045	1.000	1.000	1.040

6.6 板钢结构承载力统一理论的应用

板壳结构极限承载力统一理论为采用有限元法分析结构的屈曲和极限承载力提供了严格的理论框架和实用计算方法。本书的附录 3 给出了第 4 章构件稳定性能的设计验算与统一理论的对比，便于更好地理解承载力统一理论。这里给出板壳结构极限承载力统一理论的两种实用方法：经验估值法和逐步破坏法。

6.6.1 经验估值法

根据前面的理论分析和基于数值分析的验证，将板钢结构极限承载力统一公式、折减厚度法和第 7 章的板钢结构承载力随机性分析相结合，即得出板钢结构稳定性极限承载力统一理论。根据承载力统一理论，实用板钢结构稳定性的极限承载力计算方法和步骤可以表示为：

(1) 根据初始几何缺陷值，得出实用板钢结构的厚度折减系数 ε；

(2) 根据板钢结构承载力统一公式，得出实用板钢结构稳定性的极限承载力 σ_u'；

(3) 考虑残余应力的影响，得出实用板钢结构的极限承载力 σ_u''；

(4) 考虑板钢结构的参数随机性影响，得出实用板钢结构的设计极限承载力为 $\tilde{\sigma}_u = \sigma_u''/\gamma_R$，$\gamma_R$ 为极限承载力的分项系数。

板钢结构极限承载力的分析方法主要有试验法、经验公式法和数值方法。这三种方法均不具有普遍性。试验法需要的时间长、成本高、试验结论单一，不具有普遍意义。经验公式法简单、可靠，对结构承载力估算较为适用。数值方法多采用有限元法分析复杂板钢结构的屈曲和极限承载力，由于复杂结构的计算单元数量巨大，故仍采用弧长法精确分析结构的极限承载力是困难的；另一方面，如果还要考虑复杂结构的初始缺陷和参数的随机性对其极限承载力的影响几乎是不可能的。

根据前面章节的分析，采用板钢结构极限承载力统一理论分析板钢结构局部的屈曲和曲后极限承载力的方法如下。

1. 板钢结构的局部屈曲和曲后极限承载力分析

根据 5.3 节的分析，对板钢结构局部区域的弹性屈曲和曲后极限承载力分析可以通过如下步骤和方法完成：

(1) 采用简单梁理论计算验算区域的荷载，采用式 (6.97) 将验算板的边界荷载简化为均匀受压或拉、受剪；

(2) 采用板在复杂荷载作用下的承载力相关公式计算简支板的等效屈曲应力，考虑板件的弹性边界，得出验算局部结构的屈曲应力；

(3) 根据统一公式 (6.100) 计算极限承载力；

(4) 根据折减厚度法，考虑初始缺陷的影响，对板钢结构的极限承载力进行修正。

也可以采用如下步骤通过非线性有限元方法的等比例加载进行板钢结构的极限承载力分析：

(1) 通过特征值分析得出结构在荷载作用下的弹性屈曲特征值 λ 和局部屈曲的位置；

(2) 对局部屈曲部位板件的厚度进行折减，通过对结构进行等比例加载的强度分析，得出板钢结构的极限承载力；

(3) 考虑残余应力对承载力的修正后，得出实用板钢结构极限承载力。

2. 板钢结构极限承载力的近似分析方法

设板钢结构的初始缺陷是由施工工艺水平确定的，由于板钢结构曲后承载力提高较为明显，其初始几何弯曲采用折减厚度法修正结构的板件厚度，而残余应力对板钢结构承载力的影响以受压最不利，根据式 (6.81) 可以得出板钢结构极限承载力估计的近似方法。

(1) 当结构的屈曲应力位于弹性范围内时，根据式 (6.81) 得其极限承载力表达式

$$\tilde{\sigma}_u = (\sigma_{cr} - 0.234\lambda_r \sigma_y)(1 - \varepsilon) \tag{6.126}$$

所以，

$$\tilde{P}_u = (P_{cr} - 0.234\lambda_r P_y)(1 - \varepsilon) \tag{6.127}$$

式中，$\tilde{P}_u$ 为实用板钢结构的极限承载力；P_{cr} 为折减厚度后板钢结构的屈曲承载力；P_y 为折减厚度后板钢结构达到构件的全截面屈服、出现明显的塑性迹线或超出使用要求的变形时所对应的承载力。

(2) 当结构的屈曲应力超出弹性范围时，式 (6.126) 改写为

$$\tilde{\sigma}_u = \sigma_y(1 - 0.234\lambda_r)(1 - \varepsilon) \tag{6.128}$$

则式 (6.127) 改写为

$$\tilde{P}_u = P_y \left(1 - 0.234\lambda_r\right)\left(1 - \varepsilon\right) \tag{6.129}$$

上式可以通过结构的屈曲分析和强度计算确定，使结构极限承载力分析过程大大简化。从简化的过程看，这样的近似计算是保守的。

3. 板钢结构整体稳定的极限承载力分析

参照方法 (1)，可采用机动破坏准则用于研究超静定复杂板钢结构的整体极限承载力。根据承载力统一理论，结合等比例加载的非线性有限元方法，可得到研究超静定复杂板钢结构整体稳定极限承载力的逐步破坏法，即通过对局部屈曲范围的构件的厚度进行修正，采用强度分析方法使结构的应力得到重分配，直到结构发生机动破坏时，结构达到极限状态，这时对应的荷载为结构的极限承载力。

在钢桥结构的设计中，采用方法 (1) 可以得出钢桥在考虑局部板件发生局部屈曲时的承载力利用问题；采用方法 (3) 可以研究复杂结构和桥梁整体的极限承载力。分析桥梁结构的极限承载力，不仅可用于其极限状态设计，而且可以了解其破坏形式，较准确地分析结构在给定荷载下的安全储备和超载能力，为其安全施工和营运管理提供依据和保障。

6.6.2 逐步破坏法

逐步破坏法是在船舶极限承载力分析中广泛采用的一种计算方法。根据对船体结构破坏机理的分析，发现船体结构的整体破坏实际上是一个逐步破坏过程 [87]。1977 年，Smith 基于平截面假设，首次提出了构件逐步破坏的增量曲率法，提出因屈曲及屈服引起的加劲板逐步破坏可用横剖面纤维的应力–应变关系描述并考虑了曲后效应。Smith 采用非线性有限元对单元弹塑性大挠度进行分析来导出单元的平均应力–平均应变关系。Smith 方法的计算结果的精度，很大程度上取决于单元的平均应力–平均应变关系的准确性。Hughes 和 Ma[88] 提出首先将船体等箱型梁结构分析成加劲板单元，进而估算整体极限强度的方法。Dow 等 [89] 发展了曲率增量法，认为船体抗弯刚度对应于弯矩–曲率曲线的斜率。Gordo 和 Soares[90] 根据受压平板、加劲板的破坏模式，提出了加劲板强度折减因子与平均应变关系式，以及相应的船体纵向极限强度的简化计算方法。

Yao[91] 从理论分析入手，分别推导了梁单元和板单元的应力–应变关系。对梁单元考虑了梁的压缩屈曲和弯曲扭转耦合屈曲失效形式，对板单元分别考虑了弹塑性大变形和刚塑性大变形以及受压屈曲的情况。但在推导梁单元应力–应变关系曲线时没有考虑梁和板之间的相互影响。

逐步破坏法与 3.4.3 节的全过程分析法相类似。根据极限承载力统一理论，在分析复杂板钢结构的极限承载力时，考虑板钢结构的屈曲顺序和局部屈曲发生后引起的结构应力重分布，由于结构的超静定特性，局部屈曲范围的板件在发生屈曲后可以认为边界条件很刚，在后续受力过程中不再发生二次屈曲，当局部屈曲范围出现明显的塑性铰或带时发生机动破坏而承载力不再提高时，后续增加的荷载转移到其他结构上。当结构出现整体的机动破坏时，结构达到承载力极限状态，对应的荷载为结构的极限承载力。这就是对复杂板壳桁架钢结构进行极限承载力分析的逐步破坏法 [92−99]，即采用数值方法通过分析结构强度的方法求解结构稳定性的极限承载力。

结构的弹性屈曲序列可以通过屈曲特征值分析得到，当结构发生局部曲后，为考虑结构应力的重分布，采用统一公式修正屈曲板在曲后的刚度，为保证板幅面的连续性，根据式 (6.100) 对板的厚度进行折减，即

$$\eta_t = \frac{\tilde{t}}{t} = \sqrt{\frac{\sigma_{eu}}{\sigma_{ecr}}} \tag{6.130}$$

式中，$\tilde{t}$ 为板或板钢结构局部范围发生曲后的有效厚度；η_t 为局部范围发生曲后板或板钢结构的厚度折减系数；σ_{eu} 为局部折减范围的等效极限应力；σ_{ecr} 为局部折减范围的等效弹性屈曲应力。

厚度修正后，对厚度修正板的弹性模量进行提高，确保其在后续加载中不再屈曲。材料本构关系采用理想弹塑性本构关系；根据弹性屈曲应力和屈曲类型，考虑残余应力的影响，对屈服强度修正。通过荷载增量法，顺次对下一个发生屈曲的局部结构进行厚度修正，当结构的刚度矩阵发生奇异时，即得到结构的极限承载力 P_u。

由于逐步破坏法采用荷载增量法计算，所以针对低阶屈曲的厚度折减不影响后续屈曲部位的厚度折减。计算表明一般结构的极限承载力分析不超过前五阶的屈曲修正，所以，在具体分析中可对前 5 阶屈曲范围内的板件进行全部折减后再进行逐步加载的强度分析。

现通过对扁平钢箱梁受集中荷载作用的极限承载力分析来说明逐步破坏法的应用。扁平钢箱梁节段采用珠江黄埔桥北汊桥标准钢箱梁节段，计算模型为 1 : 10，见图 6.95。钢箱梁模型内部构造见图 6.96，不考虑钢箱梁顶、底板和腹板上的加劲肋，局压荷载作用点处的加劲板在模型中被采用 [92]。集中荷载在数值计算中采用均布荷载代替，防止结构在集中荷载作用点处先发生破坏。

这里，采用弧长法与逐步破坏法进行对比分析。当采用弧长法时，数值计算量达到逐步破坏法的数百倍。采用逐步破坏法只需考虑前 3 阶的屈曲修正，第 1 和第 2 阶屈曲为横隔板 I 区的第 1 和第 2 阶屈曲，第 3 阶屈曲为横隔板 II 区屈曲，扁平钢箱梁弹性屈曲及位形见表 6.23。

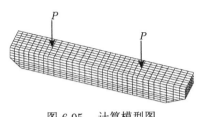

图 6.95 计算模型图

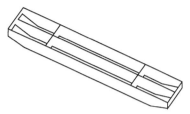

图 6.96 钢箱梁模型内部构造

表 6.23 扁平钢箱梁弹性屈曲及位形

弹性屈曲	屈曲载荷	屈曲位形
1 阶	55.1kN	
2 阶	76.28kN	
3 阶	123.6kN	

两种计算方法得到横隔板在极限状态下的应力分布分别见图 6.97 和图 6.98。

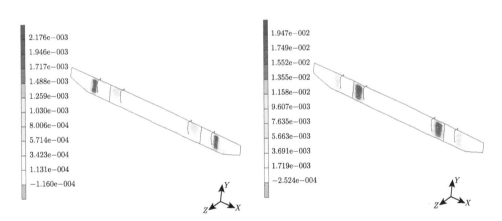

图 6.97 极限状态塑性区分布 (弧长法)　　图 6.98 极限状态塑性区分布 (逐步破坏法)

对比分析中通过对结构的屈服强度进行调整，研究复杂结构曲后应力重分布的程度对极限承载力的影响。当材料屈服强度 σ_y 取 235MPa 时，结构在达到极限承载力前只发生一阶屈曲，并出现了曲后应力重分布；当材料屈服强度 σ_y 取 345MPa 时，结构共发生了两阶屈曲和曲后应力重分布。不同材料屈服强度对应的荷载与荷载作用点的位移，如图 6.99 所示。考虑材料的塑性强化对极限承载力的影响，对比分析中，采用弧长法和理想弹塑性本构关系、等向强化弹塑性本构关系对结构的极限承载力进行精细分析,结果见表 6.24。参见 8.6 节,简化模型的极限承载力为设计荷载的 1.049 倍。所以,扁平钢箱梁需要增设加劲肋来提高结构的屈曲应力和极限承载力。对比分析表明:

(1) 采用高强钢材,复杂板钢结构在达到极限承载力过程中可能发生多部位局部屈曲,结构曲后的应力重分布明显。

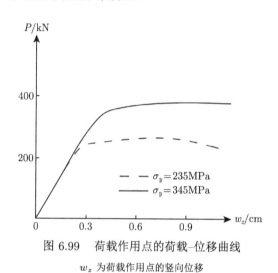

图 6.99　荷载作用点的荷载–位移曲线

w_z 为荷载作用点的竖向位移

表 6.24　计算方法对比表

计算模型	σ_y/MPa	极限承载力/kN		
		理想弹塑性	逐步破坏法	误差/%
1	235	56.790	57.792	1.8
2	345	78.665	81.976	6.2

(2) 考虑材料的塑性强化对受压构件或有压应力结构的极限承载力影响不明显;在结构极限承载力分析中,建议对局部屈曲部位采用理想弹塑性本构,而对非屈曲部位采用等向强化本构,利于节约计算量。

(3) 逐步破坏法精度高,计算方法相对简单。由于考虑问题全面、计算量少,使大型、复杂板钢结构稳定性的极限承载力分析成为可能。

参 考 文 献

[1] Ma Q, Cui J Z, Li Z H. Second-order two-scale asymptotic analysis for axisymmetric and spherical symmetric structure with periodic configurations. International Journal of Solids and Structures, 2016, 78-79: 77-100.

[2] Li Z H, Ma Q, Cui J Z. Finite element algorithm for dynamic thermoelasticity coupling problems and application to transient response of structure with strong aerothermodynamic environment. Communications in Computational Physics, 2016, 20(3): 773-810.

[3] Li Z H, Ma Q, Cui J Z. Multi-scale modal analysis for axisymmetric and spherical symmetric structures with periodic configurations. Computer Methods in Applied Mechanics and Engineering, 2017, 317: 1068-1101.

[4] 康孝先. 大跨度钢桥极限承载力计算理论与试验研究. 成都: 西南交通大学, 2009.

[5] Kang X X, Li Z H, Qiang S Z. Analysis of ultimate bearing capacity of simply supported perfect rectangular plates subjected to one-way uniform compression. Journal of Engineering Stucture, 2022.

[6] Coan J M. Large deflection theory for plates with small initial curvature loaded in edge compression. Trans. A.S.M.E., 1959，73: 407.

[7] 陈骥. 钢结构稳定理论与设计. 北京: 科学出版社, 2014.

[8] 康孝先. 薄板的曲后性能和梁腹板拉力场理论研究. 成都: 西南交通大学, 2005.

[9] 林逸汉, 陈世平, 王禹钦. 正交异性板的三维渐近方程. 复旦学报 (自然科学版), 2006, 45(2): 135-140.

[10] 白雪飞, 郭日修. 近代弹性稳定性理论的几个重要分支. 海军工程大学学报, 2004, 16(3): 40-46.

[11] 孙学舟, 李志辉, 吴俊林, 等. 再入气动环境类电池帆板材料微观响应变形行为分子动力学模拟研究. 载人航天，2020, 26(4)：459-468.

[12] 强士中. 动态松弛法和板的承载力. 成都: 西南交通大学,1985.

[13] 沈惠申. 正交异性矩形板后屈曲摄动分析. 应用数学和力学, 1989, 10(4): 359-370.

[14] 沈惠申. 矩形板屈曲和曲后弹塑性分析. 应用数学和力学, 1990, 11(10): 871-879.

[15] 吴香国. 不完整结构屈曲及其可靠性评定方法研究. 哈尔滨: 哈尔滨工程大学, 2006.

[16] 吴炜. 钢桥受压加劲板稳定与加劲肋设计方法研究. 上海: 同济大学, 2006.

[17] Handelmann G H, Prager W. Plastic buckling of rectangular plates under edge thrusts. Technical Report Archive & Image Library, 1948, 8(1530): 286-290.

[18] Bijlarrd P P. Theory and tests on the plastic stability of plates and shells. J. Aero. Sci., 1949, 16: 529-541.

[19] 王仁, 黄文彬, 黄筑平. 塑性力学引论. 北京: 北京大学出版社, 2003.

[20] 黎绍敏. 稳定理论. 北京: 人民交通出版社, 1989.

[21] 章亮炽, 余同希, 王仁. 板壳塑性屈曲中的佯谬及其研究进展. 力学进展, 1990, 20 (2): 40-45.

[22] 康孝先, 李志辉, 强士中. 基于塑性形变理论数值分析方法的塑性佯谬对比研究. 物理学报, 2019.

[23] Lay M G. Flange local buckling in wide-flange shapes. Journal of the Structure Division. Proceeding, American Society of Civil Engineering, 1965, 91(ST6): 95-116.

[24] Dawe J L, Grondin G Y. Inelastic buckling of steel plates. J. of Struct. Engng. ASCE, 1985, 111(1): 95-107.

[25] Ma Q , Ye S Y, Cui J Z. et al. Two-scale and three-scale asymptotic computations of

the Neumann-type eigenvalue problems for hierarchically perforated materials. Applied Mathematical Modelling, 2021, 92: 565-593.

[26] Liu Z H, Li Z H, Ma Q, et al. Thermo-mechanical coupling behavior of plate structure under re-entry aerodynamic environment. International Journal of Mechanical Sciences, 2022, 218: 1-17.

[27] 魏宁，赵思涵，李志辉，等. 石墨烯尺寸和分布对石墨烯/铝基复合材料裂纹扩展的影响. 物理学报, 2022, 71(13): 134702.

[28] Wei N, Shi A Q, Li Z H, et al. Effect of void size and Mg contents on plastic deformation behaviors of Al-Mg alloy with pre-existing void: molecular dynamics study. Chin. Phys. B, 2022, 31 (6): 066203.

[29] Dawe J L, Gilbert Y. Inelastic buckling of steel plates. J. Struct. Eng., 1985, 111(1): 95-107.

[30] 陈少杰，双远华，赖明道. 板壳大位移弹塑性分析的样条有限条法. 太原重型机械学院学报, 1998, 19(2): 101-107.

[31] 康孝先，强士中. 初始缺陷对任意边界板极限承载力的影响分析. 应用力学学报, 2008, 25(4): 664-668.

[32] 康孝先，强士中. 初始缺陷对板钢结构极限承载力的影响分析. 工程力学, 2009, 26(6): 105-110.

[33] 周绪红，何子奇. 冷成型钢轴压构件畸变屈曲承载力计算公式研究. 土木工程学报, 2015, 48(2): 1-9.

[34] He Z Q, Zhou X H. Strength design curves and an effective width formula for cold-formed steel columns with distortional buckling. Thin-Walled Structures, 2014, 79: 62-70.

[35] Kwon Y B, Hancock G J. Test of cold-formed channels with local and distortional buckling. Journal of Structural Engineering, 1992, 118(7): 1786-1803.

[36] 姚行友，李元齐，沈祖炎. 高强冷弯薄壁型钢卷边槽形截面轴压构件畸变屈曲性能研究. 建筑结构学报, 2010, 31(11): 1-9.

[37] 何子奇. 冷弯薄壁型钢轴压构件畸变及与局部相关的失稳机理和设计理论. 兰州: 兰州大学, 2014.

[38] 蒋路. 卷边槽形冷弯薄壁型钢轴压柱畸变屈曲的试验和理论研究. 西安: 西安建筑科技大学, 2007.

[39] Kwon Y B, Kim B S, Hancock G J. Compression tests of high strength cold-formed steel channel columns with buckling interaction. Journal of Constructional Steel Research, 2009, 65(2): 278-289.

[40] Yap D C Y, Hancock G J. Experimental study of high-strength cold-formed stiffened-web C-sections in compression. Journal of Structural Engineering (ASCE), 2011, 137(2): 162-172.

[41] Yang D, Hancock G J. Compression tests of high strength steel channel columns with interaction between local and distortional buckling. Journal of Structural Engineering(ASCE), 2004, 130(12): 1954-1963.

[42] Yap D C Y, Hancock G J. Experimental study of complex high-strength cold-formed cross-shaped steel sections. Journal of Structural Engineering (ASCE), 2008, 134(8): 1322-1333.

[43] Hancock G J, Kwon Y B, Bernard E S. Strength design curves for thin-walled sections undergoing distortional buckling. Journal of Constructional Steel Research, 1994, 31(2-3): 169-186.

[44] 沈祖炎. 中国《钢结构设计规范》的发展历程. 建筑结构学报, 2010, 31(6): 1-6.

[45] 汤筱敏.《铁路桥梁钢结构设计规范》(TB 10002.2—99) 修订简介. 铁道标准设计, 2000, 20(10): 10-13.

[46] 徐伟.《铁路桥梁钢结构设计规范》(TB 10002.2—2005) 修订概述. 铁路标准设计, 2006, (3): 61-63.

[47] 中华人民共和国交通运输部. 公路钢结构桥梁设计规范 (JTG D64—2015). 北京: 人民交通出版社, 2015.

[48] 张兴, 杜斌, 赵金钢. 新旧公路钢结构桥梁设计规范的对比探讨. 公路交通科技 (应用技术版), 2017, (4): 172-175.

[49] 吴迅, 王刚, 范灏. 中、美、欧公路桥梁以及中国铁路桥梁可靠度对比. 中国科技论文, 2013, 8(11): 1122-1125.

[50] 中华人民共和国交通部. JTJ D60—2004 公路桥涵设计通用规范. 北京: 人民交通出版社.2007.

[51] American Association of State Highway and Transportation. AASHTO LRFD Bridge Design Specifications. 4th ed. Washington, 2007.

[52] European Committee for Standardisation. Eurocode ENV 1991-3, Eurocode 1: Basis of Design and Actions on Structures, Part 3: Traffic Loads on 185 Bridges, Final draft. Brussels: European Committee Press, 1994.

[53] 肖汝诚等. 桥梁结构体系. 北京: 人民交通出版社, 2013.

[54] Maquoi R, Skaloud M. Stability of plates and plated structures. General Report. J. Constr. Steel Res., 2000, 55: 45-68.

[55] 林元培. 现代大跨度桥梁的设计理念与发展. 重庆交通大学学报 (自然科学版), 2011, 30(增 2): 1080-1083, 1098.

[56] 朱绍玮, 张宇峰, 张健飞. 桥梁极限承载力研究现状与发展. 现代交通技术, 2007, 4(1): 20-23, 35.

[57] 江峰. 薄壁箱梁混合单元及其在斜拉桥双重非线性分析中的应用研究. 长沙: 中南大学, 2004.

[58] 强士中, 王应良, 卫星, 等. 南京长江二桥南汊斜拉桥结构验算报告. 成都: 西南交通大学, 1999.

[59] 李志辉, 康孝先, 张子彬, 强士中. 对弹性边界板极限承载力进行分析的方法. 授权专利号 ZL202111348515.7, 授权公告号 CN114048607B, 2023.

[60] 伏魁先, 刘学信, 黄华彪. 斜拉桥面内整体失稳分析. 铁道学报, 1993, 15(4): 74-79.

[61] 颜全胜. 大跨度钢斜拉桥极限承载力分析. 长沙: 长沙铁道学院, 1994.

[62] 杨勇. PC 单索面斜拉桥极限承载力分析. 上海: 同济大学, 1996.

[63] 贺栓海, 何福照, 张翔. 拱桥的几何非线性分析——挠度理论. 中国公路学报, 1991, 4(3): 47-54.

[64] 唐茂林, 沈锐利, 强士中. 大跨度悬索桥丝股架设线形计算的精确方法. 西南交通大学学报, 2001, 36(3): 303-307.

[65] 范立础. 桥梁工程. 北京: 人民交通出版社, 2001.

[66] 强士中. 桥梁工程 (下). 北京: 高等教育出版社, 2004.

[67] Yao T, Fujikubo M, Yanagihara D, et al. Influence of welding imperfections on buckling/ultimate strength of ship bottom Plating subjected to combined biaxial thrust and lateral Pressure. Thin-Walled Structure, Research and Development, and International Conference on Thin-Walled Structures, 1995: 425-432.

[68] Paik J K. Ultimate strength of perforated steel plates under combined biaxial compression and edge shear loads. Thin-Walled Structures, 2008, 46: 207-213.

[69] 王建忠. 开孔板和板架的屈曲计算与公式研究. 杭州: 浙江工业大学, 2012.

[70] 龙连春, 王亭亭. 开孔对受压薄板的屈曲影响分析. 第十五届北方七省市区力学学会学术会议论文集 (一), 2014, 8: 44-46.

[71] 黄玉盈, 金梦石, 雷国璞. 弹性后屈曲理论及其发展趋势. 固体力学学报, 1981, 8(3): 397-408.

[72] 侯和涛. 钢结构框架柱极限承载力验算方法研究. 上海: 同济大学, 2005.

[73] Lagaros N D, apadopoulos V. Optimum design of shell structures with random geometric, material and thickness imperfections. International Journal of Solids and Structures, 2006, 43: 6948-6964.

[74] 戴弘, 周祥玉, 吴连元. 非完善板屈曲路径的有限元增量摄动法. 应用力学学报, 1991, 8(1): 33-39.

[75] 张红领, 吴连元. 开孔对板的屈后强度的影响. 上海力学, 1991, (4): 74-81.

[76] 吴连元, 沈琳, 戴弘. 涡型缺陷对薄板屈后强度的影响. 上海力学, 1992, 13(1): 22-29.

[77] 王元清, 郑韶挺, 王中兴, 等. 大截面铝合金轴压构件整体稳定试验研究. 钢结构, 2018, 33(3): 94-99.

[78] 长沙市三汊矶湘江大桥钢箱梁制安竣工资料. 武船重型工程有限公司, 2005.

[79] 王国凡, 张元彬, 罗辉, 等. 钢结构焊接制造. 北京: 化学工业出版社, 2004.

[80] 周建新, 李栋才, 徐宏伟. 焊接残余应力数值模拟的研究与发展. 金属成形工艺, 2003, 21(6): 62-64.

[81] Cao Z. Metallo-Thermo-Mechanics application to phase transformation incorporated processes. Transations of JWR I, 1996, 25(2): 69-87.

[82] Leonhardt, Series, Fritz. Residual stresses in a steel box girder bridge aesthetics and design. London Cons. Truction Industry Research and Infor., 1982.

[83] 童乐为, 赵俊, 周锋, 等. Q460 高强度焊接 H 型钢残余应力试验研究. 工业建筑, 2012, 42 (1) : 51-55.

[84] 班慧勇, 施刚, 石永久. 960MPa 高强钢焊接箱形截面残余应力试验及统一分布模型研究. 土木工程学报, 2013, 46(11): 63-69.

[85] 班慧勇, 施刚, 石永久, 等. 国产 Q460 高强度钢材焊接工字形截面残余应力试验及分布模

型研究. 工程力学, 2014, 31(6): 60-68.

[86] Deng D, Murakawa H. FEM prediction of buckling distortion induced by welding in thin plate panel structures. Comput. Mater. Sci., 2008, 1: 1-17.

[87] 谭开忍, 李小平. 船体结构极限强度研究进展. 船舶, 2006, (5): 19-25.

[88] Hughes O F, Ma M. Inelastic analysis of panel collapse by stiffener buckling. Computer &Structures, 1996, 61(1): 107-117.

[89] Dow R S, Hugill R C, et al. Evaluation of ultimate ship hull strength, extreme load response symposium. SNAME Trans., 1981, 89: 133-147.

[90] Gordo J M, Soares C G. Approximate load shortening curves for stiffened plates under uniaxial compression. Proceeding Integrity of Offshore Structures 5, EMAS, 1993: 189-211.

[91] Yao T. Plastic collapse behavior and strength of stiffened plate under thrust. Proceeding of International Offshore and Polar Eng., 1997(4): 353-360.

[92] 强士中, 康孝先, 卫星, 等. 广州珠江黄埔大桥北汊斜拉桥施工阶段钢箱梁变形、横隔板及纵隔板稳定性研究报告. 成都: 西南交通大学, 2007.

[93] Paik J K, Thayamballi A K. Buckling strength of steel plating with elastically restrained edges. Thin-Walled Struc., 2000, 37: 27-55.

[94] Schafer B W, Pekoz T. Direct strength predication of cold-formed steel members using numerical elastic buckling solutions. Thin-walled Structures. Research and Development. Eds, Shanmugun, N. E., Liew, J.Y. R. and Thevendran,V. Elsevier, 1998: 137-144.

[95] 中国船级社. 钢质海船入级规范 2015(CCS) . 北京: 人民交通出版社, 2015.

[96] 李春霞, 宋波. 考虑加劲及开孔的薄钢板稳定性. 建筑科学与工程学报, 2011, 28(1): 58-63.

[97] 韩强. 弹塑性系统的动力屈曲和分叉. 北京: 科学出版社, 2000.

[98] Guan W M, Gao M Y, Fang Y T, et al. Layer-by-layer laser cladding of crack-free Zr/Nb/Cu composite cathode with excellent arc discharge homogeneity. Surface and Coatings Technology，2022, 444: 128653.

[99] Cui Z L, Zhao J, Yao G C, et al. Competing effects of surface catalysis and ablation in hypersonic reentry aerothermodynamic environment. Chinese Journal of Aeronautics, 2022, 35(10): 56-66.

第 7 章 稳定极限承载力的概率设计法

结构承载力研究一直是力学界研究的重点和难点,结构静力稳定性作为一项课题已研究多年[1-8],目前对这一课题仍未充分了解,且设计方法大部分还建立在经验公式基础上。在传统的设计方法中,结构弹性极限是设计方法的基础,而强度设计仅依据安全系数并不可靠,由于结构构造引起屈曲,甚至失稳,如果结构的连接和屈曲方向的支撑足够,则结构屈曲只是降低了承载力,否则,失稳将造成严重的后果,也可能造成结构的垮塌。在航空航天应用中,由于航天器结构外部环境的复杂性,其数值模拟比普通土建工程中的结构更复杂,还需要特别考虑结构的动力、力-热耦合和太空气体分子的碰撞/摩擦/化学反应等问题,而板钢结构是航天器结构中较为常见的一种结构。服役期满的大型航天器离轨再入大气层坠毁,需要预先对其落区风险进行详细的评估,将板钢结构统一理论和数值模拟方法推广应用到大型航天器的离轨陨落再入解体分析,对后续的货运飞船、空间站、大型板舱桁架结构的卫星离轨陨落再入解体落区风险预报有重要指导作用。随着有限元方法的快速发展,采用数值方法求解受压简支板的极限承载力已不再是困难。其中,蒙特卡罗随机有限元法是较为主流的方法。经过五十余年的研究发展,蒙特卡罗随机有限元法在结构承载力研究方面获得了广泛的应用与检验,尤其在模拟稀薄过渡领域飞行器绕流时金属外壳受力分析中取得了可靠的模拟结果。

本章采用基于 ANSYS 概率设计的随机非线性有限元法,通过确定可靠度指标,考虑结构初始缺陷的随机性和结构参数的随机性,得出结构极限承载力的分布特征和结构抗力的设计值。结构稳定性的极限状态方程仍采用较为全面的分项系数表达式,采用蒙特卡罗法进行直接验算,为板钢结构承载力的概率设计法提供一般的验算方法和可靠的分项系数。本章主要分析三类构件的承载力:第一类是发生整体失稳的构件,类似强度问题中的脆断构件,结构曲后就发生坍塌破坏或扭曲,其极限承载力提高不宜利用或不存在承载力的提高,例如压杆,受弯梁的扭转失稳等;第二类是基于局部屈曲的极值稳定问题,结构曲后承载力可以利用,但初始几何缺陷和残余应力对承载力的影响较为明显,例如压板;第三类是以受剪为主的构件,板件在发生剪切屈曲后,极限承载力提高较为显著,同时板件的初始缺陷对承载力影响不是很明显,以往的资料分析表明,该类构件的安全系数要小得多。

关于结构极限承载力的随机性研究资料较少，本书的承载力随机分析是针对结构的稳定性 [1,2,8] 极限承载力，假定结构的屈曲形式不变，采用直接枚举法进行验证分析，也可以采用其他数学方法进行简化分析。当结构参数随机性导致其屈曲形式、初始缺陷与假定的不一致等情形发生时，结构的破坏形式和极限承载力将出现更大的随机性。

我国《公路桥涵钢结构及木结构设计规范》（JTJ025—86）颁布至今已逾 30 年之久，在这段历史时期，我国钢桥建设快速发展，施工技术日益完善，尤其近十多年来是我国大跨度公路钢桥建设的飞速发展阶段。如此大规模的钢桥建设使得旧规范（JTJ025—86）远远落后于钢桥发展的需要，这主要是因为该规范采用的是传统容许应力设计方法，不能真实反映结构上的作用效应和构件抗力效应的变异性。现行《公路钢结构桥梁设计规范》（JTG D64—2015）于 2015 年 12 月 1 日实施，该规范内容较为全面；基于近 30 年来我国大型钢桥的建设经验，研究形成了《公路钢结构桥梁可靠度指标与分项系数研究报告》和《公路钢桥极限状态设计系数的可靠性分析研究报告》等成果；采用以概率理论为基础的极限状态设计方法，按照分项系数的设计表达式进行设计，分别对承载能力极限状态和正常使用极限状态进行计算或验算，并规定了 4 种设计状况以及对应拟开展的极限状态设计：持久状况所对应的是桥梁的使用阶段，短暂状况所对应的是桥梁的施工阶段和维修阶段，偶然状况对应的是桥梁可能遇到的撞击等情况，地震状况对应的是桥梁可能遭遇地震的状况；根据数值分析方法发展的现状，参考欧洲规范，对结构设计分析的计算模型提出了原则上的要求，效应计算采用标准值和分项系数表达，效应计算按结构力学计算，必要时考虑非线性结构影响；普通钢材的安全系数为 1.7，恒载分项系数 $k_G = 1.2$，活载分项系数 $k_Q = 1.4$，抗力分项系数 $\gamma_R = 1.25$；该规范的表达和统计的内容以强度、刚度问题较多，单独针对稳定性能的验算仍显得不全面和完善 [3]。

从工程实践看，由于我国钢结构设计规范在许多方面仍不够全面，钢桥设计施工的设计理论、计算方法、安全度和可靠度的评价方法有待验证和完善。钢桥在设计、施工与养护时不得不参考和使用英国、日本、美国等国外的规程和技术标准。加之我国的公路荷载情况和钢桥的制作工艺、安装技术水平等与国外有所不同，这些国外的规程和技术标准并不完全适合我国的国情。因此，总结我国钢桥设计施工技术的既有经验，结合公路桥荷载特点和钢桥的设计、制造工艺、施工安装技术水平等，对我国公路钢桥的设计原则、理念、方法、制作工艺、安装技术及质量控制等进行系统的研究是很有意义的，有利于指导公路钢桥的设计、施工与养护管理，推进公路钢桥技术的发展，及时为修订公路钢结构桥梁设计规范提供理论、试验研究和工程应用的依据 [4-7]。

7.1　板钢结构概率极限状态设计方法

基于可靠度理论的概率极限状态设计方法目前已被美国、欧洲和英国桥梁规范采用。《公路工程结构可靠度设计统一标准》（GB/T50283—1999）（以下简称《公路统一标准》），是我国编制各公路工程结构设计规范的国家标准，明确指出以结构可靠度理论为基础的概率极限状态设计方法是公路工程结构设计的总原则。2004 年实施的《公路桥涵设计通用规范》（JTG D60—2004）、《公路钢筋混凝土及预应力混凝土桥涵设计规范》（JTG D62—2004）和《公路钢结构桥梁设计规范》（JTG D64—2015）都已经贯彻了这一原则。

7.1.1　公路钢桥设计理论的发展及现状

我国的桥梁设计理论从新中国成立以来，历经了长期的发展，已经制定了一系列较为完备的设计规范。

20 世纪 50 年代到 70 年代末，采用苏联的桥梁结构设计规范（容许应力设计法），逐步形成了我国公路桥梁结构设计规范。1961 年我国编制《公路桥涵设计规范》，该规范结合我国具体情况增加了不少新的内容。我国于 1974 年编制的《公路桥涵设计规范》仍然采用容许应力设计方法来表达，但是已经具有了极限状态设计法的思想，也即采用极限状态方程式来表达容许应力的确定。这种方法又称为新的容许应力设计法（详见 6.4.2 节）。

1985 年我国编制出版了《公路桥涵设计通用规范》、《公路砖石及混凝土桥涵设计规范》、《公路钢筋混凝土及预应力混凝土桥涵设计规范》、《公路桥涵地基与基础设计规范》、《公路桥涵钢结构及木结构设计规范》等交通部颁布标准，基本上均是按照分项系数表达的极限状态设计方法进行结构设计的。例如，《公路钢筋混凝土及预应力混凝土桥涵设计规范》中明确规定采用极限状态设计，桥涵结构应当进行承载能力极限状态和正常使用极限状态的计算。承载能力极限状态计算以塑性理论为基础，设计的原则是荷载效应不利组合的设计值小于或者等于结构抗力效应的设计值。在这一发展时期，公路桥梁结构设计方法由容许应力设计方法过渡到极限状态设计，是设计理论上的重大发展。但是，总体上讲，极限状态设计方法对于结构可靠度问题的考虑，仍然是采用分项安全系数来描述，在确定各分项安全系数时，还是以工程经验来确定，部分采用了统计分析 [1,7-9]。

《公路统一标准》为推荐性国家标准，自 1999 年 10 月 1 日施行。该标准引入了结构可靠度理论，把影响结构可靠性的各种因素均视为随机性变量，以大量调查实测资料和试验数据为基础，运用统计数学的方法，寻求各随机性变量的统计规律，确定结构的失效概率（或可靠度）来度量结构的可靠性。在这一思想和原则的指导下，颁布了 30 年之久的以容许应力设计方法为基础的《公路桥涵钢结构及木结构设计规范》（JTJ025—86）显然已经无法再适应需要。

从现状而言，制定以概率极限设计方法为主导的公路钢桥规范是必要的，也是可行的。近年来，我国在这方面展开研究，取得了不少成果[8]。例如，雷俊卿在《20 世纪中国公路钢桥的现状评估与对策》[9] 一文中系统探讨了 20 世纪中国公路钢桥的建设与现状，并提出了对既有公路钢桥的现状评估内容与方法，同时对我国在 20 世纪建成的公路悬索桥的极限承载力和变形展开了研究。王锋君就我国公路桥梁设计荷载、荷载组合及组合系数与英国、美国规范进行了对比分析，提出了差距[11]。叶梅新等在无纵向加劲钢梁极限承载力研究的基础上，研究了纵向加劲铁路钢板梁在纯剪、纯弯和弯剪复合作用下的极限承载力，给出了计算公式，在计算可靠度指标的基础上，确定了抗力分项系数，这对公路钢桥的研究也具有参考价值[11]。通过对国内外多种钢桥承载力评定方法的分析、研究，可提出以应力释放法为主的综合评定方法。张银龙等对复杂结构进行可靠性分析时，提出利用传统的结构可靠性分析方法可能会遇到困难，但应用响应面法可以有效地解决问题[12,13]。因此，利用响应面法和有限元程序 ANSYS 对装配式公路钢桥主桁架的挠度、弯曲应力和压杆失稳进行了可靠度分析，得到各种结构行为下极限状态功能函数的近似表达式，求出了相应的可靠度指标，提出响应面法是装配式公路钢桥平面结构可靠度分析的较为有效的方法之一[14−17]。

这些成果都为公路钢桥设计的各个方面提供了有益的帮助，但是，在目前公路钢桥概率极限状态设计方法中，在基本随机变量的概率统计分析方面，文献 [8,14] 中通过全国范围内的观测，搜集了具有代表性的数据，给出了汽车荷载的概率分布模型和统计参数，但是对于抗力的统计分析却是以混凝土构件为对象，关于恒载的统计参数也是以混凝土构件和桥面铺装组合得出的，因此，还缺乏针对公路钢桥恒载的统计分析[14,15]。目标可靠度指标的校准以及抗力分项系数这两个方面的研究也很重要，而这几个方面恰好是制定新方法的基础所在。李昆正是基于这样的现状，通过对广泛资料的整理，得出了可用于钢桥可靠度分析的影响钢桥可靠度参数的概率分布和统计参数[8]。

7.1.2 国内外主要钢桥设计规范比较

如前所述，概率极限状态设计方法已经被美国、欧洲正式纳入其桥梁设计规范当中，如美国《AASHTO LRFD 桥梁设计规范》[14−18]、英国 BS5400 桥梁设计规范[19,20] 及欧洲规范 Eurocodes，作为成熟的经验，对于我国公路钢桥设计必然有可借鉴之处。因此，把这些规范和我国《公路桥涵设计通用规范》（JTGD60—2004）、《钢结构设计规范》（GB50017—2003）及《建筑结构可靠度设计统一标准》（GB50068—2001）中极限状态设计方法在设计准则和极限状态定义上的共同点和区别做对比分析是十分必要的。概率极限状态设计方法中一个重要的问题就是确定设计准则，也就是说结构按照什么样的极限状态进行设计计算，各国规范中对于此问题都有不同的规定和说明，以下针对美国、英国、欧洲和我国相关规范中极限状态的确定及其定义进行对比分析。

20 世纪 70 年代初期之前，美国《公路桥梁标准规范》中唯一的设计原理是工作应力设计（work stress design, WSD），70 年代后，美国开始通过用一种称为荷载系数设计（load factor design, LFD）法的设计原理来调整 WSD 方法中的一些设计系数，以类似于荷载变异性的方法来考虑构件性能的变异，导致了钢桥设计原理的进一步扩展。因为在设计中，结构的抗力和结构承受的作用这两者都具有不确定性，以随机变量或随机过程来描述构件的有关性能和某些作用类型能更科学地反映结构的工作性能。所以，从 LFD 延伸而来的荷载抗力系数设计（load and resistant factor design, LRFD）法明确地将结构性能的变异性考虑进去，于是 1987 年美国颁布了《AASHTO LRFD 桥梁设计规范》，最新的第三版已经于 2004 年颁布 [15−19]。在 AASHTO 的极限状态定义中，除了使用极限状态、极端事件极限状态、偶然事件极限状态之外，还专门列出了疲劳和断裂极限状态。

欧洲规范与我国《公路桥涵设计通用规范》大体相同，除了在承载能力极限状态下分别考虑了持久、短暂和偶然设计状况之外，还加入了抗震荷载组合和典型荷载组合。对于极限状态的定义，欧洲规范仍然分为承载极限状态和使用极限状态两类。但对使用极限状态，又分为可逆的（reversible）和不可逆的（irreversible）两种。当引起结构达到使用极限状态的作用移走后，极限状态仍永久保持，则称这种使用极限状态为不可逆的，反之则是可逆的。另外，一种可称为 "破坏–安全极限状态" 或 "条件极限状态" 的情况，第一篇中也明确作为一条设计原则提出。这条设计原则要求结构不因偶然事件（火、爆炸、撞击、人为事故等）导致由局部或初始破坏向严重或全部破坏发展。

英国 BS5400 规范一共分五种荷载组合，在每一种组合下都进行破坏极限状态和运营极限状态的验算 [20]。日本钢桥设计规范依旧采用容许应力设计方法，在日本的《结构设计基础》中，极限状态分为承载能力极限状态、正常使用极限状态和可恢复极限状态，这是因为日本是个多地震国家，震后受损结构的修复是重要的。

在极限状态方程上，以上规范也有着明显的区别，美国 AASHTO 在总则中规定每个构件和连接在每种极限状态下都应满足式（7.1），除非另有规定。

$$\sum \eta_i \gamma_i Q_i \leqslant \phi R_n = R_r \tag{7.1}$$

其中，当荷载系数取最大值时，

$$\eta_i = \eta_D \eta_R \eta_I \geqslant 0.95 \tag{7.2}$$

当荷载系数取最小值时,

$$\eta_i = \frac{1}{\eta_D \eta_R \eta_I} \leqslant 1.0 \tag{7.3}$$

式中,η_i 为荷载修正系数,考虑结构的延性、超静定性以及运营重要性;η_D 为有关延性的系数,对于非延性构件和连接件,取 1.05,对于延性构件和连接件,取 0.95;η_R 为超静定的系数,强度极限状态下,静定构件取 1.05,超静定构件取 0.95,其他各种极限状态都取 1.0;η_I 为运营重要性系数,重要桥梁取不小于 1.05,一般情况取不小于 0.95;γ_i 为荷载分项系数;Q_i 为荷载效应;ϕ 为抗力分项系数;R_n 为抗力标准值;R_r 为抗力设计值。

英国 BS5400 规范第一篇《总则》中,对于破坏极限状态(ULS)采用了式(7.4)作为其设计准则。

$$R^* \geqslant S^* \tag{7.4}$$

式中,R^* 为设计所用的抗力,$R^* = (f_k / \gamma_m)$ 的函数,或(f_k 的函数 $/\gamma_m$),其中 f_k 为材料抗力特征值,$\gamma_m = \gamma_{m1} \gamma_{m2}$,$\gamma_{m1}$ 为强度变异性的影响,γ_{m2} 为强度以外的其他因素影响;S^* 为设计所用的荷载效应,$S^* = \gamma_{f3} \gamma_{fL} Q_k$ 的效应,其中,γ_{f3} 为考虑下列三个影响因素的系数,即对荷载的计算误差、计算模式的不定性、施工误差使结构(构件)所受效应加大,$\gamma_{fL} = \gamma_{f1} \gamma_{f2}$,$\gamma_{f1}$ 表示荷载变异性引起的不利影响,γ_{f2} 表示在荷载组合中各个荷载同时达到其设计值的概率较小的影响;Q_k 为各个荷载的额定值。

从上式中可以看出 γ_{f3} 涉及荷载和抗力两个方面,但是在结构安全联合委员会(JCSS)1978 年《结构物统一实用规则国际体系》内,γ_{f3} 只涉及荷载一个方面。在 BS5400 第 4 篇(第 1 版)和第 5 篇的修订中,对于破坏极限状态,第 4 篇采用 $\gamma_{f3} = 1.15$,第 5 篇采用 $\gamma_{f3} = 1.1$。1980 年在修订第 3 篇时,曾经想在破坏极限状态下取 $\gamma_{f3} = 1.0$,并相应地增大 γ_{m2},但是由于受到第 5 篇修订者的反对,第 3 篇正式版仍然取 $\gamma_{f3} = 1.1$,而第 4 篇在其第 2 版中也改取 $\gamma_{f3} = 1.1$,于是,第 3、4、5 篇的 γ_{f3}(破坏极限状态)就得到了统一。

这里材料强度的标准值与设计值可以作如下理解。

荷载和材料强度的标准值是通过试验取得统计数据后,根据其概率分布,并结合工程经验,取其中的某一分位值(不一定是最大值)确定的。设计值是在标准值的基础上乘以一个分项系数确定的(在国标《建筑结构可靠度设计统一标准》(GB50068—2001)中有说明)。例如,荷载的设计值等于荷载的标准值乘荷载分项系数。这在荷载规范中已有明确规定,永久荷载的分项系数为 1.1、1.2 或 1.35;可变荷载为 1.4 或 1.3。

材料强度的设计值等于材料强度的标准值乘材料强度的分项系数。在现行各结构设计规范中虽没有给出材料强度的分项系数,而是直接给出了材料强度的设计值，但你如果仔细研究是不难发现标准值和设计值之间的系数关系的。材料强度的分项系数一般都小于 1。

各种荷载分项系数与抗力的分项系数的比值在某种意义上可以理解为该荷载的安全系数。

7.2　可靠度理论在结构稳定设计中的应用

20 世纪 70 年代，我国在制定公路桥梁和铁路桥梁设计规范，以及工业与民用建筑、水利水电工程、港口工程等设计规范时，对结构安全度问题做了大量的调查研究工作，基本上采用了多系数分析、单系数表达的容许应力法，该方法属于半经验半概率的极限状态设计法范畴。为了提高结构设计规范的先进性、合理性和统一性，并同国际的发展趋势适应，我国土木工程的各个专业相继开展了大规模的结构可靠度理论研究和设计规范修改工作。

采用可靠度理论来研究结构的稳定性能，主要以压杆的极限承载力研究较多。李亚东 [21] 采用压杆承载力分析的一般方法，同时考虑初始弯曲、残余应力、材料屈服强度、截面面积和弹性模量等的随机性，对实用钢压杆承载力进行了概率分析。J. Jindrich 等对压杆的承载力进行了随机分析，计算表明欧洲钢结构设计规范的取值是基本合理的，但是，当残余应力的变化较大时，采用欧洲钢结构设计规范是不安全的 [23]。

在网架设计方面，卢家森、张其林基于可靠度的钢结构稳定设计理论，提出了通过抗力分项系数验算网壳结构稳定性的方法 [24,25]。在确定分项系数时，分别考虑了材料、几何初始缺陷和计算模式的不确定性，使用基于响应面函数的蒙特卡罗模拟方法对结构进行二阶弹塑性分析。该文献可靠度指标 $\beta = 4.0$，认为偏于安全地取 K8 型网壳的抗力分项系数为 1.9，对应的安全系数为 2.5，可用于工程实践。

由于壳结构对初始缺陷十分敏感，因此结构的初始几何缺陷研究一直以壳的分析为主。文献 [26,27] 分析了一维初始缺陷和二维初始缺陷对壳体结构承载力的影响。计算表明一维随机分布的参数弱化了参数随机性对结构承载力的影响。文献 [27] 对壳的分析并不适合薄板情形，主要原因是浅壳和薄板面内荷载的屈曲形式不同，前者是跳越屈曲，对初始缺陷非常敏感；而薄板面内受压屈曲属于极值型，即薄板曲后仍处于稳定的平衡状态，并有明显的曲后承载力提高，因此，薄板受压对初始几何缺陷表现出不是非常敏感的特性 [27,28]。

叶梅新、陈玉骥通过对工字型板梁的极限承载力试验和承载力可靠度指标的校验，分析表明当恒载的分项系数 $\gamma_G = 1.1$ 和活载的分项系数 $\gamma_Q = 1.4$ 时，抗力的分项系数 $\gamma_R = 1.25$[11]。李铁夫 [25] 通过可靠度指标的校验，认为铁路钢桥规范中基于强度设计的可靠度指标为 5.0，而剪力的可靠度指标为 4.7，采用可靠度理论计算的分位值法分别对 48m、64m、80m 单线铁路栓焊桁梁各杆件，32m、40m、48m 单线铁路半穿式栓焊桁梁各杆件进行校准，桁梁各杆件的平均可靠度指标 β 在 5.0 左右；钢板梁抗弯 β 在 5.0 左右，抗剪 β 在 4.3 左右。

李昆在收集了大量数据的基础上，经过统计分析计算，对公路钢桥基于可靠度理论的概率极限状态设计方法进行了深入的研究，对荷载和抗力进行了统计分析，得出了其概率分布和统计参数，并提出了公路钢桥的目标可靠度指标建议值[9]，见表 7.1。结构为脆性破坏时比延性破坏时的可靠度指标大 1.5，作用效应组合为主要组合时比附加组合的可靠度指标大 1.4。

表 7.1 文献 [7] 给出的目标可靠度指标

作用效应组合	结构等级					
	一级		二级		三级	
	延性破坏	脆性破坏	延性破坏	脆性破坏	延性破坏	脆性破坏
主要组合	5.7	7.2	5.2	6.7	4.7	6.2
附加组合	4.3	5.8	3.8	5.3	3.3	4.8

7.2.1 目标可靠度指标建议值

按照中国《公路桥涵设计通用规范》（JTG D60—2004）、美国《AASHTO LRFD 桥梁设计规范》和欧洲《Eurocode EN1991—2003》规范，文献 [27] 采用数理统计方法，比较了预应力混凝土简支梁桥的可靠度指标。另外，还参考了铁路桥梁的可靠水平。最后得出结论：中国公路桥梁设计规范的目标可靠度指标在国际上水平较高，中国公路桥梁设计规范最小抗力的可靠度指标高于美国水平，低于欧洲水平；我国铁路桥梁设计比公路桥梁更加保守。

比较结果显示，所选桥梁构件按照中国规范计算的最小抗力可靠度指标在 5.4~5.6，按照美国规范计算的最小抗力可靠度指标在 4.4~4.5，按照欧洲规范计算的最小抗力可靠度指标在 7.1~7.4。中国规范、美国规范和欧洲规范规定的最小抗力可靠度指标均达到了各自的目标可靠度指标。中国桥梁规范规定的最小抗力的可靠度指标均高于美国数值，但是中国桥梁规范规定的最小抗力的可靠度指标低于欧洲数值。所选铁路桥梁的可靠度指标均值在 6.6 左右[3]。

我国公路桥梁设计规范目标可靠度指标高于美国规范和欧洲规范；我国公路桥梁设计规范最小抗力的可靠度指标高于美国规范而低于欧洲规范。我国公路桥梁的目标可靠度指标低于铁路桥梁，最小抗力的可靠度指标也比我国铁路桥梁的最小抗力的可靠度指标低。铁路桥梁的车辆荷载受到严格控制，很少出现公路桥梁超载重载的情况，故最小抗力可靠指标较高。我国公路桥梁往往出现设计不当，施工质量差，超载现象严重，桥梁运营和养护不当等问题，可靠度指标计算时，采用的统计参数较陈旧，这些因素都导致桥梁实际可靠度可能低于理论可靠度。

目标可靠度指标的确定与社会、经济和技术的众多因素有关。在欧洲规范的第一篇中给出了结构设计的目标可靠度指标 β，在承载能力极限状态下目标可靠度指标的取值为 4.7，在使用状态为 3.0，该值被认为适合于大多数结构设计，但也可视情况按 0.5~1.0 的量级进行调整。欧洲规范的制定者明确强调所提供的目标可靠度指标以及对应的失效概率（按正态分布换算）仅仅是形式上或名义上的，它主要被用来发展一套协调一致的设计规则，而决不能看作是结构真实的失效概率。这也正如已故西南交通大学钱冬生教授在 20 世纪 80 年代就曾形象地指出的那样：“在设计规范修订中应用结构可靠性理论时，要把可靠度指标看作是一把尺子；在需要时，有一把尺子总比没有尺子好；但也应看到，这把尺子的刻度还不准，精度还不够，还需要不断完善。” 这正是目前正确理解和应用结构可靠性理论的基本准则 [28−38]。

表 7.2 和表 7.3 分别列出了我国《建筑结构可靠度设计统一标准》和《公路工程结构可靠度设计统一标准》中给出的目标可靠度指标值。后者比前者可靠度指标起点高 1.0，说明公路工程的荷载特征和安全可靠要求比工业与民用建筑工程要高；而两者的结构为脆性破坏时可靠度指标均比延性破坏大 0.5。

表 7.2　《建筑结构可靠度设计统一标准》的目标可靠度指标

构件破坏形式	结构等级		
	一级	二级	三级
延性破坏	3.7	3.2	2.7
脆性破坏	4.2	3.7	3.2

表 7.3　《公路工程结构可靠度设计统一标准》的目标可靠度指标

构件破坏形式	结构等级		
	一级	二级	三级
延性破坏	4.7	4.2	3.7
脆性破坏	5.2	4.7	4.2

目标可靠度指标是结构设计的依据，要将概率极限状态设计方法用于公路桥梁结构稳定设计，首先需要确定以多大的失效概率作为设计目标。这个失效概率很明显地与工程造价、使用维护费用以及投资风险、人民生活和财产等因素有关。近年来，很多学者都在探讨如何选择结构最优的失效率或目标可靠度指标的问题。单纯从理论上给出一个目标可靠度指标极为困难，也是不现实的，它不仅需要考虑理论研究成果，也需要考虑工程结构设计的现实情况，尤其要保证新、老规范的衔接与连续性，特别是当结构可靠度理论在公路钢结构桥梁初次应用时更应加以重视，以免材料用量的过大波动而引起设计人员的不安。

对比分析表明，文献 [9] 给出的目标可靠度指标过高，表 7.2 的指标相对要低些。参照表 7.2 和表 7.3 的目标可靠度指标、欧洲规范和我国的工艺水平，建议公路钢桥二级结构构件在设计基准期内的稳定极限承载力目标可靠度指标为 $\beta_T = 4.7$，正常使用极限状态目标可靠度指标为 $\beta_T = 3.0$；对于一级和三级公路钢结构桥梁构件，相应的目标可靠度指标可以根据我国《工程结构可靠度设计统一标准》（GB50153—92）的要求，在二级结构构件目标可靠度指标的基础上分别增减 0.5。这样，根据我国公路桥梁结构构件的安全等级[14]，建议在设计基准期 100 年内的目标可靠度指标 β_T 值如表 7.4 所示，对于整体失稳构件，其与脆性破坏类似，建议可靠度指标 +0.5，对于以剪切为主的构件，建议可靠度指标 −1.0。对于验算荷载为主力 + 附加荷载时，建议可靠度指标以参考文献 [9] 取值，即 −1.4。正常使用极限状态目标可靠度指标参考表 7.4 中列出的梯次选用。

表 7.4 公路钢结构桥梁极限承载力目标可靠度指标建议值

作用荷载组合	结构等级		
	一级	二级	三级
主要组合	5.2	4.7	4.2
附加组合	3.8	3.3	2.8

7.2.2 公路钢桥 LRFD 中极限状态设计表达式

1. 承载能力极限状态设计表达式

现行公路钢结构桥梁设计规范承载力验算表达式中恒载的分项系数为 1.2，本章的分析中仍采用《公路工程结构可靠度设计统一标准》中的全系数表达式[39−49]，对于恒载分项系数分别取 1.1 和 1.2 进行分析，在后面的计算结果中，括号内的数值为恒载取 1.2 时的计算结果。钢结构桥梁构件或连接按照承载能力极限状态进行设计时，一般应该按照使用条件采用荷载效应的基本组合和附加组合；在使用中有可能发生事故等偶然性荷载作用时，应考虑荷载效应的偶然组合。按承载能力极限状态设计，极限承载力为结构稳定的最大承载力。所以，对于结构和构件而言，其极限承载力为整体失稳或跳跃失稳对应的承载力，发生局部屈曲并在曲后达到极限承载力；对于超静定结构而言，其承载力极限状态为结构的机动破坏。

1）根据《公路统一标准》的规定，全系数基本组合下的设计表达式为

$$\gamma_0 \gamma_s \left(\sum_{i=1}^{m} \gamma_{Gi} S_{GiK} + \gamma_{Q1} S_{Q1K} + \psi_c \sum_{j=2}^{n} \gamma_{Qi} S_{QiK} \right) \leqslant \frac{1}{\gamma_R} R\left(\gamma_f, f_k, \alpha_k\right) \quad (7.5)$$

式中，γ_0 为结构重要性系数，对于公路桥梁，安全等级为一级、二级、三级时，分别取 1.1、1.0、0.9。γ_s 为作用效应计算模式不确定性系数。γ_R 为结构或构件抗力计算模式不确定性系数。γ_{Gi} 为第 i 个永久作用的分项系数，一般取 1.1。S_{GiK} 为第 i 个永久作用标准值的效应。γ_{Q1} 为汽车荷载分项系数。S_{Q1K} 为含有冲击系数的汽车荷载标准值。γ_{Qi} 为作用效应组合中除汽车荷载效应（含汽车冲击力、离心力）、风荷载外的其他第 j 个可变作用的分项系数，取 $\gamma_{Qi} = 1.4$，但风荷载的分项系数取 $\gamma_{Qi} = 1.1$。S_{QiK} 为除汽车荷载外第 i 个其他可变作用标准值的效应。ψ_c 为作用效应组合中除汽车荷载效应（含汽车冲击力、离心力）外其他可变作用效应的组合系数，当永久作用与汽车荷载和人群荷载（或其他一种可变作用）组合时，人群荷载（或其他一种可变作用）的组合系数取 $\psi_c = 0.80$；当除汽车荷载（含汽车冲击力、离心力）外尚有两种其他可变作用参与组合时，其组合系数取 $\psi_c = 0.70$；尚有三种可变作用参与组合时，其组合系数取 $\psi_c = 0.60$；尚有四种及多于四种的可变作用参与组合时，其组合系数取 $\psi_c = 0.50$。γ_f 为结构材料的分项系数。f_k 为钢材性能的标准值。α_k 为结构或结构构件几何参数的标准值。$R(\gamma_f, f_k, \alpha_k)$ 为结构或构件的抗力函数。

2）偶然组合下的表达式

该设计状态中，荷载组合 = 永久作用标准值效应 + 可变作用某种代表值效应 + 一种偶然作用标准值效应。因目前还缺乏该种效应组合时的实测统计资料，因此，只能给出极限状态设计表达式的确定原则：偶然作用的效应分项系数取 1.0；与偶然作用同时出现的可变作用，可根据观测资料和工程经验取用适当的代表值；应考虑偶然作用对抗力的影响。

2. 正常使用极限状态下的设计表达式

根据板钢结构的屈曲特性，板钢结构的稳定性结构功能规定限值可以规定为：

（1）结构不能发生整体失稳；

（2）结构可以发生局部屈曲，曲后结构不能出现有碍使用的较大变形或影响桥梁耐久性与脆性的较大塑性变形。

1）在正常使用极限状态下的短期组合

该设计状态中，荷载组合 = 永久作用标准值效应 + 可变作用频遇值效应

$$S_{GK} + \sum_{i=1}^{n} \psi_{1i} S_{QiK} \leqslant [C] \tag{7.6}$$

式中，$\psi_{1i} S_{Qik}$ 为第 i 个可变作用频遇值产生的效应；ψ_{1i} 为第 i 个可变作用效应频遇值系数；$[C]$ 为结构功能的规定限值。

2）正常使用极限状态下的长期组合

该设计状态中，荷载组合＝永久作用标准值效应 + 可变作用准永久值效应

$$S_{GK} + \sum_{i=1}^{n} \psi_{2i} S_{QiK} \leqslant [C] \tag{7.7}$$

式中，$\psi_{2i} S_{QiK}$ 为第 i 个可变作用准永久值产生的效应；ψ_{2i} 为第 i 个可变作用效应准永久值系数。

7.3 板钢结构极限承载力的概率分析

影响板钢结构极限承载力的主要随机参数有：初始几何弯曲、残余应力、材料的弹性模量、结构的几何参数和计算方法等。

对板钢结构进行极限承载力分析只限于简单构件，对大型板钢结构极限承载力进行随机分析就更加困难。在桥梁结构中，除了桥面板承受的荷载包括轮压等板面横向荷载外，其余板件主要承受面内荷载。根据前面各章的讨论，板钢结构从局部屈曲达到极限状态的过程中，除了局部结构发生了复杂的弹塑性变形外，其余部分仍处于弹性状态，弹性状态的结构在应力和变形上可以认为满足线性叠加原理。因此，可以把局部屈曲部件隔离出来研究，这样，板钢结构的整体分析可以简化成对一块/系列矩形板进行分析，即使局部屈曲板件上可能有加劲肋和边界板。板件上有加劲肋与板上无加劲肋在屈曲的随机分析时表现的随机性是一致的，而边界板在考虑其分担板面承载力，只提供弹性支撑作用。这时，板钢结构的承载力随机分析可简化为分析带弹性边界的简支矩形板。本节主要分析三类构件，即受压板、压杆和受剪板，这分别代表了三种不同类型的稳定问题，提出了承载力概率分析的一般方法，给出了三种不同稳定问题的承载力随机分布特征。第一类是发生整体失稳的构件，类似强度问题中的脆断构件，结构曲后就发生坍塌破坏或扭曲，其极限承载力提高不宜利用或不存在承载力的提高，例如压杆，受弯梁的扭转失稳等；第二类是基于局部屈曲的极值稳定问题，结构曲后承载力可以利用，但初始几何缺陷和残余应力对承载力的影响较为明显，例如压板；第三类是以受剪为主的构件，板件在发生剪切屈曲后，极限承载力提高较为显著，同时板件的初始缺陷对承载力影响不是很明显，以往的资料分析表明，该类构件的安全系数要小得多[1]。

7.3.1 受压板极限承载力的随机分析

在工程实践中，由于设计规范采用板件的宽厚比限值限制局部屈曲的出现，也即板钢结构的节间板周边是经过构造设计的，被简化的矩形板受面内荷载作用到达极限承载力的过程中，往往边界板元不会发生屈曲。如果板的边界发生了屈曲，

则可以使局部屈曲发生范围扩大。板钢结构的极限承载力可以简化为对一块具有弹性边界的矩形板的极限承载力分析，根据板钢结构极限承载力统一理论，可以采用随机非线性有限元法对受压简支板进行深入分析，得出板钢结构极限承载力的一般分布特征及相关参数。所以，对板钢结构极限承载力的可靠度进行分析时可以采用如下假定 [1]：

（1）板钢结构的承载力极限状态对应着局部屈曲部位在面内荷载作用下达到极限承载力；

（2）不考虑边界局部屈曲；

（3）板钢结构的极限承载力随机性只与板件的焊接残余应力、初始弯曲和板件的几何参数、弹性参数和屈服强度等随机性有关。

1. 实用板极限承载力的随机分析

采用基于 ANSYS 概率设计的随机有限元方法对受压简支薄板的极限承载力进行概率分析，随机有限元模型如图 5.10 所示，随机分析过程中分别考虑受压板的初始几何缺陷、残余应力和板件参数的随机性。

受压简支板极限承载力的非线性有限元分析参见 5.5.2 节，ANSYS 概率设计相关内容参见 3.4.4 节。考虑到长宽比和宽厚比直接影响受压简支板的屈曲和极限承载力，根据试验的相似原理，为简化分析模型，将简支板的宽度设为 1.0m，考虑到宽板的压杆效应，简支板的长度取为 0.8~6.0m，数值分析考虑板件的长宽比为 0.8~6.0。板的厚度取 3~25mm，因为材料的屈服强度为 235MPa 时，屈曲应力接近材料屈服强度对应的板厚度为 17.76mm。根据前面的分析，当简支板的厚度大于 25mm 时，受压简支板可以视为强度破坏。因此，数值分析的简支板的宽厚比为 40~333.3。不妨设简支板的长度 a 和厚度 t 按均匀分布，以确保随机分析样本的均匀性。

根据 6.3.2 节的分析结论，板钢结构的残余应力仍考虑为最不利的矩形分布，因为焊缝处的残余拉应力接近材料的屈服强度，所以，残余应力的随机模型可以通过残余拉应力的分布宽度系数 η 的随机性描述。如图 6.23 所示，根据截面应力的平衡条件，得

$$\sigma_{ra} = \frac{2\eta}{1-2\eta}\sigma_y \tag{7.8}$$

根据 Leonhardt 等的统计结果 [30]，设 η 满足正态分布，则 η 的均值为 0.082，均方差为 0.034。也可以取 $\sigma_{ra} = 0.18\psi\sigma_y$，设 ψ 满足正态分布，则 ψ 的均值为 1，方差为 0.4516，这时残余应力的离散性较大。单向受压简支板极限承载力随机分析模型输入计算参数的分布特征见表 7.5。

表 7.5 计算参数的分布特征 [21]

计算参数	分布类型	单位	平均值	方差
E	高斯分布	MPa	2.1012×10^5	2.0600×10^3
v	高斯分布	——	0.2970	0.0078
t	高斯分布	mm	$\bar{t}$	$0.1\bar{t}$
η	高斯分布	——	0.0820	0.0340
ψ	高斯分布	——	1	0.4516
f_0/b	高斯分布	——	0.003655	0.001173

2. 随机有限元分析结果

受压简支板（$t=4$mm）的弹性屈曲应力、极限承载力的计算样本和样本柱状图分别如图 7.1 和图 7.2 所示，随机分析表明受压板的弹性屈曲应力和极限承载力近似服从正态分布，板钢结构的初始缺陷、几何参数、弹性系数的随机性引起的板钢结构 95% 保证率的极限承载力与采用参数均值计算的极限承载力之比随板的宽厚比变化较为稳定。弹性屈曲和极限承载力的敏感度分析结果如图 7.3 所示。当受压板的长宽比不变时，受压板的弹性屈曲只与宽厚比相关，受压板的极限承载力只与材料的屈服强度和宽厚比相关，与其他参数的相关性较小。

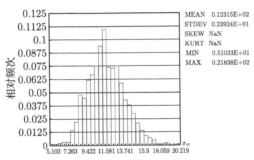

图 7.1 弹性屈曲应力的分布函数

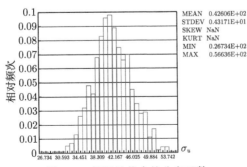

图 7.2 极限承载力的分布函数

　　计算表明柔度不同的受压简支板极限承载力对随机参数的敏感性各不相同。敏感度随板宽厚比的变化如图 7.4 所示，当板的宽厚比较大时，极限承载力与板的厚度相关；当板的宽厚比较小时，板的极限承载力与材料的屈服强度相关。宽厚比较大的受压板极限承载力综合敏感系数为厚度 t；宽厚比较小的受压板为 σ_y 和 t。而受压板的屈曲应力接近材料的屈服强度时，对 f_0，t 和 σ_y 的变化都很敏感，说明了这个区间的极限承载力分析的复杂性、这三个系数的变化却对承载力的大小产生影响，以及板件精确试验结果离散的原因。从图 7.4 可知，单从极限承载力的大小看，初始缺陷的影响要小于 σ_y 的离散，所以将初始缺陷作为塑性佯谬的结论是不正确的，同时也说明了用试验的经验公式来设计构件的承载力，存在的风险很大。不同宽厚比受压板承载力的敏感度见表 7.6，当受压板的屈曲应力与材料屈服强度接近时，受压板的极限承载力对泊松比的变化也敏感。

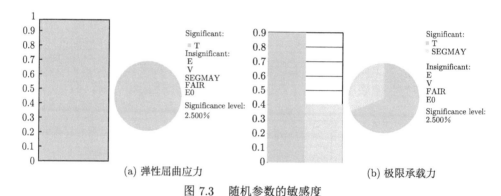

(a) 弹性屈曲应力　　　　　　　　　　　　　　　　　(b) 极限承载力

图 7.3　　随机参数的敏感度

随机参数的对应关系为: T 对应 t，SEGMAY 为 σ_y，FAIR 为 ψ，E_0 为 f_0

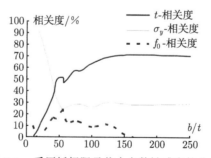

图 7.4　　受压板极限承载力参数敏感度的分布

　　采用板钢结构极限承载力统一公式，考虑参数随机性的影响，受压板在 95% 保证率的条件下得出的极限承载力标准值与日本《道桥示方书》给出的薄板承载力 [24,25] 的对比如图 7.5 所示，详细数据分析见表 7.7，随机分析表明受压板极限承载力的均值和方差较一致。

表 7.6 随机分析敏感度一览表

t/mm	b/t	综合敏感系数 /%			
		t	σ_y	f_0	γ
4	250.00	70.88	29.12	0	0
6	166.67	71.53	28.47	0	0
8	125.00	69.85	30.15	11.35	0
10	100.00	64.36	26.17	9.47	0
12	83.33	57.87	28.71	13.42	0
14	71.43	57.37	28.3	14.33	0
16	62.50	50.06	26.19	13.19	0
17.7	56.37	47.05	24.63	22.24	6.09
18	55.56	51.75	23.83	24.42	0
22	45.45	49.89	33.9	16.21	0
25	40.00	34.98	48.15	16.87	0
50	20.00	9.98	90.02	0	0
100	10.00	0	89.36	10.64	0

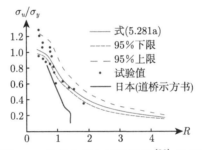

图 7.5 随机分析与试验数据[29]的对比

1. $R = \left(\dfrac{b}{t}\right)\sqrt{\dfrac{12\left(1-\nu^2\right)}{k\pi^2}\dfrac{f_y}{E}} = \sqrt{\dfrac{\sigma_y}{\sigma_{cr}}}$；2. 95 % 上（下）限 = 承载力均值 ±1.645 倍承载力的均方差

表 7.7 极限承载力随机分析汇总表

R	σ_u/MPa	μ	δ	均值	95% 下限	95% 上限
4.441	40.508	1.052	0.101	0.172	0.153	0.210
2.961	61.346	1.050	0.113	0.261	0.226	0.323
2.220	82.773	1.037	0.111	0.352	0.301	0.430
1.776	103.060	1.068	0.106	0.439	0.392	0.545
1.480	123.653	1.077	0.104	0.526	0.477	0.657
1.269	142.504	1.075	0.101	0.606	0.551	0.753
1.110	161.201	1.083	0.109	0.686	0.620	0.866
1.001	176.642	1.103	0.107	0.752	0.697	0.961
0.987	178.859	1.083	0.118	0.761	0.677	0.972
0.807	209.517	1.096	0.102	0.892	0.827	1.127
0.711	224.143	1.084	0.082	0.954	0.905	1.162
0.355	234.048	1.081	0.078	1.034	0.985	1.250

对比分析表明随机分析对试验值的离散性进行了合理的解释，从图 7.5 可知计算结果与试验值的变化趋势是十分接近的；有一定数量的试验值低于承载力 95% 保证率的下限线，主要的问题是日本的钢材材性、工艺方面与我国存在差别，这对试验数据的离散性也是一个较好的例证。

与欧美的试验数据[30]对比如图 7.6 所示，试验数据和 95％保证率的下限值十分吻合，这充分说明了随机有限元分析的合理性和板钢结构极限承载力统一理论的正确性。

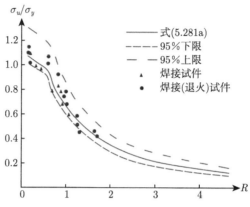

图 7.6　随机分析与欧美试验结果[29]对比图

7.3.2　压杆承载力的随机性

压杆的极限承载力 P_u 受到材料特性、初始缺陷、制造工艺、几何尺寸及支承情况等诸多因素的影响。在 20 世纪六七十年代，采用迭代数值积分方法同时考虑残余应力和初始几何缺陷等因素的影响，求算实用压杆承载力的压溃荷载理论逐步形成，并得到广泛认同和进一步完善。从概率的角度看，过去对钢压杆承载力及其设计曲线的研究，往往以定值计算结果为基础，而没有考虑到影响承载力的各参数所固有的随机特性，事实上较全面地获得所需计算数据也较为困难。

1. 统计参数

文献 [21] 的极限承载力算法仍不完善，没有考虑荷载偏心 e 的影响和未给出各参数对承载力影响的显式结果，加之计算的样本数目也十分有限。不过，文献 [21] 的统计参数及其分布特征是根据相关文献和实际调查中的原始数据进行再分析得到的，结果比较可靠，其统计结果除残余应力外全部被引用。压杆承载力随机变量的分布和参数特征见表 7.8。

表 7.8　变量分布及参数特征

符号	变量名称	单位	分布类型	均值	标准差	偏离系数
μ	初弯系数	—	Beta	2.7966	0.8971	0.321
σ_y	屈服强度	MPa	对数正态分布	359.74	24.71	0.069
t_f	翼缘厚度	mm	正态分布	20	0.785	0.039
E	弹性模量	MPa	正态分布	2.0×10^5	6000	0.03

表 7.8 中，初弯系数 $\mu = f_0/l \times 10^4$。桥梁规范规定 $f_0 = l/1000$ 作为杆的代表性几何制造缺陷，对于工字型钢小压杆，这是合适的；对于铁路钢桁梁桥中的

大型压杆, 因其制造规则严格, 工艺措施较完备, 这个限值明显过大, 计算中仍采用该值是保守的。统计表明荷载偏心 e 可以用 e/b_f 表示, b_f 为工字型截面压杆的翼缘宽度, e/b_f 近似按正态分布处理, 均值为 0.043, 方差为 0.016。

为便于与试验值对比, 本节采用任伟新等的试验资料 [33]（见表 7.9）和基于 ANSYS 概率设计的随机非线性有限元法对压杆极限承载力进行概率分析, 残余应力水平和分布按文献 [33] 采用。

2. 压杆承载力的概率分析

不妨采用表 7.9 中的 A-1 试件, 通过试件计算长度的变化, 分析不同柔度压杆承载力的分布特征。压杆的材料本构关系和计算单元与前面章节一致, 其中压杆的端部采用端板封头, 便于实现简支边界, 计算模型如图 7.7 所示。压杆的几何初始缺陷和残余应力按表 7.8 采用, 残余应力的分布见图 7.8 所示。

表 7.9　计算压杆模型的参数

试件号	工字型截面尺寸 /mm	杆长/m	λ_x	荷载偏心 e /mm	e/b_f
A-1	2-60×3-60×3	1.1	77.5	1.91	0.032
A-2	2-105×3-105×3	1.5	60.5	5.24	0.050
A-3	2-135×3-135×3	1.4	44.0	7.39	0.055
A-4	2-168×3-168×3	2.5	63.1	9.98	0.059
A-5	2-210×3-210×3	2.5	50.5	11.48	0.055
B-1	2-90×3-135×3	1.5	81.5	3.92	0.044
B-2	2-120×3-240×3	1.4	57.1	5.03	0.042
B-3	2-110×3-270×3	1.4	65.7	6.87	0.062
C-1	2-120×3-120×3	1.4	49.5	3.13	0.026
C-2	2-120×3-120×3	2.0	70.7	5.42	0.045
C-3	2-120×3-120×3	2.5	88.3	1.00	0.008

图 7.7　压杆的计算模型图

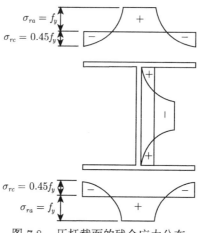

图 7.8　压杆截面的残余应力分布

计算样本数 $n = 1000$，概率分析表明压杆的弹性屈曲载荷离散性主要对材料模量、截面厚度的变化敏感，而极限承载力几乎对所有的随机参数敏感。试件 A-1 的弹性屈曲载荷和极限承载力的敏感参数分布分别如图 7.9 和图 7.10 所示（随机参数的对应关系：E 为弹性模量，T 为 t，SEGMAY 为 σ_y，E_0 为 f_0）。

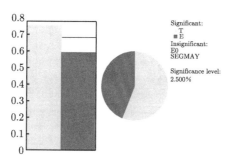

图 7.9　P_{cr} 的参数敏感性

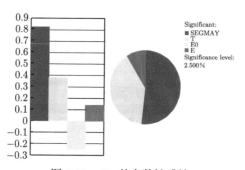

图 7.10　P_u 的参数敏感性

通过变化压杆的计算长度研究压杆承载力的统计特征，压杆承载力的概率分析表明：

（1）P_{cr}、P_u 的统计特征分别如图 7.11 和图 7.12 所示。随机分析表明压杆的弹性屈曲载荷 P_{cr} 接近正态分布，极限载荷 P_u 接近对数正态分布。

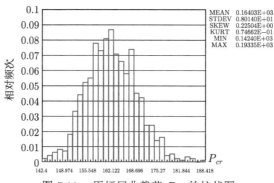

图 7.11   压杆屈曲载荷 P_{cr} 的柱状图

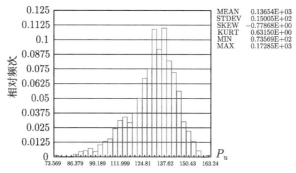

图 7.12   压杆极限载荷 P_u 的柱状图

（2）随着压杆柔度的变化，压杆承载力的离散性也不是很明显。表 7.10 列出了部分不同柔度压杆弹性屈曲和极限荷载的随机分析结果。在考虑压杆的随机性时，受压杆的屈曲载荷 P_{cr} 和极限载荷 P_u 随机性的统计参数如图 7.13 和图 7.14 所示，图中 P_{cr0} 代表按标准值计算的屈曲载荷。图 7.15 中考虑压杆 95% 置信度的承载力标准值时计算的最大安全系数为 1.217。因此，建议压杆极限承载力标准值的安全系数由于材料性质、制作安装过程中的误差、荷载的偏心等随机性的影响可取 $n_R = 1.217$。参照铁路钢桥设计规范的安全度取值，一般意义下压杆极限承载力的安全系数为 $n_{st} = n_R \times 1.7 = 2.069$，工程实践中可以取 2.2～2.5。

表 7.10　压杆承载力的随机分析结果

λ_y	P_{cr}		P_u	
	均值	离散系数	均值	离散系数
57.00	0.998	0.048	1.017	0.100
70.75	1.001	0.049	1.091	0.100
78.38	0.998	0.052	1.127	0.082
106.88	1.000	0.049	1.124	0.141

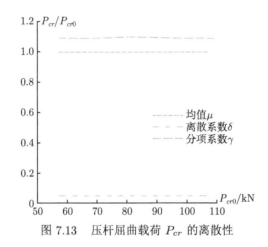

图 7.13　压杆屈曲载荷 P_{cr} 的离散性

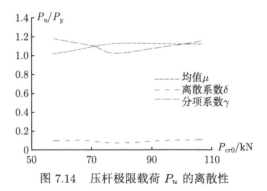

图 7.14　压杆极限载荷 P_u 的离散性

（3）综合考虑钢压杆的初始缺陷，压杆参数随机性对压杆的弹性屈曲载荷影响不大，可以不考虑；压杆 95% 置信度的承载力比初始弯曲按规范给定值计算的极限承载力大，数值计算结果如图 7.15 所示。所以，采用规范约定的初始弯曲值，按统计参数的平均值分析压杆的极限承载力时可以不考虑参数随机性的影响，且其结果是保守的、安全的。

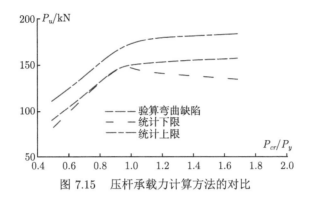

图 7.15　压杆承载力计算方法的对比

7.3.3　受剪板承载力的随机性

采用与前面受压简支板相同的分析方法对均匀受剪板的极限承载力进行随机分析，统计参数的随机性同前。在第 8 章中将会分析到板钢结构中以受剪为主的构件，不仅仅因为刚性边界的支撑作用使主拉应力均充分发展，还会在极限状态时因为周边边界的框架效应，导致板件的名义极限承载力得到较大的提高，因此，在构件边界条件得到保障的情况下，受剪构件的可靠度指标可以适当地降低。

板件残余应力对承载力的影响也可以参照受压板的分析进行，设受剪板的屈曲位形为

$$w = \sin \frac{\pi y}{a} \sin \frac{\pi}{a} (x - y)$$

代入式（6.72）得

$$\tilde{p}_{rxy} = 0.282 \lambda_{rxy} \sigma_y \tilde{t} \tag{7.9}$$

同理，采用数值分析方法，对受剪时的等效残余应力荷载系数进行拟合，拟合公式如下

$$\lambda_{rxy} = \begin{cases} 0.199 \left(\tau_{cr}/\tau_y \right)^2 + 0.121 \tau_{cr}/\tau_y, & \tau_{cr} < \tau_y \\ 0.527 \tau_y/\tau_{cr} - 0.194, & \tau_{cr} \geqslant \tau_y \end{cases} \tag{7.10}$$

在进行受剪板极限承载力随机分析时，可以直接模拟残余应力，也可以将残余应力转化为等效残余应力荷载进行模拟。

考虑到长宽比和宽厚比直接影响板件的弹性屈曲和极限承载力，根据试验理论中的相似原理，为简化分析模型，将简支板的宽度设为 1.0m；简支板的厚度取 3~25mm，因为材料的屈服强度为 235MPa 时，剪切屈曲应力接近材料剪切屈服强度对应的板厚度为 8.831mm，当简支板的厚度大于 12mm 时，受剪简支板可以

视为强度破坏，因此，数值分析的简支受剪板的宽厚比为 83.3～333.3。假定简支板的长度 a 和厚度 t 按均匀分布，以确保分析样本的均匀性。

此处列出长宽比 $a/b = 1.0$m，厚度为 8.8mm 的简支板在均匀受剪时的随机分析结果。受剪板弹性屈曲应力样本柱状图如图 7.16 所示，符合正态分布特征，弹性屈曲应力的平均值为 132.2MPa，方差为 11.31MPa，数值分析结果与理论值的误差极小，这一特征与受压板一致；受剪板极限承载力样本柱状图如图 7.17 所示，近似符合正态分布，均值为 132.80MPa，方差为 7.893MPa，样本的离散程度也与受压板基本相同。

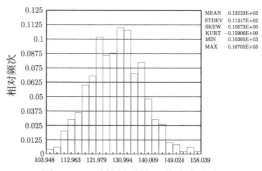

图 7.16   受剪板弹性屈曲应力分布

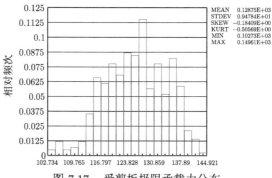

图 7.17   受剪板极限承载力分布

计算表明宽厚比不同的简支板极限承载力对参数的敏感性各不相同。当板的宽厚比较大时，极限承载力与板的厚度、材料屈服强度和残余应力分布相关；当板的宽厚比较小时，板的极限承载力与材料的屈服强度相关。如图 7.18 受剪板弹性屈曲敏感性所示，对于均匀受剪板当 $b/t = 113.64$ 时，弹性屈曲应力敏感分析结果：弹性模量 E 为 29.72%，厚度 t 为 70.28%。如图 7.19 所示，极限承载力敏感分析结果：残余应力系数为 31.46%，屈服强度为 40.41%，厚度 t 为 18.27%，弹性模量 E 为 9.86%。

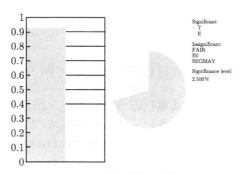

图 7.18　受剪板弹性屈曲敏感性

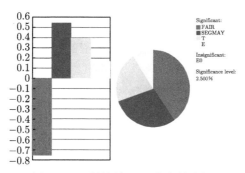

图 7.19　受剪板极限承载力敏感性

受剪板随机分析结果如表 7.11 所示。当受剪板的宽厚变化时，其屈曲载荷和极限载荷的离散性仍较为均匀。

表 7.11　受剪板随机分析结果

b/t	弹性屈曲应力/MPa		极限应力/MPa	
	均值	方差	均值	方差
250	27.182	2.311	70.956	4.0044
153.85	71.774	5.510	102.57	6.511
113.64	132.2	11.31	128.75	9.478
83.33	245.12	21.047	163.8	14.711

通过对均匀受压板、压杆和均匀受剪板三种类型的稳定问题进行随机分析，其屈曲的形式不同，承载力分布也不相同。压杆代表整体失稳，其曲后承载力提升伴随着过大的曲后变形，其曲后承载力提高是不可用的；受压板的曲后承载力提高较大，可以应用，但其曲后的极限承载力的储备部分不适用于动载或高频动载；受剪板曲后承载力提升较大，但"呼吸现象"属于使用极限状态，应用中应分别考虑。根据前面的分析，对结构极限承载力的概率设计涉及三种类型，在具体分析

时应有所区别,后面 7.4.3 小节在分析时分别考虑了三种稳定问题的不同特点,在工程实践应用时更应区别对待。

7.4　板钢结构极限承载力的概率设计法

本节基于板钢结构稳定性的承载力极限状态和使用极限状态概率设计,对钢桥稳定性能的主要组合情形进行分析,即考虑恒载与汽车活载情形,验算二级钢结构桥梁稳定的概率极限状态设计的分项系数。然后根据概率设计方法,推导了容许应力法分析第一、二类稳定问题时的安全系数取值。

采用本章给出的可靠度指标建议值和板钢结构稳定性的概率极限状态设计表达式 (7.5),荷载分项系数、可变荷载组合系数和结构重要性系数仍沿用《公路统一标准》的规定,结构抗力分项系数的具体值将根据随机分析确定。公路荷载的随机分布参数特征值如表 7.12 所示,作用效应的概率分布及统计参数如表 7.13 所示[9]。

表 7.12　公路荷载的随机分布参数特征值

车辆运行状态	荷载类型	设计基准期 100 年	分布参数	
一般运行状态	车重	极限 I 型分布	$\alpha = 126.1763$	$\beta = 28.9317$
	轴重		$\alpha = 68.0734$	$\beta = 17.7242$
密集运行状态	车重	威布尔分布	$\eta = 343.1792$	$m = 12.2263$
	轴重		$\eta = 210.1801$	$m = 10.8211$

表 7.13　作用效应的概率分布及统计参数

作用类型	运行状态	概率分布类型	平均值/标准值	变异系数
恒载		正态	0.9978	0.0347
活载(汽车)	一般运行状态	极值 I 型	0.6861	0.1569
		正态	0.6684	0.1994
	密集运行状态	极值 I 型	0.7995	0.0862
		正态	0.7882	0.1082

在二阶矩概率法中,统计参数为各随机变量的均值和方差。影响板钢结构极限承载力的因素很多,在进行可靠度分析时一般考虑以下三个主要因素:①材料的不确定性;②结构体系几何参数的不确定性;③计算模式的不确定性。由于这三个影响因素都具有随机性,所以板钢结构极限承载力与随机因素之间存在某种隐含的函数关系。前两种因素的分析见 7.3 节,这里不再赘述。

结构构件计算模式的不确定性主要是指抗力计算中采用的基本假定和计算公式的不精确等引起的变异性。公路桥梁结构的抗力计算模式不确定性用随机变量 Ω_P 来表达:

$$\Omega_P = \frac{R^0}{R^c} \tag{7.11}$$

式中，R^0 为结构构件的实际抗力值，取试验值；R^c 为按规范或确定的理论公式计算的抗力值，计算参数采用实测值，以排除其变异性对分析 Ω_P 的影响。

根据卢家森等的建议，考虑缺陷的非线性模型所得到的计算模型的主观不确定性为 $\mu_{\Omega_P} = 0.8033$，$\delta_{\Omega_P} = 0.088717$，服从独立正态分布[25-28]；王常青[37] 对钢梁截面抗弯强度进行了全面分析与总结，得出 $\mu_{\Omega_P} = 1.0889$，$\delta_{\Omega_P} = 0.1181$；李铁夫[28] 对铁路钢桥进行了比较详细的分析，得出 $\mu_{\Omega_P} = 1$，$\delta_{\Omega_P} = 0.005$。分析表明 Ω_P 是一个发展的随机变量，因极限承载力统一理论的精度高，故计算极限承载力的离散性减小。根据欧美对受压简支板试验结果[33] 的分析表明 $\mu_{\Omega_P} = 1.1061$，$\delta_{\Omega_P} = 0.0051$，考虑到试验结果的精度与边界条件有关，仍较为保守地取 $\mu_{\Omega_P} = 1$，$\delta_{\Omega_P} = 0.005$。

根据 Dorman、Harrison、Chin 和 Moxham 等做的一系列正方箱型截面焊接短柱中板的屈曲应力试验[32-35]，采用有限元法对比分析承载力统一公式的计算误差[32-35]。取 $\lambda = 20\sim40$，以避免柱弯曲屈曲的影响，b/t 在 $20\sim80$。为了考察残余应力的影响，部分试件经过了退火处理。分析得计算值的平均值为 1.1358，方差为 0.0835，偏离系数为 0.0735。

7.4.1 分项系数的确定

极限状态设计表达式中的各分项系数应根据基本变量的概率分布类型和统计参数，以及规定的目标可靠度指标，按优化原则，通过计算分析并结合工程经验确定。现以仅有永久荷载和一种可变荷载的情形加以阐明。

在验算点 P^* 处结构的极限状态方程可写为

$$S_G^* + S_Q^* = R^* \tag{7.12}$$

式中，S_G^*、S_Q^*、R^* 分别为恒载效应、活载效应和结构抗力的设计验算点坐标。

由结构可靠度指标的分析得知，确定设计分项系数，实际上是结构可靠度指标计算分析的逆运算，因此应在设计验算点处，将概率极限状态方程中的基本变量用各自目标准值和相应的分项系数代替。对安全等级为二级的钢结构桥梁，上式可转化为

$$\gamma_G S_{G_k} + \gamma_Q S_{Q_k} \leqslant \frac{R_k}{\gamma_R} \tag{7.13}$$

因为式（7.12）和式（7.13）等价，故有

$$\gamma_G = \frac{S_G^*}{S_{G_k}}; \quad \gamma_Q = \frac{S_Q^*}{S_{Q_k}}; \quad \gamma_R = \frac{R_k}{R^*} \tag{7.14}$$

由于设计分项系数依赖于可靠度指标和荷载效应比，因此为得到最佳分项系

数，应根据分项系数后求得的结构抗力标准值与按预先给定的目标可靠度指标直接求得的结构抗力标准值之差为最小的原则来确定系数取值。

由式（7.14）可得按设计表达式求得的抗力标准值

$$R_k = \gamma_R \left(\gamma_G S_{G_k} + \gamma_Q S_{Q_k} \right) \tag{7.15}$$

在给定可靠度指标和各基本变量的统计参数后，通过结构可靠度指标计算分析的逆运算，可得到对应于目标可靠度指标的抗力标准值 μ_R，进而由下式求得结构抗力标准值

$$R_k^* = \frac{\mu_R}{n_{st}} \tag{7.16}$$

式中，n_{st} 为抗力的安全系数。

按照上述分项系数优选原则，对于每种荷载效应组合，分项系数的确定可转换为下列 H 值为最小的条件：

$$H = \sum_j \left(R_{k_j}^* - R_{k_j} \right)^2 = \sum_j \left[R_{k_j}^* - \gamma_R \left(\gamma_G S_{G_j} + \gamma_Q S_{Q_j} \right) \right]^2 \tag{7.17}$$

当满足条件 $\dfrac{\partial H}{\partial \gamma_R} = 0$ 时，可得

$$\gamma_R = \frac{\sum\limits_j R_{k_j}^* S_j}{\sum\limits_j S_j^2} \tag{7.18a}$$

新《公路钢结构设计规范》普通钢材的安全系数为 1.7，恒载分项系数 $k_G = 1.2$，活载分项系数 $k_Q = 1.4$，抗力分项系数 $\gamma_R = 1.25$；分别考虑恒载、活载和抗力的随机分布特征，等效为容许应力法时，相当于恒载时取的安全系数为 $1.057 \times 1.2 \times 1.25 / 0.806 = 1.968$（式中 1.057 和 0.806 分别为设计恒载和抗力标准值的安全系数），活载取的安全系数为 $1.328 \times 1.4 \times 1.25 / 0.806 = 2.883$（式中 1.328 为设计活载标准值的安全系数）。

设安全等级为二级的钢结构的抗力分项系数为 γ_{R2}，为简化计算和便于分析，设其余安全等级结构的抗力分项系数满足下式

$$\gamma_R = \eta \gamma_{R2} \tag{7.18b}$$

式中，η 采用式（7.5）分析得到不同安全等级结构抗力分项系数的换算系数。

7.4.2 直接验算法分析和结论

数值分析表明，恒载的分项系数较为稳定，活载的分项系数介于 1.1~1.4，为简化分析和与钢结构桥梁强度分析取得一致，后面的对比分析时恒载分项系数取 $\gamma_G = 1.1$ 或 1.2，活载分项系数取 $\gamma_G = 1.4$，恒载分项系数取 1.1 与旧桥规和叶梅新、陈玉骥的取值相同，恒载分项系数取 1.2 与现行桥梁钢结构规范一致。分析时取不同的恒载分项系数是便于应用和对比，分析结论中带括号的数值为 $\gamma_G = 1.2$ 时的计算结果（单独标明的除外）。

采用式（7.5）对板钢结构极限承载力可靠度设计法的分项系数进行分析，钢桥的荷载效应系数 $\rho = S_Q/S_G$。

本节采用蒙特卡罗法分析 [50,51]，代入恒载、活载、抗力的随机分布函数，并考虑恒载与活载的效应系数 ρ，直接计算验算公式的失效概率，用于反算板钢结构承载力极限状态的可靠度；同时采用合理的方式拟合安全等级为二级的板钢结构在约定可靠度指标附近的解析函数，确定附加组合和 3 类不同性质稳定问题的抗力分项系数；根据极限承载力统一公式分析计算得出 3 类不同性质稳定问题的第一类稳定安全系数，同时也说明了恒载与活载的效应系数对抗力分项系数的影响。

1. 分项系数直接验算法

采用 ANSYS 概率设计法和蒙特卡罗抽样方法对稳定极限承载力和极限状态公式（7.5）~ 式（7.7）进行校验。

分项系数直接验算方法的步骤如下：

（1）设定每个随机变量按其概率分布抽样，假定相应的分项系数，根据验算公式计算抗力的标准值；

（2）按抗力的分布和标准值修正抗力样本；

（3）按不计分项系数时的验算公式判断结构是否失效，当荷载效应大于设计抗力时，结构失效，反之结构有效；

（4）计算较大数量样本后统计结构的失效率，得出结构的对应可靠度指标；

（5）对不同假定分项系数的解进行公式拟合，计算假定可靠度指标对应的分项系数。

2. 直接验算法计算结果

例如，活载/恒载＝0.3 时的计算算例，计算样本 1000 万，结构的失效概率如表 7.14 所示。

表 7.14　活载/恒载＝0.3 时的失效概率分析表

抗力分项系数 r_R	1.287	1.242	1.200	1.180	1.161	1.124	1.090	1.057
P_f	1.00×10^6	3.00×10^6	7.00×10^6	1.00×10^5	1.20×10^5	2.90×10^5	5.00×10^5	8.90×10^5

　　拟合分项系数与 P_f 的多项式公式，根据拟合公式求出可靠度指标为 4.2 时，对应的分项系数 r_R 为 1.170。表 7.15 列出了不同荷载效应系数时，承载力极限状态的分项系数。分析表明随着荷载效应系数的变化，桥梁极限承载力状态的抗力分项系数呈现一定的波动，当荷载效应系数较小时，抗力分项系数出现了峰值。

表 7.15　承载力极限状态分项系数 r_R 计算表（恒载分项系数取 1.1）

活载/恒载	一般			密集		
	4.2	4.7	5.2	4.2	4.7	5.2
0.1	1.160	1.236	1.245	1.191	1.228	1.230
0.2	1.182	1.262	1.272	1.183	1.264	1.275
0.3	1.170	1.279	1.290	1.158	1.251	1.257
1	1.106	1.182	1.191	1.082	1.133	1.140
2	1.093	1.158	1.167	1.065	1.108	1.115
3	1.106	1.193	1.205	1.059	1.182	1.201
4	1.098	1.161	1.169	1.040	1.115	1.121

　　计算表明，抗力的分项系数随荷载效应系数 ρ 的增大变小，而一般运行状态比密集状态的分项系数大，但在荷载效应系数 ρ 较小时，二者的差异不大。如图 7.20 所示，当恒载分项系数取 1.1 时，二级安全等级结构抗力分项系数取值为 1.108~1.279。当荷载效应系数较小时，抗力分项系数变大，说明恒载的分布已经影响了稳定极限承载力验算公式（7.5），从这个结果看，恒载的分项系数建议仍取 1.1。

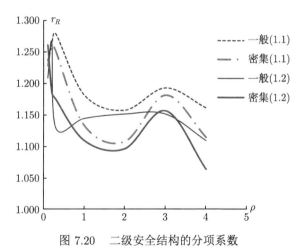

图 7.20　二级安全结构的分项系数

当按照现行公路桥梁钢结构规范分析时，恒载取 1.2 时，对应的分项系数有所增加，分析表明对表 7.15 的分项系数 r_R 减小 10% 左右，如表 7.16 所示。根据直接验算法的分析结果，安全等级为二级的结构稳定性能的承载力极限状态的抗力分项系数为 1.064~1.266。这也说明采用现行公路桥梁钢结构设计规范约定的抗力分项系数 1.25 是可靠度偏低的指标。

表 7.16   承载力极限状态分项系数 r_R 计算表（恒载分项系数取 1.2）

活载/恒载	一般			密集		
	4.2	4.7	5.2	4.2	4.7	5.2
0.1	1.192	1.209	1.213	1.227	1.261	1.266
0.2	1.111	1.266	1.296	1.113	1.186	1.197
0.3	1.100	1.129	1.133	1.087	1.175	1.181
1	1.082	1.145	1.152	1.057	1.109	1.114
2	1.081	1.152	1.162	1.054	1.097	1.101
3	1.082	1.152	1.162	1.036	1.157	1.175
4	1.049	1.109	1.116	0.993	1.064	1.072

根据我国最近建成桥梁钢结构的统计分析，如表 7.17 所示，桥梁钢结构的荷载效应系数为 0.084~2.112，荷载效应系数还因桥梁不同结构、不同荷载形式而呈现一定的差异。对于结构分析来说，桥梁跨度越大，结构的荷载效应系数越小，对应的抗力分项系数越大；桥梁跨度越小，对应的荷载效应系数越大，反而抗力分项系数越小。基于上述原因，建议荷载效应系数取 0.15~0.3，考虑到桥梁钢结构的技术经济效益，建议取 0.3 较为合理。

表 7.17   桥梁钢结构的荷载效应系数

项目名称	桥型	荷载类型	主梁类型	活载/恒载
沪通长江大桥	斜拉桥	公铁两用	钢桁梁	0.277
宜宾临港长江桥	斜拉桥	公铁两用	钢箱梁	0.237
葫芦口	悬索桥	公路	钢桁梁	0.132
地铁 12 号线某桥	斜拉悬吊组合	地铁	钢箱梁	0.346
某桥	33.6m 钢桥	公路	钢箱梁	0.250
某桥	钢桥	公路	钢箱梁	1.403
青山桥	斜拉桥	8 车道公路	钢箱梁	0.140
港珠澳大桥	斜拉桥	公路	组合梁	0.084
平潭桥	斜拉桥	公铁两用	钢桁梁	0.337
某桥	钢桥	公路	钢箱梁	1.403
某桥	钢桥	公路	钢箱梁	1.403
某桥	钢桥	公路	钢箱梁	2.112

采用随机有限元方法对式（7.5）对应的不同荷载组合和结构安全等级进行分析，得出不同荷载组合、安全等级和可靠度指标对应的分项系数修正系数，不同可靠度指标的抗力分项系数修正系数如表 7.18 所示，不同恒载分项系数的抗力分

项系数如表 7.19 所示。从表 7.18 可知，对于桥梁工程的结构重要性系数的取值是不安全的，建议安全等级为一级、二级、三级时，分别取 1.16、1.00、0.90。

表 7.18　　不同可靠度指标的抗力分项系数修正系数

β	3.3	3	4.2	4.7	5.2
η	0.729	0.689	0.884	1.000	1.152

表 7.19　　不同恒载分项系数的抗力分项系数 γ_R

β	恒载分项系数	
	1.1	1.2
4.2	1.109	1.013
4.7	1.251	1.175
5.2	1.257	1.255

当恒载的分项系数取 1.2 时，抗力的分项系数为 1.175，建议取 1.18。从表 7.19 可知，对于桥梁工程的结构重要性系数的取值是安全的，建议安全等级为一级、二级、三级时，分别取 1.1、1.00、0.9。

对于主要组合，抗力分项系数的修正系数为 0.884（安全等级三级），1.152（安全等级一级）。正常使用的抗力分项系数修正系数为 0.689（二级），不同安全等级仍需要调整。附加组合的抗力分项系数修正系数为 0.729（二级），不同安全等级仍需要调整。

7.4.3　稳定问题的安全系数

对于板钢结构稳定验算安全系数的全面研究资料并不多见，大多数稳定验算安全系数是经验取值，例如，压杆第一类稳定的安全系数取 4.0，第 2 章分析了压杆第一类稳定问题的安全系数取 4.0 的来源，分析表明这一经验数据仅仅代表分析结构稳定的安全时取的一种应力水平。

弹性屈曲特征值计算简便，在桥梁规范和桥梁设计中，稳定分析主要验算桥梁的第一类稳定。由于第二类稳定理论还处于研究阶段，还有许多不确定因素需要深入研究，第二类稳定理论的研究成果多用来修正第一类稳定理论。《公路斜拉桥设计细则》（JTG/TD65-01—2007）规定：斜拉桥结构体系第一类稳定，即弹性屈曲的结构稳定安全系数应不小于 4；第二类稳定，即计入材料非线性影响的弹塑性强度稳定的安全系数，混凝土主梁应不小于 2.5，钢主梁应不小于 1.75[54]。

对于板件的承载力分析，比较中国规范和日本规范可以看出，前者是根据板件的横截面形状和边界条件，给出轴心受压板件的局部屈曲应力，没有考虑板件安全系数和残余应力的影响；而后者则根据板件的钢种和边界条件，考虑安全系数及残余应力的影响，给出轴心受压板件的局部屈曲容许应力。对于同一截面形式的板件，在边界条件和钢种都相同时，两者的计算结果满足下式：$[\sigma_{cr}] = 0.5\sigma_{cr}/1.7 =$

$\sigma_{cr}/3.4^{[56]}$。这说明，对于板件的承载力，日本规范规定的第一类稳定的安全系数为 3.4。

后面的分析是根据前面的极限承载力随机分析结果来的。可以根据前面分析的承载力分布特征得出受压板的极限承载力的分项系数，另两类稳定问题还要分别分析。按验算式得出的设计极限承载力与对应的第一类稳定承载力的比值，得出安全系数。上述分析的结构安全等级限于二级，其他不同安全等级的情形需要转换后使用。

计算过程为：

（1）已知不同稳定类型问题、不同刚度结构的极限承载力及分布特征，求得结构的极限承载力 R；

（2）采用式（7.5）计算抗力 R 对应的一定荷载效应系数的恒载；

（3）计算结构的第一类稳定问题的计算荷载 $1.1G + 1.4\rho Q$；

（4）根据结构的抗力 R 换算结构的屈曲荷载 P_{cr}；

（5）求结构的第一类稳定问题安全系数 $n_{st} = P_{cr}/(1.1G + 1.4\rho Q)$。

1. 压板的稳定安全系数

根据压板极限承载力的随机分析结论反算其第一类稳定安全系数，如表 7.20 所示。

表 7.20 压板第一类稳定安全系数一览表

R	σ_{cr}/MPa	σ_u/MPa	n_{st}
4.441	11.915	40.508	0.477
2.961	26.803	61.346	0.727
2.22	47.683	82.773	0.969
1.776	74.504	103.06	1.163
1.48	107.286	123.653	1.377
1.269	145.93	142.504	1.619
1.11	190.731	161.201	1.882
1.001	234.531	176.642	2.059
0.987	241.231	178.859	2.181
0.807	360.845	209.517	2.667
0.711	464.867	224.143	3.141
0.355	1864.709	234.048	12.020

对于屈曲应力远远超过材料屈服强度的结构，$n_{st} \gg 4.0$，当然，在这种情形下仍考虑结构的第一类稳定安全系数是没有意义的。

在桥梁设计中，一般均要求结构的应力小于材料的屈服强度，从表 7.20 反算，当 $R \geqslant 1$ 时，第一类稳定安全系数 $n_{st} \leqslant 2.06$，所以建议第一类稳定安全系数取 2.1 是安全的。

因此，采用第一类稳定验算方法时应该有两个验算必要条件，即 $\sigma_d \leqslant f_y$ 且 $n_{st} \geqslant 2.1$。

2. 压杆的稳定安全系数

如表 7.21 所示，对于压杆来说，在合理设计应力水平下，第一类稳定安全系数 $n_{st} \leqslant 2.2$，考虑到目前规范的一致性，建议压杆的第一类稳定安全系数取 2.5。如果按照《公路斜拉桥设计规范》（JTG/T3365-01—2020），取桥梁第一类稳定的安全系数为 4.0，则对于屈曲应力接近材料屈服强度的压杆也是安全的。

表 7.21　压杆的第一类稳定安全系数

λ_y	P_{cr}/kN	P_u/kN	n_{st}
57	333.5	158.4	3.550
70.8	216.5	152.4	2.204
78.4	176.4	143.9	1.776
106.9	94.9	88.4	1.730

如果在第一类稳定安全系数的验算过程中增加一个约定条件，即结构在发生弹性屈曲的荷载作用下未出现塑性点，则结构的稳定是安全的；当结构在屈曲荷载作用下出现了塑性变形，则应该按第二类稳定问题进行分析，并重新计算结构的稳定安全。

3. 受剪板的稳定安全系数

同理，计算受剪板第一类稳定安全系数 n_{st} 如表 7.22 所示。分析表明当构件以受剪力为主时，在合理设计应力水平下，构件第一类稳定的屈曲的安全系数通过插值法确定，建议取 1.5[56]。

表 7.22　受剪板的第一类稳定安全系数

b/t	τ_{cr}/MPa	τ_u/MPa	n_{st}
250.00	27.182	70.956	0.497
153.85	71.774	102.57	0.918
113.64	132.8	128.75	1.441
83.33	245.12	163.8	2.259

参 考 文 献

[1] 康孝先. 大跨度钢桥极限承载力计算理论与试验研究. 成都: 西南交通大学, 2009.

[2] 中华人民共和国交通运输部. 中华人民共和国行业标准: 公路钢结构桥梁设计规范 (JTG D64—2015). 北京: 人民交通出版社, 2015.

[3] 吴迅, 王刚, 范灏. 中、美、欧公路桥梁以及中国铁路桥梁可靠度对比. 中国科技论文, 2013, 8(11): 1122-1125.

[4] 中华人民共和国交通部. JTJ D60—2004 公路桥涵设计通用规范. 北京: 人民交通出版社, 2007.

[5] American Association of State Highway and Transportation. AASHTO LRFD Bridge Design Specifications. 4th ed. Washington: American Association of State Highway and Transportation Officials, 2007.

[6] European Committee for Standardisation. Eurocode ENV 1991-3, Eurocode 1:Basis of Design and Actions on Structures, Part 3: Traffic Loads on 185 Bridges, Final Draft. Brussels: European Committee Press, 1994.

[7] Li Z H, Ma Q, Cui J Z. Multi-scale modal analysis for axisymmetric and spherical symmetric structures with periodic configurations. Computer Methods in Applied Mechanics and Engineering, 2017, 317: 1068-1101.

[8] 李志辉, 康孝先, 梁杰, 强士中, 张子彬. 对板钢结构承载力进行分析的方法. 授权专利号 ZL202111346993.4, 授权公告号 CN114036677B, 2023.04.28.

[9] 李昆. 基于可靠度理论的公路钢桥概率极限状态设计方法研究. 上海: 同济大学, 2007.

[10] 雷俊卿. 20 世纪中国公路钢桥的现状评估与对策. 公路, 2000, (1): 20-23.

[11] 王锋君. 参考国外设计规范试论我国公路桥梁设计荷载. 公路, 2001, (5): 5-9.

[12] 叶梅新, 陈玉骥. 铁路钢板梁的承载力极限状态分析及抗力分项系数的确定. 长沙铁道学院学报, 1997, 15(3): 8-14.

[13] 张银龙, 王春明, 从友良. 用响应面法分析装配式公路钢桥的平面结构系统可靠度. 公路交通科技, 2005, 22(1): 85-88.

[14] 张银龙. 概率设计及其在 Ansys 上的实践. 智能建筑与城市信息, 2003, (1): 68-70.

[15] 国家质量技术监督局, 中华人民共和国建设部. 国家标准 (GB/T50283—1999): 公路工程结构可靠度设计统一标准. 北京: 中国计划出版社, 1999.

[16] 美国各州公路和运输工作者协会 (AASHTO). 美国公路桥梁设计规范: 荷载与抗力系数设计法. 北京: 人民交通出版社, 1998.

[17] BS 5950. Structural Use of Stealwork in Building, Part 5, Code of Practice for Design of Cold Formed Thin Gauge Sections. APP. B, 1998.

[18] AISI 2007. North American Specification for the Design of Cold-Formed Steel Structural Members. ANSI/AISI Standard S100 Washington, 2007.

[19] Minervino C, Sivakumar B, Moses F, et al. New AASHTO Guide Manual for load and resistance factor rating of highway bridges. Journal of Bridge Engineering, 2004, 9(1): 43-54.

[20] Gregor P, Wollmann P E. Steel girder per AASHTO LRFD specifications, part l. Journal of Bridge Engineering, 2004, 9(4): 367-374.

[21] 英国标准学会. 钢桥、混凝土桥及结合桥 (英国标准 BS5400). 成都: 西南交通大学出版社, 1987.

[22] 李亚东. 结构可靠性理论及其在铁路桥梁结构中的应用. 成都: 西南交通大学, 1992.

[23] Melcher J J, Sadovsky' Z, Kala Z, et al. Ultimate strength and design limit state of compression members in the structural system. Structural Stability Research Council proceedings, Annual Technical Session & Meeting, 1998: 13-24.

[24] 卢家森, 张其林. 基于可靠度的钢结构体系稳定设计方法. 同济大学学报 (自然科学版), 2005, 33(1): 28-32.

[25] 卢家森. 考虑随机参数的钢结构体系稳定设计理论研究. 上海: 同济大学, 2004.

[26] 康孝先, 李志辉, 强士中. 单向均匀受压完善简支矩形板曲后极限承载力统一计算模型. 计算力学, 2021.

[27] Papadopoulos V, Papadrakakis M. The effect of material and thickness variability on the buckling load of shells with random initial imperfections. Comput. Methods Appl. Mech. Engrg., 2005, 194: 1405-1426.

[28] Lagaros N D, Papadopoulos V. Optimum design of shell structures with random geometric, material and thickness imperfections International. Journal of Solids and Structures, 2006, 43: 6948-6964.

[29] 李铁夫. 铁路桥梁可靠度设计. 北京: 中国铁道出版社, 2006.

[30] Leonhardt, Fritz. Residual stresses in a steel box girder bridge aesthetics and design series. London Cons. Truction Industry Research and Infor., 1982.

[31] 国家质量技术监督局. 中华人民共和国国家标准: 桥梁用结构钢 (GB/T 714—2000), 2000.

[32] 陈骥. 钢结构稳定理论与设计. 北京: 科学出版社, 2014.

[33] 任伟新, 曾庆元. 钢压杆稳定极限承载力分析. 北京: 中国铁道出版社, 1994.

[34] Kang X X, Li Z H, Qiang S Z. Analysis of ultimate bearing capacity of simply supported perfect rectangular plates subjected to one-way uniform compression. Journal of Engineering Stucture, 2021.

[35] Li Z H, Ma Q, Cui J Z. Finite element algorithm for dynamic thermoelasticity coupling problems and application to transient response of structure with strong aerothermodynamic environment. Communications in Computational Physics, 2016, 20(3): 773-810.

[36] Li Z H, Ma Q, Cui J Z. Multi-scale modal analysis for axisymmetric and spherical symmetric structures with periodic configurations. Computer Methods in Applied Mechanics and Engineering, 2017, 317: 1068-1101.

[37] 班慧勇, 施刚, 石永久. 960MPa 高强钢焊接箱形截面残余应力试验及统一分布模型研究. 土木工程学报, 2013, 46(11), 11: 63-69.

[38] 王常青. 基于可靠度的钢桥设计方法研究. 西安: 长安大学, 2006.

[39] American Association of State Highway and Transportation Officials (AASHTO). Standard specifications for highway bridges. 16th ed. Washington, 1996.

[40] Gregor P, Wollmann P E. Steel girder design per AASHTO LRFD specifications, part2. Journal of Bridge Engineering, 2004, 9(4): 375-381.

[41] Jiao G Y, Moan T. Methods of reliability model updating through additional events. Structural Safety, 1990, 9(2): 139-153.

[42] Ditlevsen. Structural reliability codes for probabilistic design—a debate paper based on elementary reliability and decision analysis concepts. Structural Safety, 1997, 19(3): 253-270.

[43] 国家技术监督局, 中华人民共和国建设部. 国家标准 (GB50153—92): 工程结构可靠度设计统一标准. 北京: 中国计划出版社, 1992.

[44] 中华人民共和国建设部, 国家质量监督检验检疫总局. 建筑结构可靠度设计统一标准 (GB50068—2001). 北京: 中国建筑工业出版社, 2015.

[45] 国家技术监督局, 中华人民共和国建设部. 国家标准 (GB50216—94): 铁路工程结构可靠度设计统一标准. 北京: 中国计划出版社, 1994.

[46] 中华人民共和国铁道部. 国家标准 (TB10002.2—2005, J461—2005): 铁路桥梁钢结构设计规范. 北京: 中国铁道出版社, 2005.

[47] 刘孝平. 桥梁设计的极限状态理论. 北京: 人民交通出版社, 1989.

[48] Furuta H. Bridge reliability experiences in Japan. Engineering Structures, 1998, 20(11): 972-978.

[49] Paik J K. Recent advances and future trends in ultimate limit state design of steel-plated structures. International Workshop on Recent Advances and Future Trends in Thin-Walled Structures Technology, Loughborough: Loughborough University, 2004.

[50] 李志辉, 方明, 唐少强. DSMC 方法中的统计噪声分析. 空气动力学学报, 2013, 31(1): 1-8.

[51] Liang J, Li Z H, Li X G, et al. Monte Carlo simulation of spacecraft reentry aerothermodynamics and analysis for ablating disintegration. Communications In Computational Physics, 2018, 23(4): 1037-1051.

[52] Ma Q, Li Z H, Cui J Z. Multi-scale asymptotic analysis and computation of the elliptic eigenvalue problems in curvilinear coordinates. Computer Methods in Applied Mechanics and Engineering, 2018, 340: 340-365.

[53] Li Z H, Ma Q, Cui J Z. Second-order two-scale finite element algorithm for dynamic thermos-mechanical coupling problem in symmetric structure. Journal of Computational Physics, 2016, 314: 712-748.

[54] Faravellil. Response-surface approach for reliability analysis. Journal of Structural Engineering, 1989, 115(12): 2763-2781.

[55] 中华人民共和国交通部. 中华人民共和国行业推荐性标准 (JTG/T D65-01—2007): 公路斜拉桥设计细则. 北京: 人民交通出版社, 2007.

[56] 李茂华, 侯建国. 中外钢结构设计规范安全度设置水平的比较研究. 建筑钢结构进展, 2005, 7(4): 59-62.

第 8 章 承载力统一理论应用的几个实例

前面系统地介绍了板钢结构极限承载力统一理论，以及影响承载力的相关因素，本章介绍桥梁工程中常见几种板钢结构的极限承载力分析和大型钢箱梁结构承载力试验，介绍了大型桥梁结构承载力的分析路径、设计优化等实践方法及一些新的研究成果的应用 [1–13]；同时也介绍了直接模拟蒙特卡罗（DSMC）方法对带太阳翼帆板的大型航天器再入稀薄过渡流域的气动力、热特性耦合结构响应变形数值模拟 [14–18]。

钢压杆在钢框架和桁梁桥中广泛采用，一直是结构稳定性理论研究的重点，数值方法的发展已经可以分析压杆构件的所有细节，但仍有一些问题还需要研究，例如研究简单而又可靠的极限承载力设计方法。加劲板是板钢结构发展到一定阶段时材料的经济利用形式，从 20 世纪 40 年代以来得到普遍的研究，扁平钢箱梁中的加劲板研究是钢桥设计中面临的又一复杂结构。工字梁在铁路桥梁、钢混结合梁中得到广泛的应用，按弹性梁理论，工字梁的翼缘主要承担正应力，腹板主要承担剪应力；因为腹板受剪曲后具有很可观的承载力，工字梁的翼缘安全系数比腹板的安全系数大得多，在容许利用腹板曲后承载力的条件下，合理研究与利用腹板的曲后承载力是必要的；20 世纪 80 年代，工字梁基于试验结果的经验公式得到充分的发展，被国内外的钢结构设计规范采用；由于经验公式以试验为基础，未考虑对结构极限承载力影响较大的初始缺陷和参数随机性等，其适用范围受到限制，且不一定安全 [1,2]。钢箱梁又叫钢板箱型梁，是大跨径桥梁常用的结构形式，随着大跨径钢桥的建设越来越多，钢箱梁得到了广泛的应用。钢箱梁一般由顶板、底板、腹板、横隔板、纵隔板和加劲肋等通过全焊接的方式连接而成，其中顶板为由盖板和纵向加劲肋构成的正交异性桥面板。

已有的结构承载力统计经验公式不能分析初始缺陷的影响，也无法定量地分析试验数据的离散性 [19–22]。根据第 6 章的分析，总体上看，所有的板钢结构承载力都可以采用统一理论进行分析计算，但由于板元边界受力的不均匀性和多样性，统一理论的应用有时显得十分复杂 [2,23,29]。统一理论分析法的一般步骤是先按弹性方法确定板件的边界力，考虑边界荷载的不均匀性和弹性边界得出结构的等效屈曲应力，由等效屈曲应力代入极限承载力统一公式，得出极限承载力。当然，也可借助于本章介绍的较为成熟的解析方法进行分析，也可借助于有限元法先求出弹性屈曲应力，再采用第 6 章的经验估值法计算结构承载力，采用逐步破坏法进行数值分析是较精确的分析方法，有时计算量较大，可用于对比验证前几种方法的计算结论。全面考虑航天器运行的太空环境，采用直接模拟蒙特卡罗方法对类"天宫一号"目标飞行器陨落再入过程进行数值模拟，初步判断出太阳翼帆板损毁解体的高度，分析两舱壳体在不同飞行高度的烧蚀、熔融情况[14-24]。

8.1 压杆的极限承载力

8.1.1 历史回顾

近代压杆理论是从 1759 年欧拉发表求解理想弹性轴心压杆临界力的理论公式开始的。第二次世界大战以后，随着科技的飞速发展，试验手段和计算手段的不断提高，压杆承载力研究的成就主要有残余应力对钢压杆承载力的影响、塑性设计、钢压杆承载力的大量试验和数值计算方法研究等[3]。Hancock 采用了非线性有限条法分析了工字型、箱型和槽型截面柱的相关屈曲问题。郭彦林和陈绍蕃用弹塑性有限条法对冷弯薄壁单对称开口截面和箱型柱局部-整体相关屈曲进行了分析和试验。任伟新、曾庆元提出了计算钢压杆弹塑性相关稳定极限承载力的有限条塑性系数增量初应力法，并对工字型截面钢压杆极限承载力进行了详尽的分析，结果表明在实际工字型钢压杆设计中，考虑局部与整体相关屈曲时，适当放宽宽厚比的限制是可行的。Rajasekaran、胡学仁等按有限单元法分析了双向压弯杆件的极限承载力。张其林、沈祖炎等将薄壁钢构件作为柱型薄壁壳组合结构，发展了分析薄壁钢构件各类非线性稳定问题的曲壳有限元法。

国内外都对钢压杆稳定设计进行了详细的研究，随之出现了许多考虑钢压杆稳定性设计的标准和规范[25-28]，但是内容又各有不同。对《铁路桥梁钢结构设计规范》（TB10002.2—99）、《钢结构设计规范》（GB50017—2003）、美国规范AISC-LRFD（1999）、英国标准学会《钢桥、混凝土桥及结合桥》（BS5400）进行详细对比，针对在不同条件下轴心受压构件存在着性能上的差异和不同时期的研究成果，钢结构设计规范对于轴心受压构件的稳定计算有以下三种不同的处理方法：①以分岔屈曲荷载为准则确定轴心受压构件的稳定系数；②以截面边缘纤维屈服为准则确定轴心受压构件的稳定系数；③以构件的极限荷载为准则确定轴心受压构件的稳定系数。各国都综合考虑截面的残余应力、初弯曲和初偏心的影响，采用实测资料与极限荷载理论相结合的方法得到反映稳定的稳定系数 φ 和换算长细比 $\bar{\lambda}$ 的关系曲线。

分析国内外规范，主要有三点不同[4,5]：①随着结构设计理论不断发展以及极限状态设计法的日趋成熟，以上各国规范除我国《铁路桥梁钢结构设计规范》采用容许应力法外，其他均采用基于半概率统计的极限状态设计法，对于铁路钢桥来说，荷载和结构抗力的变异性小，计算模式确定性好，适于采用极限状态设计法，因此，参照我国实际情况，我国的铁路钢桥设计亦应向极限状态设计法发展；②大多数钢压杆板件设计中均采用不允许出现局部屈曲，即板件的实际工作应力不大于局部屈曲的临界应力设计准则或等于杆件的临界应力设计准则，没有考虑局部屈曲与整体失稳的相关性，而实际工作的大部分钢压杆均表现出明显的局部屈曲与整体屈曲的相互作用；③我国现行公路钢结构设计规范和欧洲规范采用有效宽度理论，在受压构件中通过修正构件的截面特性，以考虑局部屈曲对结构承载力的影响。

　　压杆承载力极限状态设计法的分项系数已研究多年，但是，国内外的规范还是采用经验数据，且考虑的侧重点不同[29-31]。由于极限状态的不统一，结构的安全度没有可比性；另一个方面，压杆承载力公式均基于 Perry-Robertson 公式，关于压杆承载力的解析解、影响压杆承载力的相关因素还有待深入研究。

8.1.2　修正铰模型的压杆极限承载力

　　Shanley 的压杆模型从数值上调和了双模量理论与切线模量理论的矛盾，在压杆弹塑性屈曲理论上做出了巨大贡献，近代压杆的极限承载力理论均以之为基础。由于 Shanley 模型实质上是在压杆中央引入了一个初始缺陷，该缺陷主要对压应力敏感，不能考虑压杆截面的弹塑性应力重分布[31,12-18,25]。本节通过在压杆的刚杆–铰模型中引入弹塑性铰，也称修正铰模型，重构了压杆的极限承载力公式；通过解析法和数值分析相结合的方法，再次对塑性佯谬进行了分析。

1. 弹塑性铰

　　如图 8.1 所示，两端受弯矩 M 作用的矩形截面梁段，截面宽度为 b、高度为 $2h$，长为 l。随着弯矩 M 的增加，梁的变形状态将由弹性进入弹塑性，最后达到全塑性，即塑性极限状态。在小变形的情况下，无论弹性区还是塑性区，其平衡方程与几何方程均相同，然而其物理方程在弹性区和塑性区却有很大的差别。在弹性区，应力与应变之间的关系服从广义的胡克（R. Hooke）定理；在塑性区，对于理想弹塑性材料，应力分量之间应满足屈服条件，应力与应变之间没有一一对应关系；在结构的表面上应满足连续（或给定的间断）条件。

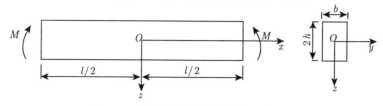

图 8.1　两端承受弯矩作用的矩形截面梁

　　为求解的方便，通常对结构的应力及变形作一些基本假定。在求解梁的弹塑性弯曲问题时，除应满足理想刚塑性、小变形、简单加载条件外，还采用如下假设：①在达到极限荷载前，结构不失去稳定性；②在梁的横截面上除正应力外，剪应力及纤维间的挤压应力均可略去，即只考虑沿梁轴向的正应力，由此假设可知，梁的屈服条件也只包含正应力；③梁在弯曲变形过程中，横截面始终保持为平面。

根据梁理论的假定，梁截面上的正应力 σ 与弯矩 M 之间的关系可由平衡条件确定，即

$$M = 2b \int_0^h \sigma z \mathrm{d}z \tag{8.1}$$

当梁处于弹性状态时，其应力–应变关系服从胡克定律，即 $\sigma = E\varepsilon$，则有

$$\sigma = -Ez\frac{\mathrm{d}^2 w}{\mathrm{d}^2 x} = -EzK \tag{8.2}$$

式中，K 为受弯梁的曲率。

当梁中应力分量的组合达到某一值时，该点便进入塑性状态。根据 Mises 屈服条件，当梁的横截面上某点的正应力达到屈服强度 σ_y 时，该点即进入塑性状态。根据平截面假定，梁截面上最大正应力在边缘处，当外边缘的应力达到屈服应力时，外边缘便进入塑性状态，截面上的应力分布如图 8.2(a) 所示。应力分量可写成

$$\sigma = \frac{z}{h}\sigma_y \tag{8.3}$$

将上式代入式（8.1），得弹性极限弯矩

$$M_e = \frac{2}{3}bh^2\sigma_y \tag{8.4}$$

当应力如图 8.2(c) 所示时，梁截面达到塑性极限弯矩状态，则得到塑性极限弯矩

$$M_p = bh^2\sigma_y \tag{8.5}$$

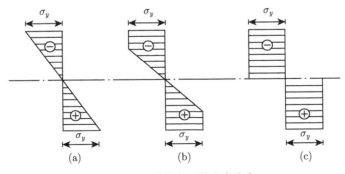

图 8.2　三种状态下的应力分布

　　如图 8.3 所示，若弹塑性交界面距中心轴的高度为 h_e，则处于弹塑性状态的应力分量可表示为

$$\sigma = \sigma_y \quad (h \geqslant z \geqslant h_e), \quad \sigma = \frac{z}{h_e}\sigma_y \quad (h_e \geqslant z \geqslant 0) \tag{8.6}$$

将上式代入式（8.1），则可得到梁处于弹塑性状态时的弯矩，即弹塑性弯矩为

$$M_s = 2b\int_0^{h_e}\frac{z}{h_e}\sigma_y z\mathrm{d}z + 2b\int_{h_e}^{h}\sigma_y z\mathrm{d}z = \sigma_y bh^2\left[1 - \frac{1}{3}\left(\frac{h_e}{h}\right)^2\right] \tag{8.7}$$

弹塑性交界面的高度 h_e 可由式（8.7）求解，考虑式（8.5）后可写成

$$h_e = h\sqrt{3\left(1 - \frac{M_s}{M_p}\right)} \tag{8.8}$$

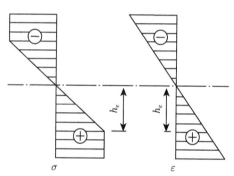

图 8.3　弹塑性状态梁截面上的应力和应变

　　当梁达到弹塑性状态时，塑性区内的应力为 σ_y。由于采用了平截面假设，因此塑性区内的变形不可能是任意的（见图 8.3）；或者说在弹塑性阶段梁处于有约束的变形阶段，平截面假设提高了弹塑性铰的刚度。在弹塑性交界面上，由弹性区利用 $z = h_e$ 处的应变值为 ε_e，则可求得曲率为

$$K_s = -\frac{\varepsilon_e}{h_e} = \frac{h}{h_e}K_e \tag{8.9}$$

式中，K_s 为受弯梁弹塑性状态时的曲率；K_e 为受弯梁弹性极限状态时的曲率。

　　将式（8.8）代入上式得 [6]

$$\frac{K_s}{K_e} = \left[3\left(1 - \frac{M_s}{M_p}\right)\right]^{-1/2} \tag{8.10}$$

所以梁截面上的弯矩与曲率的关系如图 8.4 所示。

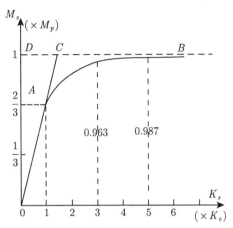

图 8.4 梁截面上的弯矩与曲率的关系

如图 8.5(a) 所示,设弹塑性铰的轴线长度为 l_p(Shanley 模型中 $l_p = h$),θ 为刚性杆的转角,在压杆的刚杆–铰模型中,有 $\theta/K = \theta_s/K_s = l_p$,所以 $K_s/K_e = \theta_s/\theta_e$。设铰的弹性转角刚度为 β_e,则弹性范围内的转角刚度 β_e 满足

$$\beta_e\theta_e = M_e \tag{8.11}$$

$$\beta_e = \frac{M_e}{\theta_e} = EI_y/l_p \tag{8.12}$$

式中,

$$\theta_e = l_p K_e = \frac{l_p \sigma_y}{Eh} \tag{8.13}$$

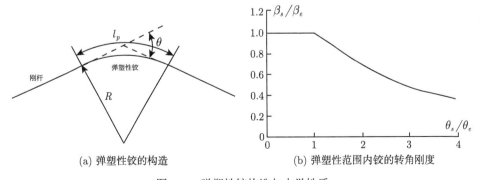

(a) 弹塑性铰的构造   (b) 弹塑性范围内铰的转角刚度

图 8.5 弹塑性铰构造与力学性质

则由式（8.10）得弹塑性范围内的转角刚度 β_s 为

$$\beta_s = \frac{M_p}{\theta_s}\left(1 - \frac{\theta_e^2}{3\theta_s^2}\right) \quad (\theta_s \geqslant \theta_e) \tag{8.14}$$

弹塑性范围内铰的转角刚度变化如图 8.5(b) 所示。

2. 压杆的刚杆–铰模型极限承载力

压杆的刚杆–铰模型如图 8.6 所示，中间铰的刚度满足式（8.14）。根据能量准则，当铰位于弹性区时，压杆的总势能为

$$\Pi = U + V = \frac{1}{2}\beta_e\theta^2 - lP\left(1 - \cos\frac{\theta}{2}\right) = 0$$

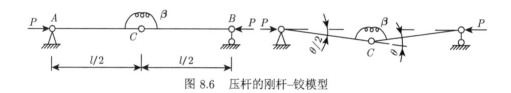

图 8.6　压杆的刚杆–铰模型

由势能驻值条件 $\partial\Pi/\partial\theta = 0$ 得压杆的受压屈曲荷载为 $P_{cr} = 4\beta_e/l$。
曲后的平衡方程满足：

（1）当 $\theta \leqslant \theta_e$ 时，

$$2\theta\beta_e = Pl\sin\frac{\theta}{2} \tag{8.15}$$

（2）同理，当铰位于弹塑性状态（$\theta > \theta_e$）时，压杆的总势能

$$\Pi = U + V = \frac{1}{2}\beta_e\theta_e^2 + \frac{3}{2}\beta_e\theta_e\left(\theta_s - \theta_e + \frac{\theta_e^2}{3\theta_s}\right) - lP\left(1 - \cos\frac{\theta_s}{2}\right) = 0$$

令 $\dfrac{\partial\Pi}{\partial\theta} = 3\beta_e\theta_e\left(1 - \dfrac{\theta_e^2}{3\theta_s}\right) - lP\sin\dfrac{\theta_s}{2} = 0$，当 $\theta_s > \theta_e$ 时，得曲后平衡方程为 [2]

$$3\theta_e\beta_e\left(1 - \frac{\theta_e^2}{3\theta_s^2}\right) = Pl\sin\frac{\theta_s}{2} \tag{8.16}$$

根据式（8.15）和式（8.16）得刚杆–弹塑性铰模型的荷载–位移曲线如图 8.7 所示，在 θ 等于 θ_e 前后承载力 P 的增长较少，当 l_p 取 l 时，增长也较为有限，当 θ 等于 θ_e 时，承载力开始下降，图中为了表示清楚，对相应的数值进行了放

大。由图 8.7 可见，当压杆中央铰的转角达到 θ_e 时，铰开始出现塑性应变，压杆达到极限承载力 P_u。

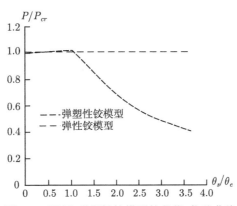

图 8.7 刚杆–弹塑性铰模型的荷载–位移曲线

采用刚杆–弹塑性铰模型分析压杆的极限承载力，如前所述，分析表明：

（1）压杆的极限承载力可分成压杆机构的承载力和铰的承载力提高两部分的叠加，即使承载力提高量可以忽略不计。即压杆机构曲后，铰的应力重分布可导致模型承载力的维持和提高，当铰的刚度下降时，压杆达到极限承载力状态。童根树讨论了强度问题和稳定问题的区别及联系，从失稳现象推论出：强度问题和稳定问题是不同层次的结构上的刚度为 0 的问题。在材料和截面的层次上刚度为 0，是强度问题。在杆件和结构层次上的刚度为 0 的问题是稳定问题 [8.7]。所以，压杆的承载力可以归结为简单梁理论意义上的机构承载力加上截面由于应力重分配引起的承载力提高。

（2）在工程实践中，压杆存在初始弯曲是必然的，杆的弯曲从刚开始受压就得到发展。从刚杆–弹塑性铰模型分析中得出压杆的弹塑性屈曲是一个大位移（中点位移与压杆截面尺寸比较）和中等转动问题。

前面的解析分析结论在数值分析过程中得到验证。关于压杆极限承载力的数值分析文章较多，这里不再赘述，为便于后面的解析分析，这里结合压杆的非线性有限元分析，对一些较为明确的性质总结如下：

（1）理想压杆只要出现塑性，则结构很快达到极限状态，如压杆的钢杆–铰模型研究的结论。而实用压杆在压杆中央出现塑性应变后还有 5%~15% 的承载力富裕。所以，压杆的曲后阶段可分为：带有初始缺陷的压杆的压弯过程，塑性应变出现后的应力重分布引起承载力的提高，最后达到极限承载力。而压杆曲前可以采用小应变理论，即按弹性理论分析；从解析分析看，如果不考虑压杆的局部屈曲，关于初弯曲、初始偏心在弹性范围的解是完备的。

（2）采用边缘纤维屈服准则对压杆承载力的分析是保守的，因为没有考虑压杆曲后截面应力重分布引起的承载力提高；另一方面，当压杆边缘纤维由于焊接，其残余应力已达到屈服时，如果判定其不能承载也是不合理的。所以，边缘纤维屈服准则应该予以修正。

（3）从简单加载的角度看，压杆的极限承载力状态对应了较大的应变和转角，与弹性理论的小应变假定存在矛盾。

3. 压杆承载力公式

设压杆的初始弯曲 $y_0 = f_0 \sin\dfrac{\pi x}{l}$，初偏心为 e，则压杆中部的最大弯矩为 [9]

$$M_{\max} = P\left(\frac{f_0}{1 - P/P_{cr}} + \frac{1 + 0.234P/P_{cr}}{1 - P/P_{cr}}e\right) \tag{8.17}$$

基于修正铰模型，考虑压杆曲后截面应力重分布引起的极限承载力的提高系数为 η_σ，截面残余应力引起的截面刚度折减系数为 η_r，抗力安全系数为 γ_R，则压杆的极限承载力可以表示为

$$\begin{cases} \dfrac{P_u}{A} + \dfrac{P_u\left[f_0 + e\left(1 + 0.234P_u/P_{cr}\right)\right]}{\left(1 - P_u/P_{cr}\right)W} = \eta_\sigma\eta_r\sigma_y \\ P_d = P_u/\gamma_R \end{cases} \tag{8.18}$$

式中，P_d 为 95% 置信度时压杆的极限承载力。

式（8.18）第 1 式两边同乘 $\dfrac{A}{P_{cr}}$，令 $\psi = \dfrac{P_u}{P_{cr}}$，$\quad\varphi = \eta_\sigma\eta_r\dfrac{\sigma_y A}{P_{cr}} = \eta_\sigma\eta_r\dfrac{P_y}{P_{cr}}$，$\dfrac{A}{W} = \dfrac{1}{\rho}$ 得

$$\psi + \frac{\psi}{\rho}\left(\frac{f_0}{1 - \psi} + \frac{1 + 0.234\psi}{1 - \psi}e\right) = \varphi \tag{8.19}$$

化简得

$$\psi^2 - \frac{1 + f_0/\rho + e/\rho + \varphi}{1 - 0.234e/\rho}\psi + \frac{\varphi}{1 - 0.234e/\rho} = 0 \tag{8.20}$$

式中，ρ 为截面核心距。

所以

$$\frac{P_u}{P_{cr}} = \frac{1 + f_0/\rho + e/\rho + \varphi}{2(1 - 0.234e/\rho)} - \sqrt{\left(\frac{1 + f_0/\rho + e/\rho + \varphi}{2(1 - 0.234e/\rho)}\right)^2 - \frac{\varphi}{1 - 0.234e/\rho}} \tag{8.21}$$

上式即为压杆的极限承载力方程。

下面对式（8.21）的特例情况进行讨论。

设压杆为理想压杆，即 $f_0 = 0$，$e = 0$，$\eta = 1$，则 $\varphi = P_u/P_{cr}$，那么式（8.20）化成 $\psi^2 - (1 + \varphi)\psi + \varphi = 0$，不考虑压杆截面应力重分布对承载力的贡献，当压杆发生弹性屈曲时，$\varphi > 1$，这时有

$$\psi = \frac{1+\varphi}{2} - \frac{|1-\varphi|}{2} = 1, \text{ 即 } P_u = P_{cr} \tag{8.22a}$$

当压杆发生弹塑性屈曲时，$\varphi \leqslant 1$，这时有

$$\psi = \frac{1+\varphi}{2} - \frac{|1-\varphi|}{2} = \varphi, \text{ 即 } P_u = P_y \tag{8.22b}$$

这与理想压杆的弹塑性理论是一致的。

4. 荷载偏心对承载力的影响

设简支压杆的初偏心为 e，如图 8.8 所示，根据弹性理论[10]

$$y'' + k^2 y = -k^2 e \tag{8.23}$$

$$y(x) = e\left(\frac{1 - \cos kl}{\sin kl}\sin kx + \cos kx - 1\right) \tag{8.24}$$

式中，$k^2 = P/(EI)$，I 为压杆截面的惯性矩。

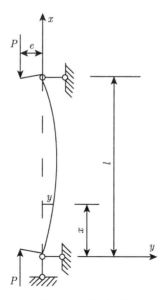

图 8.8 偏心压杆

当只考虑荷载偏心时，压杆的最大挠度在 $x = l/2$ 处，即

$$(y)_{\max} = e \left(\sec \frac{kl}{2} - 1 \right) \tag{8.25}$$

当截面出现塑性应变时，压杆的控制方程发生改变，仍处于弹性变形的压杆节段的位移应是式（8.24）加上塑性铰引起的机构转角。

工程实用压杆的长细比 λ 位于 $80 \sim 120$，在达到承载力极限状态时多为初始弯曲凹侧塑性化。设压应力为正，拉应力为负，压杆的材料为理想弹塑性，根据图 8.9 所示截面应力分布，采用平截面假设，由内力和外力的平衡条件得

$$\frac{P}{b} = \sigma h = \sigma_y h - (\sigma_y - \sigma_1) \frac{c_1 + d_1}{2} \tag{8.26}$$

$$\frac{M}{b} = (\sigma_y - \sigma_1) \frac{c_1 + d_1}{2} \left(\frac{h}{2} - \frac{c_1 + d_1}{3} \right) \tag{8.27}$$

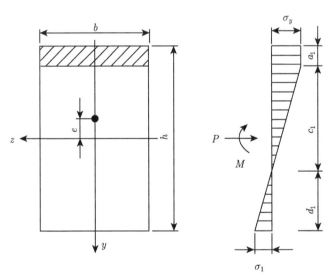

图 8.9　理想弹塑性屈曲的截面应力图

根据截面的几何关系

$$\frac{\sigma_1}{\sigma_y} = \frac{d_1}{c_1}, \quad \frac{1}{R} = \frac{\sigma_y}{Ec_1} \tag{8.28}$$

式中，R 为压杆轴心线的曲率半径。

从上式中消去 σ_1、c_1、c_1+d_1, 并以 $M/P = e+y$ 代入, 得

$$-y'' = \frac{1}{R} = \frac{2h\sigma\left(\dfrac{\sigma_y}{\sigma}-1\right)^3}{9E\left[\dfrac{h}{2}\left(\dfrac{\sigma_y}{\sigma}-1\right)-(e+y)\right]^2} \tag{8.29}$$

式 (8.29) 为偏心压杆出现塑性应变节段满足的挠曲微分方程式[11]。式 (8.29) 是非线性的, 求解十分困难。

令 $u = \dfrac{h}{2}\left(\dfrac{\sigma_y}{\sigma}-1\right) - e - ya$, 这样, 式 (8.29) 化为

$$u'' = A/u^2 \tag{8.30}$$

式中, 系数 $A = \dfrac{2h\sigma}{9E}\left(\dfrac{\sigma_y}{\sigma}-1\right)^3$。

令 $p(u) = u'$, 则 $u'' = p\dfrac{\mathrm{d}p}{\mathrm{d}u}$, 代入式 (8.30) 得

$$\int p\,\mathrm{d}p = \int \frac{A}{u^2}\mathrm{d}u \tag{8.31}$$

得 $p^2 = C_1 - 2A/u$, 即

$$u' = \pm\sqrt{C_1 - 2A/u} \tag{8.32}$$

方程两边积分得

$$\pm x = \frac{1}{\sqrt{C_1}}\int \frac{u\,\mathrm{d}u}{\sqrt{u^2 - 2Au/C_1}} \tag{8.33}$$

令 $t = u - A/C_1$,

$$
\begin{aligned}
\text{上式右边} &= \frac{1}{\sqrt{C_1}}\int \frac{(t+A/C_1)\,\mathrm{d}t}{\sqrt{t^2 - A^2/C_1^2}} \\
&= \frac{1}{\sqrt{C_1}}\left(\int \frac{t\,\mathrm{d}t}{\sqrt{t^2 - A^2/C_1^2}} + \frac{A}{C_1}\int \frac{\mathrm{d}t}{\sqrt{t^2 - A^2/C_1^2}}\right) \\
&= \frac{1}{\sqrt{C_1}}\left(\sqrt{t^2 - A^2/C_1^2} + \frac{A}{C_1}\ln\left|t + \sqrt{t^2 - A^2/C_1^2}\right|\right) - C_2
\end{aligned} \tag{8.34}
$$

所以, 原方程的解为

$$C_2 \pm x = \frac{1}{\sqrt{C_1}}\left(\sqrt{u^2 - 2Au/C_1} + \frac{A}{C_1}\ln\left|u - A/C_1 + \sqrt{u^2 - 2Au/C_1}\right|\right) \tag{8.35}$$

根据假定，在偏心压杆的弹塑性与弹性节段的分界点处，二者的位移、曲率相等，且压杆的外缘纤维应力刚好达到屈服应力。由于偏心压杆位形的对称性，设偏心压杆的弹塑性下分界点为 $H(x_e, y_e)$，则 H 点处的斜率为

$$y'|_{x=x_e} = e\left(-k\sin kx + k\cos kx \frac{1-\cos kl}{\sin kl}\right)_{x=x_e} \tag{8.36}$$

代入式（8.32）解出 C_1。

因为点 $H(x_e, y_e)$ 满足式（8.24），且该处压杆截面边缘刚开始出现塑性应变，根据压弯构件截面的应力分析公式有

$$\sigma + \frac{\sigma(e+y_e)}{W} = \sigma_y \tag{8.37}$$

代入式（8.35），从而解出 C_2。

由于式（8.35）为隐函数形式，应用十分不便，加之各参数与外荷载有关，因此对上述方程的解多采用数值分析。

设简支压杆长度 $l = 6.0\text{m}$，矩形截面高 0.2m，宽 0.1m，$I_x = 6.667 \times 10^{-5}\text{m}^4$，通过 Matlab 分析，得出压杆曲后弹塑性状态的轴线位移与非线性有限元分析结果的对比如图 8.10 所示。数值分析表明偏心压杆弹塑性挠曲的解析解（式（8.35））与压杆的实际位形有很大的差别，压杆出现塑性应变的部分近似满足直线位形，偏心压杆的中点处位移最大。

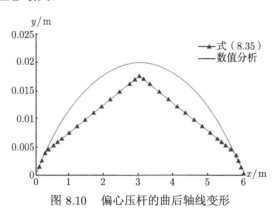

图 8.10　偏心压杆的曲后轴线变形

结合前面的推导和图 8.10，可以得出如下结论：

（1）解析解仍采用平截面假设，未考虑压杆横向应力的流动，形成了剪力自锁，在压杆曲后表现出更大的刚度，其曲后承载力得到提高。如图 8.10 所示，解析解在压杆的弹塑性压弯段曲后的轴线为直线，整体上的刚度较大。而有限元分析的轴线由于截面上应力变化的完备性，而呈现出更大的柔性。

（2）压杆在出现塑性应变后，平截面假定不再成立。平截面假定导致压杆截面刚度增强，$P\text{-}\delta$ 效应减小，截面塑性区的二阶弯矩比实际的小。

（3）双模量理论由于采用了简单的解析方法，不能全面考虑塑性铰节段实际塑性应变的变化，导致承载力提高。所以，有限元方法与塑性流动理论相结合的方法才能更好地研究弹塑性非线性屈曲；同时，我们也可以想到，切线模量理论由于分析了截面的平均刚度折减，从整体上更合理地反映了压杆的曲后性能。从这里也可以得出塑性佯谬的实质是解析方法与塑性增量理论不匹配导致的。

为了便于计算压杆的极限承载力，假定挠度曲线近似地为一个正弦曲线，即 $y = f\sin(\pi x/l)$，则压杆的挠曲率为

$$-y'' \approx \frac{1}{R} = -\frac{\pi^2}{l^2} f \sin\frac{\pi x}{l} \tag{8.38}$$

由于近似挠曲线包括一个参数 f，故可以要求式（8.29）及式（8.38）在 $x = l/2$ 处彼此相等。同时 $M_{\max} = P(f + l)$，从而可以得下式

$$F(\sigma, f) = 9Ef\left[\frac{h}{2}\left(\frac{\sigma_y}{\sigma} - 1\right)\left(e + \frac{i}{m}\right)\right]^2 - 2h\sigma\left(\frac{\sigma_y}{\sigma} - 1\right)^3 \frac{\pi^2}{l^2} = 0 \tag{8.39}$$

式中，i 为压杆截面的回转半径；m 为偏心率，即偏心 e 与截面的核心距 ρ 的比值。

令 $\dfrac{\partial F(\sigma, f)}{\partial f} = 0$，得

$$f = \frac{1}{3}\left[\frac{h}{2}\left(\frac{\sigma_y}{\sigma} - 1\right) - e\right] \tag{8.40}$$

代入式（8.39），得

$$\sigma_u = \sigma_{cr}\left(1 - \frac{m\sigma_u}{3(\sigma_y - \sigma_u)}\right)^3 \tag{8.41}$$

将偏心压杆在截面出现塑性应变后引起的承载力提高采用承载力提高系数 η_σ 表示，则偏心压杆的极限承载力满足弹性应力控制方程，可由式（8.18）化为

$$\sigma_u + \frac{m\sigma_u(1 + 0.234\sigma_u/\sigma_{cr})}{1 - \sigma_u/\sigma_{cr}} = \eta_\sigma\sigma_y \tag{8.42}$$

式（8.41）与式（8.42）联立求解，即可得出 η_σ。

在实际应用中可以通过数值分析的方法计算 η_σ 的值。数值分析表明 η_σ 主要与 σ_y/σ_{cr} 相关，数值拟合公式与计算值的对比见图 8.11，数值拟合公式为

$$\eta_\sigma = 1.04 + 0.03\sigma_y/\sigma_{cr} \tag{8.43}$$

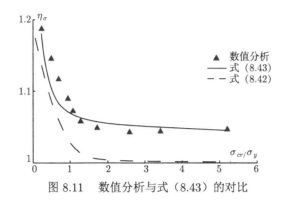

图 8.11　数值分析与式（8.43）的对比

5. 残余应力对压杆承载力的影响

对于同一截面形状的钢构件，制造方法不同，截面上的残余应力分布也不相同，残余应力的分布、大小与构件的截面形状、尺寸、制造方法和加工过程等有关。因为残余应力是自相平衡的应力，其合力为 0，故不影响钢材的静力强度。但残余拉应力使残余拉应力区屈服较晚，残余压应力使残余压应力区屈服较早，所以，残余应力对压杆极限承载力的影响较为明显。

设理想直压杆截面上存在如图 8.12 所示的残余应力，根据修正铰模型，残余应力对压杆承载力的影响主要集中在残余应力对刚杆-铰模型中刚杆和铰截面刚度的折减。

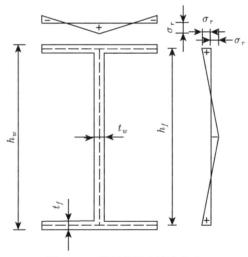

图 8.12　截面的残余应力分布

切线模量理论的本质是在计算截面刚度时，采用屈曲前那一瞬时的截面上的切线模量分布来计算。由于钢材是理想弹塑性的，因此在弹塑性阶段，截面上残

余应力大的地方先屈服, 切线模量为 0, 其余部分的切线模量仍为弹性模量 [7]。因此我们得到

$$(EI)_t = EI_e \tag{8.44}$$

I_e 为仍保持为弹性的区域对中和轴的惯性矩。图 8.13 中阴影部分表示已经屈服的部分, 其余仍保持弹性。由图 8.13 所示弹性区分布, 我们得到

$$I_{ex} = \frac{1}{12} t_w \left(h_w^3 - 8u^3 \right) + \frac{1}{2}(b - 2u)t_f h_f^2 \tag{8.45a}$$

$$I_{ey} = \frac{1}{6}(b - 2u)^3 t_f + \frac{1}{12} t_w^3 \left(h_w - 2u \right) \approx \frac{1}{6}(b - 2u)^3 t_f \tag{8.45b}$$

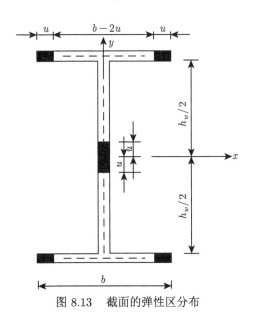

图 8.13 截面的弹性区分布

由以上两式可见, 翼缘部分的屈服对绕 x 轴的截面抗弯刚度的影响比对绕 y 轴的截面抗弯刚度的影响大, 一个是一次方减小, 一个是三次方减小。腹板部分的屈服对绕 y 轴的截面抗弯刚度的影响很小, 而对 x 轴的截面抗弯刚度的影响较大。下面以绕弱轴失稳为例, 说明残余应力折减系数 η_r 的计算方法。

将 I_{ey} 代入切线模量临界荷载计算公式, 得到

$$P_{cr} = \frac{\pi^2 EI_{ey}}{l^2} = \frac{\pi^2 E}{6l^2} t_f (b - 2u)^2 \tag{8.46}$$

根据截面上的应力的合力等于临界荷载 P_{cr}，有

$$P_{cr} = 4ut_f\sigma_y + 2ut_w\frac{h_w}{b}\sigma_y + \left[2(b-2u)t_f + h_w\left(1 - \frac{2u}{b}\right)t_w\right](\sigma_1 + \sigma_y)/2 \quad (8.47)$$

式中，σ_1 是腹板和翼缘交界点处的应力。

在屈服区和弹性区的交界点处，残余应力的大小（残余应力以压为正）为 $-\sigma_r + 2\sigma_r(1 - 2u/b)$。此处的应力一直是弹性变化的，因此腹板和翼缘交点处的应力变化与此处相同，则

$$\sigma_1 = -\sigma_r + \sigma_y + \sigma_r - 2\sigma_r\left(1 - \frac{2u}{b}\right) = \sigma_y - 2\sigma_r\left(1 - \frac{2u}{b}\right) \quad (8.48)$$

这样即可以解出 u、I_{ey}，那么，残余应力对截面承载力的影响就可以用压杆屈曲前那一瞬时的截面刚度 I_{ey} 与不考虑残余应力的截面刚度 I_y 的比表出，即 $\eta_r = I_{ey}/I_y$。

8.1.3 承载力公式验证

对两端简支压杆极限承载力进行随机分析，得出压杆屈曲和极限承载力的随机分布特征及参数，见 7.3.2 节。采用式（8.18）对任伟新等的钢压杆试验[12]进行分析，式中的各项系数均采用本节的研究成果，具体分析结果列于表 8.1 中，压杆承载力试验值与式（8.18）的计算结果对比如图 8.14 所示。从图 8.14 可见，压杆参数的随机性对试验结果影响较大，试验值基本上位于压杆极限承载力方程解的 95% 置信限内，试件 A-3～A-5 的试验值与计算结果误差较大，数值分析表明这主要是试件翼缘过宽，其在加载过程中出现了局部屈曲造成的。

表 8.1　压杆极限承载力公式的验证分析

λ_x	η_σ	η_r	P_u/kN	
			试验值	式 (8.18)
45.6	1.053	0.951	250.9	367.7
51.2	1.056	0.929	323.4	334.0
51.5	1.056	0.887	276.4	391.9
59.2	1.062	0.892	264.6	341.7
62.5	1.064	0.789	235.2	235.0
64.4	1.066	0.803	223.4	348.4
68.1	1.069	0.825	239.1	277.0
72.4	1.072	0.847	272.4	243.1
81.0	1.081	0.880	137.2	117.1
84.2	1.084	0.889	198.0	186.0
90.1	1.090	0.904	188.2	239.1

注: 抗力可靠度系数 γ_R 参照 7.3.2 节的结论取值为 1.217。

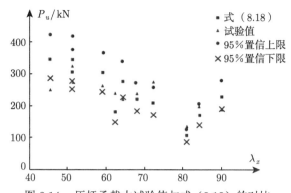

图 8.14 压杆承载力试验值与式 (8.18) 的对比

95% 置信上（下）限 = 承载力的平均值 ±1.645 倍承载力的均方差

所以，同已有的压杆承载力理论公式和试验拟合公式相比，压杆极限承载力方程式 (8.18) 具有分析全面、实用和精度高的特点。

将表 8.1 的计算结果与文献 [25]、铁路桥规 [26] 提供的承载力公式的计算结果进行对比分析，计算结果见表 8.2，压杆的承载力标准值的对比如图 8.15 所示。

表 8.2 压杆承载力计算方法的对比

λ_x	P_u/P_{cr}			
	欧拉公式	铁路桥规	文献 [13]	式 (8.18)
35.3	1.00	0.89	0.97	0.86
49.5	1.00	0.83	0.93	0.76
63.6	1.00	0.75	0.87	0.65
77.7	0.78	0.67	0.81	0.56
91.8	0.57	0.58	0.75	0.48
106.0	0.43	0.51	0.67	0.40
120.1	0.34	0.43	0.57	0.33
134.2	0.27	0.37	0.5	0.28
148.4	0.22	0.32	0.43	0.23
162.5	0.18	0.28	0.38	0.20
176.6	0.16	0.24	0.31	0.17

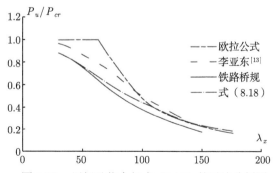

图 8.15 压杆承载力与式 (8.18) 的对比分析图

对比分析表明文献 [13]、铁路桥规和式（8.18）均为钢压杆的承载力提供了变化趋势较一致的承载力曲线，式（8.18）得出的承载力介于文献 [13] 和铁路桥规之间，这是由于文献 [13] 未考虑极限承载力验算公式中的荷载组合与抗力系数的影响；重构的压杆承载力方程与铁路桥规较为一致；同时也表明铁路桥规对柔度较大压杆的承载力分析是保守的。

根据简支压杆的受力特征，可以将工字型压杆简化为 5 块矩形板进行分析，这里 2 块翼缘板从中间分开，简化为 4 块三边简支一边自由的受压板，腹板简化为四边简支板，不妨将其整体屈曲应力看成 5 块矩形板的平均屈曲应力。可采用统一理论承载力公式来验算压杆的极限承载力，即采用统一理论公式 (5.281a)，同时考虑初始几何缺陷和残余应力的影响，计算结果如图 8.16 所示。从图 8.16 可以看出，采用板钢结构承载力统一公式，同时考虑到受压板承载力的离散性，分别计算了压杆承载力的 95% 置信度上、下限值。分析表明计算的置信度上、下限值基本能包含压杆的承载力的试验结果。对比图 8.16 与图 8.14，说明采用承载力统一理论分析压杆的极限承载力与试验值较一致，分析结果具有足够的精度。

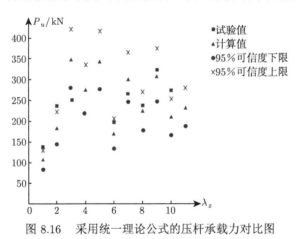

图 8.16　采用统一理论公式的压杆承载力对比图

8.2　加劲板受压的屈曲和极限承载力

加劲板在扁平钢箱梁中广泛采用。从单向受压简支板的弹性屈曲应力公式可知增加板的厚度固然可以提高板的稳定性，但却使板的结构重量和材料用量大大增加。沿压应力方向布置的加劲肋条称为纵向加劲肋，垂直于压力方向的肋条称为横向加劲肋。加劲肋条可有效地提高板件的稳定性，就提高承载力而论，纵向加劲肋比横向加劲肋的效果更好。当加劲肋条的刚度足够大时，肋条之间的板发生屈曲，而肋条保持原来形状，这种屈曲称为加劲板的局部屈曲；如果肋条和板一起发生屈曲，这种屈曲称为加劲板的整体失稳。当加劲肋率先发生屈曲时，加劲肋的变形引起加劲板截面的畸变，导致截面的刚度骤然下降，严重影响加劲肋截面的承载力，这种屈曲称为畸变屈曲。畸变屈曲一方面说明加劲肋与板的刚度不匹配，另一方面说明曲后引起截面的整体变形，曲后承载力和刚度降低明显，设计时应尽量限制采用。

8.2.1 研究概况

加劲板稳定理论的发展历史可以推溯到 19 世纪末。20 世纪 90 年代，正交异性板受压在欧洲得到广泛的研究。这些研究主要集中在板和肋的几何缺陷、宽厚比、加劲板的柔度系数和残余应力等方面，例如 Horne 和 Narayanan[29]，Moolani 和 Dowling。系统的试验研究在曼彻斯特（Manchester）学院完成，试验包括 52 个加劲板试件，研究了不同加劲肋和不同焊接方式对加劲板承载力的影响。在梅立逊准则（Merrison Committee，1973）中，正交异性板被理想化成一系列单独的压杆，每根压杆由加劲肋和一定宽度的板组成。试验结果与梅立逊准则进行了对比，对比分析表明宽厚比或柔度较小的加劲板，梅立逊准则过于保守；宽厚比或柔度较大的加劲板，梅立逊准则是不可靠的。梅立逊准则考虑了加劲板的压杆属性，即将加劲板分解为一系列压杆，未考虑系列压杆连在一起时的正交异形板特性。

日本的 Sadao Komatsu、Satoshi Nara 对近年来日本修建的钢箱梁桥的加劲板、横隔板的初始缺陷进行了统计分析，以期得到更为符合实际的结果[25]。瑞士的 Herzog 则根据不同研究者所做的 490 个加劲板的模型试验对无加劲肋板、加劲板承受面内压应力时的稳定极限承载力提出了相应的计算公式。Grondin、Elwi、Cheng 对角钢加劲板进行了理论分析和试验验证，并对一系列参数（初始缺陷大小和方向、残余应力幅值和方向、板的长细比、长宽比、面积比）进行了弹性及非线性分析。Chai H. Yoo、Byung H. Choi、Elizabeth M. Ford 等采用优化分析方法对钢箱梁受压翼缘的纵向加劲肋所需刚度采用有限元法，根据工程实践中钢箱梁结构布置确定的几百个加劲板（母板厚度从 12.7～63.5mm，加劲肋数量为 1～4，长宽比为 1～5）进行了大量的比较分析，并通过回归分析得到一些简单的计算公式[26]。

大量的研究集中在开口肋或闭口肋在单向或双向受压时加劲板的极限承载力。Grondin 等研究了 T 型加劲板的承载力。当考虑加劲板的残余应力和初始几何弯曲时，非线性有限元方法能够较好地分析加劲板的极限承载力和曲后性能。研究表明加劲板由于整体曲后的承载力有明显提高，且曲后承载力是稳定的，而肋先屈曲或板先屈曲，都将影响加劲板曲后承载力的利用。Yoo 等研究了在保证 T 型加劲板的反对称屈曲时加劲肋需要的最小抗弯模量，研究表明在不考虑加劲板的初始缺陷时，采用弹性有限元方法计算的肋板抗弯模量比采用 AASHTO 规范的结果小得多，说明 AASHTO 规范是十分保守的。

Chou 等[32] 主要研究了钢箱梁顶、底板的加劲板极限承载力，加劲板的极限承载力和失效方式同目前较为成熟的国外桥梁规范的对比，分析表明美国荷载与抗力设计规范（AASHTO1998）和日本公路协会规范（JRA2002）都有不足的地方，并利用非线性有限元方法进行了对比分析。李立峰[33] 也采用非线性有限元方法对加劲板的极限承载力进行了分析、研究。

加劲板承载力的研究比板的承载力研究复杂得多，主要是影响加劲板的承载力因素不仅包括所有影响板承载力的因素，还包括加劲板构造引起的横截面应力分配关系，即所谓的板组因素，在屈曲问题的研究中可以认为是加劲板中面板和肋板之间的屈曲相关性问题。在扁平钢箱梁设计理论的研究中，主要考虑两种劲板的设计，即柔性加劲板（例如偏心加劲的隔板）和刚性加劲板（例如扁平钢箱梁的顶底板）。前者发生整体屈曲，其性质接近压板的性质，而后者更接近压杆的性质。由于加劲板的构造特征，根据已往的研究和数值分析结果，必须考虑加劲板，特别是偏心加劲板的截面构造引起的应力分配关系。

加劲板的研究方法主要有窄板条理论和杆理论两种，但是，由于涉及复杂的边界假定，使问题的解决面临复杂性。目前在加劲板的研究领域内主要采用窄板条理论的方法，对加劲板的屈曲和曲后性能进行了广泛研究。研究方法主要采用数值分析方法，对已有的规范公式进行验证，有的文献也给出了加劲板在单向受压、双向受压和有侧压时的数值拟合公式。从总体上看，这些公式考虑的问题不全面，应用受到局限；由于考虑的因素多，公式也相对复杂；这些研究针对扁平钢箱梁加劲板的结论也较少。本节将杆理论和窄板条理论结合起来，重新构建加劲板受压的极限承载力公式。

8.2.2　加劲板承载力的压杆理论

扁平钢箱梁中顶、底板的受压加劲板性质接近压杆。压杆理论被梅里逊准则采用而广泛应用。梅立逊准则将 Perry-Robertson 公式进一步推广，用于对加劲板极限承载力的分析。

对于普通的扁平钢箱梁而言（截面的取值参见文献 [29]），根据板的稳定理论，对于加载边宽度远远大于跨径的四边简支板，板的欧拉荷载 P_{cr} 与单位板宽简支梁的欧拉荷载 P'_{cr} 之比可表示为 $P_{cr}/P'_{cr} \approx \left(1 + (l/b)^2\right)^2$，跨径 l 近似取横隔板间距 4.0m，加载边宽度 b 近似取外腹板间距 35.4m 时，$P_{cr}/P'_{cr} \approx 1.03$，两者相差很小，即使加载边宽度近似取中间纵隔板间距 18.4m 时，两者相差小于 10%。可见，由于腹板的间距很大，腹板对桥面板的约束较小。因此，在横桥向仅取部分板件进行试验，板边处近似地假设为自由边界条件。在顺桥向，为考虑横隔板挠曲对桥面板失稳模态的影响，取 3 个 U 肋宽度的板条进行屈曲分析，板条假设弹性支承于横隔板上，弹性系数假设为 $k = 1/\delta$（δ 为单位荷载作用下的横隔板挠度）。取 5 跨弹性支承板条计算得到的欧拉荷载 P_{cr} 与单位板宽简支梁板条欧拉荷载 P'_{cr} 之比 $P_{cr}/P'_{cr} \approx 0.93$，换算杆长系数为 1.04。可见，横隔板对桥面板的面外变形有很大约束作用。但是，横隔板的腹板较薄，对桥面板转动约束较小，横隔板处近似地假设为简支边界条件。即桥面板在车轮横向力和主梁轴向力作用下，近似认为是以横隔板为支点的简支连续板失稳模态。综合考虑横向边界条件和横板约束条件的影响，桥面板局部模型试件近似按单位板宽简支梁板条考虑 [29]。

根据实桥翼缘的构造，将受压翼缘简化为加载边简支，侧边自由。对于宽而敦实的加劲板，不考虑局部屈曲的影响 [30]。如图 8.17 所示，设板中央的初始挠度为 δ_0。P 单独作用时板中央的挠度为

$$\delta_{c0} = \delta_0 + \frac{PL^3}{48EI} \tag{8.49}$$

再考虑压弯组合效应，板中央挠度的放大系数为 $(1 - \sigma/\sigma_{cr})^{-1}$，则

$$\delta_c = \frac{\delta_{c0}}{1 - \sigma/\sigma_{cr}} = \left(\delta_0 + \frac{PL^3}{48EI}\right) \Big/ (1 - \sigma/\sigma_{cr}) \tag{8.50}$$

式中，σ_{cr} 为将加劲板作为长柱的欧拉屈曲应力，$\sigma_{cr} = \pi^2 E(L/r)^{-2}$，$L$ 为压杆的计算长度，r 为压杆的回转半径。

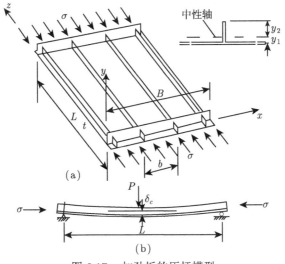

图 8.17　加劲板的压杆模型

则板中面的压应力为 $\sigma_p = \sigma - \sigma A \delta_c y_1 / I$；加劲肋顶部的压应力为 $\sigma_s = \sigma + \sigma A \delta_c y_2 / I$。

考虑加劲板的残余应力，所以有

$$\begin{cases} \sigma_p = \sigma + \sigma_{rp} - \sigma A \delta_c y_1 / I \\ \sigma_s = \sigma + \sigma_{rs} - \sigma A \delta_c y_1 / I \end{cases} \tag{8.51}$$

式中，σ_{rp} 为面板中面的残余应力；σ_{rs} 为加劲肋顶部的残余应力。

定义极限状态为 $\sigma_p = \sigma_y$ 或 $\sigma_s = \sigma_y$ ，这时 σ 达到极限承载力 σ_u。

令 $\sigma'_y = \sigma_y - \sigma_r$，$\xi = -Ay_1/I$ 或 Ay_2/I，则极限状态方程可以表示成

$$\sigma'_y = \sigma_u \left(1 + \xi \delta_c\right) \tag{8.52}$$

将上式代入式（8.51），解得

$$\sigma_u = \left[\sigma'_y + (1+\mu)\sigma_{cr}\right]/2 - \sqrt{\left[\sigma'_y + (1+\mu)\sigma_{cr}\right]^2/4 - \sigma_{cr}\sigma'_y} \tag{8.53}$$

式中, $\mu = \xi \left(\delta_0 + \dfrac{PL^3}{48EI}\right)$。

从承载力公式（8.53）看，加劲板的残余应力水平对结构的承载力影响较大；初始弯曲和横向荷载对敦实加劲板承载力的影响较小。根据已有试验数据验证，该公式比试验值大，误差小于 20%。压杆理论对加劲板的承载力分析给出了较为简洁、考虑问题全面的分析方法，对加劲板中板件的承载力进行了合理的分配。但是，压杆理论与加劲板的力学性质有着本质不同。由于压杆理论没有考虑板的局部屈曲，因此采用压杆理论的屈曲应力过高。

8.2.3　加劲板受压的弹性屈曲

如图 8.18 所示，加劲板根据构造的特征可以取一个构造单元进行研究，这就是窄板条理论研究的方法 [36,37]。节间的单元选取比前面扁平钢箱梁上顶板的单位板宽简支梁板条要窄，但均可以考虑截面的应力分配关系。加劲板受压屈曲的类型主要有图 8.19 所示 4 种，不同的屈曲形式对应着不同的极限承载力和曲后行为 [38]，如图 8.20 所示。图 8.19(a) 和 (b) 为加劲板的整体屈曲（图 8.19(a) 是面板为主的整体屈曲，图 8.19(b) 是肋为主的整体屈曲），加劲肋与面板的刚度较为匹配，这两类板的曲后行为与受压板较一致，加劲肋的构造特征仍存在，屈曲承载力降低不明显；图 8.19(c) 和 (d) 分别为面板和肋的单独屈曲，二者刚度不匹配，一旦屈曲发生，曲后加劲肋的构造发生质变，很快达到极限状态，承载力下降十分明显。其中板屈曲和加劲肋的颤曲都将导致加劲板的曲后承载力迅速下降，在工程实践中应限制采用。

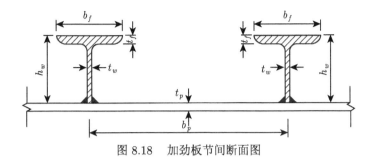

图 8.18 加劲板节间断面图

(a) 面板引起的整体屈曲 (b) 肋引起的整体屈曲

(c) 面板屈曲 (d) 肋的踬曲

图 8.19 加劲板的屈曲形式

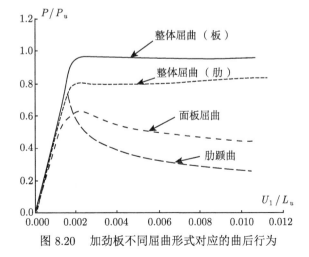

图 8.20 加劲板不同屈曲形式对应的曲后行为

仍采用窄板条的研究方法，对加劲板的计算模型进行修正。考虑到加劲肋处的面外刚度较大，为便于分析，可以假定加劲肋处为简支边界，这样，加劲板的分析单元就可以采用一个节间面板和两条加劲肋进行分析，如图 8.18 所示，这样对加劲板的弹性边界给出了较为合理的描述。考虑到加劲肋对相邻节间都有约束，所以，加劲肋的面积和刚度取实际肋板的一半。加劲肋的抗弯刚度 EI_p 与板的面内抗弯刚度的比为 $\beta = EI_p/(bD)$。由于加劲肋的采用，加劲板在肋处的刚度增加，通过对加劲板的肋间板的简化描述，求出其弹性屈曲应力 σ_{cr}，根据承载力统一理论计算加劲板的极限承载力 σ_u，再利用折减厚度法分析初始几何缺陷和残余应力对加劲板承载力的影响。

经过简化，这时的窄板条等效于带弹性边界的单向受压板的屈曲。采用数值方法对偏心加劲板进行弹性屈曲分析 [16,42,43]，取 $b_f = h_w = 0.5\text{m}$，$b_p = 0.4\text{m}$，$t_f = t_w = 4\text{mm}$，分析表明，在满足必要的刚度构造时，窄板条节间面板的屈曲应力与板肋提升的弹性边界刚度系数 β 相关，计算结果见表 8.3。通过数值拟合得出偏心加劲板的屈曲应力公式如下：

$$\sigma_{cr}/\sigma_{pcr} = -0.91\beta + 8.62\sqrt{\beta} + 2.47 \tag{8.54}$$

式中，σ_{pcr} 为窄板条节间面板按简支单向受压板计算的屈曲应力。

表 8.3 偏心加劲板弹性屈曲分析

序号	t_p	σ_{cr}	β	σ_{cr}/σ_{pcr}	
				Marc	式（8.54）
1	0.004	95.78	0.007	1.817	1.917
2	0.006	126.06	0.025	2.391	2.277
3	0.008	155.7	0.058	2.953	2.696
4	0.01	184.92	0.114	3.507	3.162
5	0.012	213.8	0.197	4.055	3.666
6	0.014	242.6	0.312	4.601	4.2
7	0.016	271.2	0.466	5.144	4.757
8	0.018	299.6	0.663	5.683	5.333
9	0.02	327.8	0.91	6.218	5.92
10	0.022	356	1.211	6.752	6.516
11	0.024	384.2	1.572	7.287	7.114
12	0.026	412.2	1.999	7.818	7.711
13	0.028	440	2.497	8.346	8.301
14	0.03	467.8	3.071	8.873	8.882

数值拟合公式（8.54）与数值分析的对比见图 8.21。

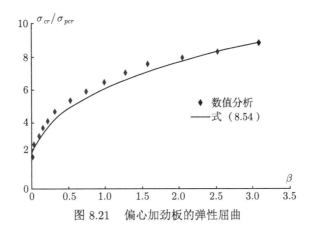

图 8.21 偏心加劲板的弹性屈曲

8.2.4 加劲板受压的极限承载力

加劲板的极限承载力可以简化为压杆进行分析，但是应该考虑其局部屈曲和曲后承载力提高对极限承载力的贡献。根据数值分析结果对比，加劲板的极限承载力分析方法可以将杆理论和窄板条理论合并考虑。

数值分析表明：①当加劲板采用杆理论计算的屈曲应力小于材料的屈服强度时，将加劲板的屈服强度替换为屈曲强度，再按窄条板理论分析其极限承载力；②由于加劲板的截面构造特征，加劲板的外侧名义应力被放大，名义应力的放大系数 η_σ 应采用 $y_1/(2\rho)$ 或 $y_2/(2\rho)$ 中的较大值（ρ 为加劲板的截面核心距）。

所以，加劲板的极限承载力公式为

$$\begin{cases} \sigma_{cr}^m = \eta_\sigma \sigma_{cr} \\ \sigma_u = 0.674\sqrt{\dfrac{\sigma_{cr}^m}{\sigma_y}} + 0.224\dfrac{\sigma_{cr}^m}{\sigma_y} \\ p_u = \sigma_u\left(b_p t_p + b_r t_r\right) \end{cases} \tag{8.55}$$

式中，σ_{cr}^m 为加劲板的屈曲名义应力；η_σ 为名义应力扩大系数；σ_y 为材料屈服强度，当按压杆理论计算的屈曲应力 $\sigma_{cr} < \sigma_y$ 时，取 $\sigma_y = \sigma_{cr}$。

8.2.5 试验验证

采用 Horne 和 Narayanan 的试验，对受压加劲板极限承载力公式进行验证[29]，加劲板的计算参数见表 8.4，加劲板极限承载力的试验对比分析见表 8.5。

根据第 7 章的研究结论，考虑计算参数随机性对结构极限承载力的影响，取 95% 置信度，加劲板的极限承载力设计标准值 σ_d 按受压板的分析结论应取的安全系数 $n_{st} = 1.170$。加劲板极限承载力公式的误差分析见表 8.6。

表 8.4   加劲板的计算参数   (单位:mm)

试件编号	b_r	t_r	t_p	L	β
1	152.5	8.00	9.5	915	0.028
2	152.5	8.00	9.5	1830	0.028
3	80.0	6.00	10.0	1830	0.003
4	152.5	4.75	6.5	915	0.025
5	152.5	4.75	6.5	1830	0.025
6	76.0	6.25	6.5	1830	0.004

表 8.5   加劲板极限承载力计算

试件编号	σ_{crp} /MPa	σ_{cr} /MPa	η_σ /MPa	η_y /MPa	σ_u/MPa 式 (8.55)
1	321.9	979.7	1.769	264.0	241.4
2	321.9	979.7	1.769	268.1	224.7
3	356.7	946.9	2.647	141.1	127.7
4	150.7	460.7	1.887	344.5	218.7
5	150.7	460.7	1.887	323.9	210.9
6	150.7	391.5	2.232	164.9	139.6

表 8.6   加劲板极限承载力计算的误差

试件编号	试验值 /MPa	σ_u/MPa 式 (8.55)	误差/%	σ_d/MPa	误差/%
1	241.0	241.4	0.15	206.3	−14.40
2	206.0	224.7	9.07	192.0	−6.77
3	150.9	127.7	−15.40	109.1	−27.69
4	216.3	218.7	1.11	186.9	−13.58
5	208.6	210.9	1.10	180.3	−13.59
6	151.9	139.6	−8.08	119.3	−21.44

对比分析表明:加劲板的初始缺陷和残余应力按通常的方法计算时,极限承载力理论的计算误差较小;考虑加劲板极限承载力的随机性后,所有试验结论均支持理论的分析结果。

8.3   工字梁腹板拉力场理论

Wilson (1866) 注意到铁路桥的梁腹板非常单薄,但经过竖向加劲肋加强并没有出现问题,在此基础上他最先研究并发现了对角线拉应力效应,然而他并没有用分析的方法来解释这一现象。用分析的方法说明对角线拉应力场效应的是 Wagner,1930 年他正式提出了对角线拉力场理论。在这方面进行理论上和试验上系统研究的是 Basler 和 Thürlimann,他们提出了考虑弯剪共同作用的腹板板元曲后性能的实用方法。

Basler 和 Thürlimann 方法只考虑横向加劲肋的情况，忽略翼缘的弯曲刚度，假定对角线拉应力场只是与加劲肋相连接（图 8.22(a)），这个假定对应着桁架梁的性能。

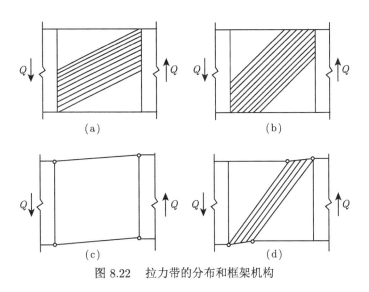

图 8.22　拉力带的分布和框架机构

以后其他人改变这个假定，使受拉斜带也同梁翼缘相连接（图 8.22(b)）。但在这种情况下，桁架梁的机构必须叠加上翼缘和横向加劲肋组成的框架机构，因此可以产生三种可能的破坏模型：梁机构（图 8.22(c)）、节间机构（塑性铰位于翼缘中部）和组合机构（图 8.22(d) 的 Rockey 拉力场理论）。

在 Basler 和 Thürlimann 之后提出的其他一些设计方法的区别在于对角线拉力区的特征，翼缘上的塑性铰位置和节间约束条件不同。尽管各家理论有所不同，但他们都假定在均匀剪力场 τ_{cr} 的基础上产生拉力场，而拉力场的屈服则是以主拉应力与均匀临界剪应力相叠加达到 Mises 屈服条件为依据的。根据力的平衡条件，各家理论中拉力场内的拉应力算式有大致相同的形式，但所假定的拉力场与水平轴线的倾角 θ 是不同的。

关于 Basler 的桁架梁模式拉力场理论与 Rockey 的框架机构模式拉力场理论是两种具有一定代表性，以及是否考虑翼缘作用的两种完全不同观点的理论。强士中教授认为实用的腹板通常都有初始弯曲矢度，一经加载，其内部应力的分布就和理想平板不一样了，即不存在曲前纯剪力场阶段 [1,45]。曲后腹板内剪应力的分布并不均匀，拉力场中的均布应力只具有平均值的意义，K. C. Rockey 等所做的试验也说明了这一点。

采用 Marc 有限元软件对工字梁腹板受剪曲后性能进行精细化分析，材料特性和计算方法与前面单向受压简支板一致。取工字梁长为 1.0m，长高比为 1.0，工字梁分析模型如图 8.23 所示。

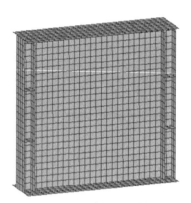

图 8.23　工字梁分析模型

腹板的厚度取 $t_{w1} = 4\text{mm}$（较薄板）和 $t_{w2} = 15\text{mm}$（较厚板），翼缘宽度 b_f 为 0.2m，翼缘厚度 t_f 分别为 10mm、20mm。腹板翼缘边不施加剪力荷载，另两边施加均布剪力荷载，角点的荷载取半；工字梁采用简支边界。为进行曲后非线性分析，可以对腹板附加一个较小矢度的初始屈曲位形，一般矢度取腹板高度的 1/1000，也可以在非线性分析的初始时间步施加一个较小的面荷载，该面荷载单独作用时，腹板面外的位移矢度与腹板高度的 1/1000 相当。

数值分析 [15−18,42−45] 表明带翼缘的梁腹板受剪屈曲和曲后性能介于简支薄板与固结薄板的剪切性能之间。工字梁受剪时腹板中点的荷载–位移曲线如图 8.24 所示，工字梁极限状态时腹板的主拉应力场如图 8.25 所示。

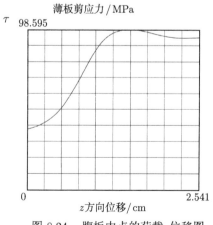

图 8.24　腹板中点的荷载–位移图

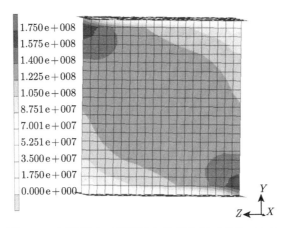

图 8.25 极限状态时腹板的主拉应力场（单位：Pa）

腹板在屈曲前主压应力同主拉应力呈线性增加；当腹板屈曲后，主压应力仍然继续增加，但增加的量小于屈曲时主压应力的 5%；而腹板的主拉应力增长较快，且与其主压应力在屈曲时出现了转折点。当腹板弹性屈曲后，腹板的主对角线上的单元很快进入塑性且腹板的塑性场沿着主对角线扩展、增加。当腹板主对角线的塑性范围达到通长和一定的宽度时，腹板出现极值失稳，即腹板的承受剪力荷载能力降低而使工字梁整体失稳，塑性铰出现在翼缘上。当腹板内出现塑性应变时，主拉应力场回到主对角线上；当腹板达到剪切极限状态时，主拉应力场扩大到整个腹板。

值得注意的是该工字梁的竖向边界在简支的情况下，拉力场在竖向边界上的拉力较大，从力的平衡上讲，作用在翼缘上的剪应力在数值上同竖向边界上的剪应力大致相等。所以，工字梁的设计和计算应充分考虑到竖向边界的抗弯刚度，如竖向加劲肋的刚度。可以肯定地说，竖向加劲肋的刚度对腹板的曲后剪切强度起重要作用，在腹板曲后的应力重分布过程中形成"框架效应"，极大地提高工字梁的抗剪承载力[2,44,45]。

所有拉力场理论大致都认为剪切极限承载力是由如下三个相继发生的阶段组成的[1,2]。

（1）曲前阶段的纯剪力场。

曲前阶段指荷载所产生剪应力 τ 小于弹性屈曲应力 τ_{cr} 的阶段。这时应力不大，腹板是处于单纯受剪的应力状态。若用主应力表示，即主拉应力与主压应力在数值上相等，且均等于 τ，则其方向和剪应力成 45° 或 135°。

（2）斜拉力带阶段。

当 $\tau > \tau_{cr}$ 时，腹板发生屈曲。结合数值分析的结果，这个阶段拉力带还未完全屈服, 板的主压应力增加量在数值上小于 τ_{cr} 的 5%, 主拉应力有较快的增长。这一阶段的特点就是腹板主要以斜向拉力来抵抗上一阶段更多的剪力荷载, 等到拉力带完全屈服, 这一阶段就结束了。以往的理论都认为曲后薄板的主压应力是不变的。事实上, 曲后薄板的主压应力在主拉应力的弹性支承下是线性增加的, 在接近极限破坏阶段, 主压应力与主拉应力的相关性发生突变。

(3) 极限破坏阶段。

对于破坏的出现, 各家理论有所不同。Basler 在他的理论中认为, 一般焊接板梁的翼缘刚性很差, 它对腹板抗剪不能提供什么帮助, 可以不予考虑, 而他所推导出来的拉力带宽度又是相当大, 所以认为拉力带的完全屈服就是腹板承载力的丧失。这套理论已通行于美国。以 K. C. Rockey 为代表的不少研究者认为翼缘刚性应该考虑。他们认为当拉力带屈服时, 梁还能承受更多的荷载 (数量并不很大), 直到腹板拉力带加于翼缘板的侧向薄膜拉力把如同一个梁简支于横肋上的翼缘板拉垮, 即在翼缘远离支承横肋的某一点出现塑性铰 (因梁的弯曲所致), 翼缘板向内坍塌, 这才是极限状态。

8.3.1 Basler 理论

1960 年, Basler 和 Thürlimann 所发表的理论假定翼缘柔弱, 无力支持来自拉力场的横向荷载。因此, 由图 8.26 所示拉力带的屈服就决定腹板的极限抗剪承载力。屈服带的斜度和宽度由角 θ 决定。而角 θ 则是按其使抗剪强度达到极大值来决定的。根据拉力场的假定和力的平衡条件得有限拉力带公式为 [1]

$$\sigma_t = -\frac{3}{2}\tau_{cr}\sin 2\theta + \sqrt{\left(\frac{3}{2}\tau_{cr}\sin 2\theta\right)^2 - 3\tau_{cr}^2 + \sigma_y^2}$$

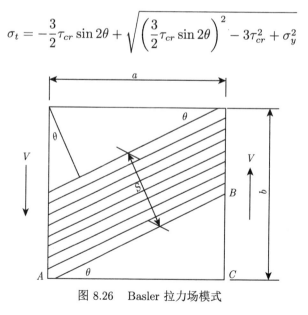

图 8.26 Basler 拉力场模式

$$\frac{V_u}{V_p} = \frac{V_u}{\tau_y tb} = \frac{\tau_{cr}}{\tau_y} + \frac{\sqrt{3}\sigma_t}{2\sigma_y}\tan\theta \tag{8.56}$$

式中，σ_y 为腹板材料的屈服强度；τ_{cr} 为腹板弹性剪切强度；τ_y 为腹板剪切屈服强度，且 $\tau_y = \dfrac{\sqrt{3}}{3}\sigma_y$。

则

$$V_u = \tau_y tb\left(\frac{\tau_{cr}}{\tau_y} + \frac{\sqrt{3}}{2}\frac{\sigma_t}{\sigma_y}\tan\theta\right) = \tau_{cr}tb + \frac{\sigma_t}{2}tb\tan\theta \tag{8.57}$$

式中，$\tan\theta = \sqrt{1+\alpha^2} - \alpha$，$\alpha = a/b$。

所以 Basler 的拉力带理论可以进一步简化为

$$\tau_u = \tau_{cr} + \frac{\sigma_t}{2}\tan\theta \tag{8.58}$$

$\sigma_t + \tau_{cr}/\cos\theta \leqslant \sigma_y$（当拉力带达到极限状态时，等号成立）。

当腹板的长宽比介于受剪板的屈曲半波长度以内时，即 a/b 位于区间 $[0.8,1.25]$ 时，$\theta = 19.33° \sim 25.67°$，不妨取 θ 的中值 22.50，根据式（8.58），这时有

$$\frac{\tau_u}{\tau_y} = 0.780\frac{\tau_{cr}}{\tau_y} + 0.359\sqrt{1 - 0.625\left(\frac{\tau_{cr}}{\tau_y}\right)^2} = -0.112\left(\frac{\tau_{cr}}{\tau_y}\right)^2 + 0.780\frac{\tau_{cr}}{\tau_y} + 0.359$$
$$\tag{8.59}$$

式（8.59）说明腹板受剪的极限承载力公式可以表示为 $\dfrac{\tau_{cr}}{\tau_y}$ 的多项式，这也可以看成压剪一致性的部分合理性。

取腹板尺寸为 1.0m×1.0m×0.004m，采用桥钢 16q，$\sigma_y = 230$MPa。计算得 $\theta = 22-30-00, \tau_{cr} = 28.364$MPa；腹板的极限剪切强度 $\tau_u = 70.124$MPa，腹板的剪切极限强度提高系数 $\xi_u = \tau_u/\tau_{cr} = 2.4723$。

8.3.2　Rockey 理论

英国 Cardiff 大学教授 Rockey 长期从事承剪腹板的理论和试验研究，他 1978 年的拉力带模型已被英国桥梁规范 BS5400 所采用。如图 8.27 所示，它的特点是斜拉力带锚于上下翼缘，拉力场周界 WZ 和 XY 平行，其与水平线的夹角为 ϕ，而拉力场中薄膜拉应力与水平线夹角为 θ。他假定当翼缘因拉力场应力的作用，在离角点分别为 C_c（上翼缘）和 C_t（下翼缘）处出现弯曲塑性铰，向里坍塌，这才是梁的破坏阶段，其破坏机构如图 8.22(d) 所示。

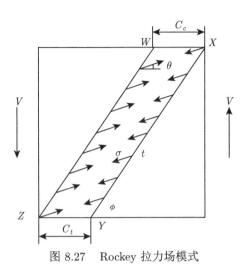

图 8.27　Rockey 拉力场模式

$$V_u^m = 2ct\sigma_t \sin^2\theta + \sigma_t tb \sin^2\theta(c\tan\theta - a/b) + \tau_{cr}bt \tag{8.60}$$

式中，$c = \dfrac{2}{\sin\theta}\sqrt{\dfrac{M_p}{\sigma_t t}}, 0 < c < a$，$M_p$ 为翼缘塑性铰处的塑性抵抗力矩，$M_p = b_f t_f^3 \sigma_y$，b_f 和 t_f 分别为翼缘的宽度和厚度。

进一步化简式（8.60），得

$$\tau_u = \frac{2c}{b}\sigma_t \sin^2\theta + \sigma_t \sin^2\theta(c\tan\theta - a/b) + \tau_{cr} \tag{8.61}$$

$$\sigma_t + \frac{\tau_{cr}}{\cos\theta} \leqslant \sigma_y$$

式中，θ 由 τ_u 取得极大值时确定，得 $\tan 2\theta = \dfrac{a - 2c}{b}$，代入 c 值的表达式，可以得关于 θ 的表达式：

$$(a - b\tan 2\theta)\sin\theta - 4\sqrt{\frac{M_p}{\sigma_t t}} = 0 \tag{8.62}$$

从而可以通过式（8.62）试算计算出 θ 值。

式（8.60）右边第一项代表翼缘对腹板剪切强度的贡献，第二、三项通过对三角函数的恒等变换，和 Basler 的解答一致。

采用与 8.3.1 节相同的算例，取 $b_f = 0.24\mathrm{m}, t_f = 0.01\mathrm{m}$，计算得 $\theta = 21 - 07 - 21$，$\tau_u = 2.404 + 41.595 + 28.364 = 72.363(\mathrm{MPa})$，$\xi_u = \tau_u/\tau_{cr} = 2.5512$。

显然，Rockey 和 Basler 的拉力场理论的计算值差异不大。Rockey 考虑的翼缘对腹板极限剪切强度的提高值较小，只占总量的 3.32%，Rockey 理论的后两项与 Basler 理论一致。因此，可以把两种拉力场理论看成同一问题的两种表达形式，而 Rockey 拉力场理论给出了翼缘对腹板受剪的强度贡献的显式解，即使在受剪状态下承载力的提高值也小于 5%，可以忽略不计。

结合数值分析和前面受剪简支板的分析，要确保 Basler 的破坏路径，已经考虑了翼缘的框架作用。二者均是腹板曲后的强度极值问题，都是框架 + 主拉力带的破坏模式，主要区别在于是否再单独考虑翼缘的承载力分担机制，从这个角度看，Rockey 理论更完备。Basler 理论和 Rockey 理论都是基于假定极限承载力破坏模型，采用最小势能原理对超静定体系极限承载力进行解析分析的代表。

8.3.3 修正腹板抗剪极限承载力

经典的工字梁抗剪极限承载力计算方法以 Basler 拉力场理论和 Rockey 拉力场理论为代表 [37−39]，前者未考虑翼缘对腹板承剪的贡献，公式简洁；后者的机构方法是塑性力学中的上限法，但是考虑翼缘全截面塑性是不合理的。在他们之后提出的其他拉力场理论在拉力场的应力分布、塑性铰的位置和节间约束条件等方面进行了相应的修正，但效果不明显，并使计算更加复杂 [40]。已有拉力场理论其计算值离散性较大，且比试验值小，这与初始缺陷使理想结构极限承载力降低的事实不符 [32]。已有拉力场理论以能量法或静力平衡法对腹板极限状态进行整体分析，得出结构在极限状态时平均剪应力所满足的关系式，其计算精度受到一定限制。在腹板较柔弱的工字梁受剪时，腹板曲后翼缘和横向加劲肋形成的框架效应十分明显，框架效应使腹板的抗剪承载力提高 [38]。分析表明已有拉力场理论其半理论、半假定的极限承载力分析方法并不能很好地分析腹板抗剪曲后呈现的复杂性能。

根据 8.3.2 节的分析，采用统一理论的分析思路，本节通过对经典拉力场理论进行对比分析，分析了其优缺点和拉力场理论的适用范围。通过非线性有限元分析与试验数据的对比，提出了考虑翼缘嵌固效应的嵌固系数公式和修正的拉力场理论。

1. 翼缘对腹板的嵌固系数

对于长为 a，宽为 b 的四边简支均匀受剪矩形板，当 $a \geqslant b$ 时，剪切屈曲系数 $k_s = 5.34 + 4.0(b/a)^2$；当 $a < b$ 时，$k_s = 4.0 + 5.34(b/a)^2$。对于四边固接的受剪板，当 $a \geqslant b$ 时，剪切屈曲系数 $k_f = 8.98 + 5.6(b/a)^2$；当 $a < b$ 时，$k_f = 5.6 + 8.98(b/a)^2$。由于翼缘对腹板有一定的转动约束作用，腹板受剪的弹性屈曲应力比四边简支板的弹性屈曲应力 τ_{cr} 大，翼缘对腹板受剪时的嵌固效应应该合理考虑。

根据极限承载力统一理论，计及翼缘的嵌固效应，先得出弹性屈曲应力，再由弹性屈曲应力水平得出极限剪切承载力公式。采用 Marc 有限元软件对拉力场理论进行数值分析，计算模型和网格划分见图 8.23，腹板上作用均布剪力荷载，工字梁节段采用简支，支座及中间横向加劲肋的侧向位移被约束。根据文献 [39] 的参数分析结果，采用翼缘横截面抗弯刚度与腹板的弯曲刚度比 $\alpha = EI/(bD)$ 为衡量腹板弹性约束程度的参数，其中 D 为腹板的柱面刚度。对不同高厚比的腹板，通过改变翼缘的宽度和厚度进行数值分析，拟合有限元计算结果得嵌固系数

$$\chi = 0.961k_f/k_s - 0.116/\alpha \tag{8.63}$$

式（8.63）与有限元计算值的对比如图 8.28 所示。由图 8.28 可见，式（8.63）对实用工字梁有良好的精度，且偏于安全。

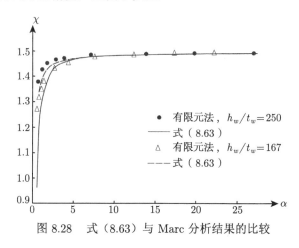

图 8.28　式（8.63）与 Marc 分析结果的比较

2. 拉力场理论的数值分析

腹板的抗剪极限承载力分析仍采用图 8.23 所示模型。对于节间腹板长 $L = 1000$，高 $h_w = 1000$，腹板厚 $t_w = 4 \sim 10\mathrm{mm}$，翼缘宽 $b_f = 240\mathrm{mm}$，厚 $t_f = (1 \sim 4)t_w\mathrm{mm}$ 的工字梁节段进行非线性有限元分析。采用 Marc 有限元软件基于拉格朗日描述的三维退化曲壳单元和大位移、Modified Risk-ramm 弧长法模块分析腹板的曲后性能，考虑了几何非线性和材料非线性，初始缺陷按照 BS5400 取值。材料为理想弹塑性，翼缘和腹板的屈服强度取 235MPa。

当腹板的高厚比较大时，腹板曲后主对角线上的单元很快出现塑性应变且腹板的塑性场沿主对角线扩展。当腹板主对角线的塑性场达到通长和一定宽度时，腹板出现极值失稳，即腹板承受剪力荷载的能力降低而使工字梁出现机动失稳，塑性铰出现在翼缘角域附近。当腹板的高厚比较小时，由于腹板剪切屈曲应力与剪切屈服强度较接近，腹板曲后形成拉力场时，翼缘与腹板的应力重分配现象十分明显，在翼缘的塑性铰充分发展后形成机动失稳，塑性铰位于节间翼缘中部和角域附近。

根据非线性有限元分析的结果，对工字梁的构造而言，腹板高厚比 $h_w/t_w \geqslant$ 160 时，在剪切极限状态时塑性带已形成，因翼缘出现塑性铰而失稳，其破坏形式属于框架机构失稳，腹板的抗剪极限承载力分析采用修正的拉力场理论。当腹板高厚比 $h_w/t_w < 160$ 时，其剪切屈曲应力与剪切屈服强度较接近，当翼缘和横向加劲肋刚度足够时，可以认为腹板的极限承载力状态属于强度破坏。

3. 修正的拉力场理论

在工程实际应用中，翼缘主要是承担正应力，用于抗弯，腹板主要承担剪应力，且翼缘的厚度一般不会小于腹板。一般 $b_f/h_w \in [0.1, 0.2]$，$t_f/t_w \geqslant 1.5$，这时翼缘对腹板的嵌固效应必须考虑。由于翼缘提供抗扭约束，使腹板的边界约束介于简支和固接之间，在腹板受剪外荷载等比例加载过程中，首先腹板剪切屈曲应力得到提高；根据 Rockey 理论，腹板曲后翼缘与横向加劲肋形成的框架是腹板曲后承载力提高的主要因素，翼缘不仅为拉力场提供锚固边界，还参与受力，使得腹板的平均剪应力极限承载力得以提高。

Basler 拉力场理论的优点是从整体平衡上分析了腹板的极限承载力，公式较简洁，其假定腹板曲后主压应力不再增大的观点从非线性有限元分析结果来看是合理的。设腹板的抗剪极限承载力 $Q_u = \tau_u h_w t_w$，其中 τ_u 为平均极限剪应力。根据 Basler 拉力场理论，利用拟合的嵌固系数 χ，设框架效应引起的腹板曲后平均剪应力提高系数为 ζ，通过分析和比较非线性有限元法计算的结果，得出考虑翼缘嵌固效应的修正拉力场理论公式

$$\sigma_t = -\frac{3\chi}{2}\tau_{cr}\sin 2\theta + \sqrt{\left(\frac{3\chi}{2}\tau_{cr}\sin 2\theta\right)^2 - 3\chi^2\tau_{cr}^2 + \sigma_y^2} \tag{8.64}$$

$$\tau_u = \zeta\left(\chi\tau_{cr} + \frac{\sigma_t}{2}\tan\theta\right) \tag{8.65}$$

式中，θ 为拉力带的倾角，$\tan 2\theta = h_w/L$；σ_t 为拉力带的斜向拉应力；当 σ_t 不存在或 $\tau_u > \sqrt{3}\sigma_y/3$ 时，取 $\tau_u = \sqrt{3}\sigma_y/3$；$\sigma_y$ 为腹板的屈服强度。

随着翼缘与腹板的刚度比 α 的变化，数值分析的主要结果见表 8.7。表中的平均剪应力提高系数 ζ 等于有限元分析的平均极限剪应力 τ_u 除以 $\chi\tau_{cr} + \sigma_t\tan\theta/2$。$\zeta$ 值介于 $1.257 \sim 1.288$，因此由框架效应引起的平均剪应力提高系数可取为常数，如表 8.7 所示，取 $\zeta = 1.25$ 是偏于安全的。

Basler 拉力场理论、Rockey 拉力场理论和修正的拉力场理论的对比如图 8.29 所示。由于 Basler 理论未考虑翼缘对腹板抗剪的贡献，所以计算值最小；Rockey 理论考虑翼缘对腹板抗剪的贡献是不全面的；修正的拉力场理论将翼缘的嵌固效应考虑为对腹板弹性屈曲应力的提高，对腹板抗剪承载力提高的机理更明确，与非线性有限元分析结果吻合。

表 8.7   有限元分析结果与拉力场理论计算值的对比

t_f/mm	ζ	Marc/MPa	Basler 理论/MPa	Rockey 理论/MPa	修正的拉力场理论/MPa
6	1.257	98.750	70.134	77.923	98.223
10	1.250	99.850	70.134	83.352	99.835
20	1.260	101.300	70.134	97.991	100.463
30	1.288	103.788	70.134	114.086	100.689

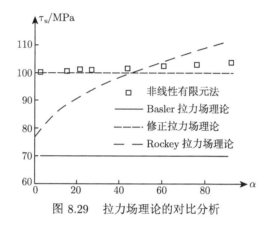

图 8.29   拉力场理论的对比分析

4. 试验验证

我国关于工字梁横向加劲腹板在纯剪力作用下的曲后强度试验研究较多，与国外的试验结果也较吻合。文献 [36,37] 采用的翼缘尺寸为 $b_f = 0.24$m，$t_f = 0.01$m，试验加载方法如图 8.30 所示，工字梁长 4.0m，通过腹板的高宽比变化来模拟不同腹板的受剪性能。梁近支点节间腹板所受弯矩对腹板的受剪力学性能影响不大，可以认为构件接近纯剪作用。由于试验资料未给出初始弯曲的大小，数值分析时结构的初始弯曲按一致缺陷考虑，初始几何弯曲矢度按照 BS5400 取值。梁腹板受剪试验曲后变形见图 8.31，数值分析的结果如图 8.32 所示。试验数据、数值分析和三种拉力场理论的对比如表 8.8 所示。

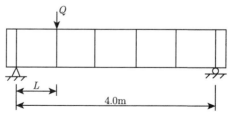

图 8.30   试验加载方法

图 8.31 梁腹板曲后变形

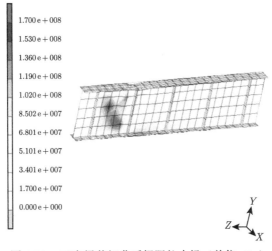

图 8.32 工字梁剪切曲后极限拉力场（单位: Pa）

表 8.8 试验数据与理论计算值的对比 （单位：kN）

梁号	节间腹板尺寸 $L \times$ $h_w \times t_w$/mm	试验值 荷载	Marc	Basler 理论	Rockey 理论	修正 理论
L-1	800×800×4	352.8	317.343	257.696	310.995	337.350
L-2	1000×800×4	308.7	295.852	259.194	273.686	311.584
L-3	1333×800×4	313.6	263.348	271.046	231.702	261.517
L-4	800×650×4	284.2	307.716	242.661	267.641	308.885
L-5	1000×650×4	308.7	295.215	243.155	238.828	290.259
L-6	1333×650×4	298.9	259.156	250.575	207.202	259.269
L-7	800×500×4	264.6	305.100	223.758	235.954	260.208
L-8	1000×500×4	249.9	289.830	222.410	217.228	250.300
L-9	1333×500×4	215.6	250.632	224.834	196.872	256.120

由于数值分析采用的是理想弹塑性模型，因此得出的极限承载力总体上小于试验结果，但误差不大，也说明非线性有限元模型和分析方法是可行的。试验结果与 Basler 理论、Rockey 理论和修正的拉力场理论的计算值之比的平均值分别为 1.091、1.198 和 0.861，均方差分别为 0.134、0.342 和 0.109。从理论上讲，Basler 拉力场理论和 Rockey 拉力场理论计算方法未考虑结构的初始缺陷，其计算值应大于试验值，而不是相反，这也是矛盾的一方面。从数值分析结果与实验值的对比看，试验值的离散性也较大，这可能与试验的加载方式、支承条件和荷载精度有关。修正理论与数值分析结果较为一致，这也充分说明该理论的合理性。

8.4　工字梁的局压承载力

工字梁在局压荷载作用下的极限承载力研究一直是板钢结构稳定理论中的重点之一，1955 年 Zetlin 从理论上研究了工字梁在局压荷载作用下的弹性屈曲应力。基于试验的经验公式研究的是 Granholm 和 Bergfelt，Roberts 给出了塑性机构模型。在 Roberts 等提出的塑性机构模型中，塑性迹线位于腹板和翼缘上，板梁腹板的局压极限承载力 P_u 由腹板的颇曲极限承载力 P_{ub} 与腹板的屈服承载力 P_{uy} 中较小者确定 [41]。Roberts 提出的机构模型是有缺点的，但由于实用性，被欧洲、英国、美国规范所采用，并已使用达 20 年。目前欧洲规范（Eurocode 3）采用的结构模型由 Lagerqvist 和 Johansson 于 1996 年提出。为了确定板梁的局压承载力，欧洲规范 EC3 要求验算颇曲、压溃和屈曲三种荷载，在 1997 年的修订版中参考 Lagerqvist 和 Johansson 提出的半经验公式，将三种验算融为一个公式。Lagerqvist 和 Johansson 的计算方法基于压杆的设计原理，提出了等效柔度参数，即腹板的屈服荷载与弹性屈曲载荷之比的平方根；不同于柱子设计曲线的是局压的承载力曲线高于弹性屈曲曲线，该方法得到了试验结果的支持 [47,48]。

8.4.1　工字梁局压的等效承压长度

工字梁在集中荷载作用处无加劲肋或者承受移动的轮压荷载时，应验算腹板计算高度处的局部承压强度。由于翼缘刚度的影响，局压荷载在翼缘中扩散，经验公式将局压荷载在翼缘厚度方向按 45° 扩散到腹板。设局部荷载作用下腹板边缘的应力采用等效承压长度 l_a 计算，在等效承压长度上应力均匀分布，即

$$\sigma_a = \frac{P}{t_w l_a} \tag{8.66}$$

式中，P 是局压荷载；t_w 是腹板的厚度。

童根树根据弹性地基梁的推导，采用参数分析拟合了轮压荷载的假定均匀分布长度 l_a，即 $l_a = 2.83 \sqrt[3]{I_x/t_w}$（$I_x$ 为轨道和上翼缘绕自身形心轴的惯性矩）[8,41]。

采用数值分析方法，当式（8.66）左边取腹板上的最大竖向压应力 $\sigma_{a\max}$ 来定义局压的等效承压长度 l_a 时，用局压计算长度的概念可以很精确地描述腹板上的最大竖向压应力。计算的模型如图 8.33 所示，采用 4 种不同长高比的工字梁计算模型，局压分析模型参数见表 8.9，其中加劲肋的宽度为 6cm，厚度为 4mm。

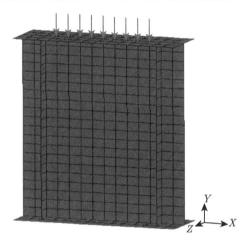

图 8.33　工字梁局压的计算模型

表 8.9　工字梁局压分析模型参数　　　　　（单位：mm）

模型编号	b_f	h_w	L	t_w	t_f
JY1	240	1000	500	4	10
JY2	240	1000	1000	4	10
JY3	240	1000	1500	4	10
JY4	240	1000	2000	4	10

计算分析表明：

$$l_a = \begin{cases} 0.05 + 2t_f, & c \leqslant 0.05\text{m 时} \\ c + 2t_f, & c > 0.05\text{m 时} \end{cases} \tag{8.67}$$

式中，c 为局压荷载分布长度，t_f 为工字梁翼缘厚度。

工字梁在局压荷载作用下的计算长度与英国规范 (GS5400) 和钢结构设计规范 (GB50017—2003) 的对比见图 8.34。对比分析说明 BS5400 在 c 值较小时是偏于不安全的，而我国钢结构规范（GB50017—2003）和修正公式（8.67）考虑了局压荷载分布长度较短时的等效分布作用，整体上的效果较好，但是 GB50017—2003 的 l_a 取值大，偏于不安全。

8.4.2　工字梁局压的弹性屈曲

童根树根据对局压荷载作用下四边简支和两边简支、两边固结矩形板的弹性屈曲系数分析，并考虑翼缘对腹板的约束参数，通过大量的数值分析，采用数据

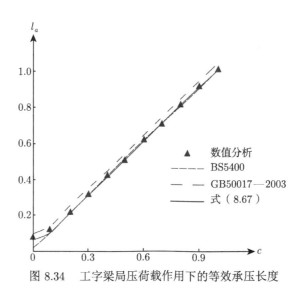

图 8.34　工字梁局压荷载作用下的等效承压长度

拟合得到工字型截面腹板在局部荷载作用下的屈曲系数 [8,46]。本节参照简支板在局压荷载作用下的弹性屈曲解中的超越函数形式，通过参数分析得出工字梁在局压荷载作用下的弹性屈曲公式为

$$\sigma_{acr} = \frac{16\sigma_{cr}}{\dfrac{3l_a}{2h_w} + \dfrac{1}{\pi}\sin\left(\dfrac{\pi l_a}{h_w}\right)} \tag{8.68}$$

式中，σ_{acr} 为工字梁在局压荷载作用下的弹性屈曲应力；σ_{cr} 为假定腹板为简支边界，在局压荷载作用方向为单向均匀受压时的屈曲应力；h_w 为工字梁腹板的计算高度，具体取值参见文献 [59]。

式（8.68）与数值分析结果的对比如图 8.35 所示，图中 L 为工字梁腹板的长度。图 8.35 说明拟合公式偏于安全，且具有较高的精度。

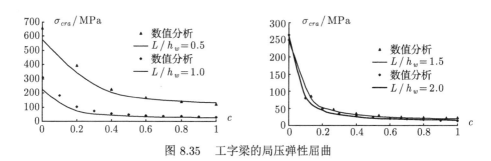

图 8.35　工字梁的局压弹性屈曲

8.4.3 局压极限承载力

如图 8.36 所示，参照有效宽度理论的假想分析，假定工字梁在局压荷载作用下的有效压应力按 45° 向下传递，当腹板压曲后，等效压应力区域 I 不再承担多余的压应力，这时区域 I 的压应力保持不变，结构也不会立即破坏，区域 I 还有抗拉强度，承载力还可以继续提高。这时增加的局压荷载由区域 II 和局压荷载作用下方高度为 h_a 的区域 III 组成框架结构承担。所以，增加的局压荷载由区域 III 和翼缘形成的 T 型梁承担，当 I、III 交界线处作为 T 梁受弯产生的拉应力 σ_x 和有效局压应力 σ_{acr} 的等效应力达到屈服强度 σ_y 时，该处出现塑性铰线，由于塑性铰线的存在无法继续承担荷载而贯通，这时结构达到极限状态。

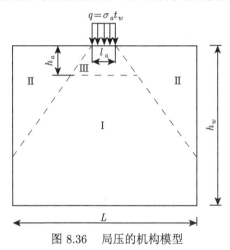

图 8.36 局压的机构模型

局压屈曲发生时，区域 III 的下缘等效压应力从 σ_{acr} 减小到 $\dfrac{\sigma_{acr}l_a}{l_a+2h_a}$，平均等效压应力可以简化写成 $\dfrac{\sigma_{acr}l_a}{l_a+h_a}$。

根据假定，在局压极限状态时，区域 III 的下缘处微元体的应力满足下式：

$$\left(\frac{\sigma_{acr}l_a}{l_a+h_a}\right)^2+\sigma_x^2-\frac{\sigma_x\sigma_{acr}l_a}{l_a+h_a}=\sigma_y^2 \tag{8.69}$$

式中，σ_x 为局压机构承担增加的局压荷载时产生的截面平均压应力和 T 梁受弯在下缘产生的拉应力之和。

令 $\rho=\dfrac{h_a}{l_a}$，约去小量，求解式（8.69）得

$$\frac{\sigma_{au}}{\sigma_y}=\frac{\sigma_{acr}}{\sigma_y}+\rho\sqrt{1-(\sigma_{acr}/\sigma_y)^2/(1+\rho)^2} \tag{8.70}$$

式中，σ_{au} 为局压极限承载力。

根据一元二次方程的解的特征，当 $\rho < \dfrac{\sigma_{acr}}{\sigma_y} - 1$ 时，有

$$\frac{\sigma_{au}}{\sigma_y} = \frac{\sigma_{acr}}{\sigma_y} - \rho\sqrt{(\sigma_{acr}/\sigma_y)^2/(1+\rho)^2 - 1} \tag{8.71}$$

在 Roberts 的机构法中 $\rho = h_a/l_a$ 采用经验数据，一般 h_a 为 $4 \sim 20t_w$。本节通过数值分析结果对 ρ 进行拟合得

$$\rho = 12.5\frac{t_w}{l_a}\left(\frac{\sigma_{acr}}{\sigma_y}\right)^{-\alpha} \tag{8.72}$$

当 $L \leqslant h_w$ 时，$\alpha = 1$；当 $L > h_w$ 时，$\alpha = h_w/L$。

式（8.71）的计算结果与模型 JY1～JY4 的数值分析结果对比见图 8.37[2]。

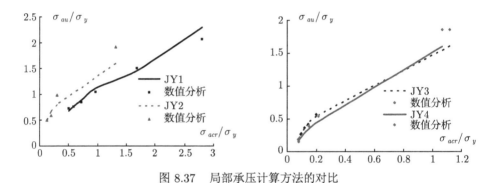

图 8.37　局部承压计算方法的对比

8.4.4　试验验证

采用 Roberts 的经典试验[48]对工字梁的局压极限承载力公式进行验证分析。试验的加载方式如图 8.38 所示，试验的试件尺寸、材料性质和试验结果见表 8.10。

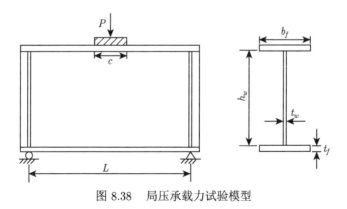

图 8.38　局压承载力试验模型

表 8.10   局压试验的结构构造和试验结果

工字梁编号	h_w/mm	t_w/mm	t_f/mm	c/mm	σ_w/MPa	σ_f/MPa	P_{ex}/kN
B2-3	600	2.12	3.05	50	224	221	34.08
B2-7	600	2.12	6.75	50	224	279	37.92
B2-12	600	2.12	11.75	50	224	305	44.16
B2-20	600	2.12	20.06	50	224	305	84.48

注: 试验节间长度 $L = 600$mm。

根据式（8.71）分析理想工字梁在局压荷载作用下的极限承载力 σ_{au}，可以得出局压极限荷载 $P_{au} = t_w l_a \sigma_{au}$。通过对承载力的修正，可以得出实用工字梁在局压荷载作用下的极限承载力验算公式。初始几何弯曲可通过对腹板的厚度进行折减；而残余应力对局压荷载影响主要集中在荷载作用的下方，根据局压荷载的传递路径进行分析，得实用工字梁在局压荷载作用下的极限承载力公式为

$$\tilde{P}_{au} = \tilde{t}_w l_a \tilde{\sigma}_{au} = \tilde{t}_w l_a \left(\sigma'_{au} - \sigma_{ra}\right) \tag{8.73}$$

式中，σ'_{au} 为折减厚度后的局压极限承载力。

局压极限承载力对比分析见表 8.11。采用有限元方法计算的结果与表 8.10 的试验结果十分接近；式（8.73）的计算结果与采用数值分析结果对比，局压弹性屈曲载荷的误差小于 10%，极限承载力误差小于 15%。通过对比分析表明本节提出的工字梁局压极限承载力计算公式精度高、公式简洁，能满足工程设计的需要。

表 8.11   局压极限承载力对比分析表

梁号	P_{cr}/kN		误差/%	P_u/kN		误差/%
	数值方法	式（8.68）		数值方法	式（8.73）	
B2-3	23.00	21.17	−8.0	32.03	27.46	−14.3
B2-7	28.98	30.09	3.8	38.38	36.78	−4.2
B2-12	29.98	32.32	7.8	48.93	44.99	−8.1
B2-20	31.28	32.94	5.3	85.00	73.85	−13.1

8.4.5 局压承载力的随机分析

前面采用解析法和数值拟合法分别讨论了工字梁局压的弹性屈曲和极限承载力。本节采用随机有限元方法对工字梁局压进行分析 [2,14−18,42−49]：一是，通过随机分析的方法验算既有解析公式的精度；二是，通过随机分析的结果，提出了塑性条带法，拓宽了承载力统一理论的应用范围，便于得出工字梁在弯、剪、局压共同作用下的承载力解析公式。

采用 ANSYS 概率设计方法进行随机分析，局压计算模型如图 8.39 所示。简支工字梁为 4 个节间，腹板高度为 1.0m，翼缘的宽度为 0.3m，加劲肋的宽度为 0.1m；工字梁腹板、加劲肋、翼缘的厚度与节间的长度均为随机变量。局压荷载作用均以节间腹板上沿的中心为中点，对称作用。

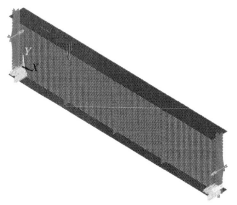

图 8.39　局压随机分析模型图

数值分析[42-45] 表明，局压荷载作用下工字梁腹板节间的屈曲位形和极限状态时塑性带的位置均位于腹板约 $3h/4$ 高度处，如图 8.40 所示。参照稳定设计中经常采用相关公式的经验，为便于应用板钢结构承载力统一公式，可以取局压塑性带位置的应力为局压问题的代表应力 σ_{am}，那么代表应力对应的腹板高度为 $y_{am} = 3h/4$，这时，根据局压应力向下沿 45° 扩散的规律，可以得到

$$\sigma_{am} = \frac{P_{acr}}{(2y_{am} + l_a)\,t_w} \tag{8.74}$$

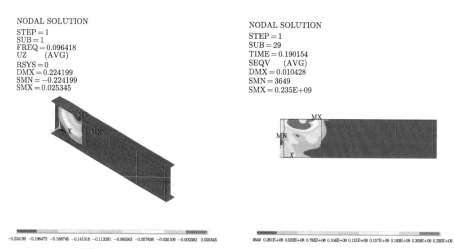

图 8.40　局压荷载作用时的屈曲和极限状态塑性带的分布

得出局压代表应力 σ_{am} 后，代入统一公式 (5.281a)，得出局压的极限承载力。而极限承载力 P_{au} 的精度可以通过对 σ_{am} 或 y_{am} 的修正得出较为优良的解

析公式。

上述方法也可称为塑性条带法。即将板面上不同荷载作用时达到极限状态的可能塑性带位置上的应力作为特征值，代入板钢结构承载力统一公式，得出最小极限应力为复杂荷载作用下的极限承载力。当然，不同荷载的塑性带交点处的等效应力计算出的承载力更接近其极限承载力。对于单向均匀受压和均匀受剪，因为极限承载力公式是由这两种情形分析得出的，可以采用板面任意点的等效应力进行分析。而局压和纯弯曲这两种情形可以通过塑性条带法简化分析时，板钢结构的极限承载力统一理论的计算方法将得到进一步的推广。

采用随机分析进行验证，计算样本点 100，设工字梁弹性屈曲时的弯剪和局压荷载为 M、Q 和 σ_a，当荷载等比例增加达到极限状态时的荷载为 $\xi_{au}M$、$\xi_{au}Q$ 和 $\xi_{au}\sigma_a$，ξ_{au} 为工字梁从弹性屈曲到极限状态过程中外荷载提高的比例。设 ξ_{auj} 为通过统一公式计算验算点处等效屈曲应力 $\bar{\sigma}_{cri} = \sqrt{\sigma_x^2 - \sigma_x\sigma_y + \sigma_y^2 + 3\tau^2}$ 得出的最小外荷载提高系数，其中 i 为不同验算点的编号。

计算结果如图 8.41 所示，采用塑性条带法的计算精度 $\varsigma = \xi_{au}/\xi_{auj}$ 介于 $0.734 \sim 1.67$，平均值为 1.058。从随机分析的结果看，塑性条带法的精度超过 50%，只有估算时可采用。这也说明局压承载力分析时，y_{am} 的变化对承载力影响较为明显。后面的分析可以看到，工字梁在弯、剪、局压共同作用时的弹性相关公式的精度高，而极限承载力相关公式的精度有待于提高。假定工字梁在复杂荷载作用下屈曲后按等比例加载直到达到极限状态，那么仅仅跟踪分析一种荷载的承载力提高系数就可以得到共同作用荷载的极限承载力。

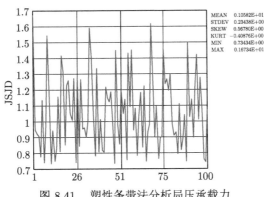

图 8.41　塑性条带法分析局压承载力

随机分析表明，工字梁在弯剪、局压共同作用时局压极限承载力的修正系数和弹性屈曲时的局压荷载与单独局压荷载作用时的比值 σ_a/σ_{acr} 有强相关性，如

图 8.42 所示，满足如下修正关系

$$\xi_{au} = \xi_{auj} / \left[0.8162 \left(\sigma_a / \sigma_{acr} \right)^2 - 0.5639 \left(\sigma_a / \sigma_{acr} \right) + 0.8609 \right] \tag{8.75}$$

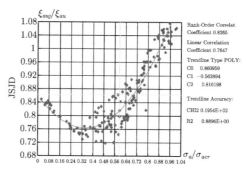

图 8.42　局压承载力与弹性屈曲应力的关系

8.5　工字梁在复杂荷载作用下的承载力

　　梁腹板在弯、剪及局压复合应力作用下的弹性屈曲应力计算来源于线性稳定理论，分析时将腹板看成无限弹性的理想完善板，由屈曲特征值的计算方法得到临界荷载，而没有考虑材料的弹塑性与几何缺陷的影响。应用这样的设计方法，不仅造成板件的实际应力状况与计算结果不符，还与规范有关梁的强度计算中考虑截面部分进入塑性的设计原则不相协调。正由于此，基于无限弹性完善板假定的腹板弹性屈曲应力相关公式在一定条件下会使设计偏于不安全。对典型的横向加劲梁腹板节间在弯曲正应力 σ、剪应力 τ 和局部压应力 σ_a 的联合作用下，给出的临界应力相关公式为

$$\left(\frac{\sigma}{\sigma_{cr}} + \frac{\sigma_a}{\sigma_{acr}} \right)^2 + \left(\frac{\tau}{\tau_{cr}} \right)^2 = 1 \tag{8.76}$$

式中，σ 为计算的腹板区格内，由平均弯矩产生的腹板计算高度边缘的弯曲压应力；τ 为计算腹板区格内，由平均剪力产生的腹板平均剪应力；σ_a 为计算区格腹板边缘的局部压应力；σ_{cr}、τ_{cr} 和 σ_{acr} 分别为各应力单独作用下腹板的弹性屈曲应力。

　　《钢结构设计规范》（GB50017—2003）参考了澳大利亚规范、英国规范等相关资料并结合我国的相关研究成果，考虑屈曲进入弹塑性阶段及初始几何缺陷的影响，对在弯曲正应力 σ、剪应力 τ、局部压应力 σ_a 单独或联合作用下的梁腹板

局部稳定计算公式做了较大的改动，将 σ、τ 及 σ_a 三者联合作用下的腹板局部弹性屈曲应力相关公式修正为（各符号意义同前）

$$\left(\frac{\sigma}{\sigma_{cr}}\right)^2 + \left(\frac{\tau}{\tau_{cr}}\right)^2 + \frac{\sigma_c}{\sigma_{c,cr}} = 1 \qquad (8.77)$$

蔺军等对梁腹板节间在弯曲正应力 σ、剪应力 τ、局部压应力 σ_a 共同作用下的局部屈曲进行了大量的有限元分析计算，对规范中相关公式 (8.77) 的适用性及其所具有的设计安全度进行了必要的分析与验证，认为规范有关梁腹板在弯、剪及局压复合应力作用下的弹性屈曲应力相关公式在其应用范围内总体上是安全的；在发生弹塑性屈曲的情况下仍具有相当的安全度，尽管此时其安全度较发生弹性屈曲时普遍减小，即存在有安全度的差异 [62]。

因为工字钢板梁经常承受弯、剪及局压共同作用，其极限承载力相关公式被广为研究，并得到部分试验的验证。一般的解析公式研究主要集中在两种荷载作用下的相关公式研究，Shahabian 和 Roberts 研究了三种荷载作用下的极限承载力相关公式 [63]。相关公式的构型参考了弹性屈曲相关公式，不同的研究者采用不同的方法对相关公式进行修正，以满足试验数值。例如，Roberts 和 Shahabian 通过指数型相关公式来分析工字梁节间受弯和剪的相关公式 [64]。

具有较柔弱腹板的工字梁节间受到面内弯矩 M、剪力 V 和边界上的局部压荷载或局部集中荷载 P 的作用，如图 8.43(a) 所示。面内的集中荷载由腹板加劲肋承担或通过相对较厚的翼缘分散形成局部荷载。例如，吊车的车轮荷载、箱梁

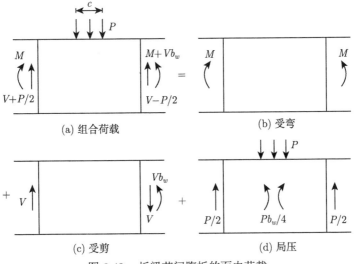

图 8.43　板梁节间腹板的面内荷载

安装时的支撑荷载等, 有时, 集中荷载还伴有相对大的弯矩和剪力荷载。20 世纪 60 年代, 通过数值分析和理论研究, 对在各种荷载单独作用下的极限承载力进行了较多的研究, 并形成规范应用到工程实践。腹板节间的抗弯承载力主要由翼缘决定; 腹板主要承担剪力荷载。试验和理论研究表明, 腹板和翼缘在受剪和局压荷载作用下的极限承载力表现出明显的相关性 [65,66]。因此, 有必要研究各种组合荷载作用下, 节间的极限承载力机理和相关性。如图 8.43 所示, 受弯、受剪和局压荷载组合作用下的节间可以分解为受弯、受剪和局压三种情形的叠加, 其中图 8.43(c) 中的弯矩 Vb_w 为剪力 V 的伴生弯矩, 在分析时可不单独考虑。自 20 世纪 60 年代以来, 采用数值分析和理论研究对板梁的抗剪承载力进行了深入的研究, 参见文献 [67-69], 局压承载力分析参见文献 [70-72]。

本节通过与试验的对照, 采用非线性有限元法对上述试验进行了重分析, 并补充了以往试验中未采用的宽厚比较小的构件。根据数值分析和已有的试验数据, 引用文献 [77] 的抗弯极限承载力公式, 工字梁的抗剪、局压极限承载力计算方法, 采用本节提出的分析方法, 提出了新的弯、剪和局压承载力相关公式。

8.5.1　试验统计的相关公式

由于已有承载力相关公式未显含结构初始缺陷对极限承载力的影响, 所以其应用具有明显的局限性。由于各种荷载单独、组合作用下涉及结构的不同破坏模式, 相关公式一般都是半理论、半经验公式, 且仅仅被一定范围内的试验所验证; 相关公式的应用在很大程度上依赖于结构在单独抗弯、抗剪和局压极限承载力公式的精度。已有相关公式的试验研究主要集中在三种荷载形式中单独或任意两种荷载之间的相关理论研究。

1. 抗弯极限承载力

基于 Cooper 的试验研究提出的板梁抗弯极限承载力 M_u 经验公式 [82,83] 为

$$M_u = M_y \left[1 - 0.0005 A_w/A_f \left(h_w/t_w - 5.7\sqrt{E/\sigma_{yf}} \right) \right] \tag{8.78}$$

式中, M_y 为受压翼缘边缘屈服时的抗弯承载力; A_w 和 A_f 分别为腹板和翼缘的横截面面积; h_w 和 t_w 分别为腹板的高度和厚度; σ_{yf} 为受压翼缘的屈服强度。

上式因简洁而被广泛采用。

2. 弯剪相关公式

工字梁腹板在弯、剪共同作用下的承载力相关公式由 Rockey, Evans 和 Porter[62−69] 提出

$$(M/M_u)^4 + (V/V_u) = \lambda_{MV} \leqslant 1 \tag{8.79}$$

式中，V_u 为工字梁节间腹板的抗剪极限承载力；λ_{MV} 为弯剪相关公式的判别值；M 为腹板上承载的最大弯矩，比如其端部或局部荷载下方。

3. 弯、局压相关公式 [72]

$$(M/M_u)^2 + (P/P_u)^2 = \lambda_{MP} \leqslant 1 \tag{8.80}$$

4. 剪、局压相关公式 [75]

$$(V/V_u)^2 + P/P_u = \lambda_{VP} \leqslant 1 \tag{8.81}$$

5. 弯、剪和局压相关公式

三种荷载一起作用的相关公式由 T. M. Roberts 和 F. Shahabian 提出 [63]

$$M_r V_r \left(M_r^4 + V_r^4 - 1 \right) + M_r P_r \left(M_r^2 + P_r^2 - 1 \right)$$
$$+ P_r V_r \left(P_r + V_r^2 - 1 \right) + 2 M_r V_r P_r \leqslant 0 \tag{8.82}$$

式中，系数 $M_r = M/M_u$，$V_r = V/V_u$，$P_r = P/P_u$。

6. 修正相关公式

根据板钢结构极限承载力统一理论和试验数据，分析表明相关公式与板在复杂荷载作用下的极限承载力公式有相似的形式 [2,64]。如果采用相关公式的判别值 λ_{MVP} 来考虑抗力的随机性和节间的初始缺陷，本节得出的复杂荷载作用下腹板的极限承载力验算公式如下：

$$\sqrt{(M/M_u)^2 + (V/V_u)^2 + (P/P_u)^2} = \lambda_{MVP} \leqslant 1 \tag{8.83}$$

8.5.2　对比分析与试验验证

为验证相关公式的正确性，文献 [56] 设计了相关试验。A 组试验由四组试件组成，忽略弯矩的影响，如图 8.44 所示，A 试件的节间为传统的剪力试验。B 系列试验见图 8.45，用于验证复杂荷载作用下的承载力相关公式。各试件的尺寸和材料特性见表 8.12。

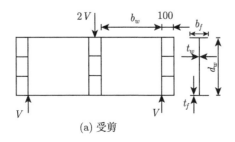

(a) 受剪

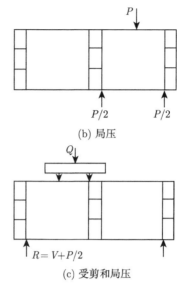

(b) 局压

(c) 受剪和局压

图 8.44　A 系列试验

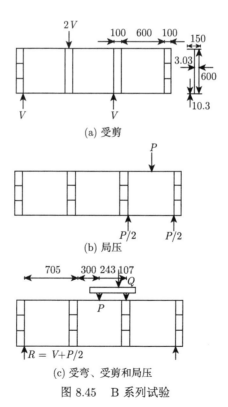

(a) 受剪

(b) 局压

(c) 受弯、受剪和局压

图 8.45　B 系列试验

表 8.12 试件的尺寸和材料特性

梁号	L/mm	h_w/mm	t_w/mm	b_f/mm	t_f/mm	σ_{yw}/MPa	σ_{yf}/MPa
PG1-1	600	600	4.1	200	12.5	343	257
PG1-2	600	600	4.1	200	12.5	339	250
PG1-3	600	600	4.1	200	12.5	338	251
PG2-1	900	900	3.1	300	10.2	285	254
PG2-2	900	900	3.1	300	10.2	284	256
PG2-3	900	900	3.1	300	10.2	282	253
PG3-1	900	600	3.2	200	10.2	282	264
PG3-2	900	600	3.2	200	10.2	273	263
PG3-3	900	600	3.2	200	10.2	275	258
PG4-1	1000	500	1.9	200	9.9	250	293
PG4-2	1000	500	1.9	200	9.9	247	313
PG4-3	1000	500	1.9	200	9.9	236	294
PG5-1	600	600	3.03	150	10.3	179	273

参照 Shahabian 和 Roberts 的试验及数值分析结果的对比 [63]，本节采用了具有代表性的试验模型，考虑相同水平的初始缺陷，根据数值分析补充了相关数值。试验结果和工字梁节间的极限承载力列于表 8.13 中，工字梁在弯、剪和局压作用下的极限承载力相关公式的对比分析见表 8.14。

表 8.13 试验结果和工字梁节间的极限承载力

试件编号		P/kN	V/kN	M/(kN·m)	M_u/(kN·m)	V_u/kN	P_u/kN
PG1	1	141.3	0	32.6	236.88	310.52	161.45
	2	0	199.3	119.6	236.88	310.52	161.45
	3	120	152.9	111.1	236.88	310.52	161.45
	4	100	171.6	119.1	236.88	310.52	161.45
	5	80	191.75	128.0	236.88	310.52	161.45
	6	60	192.75	125.3	236.88	310.52	161.45
PG2	1	85.71	0	29.4	398.90	236.55	100.70
	2	0	162	145.8	398.90	236.55	100.70
	3	80	83.05	93.7	398.90	236.55	100.70
	4	60	112.3	115.3	398.90	236.55	100.70
	5	40	127.9	124.6	398.90	236.55	100.70
	6	20	144.6	134.9	398.90	236.55	100.70
PG3	1	89.66	0	20.7	187.45	152.95	106.86
	2	0	117.7	70.6	187.45	152.95	106.86
	3	70	99.05	70.7	187.45	152.95	106.86
	4	50	112.25	11.5	187.45	152.95	106.86
	5	30	114.3	6.9	187.45	152.95	106.86
	6	10	115.95	2.3	187.45	152.95	106.86
PG4	1	44.83	0	8.7	131.96	40.53	42.47
	2	0	52.8	26.4	131.96	40.53	42.47
	3	30	26.2	17.2	131.96	40.53	42.47
	4	15	34.65	19.4	131.96	40.53	42.47
PG5	1	86.17	0	19.9	149.20	185.22	97.30
	2	0	110	66.0	149.20	185.22	97.30
	3	65	97.4	68.9	149.20	185.22	97.30
	4	45	103.15	69.2	149.20	185.22	97.30
	5	30	105.85	68.4	149.20	185.22	97.30
	6	15	108.3	67.4	149.20	185.22	97.30

表 8.14　试验结果与极限承载力相关公式的对比分析表

样本编号	M_r	V_r	P_r	Roberts	式 (8.19)
PG1-1	0.481	1	0	−0.026	1.110
PG1-2	0.070	0	1	0	1.002
PG1-3	0.203	0.423	0.931	0.183	1.043
PG1-4	0.127	0.260	0.945	0.095	0.988
PG1-5	0.341	0.713	0.795	0.349	1.121
PG1-6	0.275	0.576	0.845	0.297	1.059
PG2-1	0.315	1	0	−0.003	1.048
PG2-2	0.032	0	1	0	1.001
PG2-3	0.280	0.889	0.451	0.245	1.035
PG2-4	0.288	0.911	0.221	0.183	0.981
PG2-5	0.267	0.848	0.654	0.210	1.104
PG2-6	0.302	0.959	0.141	0.121	1.015
PG3-1	0.485	1	0	−0.027	1.111
PG3-2	0.072	0	1	0	1.003
PG3-3	0.408	0.836	0.300	0.342	0.977
PG3-4	0.128	0.257	0.916	0.106	0.960
PG3-5	0.389	0.797	0.500	0.428	1.018
PG3-6	0.259	0.529	0.883	0.265	1.061
PG4-1	0.277	1	0	−0.002	1.038
PG4-2	0.041	0	1	0	1.001
PG4-3	0.194	0.701	0.730	0.187	1.031
PG4-4	0.229	0.827	0.384	0.226	0.940
PG5-1	0.197	0.712	0.615	0.230	0.961
PG5-2	0.137	0.494	0.846	0.142	0.989
PG5-3	0.331	1	0	−0.004	1.053
PG5-4	0.051	0	1	0	1.001
PG5-5	0.358	0.368	0.790	0.381	0.942
PG5-6	0.452	0.795	0.154	−0.170	0.927

对比分析表明:Roberts 等提出的验算式 (8.82) 的判别值介于 −0.027～0.428,已无法满足验算的意义;本节提出的工字梁腹板在弯、剪和局压作用下的极限承载力验算式 (8.83) 界于 0.927～1.121,明显比前式优越和简洁,具体离散情况见图 8.46 所示。

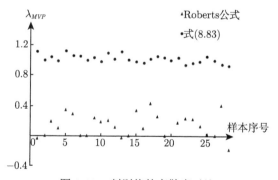

图 8.46　判别值的离散度对比

根据试件 A 和试件 B 的试验数据的统计分析,采用 95% 置信度的工字梁在弯、剪和局压组合荷载作用下的判别值统计结果见表 8.15。

表 8.15 极限承载力相关公式的判别值

判别值	λ_{MV}	λ_{MP}	λ_{VP}	λ_{MVP}
统计值	0.889	0.914	0.831	0.939

8.5.3 工字梁在复杂荷载作用下的随机数值分析

本节仍采用图 8.39 所示有限元模型对工字梁在弯剪、局压荷载共同作用下的承载力进行随机分析。先讨论工字梁在纯弯作用下的塑性条带法的简化分析方法,再将局压、纯弯的简化方法和剪切荷载一起考虑来验证塑性条带法,最后采用随机分析的方法讨论经验相关公式的适用性。

1. 工字梁纯弯的塑性条带法

数值分析表明,工字梁在纯弯时,其屈曲的最大矢度和塑性带的位置较为接近,均位于腹板的 $3h/4$ 附近,如图 8.47 所示。参照稳定设计中经常采用相关公式的经验,为便于应用板钢结构承载力统一公式,可以取局压塑性带位置的应力为纯弯问题的代表应力 σ_{bm},那么代表应力对应的腹板高度为 $y_{bm} = 3h/4$,这时,可以得到

$$\sigma_{bm} = \frac{M_{cr} y_{bm}}{I_y} \tag{8.84}$$

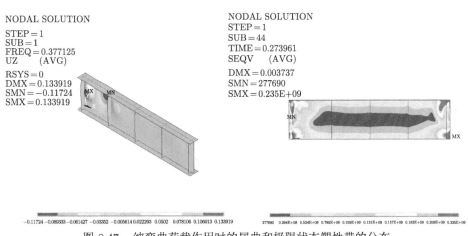

图 8.47 纯弯曲荷载作用时的屈曲和极限状态塑性带的分布

得出纯弯的代表应力 σ_{bm} 后,代入统一公式,可得出纯弯时的极限承载力。而极限承载力 M_u 的精度可以通过对 σ_{bm} 或 y_{bm} 的修正得出较为优良的解析公式。

采用随机分析法、塑性条带法分析工字梁在纯弯作用下的承载力,分析的精度如图 8.48 所示。随机分析样本 200 个,数值分析解与塑性条带法的计算值之

比的最大值为 1.507, 最小值为 0.821, 平均值为 1.036。整体看, 塑性条带法的计算精度满足工程设计的需要, 且离散的较大值较少。

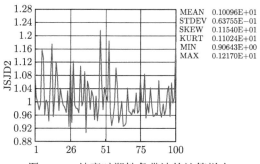

图 8.48　纯弯时塑性条带法的计算样本

通过随机分析表明, 纯弯极限承载力的修正系数与工字梁在弯剪、局压共同作用时, 以及弹性屈曲时的弯矩与纯弯屈曲载荷作用时的比值 M/M_{cr} 有关, 如图 8.49 所示, 满足如下关系

$$\xi_{bu} = \xi_{buj} / (1.1 M/M_{cr} + 0.7) \qquad (8.85)$$

式中, ξ_{buj} 是通过塑性条带法计算的极限承载力提高系数。

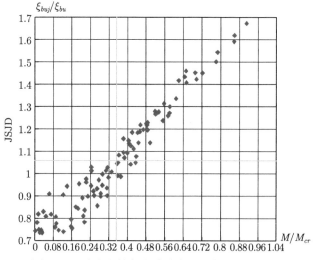

图 8.49　纯弯塑性条带法精度与弯曲荷载的关系

这里分别介绍了采用塑性条带法简化分析工字梁在弯、剪和局压共同作用时的极限承载力与其中一个荷载的相关关系, 可在弹性屈曲的基础上, 根据式 (8.75) 和式 (8.85) 计算承载力的提高系数, 从而求得工字梁在复杂荷载作用下的最小极限承载力。

2. 工字梁在弯剪作用下的随机分析

采用随机分析方法分析工字梁在弯剪作用下这一较简单的情形，计算模型的弹性屈曲位形如图 8.50 所示，在整个简支工字梁两端作用等弯矩，在第 1 节间的加劲肋上方作用剪力。

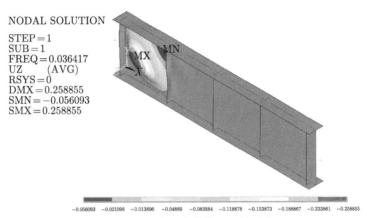

图 8.50 工字梁弯剪作用下的屈曲

随机分析的结果表明，弯剪共同作用时，工字梁的弹性屈曲相关公式近似为圆形，如图 8.51 所示。即

$$\left(\frac{M}{M_{cr}}\right)^2 + \left(\frac{Q}{Q_{cr}}\right)^2 = 1 \tag{8.86}$$

式中，M_{cr}、Q_{cr} 均为单独作用时的屈曲载荷。

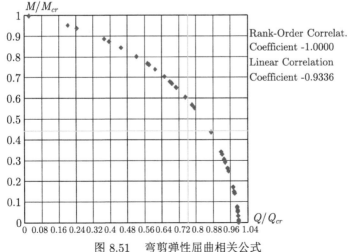

图 8.51 弯剪弹性屈曲相关公式

　　而极限承载力相关公式曲线近似为两条直线的交线，且位于圆曲线与该圆曲线的两条切线正中间，如图 8.52 所示。如仍采用原曲线，当然显得过于保守。建议采用如下公式。

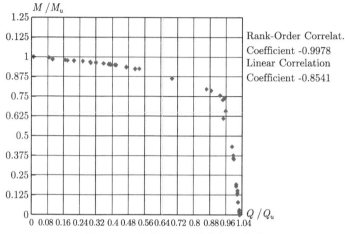

图 8.52　弯剪极限承载力相关公式

　　当以弯曲为主时，$\dfrac{Q}{Q_u}$ 应在圆曲线与 $\dfrac{M}{M_u} = 1$ 的中间取值，即

$$\frac{Q}{Q_u} = \frac{1}{2}\left(1 + \sqrt{1 - \left(\frac{M}{M_u}\right)^2}\right) \tag{8.87}$$

这时有

$$\left(2\frac{Q}{Q_u} - 1\right)^2 + \left(\frac{M}{M_u}\right)^2 = 1 \tag{8.88}$$

当以剪切为主时，应该有

$$\left(2\frac{M}{M_u} - 1\right)^2 + \left(\frac{Q}{Q_u}\right)^2 = 1 \tag{8.89}$$

求解上述两式，得出配对的 M 和 Q 最小值即为合理极限承载力。

3. 弯剪局压的极限承载力分析

　　采用简支工字梁分析复杂荷载作用下的极限承载力，计算模型为 3 跨简支工字梁的第 1 节间，在弯矩、剪力和局压荷载作用下进行极限承载力随机分析，初始缺陷采用幅面的一致屈曲位形，矢度为幅面宽度的 1/1000，不考虑残余应力，计算结果接近理想工字梁腹板极限承载力。

采用 Matlab 拟合弹性屈曲相关公式，经分析，3 个相关公式都取 2 次方，误差较大（$-39.4\% \sim 0\%$），从弯剪的弹性屈曲相关公式看，计算结果基本满足圆曲线的关系，所以，局压对相关公式影响较大。从相关公式的空间曲面看，可以理解为被局压的效应将圆曲面压平了，如图 8.53 和图 8.54 所示。经数值分析，建议将弹性屈曲相关公式修正为

$$\left(\frac{\sigma_x}{\sigma_{xcr}}\right)^2 + \left(\frac{\sigma_b}{\sigma_{bcr}}\right)^2 + \left(\frac{\sigma_a}{\sigma_{acr}}\right)^{0.8} = 1 \tag{8.90}$$

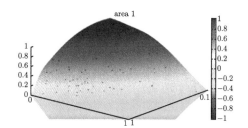

图 8.53 弯、剪、局压弹性屈曲相关系数拟合曲面

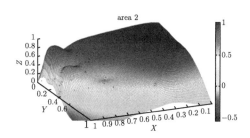

图 8.54 弯、剪、局压极限承载力相关系数拟合曲面

图 8.53 列出了弯、剪、局压弹性屈曲的应力拟合曲面，近似为球形，其中 x 轴为剪切，y 轴为局压，z 轴为弯曲。图 8.54 列出弯、剪、局压共同作用时的极限承载力，拟合极限承载力相关公式为

$$\left(\frac{\sigma_x}{\sigma_{xu}}\right)^2 + \left(\frac{\sigma_b}{\sigma_{bu}}\right)^2 + \left(\frac{\sigma_a}{\sigma_{au}}\right)^2 = 1.12 \tag{8.91}$$

下面采用随机分析对工字梁在弯、剪、局压作用下的弹性屈曲和极限承载力进行随机分析，并验算老规范公式（8.76）、国外规范公式（8.77）和笔者通过数值拟合的新公式（8.90）、式（8.91）的可靠性。

如图 8.55 所示，复杂荷载共同作用下弹性屈曲相关公式（8.76）的值介于 0.607~1.582，平均值为 0.930。而图 8.56 为弹性屈曲相关公式（8.77）的计算结果，介于 0.804~1.177，平均值为 0.878。图 8.57 为式（8.90）的计算结果，介于 0.869~1.259，平均值为 0.940。图 8.58 为复杂荷载共同作用下的极限承载力相关公式（8.91）的计算结果，介于 0.968~1.440，平均值为 1.207。随机分析表明老规范公式（8.76）的精度低，国外规范公式（8.77）和笔者通过数值拟合的新公式（8.90）、式（8.91）的可靠性较好，精度高。

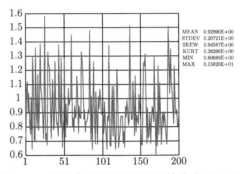

图 8.55   共同作用的弹性屈曲相关公式（8.76）

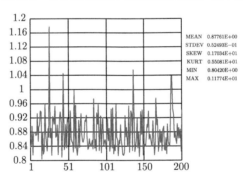

图 8.56   共同作用的弹性屈曲相关公式（8.77）

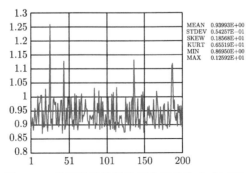

图 8.57   共同作用的弹性屈曲相关公式（8.90）

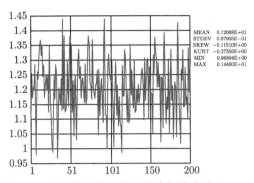

图 8.58 共同作用的极限承载力相关公式 (8.91)

8.6 钢箱梁横隔板试验

广州珠江黄埔大桥是同三（黑龙江省同江市到海南省三亚市）、京珠（北京到珠海）国道主干线绕广州公路东环段中连接广州市区与番禺区的一座特大型桥梁，在广州远洋修船厂与菠萝庙船厂之间跨越珠江北汊菠萝庙水道，经大濠州后再跨越南汊大濠州水道，进入番禺区化龙镇。珠江黄埔大桥由北引桥、北汊桥、中引桥、南汊桥（跨越大濠州水道）和南引桥组成（见图 8.59）。

图 8.59 珠江黄埔大桥效果图

8.6.1 试验项目概述

珠江黄埔大桥北汊桥主桥采用单塔双索面钢箱梁斜拉桥，跨径组成为 383m+197m+63m+62m，主桥长 705m[73]。斜拉索采用热挤聚乙烯高强钢丝拉索，标准索距为 16m，边跨辅助墩、过渡墩间索距为 12m。主梁采用单箱三室扁平流线型栓焊钢箱梁（见图 8.60），设 4 道纵腹板，中间纵隔板至箱中心距离 9.4m。中心梁高 3.5m（内轮廓），钢箱梁全宽 41m，桥面设 2% 的双向横坡。标准段顶板厚 16mm，底板厚 12mm，在索塔附近，顶、底板均加厚至 20mm。钢箱梁侧腹板因锚箱受力要求，为抗层状撕裂 Z 向钢板，厚 32mm。

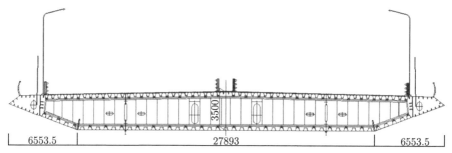

图 8.60   黄埔大桥主桥钢箱梁（单位：m）

根据桥位的自然条件、架设时间安排、运输设备、起吊设备等因素，将钢箱梁划分为 A～K 共计 14 种类型 52 个梁段，分索塔区梁段、辅助墩顶梁段、无索区梁段、标准段、边（中）跨合龙段。其中标准梁段长度为 16m，在边跨有部分 12m 长的梁段，边跨合龙段长 6m，主跨合龙段长 9.6m。索距 16m 的标准梁段为 D 类梁段（见图 8.61），吊装重量 322t；索距 12m 的标准梁段为 E 类梁段。

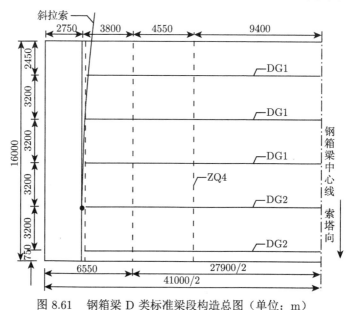

图 8.61   钢箱梁 D 类标准梁段构造总图（单位：m）

主梁横隔板有桁架式和板式两种：桁架式横隔板整体刚度和抗扭刚度较差，但用钢量小，箱内通透性好，除湿系统投入少；板式横隔板用钢量较大，箱内通透性差，除湿系统投入多，但钢箱的整体性好、抗扭刚度大。本桥梁高仅 3.5m，用钢量不大，因此采用了板式横隔板。所有横隔板均为整体式，标准梁段间距为 3.2m

（D 类）和 3.0m（E 类），板厚 10mm，在有拉索处横隔板厚 14mm，支座处横隔板的厚度根据支座反力的大小取 22mm。

箱体内的纵隔板有桁架式和板式两种类型，标准梁段采用桁架式纵隔板，在有竖向支座区段（辅助墩、过渡墩、索塔处）采用板式结构。支座处梁段的板式纵隔板厚度为 24mm。桁架式纵隔板上、下弦杆为 T 型截面，板厚 12mm，斜杆为 $\varphi219\times8$ 圆钢管，节点板厚度为 14mm。

钢箱梁侧腹板因锚箱受力要求，采用抗层状撕裂钢材 Q345D-Z25，桁架式纵隔板的圆钢管采用 Q235C，钢箱梁主体其余部分的钢材采用 Q345C。

1. 模型试验的研究意义

扁平钢箱梁由于抗扭、抗弯惯性矩大，且具有很好的抗风性能，在大跨度斜拉桥和悬索桥中得到大量应用。钢箱梁施工阶段悬臂拼装时，吊机前支点的反力基本上由前端横隔板承受，横隔板在吊机的前支点集中荷载作用下可能引起局部屈曲，也称蹑曲。横隔板的蹑曲会造成横隔板承载力降低，局部变形过大，甚至造成永久变形或出现整体失稳。大跨度扁平钢箱梁斜拉桥横隔板的构造复杂，由于过人洞、纵肋切口或其他贯穿孔等，横隔板的截面削弱较多，截面由于焊接引起的残余应力及焊接变形较大，加之横隔板的高度和高厚比较大，其横向受力的稳定性能较差。由于横隔板的构造特点，因此有必要研究其在局部压应力、弯和剪共同作用时的稳定性 [74-77]。

当横隔板设置纵、横向加劲肋并考虑结构的初始缺陷时，横隔板在各种荷载作用下的局部屈曲、整体稳定和极限承载力问题分析将十分复杂。鉴于理论分析和计算很难准确反映受力区域的真实应力分布情况，为保证大桥施工及运营阶段的质量和安全，验证设计计算理论，检验制造工艺，把握横隔板局部应力分布规律，积累设计、施工技术资料，同时也为今后科研积累科学数据，对钢箱梁的横隔板结构进行理论分析和必要的静载模型试验有非常重要的意义。模型试验的主要目的如下：

（1）斜拉桥钢箱梁采用悬臂拼装时，横隔板在吊机前支点的巨大集中荷载作用下可能引起蹑曲，甚至出现整体失稳。由于结构的初始缺陷、施工工艺等因素在有限元方法中无法全面、合理考虑，因此可以通过模型试验全面考察横隔板在局压作用下的极限承载力，模型试验也可以验证板钢结构极限承载力统一理论。

（2）由于桁架式纵隔板的整体性差，加之对钢箱梁节段的初步分析，发现桁架杆的应力过大，有必要通过桁架式纵隔板的模型试验，考察其力学性能和极限承载力。

2. 国内外研究现状

美国的 ASCE（土木工程师学会）和 AASHTO（美国国家公路与运输协会）于 1963 年成立了箱梁桥分委员会，致力于箱梁理论和经济性的研究。该委员会在 1967 年提出的关于钢箱梁桥设计趋势的报告中，列出了 15 个有待进一步研究的方面。十年后，ASCE 和 AASHTO 发布了关于曲线箱梁桥设计的 106 篇参考文献。同时还发布了美国、加拿大、英国、欧洲、日本等国和地区在箱梁桥构型、设计、细节、建造方面取得成果的调查报告。这些工作极大地促进了钢箱梁桥的发展。在过去，国内外大多数的桥梁设计基于弹性分析，通常假设单个单元单独的力学性能和它在整体结构中的力学性能是一致的，单个单元响应的组合就是整个结构响应的一种再现，这种分析的精度就依赖于假设的有效性。日本桥梁规范、加拿大公路桥梁设计规范 CHBDC2000 和美国的 AASHTO 都建议设计扁平箱梁桥时应当采用几种方法计算，这些方法包括正交异性板法、梁格法、夹层板法、有限条分法和有限元法[82−87]。

钢箱梁的横隔板稳定性能分析涉及的因素较多，横隔板边界条件较难与实桥一致，当横隔板设置纵横向加劲肋并考虑结构的焊接残余应力与变形、构件的初始弯曲时，横隔板在各种荷载作用下的局部屈曲、整体稳定和极限承载力问题分析十分复杂。钢箱梁斜拉桥施工时采用悬臂拼装法，吊机直接在钢箱梁上行走。由于是吊机吊梁，吊机前支点的竖向反力比较大，比如南京长江二桥的吊机前支点反力大约 590t。而且吊机前支点的反力基本上由前端横隔板承受，此处横隔板的局部稳定和强度问题尤为突出，为此南京长江二桥在吊机前支点横隔板的支点位置设置了局部的竖向加劲肋。苏通长江大桥吊机前支点横隔板也增加了局部加劲肋。钢箱梁施工时横隔板的局部屈曲问题是控制吊装施工的关键部位，可能引起横隔板在集中荷载作用下的颤曲，造成腹板承载力降低，横隔板局部变形过大，甚至会损坏，也可能在压弯作用下发生局部屈曲或整体失稳。

钢箱梁的构造复杂，即使采用非线性功能比较强的有限元程序，花费大量的计算，得到的结果也不理想。一般还是采用线弹性理论计算，即使采用非线性计算也不能考虑残余应力、制造缺陷等因素，得到的极限承载力偏高，用于设计偏于不安全。钢箱梁研究的复杂性，导致国内外学者的观点不一致，在钢箱梁的设计过程中采用的思想也不一致，使设计带有较大的任意性。在钢箱梁的极限承载力分析方面还有众多问题需要解决，例如，结构的初始缺陷、焊接残余应力、局部构造和几何（材料）非线性对结构承载力的影响。结构的复杂性，引起钢箱梁结构的翘曲、畸变、剪力滞等特殊的力学行为都有待于深入研究[88−93]。非线性有限元方法的发展，使桥梁节段极限承载力分析成为可能，但是，对影响钢箱梁承载力因素的全面考虑，以及其对全桥承载力的影响等问题未得到有效的解决[81,86,87]。

国内外有多种方法试图确定横隔板的最大承载力，这些方法所能达到的精确程度只能通过计算和试验结果来比较和评定。横隔板的极限承载力研究多采用数值分析方法，但由于如下三方面原因，横隔板的极限承载力分析还不完善[93,94]：

（1）应考虑加劲板的曲后性能，受压板失稳后会偏离原来的平面位置出现屈曲，与压杆不同，板曲后还存在承载能力，其屈曲强度源于板内的薄膜张力，这是因为板面发生弯曲时产生的横向张力对板的进一步弯曲起到约束作用，使板能够继续承受增大的压力；

（2）横隔板总会有初始几何缺陷，从加载开始时结构性能便受到影响，结构变形随荷载的增大而增大，直到达到承载力极限状态；

（3）钢箱梁残余应力与承受的应力叠加时，促使其过早达到屈服。

规范对钢箱梁纵、横隔板的研究基于简单梁理论，对扁平钢箱梁纵、横隔板的研究很不完善。一般将横隔板简化为与工字梁相同的构造，采用半经验半理论的方法计算节间腹板的极限承载力，并取较大的安全系数考虑简单梁理论带来的误差。国内规范中，对钢箱梁加劲板局部稳定问题的内容介绍甚少，设计中加劲板的稳定性是根据经典的弹性平板屈曲理论计算的，加劲肋的刚度要求同样按弹性屈曲理论求得，以保证板屈曲时加劲肋不一起变形。由于受压时纵肋随加劲板一起变形，弹性屈曲理论对刚度要求的模式远不符合实际，传统的线性屈曲理论不能很好地运用于箱型梁设计。所以，采用板理论计算所得构造板的临界应力值较高，与实际箱梁加劲板的承载力差别较大。

箱型梁需要不同类型的隔板来达到不同的目的。在支点之间，需用隔板将桥面荷载传给箱型梁腹板，或用于限制畸变及其应力，或用来使制造方便。在支点处，隔板还需要将剪力流传给支座。在箱型梁间，或梁外侧设置横撑架或悬臂支架时，需要内部隔板支撑横撑架或悬臂支架，使结构具有连续性。虽然隔板在原则上可以按构架、桁架或板段处理，并采用 BS5400 第 3 部分相关方法进行设计，但荷载效应及其应力场的复杂性使规范需要专门的考虑。现有规范多采用简单梁理论进行分析，对各种不能忽略的荷载效应分别进行验算并给出相应的简化方法和相应的构造规定。但是，这些规则还需要用精密的理论和试验结果去校核。

扁平钢箱梁的横隔板通常集桥面板横肋、底板横肋和横梁于一体，设置横隔板可以有效地减少扭转引起的翘曲正应力和畸变变形，同时又能减轻正交异性桥面板在轮载作用下的挠度和纵向弯曲正应力。横隔板设置的间距一般通过翘曲应力与弯曲应力的比值来确定，日本的限定条件是 5%，美国（AASHTO）为 10%。

工程界普遍认为设置纵隔板可提高钢箱梁桥轴向承载能力，所以大多数的斜拉桥扁平钢箱梁设置了纵隔板，有些悬索桥的扁平钢箱梁在截面内也设置了纵隔板，而有些没有设置。理论上说，设置纵隔板能够增加扁平钢箱梁的抗剪、抗弯和抗扭能力，减小桥面的局部变形，减小横截面的变形和由此产生的应力，提高主梁的承载能力，但实际的贡献难以量化。

斜拉桥主梁的局部稳定、整体稳定安全系数如何取值，现行国内外桥梁规范未做规定。对于组成结构构件截面的板件而言，如受压杆的翼缘板，钢箱梁的横隔板、纵隔板等，这些板件的失稳属局部屈曲，板件局部屈曲后，结构构件可以继续承载，而不会立即倒塌。钢板梁腹板若因抗弯失稳而退出工作，但只要其翼缘强度有富余，即翼缘不失稳，则钢板梁不会整体失稳而达到承载能力极限状态。因此，局部稳定安全系数可以比整体稳定安全系数低，结构发生局部屈曲后，还可以利用结构的曲后极限承载力。

3. 试验研究的主要思路

本试验项目的主要研究思路：

（1）通过非线性有限元法计算施工吊装阶段钢箱梁的静力特征、弹性屈曲特征；

（2）根据（1）的计算结果确定试验的模型，使试验模型的静力、屈曲特性与节段的力学特性一致；

（3）通过对试验模型的初始缺陷进行调查，为极限承载力分析和试验做准备；

（4）通过节段试验研究横隔板的稳定性能和纵隔板的力学性能，并对板钢结构极限承载力理论、计算方法进行验证。

8.6.2　试验模型的数值分析

根据试验目的，通过数值方法计算钢箱梁节段模型在施工吊装时的压力分布和弹性屈曲特性。根据计算结果拟定试验节段模型；采用节段试验研究横隔板的施工稳定性和极限承载力；加载试验结束后，截取桁架式纵隔板进行局部构造试验，研究桁架式纵隔板的力学性能和极限承载力。

1. 基本资料

计算工况为吊机作用在标准梁段上，起吊标准梁段。计算模型考虑为桥面吊机前支点作用在 J16 梁段上，后支点作用在 J15 梁段上，起吊 J17 梁段。计算荷载包括 J15 和 J16 梁段自重、吊机前支点反力、吊机后支点反力、J15 索力、J16 索力。标准梁段重量为 322t，桥面吊机前支点荷载作用在 J16 梁段离悬臂段 3.95m 处，荷载数值为 768t，方向向下。桥面吊机后支点距前支点 16m，荷载数值为 234t，方向向上。吊机作用力纵向位置布置见图 8.62。J15 索力、J16 索力对应吊装 J17 施工阶段，由全桥平面整体计算给出（见表 8.16）。

2. 节段模型数值分析

采用 ANSYS 建立钢箱梁标准梁段的空间有限元计算模型（图 8.63），计算模型的局部构造见图 8.64 和图 8.65。计算模型包括 J15、J16 梁段，顺桥向长 32m。考虑到边界的影响、风嘴部分不参与结构受力，因此计算模型不考虑风嘴，只研究 J16 梁段。

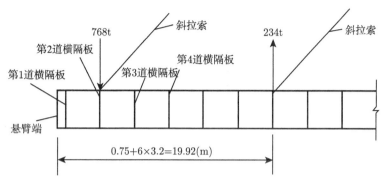

图 8.62 吊机作用力纵向位置布置图

表 8.16 斜拉索的索力（两根索）

索号	索力/kN	拉索垂直倾角/(°)	拉索水平倾角/(°)	顺桥向/kN	竖向/kN	横桥向/kN
J15	9944.785	30.2944	0.4998	8587	5016	75
J16	11122.691	29.1221	0.4862	9716	5413	82

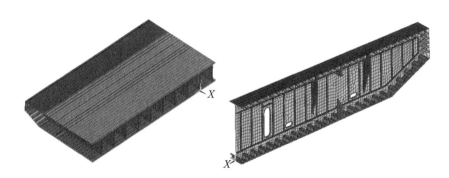

(a) 钢箱梁节段计算模型 (b) HG2附近梁段模型

图 8.63 钢箱梁空间有限元计算模型

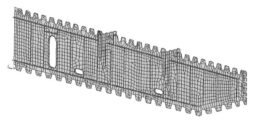

图 8.64 HG2 横隔板

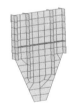

图 8.65 吊机前支点下的加劲板

计算模型采用了 SHELL181 壳单元、BEAM188 梁单元和 LINK8 杆单元。计算模型的位移边界条件为：J15 梁段近塔端固接，J16 梁段远塔端自由。计算模型上施加的荷载包括：J15、J16 梁段自重、吊机前支点反力、吊机后支点反力、J15 索力和 J16 索力。设计图纸上给出的标准梁段重量为 322t，由于计算模型中不含风嘴，模型重量较实际吊装重量轻，为此将计算模型的材料容重进行了修正，使计算模型重量与吊装重量相等。

桥面吊机前支点荷载作用在 J16 梁段离悬臂端 3.95m 处，即在 J16 梁段离悬臂端的第 2 道横隔板（HG2）处，也即 J16 斜拉索索力作用截面，前支点荷载数值为 7680kN，方向向下，由于一个横断面上有两台吊机，共有四个支点，故每个支点的作用力为 7680/4 = 1920kN；桥面吊机后支点作用在距前支点 16m 处，也即 J15 斜拉索索力作用截面，荷载数值为 2360kN，方向向上，同理，每个支点的作用力为 2360/4 = 590kN。

在局部分析中，边界条件分为位移边界条件和外力边界条件，对于无法准确模拟的边界条件按偏于安全的方法处理。基于上述原则，梁段局部分析时，考虑施工阶段钢箱梁悬臂拼装的受力特点，钢箱梁段一侧端部位移边界条件为全自由，钢箱梁段另一侧端部位移边界条件为对称约束 + 竖向支撑，即局部分析梁段近似考虑为单悬臂结构。同时，为模拟斜拉索对梁段的约束，在对应斜拉索锚箱位置沿斜拉索方向施加集中力。

1）静力分析

静力计算表明钢箱梁桁架式纵隔板斜杆钢管的应力水平较高，轴向压应力为 176MPa，轴向拉应力为 156MPa，在靠近桁架弦杆节点板附近应力值更大；横隔板 HG2 的应力满足要求，横桥向拉应力为 119MPa，横桥向压应力为 −115MPa，剪应力为 122MPa，主拉应力为 167MPa，主压应力为 −240MPa，Mises 应力为 242MPa。为提高纵隔板强度，降低钢管应力水平，设计单位提出钢管加固方案。在钢管上增加 4 个板肋，增加了受力面积，提高了强度及稳定性。纵隔板钢管加固方案如图 8.66 所示。

加固前后纵隔板的应力变化见表 8.17。加固后纵隔板钢管和横隔板 HG2 的 Mises 应力如图 8.67 所示。

对钢箱梁标准梁段在施工阶段的空间静力分析表明：

（1）加固前，钢箱梁桁架式纵隔板钢管的应力水平较高，轴向压应力为 −176MPa，轴向拉应力为 156MPa，在靠近桁架弦杆节点板附近应力达到 −240MPa，应力偏大。

（2）加固后，钢箱梁桁架式纵隔板钢管的应力明显降低，轴向压应力为 −120MPa，轴向拉应力为 115MPa，在靠近桁架弦杆节点板附近应力达到 −170MPa，应力满足规范要求。铁路和公路桥梁规范要求钢箱梁纵隔板和横隔板的容许应力规范值见表 8.18。

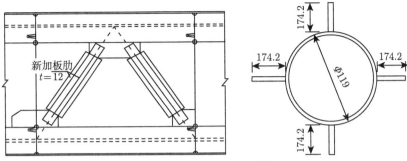

图 8.66　纵隔板钢管加固方案（单位：mm）

表 8.17　加固前后纵隔板的应力　　　（单位：MPa）

计算模型	钢管桁架			节点板
	轴向拉应力	轴向压应力	Mises 应力	Mises
加固前	240	−227	242	168
加固后	115	−120	169	155

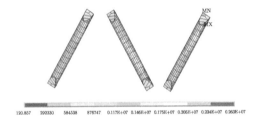

(a) 纵隔板钢管　　　　　　　　　　　(b) HG2横隔板

图 8.67　加固后纵隔板钢管和横隔板的 Mises 应力分布图（单位：$\times 10^2$Pa）

表 8.18　钢箱梁纵隔板和横隔板的容许应力规范值　　　（单位：MPa）

规范类别	《铁桥规》[14]			《公桥规》[83]		
构件	纵隔板斜杆（钢管）	纵隔板弦杆	横隔板	纵隔板斜杆（钢管）	纵隔板弦杆	横隔板
钢材牌号	Q235C	Q345C	Q345C	Q235C	Q345C	Q345C
轴向容许拉应力	162			182		
轴向容许压应力	141			163		
正应力容许值	168	252	252	189	273	273
剪应力容许值		144	144		156	156
主应力容许值		252	252		273	273
Mises 应力容许值	178	264	264	200	286	286

（3）加固前后，钢箱梁桁架式纵隔板弦杆上小节点板的应力均小于 200MPa，满足规范要求。

（4）钢箱梁横隔板横桥向拉应力为 119MPa，横桥向压应力为 −115MPa，剪应力为 122MPa，主拉应力为 167MPa，主压应力为 −240MPa，Mises 应力为 242MPa，满足规范要求。

2）弹性屈曲分析

在完成梁段局部应力分析后，利用 ANSYS 软件对梁段模型进行弹性屈曲分析，计算得到梁段局部稳定安全系数。计算表明：钢箱梁首先出现纵隔板上弦杆失稳，其稳定安全系数仅为 1.6，失稳模态为纵隔板上弦杆的小节点板发生面外屈曲。钢箱梁非吊点处横隔板（HG3）的稳定安全系数为 5.163，钢箱梁吊点处横隔板（HG2）的稳定安全系数为 6.029。

施工阶段钢箱梁弹性屈曲分析结果表明纵隔板稳定安全系数偏低。为提高纵隔板稳定性，设计单位提出 9 种通过在纵隔板处增加板肋来提高稳定性的加固方案，并通过数值计算得到各纵隔板加固方案的屈曲特征值 λ（见表 8.19）。

表 8.19　纵隔板加固方案

序号	加固方案	λ
1	未做加劲	1.678
2	节点板加一道竖肋（双面），加劲肋未顶至上弦杆翼缘	1.754
3	节点板加一道竖肋（双面），加劲肋顶紧上弦杆翼缘	1.805
4	节点板加一组 T 型加劲肋（双面）	1.938
5	节点板加一组 I 型加劲肋（双面）	2.073
6	节点板加一组 I 型加劲肋（双面）、上弦腹板加一组竖肋（双面）	2.403
7	节点板加一组倒 T 型加劲肋（双面）、竖肋顶紧上弦杆翼缘，上弦腹板加一组竖肋（双面）	2.753
8	节点板加一组竖肋（双面）、竖肋顶紧上弦杆翼缘，上弦腹板加一组竖肋（双面）	2.342
9	上弦腹板加两道竖肋（单面），节点板加一道竖肋（单面）	1.949

经过综合分析，提出将方案 7 作为推荐方案，方案 7 具体构造如图 8.68 所示，纵隔板加固后的屈曲位形如图 8.69 所示，钢箱梁 HGB3 处横隔板的稳定安全系数为 5.364，其屈曲模态见图 8.70。

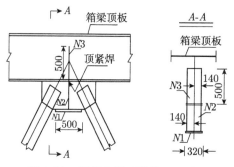

图 8.68　推荐方案（单位：mm）

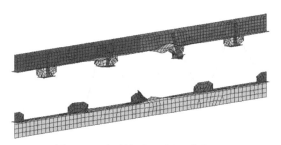

图 8.69 钢箱梁纵隔板屈曲位形

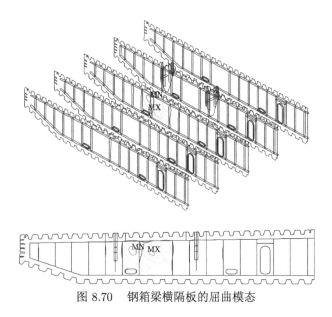

图 8.70 钢箱梁横隔板的屈曲模态

分析表明纵隔板加固后局部稳定系数大于 2.5，横隔板弹性局部稳定系数大于 5，二者的稳定性满足现行国内外桥梁规范的隐含要求。纵隔板的屈曲属于结构的局部屈曲，由于其稳定安全系数较低，可能影响结构的使用或造成过大的变形。所以，对扁平钢箱梁在施工吊装时的稳定性和极限承载力研究还需要进一步的试验来验证。

3. 试验节段模型数值分析

钢箱梁施工稳定性试验节段模型采用 1:2.5 模型，模型试件的主要设计要求及细节均与实桥相同。试验模型包括模型主体（含有三道横隔板的钢箱梁）和支墩构造两部分。试验模型选取范围按圣维南原理和加载需要确定，在横隔板（HG2）两侧各取一个节间，模型全宽 2.56m，该长度能够保证横隔板的屈曲模态和实桥基本相同。向塔侧端部设置横隔板 HG1，为了便于仪器安放和观测，背塔侧端部横隔板设计成桁架式。为模拟实际结构中横隔板 HG2 附近梁段的边界条件，在钢箱梁模型的两侧增设支墩，将模型在两端简支。

1）试验节段静力分析

采用 ANSYS 建立试验梁段的空间计算模型，如图 8.71 所示。钢箱梁的顶板、底板、腹板、U 肋、扁钢加劲肋、横隔板、纵隔板上弦杆和下弦杆的竖板均采用 SHELL181 壳单元，纵隔板钢管桁架用 BEAM188 单元模拟。

(a) 试验梁段   (b) 局部构造

图 8.71   试验梁段空间计算模型

试验节段模型是通过实桥模型与试验节段模型的静力、弹性屈曲特征基本一致来确定的。实桥节段模型与试验节段模型的横隔板、纵隔板、顶板及底板应力极值比较见表 8.20，可以看出实桥和试验梁段模型各板件应力分布规律基本一致，应力极值大体相当。

表 8.20   实桥及试验梁段应力极值比较   （单位：MPa）

板件	实桥梁段应力			试验梁段应力		
	主拉应力	主拉应力	Mises 应	主拉应力	主拉应力	Mises 应
横隔板	187	312	259	168	226	267
纵隔板			263	235	−260	289
顶板			135			140
底板			157			141

2）试验节段极限承载力分析

采用逐步破坏法对横隔板的极限承载力进行分析，Q345 钢材的应力–应变曲线如图 8.72 所示；根据试件的初始弯曲调查，其最大面外弯曲达到 18mm，对比试验节段的弹性屈曲分析，对试验节段的局部屈曲区域的初始弯曲进行分析，取构件的面外弯曲矢度的平均值进行厚度折减分析，得出各个局部屈曲区域板件的厚度折减系数如表 8.21 所示。

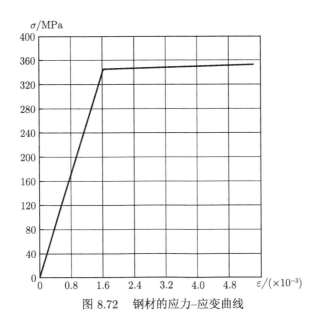

图 8.72 钢材的应力-应变曲线

表 8.21 试验节段的厚度折减系数

分析项目	纵隔板	横隔板 3		横隔板 2	
	板件	腹板	加劲肋	腹板	加劲肋
f_0/mm	2.2	7.5	2.1	9.0	1.6
ε	0.051	0.043	0.064	0.048	0.049

采用逐步破坏法对试验节段模型进行极限承载力分析，当荷载系数 k_P 达到 1.06 时，纵隔板节点板发生局部屈曲并出现较大的塑性应变；荷载系数 k_P 达到 1.55 时 HGB3 出现屈曲；荷载系数 k_P 达到 1.97 时 HGB2 出现局部屈曲；荷载系数 k_P 超过 2.64 后，荷载作用下方 HGB2 出现塑性铰，结构出现机动破坏而达到极限状态。试验节段顶板的荷载-位移曲线见图 8.73。

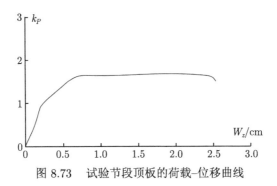

图 8.73 试验节段顶板的荷载-位移曲线

3）纵隔板局部模型试验分析

试验节段研究表明桁架式纵隔板的局部屈曲是钢箱梁吊装荷载作用下的薄弱区域，所以，在节段荷载试验后，截取纵隔板节段进行极限承载力试验，研究纵隔板的相关力学性能。纵隔板局部模型试验为截取节段试验模型中的局部构件，其加载数值模型如图 8.74 所示。局部模型在外侧横隔板处简支，在中央横隔板处加载集中荷载。

图 8.74　黄埔桥纵隔板局部加载数值模型

由于纵隔板在节段试验中已经产生较大的变形，因此根据调查的数据在纵隔板极限承载力分析中取结构的初始几何变形矢度为 $b/50$。

图 8.75 给出了纵隔板荷载作用点的荷载-位移曲线，可以看出荷载系数 k_P 小于 1.45 时，纵隔板加载点的竖向位移与荷载接近线性变化；荷载系数 k_P 超过 1.45 后，纵隔板加载点竖向位移有明显变化；最大荷载系数 k_P 达到 2.01，纵隔板的节点板出现塑性铰从而出现机动破坏。

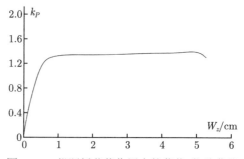

图 8.75　纵隔板荷载作用点的荷载-位移曲线

8.6.3　模型试验

试验加载系统由地锚、千斤顶、反力梁、锚固梁等组成，加载系统构造见图 8.76。用千斤顶模拟吊机集中力，千斤顶反力通过横梁、锚梁传递给钢箱梁。

1. 试验加载过程

（1）预加载：采用 0.6 倍设计荷载进行预加载及卸载，以检查仪器的工作状态，消除构件的非弹性变形；

（2）荷载加载工况以设计荷载的 20% 为增量级，加载到 1.0 倍设计荷载，然后卸载；

（3）极限承载力加载工况以设计荷载的 20% 为增量级，加载到 1.0 倍设计荷载，然后用设计荷载的 10% 为增量级，加载到 2.5 倍设计荷载后以设计荷载的 20% 为量级卸载至零。

图 8.76　试验梁段加载系统构造

2. 节段试验及结果

从测试数据可以看出，对应于 1.0 倍设计荷载加载工况时，各测点均在弹性范围内，大部分测点应力值较低（小于 100MPa），部分测点的实测应力有些偏大，但仍在弹性范围内。1.0 倍设计荷载加载过程中，钢箱梁顶板上测点竖向变形随荷载大致呈线性变化，卸载后测点变形基本恢复到 0 附近，钢箱梁顶板在加载过程中处于弹性范围。顶板变形形状基本上与简支梁的变形形状一致，跨中位置变形最大。在 1.0 倍设计荷载加载过程中，横隔板 HG2 上大部分测点变形随荷载大致呈线性变化，且卸载后测点变形基本恢复到 0 附近，横隔板 HG2 在加载过程中处于弹性范围。

在 2.5 倍设计荷载时，部分点位测得的应力已经超过了屈服强度，在卸载至 0 后，除了在加载过程中应力一直较小的测点外，大部分测点中均有较大的残余应力。在 2.5 倍设计荷载加载过程中，当荷载不大于 1.0 倍设计荷载时，顶板变形仍在弹性范围内，当超过 1.0 倍设计荷载时，钢箱梁桥面板上多数变形测点出现跳跃，但还是跨中部分的测点变形最大。在完全卸载后，各测点变形无法完全恢复，其中距加载位置较远的测点在完全卸载后其残余变形相对较小。在 2.5 倍设计荷载的加卸载过程中，明显看到了横隔板的屈曲半波形状，在卸载至 0 后仍很明显。横隔板的极限承载力可以取 2.5 倍设计荷载，即横隔板腹板上大多数点出现塑性应变，腹板作为主要受力构件出现了较大有碍于使用的变形而达到使用承载力极限状态。

3. 纵隔板试验及结果

根据试验数据分析，纵隔板节点板在荷载超过 1.1 倍设计荷载的时候，局部开始出现塑性应变，且在加载过程中多处测点出现跳跃，说明节点板出现了屈曲和较大的变形。根据使用极限状态准则，可以认为纵隔板的使用极限承载力为 1.1 倍设计荷载。钢箱梁节段承载力试验后，截取纵隔板节段进行试验。试验模型如图 8.77 所示，当纵隔板中央的集中荷载达到设计荷载的 1.9 倍时，节点板与弦杆的焊缝多处开裂，纵隔板的桁架杆端部出现压溃变形，承载力极限状态如图 8.78 所示。

所以，纵隔板的使用极限状态承载力为 1.1 倍设计荷载，极限承载力为 1.9 倍设计荷载。

图 8.77   纵隔板试验模型

图 8.78   纵隔板模型承载力极限状态

4. 隔板施工稳定性试验结论

根据黄埔大桥纵、横隔板的稳定性试验，结合非线性空间有限元分析，对施工阶段斜拉桥钢箱梁横隔板在局部集中荷载作用下的颤曲进行了研究，对于纵隔板的设置对钢箱梁变形的影响和桁管截面特性对纵隔板受力的影响进行了参数分析，主要得出如下结论：

（1）按《BS5400 规范》和《铁路桥梁钢结构设计规范》对横隔板的稳定性进行了验算，横隔板的稳定性满足规范要求。在吊机作用位置设置局部加劲肋后，横隔板局部稳定系数得到显著提高；吊机集中力引起的剪力使横隔板在竖向加劲肋及水平加劲肋围成的板块上出现大致 45° 方向的屈曲。试验结果表明，对应于设计荷载工况时构件处于弹性工作状态，试验结构的极限承载力安全系数大于 2.5。

（2）纵隔板的设置可以提高截面的刚度，也可以改善悬臂拼装阶段扁平钢箱梁的相对横向变形。纵隔板的位置越靠内，相应的吊机反力也越靠内，挠度越大。因此，纵隔板的设置在能够满足结构合理性的基础上，靠外布置，可以减少横向挠度。在梁段吊装过程中，纵隔板桁管所受的轴力较大，其应力超出容许应力。建议加大桁管尺寸（如尺寸改为 $\varphi219\times12$），同时换用 Q345 钢材。若改用抗弯惯性矩较大的工字型、H 型或方管截面应该有更好的效果，相应的节点形式也应改变。

（3）通过试验结果与承载力统一理论的对比分析表明，桁架式纵隔板的构造还有改进的必要。根据 7.4.3 节的研究结论，考虑结构计算参数随机性、初始缺陷等的影响，横隔板的稳定安全系数应大于 2.1，纵隔板的稳定安全系数应大于 2.5。所以，加固后纵隔板的节点板承载力的稳定安全系数偏低，在施工吊装阶段，节点板可能会发生局部屈曲和较大范围的塑性变形，虽然不影响横隔板的施工稳定性，却必将影响纵隔板的耐久性。国内某斜拉桥就是由于桁架式纵隔板的节点板在施工吊装时的过大变形和局部损伤，导致焊缝开裂，连接失效，严重影响该桥的耐久性。

5. 承载力统一理论的试验验证

采用承载力统一理论分析扁平钢箱梁试验节段的使用极限承载力，不考虑纵隔板屈曲后的应力重分布，分析结果见表 8.22[2]。

表 8.22　扁平钢箱梁试验正常使用极限承载力对比分析

试验项目	设计应力/MPa	屈曲特征值	使用极限承载力（× 设计荷载）		误差/%
			统一理论	试验值	
节段试验	289.00	2.75	1.08	1.10	−1.8

采用逐步破坏法分析纵隔板局部模型和钢箱梁试验节段的极限承载力，与试验结果的对比见表 8.23。

表 8.23　扁平钢箱梁试验极限承载力对比分析

试验项目	设计应力/MPa	屈曲特征值	极限承载力（× 设计荷载）		误差/%
			统一理论	试验值	
节段试验	289.00	2.75	2.64	2.50	5.6
纵隔板试验	161.20	4.20	2.01	1.90	5.8

通过试验结果与承载力统一理论的对比分析表明，承载力统一理论具有精度高、计算方法简明等优点，是目前极限承载力分析领域较优的计算方法。从表 8.22 和表 8.23 的对比分析表明：

（1）钢箱梁纵隔板局部构造在施工吊装时的使用应力已接近其使用极限承载力，在施工过程中可能会产生局部破坏、焊缝开裂和永久变形，对结构的耐久性十分不利，在施工和后续的设计中应该给予足够的重视；

（2）采用逐步破坏法分析板钢结构的极限承载力，计算较简单，精度高，满足工程实践的需要。

8.7 "天宫一号"飞行器离轨再入极限承载力环境结构响应失效行为模拟

自从 1957 年苏联卫星 Spoutnik-1 在轨运行以来，人类在空间的活动已经导致产生了大量的空间碎片，大气阻力的作用导致越来越多的空间碎片或发射残留物随机再入地球大气层。大部分随机再入的空间碎片，因气动加热的原因在到达地面以前都被全部烧毁了[97−99]。然而大的物体如发射后的火箭本体、上面级、大型失效卫星或空间站等，在服役期满陨落再入的过程中并不能完全烧毁，残留的碎片沿航天器的飞行轨迹方向散布在一个狭长的区域。如果残留的碎片散落在人口密集区，则会对人类的安全造成破坏。如何最好地管控这种风险已经是急迫解决的问题[100−102]。美国政府提出了指导原则来限制再入空间飞行器的风险。如果一颗再入卫星预期的伤亡人数超过了万分之一，则强烈推荐采取受控离轨。受控离轨是指地面控制中心利用剩余的推进剂进行多次刹车离轨控制，将其轨道高度逐渐减低，以预定的轨道倾角再入大气层，一旦离轨，这类航天器即以无控的方式陨落再入大气层解体、烧蚀熔融，有可能残留的碎片撞击到无人居住的海洋，将再入风险降至基本为 0。国外开展空间碎片再入预测及地面风险评估的研究已有十多年的历史，并利用工程预测方法形成了相应的软件系统，如美国的碎片评估软件（Debris Assessment Software, DAS）和目标再入存活分析工具（Object Reentry Survival Analysis Tool, ORSAT），欧洲的航天器大气再入与气动加热解体（Spacecraft Atmosphere Reentry and Aerothermal Breakup, SCARAB）等[103−105]。国内的清华大学利用工程预测手段初步建立了空间碎片再入分析方法和预估软件[106−109]。

我国的"天宫一号"目标飞行器由实验舱和资源舱组成，长约 7.8m 的太阳翼电池帆板位于资源舱的两侧，两个舱体的总长约 10.5m，舱体最大直径约 3.4m，设计在轨寿命 2 年。自 2011 年发射升空后，超期服役两年半因故失灵离轨陨落坠入大气层毁坏解体，需预先对其陨落再入解体风险进行详细的评估，同时还要不断完善这种大型航天器的再入解体和地面风险评估手段，为后续的货运飞船、空间站、大型卫星的陨落风险预报做准备。

对于大型航天器的离轨陨落解体分析，首先需要对太阳翼帆板和舱体表面的力/热载荷进行精细的数值模拟, 为进行地面风险评估的工程预测方法提供飞行器解体的判断准则。在航天器陨落再入的初期, 流动处于稀薄过渡流区域, 求解纳维–斯托克斯 (N-S) 方程的连续流计算方法已经失效, 需要采用基于分子碰撞理论的直接模拟蒙特卡罗 (DSMC) 方法 [101,110−115]。本节采用 DSMC 方法对带太阳翼帆板的大型航天器再入稀薄过渡流域的气动力、热特性进行了数值模拟, 计算中采用流场直角与表面三角形非结构混合网格, 以及网格自适应技术处理这类复杂外形的流动模拟, 考虑内能激发和化学反应来准确模拟气动加热, 以及基于 MPI (Message Passing Znterface) 的并行算法解决计算量庞大的难题。对太阳翼帆板连接支架模型的结构应力进行了有限元分析, 应用一维传热模型对航天器薄壳结构进行了传热/烧蚀计算。初步判断出太阳翼帆板损毁解体的高度, 分析两舱壳体在不同飞行高度的烧蚀、熔融情况。

8.7.1 航天器再入极限承载力环境 DSMC 数值模拟方法

DSMC 方法 (详见 3.5.4 节) 中的每个仿真分子代表若干, 如 $10^{12} \sim 10^{14}$, 真实气体的分子, 该方法的关键是在时间步长 Δt 内将分子的运动与碰撞解耦。在 Δt 时间内让所有分子运动一定的距离并考虑在边界的反射, 然后计算此 Δt 内具有代表性的分子间的碰撞。

1. 计算网格及网格自适应

在 DSMC 方法中, 流场中的网格是用来选取可能的碰撞分子对, 以及对宏观流动参数取样。"天宫一号" 目标飞行器结构复杂, 涉及局部凸起物、薄壁和细支架等需要精细描述的复杂壁面, 同时计算区域需要覆盖飞行器本体、展开的太阳翼帆板及激波干扰引起的复杂流动区域, 因此网格的计算效率和高可靠性至关重要。采用计算效率高的流场直角网格和对飞行器几何外形描述精确的表面三角形非结构网格 (图 8.79), 建立了混合网格结构的 DSMC 数值模拟方法。在描述物面几何形状的非结构网格建立以后, 直接将其嵌入直角网格的流场中, 使 DSMC 计算对流场网格的依赖程度大大降低。同时通过判断分子运动轨迹方程和物面三角形面元上任一点的位置方程, 唯一确定出分子与物面的碰撞点坐标, 解决了这种混合网格流场分子运动与物面碰撞的难题。对分子在物体三角形面元上碰撞、反射前后的流场参数进行统计取样就可以获得飞行器的整体气动力特性以及表面力、热载荷分布。

为了解决流场中因激波压缩、激波干扰及气体膨胀后出现的密度梯度急剧变化的流动特征, 计算中采用了网格自适应的策略。即在背景网格的基础上, 根据流场中密度梯度的变化分别对碰撞网格和取样网格进行细化 (图 8.79)。由于流场的梯度沿各个方向的变化是不同的, 梯度变化大的方向网格细分得更密一些, 因此沿三个坐标方向是各自独立地进行自适应，碰撞分子则是在自适应后最小的亚网格内选取，保证了计算的空间精度。

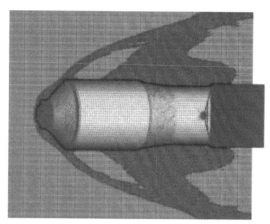

图 8.79　计算网格及网格自适应

2. 分子转动和振动松弛模型

天宫飞行器以第一宇宙速度离轨陨落再入的速度达到 7.6km/s，需要考虑气体分子的转动和振动激发以及化学反应。连续流气体分子的转动松弛碰撞数 Z_r^C 和振动松弛碰撞数 Z_v^C 需要经过内自由度的修正才可用于 DSMC 的模拟，修正如下：

$$\begin{cases} Z_r = \dfrac{\zeta_t}{\zeta_t + \zeta_r} Z_r^C \\[2mm] Z_v = \dfrac{\zeta_t + \zeta_r}{\zeta_t + \zeta_r + \zeta_v} Z_v^C \end{cases} \tag{8.92}$$

式中，ζ_t、ζ_r 和 ζ_v 分别是分子平动、转动和振动自由度。Parker[98,105] 给出了连续流转动松弛碰撞数 Z_r^C 的表达式

$$Z_r^C = \frac{(Z_r)_\infty}{1 + \dfrac{\pi^{\frac{3}{2}}}{2}\left(\dfrac{T^*}{T}\right)^{\frac{1}{2}} + \left(\dfrac{\pi^2}{4} + \pi\right)\dfrac{T^*}{T}} \tag{8.93}$$

式中，T^* 是气体分子作用势的特征温度，$(Z_r)_\infty$ 是实验测定的极限值。

连续流的振动松弛碰撞数定义为

$$Z_v^C = \tau_v / \tau_c, \quad \tau_v = \tau_{MW} + \tau_P \tag{8.94}$$

式中，τ_c 为分子平均碰撞时间，τ_{MW} 为振动松弛时间，τ_P 为高温修正项。

由 Landau-Teller 理论结果给出

$$\begin{cases} p\tau_{MW} = \exp\left(A^* T^{-1/3} + B^*\right) \\ p = nkT \end{cases} \tag{8.95}$$

Millikan 和 White 在高温激波管内通过干涉仪观测了气体分子振动松弛过程，在 10^4K 的温度范围内，给出了如下拟合参数

$$\begin{aligned} A^* &= 1.16 \times 10^{-3} m_r^{1/2} \theta_v^{4/3} \\ B^* &= -\left(1.74 \times 10^{-5} m_r^{3/4} \theta_v^{4/3} + 18.42\right) \end{aligned} \tag{8.96}$$

式中，m_r 为分子折合质量，θ_v 为振动特征温度。Park 给出了高温修正的 τ_P 为

$$\tau_P = n\sigma_v \bar{c} \tag{8.97}$$

式中，n 是数密度，σ_v 是分子振动碰撞截面 ($=10^{-20}$m^2)，$\bar{c}$ 是分子平均热运动速度。

3. 化学反应模型及非弹性碰撞模拟策略

通常反应速率常数可以写成下面的方程形式：

$$k(T) = \Lambda T^\eta \exp\left(-E_a/(kT)\right) \tag{8.98}$$

式中，E_a 是反应中需要的活化能；k 是玻尔兹曼常量；Λ 和 η 是常数，由实验定出。

化学反应概率可以推导为下面的表达式 [98,105,107]

$$\begin{aligned} P_r = \frac{\sigma_R}{\sigma_T} &= \frac{\pi^{1/2} \varepsilon \Lambda T_{\text{ref}}^\eta}{2\sigma_{T,\,\text{ref}} \left(kT_{\text{ref}}\right)^{\eta-1+\omega_{AB}}} \frac{\Gamma\left(\bar{\xi} + 5/2 - \omega_{AB}\right)}{\Gamma(\bar{\xi} + \eta + 3/2)} \\ &\quad \cdot \left(\frac{m_r}{2kT_{\text{ref}}}\right)^{1/2} \frac{(E_c - E_a)^{\eta+\bar{\xi}+1/2}}{E_c^{\bar{\xi}+3/2-\omega_{AB}}} \end{aligned} \tag{8.99}$$

式中，ε 是对称因子，对于不同类分子 $\varepsilon = 1$，对同类分子 $\varepsilon = 2$；$\bar{\xi}$ 为碰撞分子的平均内自由度；ω_{AB} 为碰撞对的黏性温度指数。当碰撞中的总碰撞能量 $E_c > E_a$ 时，反应截面 σ_R 与总碰撞截面 σ_T 的比值就是反应发生的概率，这种化学反应模型也称为 TCE（total collision enemy）模型。

在 DSMC 模拟过程中为简化碰撞算法，假设非弹性碰撞的化学反应过程和内能交换是相互独立的事件。由于碰撞分子发生化学反应的概率在所有非弹性碰撞

事件中是最低的, 所以首先判断其是否发生化学反应。离解反应、交换反应等不同的化学反应过程在满足反应概率的条件下都有可能发生。在无法获知反应分子遵循何种反应轨迹生成新的反应生成物时, 可以假定每种反应过程都是独立的。对所有可能发生化学反应的概率求和得到总的反应概率 $P_r = \sum_i P_r^i$, 如果 $P_r > R_f$, 则碰撞分子发生化学反应。具体发生的是何种反应类型, 则同样根据概率 P_r^i/P_r^i 与随机数 R_f 的比较来选取, 然后按照相应的化学反应类型产生新的生成物 (分子或原子)。

对于不发生化学反应的碰撞分子, 即 $R_f > P_r$ 时, 则根据分子振动抽样概率, 判断是否发生振动自由度的激发; 对于未发生振动激发的分子, 再根据分子转动抽样概率, 判断是否发生转动自由度的激发; 对于发生内自由度激发的分子, 按相应的能量交换模型进行能量的再分配, 否则分子按弹性碰撞处理。

由于模拟分析的高度较高, 仅考虑五组元空气 (O_2, N_2, O, N, NO) 的离解反应和交换反应, 烧蚀的影响暂不作考虑。

4. DSMC 并行算法

DSMC 并行算法采用区域分解的策略, 根据计算的处理器数 (或 CPU 核心数) 的多少将计算区域划分为等量的子区域, 每个处理器在其分配的子区域内部独立地计算模拟分子的碰撞和迁移, 离开子区域的模拟分子把携带的信息传递给对应子区域的处理器。并行计算总的时间包括每个处理器计算碰撞、迁移的时间、处理器之间的通信时间以及各处理器之间为同步而等待的时间。提高并行计算的效率主要是通过减少通信和同步等待的时间来实现 [14,110–113]。

为了减少不同处理器计算时间的差别, 通常采用负载平衡技术, 采用静态随机负载平衡方法来解决不同处理器之间的计算时间同步问题, 该方法基于概率近似原理, 将计算区域的全部网格平均分配给指定的所有处理器。由于采用相同的概率随机选取流场网格, 按照均分后的数量分配给每个处理器, 因此当计算区域的网格数量较多时, 每个处理器包含近似相等的物体边界、高密度流动区域和稀薄气体区域的网格数, 这样每个处理器的计算负载也非常接近。

8.7.2 航天器再入极限承载力环境结构瞬态响应模拟

1. 再入极限承载力环境太阳翼帆板连接支架的有限元分析

因为展开的太阳翼帆板在陨落的过程中受到气动力和力矩的作用最有可能首先解体, 根据 DSMC 数值模拟的结果 [14], 应用 ANSYS (美国 ANSYS 公司研制的大型通用有限元分析) 商业软件对简化的帆板连接支架的结构应力进行有限元分析, 图 8.80 是简化的计算模型。太阳翼帆板在受到气动载荷时, 由于力臂较

大（4m 左右），最大应力应该产生在根部连接结构或三角形连接架上，因此重点
关注的是连接基础及三角形连接结构。

计算分析用的太阳翼帆板安装架由三块铝合金板（7075-T6(SN)）和钛合金
（Ti-6Al-4V）连接头组成，气动载荷作用下太阳翼帆板安装架在强度和刚度方面
不是薄弱环节，为减小分析模型规模，分析模型采用框架结构对太阳翼帆板安装
架进行简化。简化后的安装架比实际安装架刚度更小。在同样载荷作用下，简化
后的安装架比实际安装架变形及所受应力都更大。由于没有零件间连接结构（如
螺栓）的具体参数，因此分析模型采用了接合面黏接的连接形式，其连接强度比
螺栓连接更强。因此，在同样载荷作用下，实际连接结构比分析模型中的连接结
构更薄弱。

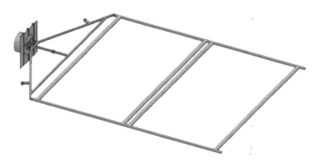

图 8.80　有限元分析简化模型

2. 一维烧蚀及热传导模型

将航天器结构假定为均匀厚度的壳体，采用一维热传导模型模拟烧蚀过程。
计算金属材料表面温度的热传导方程为

$$\rho_s C_s \frac{\partial T}{\partial t} = \frac{\partial}{\partial y}\left(k_s \frac{\partial T}{\partial y}\right) \tag{8.100}$$

式中，ρ_s 为材料密度，C_s 是材料比热，k_s 为导热系数。

边界条件由表面能量平衡方程给出：

$$q_N \begin{cases} q_w\left(1 - \dfrac{h_w}{h_r}\right) - \varepsilon\sigma T_w^4, & T_w < T_{\text{melting point}} \\[3mm] q_w\left(1 - \dfrac{h_w}{h_r}\right) - \varepsilon\sigma T_w^4 - \rho_s V_{-\infty} h_{\text{熔}}, & T_w \geqslant T_{\text{melting point}} \end{cases} \tag{8.101}$$

其中，q_N 是进入材料内部的净热流，q_w 是 DSMC 计算的壁面热流，$h_{\text{熔}}$ 是金属
材料的熔解潜热 $T_{\text{melting point}}$ 是金属熔点温度。当金属表面温度达到熔点时，材料

将发生熔融烧蚀。假设熔融烧蚀将多余的热量全部带走，即 $q_N=0$，由式（8.101）可得金属材料表面的烧蚀速率：

$$V_{-\infty} = \frac{q_w\left(1 - \dfrac{h_w}{h_r}\right) - \varepsilon\sigma T_w^4}{\rho_s h_{熔}} \tag{8.102}$$

当烧蚀后退量超过了壳体的厚度时，认为航天器解体。

3. 再入极限承载力环境结构瞬态响应模拟

考虑图 8.81(a) 所示的类 "天宫一号" 飞行器，在其寿命末期，往往采用离轨控制，使其脱离当前运行轨道而自然陨落，属于无控飞行状态。

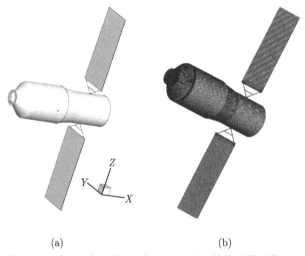

(a)　　　　　　　　　　　(b)

图 8.81　类 "天宫一号" 飞行器 (a) 以及结构计算网格 (b)

运用动态热力耦合有限元算法 [14−22,42−45]（详见 3.5.4 节）对其结构在承受强气动力热环境下的瞬时响应进行模拟，以探求其再入过程中对结构温度分布、应力分布，并对其变形失效解体过程作一个初步的认识与评估。对于该复杂结构外流场压力与热流计算结果，我们考虑航天器在近地空间 120km 至 90km 处结构承受强气动加热与气动压力，图 8.82 分别给出了航天器再入过程 0° 攻角时在四个高度下的压力分布与热流分布，为考察攻角对流场气动力热分布进而对结构温度与应力分布的影响，图 8.83 给出了 20° 攻角下流场的压力与热流分布。

为对航天器结构作热力耦合模拟，以图 8.82 与图 8.83 绘出飞行高度 H =120~90km 流场计算中类 "天宫一号" 飞行器外流场结构网格中的航天器的边界网格为基础，生成与流场网格匹配的三维四面体结构网格，如图 8.81(b) 所示，此时我们将航天器内部设置为空心结构，一方面与实际天宫结构相吻合，一方面方便我们施加位移边界条件。最后对飞行器主体结构、支架与帆板设置相应的材料参数，则可进行结构瞬态热力耦合响应模拟。

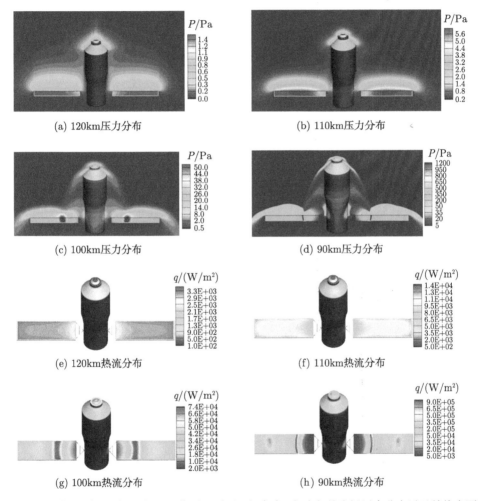

(a) 120km压力分布

(b) 110km压力分布

(c) 100km压力分布

(d) 90km压力分布

(e) 120km热流分布

(f) 110km热流分布

(g) 100km热流分布

(h) 90km热流分布

图 8.82 类 "天宫一号" 飞行器陨落再入不同飞行高度 $0°$ 攻角外流场压力分布以及结构表面热流分布图

由图 8.82(e)~(h) 以及图 8.83(e)~(h)，航天器外流场由于严重的气动加热，结构迅速升温，在高温下热传输行为必定要考虑到热辐射作用，故这里讨论的热力耦合模型需要在边界条件上进行修改，此时边界 Γ_1 对应于空心结构内部表面，Γ_2 与 $\bar{\Gamma}_2$ 对应于航天器外表面，在 Γ_2 与 $\bar{\Gamma}_2$ 上热力边界条件为

$$
\begin{cases}
\sigma_{ij} n_j = p n_i, & \Gamma_2 \times [0, \mathcal{T}] \\
k_{ij} \dfrac{\partial \theta}{\partial x_j} n_i = q_w \left(1 - h_w / h_s\right) - \varepsilon \omega \left(T^4 - T_0^4\right), & \bar{\Gamma}_2 \times [0, \mathcal{T}]
\end{cases}
\tag{8.103}
$$

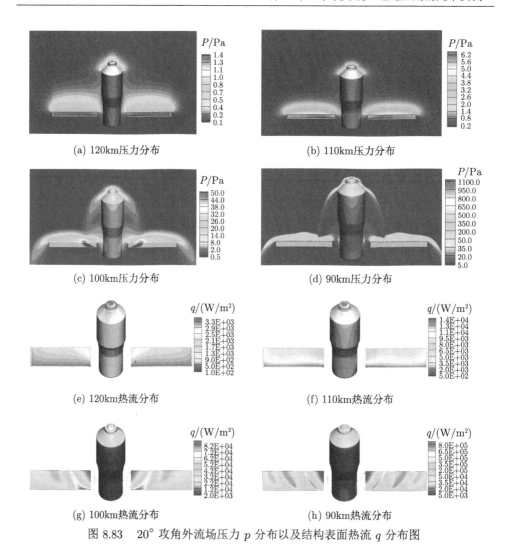

(a) 120km压力分布　　　　　　　　　　　(b) 110km压力分布

(c) 100km压力分布　　　　　　　　　　　(d) 90km压力分布

(e) 120km热流分布　　　　　　　　　　　(f) 110km热流分布

(g) 100km热流分布　　　　　　　　　　　(h) 90km热流分布

图 8.83　20° 攻角外流场压力 p 分布以及结构表面热流 q 分布图

其中，q_w 与 p 分别为外流场计算得到的冷壁热流与表面压力，h_w 为飞行器壁焓，h_s 为来流的滞止焓，ε 为材料表面发射率，ω 为辐射常数。以飞行器内部为参考，则为使模型简化，在结构内表面 $\bar{\Gamma}_1$ 上可考虑将其一部分表面固定以去除结构刚体位移，另一部分自由，在 Γ_1 上结构温度与内部空心区域的温度进行对流换热，即相应的热力边界条件为

$$k_{ij}\frac{\partial \theta}{\partial x_j}n_i = h_B\left(T_B - T\right), \quad \Gamma_1 \times [0, \mathcal{T}] \tag{8.104}$$

其中，h_B 为对流换热系数，T_B 为飞行器内部空气温度。此时将边界条件代入，将

形成非线性方程组, 因此, 在一个时间步内需要再进行一次迭代求解过程, 我们采用固定点迭代, 在同一时间步内直到位移场与温度场均达到收敛时再进行下一时间步的迭代。由于外场中给出的是 4 个高度离散的压力与热流分布, 而气动加热与受力变形是一个持续的过程, 所以需要将各高度之间的时间点状态使用插值的方法算出 [15-18], 这里为简单起见, 我们使用线性插值。

计算初始时, 假设航天器处于未变形状态, 无初始位移与速度, 参考温度 $T_0 = 300\mathrm{K}$, 以飞行高度 120km 时刻 $t = 0\mathrm{s}$, 110km, 100km, 90km 处航天器分别到达的时间为 $t = 147\mathrm{s}, 302\mathrm{s}, 453\mathrm{s}$, 此时各时间点处热流与压力插值分别可以表示为

$$p = \begin{cases} p_{120} + t\,(p_{110} - p_{120})\,/147, & 0 < t < 147\mathrm{s} \\ p_{110} + (t - 147)\,(p_{100} - p_{110})\,/155, & 147\mathrm{s} < t < 302\mathrm{s} \\ p_{100} + (t - 302)\,(p_{90} - p_{100})\,/151, & 302\mathrm{s} < t < 453\mathrm{s} \end{cases} \tag{8.105a}$$

$$q = \begin{cases} q_{120} + t\,(q_{110} - q_{120})\,/147, & 0 < t < 147\mathrm{s} \\ q_{110} + (t - 147)\,(q_{100} - q_{110})\,/155, & 147\mathrm{s} < t < 302\mathrm{s} \\ q_{100} + (t - 302)\,(q_{90} - p_{100})\,/151, & 302\mathrm{s} < t < 453\mathrm{s} \end{cases} \tag{8.105b}$$

其中, p_{120}, q_{120} 等分别表示各高度处压力与热流值, 设置时间步长为 $\Delta t = 1\mathrm{s}$。这里我们做一个初步的模拟, 使用无振动的顺序耦合 (SC-Vib-Excl) 热力响应有限元算法 [16]。

随着时间的推进, 航天器在外部气动力热双重作用下, 结构体温度逐渐升高并且产生变形, 由于航天器两舱带太阳帆板的结构特点, 太阳帆板在气动力作用下特别容易产生大的转动, 进而在其与主体结构的连接端处产生扭曲变形从而导致结构产生非线性变形, 并在力热共同作用下失效毁坏。图 8.84 给出了位于 $z > 0$ 区域的太阳帆板在 110km 处两种攻角下的位移分布图, 可以看出, 在 0° 攻角, 来流方向为 x 正向下, 帆板沿该方向发生正向偏移, 在远离天宫主体的外边缘上具有最大位移, 由于气动加热, 帆板在帆板侧面的 y 轴方向产生膨胀, 如图 8.84(b) 所示, 由于天宫中轴线过 $y = 0$ 平面, 则帆板分别沿 y 的正负两方向产生位移。同样由于气动加热, 帆板向各向膨胀, 沿 z 的正方向也产生位移, 如图 8.84(c) 所示。在 20° 攻角下, 由于压力与热流分布的非对称性 (见图 8.83(b) 与 (f)), 帆板 y 方向位移与 y 方向位移也呈现不对称, 在气动力与气动力较大的区域, 结构均产生大的位移。但总体来说, 帆板在 0° 攻角与 20° 攻角下沿 x 方向迎风区的位移占主导作用, 并且两者差异不大, 这是由于在此高度下, 气动加热与气动力作用都不强烈, 结构的产生位移与热膨胀都在弹性范围之内, 因此结构整体不会产生大的变化。

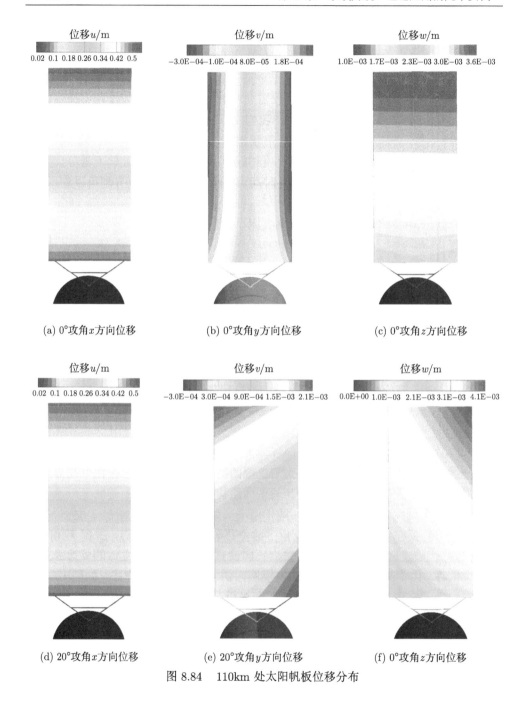

(a) 0°攻角x方向位移

(b) 0°攻角y方向位移

(c) 0°攻角z方向位移

(d) 20°攻角x方向位移

(e) 20°攻角y方向位移

(f) 0°攻角z方向位移

图 8.84   110km 处太阳帆板位移分布

图 8.85 给出了位于 $z > 0$ 区域的太阳帆板在 100km 处两种攻角下的位移分布图，在 0° 攻角下，压力与热流分布的对称性同样使得位移也表示出相应的对称

以及反对称性质（见图 8.85(a)~(c)），但在此时，外部流场天宫主体结构头部产生压缩激波，并打在了帆板上，受压缩激波冲击的帆板区域产生了大的热流与压力（见图 8.82(c) 与 (g)），此时，帆板的位移也在此处产生了较明显的改变，如图 8.85(b) 所示，结构 y 方向位移产生了极值。

在 20° 攻角下各位移分布也受到了压缩激波的影响。此时我们注意到结构在迎风面的位移发生了显著的变化，帆板沿 x 正向产生了很大的偏转（见图 8.85(a) 与 (d)），进而必然使得帆板与主体结构的连接处承受巨大的应力与力矩，导致连接端断裂破坏，最终使得帆板与主体结构分离。此外，比较图 8.85(a) 与 (d)，我们看到在 0° 攻角下帆板偏转量比在 20° 攻角下的偏转量大，这是在该种状态下受气动加热与气动力最充分所致。

经过上述分析，我们看到在 110km 处结构基本保持完好，但到了 100km 处，太阳帆板由于承受的气动以及不断累积的气动加热，已经产生了不可逆的偏转。下面我们着重关注 100km 处结构的状态，图 8.86 与图 8.87 分别给出了 0° 与 20° 攻角下，结构的应力 σ 各分量的分布图。由图 8.86(a)~(c) 以及图 8.87(a)~(c)，我们看到结构的正应力直接依赖于外部流场的压力与热流分布，而对结构的剪应力则影响较小（见图 8.87(d)~(f) 以及图 8.88(d)~(f)），由应力分布的局部细节图，我们观察到结构主体与帆板之间的连接件承受巨大的正应力，在此高度下极易产生非线性变形行为以致最后失效断裂。在 0° 攻角下，结构正应力呈现对称分布，而 20° 攻角下的应力则有明显的偏移，连接件上应力的最大值靠近于外流场压力与热流分布最大值附近。

图 8.88 给出了类"天宫一号"飞行器在 100km 处整体变形图以及在太阳帆板连接处的 Mises 等效应力分布，结合图 8.84(a) 与 (d)，我们知道在 0° 攻角下帆板的偏转量大于 20° 攻角下的偏转量，相对于位移的 x 方向分量，由两种攻角下帆板 y 与 z 方向的位移所产生的变形在图 8.88(a) 与 (d) 中区别并不明显，其中的原因在于虽然两攻角下 y 方向与 z 方向的位移分布具有明显的差异（如图 8.85(b) 与 (e) 以及图 8.85(c) 与 (f)），但相对于 x 方向位移均较小，另一部分可能的原因在于两攻角差别不大，相对于 0° 攻角，20° 攻角下产生的压力与热流并没有对结构在其他两方向上的位移产生较大的作用。

在另一方面，我们由图 8.88(b) 与 (e) 中观察到，在 100km 飞行高度，"天宫"飞行器陨落再入此环境强气动热与气动力条件下，产生的最大等效应力位于帆板与两舱主体结构的连接件处，而此处的最大等应力已经超过了材料的最大屈服应力，导致材料结构进一步变形软化，以致熔融毁坏，最终使得帆板与主体结构解体分离。

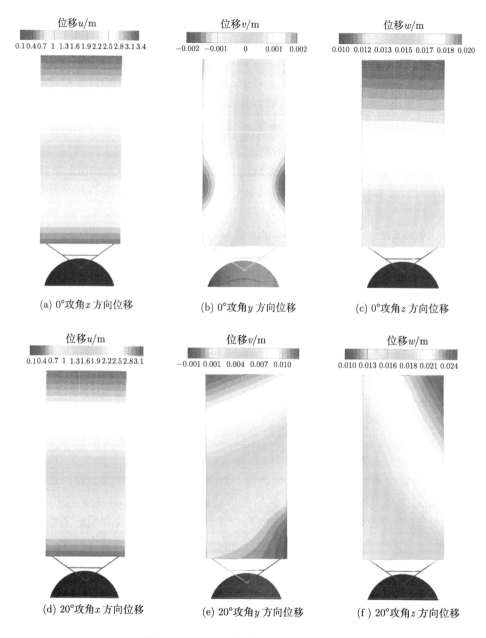

(a) 0°攻角 x 方向位移   (b) 0°攻角 y 方向位移   (c) 0°攻角 z 方向位移

(d) 20°攻角 x 方向位移   (e) 20°攻角 y 方向位移   (f) 20°攻角 z 方向位移

图 8.85   100km 处太阳帆板位移分布

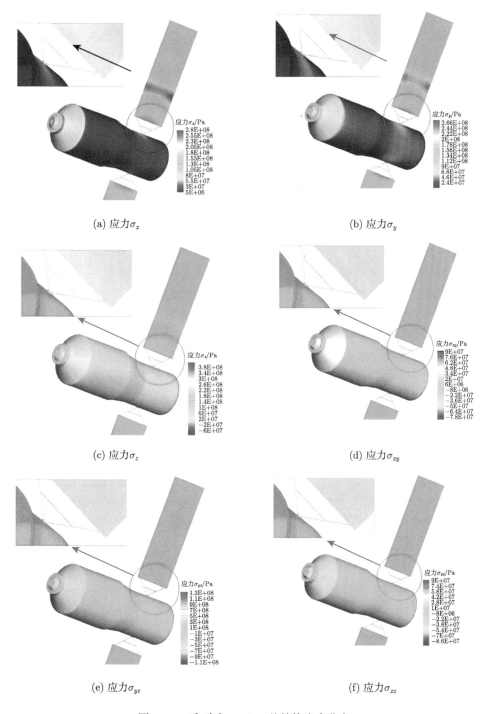

(a) 应力σ_x

(b) 应力σ_y

(c) 应力σ_z

(d) 应力σ_{xy}

(e) 应力σ_{yz}

(f) 应力σ_{xz}

图 8.86   0° 攻角 100km 处结构应力分布

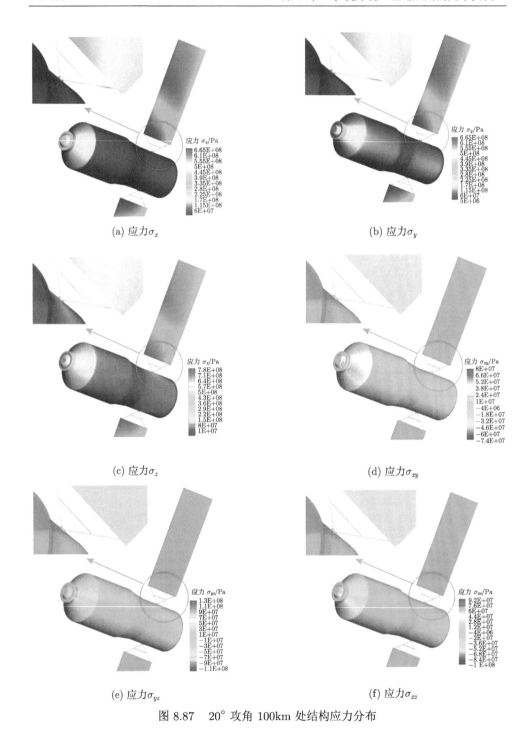

(a) 应力 σ_x

(b) 应力 σ_y

(c) 应力 σ_z

(d) 应力 σ_{xy}

(e) 应力 σ_{yz}

(f) 应力 σ_{xz}

图 8.87　20° 攻角 100km 处结构应力分布

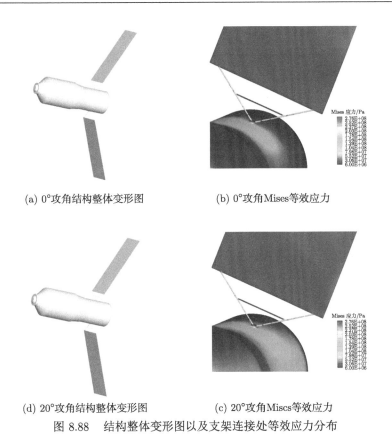

(a) 0°攻角结构整体变形图　　　　(b) 0°攻角Mises等效应力

(d) 20°攻角结构整体变形图　　　　(c) 20°攻角Miscs等效应力

图 8.88　结构整体变形图以及支架连接处等效应力分布

由上面的分析, 在 100km 处, 飞行器两舱主体与太阳帆板发生解体分离, 之后帆板会在陨落的过程中进一步解体毁坏, 最终在未到达地面之前在气动力热作用下完全烧毁, 这里我们重点关注飞行器主体两舱结构在 120~90km 处的温度分布变化, 并讨论结构在强气动加热下的软化熔融现象。图 8.89 给出了飞行器主体结构在不断的气动加热下结构最高温度变化曲线, 如前所述, 我们在给定高度的热流分布基础之上, 用线性插值来计算各高度之间的热流值 (图 8.89(a)), 由于气动加热不断积累, 飞行器结构温度不断升高, 在高温下, 必须考虑结构的辐射热传输作用, 由图 8.89(b) 可知, 到达 100km 左右, 热辐射开始在热传输中产生显著影响, 最终到达 90km 处, 两舱主体结构在 0° 攻角时驻点温度达到 1500° 左右, 而在 20° 攻角时主体结构最高温度超过 1500°。

图 8.90 与图 8.91 分别给出了两种攻角下类 "天宫一号" 目标飞行器整体结构在高度 110km, 100km 以及 90km 处温度分布, 其中从 100~90km 高度, 太阳电池帆板已经与主体结构分离。在这样的高温下主体结构材料必然达到并超过熔点, 导致结构前沿最高温度处附近被烧穿 (见图 8.90(c) 与图 8.91(c)), 强气动热流

会进入内部从而使结构被破坏, 最终主体结构解体成残骸碎片。如要进一步预测结构解体破坏以及沿弹道散落分布情况, 则需要捕捉结构残骸碎片的飞行轨道同时考虑解体物与强气动力热环境的相互作用, 进一步产生变形、烧蚀、熔融、销毁等过程[114,115−119], 以及对覆盖空域其他飞行器及地面人财物生态系统危害性分析。

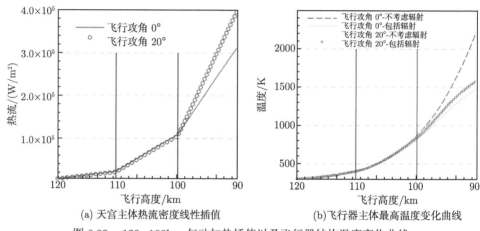

(a) 天宫主体热流密度线性插值　　　　(b)飞行器主体最高温度变化曲线

图 8.89　120∼100km 气动加热插值以及飞行器结构温度变化曲线

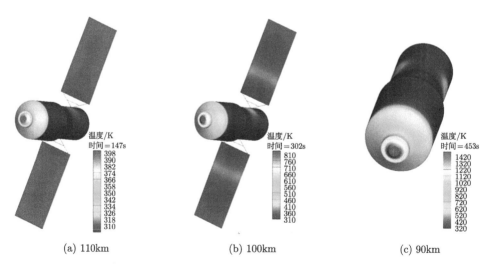

(a) 110km　　　　　　(b) 100km　　　　　　(c) 90km

图 8.90　0° 攻角再入 "天宫一号" 飞行器结构温度分布

综上, 本节讨论了类 "天宫一号" 飞行器气动融合弹道飞行再入环境致结构瞬态热力响应变形失效毁坏过程, 在承受强气动力热环境下, 太阳电池帆板会产生大的转动变形, 在特定高度下导致帆板与主体连接件承受大的等效应力, 进而产生非线性变形, 最终导致连接件断裂破坏, 使得太阳帆板与主体结构解体分离。而飞行器主体结构在气动加热下温度不断升高,在热传导–辐射综合作用下使得结构局部温度达到并超过材料熔点,而后强气动力热致两舱体响应变形,高温度梯度强热流侵入舱内部,使得结构产生爆炸解体,产生残骸碎片,进一步随弹道陨落飞行多次解体,最终除少部分残骸碎片结构到达地面外,其余结构均在再入过程中烧毁。

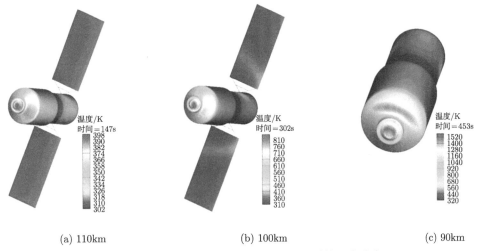

(a) 110km   (b) 100km   (c) 90km

图 8.91   20° 攻角再入 "天宫一号" 飞行器结构温度分布

4. 类 "天宫一号" 飞行器再入极限承载力环境结构瞬态响应模拟结论

本节采用可模拟大型复杂结构航天器离轨陨落再入过程高温气体热化学非平衡效应的并行 DSMC 方法[14],在对简化 "天宫一号" 目标飞行器再入稀薄过渡流区气动力/热开展精细模拟基础上,对太阳翼帆板连接支架进行了结构应力有限元分析,对两舱结构进行了表面温度和烧蚀量的计算,初步判断了太阳翼帆板损毁解体的高度,分析了两舱壳体在不同飞行高度的烧蚀熔融情况。有以下几点初步结论:

(1) 100km 以上高度,来流气体对飞行器及太阳翼电池帆板是渐进的压缩过程,作用在太阳翼帆板上的力和力矩、峰值压力和热流相对较低。

(2) 100km 及以下高度,由于飞行器头部脱体激波与太阳翼帆板产生比较强的干扰,帆板所受的气动力、力矩以及表面上的峰值压力、热流随高度降低明显增大。

"天宫一号" 飞行器再入陨落至 110~100km,太阳翼帆板开始在气动力、热积累作用下受到侵蚀影响损坏,到 100km 高度时完全毁坏发生首次解体,并脱离飞行器本体,舱体头部开始出现烧蚀熔融。在 0° 攻角下 "天宫一号" 两舱结构继续降至 90~85km 高度时,连接实验舱头部锥段铝合金外壳的烧蚀厚度就超过了壳体厚度,20° 攻角下头部锥段的烧蚀量增大,有可能在 95~90km 就会烧穿,发生二次解体，中继天线撕裂烧毁。

参 考 文 献

[1] 强士中. 动态松弛法和板件承载力. 成都: 西南交通大学, 1985.
[2] 康孝先. 大跨度钢桥极限承载力计算理论与试验研究. 成都: 西南交通大学, 2009.
[3] 陈骥. 钢结构稳定理论与设计. 北京: 科学出版社, 2014.
[4] 孙海涛. 大跨度钢桁架拱桥关键问题研究. 上海: 同济大学, 2007.
[5] 侯和涛. 钢结构框架柱极限承载力验算方法研究. 上海: 同济大学, 2005.
[6] 徐秉业, 刘信声. 结构塑性极限分析. 北京: 中国建筑工业出版社, 1985.
[7] 童根树. 钢结构的平面内稳定. 北京: 中国建筑工业出版社, 2005.
[8] 童根树. 钢结构的平面外稳定. 北京: 中国建筑工业出版社, 2007.
[9] 李国豪. 桥梁稳定与振动. 北京: 中国铁道出版社, 2003.
[10] 黎绍敏. 稳定理论. 北京: 人民交通出版社, 1989.
[11] 潘际炎. 拴焊钢桥的研究. 北京: 中国铁道出版社, 1983.
[12] 任伟新, 曾庆元. 钢压杆稳定极限承载力分析. 北京: 中国铁道出版社, 1994.
[13] 李亚东. 结构可靠性理论及其在铁路桥梁结构中的应用. 成都: 西南交通大学, 1992.
[14] Liang J, Li Z H, Li X G, et al. Monte Carlo simulation of spacecraft reentry aerothermodynamics and analysis for ablating disintegration. Commun. Comput. Phys., 2018, 23(4): 1037-1051.
[15] Ma Q, Li Z H, Yang Z H, et al. Asymptotic computation for transient conduction performance of periodic porous materials in curvilinear coordinates by the second-order two-scale method. Mathematical Methods in the Applied Sciences, 2017, 40: 5109-5130.
[16] Li Z H, Ma Q, Cui J Z. Finite element algorithm for dynamic thermoelasticity coupling problems and application to transient response of structure with strong serothermodynamic environment. Communications in Computational Physics, 2016, 20(3): 773-810.
[17] Li Z H, Ma Q, Cui J Z. Second-order two-scale finite element algorithm for dynamic thermos-mechanical coupling problem in symmetric structure. Journal of Computational Physics, 2016, 314: 712-748.
[18] Ma Q, Cui J Z, Li Z H. Second-order two-scale asymptotic analysis for axisymmetric and spherical symmetric structure with periodic configurations. International Journal of Solids and Structures, 2016, 78-79: 77-100.
[19] Li Z H, Liu Z H, Ma Q, et al. Numerical analysis of deformation and failure mechanism of metal truss structure of spacecraft under re-entry aerothermodynamic environment. Aerospace Science and Technology, 2022, 130: 107878.
[20] Liu Z H, Li Z H, Ma Q, et al. Thermo-mechanical coupling behavior of plate structure under re-entry aerodynamic environment. International Journal of Mechanical Sciences, 2022, 218: 107066.
[21] Liu Z H, Li Z H, Ma Q. A thermo-mechanical coupling model for simulating the re-entry failure evolution mechanism of spacecraft propulsion module. Thin-Walled Structures, 2023, 184: 110504.

[22] Liu Z H, Li Z H, Ma Q. Nonlinear finite element algorithm for solving fully coupled thermomechanical problems under strong aerothermodynamic environment[J]. Acta Astronautica, 2023, 203: 252-267.

[23] 李志辉, 康孝先, 张子彬, 强士中. 对弹性边界板极限承载力进行分析的方法. 授权专利号 ZL202111348515.7, 授权公告号 CN114048607B, 2023.

[24] 李志辉, 康孝先, 梁杰, 张士中, 张子彬. 对板钢结构承载力进行分析的方法. 授权专利号 ZL202111346993.4, 授权公告号 CN114036677B, 2023.

[25] 中华人民共和国铁道部. 国家标准 (TB10002.2—2005, J461—2005): 铁路桥梁钢结构设计规范. 北京: 中国铁道出版社, 2005.

[26] 李传习, 邹桂生. 轴心受压钢箱梁局部稳定验算方法综述. 中外公路, 2006, 26(3): 129-133.

[27] Barrau J J, Creze S, Castanie B. Buckling and post-buckling of beams with flat webs. Thin-Walled Structures, 2005, 43(6): 877-894.

[28] Melcher J J, Sadovsky Z, Kala Z, et al. Ultimate strength and design limit state of compression members in the structural system. Structural Stability Research Council Proceedings, Annual Technical Session & Meeting, 1998: 13-24.

[29] Horne M R, Narayanan R. Ultimate capacity of longitudinally stiffened plates used in box girders. Proc. Instn. Civ. Engrs, Part2, 1976, 61(6): 253-280.

[30] Komatsu S, Kitada T. Statistical study on compression butt-welded plate. Journal of Structural Engineering, 1983, 109(2): 386-403.

[31] 吴炜. 钢桥受压加劲板稳定与加劲肋设计方法研究. 上海: 同济大学, 2006.

[32] Chou C C, Uang C M, Seible F. Experimental evaluation of compressive behavior of orthotropic steel plates for the New San Francisco-Oakland Bay bridge. J. Bridge Engineering, 2006, 11(2): 140-150.

[33] 李立峰. 正交异性钢箱梁局部稳定分析理论及模型试验研究. 长沙: 湖南大学, 2005.

[34] 邵旭东, 张欣, 李立峰. 开口加劲板稳定极限承载力分析. 公路, 2007, (7): 1-4.

[35] Rockey K C, Evan H R. 钢桥设计论文选译. 顾发祥, 强士中, 译. 北京: 中国铁道出版社, 1986.

[36] Sheikh I A, Grondin G Y, Elwi A E. Stiffened steel plates under uniaxial compression. J. Constr. Steel Res., 2002, 58: 1061-1080.

[37] Ghavami K, Khedmati M R. Numerical and experimental investigations on the compression behaviour of stiffened plates. Journal of Constructional Steel Research, 2006, 62(11): 1087-1100.

[38] Xie M, Chapman J C. Design of web stiffeners: local panel bending effects. Journal of Constructional Steel Research, 2004, 60(10): 1425-1452.

[39] Sheikh I A, Elwi A E, Grondin G Y. Stiffened steel plates under combined compression and bending. Journal of Constructional Steel Research, 2003, 59(7): 911-930.

[40] Fujikubo M, Kaeding P. New simplified approach to collapse analysis of stiffened plates. Marine Structures, 2002, 15(3): 251-283.

[41] Usami T, Zheng Y, Ge H B. Recent research developments in stability and ductility of steel bridge structures. General Report Journal of Constructional Steel Research, 2000,

55: 183-209.

[42] Ma Q, Cui J Z, Li Z H, et al. Second-order asymptotic algorithm for heat conduction problems of periodic composite materials in curvilinear coordinates. Journal of Computational and Applied Mathematics, 2016, 306: 87-115.

[43] Li Z H, Ma Q, Cui J Z. Multi-scale modal analysis for axisymmetric and spherical symmetric structures with periodic configurations. Computer Methods in Applied Mechanics and Engineering, 2017, 317: 1068-1101.

[44] 康孝先. 薄板的曲后性能和梁腹板拉力场理论研究. 成都: 西南交通大学, 2005.

[45] 康孝先, 强士中. 工字梁腹板拉力场理论的修正. 西南交通大学学报 (自然科学版), 2008, 43(1): 77-81.

[46] 童根树, 任涛. 工字梁的抗剪极限承载力. 土木工程学报, 2006, 39(8): 57-64.

[47] Marsh C. Theoretical model for collapse of shear webs. Journal of the Engineering Mechanics Division, ASCE, 1982, 108(EM5): 819-832.

[48] 刘锡良, 任兴华. 钢梁横向加劲腹板在纯剪作用下超屈曲强度的试验研究//全国钢结构技术委员会. 钢结构研究论文报告选集 (第二册). 北京: 中国建筑工业出版社, 1983.

[49] 丁阳, 赵亚新, 刘锡良. 焊接工字钢梁腹板极限承载力的理论计算和试验. 天津大学学报 (自然科学与工程技术版), 2004, 37(4): 288-293.

[50] BSI.BS5400. Steel, concrete and composite bridges-part3: code of practice for design of steel bridges. 2nd ed. British Standard, 2000.

[51] Günther H P, Kuhlmann U. Numerical studies on web breathing of unstiffened and stiffened plate girders. Journal of Constructional Steel Research, 2004, 60(3-5): 549-559.

[52] Roberts T M. Patch loading on plate girders// Narayanan R. Plated Structures Stability and Strength. London Applied Science, 1983: 77 -102.

[53] Granath P. Serviceability limit state of I-shaped steel girders subjected to patch loading. J. Constr. Steel Research, 2000, 54: 387-408.

[54] Ren T, Tong G S. Elastic buckling of web plates in I-girders under patch and wheel loading. Engineering Structures, 2005, 27: 1528-1536.

[55] Graciano C A. Ultimate resistance of longitudinally stiffened webs subjected to patch loading. Thin-Walled Structures, 2003, 41: 529-541.

[56] 中华人民共和国建设部, 中华人民共和国国家质量监督检验疫总局. 钢结构设计规范 (GB50017—2003). 北京: 中国计划出版社, 2003.

[57] Shu H S, Wang Y C. Stability analysis of box-girder cable-stayed. Journal of Bridge Engineering (ASCE), 2001, 6(1): 63-68.

[58] Edlund B, Graciano C A. Nonlinear FE analysis of longitudinally stiffened girder webs under patch loading. Journal of Constructional Steel Research, 2002, 58(9): 1231-1245.

[59] Granath P. Serviceability limit state of I-shaped steel girders subjected to patch loading. Journal of Constructional Steel Research, 2000, 54(3): 387-408.

[60] Graciano C. Strength of longitudinally stiffened Webs subjected to concentrated loading. Journal of Structural Engineering, 2005, 131(2): 268-278.

[61] Rockey K C, Evans H R. The Design of Steel Bridges. London: Granada, 1981.

[62] 蔺军, 顾强, 董石麟. 梁腹板在弯、剪及局压复合应力作用下的屈曲分析. 土木工程学报, 2005, 138(17): 15-20, 26.

[63] Shahabian F, Roberts T M. Buckling of slender web plates subjected to combinations of in-plane loading. J. Constr. Steel Res., 1999, 51: 99-121.

[64] Roberts T M, Shahabian F. Ultimate resistance of slender web panels to combined bending shear and patch loading. Journal of Constructional Steel Research, 2001, 57: 779-790 .

[65] Porter D M, Rockey K C, Evans H R. The collapse behaviour of plate girders loaded in shear. The Struct. Eng., 1975, 53(8): 313-325.

[66] Rockey K C, Evans H R, Porter D M. A design method for predicting the collapse behaviour of plate girders. Proc. Inst. Civil. Engrs., Part 2, 1978, 65: 85-112.

[67] Ajam W, Marsh C. Simple model for shear capacity of webs. J. Struct. Engng., ASCE, 1991, 114(7): 1571-1587.

[68] Hoglund T. Shear buckling resistance of steel and aluminium plate girders. Thin-Walled Struct, 1998, 29(1-4): 13-20.

[69] Lee S C, Yoo C H. Strength of plate girder web panels under pure shear. J. Struct. Engng., ASCE, 1998, 124(2): 184-194.

[70] Lagerquist O, Johansson B. Resistance of I-girders to concentrated loads. J. Construct Steel Res., 1996, 39(2): 87-119.

[71] Granath P. Behaviour of slender plate girders subjected to patch loading. J. Construct Steel Res., 1997, 42(1): 1-19.

[72] Roberts T M, Newark A C B. Strength of webs subjected to compressive edge loading. J. Struct Engng., ASCE, 1997, 132(2): 176-183.

[73] Shahabian F. The resistance of plate girders to combined shear and patch loading. Cardiff: University of Wales Cardiff, 1999.

[74] Cooper P B. The ultimate bending moment for plate girders. Proc. IABSE Colloquium, London, 1971: 291-297.

[75] Shahabian F, Roberts T M. Combined shear and patch loading of plate girders. J. Struct Engng, ASCE, 2000, 126(3): 316-321.

[76] Evans H R. Longitudinally and Transversely Reinforced Plate Girders//Narayanan R. Plated Structures Stability and Strength. London: Elsevier Applied Science Publishers, 1983.

[77] 西南交通大学. 广州珠江黄埔大桥北汊斜拉桥施工阶段钢箱梁变形、横隔板及纵隔板稳定性研究报告, 2007.

[78] 王应良. 大跨度斜拉桥考虑几何非线性的静、动力分析和钢箱梁的第二体系应力研究. 成都: 西南交通大学, 2000.

[79] 郝超. 大跨度钢斜拉桥施工阶段非线性结构行为研究. 成都: 西南交通大学, 2001.

[80] European Committee for Standardisation. EN 1993, Eurocode3: Design of steel structures. 2002.

[81] Park N H, Lim N H, Kang Y J. A consideration on intermediate diaphragm spacing in steel box girder bridges with a doubly symmetric section. Engineering Structures , 2003,

25: 1665-1674.

[82]　美国各州公路和运输工作者协会 (AASHTO). 美国公路桥梁设计规范: 荷载与抗力系数设计法. 北京: 人民交通出版社, 1998.

[83]　American Association of State Highway and Transportation officials (AAS HTO). AASHTO LRFD Bridge Design Specifications. 3rd ed. Washington, 2004.

[84]　Minervino C, Sivakumar B, Moses F, et al. New AASHTO guide manual for load and resistance factor rating of highway bridges. Journal of Bridge Engineering, 2004, 9(1): 43-54.

[85]　Gregor P, Wollmann P E. Steel girder per AASHTO LRFD specifications, part l. Journal of Bridge Engineering, 2004, 9(4): 364-374.

[86]　中国船级社. 桥梁钢检验指南 (GD03—2005). 北京: 人民交通出版社, 2005.

[87]　American Iron and Steel Institute (2007a). North American Specification for the Design of Cold-Formed Steel Structural Members. Washington, 2007.

[88]　Zhu G H, Li H C, Underwood I, et al. Specific surface area and neutron scattering analysis of water's glass transition and micropore collapse in amorphous solid water. Modern Physics Letters B, 2019, 33(31): 1950391.

[89]　Ma Q, Yang Z H, Cui J Z, et al. Multiscale computation for dynamic thermo-mechanical problem of composite materials with quasi-periodic structures. Applied Mathematics and Mechanics, 2017, 38: 1-21.

[90]　Guan W M, Gao M G, Fang Y T, er al. Layer-by-layer laser cladding of crack-free Zr/Nb/Cu composite cathode with excellent arc discharge homogeneity. Surface and Coatings Technology, 2022, 444: 128653.

[91]　Cui Z L, Zhao J, Yao G C, et al. Competing effects of surface catalysis and ablation in hypersonic reentry aerothermodynamic environment. Chinese Journal of Aeronautics, 2022, 35(10): 56-66.

[92]　Guan W M, Gao M Y, Fang Y T, et al. Layer-by-layer laser cladding of crack-free Zr/Nb/Cu composite cathode with excellent arc discharge homogeneity. Surface and Coatings Technology, 2022, 444: 128653.

[93]　徐伟, 李智, 张肖宁. 子模型法在大跨径斜拉桥桥面结构分析中的应用. 土木工程学报, 2004, 37(6): 30-34.

[94]　丁幼亮, 李爱群, 赵大亮. 润扬大桥北汉斜拉桥钢箱梁的局部应力测试与分析研究. 工程力学, 2006, 23(12): 123-128.

[95]　中华人民共和国交通部. 中华人民共和国行业推荐性标准 (JTG/T D65-01—2007): 公路斜拉桥设计细则. 北京: 人民交通出版社, 2007.

[96]　中华人民共和国铁道部. 铁路钢桥制造规范 (TB10212—98). 北京: 中国铁道出版社, 1998.

[97]　Carey F, Scott J, Jennifer A, et al. SCIFLI airborne observation of the Hayabusa 2 sample return capsule Re-Entry. AIAA Aviation Forum, Chicago, IL & Virtual, 2022.

[98]　Annaloro J, Galera S, Thiebaut C, et al. Aerothermodynamics modelling of complex shapes in the DEBRISK atmospheric reentry tool: methodology and validation. Acta Astronautica, 2020, 171: 388-402.

[99] Erb A J, West T K, Johnston C O. Investigation of Galileo probe entry heating with coupled radiation and ablation. Journal of Spacecraft and Rockets, 2020, 57(4): 692-706.

[100] 李志辉, 彭傲平, 马强, 等. 大型航天器离轨再入气动融合结构变形失效解体数值预报与应用. 载人航天, 2020, 26(4): 403-417.

[101] 梁杰, 李志辉, 杜波强, 等. 大型航天器再入陨落时太阳翼气动力/热模拟分析. 宇航学报, 2015, 36(12): 1348-1355.

[102] 徐艺哲, 万千, 左光, 等. 大型航天器无控再入气动稳定性分析. 航天返回与遥感, 2019, 40(4): 1-9.

[103] Hoyt R P, Forward R L. Performance of the Terminator Tether for autonomous deorbit of LEO spacecraft. AIAA 99-2839, 35th AIAA/ASME/SAE/ASEE Joint Propulsion Conference&Exhibit, 1999: 20-24.

[104] Reynerson C M. Reentry debris envelope model for a disintegrating, deorbiting spacecraft without heat shields. AIAA 2005-5916, AIAA Atmospheric Flight Mechanics Conference and Exhibit, 2005: 15-18.

[105] Reyhanoglu M, Alvarado J. Estimation of debris dispersion due to a space vehicle breakup during reentry. Acta. Astronautica, 2013, 86: 211-218.

[106] Wu Z, Hu R, Xi Q, et al. Space debris reentry analysis methods and tools. Chinese Journal of Aeronautics, 2011, 24: 387-395.

[107] 李志辉, 吴俊林, 彭傲平, 等. 天宫飞行器低轨控空气动力特性一体化建模与计算研究. 载人航天, 2015, 21(2): 106-114.

[108] 梁杰, 李志辉, 李绪国, 等. 大型航天器离轨陨落解体及烧蚀熔融计算分析. 第八届全国高超声速科技学术会议, 2015.

[109] 唐小伟, 张顺玉, 党雷宁, 等. 非常规再入/进入问题探讨. 航天返回与遥感, 2015, 36(6): 11-21.

[110] Fang M, Li Z H, Li Z H, et al. DSMC approach for rarefied air ionization during spacecraft reentry. Communications in Computational Physics, 2018, 3(4): 1167-1190.

[111] 李志辉, 吴振宇. 阿波罗指令舱稀薄气体动力学特征的蒙特卡罗数值模拟. 空气动力学学报, 1996, 14(2): 230-233.

[112] 李志辉, 方明, 唐少强. DSMC 方法中的统计噪声分析. 空气动力学学报, 2013, 31(1): 1-8.

[113] Li Z H, Fang M, Jiang X Y, et al. Convergence proof of the DSMC method and the Gas-Kinetic unified algorithm for the boltzmann equation. Science China, Physics, Mechanics & Astronomy, 2013, 56(2): 404-417.

[114] 马强. 航天器再入气动环境结构动态热力耦合响应模拟研究. 绵阳: 中国空气动力研究与发展中心, 2015.

[115] 范绪箕. 气动强热与热防护系统. 北京: 科学出版社, 2004.

[116] 范绪箕. 高速飞行器热结构分析与应用. 北京: 国防工业出版社, 2009.

附录 3 经典例题的对比分析

本附录摘录了陈骥教授《钢结构稳定理论与设计》中的经典例题，例题后面的编号与原文献一致。陈骥教授的例题解答较为详尽，便于初学者练习和熟悉相关理论的应用。为便于应用统一承载力理论分析实用构件的极限承载力，并与既有理论及设计规范解进行对比，这里给出了相关理论的分析过程和结果，也包括数值分析的结果，方便读者对比不同理论的差别和计算精度。

示例 1 图 F3.1(a) 所示 Q235 钢焊接 I 型截面压弯构件，翼缘为火焰切割边，承受的轴心压力的设计值为 200kN，在构件的中央有一横向集中荷载 264kN，构件的两端铰接并在中央有一侧向支承点。要求按 GB50017—2003 验算构件在弯矩作用平面内的稳定。$f_y = 235\text{N/mm}^2$，$f = 215\text{N/mm}^2$，$E = 206 \times 10^3\text{N/mm}^2$。截面的几何性质为 $A = 136\text{cm}^2$，$i_x = 30.44\text{cm}$，$W_x = 3214\text{cm}^3$（例 3.4），（例 6.15）。

（1）构件在弯矩作用平面内的稳定。

解 构件的长细比 $\lambda_x = l_x/i_x = 1000/30.44 = 32.85$，由规范的附表 C-2 按 b 类截面查得稳定系数 $\varphi_x = 0.925$。构件最大的一阶弯矩 $M = 660\text{kN} \cdot \text{m}$，见图 F3.1(b)。

欧拉荷载

$$P_{E_x} = \frac{\pi^2 E}{\lambda_x^2} A = 25623\text{kN}, \quad P'_{E_x} = 23294\text{kN}$$

$$\frac{P}{P'_{E_x}} = 0.009, \quad \gamma_x = 1.05$$

跨中有集中荷载时等效弯矩系数

$$\beta_{mx} = 1.0$$

$$
\frac{P}{\varphi_x A} + \frac{\beta_{mx} M}{\gamma_x W_x \left(1 - 0.8 P/P'_{E_x}\right)}
$$

$$
= \frac{200 \times 10^3}{0.925 \times 136 \times 10^2} + \frac{1.0 \times 660 \times 10^6}{1.05 \times 3214 \times 10^3 (1 - 0.8 \times 0.009)}
$$

$$
= 15.90 + 196.95 = 212.85 < 215 \ (\text{N/mm}^2)
$$

$$
212.85/215 = 0.99
$$

经计算可知，构件符合弯矩作用平面内的整体稳定要求。

（2）在平面外的稳定。

验算示例 1 图 F3.1(a) 所示焊接 I 型截面压弯构件在弯矩作用平面外的稳定。截面的几何性质除已给出的外，还有 $i_y = 4.79\text{cm}$，因构件的中点有一侧向支承，故 $l_y = 5\text{m}$（例 6.15）。

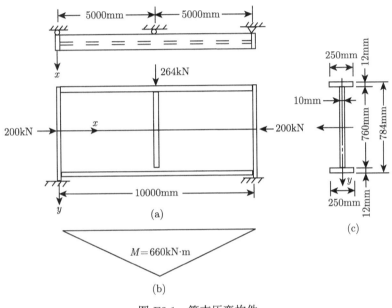

图 F3.1　简支压弯构件

解　构件的长细比 $\lambda_y = l_y/i_y = 500/4.79 = 104.38$，按 b 类截面查规范的附表 D-2 得到 $\varphi_y = 0.528$。在计算段内，$M_1 = 660\text{kN} \cdot \text{m}$，$M_2 = 0$，故平面外的等效弯矩系数 $\beta_{tx} = 0.65 + 0.35M_2/M_1 = 0.65$。受弯构件稳定系数的近似值

$$\varphi_b = 1.07 - \frac{\lambda_y^2}{44000} = 1.07 - \frac{104.38^2}{44000} = 0.822$$

$$\frac{P}{\varphi_y A} + \frac{\beta_{tx} M_x}{\varphi_b W_x} = \frac{200 \times 10^3}{0.528 \times 136 \times 10^2} + \frac{0.65 \times 660 \times 10^6}{0.822 \times 3214 \times 10^3}$$

$$= 27.85 + 162.38 = 190.23 < 215 \, (\text{N/mm}^2)$$

经前后两个例题计算可知，此构件的承载能力的设计值是由平面内的稳定确定的。如果作用于压弯构件上的集中荷载仍为 264kN，那么轴心压力的设计值由例 3.4 可解得 $P = 234\text{kN}$。

（3）有限元分析。

采用 Marc 软件进行分析，结构的前 5 阶正定弹性屈曲位形如图 F3.2 所示。

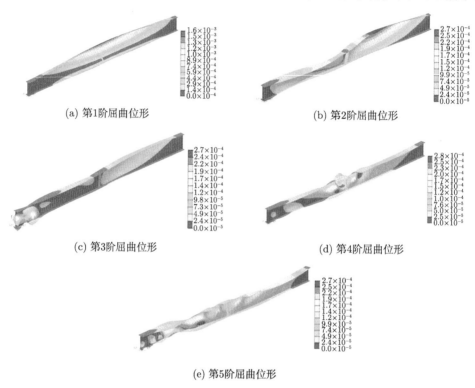

(a) 第1阶屈曲位形

(b) 第2阶屈曲位形

(c) 第3阶屈曲位形

(d) 第4阶屈曲位形

(e) 第5阶屈曲位形

图 F3.2 前 5 阶弹性屈曲位形（位移单位为 m）

结构第一阶屈曲为整体失稳，特征值为 $\lambda = 1.651$，构件的屈曲为下翼缘的侧扭屈曲，结构的弹性应力超过了屈服强度，该结构的第 1 阶屈曲为整体失稳，后续的高阶屈曲有局部畸变屈曲。在实际结构设计时，其组件的刚度匹配还需要根据本例的受力特征进一步优化，同时也要注意焊接等造成的初始缺陷将会明显降低结构的极限承载力。

计算该压弯剪构件的极限承载力，考虑结构的初始缺陷为 $\Delta = h/500$。初始缺陷位形采用第 1 阶屈曲位形，残余应力采用火焰切割焊接工字钢模式，而跨中贴焊加劲肋引起的残余应力因影响较小没有考虑。结构的极限状态应力分布如图 F3.3 所示。考虑初始缺陷后结构的极限承载力提高系数（极限承载力比设计荷载）为 $\lambda_u = 1.303$。对应的极限承载力为 $Q_u = 343.992$kN，$P_u = 260.600$kN。

（4）承载力统一理论。

（i）逐步破坏法。

在设计荷载作用下跨中截面的应力如下。

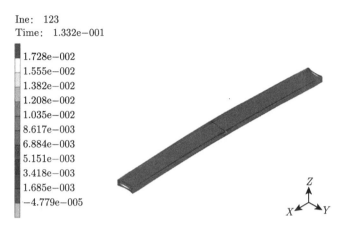

Ine: 123
Time: 1.332e−001

1.728e−002
1.555e−002
1.382e−002
1.208e−002
1.035e−002
8.617e−003
6.884e−003
5.151e−003
3.418e−003
1.685e−003
−4.779e−005

图 F3.3 结构的极限状态的应力分布

均布压力 $\sigma_x = N/A = 14.706\text{MPa}$。

剪应力 $\tau = Q/A_f = 17.368\text{MPa}$。

弯曲正应力 $\sigma_1 = \dfrac{Mh_1}{I_x} = \dfrac{660 \times 392}{12.598 \times 10^8} = 205.366(\text{MPa})$。

计算表明该结构的破坏模式为跨中截面出现机动，采用式（6.94）计算截面发生塑形强度破坏时的承载力提高系数 $\lambda_l = 1.322$，根据承载力统一公式，因为 $\lambda > \lambda_l$，取结构的极限承载力 $\lambda_u = \lambda_l$，且 $\varepsilon = 0$。

考虑残余应力的影响，$\lambda_r = 0.892\dfrac{\lambda}{\lambda_l} - 0.169$，则结构的实用极限承载力提高系数为

$$\lambda_u = (\lambda_l - 0.234\lambda_r\lambda_l)(1 - \varepsilon) = 1.186$$

对应的极限承力为 $Q_u = 313.104\text{kN}$，$P_u = 237.200\text{kN}$。构件设计承载力还需要根据设计规范的不同、抗力的分布特征和结构的安全等级等因素，除以一定分位值的安全系数，新版公路桥梁钢结构设计规范取 1.25。

（ii）解析方法。

解析分析时，主要的困难是计算结构的弹性屈曲应力，同时应该注意结构的受力特征和主要的弹性屈曲形式。

当腹板单独发生受压屈曲时，幅面尺寸为 5.0m×0.772m×0.01m，考虑到受压简支板的弹性屈曲应力 $\sigma_{cr} = 125.691\text{MPa}$。

当腹板单独受弯时，$a/b = 6.477$，取 $k_b = 23.9$，则受弯屈曲的应力 $\sigma_{bcr} = 746.636$。

当工字梁受局压荷载时，$l_a = 0.074\text{m}$，$\sigma_{acr} = 2113.225\text{MPa}$，$P_{acr} = 1563.786\text{kN}$。

根据结构在压弯和局压作用下的相关公式，设结构在设计荷载作用下达到弹

性屈曲时的承载力提高系数为 λ，则

$$\left(\frac{14.906\lambda}{125.691}\right)^2 + \left(\frac{205.356\lambda}{746.636}\right)^2 + \left(\frac{264\lambda}{1563.786}\right)^{0.8} = 1$$

解之得 $\lambda = 2.40$。该解析计算结构与数值分析结果较为接近。在没有有限元弹性分析的情形时，采用解析方法得出弹性屈曲应力后，仍按照逐步破坏法进行计算，得出的结论满足工程实践需要。从这里可以看出承载力统一理论分析问题的全面性，不仅可以对结构极限承载力进行全过程分析，也能分别考虑残余应力和初始几何弯曲等初始缺陷对极限承载力的影响。但采用承载力统一理论计算的误差主要来自弹性屈曲分析，对研究较为成熟的构件和结构进行分析的计算精度足够，对其他结构可以先进行估算，再采用逐步破坏法验算。

示例 2　分别按照 GB50017—2003 和 ANSI/AISC 360—2010 LRFD 验算图 F3.4(a) 所示单层双跨刚架中 CD 柱在刚架平面内的稳定。刚架中柱的上端与横梁刚接但其下端与基础铰接，刚架的两边柱均为摇摆柱，其上下端均为铰接，均由中柱为其提供侧移刚度，诸柱的顶端均设置有侧向支承。梁和中柱的截面尺寸分别如图 F3.4(b) 和 (c) 所示。翼缘均采用火焰切割而后刨边。作用于刚架上经组合后诸荷载的设计值 q, ω_1 和 ω_2 均如图 F3.4(a) 所示。钢材为 Q235，$f_y = 23.5\text{kN/cm}^2$，$f = 215\text{kN/cm}^2$，$E = 20600\text{kN/cm}^2$（例 4.7），（例 7.14）。

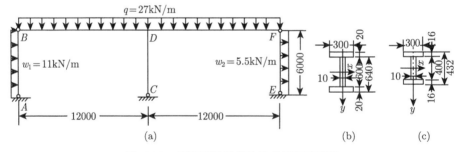

图 F3.4　局压两根摇摆柱的单层双跨刚架

（1）CD 柱在刚架平面内的稳定。

解　（i）梁和柱截面的几何性质。

对于梁，$A_b = 180\text{cm}^2$，$I_b = 133320\text{cm}^4$，线刚度 $K_b = I_{bx}/l_b = 111.1$。

对于中柱，$A_c = 136\text{cm}^2$，$I_c = 46866.7\text{cm}^4$，$K_c = I_c/l_c = 78.1$，$i_x = 18.56\text{cm}$，$W_x = 2170\text{cm}^3$，$W_p = 2396.8\text{cm}^3$，$I_y = 7200\text{cm}^4$，$i_y = 7.28\text{cm}$。

（ii）刚架的内力计算。

按一阶分析得到刚架的内力应是图 F3.5(a) 所示无侧移刚架和图 F3.5(b) 所示有侧移刚架二者内力之代数和。利用图乘法可得到图 F3.5(b) 中柱顶的侧移为

$\Delta_0 = 4.99$cm。柱的轴心压力之总和 $\sum P_i = 2 \times 121.5 + 405 = 648$(kN)，扣除摇摆柱的轴心压力后，$\sum P_{i-l} = 405$kN。

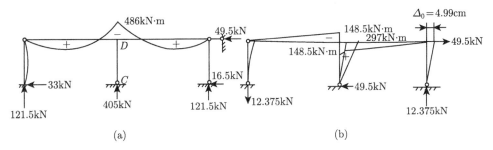

图 F3.5　一阶分析的刚架内力和侧移

（iii）按照 GB50017—2003 验算中柱 CD

$$\frac{\sum P_i \Delta_{0i}}{\sum H_i h_i} = \frac{648 \times 4.99}{49.5 \times 600} = 0.109 > 0.1$$

今用两种方法验算刚架柱在弯矩作用平面内的稳定性，以资比较，先用计算长度法。

对于侧移刚架，横梁远端铰接时，横梁的线刚度修正系数 $\alpha = 1/2$，柱上端的横梁与柱线刚度比值 $K_1 = (2K_b \times 1/2)/K_c = (2 \times 111.1 \times 1/2)/78.1 = 1.422$，柱的下端线刚度比值 $K_2 = 0$，用实用计算公式，柱的计算长度系数为

$$\mu = \sqrt{\frac{7.5K_1K_2 + 4(K_1 + K_2) + 1.52}{7.5K_1K_2 + K_1 + K_2}} = 2.25$$

因为两边柱为摇摆柱，故 μ 的设计值需修正

$$\mu' = 2.25\sqrt{\frac{648}{405}} = 2.85$$

$$P_{cr} = \frac{\pi^2 EI_c}{(\mu'h)^2} = \frac{\pi^2 \times 20600 \times 46866.7}{(2.85 \times 600)^2} = 3258.7\text{(kN)}$$

$$P'_{cr} = 3258.7/1.1 = 2962\text{(kN)}$$

$$\lambda_x = \frac{\mu'h}{i_x} = \frac{2.85 \times 600}{18.56} = 92.1$$

按照 b 类截面 $\varphi_x = 0.607$，对于有侧移的刚架柱，$\beta_{mx} = 1.0$，

$$\frac{P}{\varphi_x A} + \frac{\beta_{mx} M_x}{\gamma_x W_x \left(1 - 0.8 P/P'_{cr}\right)} = \frac{405}{0.607 \times 136}$$

$$+ \frac{1 \times 297 \times 10^2}{1.05 \times 2170 \times \left(1 - 0.8 \times 405/2962\right)}$$

$$= 4.91 + 14.63 = 19.54 < 21.5 (\text{kN/cm}^2)$$

$$19.54/21.5 = 0.909$$

再用二阶弹性分析法，假想水平力

$$H_{ni} = \frac{\alpha_y \sum Q_i}{250} \sqrt{0.2 + \frac{1}{n_s}}$$

$$= \frac{1.0 \times 648}{250} \sqrt{0.2 + 1/1} = 2.84 (\text{kN})$$

$$A_2 = \frac{1}{1 - \dfrac{\sum P_i \Delta_{0i}}{\sum H_i h_i}} = \frac{1}{1 - \dfrac{648 \times 4.99}{49.5 \times 600}} = 1.122$$

$$M_x = M_{nt} + A_2 M_{lt} = 0 + 1.122 \left(1 + \frac{2.84}{49.5}\right) \times 297 = 352.35 (\text{kN})$$

$$\beta_{mx} = 0.65 + 0.35 \frac{M_2}{M_1} = 0.65$$

因 $K_1 = 2K_{b\alpha}/K_c = 2 \times 111.1 \times 1/2/78.1 = 1.423$，

$$\mu_x = \sqrt{\frac{7.5 K_1 K_2 + 4\left(K_1 + K_2\right) + 1.52}{7.5 K_1 K_2 + K_1 + K_2}} = \sqrt{\frac{4 \times 1.423 + 1.52}{1.423}} = 2.25$$

但因有摇摆柱，$\mu'_x = 2.25 \times \sqrt{\dfrac{648}{405}} = 2.85$。

$$\lambda_x = \frac{2.85 \times 600}{18.56} = 92.1$$

$$\varphi_x = 0608$$

$$P_E = \frac{\pi^2 EA}{\lambda_x^2} = \frac{\pi^2 \times 20600}{92.1} \times 136 = 3259 (\text{kN})$$

$$P'_E = P_E/1.1 = 2962 \text{kN}$$

$$\frac{P}{\varphi_x A} + \frac{\beta_{mx} M_x}{\gamma_x W_x (1 - 0.8 P/P'_E)} = \frac{405}{0.608 \times 136} + \frac{0.65 \times 352.35 \times 10^2}{1.05 \times 2170 \times (1 - 0.8 \times 405/2962)}$$

$$= 4.90 + 11.28 = 16.18 (\text{kN/cm}^2) < 21.5 \text{kN/cm}^2$$

$$16.18/21.5 = 0.753$$

从计算结果可知，二阶弹性分析方法虽然富余较多，但是因为刚架的最大弯矩位于柱的端部，按照 GB50017—2014 的规定验算其在弯矩作用平面内的稳定性可能偏于不安全，需补充验算截面的强度。

$$\frac{P}{A_n} + \frac{M_x}{r_x W_x} = \frac{405}{136} + \frac{352.35 \times 10^2}{1.05 \times 2170} = 18.44 (\text{kN/cm}^2) < 21.5 \text{kN/cm}^2$$

$$18.44/21.5 = 0.858$$

（iv）按照 ANSI/AISC 360—2010 LRFD 验算中柱 CD。

因 $P/P_y = \dfrac{405}{136 \times 23.5} = 0.127 < 0.39$，故柱的线刚度不需折减。

对于图 F3.5(a) 所示无侧移刚架，梁的远端铰接时，其线刚度修正系数 $\alpha = 3/2$，柱上端的线刚度比值

$$K_1 = \frac{2 \times 111.1 \times 3/2}{78.1} = 4.267$$

$$\mu = \frac{0.64 K_1 K_2 + 1.4 (K_1 + K_2) + 3}{1.28 K_1 K_2 + 2 (K_1 + K_2) + 3} = 0.778$$

$$P_{cr} = \frac{\pi^2 E I_c}{(\mu h)^2} = \frac{\pi^2 \times 20600 \times 46866.7}{(0.778 \times 600)^2} = 43729 (\text{kN})$$

按照 ANSI/AISC 360—2010 LRFD，等效弯矩系数 $\beta_{mx} = 0.6 + 0.4 M_2/M_1 = 0.6$，柱的局部放大系数

$$A_1 = \frac{\beta_{mx}}{1 - \dfrac{P}{P_{cr}}} = \frac{0.6}{1 - \dfrac{405}{43729}} = 0.605 < 1.0$$

用 $A_1 = 1.0$。

如图 F3.5(b) 所示有侧移刚架，$\sum P = 121.5 + 405 + 121.5 = 648 (\text{kN})$，两边柱 AB 和 EF 的 $P_{cr} = 0$。中柱 CD 的 $P_{cr} = \pi^2 E I_c / (\mu h)^2 = \pi^2 \times 20600 \times$

$46866.7/(2.25 \times 600)^2 = 5228.4(\text{kN})$，$\sum P_{cr} = 0 + 5228.4 + 0 = 5228.4(\text{kN})$，中柱 CD 的计算长度系数经调整后为

$$\mu' = \sqrt{\frac{\pi^2 E I_c}{h^2 P} \times \frac{\sum P}{\sum P_{cr}}} = \sqrt{\frac{\pi^2 \times 20600 \times 46866.7}{600^2 \times 405} \times \frac{648}{5228.4}} = 2.85$$

此值与前面得到的修正值 μ' 相同。刚架柱的整体放大系数

$$A_2 = \frac{1}{1 - \sum P / \sum P_{cr}} = \frac{1}{1 - 648/5228.4} = 1.14$$

或者

$$A_2 = \frac{1}{1 - \dfrac{\sum P \Delta_0}{\sum H h}} = \frac{1}{1 - \dfrac{648 \times 4.99}{49.5 \times 600}} = 1.122$$

用 $A_2 = 1.14$。

由图 F3.5(a) 和 (b) 知，$M_{nt} = 0$，$M_{lt} = 297\text{kN/m}$，故 $M_{ax} = 1.14 \times 297 = 338.58(\text{kN/m})$。

$$\bar{\lambda}_x = \frac{\mu' h}{\pi i_x} \sqrt{\frac{f_y}{E}} = \frac{2.85 \times 600}{\pi \times 18.56} \sqrt{\frac{23.5}{20600}} = 0.991$$

$$\bar{\lambda}_y = \frac{h}{\pi i_y} \sqrt{\frac{f_y}{E}} = \frac{600}{\pi \times 7.28} \sqrt{\frac{23.5}{20600}} = 0.886 < 0.991$$

由 $\bar{\lambda}_x = 0.991 < 1.5$ 得

$$P_u = (0.658)^{\lambda_x^2} A f_y = (0.658)^{0.991^2} \times 136 \times 23.5$$

$$= 0.663 \times 136 \times 23.5 = 2118.9(\text{kN})$$

$$M_{ux} = W_{px} f_y = 2396.8 \times 23.5 \times 1/100 = 563.25(\text{kN/m})$$

$$\frac{P}{\phi_c P_u} = \frac{405}{0.9 \times 2118.9} = 0.212 > 0.2$$

$$\frac{P}{\phi_c P_u} + \frac{8 M_{ax}}{9 \phi_b M_{ux}} = 0.212 + \frac{8}{9} \times \frac{338.58}{0.9 \times 563.25}$$

$$= 0.212 + 0.594 = 0.806 < 1.0$$

（2）分别按照 GB50017—2014 和 ANSI/AISC 360—2010 LRFD 的规定验算示例 2 中柱 CD 在弯矩作用平面外的稳定和设计边柱（例 7.14）。

解　对于中柱 CD,已知其截面尺寸和几何性质为 $A=136\mathrm{cm}^2$, $I_x=46866.7\mathrm{cm}^4$, $W_x=2170\mathrm{cm}^3$, $W_{px}=2396.8\mathrm{cm}^3$, $\lambda_x=92.1$, $\overline{\lambda}_x=0.991$, $I_y=7200\mathrm{cm}^4$, $\lambda_y=82.4$, $\overline{\lambda}_y=0.866$, $I_t=95.25\mathrm{cm}^4$, $I_\varpi=3115008\mathrm{cm}^6$,翼缘的残余压应力峰值 $\sigma_{rc}=0.4f_y$, $M_{px}=563.25\mathrm{kN}\cdot\mathrm{m}$。

（i）按照 GB50017—2003 验算中柱。

由 $\lambda_y=82.4$ 可得 $\varphi_y=0.671$,　$\varphi_b=1.07-\dfrac{\lambda_y^2}{44000}=1.07-\dfrac{82.4^2}{44000}=0.916$,等效弯矩系数 $\beta_{tx}=0.65+0.35\dfrac{M_2}{M_1}=0.65$。

$$\frac{P}{\varphi_y A}+\frac{\beta_{tx}M_x}{\varphi_b W_x}=\frac{405}{0.671\times136}+\frac{0.65\times297\times10^2}{0.916\times2170}$$

$$=4.44+9.71=14.15<21.5(\mathrm{kN/cm}^2)$$

$$14.15/21.5=0.658$$

（ii）按照 ANSI/AISC 360—2010 LRFD 验算中柱。

$$\lambda_p=1.762\sqrt{\frac{E}{f_y}}=1.762\sqrt{\frac{20600}{23.5}}=52.17$$

$$X_1=\frac{\pi}{W_x}\sqrt{\frac{EGI_t A}{2}}=1486.4\mathrm{kN/cm}^2$$

$$X_2=\frac{4I_\varpi}{I_y}\left(\frac{W_x}{GI_t}\right)^2=0.0144\left(\mathrm{cm}^2/\mathrm{kN}\right)^2$$

$$\lambda_r=\frac{X_1}{f_y-\sigma_{rc}}\sqrt{1+\sqrt{1+X_2\left(f_y-\sigma_{rc}\right)^2}}$$

$$=\frac{1486.4}{0.6\times23.5}\sqrt{1+\sqrt{1+0.0144\left(0.6\times23.5\right)^2}}=181.54$$

构件的 λ_y 在 λ_p 与 λ_r 之间,

$$M_r=\left(f_y-\sigma_{rc}\right)W_x=0.6\times23.5\times2170/100=305.97(\mathrm{kN}\cdot\mathrm{m})$$

$$M_{cr}=\beta_b\left[M_{px}-\left(M_{pk}-M_r\right)\frac{\lambda_y-\lambda_p}{\lambda_r-\lambda_p}\right]$$

$$=1.67\left[563.25-\left(563.25-305.97\right)\frac{82.4-52.17}{181.54-52.17}\right]$$

$$=840.22(\mathrm{kN}\cdot\mathrm{m})>M_{px}$$

用 $M_{ux}=M_{px}$。

验算中柱 CD 整体稳定的公式仍为

$$\frac{P}{\phi_c P_u} + \frac{8M_{ax}}{9\phi_b M_{ux}} = 0.225 + \frac{8}{9} \times \frac{338.58}{0.9 \times 563.25} = 0.893 < 1.0$$

边柱 AB 与 EF 可以用相同的截面尺寸，但从受力条件看，边柱 AB 更为不利。可以用经验公式先算出结构的等效轴心压力 $P_{eq} = P + \dfrac{1.5M_x}{h}$，并以此压力按照轴心受压构件设计截面尺寸，而后按照实际的受力条件验算压弯构件的稳定性，必要时再将截面尺寸作适当修正。

已知 $P = 121.5 - 12.375 = 109.125(\text{kN})$，$M_x = \dfrac{1}{8} \times 11 \times 6^2 = 49.5(\text{kN} \cdot \text{m})$，假定截面的高度为 22cm，可得结构的等效轴心压力 $P_{eq} = 109.125 + \dfrac{1.5 \times 49.5}{0.22} = 446.625(\text{kN})$。以此压力设计得到的截面尺寸：腹板 1 为 8mm × 200mm，翼缘 2 为 10mm × 200mm。截面的几何性质为 $A = 56\text{cm}^2$，$I_x = 4943.3\text{cm}^4$，$W_x = 449.4\text{cm}^3$，$i_x = 9.4\text{cm}$，$W_{px} = 615.2\text{cm}^3$，$I_y = 1333.3\text{cm}^4$，$i_y = 4.88\text{cm}$，$I_t = 16.75\text{cm}^4$，$I_\varpi = 146996\text{cm}^6$。

（iii）按照 GB50017—2014 验算边柱。

在确定摇摆柱绕 x 轴弯曲的计算长度系数之比前，先要算出柱顶端的弹簧常数 k 和临界值 k_{cr}。

$$k = \frac{\sum H}{\Delta_0} = \frac{49.5}{4.99} = 9.92\,(\text{kN/m})$$

$$k_{cr} = \frac{\pi^2 E I_x}{l^3} = \frac{\pi^2 \times 20600 \times 4943.3}{600^3} = 4.653\,(\text{kN/m}) < k$$

说明此刚架的抗侧移刚度远大于柱的抗弯刚度

$$\mu_x = 1.0, \quad l_x = \mu_x l = 600\text{cm}, \quad \lambda_x = \frac{600}{9.4} = 63.8, \quad \varphi_x = 0.79, \quad \lambda_y = \frac{600}{4.88} = 123,$$

$$\varphi_y = 0.421, \quad \varphi_b = 1.07 - \frac{123^2}{44000} = 0.726, \quad \beta_{mx} = 1.0, \quad \beta_{tx} = 1.0, \quad P_{cr} = \frac{\pi^2 E}{\lambda_x^2} A =$$

$$\frac{\pi^2 \times 20600}{63.8^2} \times 56 = 2797(\text{kN}), \quad P'_{cr} = \frac{2797}{1.1} = 2543(\text{kN})。$$

$$\frac{P}{\varphi_y A} + \frac{\beta_{mx} M_x}{\gamma_x W_x \left(1 - 0.8\dfrac{P}{P'_{cr}}\right)} = \frac{109.125}{0.79 \times 56} + \frac{1 \times 49.5 \times 10^2}{1.05 \times 449.4 \times \left(1 - 0.8 \times \dfrac{109.125}{2543}\right)}$$

$$= 2.47 + 10.86 = 13.33 < 21.5(\text{kN/cm}^2)$$

$$\frac{P}{\varphi_y A} + \frac{\beta_{tx} M_x}{\varphi_b W_x} = \frac{109.125}{0.421 \times 56} + \frac{1 \times 49.5 \times 10^2}{0.726 \times 449.4} = 4.63 + 15.17$$

$$= 19.8 < 21.5 \, (\mathrm{kN/cm}^2)$$

$$19.8/21.5 = 0.92$$

（iv）按照 ANSI/AISC 360—2010 LRFD 验算边柱。

$$\bar{\lambda}_x = \frac{1 \times 600}{\pi \times 9.4} \sqrt{\frac{23.5}{20600}} = 0.686 \bar{\lambda}_y = \frac{600}{\pi \times 4.88} \sqrt{\frac{23.5}{20600}} = 1.322$$

$$\bar{\lambda}_x < \bar{\lambda}_y < 1.5$$

$$P_u = (0.658)^{1.322^2} A f_y = 0.459 \times 56 \times 23.5 = 604 (\mathrm{kN})$$

$$\frac{P}{\phi_c P_u} = \frac{109.125}{0.85 \times 604} = 0.213 > 0.2$$

$$A_1 = \frac{\beta_{mx}}{1 - \dfrac{P}{P_{cr}}} = \frac{1.0}{1 - \dfrac{109.125}{2797}} = 1.04$$

$$M_{ax} = A_1 M_{nt} = 1.04 \times 49.5 = 51.48 (\mathrm{kN})$$

$$X_1 = \frac{\pi}{W_x} \sqrt{\frac{EGI_t A}{2}} = \frac{\pi}{449.4} \sqrt{\frac{20600 \times 7900 \times 16.75 \times 56}{2}} = 1931.3 (\mathrm{kN/cm}^2)$$

$$X_2 = \frac{4 I_w}{I_y} \left(\frac{W_x}{GI_t} \right)^2 = \frac{4 \times 146996}{1333.3} \left(\frac{449.4}{7900 \times 16.75} \right)^2 = 0.005 \, (\mathrm{cm}^2/\mathrm{kN})^2$$

$$\lambda_p = 1.762 \sqrt{\frac{20600}{23.5}} = 52.17$$

$$\lambda_r = \frac{X_1}{f_y - \sigma_{rc}} \sqrt{1 + \sqrt{1 + X_2 (f_y - \sigma_{rc})^2}}$$

$$= \frac{1931.3}{0.6 \times 23.5} \times \sqrt{1 + \sqrt{1 + 0.005 (0.6 \times 23.5)^2}} = 212.7$$

$$M_{px} = W_{px} f_y = 615.2 \times 23.5 / 10^2 = 144.57 (\mathrm{kN \cdot m})$$

$$M_r = (f_y - \sigma_{rc}) W_x = 0.6 \times 23.5 \times 449.4 / 10^2 = 63.37 (\mathrm{kN \cdot m})$$

$$\beta_b = 1.0$$

$$M_{cr} = \beta_b \left[M_{px} - (M_{pk} - M_r) \frac{\lambda_y - \lambda_p}{\lambda_r - \lambda_p} \right]$$

$$= 144.57 - (144.57 - 63.37) \frac{123 - 52.17}{212.7 - 52.17}$$

$$= 108.74(\text{kN} \cdot \text{m}) < M_{px}$$

用 $M_{ux} = 108.74\text{kN} \cdot \text{m}$

$$\frac{P}{\phi_c P_u} + \frac{8M_{ax}}{9\phi_b M_{ux}} = \frac{109.125}{0.85 \times 604} + \frac{8}{9} \times \frac{51.48}{0.9 \times 108.74} = 0.213 + 0.468 = 0.681 < 1.0$$

（3）有限元分析。

示例 2 即可以看成单层双跨的简单刚架问题，也可以分解为结构的整体与子结构的问题。

（i）整体分析。

数值分析时，摇摆柱采用桁架单元，既满足摇摆柱的刚度要求，同时在 B、F 点实现了铰支承。单层双跨刚架 x 向的侧移为 5.222cm，比解析计算值大，一阶屈曲为 BF 梁的侧扭（$\lambda_1 = 1.589$），CD 的跟随侧扭屈曲出现在第 3 阶（$\lambda_3 = 6.920$），出现纵向侧弯在第 5 阶屈曲（$\lambda_5 = 8.432$，第 4 阶为负定的），单层双跨刚架的弹性屈曲如图 F3.6 所示。

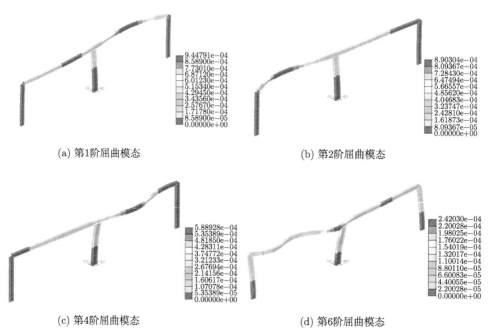

(a) 第1阶屈曲模态　　　　　　　　　　　　(b) 第2阶屈曲模态

(c) 第4阶屈曲模态　　　　　　　　　　　　(d) 第6阶屈曲模态

图 F3.6　单层双跨刚架的弹性屈曲

考虑初始几何弯曲和残余应力后，刚架极限承载力分析得出的极限承载力提高系数 $\zeta_u = 0.881$，计算结果表明该结构是不安全的。计算表明 CD 柱的设计是安全的，结构的 BF 梁在没有达到设计荷载时就出现了侧扭失稳，所以是不安全的，需要增加梁的侧向刚度。

（ii）子结构数值分析。

本示例也适合分析结构与构件的相关关系，弹性计算得出结构分配给构件的弹性内力，通过模拟构件的边界条件，当构件的屈曲载荷与结构对应屈曲相一致时，可以认为其边界条件模拟的与结构中一致，通过对最先屈曲构件达到极限状态时的承载力提高系数来估算结构的极限承载力，这也可以看成构件或节段试验在桥梁结构整体承载力分析中的应用范例。

采用有限元方法再次分析 BF 节段，计算的弹性屈曲模型和一阶屈曲为 BF 梁的侧扭（$\lambda_1 = 1.631$），子结构的弹性屈曲位形和特征值应与整体分析较为接近，确保子结构边界模拟的合理性，如图 F3.7(a) 所示。考虑初始缺陷后，BF 杆件极限状态的承载力提高系数 $\lambda_u = 1.135$，BF 杆件极限状态的应力如图 F3.7(b) 所示。分析表明子结构的极限承载力有较大的提高，这是刚周边假设造成的。

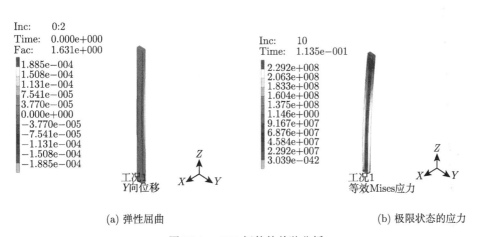

(a) 弹性屈曲　　　　　　　　　　　　　　　　(b) 极限状态的应力

图 F3.7　BF 杆件的单独分析

（4）承载力统一理论。

采用公式（6.94）计算得 CD 杆在 D 点压弯剪的截面极限承载力 $\lambda_l = 1.721$，CD 杆为一边简支，一边固结的压杆，欧拉屈曲应力为 486.766MPa；且 D 点的压应力为 29.779MPa，剪应力为 11.458MPa，弯曲正应力为 136.822MPa。

则 $\lambda_u = \lambda_l = 1.721$，因 $\lambda_{cr} = 8.432$，所以 $\varepsilon \approx 0$；$\lambda_r = 0.892\lambda_l/\lambda_{cr} - 0.169 = 0.013$，$\widetilde{\lambda}_u = \lambda_u\left(1 - 0.234\lambda_r\right)\left(1 - \varepsilon\right) = 1.718$。说明 CD 杆的承载力较大，是安全的。

BD 杆在 D 点的截面极限承载力 $\lambda_l = 1.692$，F 点的压应力为 2.426MPa，剪应力为 33.574MPa，弯曲正应力为 152.250MPa。

$$\lambda_{cr} = 1.589, \quad \lambda_l = 1.692$$

$$\lambda_u = \left(0.674\sqrt{\frac{\lambda_{cr}}{\lambda_l}} + 0.244\frac{\lambda_{cr}}{\lambda_l} \right), \quad \lambda_r = 0.063 \left(\frac{\sigma_{cr}}{\sigma_y} \right)^2 + 0.669\frac{\sigma_{cr}}{\sigma_y} = 0.683$$

$$\tilde{\lambda}_u = \lambda_u \left(1 - 0.234\lambda_r \right) \left(1 - \varepsilon \right) = 1.003$$

考虑受压构件的分项系数为 1.125，实际可使用的极限承载力为 0.891。所以 BD 杆件不安全。根据截面的构造分析，CD 和 BD 杆截面的受压翼缘均为强度破坏。

示例 3 计算两端简支的双轴对称 I 型截面偏心受压构件的切线模量弯扭屈曲载荷。$E_t/E = \dfrac{\sigma_y - \sigma}{\sigma_y - 0.96\sigma}$，偏心距 $e_y = -22.85\text{cm}$，构件的长度为 2.0m，截面尺寸见图 F3.8。钢材的屈服强度为 $\sigma_y = 27.5\text{kN/cm}^2$，比例极限 $\sigma_p = 0.8\sigma_y = 22\text{kN/cm}^2$，$E = 20600\text{kN/cm}^2$，$G = 7900\text{kN/cm}^2$，$G_t = GE_t/E$，已知弯矩作用平面内的极限荷载 $P_u = 156\text{kN}$（例 6.14）。

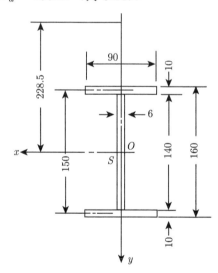

图 F3.8 I 型截面压弯构件（单位：mm）

（1）切线模量弯扭屈曲载荷。

解 （i）截面几何性质。

$A = 26.4\text{cm}^2$，$I_x = 1149.7\text{cm}^4$，$I_y = 121.5\text{cm}^4$，$I_\varpi = \dfrac{I_y h^2}{4} = 6834.4\text{cm}^6$，

$I_t = \dfrac{1}{3} \left(14 \times 0.6^3 + 2 \times 9 \times 1^3 \right) = 7.01 \left(\text{cm}^4 \right)$，$i_0^2 = \dfrac{I_x + I_y}{A} = 48.15\text{cm}^2$。

（ii）计算弹性弯扭屈曲载荷。

$$P_x = \frac{\pi^2 EI_x}{l^2} = \frac{\pi^2 \times 20600 \times 1149.7}{200^2} = 5843.8(\text{kN})$$

$$P_y = \frac{\pi^2 EI_y}{l^2} = \frac{\pi^2 \times 20600 \times 121.5}{200^2} = 617.6(\text{kN})$$

$$P_\varpi = \frac{1}{i_0^2} \left(\frac{\pi^2 EI_w}{l^2} + GI_t \right)$$

$$= \frac{1}{48.15} \left(\frac{\pi^2 \times 20600 \times 6834.4}{200^2} + 7900 \times 7.01 \right) = 1871.6(\text{kN})$$

因为 $e_y^2 > i_0^2$，由式（6.81a）解得

$$P_{y\varpi}$$

$$= \frac{\sqrt{(P_y + P_\varpi)^2 + 4P_y P_\varpi [(e_y/i_0)^2 - 1]} - (P_y + P_\varpi)}{2[(e_0/i_0)^2 - 1]}$$

$$= \frac{\sqrt{(617.6+1871.6)^2 + 4 \times 617.6 \times 1871.6 \times [(22.85/48.15)^2 - 1]} - (617.6 + 1871.6)}{2 \times [(22.85/48.15)^2 - 1]}$$

$$= 238.8(\text{kN})$$

此时构件截面上翼缘边缘纤维的应力

$$\sigma_t = \frac{P}{A} + \frac{Pe_y y(1 + 0.234 P/P_x)}{I_x(1 - P/P_x)}$$

$$= \frac{238.8}{26.4} + \frac{238.8 \times 22.85 \times 8 \times (1 + 0.234 \times 238.8/5843.8)}{1149.7 \times (1 - 238.8/5843.8)}$$

$$= 9.05 + 39.92 = 48.97(\text{kN/cm}^2) > 22\text{kN/cm}^2$$

说明构件将在弹塑性状态屈曲。

（iii）计算弹塑性弯扭屈曲载荷。

翼缘边缘的应力应按照比值 E_i/E 折减，这样 $\sigma = 48.97 E_t/E$，但 $\dfrac{E_t}{E} =$

$\dfrac{\sigma_y - \sigma}{\sigma_y - 0.96\sigma} = \dfrac{27.5 - \sigma}{27.5 - 0.96\sigma}$，可以解得 $E_t/E = 0.5367$，$P_{y\varpi} = 238.8 \times \dfrac{E_t}{E} =$

$238.8 \times 0.5367 = 128.16 (\text{kN}) < P_u = 156\text{kN}$，说明构件的承载力是由弹塑性弯扭屈曲决定的，而且 $128.16/238.8 = 0.5367$，相差 46.33%。

（2）数值分析。

数值分析表明 I 型截面压弯构件极限承载力状态如图 F3.9 所示，考虑初始缺陷后结构的极限承载力为 $P_u = 179.189\text{kN}$。

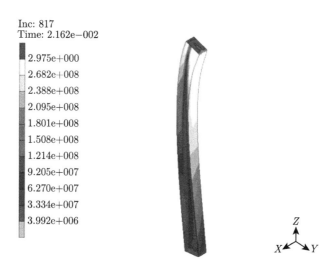

图 F3.9 I 型截面偏心受压极限状态

（3）承载力统一理论。

偏心受压构件的极限承载力可以通过非线性过程分析得到极限承载力。也可以采用承载力统一理论进行分析，因偏心受压构件的弹性屈曲与不考虑偏心时的弹性屈曲承载力较为接近。根据截面塑性破坏极限承载力，$\lambda_l = 0.209$（176.856kN），因 $\lambda_{cr} = 1.0$，$\lambda_l = 0.209$，所以 $\lambda_u = \lambda_l$，$\varepsilon \approx 0$。则

$$\lambda_r = 0.892\lambda_l/\lambda_{cr} - 0.169 = 0.017$$

$$\tilde{\lambda}_u = \lambda_u (1 - 0.234\lambda_r)(1 - \varepsilon) = 0.208$$

示例 4 分别按照 GB50018 和 AISI 2007 的规定确定图 F3.10 所示两端简支的冷弯薄壁型钢槽型截面轴心受压构件轴心压力的设计值。构件的长度为 3m，在其中点有一侧向支承。钢材的屈服强度 $f_y = 23.5\text{kN/cm}^2$，强度设计值 $f = 20.5\text{kN/cm}^2$，弹性模量 $E = 20600\text{kN/cm}^2$，剪切模量 $G = 7900\text{kN/cm}^2$（例 6.17）。

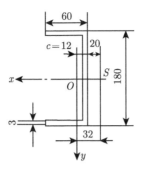

图 F3.10　冷弯薄壁型钢槽型截面尺寸（单位：mm）

（1）轴心压力的设计值。

解　（i）计算截面的几何性质

$$A = (2b + h)\,t = (2 \times 6 + 18) \times 0.3 = 9(\text{cm}^2)$$

$$I_t = \frac{1}{3}\,(2b + h)\,t^3 = \frac{1}{3} \times (2 \times 6 + 18) \times 0.3^3 = 0.27(\text{cm}^4)$$

截面的形心距

$$e_0 = \frac{2\left(\dfrac{1}{2}b^2\right)t}{(2b + h)\,t} = \frac{6^2}{2 \times 6 + 18} = 1.2(\text{cm})$$

剪心距

$$x_0 = -\frac{4\,(3b + h)\,b^2}{(6b + h)\,(2b + h)} = -\frac{4 \times (3 \times 6 + 18) \times 6^2}{(6 \times 6 + 18)\,(2 \times 6 + 18)} = -3.2(\text{cm})$$

$$I_y = he_0^2 t + \frac{1}{6}b^3 t + 2bt\left(\frac{b}{2} - e_0\right)^2$$

$$= \left[18 \times 1.2^3 + \frac{1}{6} \times 6^3 + 2 \times 6 \times \left(\frac{6}{2} - 1.2\right)^2\right] \times 0.3 = 30.24(\text{cm}^4)$$

$$i_y = \sqrt{\frac{I_y}{A}} = \sqrt{\frac{30.24}{9}} = 1.833(\text{cm}), \quad \lambda_y = \frac{l_y}{i_y} = \frac{150}{1.833} = 81.83$$

$$I_x = \frac{1}{12}h^3 t + \frac{1}{2}bh^2 t = \frac{1}{12} \times 18^3 \times 0.3 + \frac{1}{2} \times 6 \times 18^2 \times 0.3 = 437.4(\text{cm}^4)$$

$$i_x = \sqrt{\frac{I_x}{A}} = \sqrt{\frac{437.7}{9}} = 6.97(\text{cm}), \quad \lambda_x = \frac{l_x}{i_x} = \frac{300}{6.97} = 43$$

$$i_0^2 = \frac{I_x + I_y}{A} + x_0^2 = \frac{437.4 + 30.24}{9} + 3.2^2 = 62.2(\text{cm}^2)$$

$$I_w = \frac{b^3 h^2 t}{12} \times \frac{3b + 2h}{6b + h} = \frac{6^2 \times 18^2 \times 0.3}{12} \times \frac{3 \times 6 + 2 \times 18}{6 \times 6 + 18} = 1749.6(\text{cm}^6)$$

（ii）计算弯扭屈曲载荷和换算长细比。

$$P_x = \frac{\pi^2 E I_x}{l_x^2} = \frac{\pi^2 \times 20600 \times 437.4}{300^2} = 988.11(\text{kN})$$

$$\begin{aligned} P_\varpi &= \frac{1}{i_0^2}\left(\frac{\pi^2 E I_\varpi}{l_\varpi^2} + G I_t\right) \\ &= \frac{1}{62.2}\left(\frac{\pi^2 \times 20600 \times 1749.6}{300^2} + 7900 \times 0.27\right) = 97.84(\text{kN}) \end{aligned}$$

$$\begin{aligned} P_{\varpi x} &= \frac{1}{2 \times \left(1 - \frac{x_0^2}{i_0^2}\right)}\left[P_x + P_\varpi - \sqrt{(P_x + P_\varpi)^2 - 4 P_x P_\varpi \left(1 - \frac{x_0^2}{i_0^2}\right)}\right] \\ &= \frac{1}{2 \times \left(1 - \frac{3.2^2}{62.2}\right)} \\ &\quad \times \Bigg[988.11 + 97.84 \\ &\qquad - \sqrt{(988.11 + 97.84)^2 - 4 \times 988.11 \times 97.84 \left(1 - \frac{3.2^2}{62.2}\right)}\Bigg] \\ &= 96.13(\text{kN}) \end{aligned}$$

$$\sigma_{xw} = \frac{P_{wx}}{A} = \frac{96.13}{9} = 10.68(\text{kN/cm}^2)$$

$$\lambda_{xw} = \pi \times \sqrt{\frac{E}{\sigma_{xw}}} = \pi\sqrt{\frac{20600}{10.68}} = 137.97 > \lambda_y$$

应由 $\lambda_{x\varpi}$ 确定 φ 值。

（iii）计算构件承载力的设计值（截面的有效面积 $A_e = 7\text{cm}^2$）。

按照 GB50018—2002，由 $\lambda_{x\varpi}$ 查附表 A.1.1-1 得，$\varphi = 0.357$，$P = \varphi A_e f = 0.357 \times 7 \times 20.5 = 51.23(\text{kN})$。

按照 AISI 2007—2002 知

$$\bar{\lambda} = \frac{\lambda_{x\omega}}{\pi}\sqrt{\frac{f_y}{E}} = \frac{138}{\pi}\sqrt{\frac{235}{20600}} = 1.483 < 1.5$$

$$\varphi = 0.658^{\bar{\lambda}^2} = (0.658)^{1.483^2} = 0.398$$

$$P = \phi_c \varphi A_e f_y = 0.85 \times 0.398 \times 7 \times 23.5 = 55.65(\mathrm{kN})$$

（2）数值分析。

冷弯薄壁型钢槽型压杆的弹性屈曲和极限承载力状态如图 F3.11 所示，第 1 阶弹性屈曲为局部坍塌畸变屈曲，考虑第 1 阶初始缺陷后结构的极限承载力提高系数为 $\zeta_u = 1.195$。换算得弹性屈曲载荷为 $P_{cr} = 187.102\mathrm{kN}$，考虑初始缺陷后结构的极限承载力提高系数为 $P_u = 88.198\mathrm{kN}$（如图 F3.11 所示）。

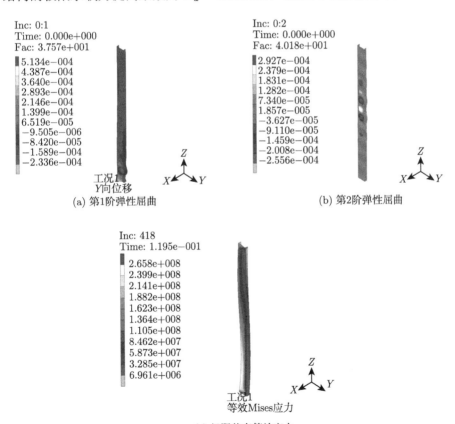

(a) 第1阶弹性屈曲　　　　　　　　　(b) 第2阶弹性屈曲

(c) 极限状态等效应力

图 F3.11　冷弯薄壁型钢槽型压杆有限元分析

（3）承载力统一理论。

采用解析分析方法，$P_y = 9\text{cm}^2 \times 235\text{MPa} = 211.5\text{kN}$，因 $P_{cr}/P_y = 0.885$，

则 $P_u = P_y\left(0.674\sqrt{\dfrac{P_{cr}}{P_u}} + 0.244\dfrac{P_{cr}}{P_u}\right) = 179.724\text{kN}$。因该薄壁结构发生了局部

坍塌畸变屈曲，在一般初始几何缺陷下的极限承载力只有计算的 50%，所以有

$$\widetilde{P}_u = 0.5P_u = 89.862\text{kN}$$

示例 5　图 F3.12 所示为两端简支、在跨中作用有横向集中荷载 Q 的受弯构件，其跨长为 12m 并在中点有一侧向支承，截面尺寸有如图 F3.12(b)，(c) 和 (d) 三种，其截面面积均相等。试按照塑性设计计算此构件的弯扭屈曲载荷 Q_{cr}，钢材的屈服强度 $f_y = 23.5\text{kN/m}^2$，弹性模量 $E = 20600\text{kN/cm}^2$，剪变模量 $G = 7900\text{kN/cm}^2$（例 7.4）。

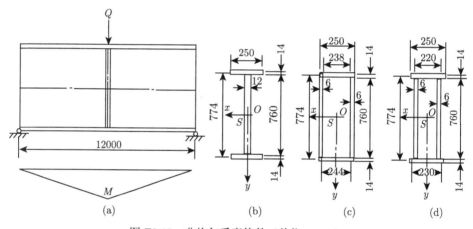

图 F3.12　非均匀受弯构件（单位：mm）

（1）弯扭屈曲设计荷载 Q_{cr}。

解　（i）对于图 F3.12(b) 所示 I 型截面受弯构件，截面的几何性质为 $I_x = 148736\text{cm}^4$，$W_x = 3775\text{cm}^3$，$M_y = 3775 \times 23.5 = 88712.5(\text{kN}\cdot\text{cm})$，$W_p = 4441.8\text{cm}^3$，$M_p = 4441.8 \times 23.5 = 104382.3(\text{kN}\cdot\text{cm})$，$I_y = 3645.8\text{cm}^4$，$I_\varpi = \dfrac{I_y h^2}{4} = \dfrac{3645.8 \times 77.4^2}{4} = 5460278(\text{cm}^6)$，$I_t = \dfrac{1}{3}\left(76 \times 1.2^3 + 2 \times 25 \times 1.4^3\right) = 89.51(\text{cm}^4)$，等效弯矩系数 $\beta_b = 1.75$。

弹性弯扭屈曲临界弯矩

$$M_t = \beta_b \frac{\pi}{I_y}\sqrt{EI_y GI_t\left(1 + \frac{\pi^2 EI_\varpi}{GI_t I_\varpi^2}\right)}$$

$$= 1.75 \times \frac{\pi}{600} \sqrt{20600 \times 365.8 \times 7900 \times 89.51 \left(1 + \frac{\pi^2 \times 20600 \times 5460278}{7900 \times 89.51 \times 600^2}\right)}$$

$$= 9163 \times \sqrt{53.11 \times (1 + 4.361)}$$

$$= 154614(\text{kN} \cdot \text{cm}) > 0.6M_y = 53277.5\text{kN} \cdot \text{cm}$$

弹塑性弯扭屈曲临界荷载

$$M_{cr} = 1.07M_y \left(1 - \frac{33}{125} \times \frac{M_y}{M_e}\right)$$

$$= 1.07 \times 88712.5 \times \left(1 - \frac{33}{125} \times \frac{88712.5}{154614}\right) = 80554(\text{kN} \cdot \text{cm}) < M_p$$

$$Q_{cr} = \frac{4M_{cr}}{I} = \frac{4 \times 80554}{1200} = 268.48\text{kN}$$

(ii) 对于图 F3.12(c) 所示箱型截面受弯构件，$I_y = 17220\text{cm}^4$，为 I 型截面的 $\frac{17220}{3645.8} = 4.7232$ 倍。

$$I_t = \frac{4A_0}{\oint \frac{\mathrm{d}s}{t}} = \frac{2b^2h^2tt_\varpi}{bt_\varpi + ht} = \frac{2 \times 244^2 \times 77.2^2 \times 1.4 \times 0.6}{24.4 \times 0.6 + 77.2 \times 1.4} = 48574.5(\text{cm}^4)$$

为 I 型截面的 $\frac{48574.5}{89.51} = 542.67$ 倍。

$$I_p = \oint \rho_s t \mathrm{d}s = \frac{bh}{2}(bt_w + ht)$$

$$= \frac{24.4 \times 77.2}{2}(24.4 \times 0.6 + 77.2 \times 1.4) = 115582.6(\text{cm}^4)$$

$$\mu = 1 - \frac{I_t}{I_p} = 1 - \frac{48574.5}{115582.6} = 0.58 = \frac{(bt_\varpi - ht)^2}{(bt_\varpi + ht)^2}$$

$$I_{\overline{\varpi}} = \frac{b^2h^2(bt_\varpi - ht)^2}{24(bt_\varpi + ht)^2}(bt + ht_\varpi)$$

$$\frac{I_{\overline{\varpi}}}{\mu} = \frac{b^2h^2}{24}(bt + ht_\varpi) = \frac{24.4^2 \times 77.2^2}{24}(24.4 \times 1.4 + 77.2 \times 0.6) = 11898466(\text{cm}^6)$$

为 I 型截面的 $\frac{11898466}{5460278} = 2.1791$ 倍。

弹性弯扭屈曲临界弯矩

$$M_e = \beta_b \frac{\pi}{l_y} \sqrt{EI_y GI_t \left(1 + \frac{\pi^2 EI_{\overline{\varpi}}}{\mu GI_t I_{\overline{\varpi}}^2}\right)}$$

$$= 1.75 \times \frac{\pi}{600}$$

$$\times \sqrt{20600 \times 17220 \times 7900 \times 48574.5 \left(1 + \frac{\pi^2 \times 20600 \times 11898466}{7900 \times 48574.5 \times 600^2}\right)}$$

$$= 916300\sqrt{13.612 \times (1 + 0.0175)} = 3410090\,(\text{kN} \cdot \text{cm})$$

为 I 型截面受弯构件的 $\dfrac{3410090}{154614} = 22.056$ 倍。

由于忽略了上式中的后一项结果偏小不到 1%，故美国 AISC LRFD 99 和日本 AIJ 98 给出的箱型截面受弯构件的近似计算公式为

$$M_e = \beta_b \frac{\pi}{l_y} \sqrt{EI_y GI_t} = \beta_b \frac{\pi}{\lambda_y} \sqrt{EGAI_t} = 3380638\text{kN} \cdot \text{cm}$$

$$3380638/3410090 = 0.991$$

弹塑性弯扭屈曲临界弯矩

$$M_{cr} = 104382.3 \times \left(1 - \frac{33 \times 88712.5}{125 \times 3410090}\right) = 103665\,(\text{kN} \cdot \text{cm}) < M_p$$

$$Q_{cr} = \frac{4 \times 103665}{1200} = 345.55\,(\text{kN})$$

为 I 型截面受弯构件的 $\dfrac{345.55}{268.48} = 1.287$ 倍。

（iii）对于图 F3.12(d) 所示带耳的箱型截面受弯构件。

$$I_y = 15475\text{cm}^4$$

$$I_t = \frac{2}{3}(b - b_0)t^3 + \frac{2b_0^2 h^2 t t_{\varpi}}{b_0 t_{\varpi} + ht} = \frac{2}{3}(25 - 22.6) \times 1.4^3$$

$$+ \frac{2 \times 22.6^2 \times 77.2^2 \times 1.4 \times 0.6}{22.6 \times 0.6 + 77.2 \times 1.4}$$

$$= 42046.5\,(\text{cm}^4)$$

$$l_{\varpi 0} + \frac{I_{\overline{\varpi}}}{\mu} = \frac{(b^3 - b_0^3)h^2 t}{24} + \frac{b_0^2 h^2}{24}(b_0 t + h t_{\varpi})$$

$$= \frac{(25^3 - 22.6^3) \times 77.2^2 \times 1.4}{24} + \frac{77.2^2 \times 1.4^2}{24} \times (22.6 \times 1.4 + 77.2 \times 0.6)$$

$$= 1419068 + 9888082 = 113071150\,(\text{cm}^6)$$

$$M_e = \beta_b \frac{\pi}{l_y}\sqrt{EI_yGI_t\left[1+\frac{\pi^2 E\left(I_{\varpi 0}+I_{\overline{\varpi}}/\mu\right)}{GI_tI_{\varpi}^2}\right]}$$

$$= 916300 \times \sqrt{10.589 \times (1+0.0192)} = 3010233(\mathrm{kN\cdot cm})$$

为 I 型截面受弯构件的 $\dfrac{3010233}{154614} = 19.47$ 倍。

弹塑性临界弯矩

$$M_{cr} = 104382.3 \times \left(1-\frac{33\times 887125}{125\times 3010233}\right) = 103570\,(\mathrm{kN\cdot cm}) < M_p$$

$$Q_{cr} = \frac{4\times 103570}{1200} = 345.23(\mathrm{kN})$$

为 I 型截面受弯构件的 $\dfrac{345.23}{268.48} = 1.286$ 倍。

（2）数值分析。

非均匀受弯构件（截面 b）的第 1、2 阶弹性屈曲和极限状态等效应力分布如图 F3.13 所示，该受弯构件在跨中发生蹶屈。弹性屈曲载荷为 Q_{cr} =1245.0kN，考虑初始缺陷后结构的极限承载力为 Q_u =348.290kN。

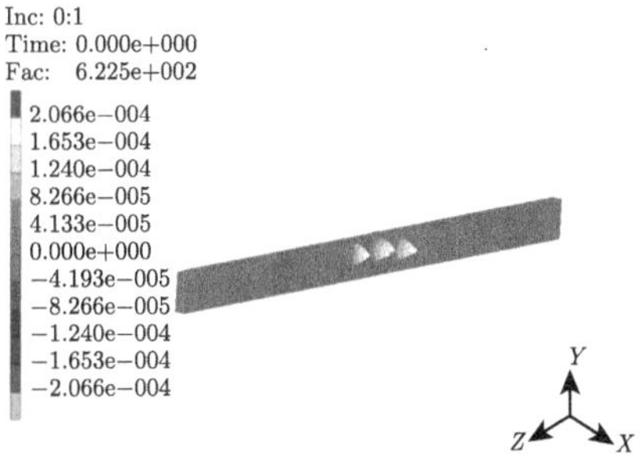

(a) 第1阶弹性屈曲

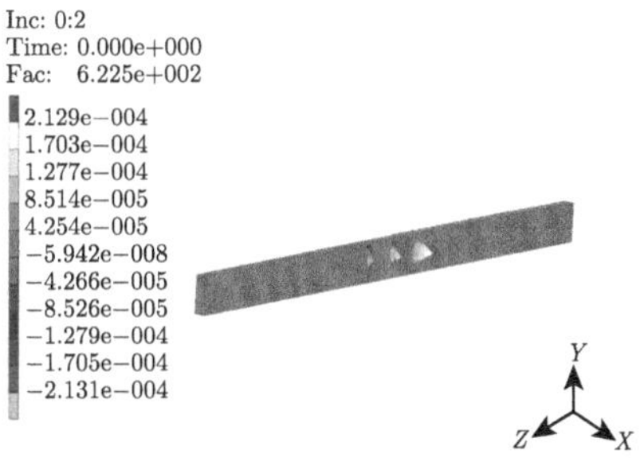

(b) 第2阶弹性屈曲

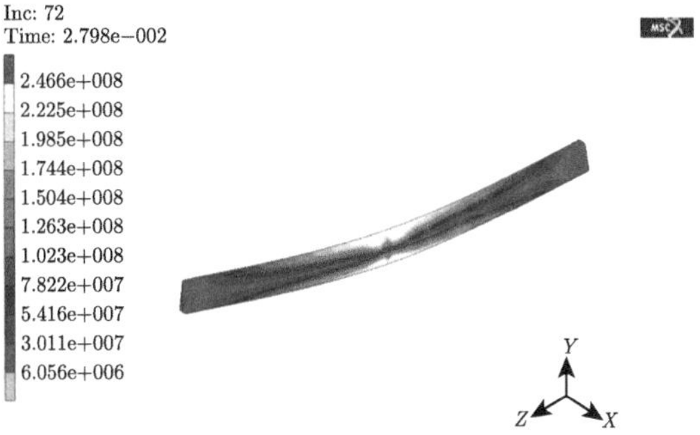

(c) 极限状态等效应力

图 F3.13　非均匀受弯构件有限元分析

（3）承载力统一理论。

因 $\lambda_{cr} = 1.0$，根据塑性截面极限承载力为 $\lambda_l = 0.276$，采用与前面示例相同的方法分别考虑结构的初始几何弯曲和残余应力，有 $\tilde{\lambda}_u = 0.982\lambda_l = 0.268$，则该非均匀受弯构件的极限承载力计算值为 333.66kN。

示例 6 图 F3.14(a) 为两端简支的受弯构件，在其中点有一侧向支承并作用有集中荷载 Q。构件的截面有如图 F3.14(b)，(c) 和 (d) 三种尺寸，翼缘均具有火焰切割边。构件长度为 10m，钢材用 Q235，$f_y = 235\text{N/mm}^2$，强度设计值 $f = 215\text{N/mm}^2$。试按照钢结构设计规范 GB50017—2003 要求确定屈曲载荷的设计值（例 7.7）。

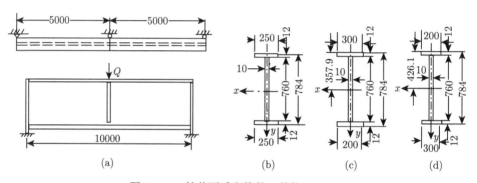

图 F3.14 等截面受弯构件（单位：mm）

（1）屈曲载荷的设计值。

解 (i) 按照图 F3.14(b) 所示截面尺寸计算屈曲载荷。

$A = 136\text{cm}^2$，$W_x = 3214\text{cm}^3$，$i_y = 4.79\text{cm}$，$\lambda_y = 500/4.79 = 104.38$，$\eta_b = 0$。在受弯构件中点的集中荷载处有一侧向支承时，此处截面的扭转角为 0，故按照弯矩图可知 $\beta_b = 1.75$。

由式（7.104）和式（7.105）知，受弯构件的弹性弯扭屈曲的稳定系数

$$\varphi_b = \beta_b \frac{4320}{\lambda_y^2} \times \frac{Ah}{W_x} \left[\eta_b + \sqrt{1 + \left(\frac{\lambda_y t_1}{4.4h} \right)^2} \right]$$

$$= 1.75 \times \frac{4320}{104.38^2} \times \frac{136 \times 78.4}{3214} \times \sqrt{1 + \left(\frac{104.38 \times 1.2}{4.4 \times 78.4} \right)^2} = 2.449 > 0.6$$

受弯构件的弹塑性弯扭屈曲的稳定系数

$$\varphi_b' = 1.07 - 0.282/\varphi_b = 1.07 - 0.282/2.449 = 0.955$$

$M = \varphi'_b W_x f$，而 $M = \dfrac{1}{4} Q l$，故

$$Q = \frac{4\varphi'_b W_x f}{l} = \frac{4 \times 0.955 \times 3214 \times 10^3 \times 215}{10 \times 10^6} = 263.97 (\text{kN})$$

注意到，在示例 1 中，压弯构件的尺寸与本示例的图 F3.14(a) 和 (b) 相同，荷载作用有 $Q = 264\text{kN}$，$P = 200\text{kN}$，经计算，平面外的稳定尚有富裕，而在本例中，集中荷载的设计值只到达 $Q = 260.65\text{kN}$。究其原因是，压弯构件的计算公式中稳定系数 φ_b 采用了近似计算公式以及等效弯矩系数 β_{tx} 在相关公式的分子中与构件是否在弹塑性状态屈曲无关。两种构件的计算公式存在着不衔接的地方。

（ii）按照图 F3.14(c) 所示截面尺寸计算屈曲载荷

$A = 136\text{cm}^2$，$W_x = 3475.9\text{cm}^3$，$i_y = 5.07\text{cm}$，$\lambda_y = 500/5.07 = 98.62$，$\alpha_b = 0.771$，$\eta_b = 0.8\,(2\alpha_b - 1) = 0.8\,(2 \times 0.771 - 1) = 0.4336$，$\beta_b = 1.75$。

$$\varphi_b = 1.75 \times \frac{4320}{98.62^2} \times \frac{136 \times 78.4}{3475.9} \times \left[0.4336 + \sqrt{1 + \left(\frac{98.62 \times 1.2}{4.4 \times 78.4} \right)^2} \right]$$

$$= 3.555 > 0.6$$

$$\varphi'_b = 1.07 - \frac{0.282}{3.555} = 0.991$$

$$Q = \frac{4\varphi'_b W_x f}{l} = \frac{4 \times 0.991 \times 3475.9 \times 10^3 \times 215}{10 \times 10^6} = 296.2 (\text{kN})$$

（iii）按照图 F3.14(d) 所示截面尺寸计算屈曲载荷。

$A = 136\text{cm}^2$，$W_x = 2919.53\text{cm}^3$，$i_y = 5.07\text{cm}$，$\lambda_y = 98.62$，$\alpha_b = 0.229$，$\eta_b = 2\alpha_b - 1 = 2 \times 0.229 - 1 = -0.542$，$\beta_b = 1.75$。

$$\varphi_b = 1.75 \times \frac{4320}{98.62^2} \times \frac{136 \times 78.4}{2919.53} \times \left[-0.542 + \sqrt{1 + \left(\frac{98.62 \times 1.2}{4.4 \times 78.4} \right)^2} \right]$$

$$= 1.4626 > 0.6$$

$$\varphi'_b = 1.07 - \frac{0.282}{1.4626} = 0.877$$

$$Q = \frac{4 \times 0.877 \times 2919.53 \times 10^3 \times 215}{10 \times 10^6} = 220.2 (\text{kN})$$

由以上计算可知，虽然三种受弯构件的受力和支承条件都是相同的，截面面积也一样，但是因为上翼缘的宽度不相同，屈曲载荷的设计值存在较大的差别，它

们之间的比值是 $1:1.122:0.834$，其中以加宽受压翼缘的焊接 I 型截面受弯构件的屈曲载荷最大。

（2）数值分析。

等截面受弯构件（截面 b）的第 1、2 阶弹性屈曲和极限承载力状态的等效应力如图 F3.15 所示。弹性屈曲载荷为 $Q_{cr} = 1097.0\text{kN}$，考虑初始缺陷后结构的极限承载力提高系数为 $\xi_u = 0.330$。

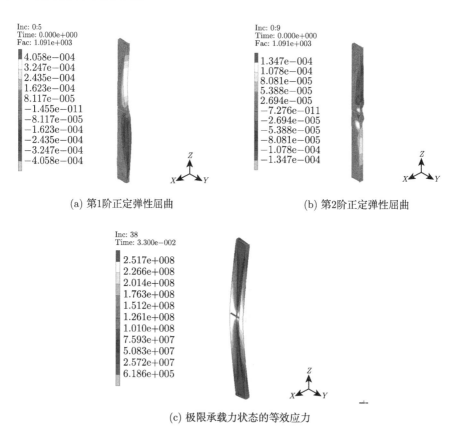

(a) 第1阶正定弹性屈曲　　　　　　　　　　　(b) 第2阶正定弹性屈曲

(c) 极限承载力状态的等效应力

图 F3.15　等截面受弯构件有限元分析

（3）承载力统一理论。

根据截面塑性极限承载力有 $\lambda_l = 0.314$，因 $\lambda_{cr} = 1.0$，所以代入极限承载力统一公式，$\tilde{\lambda}_u = 0.982\lambda_l = 0.306$。则该构件的计算极限承载力为 335.682kN。

示例 7　分别按照 GB50018—2013 和 AISI 2007 规定验算图 F3.16(a) 所示两端简支的冷弯薄壁型钢的压弯构件的稳定性。在构件的跨中作用有横向集中荷载设计值 $Q = 6\text{kN}$，构件的轴心压 $P = 40\text{kN}$。在构件的四分点处均有侧向支撑点。图 F3.16(b) 为构件的截面尺寸。钢材的屈服强度 $f_y = 23.5\text{kN/cm}^2$，强度设计值 $f = 20.5\text{kN/cm}^2$，弹性模量 $E = 20600\text{kN/cm}^2$，剪变模量 $G = 7900\text{kN/cm}^2$（例 7.12）。

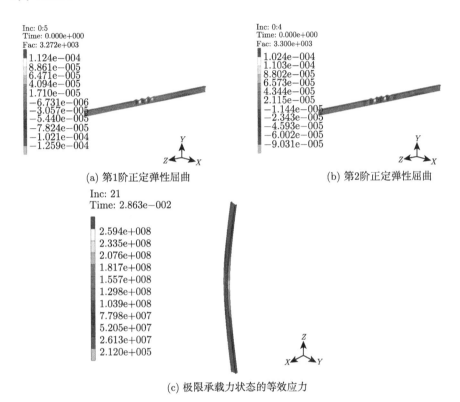

(a) 第1阶正定弹性屈曲　　　　　　　(b) 第2阶正定弹性屈曲

(c) 极限承载力状态的等效应力

图 F3.16　冷弯薄壁型钢压弯构件有限元分析（单位：mm）

（1）压弯构件稳定性分析。

解　（i）计算截面的几何性质。

$$A = (b_1 + b_2 + 2h)\, t = (9 + 6 + 2 \times 18) \times 0.3 = 15.3\,(\text{cm}^2)$$

截面的形心距

$$h_1 = \frac{(b_2 + h)\, h}{b_1 + b_2 + 2h} = \frac{(6 + 18) \times 18}{9 + 6 + 2 \times 18} = 8.47(\text{cm})$$

$$h_2 = \frac{(9 + 18) \times 18}{51} = 9.53(\text{cm})$$

$$I_y = I_1 + I_2 = \frac{1}{12}\left(b_1^2 + b_2^2\right) t = 23.625\text{cm}^4$$

$$y_0 = -\frac{(b_1^3 - b_2^3) h^2 + b_1 b_2 (b_1^2 - b_2^2) h}{(b_1^3 + b_2^3)(b_1 + b_2 + 2h)} = \frac{I_2 h_2 - I_1 h_1}{I_y} = -4.356 \text{cm}$$

$$I_x = 651.8 \text{cm}^4, \quad W_{1x} = \frac{I_x}{h_1} = \frac{651.8}{8.47} = 76.95 (\text{cm}^3)$$

$$I_t = \frac{1}{3}(b_1 + b_2 + 2h) t^3 = 0.459 \text{cm}^4$$

$$I_\varpi = \frac{b_1^3 b_2^3 h^2 t}{12 (b_1^3 + b_2^3)} = \frac{I_1 I_2 h^2}{I_y} = 1349.7 \text{cm}^6$$

$$\int_A y (x^2 + y^2) \, \mathrm{d}A = t \int_{-4.5}^{4.5} -8.47 (x^2 + 8.47^2) \, \mathrm{d}x$$

$$+ t \int_{-8.47}^{9.53} y^3 \mathrm{d}y + t \int_{-3}^{3} 9.53 (x^2 + 9.53^2) \, \mathrm{d}x = 47 \text{cm}^5$$

$$\beta_y = \frac{\displaystyle\int_A y (x^2 + y^2) \, \mathrm{d}A}{2 I_x} - y_0 = 4.392 \text{cm}$$

$$i_x = \sqrt{\frac{I_x}{A}} = \sqrt{\frac{658.1}{15.3}} = 6.56 \text{cm}$$

$$i_y = \sqrt{\frac{I_y}{A}} = \sqrt{\frac{23.625}{15.3}} = 1.24 \text{cm}$$

$$i_0^2 = \frac{I_x + I_y}{A} + y_0^2 = \frac{651.8 + 23.625}{15.3} + 4.356^2 = 63.12 (\text{cm}^2)$$

（ii）验算构件在弯矩作用平面内的稳定。

按照 GB50018—2013，$\lambda_x = l_x / i_x = 600/6.56 = 91.5$，$\varphi_x = 0.648$，$r_R = 1.165$，$\beta_{mx} = 1.0$。

$$P_{Ex} = \frac{\pi^2 E}{\lambda_x^2} A = \frac{\pi^2 \times 20600}{91.5^2} \times 15.3 = 371.5 (\text{kN})$$

$$M_x = \frac{1}{4} Q L = \frac{1}{4} \times 6 \times 600 = 900 \, (\text{kN} \cdot \text{cm})$$

$$\frac{P}{\varphi_x A} + \frac{\beta_{mx} M_x}{\left(1 - \dfrac{r_R P}{P_{Ex}} \varphi_x\right) W_{e1x}}$$

$$= \frac{40}{0.648 \times 15.3} + \frac{1 \times 900}{\left(1 - \dfrac{1.165 \times 40}{371.5} \times 0.648\right) \times 76.95}$$

$$= 4.04 + 12.73 = 16.77 (\text{kN/cm}^2) < 20.5 \text{kN/cm}^2$$

按照 AISI 2007，$\overline{\lambda}_x = \dfrac{\lambda_x}{\pi}\sqrt{f_y/E} = \dfrac{91.5}{\pi}\sqrt{\dfrac{23.5}{20600}} = 0.984 < 1.5$

$$\varphi_x = (0.658)^{\overline{\lambda}_x^2} = (0.658)^{0.984^2} = 0.667$$

$$P_{ux} = \varphi_x A_e f_y = 0.667 \times 15.3 \times 23.5 = 239.82(\text{kN})$$

$$M_{ux} = W_{e1x} f_y = 76.95 \times 23.5 = 1808.33(\text{kN}\cdot\text{cm})$$

$$\phi_c = 0.85, \quad \phi_b = 0.9$$

$$\dfrac{P}{\phi_c P_{ux}} + \dfrac{\beta_{mx} M_x}{\phi_b M_{ux}(1 - P/P_{Ex})} = \dfrac{40}{0.85 \times 239.82} + \dfrac{1 \times 900}{0.9 \times 1808.33 \times \left(1 - \dfrac{40}{371.5}\right)}$$

$$= 0.196 + 0.620 = 0.816 < 1.0$$

（iii）验算构件在弯矩作用平面外的稳定。

按照 GB50018—2013（规范中将压弯构件换算为轴心受压构件的计算方法不妥），

$$\lambda_y = \dfrac{l_y}{i_y} = \dfrac{150}{1.24} = 121$$

可以先算出 $\sigma_y = \dfrac{\pi^2 E}{\lambda_y^2} = 13.89\,\text{N/mm}^2$，

$$\sigma_\varpi = \dfrac{1}{i_0^2 A}\left(\dfrac{\pi^2 E I_\varpi}{l_\varpi^2} + G I_t\right) = 16.38\text{N/mm}^2$$

再算出

$$\sigma_{y\varpi} = \dfrac{\sigma_y + \sigma_\varpi - \sqrt{(\sigma_y + \sigma_\varpi)^2 - 4\sigma_y \sigma_\varpi (1 - y_0^2/i_0^2)}}{2(1 - y_0^2/i_0^2)} = 9.68\text{N/mm}^2$$

然后直接得到 $\lambda_{y\varpi} = \pi\sqrt{\dfrac{E}{\sigma_{y\varpi}}} = 144.9$，$\varphi_{y\varpi} = 0.329$。这样，物理概念清楚，运算过程也较简单。

计算受弯构件的临界弯矩：

$$\beta_b = 1.75 - 1.05\left(\dfrac{450}{900}\right) + 0.3\left(\dfrac{450}{900}\right)^2 = 1.3$$

$$M_{cr} = \beta_b \frac{\pi^2 EI_y}{l_y^2} \left[\beta_y + \sqrt{\beta_y^2 + \frac{I_\varpi}{I_y} \left(1 + \frac{GI_t l_\varpi^2}{\pi^2 EI_\varpi} \right)} \right]$$

$$= 1.3 \times \frac{\pi^2 \times 20600 \times 23.625}{150^2}$$

$$\times \left[4.392 + \sqrt{4.392^2 + \frac{1349.7}{23.625} \left(1 + \frac{7900 \times 0.459 \times 250^2}{\pi^2 \times 20600 \times 1349.7} \right)} \right]$$

$$= 3901 (\text{kN} \cdot \text{cm})$$

$$\varphi_b = \frac{M_{cr}}{W_{e1x} f_y} = \frac{3901}{76.95 \times 23.5} = 2.157 > 0.7$$

$$\varphi_b' = 1.091 - \frac{0.274}{\varphi_b} = 1.091 - \frac{0.274}{2.157} = 0.964$$

$$\frac{P}{\varphi_{yw} A_e} + \frac{M_x}{\varphi_b' W_{e1x}} = \frac{40}{0.329 \times 15.3} + \frac{900}{0.964 \times 76.95}$$

$$= 7.95 + 12.13 = 20.08 < 20.5 \, (\text{kN/cm}^2)$$

$$\frac{20.08}{20.5} = 0.98$$

按照 AISI 2007，

$$\beta_b = \frac{12.5 \times 900}{2.5 \times 900 + 3 \times 787.5 + 4 \times 675 + 3 \times 562.5} = 1.25$$

$$M_e = 3901 \times \frac{1.25}{1.3} = 3751 \, (\text{kN} \cdot \text{cm})$$

$$M_y = W_{x1} f_y = 76.95 \times 23.5 = 1808.33 (\text{kN} \cdot \text{cm})$$

$2.78 M_y = 5027.16 \text{kN} \cdot \text{cm}$，$0.56 M_y = 1012.66 \text{kN} \cdot \text{cm}$，$M_e$ 在 $2.78 M_y$ 和 $0.56 M_y$ 之间。

$$M_{cr} = \frac{10}{9} M_y \left(1 - \frac{5 M_y}{18 M_e} \right) = \frac{10}{9} \times 1808.33 \left(1 - \frac{5 \times 1808.33}{18 \times 3751} \right) = 1740.2 (\text{kN} \cdot \text{cm})$$

$$\overline{\lambda}_{y\varpi} = \frac{\lambda_{y\varpi}}{\pi} \sqrt{\frac{f_y}{E}} = \frac{144.9}{\pi} \sqrt{\frac{23.5}{20600}} = 1.56 > 1.5$$

$$\varphi_{y\varpi} = 0.877 / \overline{\lambda}_{y\varpi}^2 = 0.36$$

$$P_u = \varphi_{y\varpi} A_e f_y = 0.36 \times 15.3 \times 23.5 = 129.44 (\text{kN})$$

$$M_u = 1740.2\text{kN}\cdot\text{cm}$$

$$\frac{P}{\phi_c P_u} + \frac{M_x}{\phi_b M_u} = \frac{40}{0.85\times129.44} + \frac{900}{0.9\times1740.2}$$

$$= 0.364 + 0.575 = 0.939 < 1.0$$

（2）数值分析。

冷弯薄壁型钢压弯构件的前 2 阶正定屈曲和极限承载力状态的等效应力如图 F3.17 所示，结构在低阶出现局部坍塌屈曲。有限元分析得该构件的弹性屈曲 $\lambda_{cr} = 3.272$，考虑初始缺陷后结构的极限承载力提高系数为 $\zeta_u = 0.286$，即极限承载力为 $Q_u = 5.615\text{kN}$，$P_u = 37.432\text{kN}$。

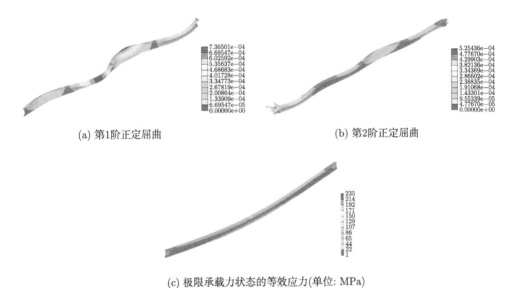

(a) 第1阶正定屈曲　　　　　　　　　　　　(b) 第2阶正定屈曲

(c) 极限承载力状态的等效应力(单位: MPa)

图 F3.17　冷弯薄壁型钢压弯构件有限元分析

（3）承载力统一理论。

构件截面的极限承载力提高系数 $\lambda_l = 2.095$，因 $\lambda_{cr} = 3.272$，所以 $\lambda_u = 2.095$。

因为该构件的屈曲类型为坍塌畸变，$\tilde{\lambda}_u = 0.5\lambda_u = 1.047$。这时对应的极限承载力为 $Q_u = 6.282\text{kN}$，$P_u = 41.880\text{kN}$。

构件设计承载力还需要根据设计规范的不同、抗力的分布特征和结构的安全等级，除一定分位值的安全系数，新版公路桥梁钢结构设计规范取 1.25。

致　　谢

本书得到国家重点基础研究发展计划（973 计划）项目 "航天飞行器跨流域空气动力学与飞行控制关键基础问题研究"、国防科技创新特区项目 "跨流域多尺度稀薄/高温效应气动力热机理研究"、中国载人航天工程办公室重大工程技术课题 "天宫一号目标飞行器无控陨落预报与危害性分析" "载人航天工程大型航天器飞行与再监视预报系统" 及国家杰出青年科学基金项目资助，谨致深忱谢意。

感谢应玉琴女士、李琳女士在本书编写过程中给予一贯的理解和默默支持，她们不仅要辛苦工作，还要照顾家人。感谢西南科技大学的顾颖副教授，胡江、姜山、毛广茂、徐富樑、陈祥斌硕士，四川大学数学学院马强特聘副研究员，以及中浩鑫科技集团有限公司、中国空气动力研究与发展中心梁杰研究员、石卫波高级工程师、李绪玉高级工程师及唐小伟研究员、蒋新宇助理研究员及有关领导和 "航天再入跨流域空气动力学创新研究团队" 的有力支持。感谢给予本书编写、出版过程中所有帮助和支持的人们。